航空材料力学性能检测

中国航发北京航空材料研究院　编

主　编　郭广平　丁传富

参　编　（以姓氏笔画为序）

马少俊　王　泓　王海鹏　王　翔　韦廷立　邓立伟
宁淑燕　杜正荣　李纪涛　李　骋　李　影　吴安民
何存利　陈　勃　陈新文　金　磊　胡本润　钟　斌
洪　力　郭子静　黄玉华

机械工业出版社

本书是航空材料力学性能检测人员的培训教材。全书共4篇17章：基础知识篇包括航空材料基础知识、金属的变形、金属的断裂与断口分析和数据统计分析基础知识；短时力学性能篇包括金属的拉伸、硬度、冲击、压缩、弯曲、扭转、剪切和工艺性能试验以及复合材料的短时力学性能试验；疲劳断裂力学性能篇包括金属的高周疲劳、低周疲劳、断裂韧度和裂纹扩展速率试验以及非金属材料的疲劳、断裂和冲击性能试验；长时力学性能篇包括金属的持久和蠕变性能及氢脆试验。

本书主要适用于航空材料力学性能检测人员资格鉴定与认证培训，也可作为冶金、机械、兵器、船舶、航天、核能等行业从事力学性能试验与研究的工程技术人员的参考用书。

图书在版编目（CIP）数据

航空材料力学性能检测/中国航发北京航空材料研究院编；郭广平，丁传富主编．—北京：机械工业出版社，2017.12（2025.5重印）

ISBN 978-7-111-58451-3

Ⅰ.①航… Ⅱ.①中… ②郭… ③丁… Ⅲ.①航空材料-力学性能-性能检测-技术培训-教材 Ⅳ.①V250.3

中国版本图书馆CIP数据核字（2017）第276671号

机械工业出版社（北京市百万庄大街22号　邮政编码100037）
策划编辑：吕德齐　责任编辑：吕德齐　章承林
责任校对：肖　琳　封面设计：鞠　杨
责任印制：刘　媛
北京富资园科技发展有限公司印刷
2025年5月第1版第6次印刷
184mm×260mm・25.75印张・621千字
标准书号：ISBN 978-7-111-58451-3
定价：89.00元

凡购本书，如有缺页、倒页、脱页，由本社发行部调换

电话服务
服务咨询热线：010-88361066
读者购书热线：010-68326294
　　　　　　　010-88379203
编 辑 热 线：010-88379779

网络服务
机 工 官 网：www.cmpbook.com
机 工 官 博：weibo.com/cmp1952
金 书 网：www.golden-book.com
教育服务网：www.cmpedu.com

编审委员会名单

序　言

3000 多年前的《汉谟拉比法典》，就提出了对制造有缺陷产品的工匠给予严厉的处罚，当然，在今天的以人为本的文明世界看来是不能予以实施的。即使在当时，《汉谟拉比法典》在总体上并没有得到真正有效的实施，其主要原因在于没有理化检测及评定的技术和方法来评价产品的质量以及责任的归属。从公元前 2025 年到世界工业革命前，对产品质量问题处罚的重要特征是以产品质量造成的后果和负责人为对象的，而对产品制造过程和产品质量的辨识只能靠零星、分散、宏观的经验世代相传。由于理化检测和评估技术的极度落后，《汉谟拉比法典》并没有解决如何判别造成质量问题和失效的具体原因的问题。

近代工业革命给人类带来了巨大的物质文明，也不可避免地给人类带来了前所未有的灾难。约在 160 多年前，人们首先遇到了越来越多的蒸汽锅炉爆炸事件，在分析这些失效事故的经验教训中，英国于 1862 年建立了世界上第一个蒸汽锅炉监察局，把理化检测和失效分析作为仲裁事故的法律手段和提高产品质量的技术手段。随后在工业化国家中，对产品进行检测和分析的机构相继出现。材料和结构的检测开始受到重视则是近半个世纪的事情。第二次世界大战及后来的大量事故与故障，推动了力学检测、无损检测、物理分析、化学分析和失效分析的快速发展，如断裂力学、损伤力学等新兴学科的诞生以及扫描电镜、透射电镜、无损检测、化学分析等大量的先进分析设备等的应用。

毋庸置疑，产品的质量可靠性要从设计入手。但就设计而言，损伤容限设计思想的实施就需要由无损检测和力学性能作为保证，产品从设计开始就应考虑结构和产品的可检性，需要大量的材料性能数据作为设计输入的重要依据。

就材料的研制而言，首先要检测材料的化学成分和微观组织是否符合材料的设计要求，性能是否达到最初的基本设想，而化学成分、组织结构与性能之间的协调关系更是研制高性能材料的基础，对于材料中可能存在的缺陷更需要无损检测的识别并通过力学损伤的研究提供判别标准。

就构件制造而言，一个复杂或大型结构需要通过焊接来实现，要求在结构设计时就对材料的焊接性和工艺可实施性进行评估，使选材具有焊接性、焊接结构具有可实施性、焊接接头缺陷具有可检测性，焊接操作者具有相应的技能水平，这样才能获得性能可靠的构件。

检测和焊接技术在材料工程应用中的作用更加重要。失效分析作为服役行为和对材料研制的反馈作用已被广泛认识，材料成熟度中也已经考虑了材料失效模式是否明确；完善的力学性能是损伤容限设计的基础，材料的焊接性、无损检测和失效模式不仅是损伤容限设计的保证，也是产品安全和可靠使用的保证。

因此理化检测作为对材料的物理化学特性进行测量和表征的科学，焊接作为构件制造的重要方法，在现代军工产品质量控制中具有非常重要的地位和作用，是武器装备发展的重要基础技术。理化检测和焊接技术涉及的范围极其广泛，理论性与实践性并重，在军工产品制造和质量控制中发挥着越来越重要的作用。近年来，随着国防工业的快速发展，材料和产品的复杂程度日益提高，对产品安全性的保证要求越来越严格；同时，理化检测和焊接新技术日新月异，先进的检测和焊接设备大量应用，对理化检测和焊接从业人员的知识、技能水平和实践经验都提出了更高的要求。

为贯彻《军工产品质量管理条例》和 GJB《理化试验质量控制规范》，提高理化检测及焊接人员的技术水平，加强理化实验室的科学管理和航空产品及科研质量控制，中国航空工业集团公司成立了“中国航空工业集团公司检测及焊接人员资格认证管理中心”，下设物理冶金、分析化学、材料力学性能、非金属材料性能、无损检测、失效分析和焊工七个专业人员资格鉴定委员会，负责组织中航工业理化检测和焊接人员的专业培训、考核与资格证的发放工作。为指导培训和考核工作的开展，中国航空工业集团公司检测及焊接人员资格认证管理中心组织有关专家编写了中航工业检测及焊接人员资格鉴定与认证系列培训教材。

这套教材由长期从事该项工作的专家结合航空工业的理化检测和焊接技术的需求和特点精心编写而成，包括了上述七个专业的培训内容。这套教材全面、系统地体现了航空工业对各级理化检测和焊接人员的要求，力求重点突出，强调实用性而又注意保持教材的系统性。

这套教材的编写得到了中航工业质量安全部领导的大力支持和帮助，也得到了行业内多家单位的支持和协助，在此一并表示感谢。

中国航空工业集团公司
检测及焊接人员资格认证管理中心

前　言

力学性能是指材料在外加载荷作用下或载荷与环境温度的联合作用下所表现的行为。材料承受载荷的力学状态一般采用各种力学参量（如应力、应变、冲击吸收能量、应力强度因子等）表示，而表征材料力学行为参量的临界值或规定值则称为材料的力学性能指标（如屈服强度、塑性应变、断裂韧度、蠕变强度、疲劳极限、疲劳裂纹扩展门槛值等）。这些性能指标不仅是评定和选用材料及确定加工工艺的基本依据，而且是工程应用、结构强度设计、寿命预测和结构完整性评估的不可或缺的重要基础数据，是连接材料及工艺研究、结构设计和工程应用的桥梁。

现代飞行器的承载能力是指在特定的服役时间和服役条件下（复杂交变载荷、高温、高速和腐蚀环境等）飞行器运行的安全性、可靠性、舒适性、经济性和维修性等方面的保障能力。承载能力取决于工程装备的结构设计和材料的力学特性。航空装备相对其他工程装备而言，对材料性能的要求更加严格，性能指标更加先进，而且对不同类型的飞行器而言，设计对材料性能要求的关注重点也有所不同。因此对航空材料力学性能的检测、表征和评价提出了更高的要求。

检测数据的真实、有效和可靠是航空工业对材料力学性能检测提出的基本要求。然而影响材料力学性能检测数据真实性、有效性和可靠性的因素很多，主要涉及测试设备、测试方法、测试环境、测量溯源、试样状态及测试人员等方面。其中测试人员既是从事测试工作的主体，也是保证检测数据真实性、有效性和可靠性的第一因素，更是控制其他五个方面因素的实践者。测试人员对检测设备的掌握程度、对测试标准和方法的认知程度等，对检测工作的质量会产生重大的影响。因此编写一套统一、完整的力学性能培训教材，有组织地对测试人员进行系统培训和从业资格取证就显得尤为重要。

原航空工业金属力学性能检测人员资格鉴定委员会于1993年编制的内部培训教材，至今已使用20余年，为航空工业乃至社会各界的力学性能检测人员的技术培训与资格鉴定发挥了重要作用。随着航空工业的发展和科学技术的进步，新材料、新工艺、新结构不断涌现，材料测试技术与表征方式持续更新，对力学性能检测人员的培训与资格鉴定提出了新的要求。本书在原内部培训教材的基础上进行了更新、补充和完善，使之与时俱进，以期更好地服务于航空工业及其他行业广大从事力学性能检测工作的同行们。

本书编写的整体思路是力求使力学检测人员不仅熟悉试验操作的步骤，而且知道为什么这样做，如何做得更好、更为准确到位，因此本书体现出实践与理论并重的特色。在内容上，在充分论述基本概念和基本原理的基础上，详细描述了试样、试验设备、测试环境、测试方法和试验操作要点等试验细则，特别强调对关键测试技术和测试方法要点的重点描述。希望此书能为从事航空材料力学性能检测的工程技术人员提供一本既含基本原理表述，又具实际工作指导作用的培训教材或参考书。同时，也希望读者，特别是工作在一线的检测人员对本书存在的问题和不足给予指正，使之不断改进完善。

本书由基础知识、短时力学性能、疲劳断裂力学性能、长时力学性能4大篇组成，涵盖

了主要航空结构材料（包括金属、非金属和复合材料）所需力学性能的主要测试技术和方法，突出了航空结构设计对材料力学性能的特殊要求，如环境或变幅载荷下的疲劳断裂性能、高可靠性的统计性能数据等。本书的编写以现行的国家标准、国家军用标准、航空工业行业标准和相应的美国 ASTM 等试验方法标准为依据。本书在内容上覆盖面广，既详细描述了基本的力学性能测试方法，又清晰地介绍了更多复杂、先进的测试技术和测试方法，如疲劳裂纹扩展门槛值和小裂纹测试方法，腐蚀环境及变幅载荷下的疲劳与裂纹扩展试验方法，高温疲劳、热机械疲劳和蠕变疲劳试验等。在基础知识方面，除了介绍金属与复合材料的基础知识、金属的变形外，还介绍了金属的断裂与断口分析、数据统计分析基础、取样与试样制备、试验方案设计等方面的内容。在非金属和复合材料方面，除了介绍几种常用的静态力学性能试验方法外，还重点介绍了疲劳、冲击、断裂性能的测试方法。此外，需要特别说明的是，由于部分试验方法的现行国家标准和航空标准存在术语、符号上的差异，为便于读者使用，本书对单一章节的术语、符号进行了统一，并在附录 D 和附录 E 中罗列了金属材料性能测试国家标准与航空标准之间以及复合材料性能测试美国 ASTM 标准与国家标准之间有差异的术语和符号。

本书由中国航发北京航空材料研究院（以下简称“航材院”）检测中心力学性能研究室组织，由中航工业、中国航发的相关厂所以及部分高等院校参加编写。参加编写的人员从事力学性能检测研究工作多年，积累了扎实的专业基础理论知识和丰富的实践经验。北京航材院检测中心力学性能研究室集航空材料力学行为研究与专业化材料性能测试于一体，具有 120 余人的专业团队和近亿元的设备资产，综合实力国际先进，不仅是我国飞机、航空发动机设计用材料性能数据的主要提供者，更是中国航发材料数据中心的挂靠单位。

本书由中航工业力学性能检测人员资格鉴定委员会主任郭广平负责全书总体策划、组织与协调；621 所丁传富负责全书内容构思、编制教材编写大纲、全书统稿和校审；621 所焦泽辉、钟斌、李骋参与全书的组织和协调工作；西北工业大学王泓老师承担部分章节的校审。第 1 章～第 3 章由 621 所丁传富编写；第 4 章由 621 所马少俊编写；第 5 章由 430 厂郭子静编写；第 6 章由 172 厂何存利、3007 厂杜正荣和 621 所钟斌编写；第 7 章由 120 厂宁淑燕、132 厂李纪涛编写；第 8 章由 5713 厂洪力编写；第 9 章由 122 厂黄玉华、410 厂韦廷立编写；第 10 章由 621 所陈新文、王海鹏和邓立伟编写；第 11 章由 621 所胡本润编写；第 12 章由 621 所李影、金磊编写；第 13 章由 621 所陈勃、丁传富编写；第 14 章由 621 所马少俊编写；第 15 章由 621 所陈新文、王海鹏和王翔编写；第 16 章和第 17 章由 621 所李骋、吴安民编写；附录由 621 所马少俊编写。本教材在编写过程中得到了全体委员的鼎力支持和配合，在此谨表示诚挚的感谢。

中航工业力学性能检测人员资格鉴定委员会

中国航发力学性能检测人员资格鉴定委员会

目　录

第2篇　短时力学性能

第3篇 疲劳断裂力学性能

第 4 篇　长时力学性能

注意：章节序号前面的“*”表示非重点培训内容。

第1篇　基础知识

第1章　航空材料基础知识

航空材料基础知识主要描述材料性能及与其成分、结构、工艺的关系，航空主要结构材料的分类与应用，航空结构设计的发展及对材料性能的要求、复合材料概述、力学性能试验取样与制备、力学性能试验方案设计等方面的基础知识。它是从事航空材料力学性能测试、评价与表征人员应具备的专业基础理论知识，了解和掌握这些基础知识可以为检测人员选择试验方法、制订试验方案、分析评定试验结果提供基础依据。

1.1　材料性能

1.1.1　材料性能的分类

材料性能是表征材料在给定外界条件（如电、磁、光、声、热、力、环境等）下的行为参量。它包括物理性能、化学性能、力学性能、工艺性能和功能性能等。按材料性能的属性，可以分为材料固有性质和材料使用性能两大类。材料固有性质通常也称为材料基本性能，它是指材料对电、磁、光、声、热、机械载荷的反应，这些性质主要取决于材料的组成与结构，是材料使用的基本依据。材料使用性能是指材料在使用状态下表现出的行为，它与设计、工程环境密切相关。它虽不是材料物质所固有的，但材料一旦使用后其使用过程的变化（如疲劳断裂、腐蚀、辐射等）往往是材料应用成败的关键。有些材料的实验室性能很好，但在复杂的使用条件下，如氧化与腐蚀疲劳及其他复杂载荷下，就不能令人满意。因此材料使用性能应包括可靠性、耐久性、寿命预测及延寿措施等。有的材料可能不尽如人意，但通过优化设计可以得到解决，如脆性很大的陶瓷材料，有可能通过设计而得到广泛应用。图1-1所示为材料性能分类示意图。应该指出的是，本书所描述的材料性能是以力学性能为主。

材料承受载荷的力学状态一般采用各种力学参量（如应力、应变、冲击吸收能量、应力强度因子等）表示，而材料在外加载荷作用下或载荷与环境温度的联合作用下所表现出的各种力学参量之间的对应关系，称为材料的力学行为，通常以曲线或方程的形式表征。这些曲线或方程的特征值（斜率、拐点、极值、渐近线和终点等）通常就是材料力学性能的表征点。表征材料力学行为参量的临界值或规定值则称为材料的力学性能指标（如屈服强

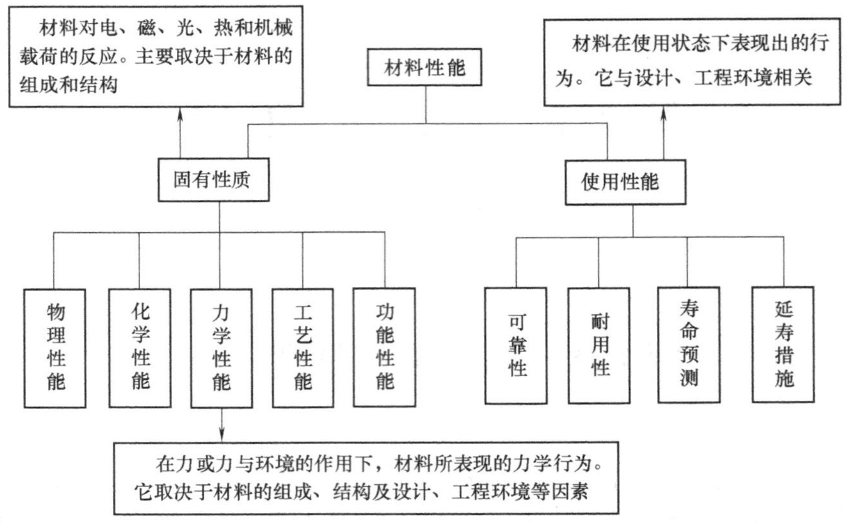

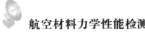

图 1-1　材料性能分类示意图

度、塑性应变、硬度、断裂韧度、蠕变强度、疲劳极限、疲劳裂纹扩展门槛值等）。这些性能指标都是在一定的变形或断裂条件下测定的，其中多数性能指标都是表征金属的变形抗力和变形能力的，可归纳成强度、塑性和韧性三大类。这些性能不仅是评定和选用材料及确定加工工艺的基本依据，而且是工程应用中结构强度设计、结构完整性评估的基础依据。

1.1.2　材料性能与其成分、组织、工艺及结构设计的关系

材料的各种基本性能和使用性能既是表征和评价材料理化、力学行为的主要指标，又是工程结构设计与包括强度计算、寿命预测等结构完整性评估的前提条件。对于一个产品而言，设计是核心，材料是基础，工艺是关键，而材料性能则是连接材料研制、工艺研究与工程结构设计的桥梁。材料科学研究材料的成分、组织、工艺与性能的关系，以促进新型材料的不断发展。但要使材料从实验室走向商品化，必须进行材料的工程化应用研究，以满足结构设计的安全性、可靠性、耐久性和经济性的要求。为实现上述目标，需要设计、材料、工艺和性能四方面科学工作者的共同合作，使材料不断改进、成熟。对设计者来说，一方面通过对材料性能的深化认识和理解，充分利用和发挥材料的应用潜力，合理选用材料，使结构达到优化设计；另一方面，根据结构的设计思想、构件的使用条件和材料在使用中暴露的问题，提出对材料基本性能和使用性能的要求，以促进先进材料发展。材料和工艺研究者通过对材料结构、工艺与性能关系的研究，改进工艺制备过程，进而达到提高和改善材料性能的目的。而材料性能研究与测试工作者则一方面利用现有的标准试验方法或发展新的测试技术获取材料性能数据；另一方面对材料在给定外界条件下的行为从现象到机理、从宏观到微观的不同层次进行系统深入的理论研究，揭示其内在规律，发展新的材料性能表征与评价技术，从而为结构设计、选材、强度计算、寿命预测、结构完整性评定以及为材料和工艺的研制与应用，提供可靠的材料性能数据和科学理论依据。因此材料性能表征与测试技术的创新，反过来又会推动材料科学与工程装备的技术进步。图 1-2 所示为材料性能与其成分、组织、工艺及结构设计的关系示意图。

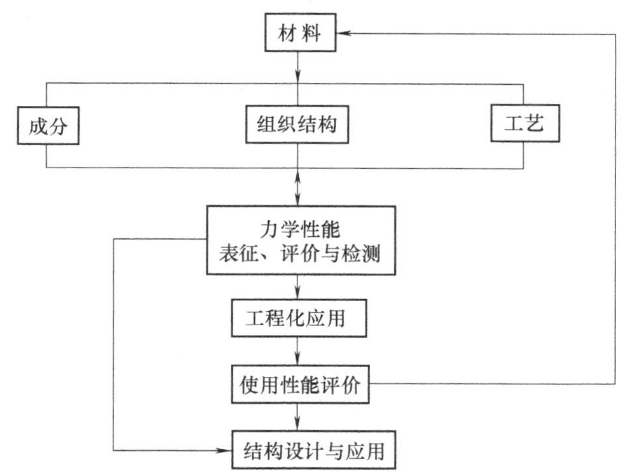

图 1-2　材料性能与其成分、组织、工艺及结构设计的关系示意图

1.2　飞机设计思想的发展及对材料性能的要求

航空装备（包括飞机和航空发动机）在高温、高速、腐蚀环境和复杂交变载荷下的工作条件十分恶劣复杂。军用飞机要求隐身、机动性强，具有近距离格斗和全天候作战能力；民用飞机要求安全性、可靠性、舒适性、经济性；大型军用运输机要求承载能力高、航程远、寿命长；直升机则要求灵活性好、安全可靠性高；相应的航空发动机要求具有大推重比、长寿命、高可靠性等特点。因此航空装备设计相对其他工程装备对材料性能的要求更苛刻，性能指标更先进，而且对飞机和发动机材料的性能要求也大不相同，甚至不同类型飞机的设计对材料性能要求的关注点也有所不同。

飞机设计对材料性能的要求与同一时期的飞机结构设计思想和科技水平密切相关。一个世纪以来，为了保证飞行安全，在飞机结构设计思想上经历了一个演变和发展的过程，逐步形成了当代比较成熟的三大设计概念：疲劳设计、损伤容限设计和耐久性设计。

1. 疲劳设计

疲劳设计概念是基于飞机结构的安全寿命准则提出的。众所周知，早期的静强度设计的基本思想是只保证结构的强度和刚度，不考虑结构的寿命。后来，设计者从实践认识到飞机结构只按静强度和刚度要求设计，并不能很好地保证飞机的使用安全，在飞机结构设计中必须引入抗疲劳设计概念，从而逐步形成了安全寿命设计思想。该设计思想建立在结构无初始缺陷的基础上，要求结构设计成在预期使用寿命内不出现宏观可检查裂纹，一旦在疲劳关键部位出现宏观可检裂纹就认为结构已经破坏。飞机的安全寿命通过对材料、部件和全尺寸结构疲劳试验验证所确定的疲劳寿命除以一个分散系数来确定。安全寿命设计思想从 20 世纪 50 年代一直延续至今，逐步形成当今比较成熟的疲劳设计思想。疲劳设计所关心的是结构在疲劳载荷作用下的裂纹形成寿命，不考虑裂纹扩展寿命。它是通过安全寿命准则来确定飞机的使用寿命。

疲劳设计重点关注材料的疲劳性能，如高周疲劳性能（室温与高温疲劳 S-N 曲线、疲劳极限、具有不同存活率的 P-S-N 曲线），在弹塑性应力状态下的低周疲劳性能、飞行载荷谱下的疲劳寿命、超高周（10^7 ~ 10^9 周）疲劳性能等。

2. 损伤容限设计

损伤容限设计是基于断裂力学理论而提出的一种飞机结构设计理念。尽管安全寿命设计考虑了静强度设计中未考虑的疲劳问题，但仍然存在重大隐患。一方面，它既没有承认材料和结构在初始状态时就可能存在冶金缺陷和制造缺陷，也没有考虑结构在服役过程中因环境、过载或外来损伤等产生的裂纹，以及这些缺陷和裂纹在服役期间扩展这一事实，因而并不能有效地保证结构在使用寿命期间的安全性。另一方面，使用到了一个安全寿命期的飞机不论其状态如何都必须退役，所以这种做法又很不经济。

损伤容限设计思想的重大发展主要体现在：它允许结构在服役期内存在一定大小的缺陷或裂纹，只要这些裂纹在规定的维修使用期内，能满足规定的剩余强度水平，就判定为结构安全。也就是说结构应设计成能够容忍裂纹存在，并在给定的维修期内扩展，但以不导致结构断裂为准则。

损伤容限设计关心的是带有某种初始缺陷或裂纹尺寸的结构在疲劳载荷作用下的裂纹扩展寿命、裂纹容限或剩余寿命。

损伤容限设计重点关注的材料力学性能主要有：断裂韧度 $K_{\rm IC}$，恒幅或变幅载荷下疲劳裂纹扩展速率 da/dN，疲劳裂纹扩展门槛值 $\Delta K_{\rm th}$，在飞行载荷谱下的疲劳裂纹扩展寿命，疲劳小裂纹扩展速率 da/dN 等。

3. 耐久性设计

耐久性设计是基于提高飞机的出勤率，降低安全寿命成本而提出的一种综合性的细节设计概念。随着对飞机使用性能、寿命及可靠性要求的提高，飞机研制成本、生产成本以及使用维修费用也急剧增加。为了提高飞机的出勤率，降低安全寿命成本，要求设计者在确定飞机寿命时应从经济观点出发进行量化，于是产生了耐久性设计概念。耐久性设计要求结构在规定的使用期限内，具有抵抗疲劳开裂（包括应力腐蚀开裂和氢脆所引起的开裂）、腐蚀、热退化、剥离、脱层、磨损和外来物损伤作用的能力及经济修理功能。并通过合理的细节设计、恰当地选择材料和制造工艺、控制应力水平、消除有害的残余应力以及选择必要的腐蚀防护措施等来提高结构细节的抗疲劳开裂和腐蚀开裂的能力，减缓材料退化和磨损等，以便防止功能性损伤和不经济的维修，使设计的飞机具有长寿命、高出勤率和低维修成本的能力。耐久性设计重点关注的是材料在工况使用条件下的抗疲劳性能，如腐蚀环境、不同表面状态下的抗疲劳性能、小裂纹性能等。

耐久性设计关心的是结构在疲劳载荷/环境条件下，出现影响结构功能而无修理价值裂纹时的经济寿命。因此在耐久性设计所需力学性能中，除一般静强度性能外，重点关注的是模拟使用条件下的材料力学性能，如不同腐蚀环境（如潮湿空气、盐雾、海水、盐雾 + SO_2、油箱积水、燃气、燃油等）的高周疲劳、低周疲劳、裂纹扩展及应力腐蚀开裂等性能数据；不同表面强化工艺（如喷丸、孔挤压、滚压）、不同的焊接工艺（如氩弧焊、潜弧焊、电子束焊等）、不同涂层工艺的模拟件，在恒幅载荷、使用载荷谱或腐蚀环境下的疲劳、裂纹扩展性能数据。

1.3 航空主要金属结构材料的分类及应用

航空金属结构材料通常分为两大类：钢铁材料和非钢铁材料。钢铁材料按其用途可分为结构钢、不锈钢、高温合金等。非钢铁材料按其合金类型可分为钛合金、铝合金、镁合金、铜合金等。

1.3.1 结构钢和不锈钢

1. 结构钢的分类及应用

结构钢是航空器中的重要结构材料。按其特性和用途大致分为优质碳素钢、渗碳钢和渗氮钢、调质高强度钢、超高强度钢、弹簧钢、防弹钢、轴承钢、铸钢八大类。结构钢的类型及主要牌号见表 1-1。

表 1-1 结构钢的类型及主要牌号

类　型	主要牌号
优质碳素钢	08、10、15、20、45、20Mn2A
渗碳钢和渗氮钢	12CrNi3A、12CrNi4A、14CrMnSiNi2MoA、18Cr2Ni4WA、16Ni3CrMoA/E、18CrNi4A、32Cr3MoVA、38CrMoAlA、5Ni12Mn5Cr3Mo、30Cr3MoA
高强度钢	15CrMnMoVA/E、18Mn2CrMoBA、20CrNi3A、25CrMoA、30CrMoA、30CrMnSiA、30Ni4CrMoA、37CrNi3A、38CrA、40CrNiMoA
超高强度钢	30CrMnSiNi2A、35Ni4Cr2MoA/E、38Cr2Mo2VA、40CrMnSiMoVA、40CrNi2Si2MoVA、16Co14Ni10Cr2MoE、23Co14Ni12Cr3Mo（A-100）
弹簧钢	70、85、65Mn、60Si2MnA、50CrVA
防弹钢	32Mn2Si2MoA、32CrNi2MoTiA
轴承钢	GCr15、Cr4Mo4V
铸钢	ZG22CrMnMo、ZG25CrMnSiMo、ZG28CrMnSiNi2、ZG35CrMnSi、ZG35CrMoA

（1）优质碳素钢　碳含量在 0.02%~2.11%（质量分数）之间的铁碳合金，也称为碳钢。航空器上常用的碳钢为优质碳钢，碳含量为 0.05%~0.6%（质量分数）。碳含量为 0.05%~0.25%（质量分数）的低碳钢可用作渗碳件，制作齿轮、小轴和销子等。碳含量为 0.25%~0.6%（质量分数）的中碳钢可制作受力不大的螺栓、螺母连接件或不大重要的结构件。

（2）渗碳钢和渗氮钢　渗碳钢是指适合经受表面渗碳，随后经淬火可使表面获得高硬度、高耐磨性，而心部保持适当强度和良好韧性的钢。其碳含量一般控制在 0.1%~0.25%（质量分数）范围内，以保证心部良好的韧性。渗碳钢主要用于制造齿轮、凸轮、活塞销等零件。

渗氮钢是适合渗氮的钢。为在钢的表面获得高硬度和高耐磨的渗氮层，必须采用含有某些合金元素的合金钢进行渗氮，以保证生成比氮化铁稳定得多的氮化物，并在氮化层中以高弥散度状态分布，使渗氮层具有很高的硬度。

（3）高强度钢　高强度钢通常是指采用调质处理（淬火 + 高温回火）的合金结构钢，

是航空上广泛使用的一大类钢。其抗拉强度多数不小于980MPa，具有良好的综合力学性能，一般用作轴类、接头、螺栓及某些承载较小的齿轮等零件。

（4）超高强度钢　超高强度钢通常指拉伸屈服强度为1400MPa以上的高强度钢，其主要特点是具有很高的强度和足够的韧性，应用于制造承受很高应力和减重设计的重要构件，如飞机起落架、机翼主梁、平尾大轴、直升机旋翼轴、接头和对接螺栓等。

超高强度钢按合金元素含量分为低合金超高强度钢、中合金超高强度钢和高合金超高强度钢三类。

低合金超高强度钢的碳含量一般在0.3%～0.4%（质量分数）之间，合金元素含量少于5%（质量分数），由淬火后低温回火获得回火马氏体组织达到超高强度。其代表钢种40CrNi2Si2MoVA钢已广泛应用于起落架零件。

中合金超高强度钢的合金元素含量为5%～10%（质量分数）。由淬火后中温回火产生二次硬化达到超高强度，用于制造500℃以下工作的飞机、发动机的重要受力构件。

高合金超高强度钢含有10%（质量分数）以上的合金元素，碳含量低或超低碳含量。由淬火产生的低碳马氏体和中温回火产生的二次硬化获得超高强度、高韧性等优良性能。如16Co14Ni10Cr2MoE钢，在使用状态下，其室温抗拉强度不小于1620MPa的条件下，断裂韧度K_{IC}值不小于143MPa·$m^{1/2}$，已应用于飞机平尾大轴、起落架等重要受力构件。

（5）弹簧钢　弹簧钢是一种专用结构钢，由于弹簧的使用应力只能在弹性极限以下，所以对弹簧钢性能的主要要求是：必须有高的弹性极限和屈服强度，以保证弹簧承受高工作应力而不产生永久变形；具有高的疲劳极限，以保证弹簧能在交变载荷下长期工作；以及一定的韧性和塑性。目前弹簧钢主要有三类：碳素弹簧钢、合金弹簧钢和不锈钢弹簧钢。

（6）轴承钢　轴承钢是用于制造滚珠、滚柱、滚针和轴承内外套圈的钢。轴承钢应具有高的抗压强度和接触疲劳强度，良好的耐磨性，高的硬度、弹性及尺寸稳定性，以及一定的韧性和耐蚀性。

（7）防弹钢　防弹钢应具有良好的防弹、压力加工和切削加工性能。防弹钢主要有均质防弹钢和表面硬化防弹钢，主要用于歼击机、强击机、轰炸机和武装直升机的装甲防护结构，如头盔、靠背、仪表板等。

（8）铸钢　铸钢是碳含量低于2%（质量分数）的铸造铁碳硅合金的总称。按合金元素的多少可分为碳素铸钢、低合金铸钢［合金总量<5%（质量分数）］、中合金铸钢［合金总量为5%～10%（质量分数）］、高合金铸钢［合金总量>10%（质量分数）］。按组织可分为珠光体铸钢、铁素体铸钢、马氏体铸钢。按强度水平可分为低强度铸钢、中强度铸钢和高强度铸钢。按用途可分为耐热铸钢、耐蚀铸钢、无磁铸钢、模具用铸钢、特殊用途铸钢等。

2. 不锈钢的分类及应用

不锈钢是指能抵抗大气、水、海水、酸、碱及其他腐蚀介质的腐蚀作用，且具有高度化学稳定性的合金钢种系列。其耐蚀性主要取决于铬含量，只有铬含量高于12%（质量分数）时，钢的化学稳定性才会产生质变，形成一层致密的氧化物膜，保护合金不易生锈。随着含铬量增高，钢的耐蚀能力也随之提高。

不锈钢分为奥氏体不锈钢、马氏体不锈钢和铁素体不锈钢三个基本类型。另外，还有奥氏体-铁素体型不锈钢和控制相转变（半奥氏体）型不锈钢等。航空用不锈钢的类型及主要牌号见表1-2。

表 1-2　航空用不锈钢的类型及主要牌号

类　型	主要牌号
抗氧化钢	12Cr13、12Cr13Ni、20Cr13、Y25Cr13Ni2、30Cr13、40Cr13、40Cr10Si2Mo
马氏体不锈钢	14Cr17Ni2、13Cr11Ni2W2MoV、14Cr12Ni2WMoVNb、05Cr17Ni4Cu4Nb、07Cr15Ni7Mo2Al
控制相转变不锈钢	07Cr17Ni7Al、07Cr12Ni4Mn5Mo3Al、
双相不锈钢	14Cr18Ni11Si4AlTi、12Cr21Ni5Ti
奥氏体不锈钢	06Cr18Ni9、12Cr18Ni9、022Cr18Ni10N、022Cr19Ni10、12Cr18Mn8Ni5N、20Cr13Mn9Ni4、45Cr14Ni14W2Mo
高硬度不锈钢	95Cr18、102Cr17Mo、158Cr12MoV
铸造不锈钢	ZG14Cr17Ni2、ZG30Cr13A、ZG13Cr11Ni2W2MoV、ZG05Cr17Ni4Cu4Nb、ZG12Cr18Ni9Ti

（1）抗氧化钢　抗氧化钢的铬含量约为 13%（质量分数），具有良好的抗氧化、耐蚀能力及较高的强度和热强性能。因其碳含量不同，性能和用途各异。低碳含量钢用作 400℃以下工作的承力构件，如螺栓、接头、轴销等。高碳含量钢用作耐热耐磨的涡流器、阀门、轴等。

（2）马氏体不锈钢　马氏体不锈钢中添加有较多量的补充强化元素，经淬火和中温回火产生二次硬化进一步提高强度和热强性，广泛用作 550℃以下工作的发动机压气机叶片、盘件、轴颈、环形件及其他重要承力件。

（3）控制相转变不锈钢　控制相转变不锈钢是一类介于奥氏体和马氏体之间的沉淀硬化高强度不锈钢。该类钢在室温下为奥氏体组织，塑性和加工成形性能优良，经深冷和时效处理后可达到高强度，还可通过冷变形实现马氏体转变达到超高强度。

（4）奥氏体不锈钢　奥氏体不锈钢因其铬含量高，抗氧化性、耐蚀性优良，又因其在室温下能保持稳定的奥氏体组织，无磁性，具有优良的塑性和加工成形性能，广泛用作飞机、发动机的燃油导管、液压导管及其他管线、散热器、焊接构件等，还可通过冷变形制造弹性元件。

（5）双相不锈钢　双相不锈钢一般都指奥氏体-铁素体型双相不锈钢。该类钢的抗拉强度特别是屈服强度明显高于单相奥氏体不锈钢，具有优良的耐蚀性和焊接性，适宜制造要求耐腐蚀的焊接件、钣金件等。

1.3.2　高温合金

高温合金又称热强合金、耐热合金或超合金。它是 20 世纪 40 年代发展起来的一种新型航空金属材料，可在 600～1100℃的氧化和燃气腐蚀条件下，承受复杂应力并长期可靠地工作。高温合金主要用于航空发动机的热端部件，也是航天、能源、交通运输和化学工业的重要材料。

高温合金按其成形工艺分为变形高温合金和铸造高温合金两大类。高温合金的类型及主要牌号见表 1-3。

表 1-3　高温合金的类型及主要牌号

按成形工艺分类	按基体或特性分类	主要牌号
变形高温合金	铁基变形高温合金	GH1015、GH1016、GH1035A、GH1131、GH1140、GH2036、GH2132、GH2150、GH2302、GH2696、GH2761、GH2903、GH2907

（续）

按成形工艺分类	按基体或特性分类	主要牌号
变形高温合金	镍基变形高温合金	GH3030、GH3039、GH3044、GH3128、GH3536、GH3625、GH4033、GH4037、GH4049、GH4099、GH4133、GH4169、GH4220、GH4698、GH4080A、GH4090、GH4093、GH4105、GH4141、GH4145、GH4163、GH4169、GH4500、GH4586、GH4648、GH4708、GH4710、GH4738、GH4742
	钴基变形高温合金	GH5188、GH6159、GH5605
铸造高温合金	等轴晶铸造高温合金	K213、K403、K405、K406、K406C、K409、K417、K417G、K417L、K418、K418B、K419、K423、K423A、K424、K438、K438G、K441、K477、K480、K491、K4002、K4169、K4537、K640、K825
	定向凝固柱晶铸造高温合金	DZ404、DZ405、DZ417G、DZ422、DZ422B、DZ438G、DZ640M、DZ4125、DZ4125L
	定向凝固单晶铸造高温合金	DD403、DD404、DD406、DD408、DD402
	金属间化合物基铸造高温合金	JG4006、JG4006A

1. 变形高温合金

变形高温合金按基体可分为镍基变形高温合金、铁基变形高温合金和钴基变形高温合金三类，其中以镍基变形高温合金的发展最快，使用也最广；其次是铁基变形高温合金；钴基变形高温合金虽具有良好的综合性能，但由于资源缺乏，发展受到限制。目前，我国用作涡轮叶片的镍基变形高温合金，其最高使用温度为950℃；用作燃烧室部件的最高使用温度为1000℃；用作涡轮盘的最高使用温度为800～850℃。铁基变形高温合金是在铁-镍-铬基体上添加合金元素发展起来的，虽然在高温抗氧化性和组织稳定性方面，比同类镍基变形高温合金稍差，但在适当的温度范围内，它们具有良好的综合性能，因此在航空发动机上被广泛地应用于燃烧室、涡轮盘、机匣和轴类零件。目前，我国用作燃烧室部件的铁基变形高温合金的最高使用温度可达900～950℃；用作涡轮盘的最高使用温度为650℃。

2. 铸造高温合金

铸造高温合金是由合金锭重熔后直接浇注成零件的高温合金，是在高温及氧化腐蚀环境中长期稳定工作的金属结构材料。按合金基体元素分类，可分为铁基（铁-镍基）铸造高温合金、镍基铸造高温合金、钴基铸造高温合金和金属间化合物基铸造高温合金。按合金成形工艺方法分类，可分为普通铸造（等轴晶铸造）高温合金、定向凝固柱晶铸造高温合金和定向凝固单晶铸造高温合金。此外，还有焊接用高温合金丝、粉末冶金高温合金和弥散强化高温合金。

（1）普通铸造高温合金　普通铸造高温合金中铁基铸造高温合金较便宜，但由于其高温性能较低，在高性能发动机上的用量日趋减少。钴基铸造高温合金由于钴资源缺乏，发展受到限制，仅用于少数发动机的导向叶片。镍基铸造高温合金是目前航空发动机上所用牌号最多、用量最大、使用最广的铸造高温合金。该类合金已广泛应用于航空、航天、舰船、能源、交通运输和化工等工业部门制造各种复杂零件。在航空工业上最重要的用途是制造航空燃气涡轮发动机的涡轮叶片、导向叶片、整铸涡轮和导向器、增压器、涡轮机匣、尾喷管调节片等。

（2）金属间化合物（Ni_3Al）基铸造高温合金　金属间化合物（Ni_3Al）基铸造高温合金是近年发展起来的，由于合金成分简单、高温强度高、密度低、价格较低而备受重视，已成功应用于制造 1150℃以下工作的涡轮导向叶片。JG4006 合金是国内外首个应用于航空发动机的金属间化合物基铸造高温合金，具有高温比强度高、初熔温度高、密度较低和成本较低的特点。

（3）定向凝固柱晶铸造高温合金　定向凝固柱晶铸造高温合金是在铸造高温合金的基础上，采用先进的现代铸造工艺技术而发展起来的具有柱状晶粒的合金。该类合金的蠕变、机械疲劳及冷热疲劳等性能都比相应的铸造高温合金明显提高。定向凝固柱晶铸造高温合金由于消除了垂直于应力轴的横向晶界，使其承温能力比普通铸造等轴晶合金提高约 50℃，已广泛应用于制作燃气涡轮叶片。

（4）定向凝固单晶铸造高温合金　定向凝固单晶铸造高温合金是在铸造高温合金和定向凝固柱晶铸造高温合金的基础上发展起来的无晶界合金。其合金成分特点是不添加晶界强化元素，组成相简单。定向凝固单晶铸造高温合金采用特种精密铸造方法，随着温度梯度和结晶速度的不同，合金可呈树枝状组织、胞状组织和平面凝固组织。定向凝固单晶铸造高温合金是目前性能水平最高的铸造高温合金，国外第三代单晶高温合金（如 CMSX-10、Rene、N6、RR3000）的耐高温能力可达 1100℃。

1.3.3　铝合金

铝合金按其制造工艺可分为变形铝合金和铸造铝合金两大类。变形铝合金按其特性可分为六类：硬铝合金、超硬铝合金、锻铝合金、防锈铝合金、高纯高韧铝合金和铝锂合金。铸造铝合金按合金系可分为四类：铝-硅合金、铝-铜合金、铝-镁合金、铝-锌合金。铝合金的类型及主要牌号见表 1-4。

表 1-4　铝合金的类型及主要牌号

按成形方法分类	按特性或基体分类	主要牌号
变形铝合金	工业纯铝	1050A、1035、1200、8A06
	硬铝合金	2A01、2A02、2A10、2A11、2A12、2A16、2B16、2017A、2024
	超硬铝合金	7A04、7A09、7075
	锻铝合金	6A02、2A50、2B50、2A14、2014、2214、2A70、2618A
	防锈铝合金	3A21、5A02、5A03、5A05、5A06、5B05、7A33
	高纯高韧铝合金	2124、7475、7050、7B50、7175
	铝锂合金	8090
铸造铝合金	铝-硅合金	ZL101A、ZL102、ZL104、ZL105A、ZL114A、ZL116、ZL112
	铝-铜合金	ZL201A、ZL203、ZL204A、ZL205A、ZL206、ZL207、ZL208
	铝-镁合金	ZL301、ZL303、ZL305
	铝-锌合金	ZL401、ZL402

1. 变形铝合金及其应用

（1）硬铝合金　该类合金属于铝-铜合金，还含有少量的镁和锰，是可热处理强化的变形铝合金。其主要特点是：合金组元铜和镁在固溶处理后，溶于铝固溶体中呈饱和和过饱和状态，经过沉淀硬化处理，其抗拉强度明显提高，而且具有较好的塑性，广泛应用于制造各种类型飞机的蒙皮、隔框、翼肋、翼梁和骨架等受力构件。

（2）超硬铝合金　该类合金属于铝-锌-镁-铜合金，是可热处理强化的高强变形铝合金。它可生产供应各种规格的板材、棒材、型材、厚壁管材、锻件和模锻件，适宜制造飞机上的重要受力构件，如起落架、机翼前梁、大梁、机身对接框支臂、隔框、蒙皮、翼肋、主梁接头等关键件及重要件。

（3）锻铝合金　该类合金属于可热处理强化的变形铝合金。它包括三个系列：铝-镁-硅系、铝-铜-镁-硅系和铝-铜-镁-铁-镍系。铝-镁-硅系的6A02合金具有较高的抗拉强度和屈服强度，且具有较高的塑性和良好的耐蚀性，用于制造要求塑性高、耐蚀性好的零件，如直升机的旋翼梁和一些形状复杂的锻件。铝-铜-镁-硅系的2A50、2B50是中等强度的锻造合金，具有较高的断裂韧度，耐蚀性较差，可用于制造飞机结构中的接头、支架、摇臂、压气机叶轮等。2A14、2014、2214是高强度的锻造铝合金，适宜制造截面较厚的承受高载荷的零件，如大型框架、外壳等。铝-铜-镁-铁-镍系的2A70、2618A合金属于热强合金，可在200～250℃下使用，常用于制造航空发动机的活塞、叶轮、轮盘和压气机叶片等零件。

（4）防锈铝合金　该类合金主要包括不可热处理强化的铝-锰系3A21合金和铝-镁系5A02、5A03、5A05、5A06、5B05合金。这些合金在退火和冷作硬化状态下应用，具有高塑性、低强度，优良的耐蚀性及焊接性，通常用于制造焊接油箱、汽油和滑油的导管等零件。

（5）高纯高强度铝合金　该类合金是适应现代先进飞机设计而发展起来的，其主要特点是杂质含量超低，具有高强度、高断裂韧度、高疲劳性能以及优良的耐蚀性，广泛应用于制造高强度和高断裂韧度、耐应力腐蚀和磨削腐蚀的结构件，如机翼蒙皮、机身蒙皮、隔框、机翼壁板、翼梁、翼肋、起落架支承零件和铆钉等构件。

（6）铝锂合金　铝锂合金的主要特点是密度小、弹性模量高。其板材可用作蒙皮、壁板；挤压型材可用作桁条、加强肋等受力零件。

2. 铸造铝合金及其应用

（1）铝-硅合金　这类合金主要特点是铸造性能好、气密性高，适用于铸造大型、薄壁、复杂及有气密性要求的零件。这类合金可用砂型、金属型、熔模精密铸造等工艺方法成形，主要用于制造飞机结构中的壁板、骨架、唇口、隔框、支架、壳体等零件。

（2）铝-铜合金　这类合金中的前四种是高强度合金，同时具有良好的塑性和韧性。后三种合金的优点是具有优良的耐热性，可用于300～400℃下长期工作的零件。

（3）铝-镁合金　这类合金具有优良的耐蚀性和可加工性，但力学性能低，可用于制造装饰零件和要求耐腐蚀的零件，如水上和舰载飞机的一些受力不大的零件。

（4）铝-锌合金　这类合金具有优良的铸造和焊接性能，但耐蚀性差，密度大，主要用于仪表壳体一类的零件。

1.3.4　钛合金

1. 钛合金的分类及应用

钛合金按其基体结构可分为三大类：α 和近 α 型钛合金、α-β 型钛合金、β 和近 β 型钛合金。按照性能特点，钛合金可分为结构钛合金、热强钛合金、耐蚀钛合金和功能钛合金。按其强度水平和特性又可分为低强度钛合金、中强度钛合金、高强度钛合金、损伤容限型钛合金和铸造钛合金。钛合金的类型及主要牌号见表 1-5。

表 1-5　钛合金的类型及主要牌号

按成形方法分类	按基体结构分类	牌　号	名义化学成分	工作温度/℃	强度水平/MPa
变形钛合金	α	TA1	Ti	300	≥280
	α	TA2	Ti	300	≥370
	α	TA3	Ti	300	≥440
	α	TA4	Ti	300	≥540
	α	TA7	Ti-5Al-2. 5Sn	500	≥785
	α	TA13	Ti-2. 5Cu	350	≥610
	近 α	TC1	Ti-2Al-1. 5Mn	350	≥590
	近 α	TC2	Ti-4Al-1. 5Mn	350	≥685
	近 α	TA11	Ti-8Al-1Mo-1V	500	≥895
	近 α	TA12	Ti-5. 5Al-4Sn-2Zr-1Mo-1Nd-0. 25Si	550	≥980
	近 α	TA15	Ti-6. 5Al-1Mo-1V-2Zr	500	≥930
	近 α	TA18	Ti-3Al-2. 5V	320	≥620
	近 α	TA19	Ti-6Al-2Sn-4Zr-2Mo-0. 1Si	500	≥930
	α-β	TC4	Ti-6Al-4V	400	≥895
	α-β	TC6	Ti-6Al-1. 5Cr-2. 5Mo-0. 5Fe-0. 3Si	450	≥980
	α-β	TC11	Ti-6. 5Al-3. 5Mo-1. 5Zr-0. 3Si	500	≥1030
	α-β	TC16	Ti-3Al-5Mo-4. 5V	350	≥1030
	α-β	TC17	Ti-5Al-2Sn-2Zr-4Mo-4Cr	430	≥1120
	α-β	TC18	Ti-5Al-4. 75Mo-4. 75V-1Cr-1Fe		≥1080
	α-β	TC21	Ti-6Al-2Mo-1. 5Cr-2Zr-2Sn-2Nb		≥1100
	β	TB2	Ti-5Mo-5V-8Cr-3Al	300	≥1100
	β	TB3	Ti-3. 5Al-10Mo-8V-1Fe	300	≥1100
	β	TB5	Ti-15V-3Al-3Cr-3Sn	290	≥1080
	近 β	TB6	Ti-10V-2Fe-3Al	320	≥1105

（续）

按成形方法分类	按基体结构分类	牌　　号	名义化学成分	工作温度/℃	强度水平/MPa
铸造钛合金	α	ZTA1	Ti	300	≥345
	α	ZTA2	Ti	300	≥440
	α	ZTA3	Ti	300	≥540
	α	ZTA7	Ti-5Al-2.5Sn	500	≥760
	α-β	ZTC3	Ti-5Al-2Sn-5Mo-0.3Si-0.02Ce	500	≥930
	α-β	ZTC4	Ti-6Al-4V	350	≥835
	α-β	ZTC5	Ti-5.5Al-1.5Sn-3.5Zr-3Mo-1.5V-1Cu-0.8Fe	500	≥930

（1）低强度钛合金　室温拉伸强度低于800MPa的钛合金。它主要包括工业纯钛和铝、锡、锆等α稳定元素含量较低的α和近α型钛合金。该类型合金的特点是强度水平不高，但工艺塑性特别好，工业纯钛抗氧化和耐蚀性特别好，在航空上主要用于制造钣金件、液压管道等零件。

（2）中强度钛合金　室温拉伸强度在800~1000MPa之间的钛合金。其主要特点是具有良好的综合性能，既有较高的强度，又有足够的塑性。在航空结构中获得最广泛的应用，用于制造承力结构件，以锻件为主，也有板材类零件，还可用于焊接结构件。这类合金的典型代表是Ti-6Al-4V（即TC4）合金，为β稳定元素含量不多的α-β型钛合金。

（3）高强度钛合金　室温拉伸强度通常在1000MPa以上的钛合金。它由α-β型钛合金、β和近β型钛合金组成。它主要用来代替飞机结构合金中的高强度结构钢，可以为飞机结构减重20%以上。在航空结构上主要用于制造高承力结构的锻件或模锻件、钣金件和连接用的紧固件等。

（4）损伤容限型钛合金　损伤容限型钛合金是随着先进的第四代飞机和高推重比航空发动机对材料的需求而发展起来的，是典型的α-β型钛合金。其主要特点是：高强度、高韧性、高比强度、高比模量、高损伤容限及可焊接等优良的综合性能和工艺性能。在航空结构上应用于中后机身的加强框类、梁、发动机支架、接头、轴类、机翼上的翼梁、起落架支承杆等构件。TC21钛合金（与美国Ti62222相当）是典型的损伤容限型钛合金代表。

（5）铸造钛合金　能浇注成一定形状铸件的钛合金。大部分变形钛合金具有良好的铸造性能，均可用于铸造。目前铸造钛合金的使用温度一般为300~400℃，主要用于铸造静止的航空结构件，如机匣、支承架、壳体、框架、导向叶片等。

1.4　复合材料概述

1.4.1　复合材料的定义

复合材料是由有机高分子、无机非金属（如陶瓷等）或金属等几类不同材料通过复合工艺组合而成的新型材料，它既能保留原组分材料的主要特色，又通过复合效应获得原组分所不具备的性能。可以通过材料设计使各组分的性能互相补充并彼此关联，从而获得新的优

越性能，与一般材料的简单混合有本质的区别。

1.4.2　复合材料的组成

复合材料基本上是由基体材料与增强材料两部分组成的。根据基体材料的不同，复合材料通常又可以分为金属基复合材料、非金属基复合材料和聚合物基复合材料。基体材料是复合材料的重要组成部分，本节主要讨论聚合物基复合材料。聚合物基体材料一般由两部分组成，即基体树脂与辅助剂。增强材料主要用于提高基体材料的强度或其他力学性能。聚合物基复合材料结构件大部分都以纤维材料作为增强材料。目前应用比较广泛的纤维材料有玻璃纤维、碳纤维与新型合成纤维（如芳纶等）。

预浸料：复合材料构件在使用真空袋、模压、热压罐等成形工艺时往往需要采用预浸料，预浸料实际上是一种中间产品，它是由已浸渍的树脂并以一定规则排列的纤维组成的。预浸料可分为两类，即单向预浸料和织物预浸料。

夹层结构用芯材：夹层结构往往由两层薄的高强度、高模量面板和中间一层厚而轻的芯子组成。采用夹层结构的主要目的是提高结构件的弯曲刚度和充分利用材料的强度。碳纤维、玻璃纤维、芳纶纤维等复合材料板都可用于夹层结构的面板，而芯材可以用泡沫塑料或蜂窝芯材。

1.4.3　复合材料的主要特点

复合材料具有优异的性能，这是由其组分材料的特性、组合材料间结合状态以及基体材料与增强材料间的结构方式等决定的。例如，金属基复合材料的尺寸稳定性高，在不同热环境下尺寸保持不变；某些聚合物基复合材料的基体与纤维都有较高的比热容、熔融热和汽化热，在很高的温度下，能吸收大量的热量，适合航天器外表面的隔热烧蚀材料；陶瓷基复合材料和碳-碳复合材料具有极高的温度；复合材料可以成形各种型面的零件，甚至大型整体结构，许多产品可以一次成形，大幅度减少零部件与连接件的数量，有利于降低成本。从整体考虑，复合材料较之金属材料具有以下主要特点。

1. 高比强度和高比模量

高比强度（R_m/ρ）和高比模量（E/ρ）是复合材料的最重要特性，由此可大幅减少结构的重量，这对追求减重、增加运输能力和高载弹量的现代航空器而言是最理想的结构材料。几种典型的单向纤维增强的聚合物基复合材料与常用金属材料的性能比较见表 1-6。由表 1-6 中的数据表明：三种环氧树脂基复合材料的比强度是金属材料的 3 ~ 6 倍，比模量是金属材料的2 ~ 6 倍。近年发展的 T700 和 T800 高强高韧性碳纤维增强的聚合物基复合材料，其比值更高。

表 1-6　几种典型的单向纤维增强的聚合物基复合材料与金属材料的性能比较

材　　料	抗拉强度/MPa	弹性模量/GPa	比强度/[MPa/(g/cm^3)]	比模量/[GPa/(g/cm^3)]	密度/(g/cm^3)
变形铝合金（7A33-T6）	462	69	166	24.8	2.78
超高强度钢（30CrMnSiNi2A）	1520	207	197	26.9	7.70

（续）

材　　料	抗拉强度/MPa	弹性模量/GPa	比强度/[MPa/(g/cm^3)]	比模量/[GPa/(g/cm^3)]	密度/(g/cm^3)
钛合金（TC4）	1000	112	225	25.2	4.44
玻璃纤维/聚酯复合材料	1245	48	623	24	2.00
高强度碳/环氧树脂	1471	137	1014	95	1.45
高模量碳/环氧树脂	1049	235	656	147	1.60
芳纶/环氧树脂	1373	78	981	56	1.40

2. 材质的非均质性和各向异性

聚合物基复合材料不同于金属材料那样具有规则的晶格点阵结构，而是呈单向纤维预浸带或机织物预浸带铺叠并按照特定的工艺固化而成的层合结构，因而其材质呈非均质性和各向异性。例如，具有单向纤维的预浸带呈现显著的正交异性，沿纤维方向和垂直纤维方向的力学性能明显不同。机织物预浸带经纬向纤维比例的不同，也同样给机织物增强的聚合物基复合材料带来明显的正交异性。正常情况下，增强纤维比例高的方向，其拉伸、压缩状态下的强度和模量会比其他纤维含量低的方向要高。各向异性还表现在聚合物基复合材料的层间性能远低于面内性能。

3. 良好的抗疲劳性能

大量实践已经表明，金属材料的疲劳破坏往往事前没有明显的预兆，从而导致突发性的灾难。复合材料的疲劳破坏则明显不一样，最早的损伤起始于材料的基体或界面。由于疲劳裂纹的扩展过程需要消耗较多的能量，并且在材料破坏之前可以观察到明显的预兆，因而在材料或结构中产生明显的裂纹或损伤后，复合材料仍可保持足够的剩余强度与寿命，这对保证飞行器的安全十分有利。

4. 材料的可设计性

复合材料的各向异性使聚合物基复合材料具有可设计性强的特点，通过改变不同方向纤维的比例，设计出具有不同参数的正交异性、均衡对称，甚至准各向同性等形式的层合板结构，使得复合材料结构或产品有可能根据其受力特点更好地达到优化设计，提高其使用价值。但是各向异性和非均质性的特点，也提高了结构分析和制造的复杂程度。

1.4.4 复合材料的分类

复合材料的分类目前还没有比较一致的认识，一般可以按照基体材料、增强材料、纤维状态、结构状态或应用状态等情况进行分类。复合材料的分类见表1-7。

表1-7　复合材料的分类

分类方式	分类名称	说　　明
按应用分类	结构复合材料	指应用于承载结构
	功能复合材料	指应用于功能性结构，如阻尼、吸波等
按基体材料种类分类	聚合物基复合材料	基体为聚合物材料，如环氧基等
	金属基复合材料	基体为金属材料，如铝基复合材料、钛基复合材料等

（续）

分类方式	分类名称	说　　明
按基体材料种类分类	碳基复合材料	基体相为碳，如碳/碳复合材料等
	无机非金属基复合材料	基体为无机非金属材料，如陶瓷基复合材料等
按增强材料形状分类	连续纤维增强复合材料	增强材料为长连续纤维
	片状增强复合材料	增强材料为片状材料
	短纤维或晶须增强复合材料	增强材料为短切纤维或晶须
	颗粒增强复合材料等	增强材料为颗粒
按纤维类型分类	碳纤维复合材料	增强材料为碳纤维
	玻璃纤维复合材料	增强材料为玻璃纤维
	芳纶纤维复合材料	增强材料为芳纶纤维
	硼纤维复合材料	增强材料为硼纤维
	陶瓷纤维复合材料等	增强材料为陶瓷纤维
按结构形式分类	层合结构复合材料	铺叠方式制成的层合板
	缠绕结构复合材料	长纤维或织物缠绕方式制成

1.4.5　复合材料的应用

先进复合材料在航空航天领域的应用日益广泛，继铝、钢、钛之后已迅速发展成四大航空结构材料之一，并逐步发展成最重要的结构材料。例如，新一代大型民用飞机（如 B787、A350 和 A400M）复合材料的用量达到 40%～50% 。其中，B787 的先进复合材料的用量达到机体结构重量的 51%，复合材料几乎覆盖了飞机大部分的表面，其中包括了机翼、机身和尾翼等机体主要结构。新一代先进战斗机复合材料用量已达结构重量的 34% 以上，甚至接近 50%；NH90 直升机复合材料用量占机体结构重量的 80% 以上。图 1-3 所示为先进复合材料在大型民用飞机中用量的发展趋势。

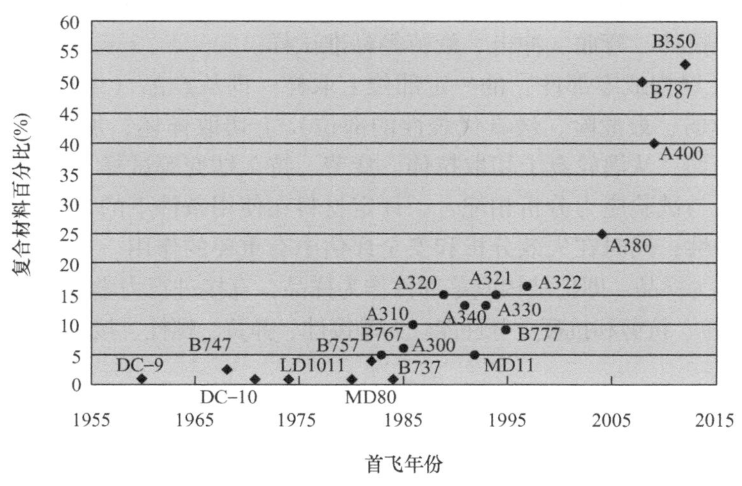

图 1-3　先进复合材料在大型民机中用量的发展趋势

1.4.6 复合材料的基本力学性能

单向板作为复合材料层合板的基本结构，其力学性能是复合材料层压板设计的基础。单向层合板一般包括以下力学性能：0°方向抗拉强度、90°方向抗拉强度、0°方向压缩强度、90°方向压缩强度、面内剪切强度、面内剪切模量、纵向拉伸弹性模量、横向拉伸弹性模量、纵向拉伸泊松比。工程结构设计中通常不仅要进行单向板力学性能指标的测定，还要提供典型铺层复合材料层合板的力学性能指标，考虑弹性模量在拉伸和压缩方向上的差异，应增加纵向压缩弹性模量和横向压缩弹性模量的测定。有关这些力学性能的测试方法详见本书第10章和第15章。

1.5 力学性能试验取样与制备

力学性能试验是对材料的各种力学性能指标进行测定、试验研究及评价、表征的一门试验学科，其进行测定和试验研究的对象被称为试样。所谓试样，就是经机加工或未经机加工后具有合格尺寸且满足试验要求状态的样品。由于在不同产品或同一产品不同位置取样时，力学性能会有差异，而且大多数力学性能试验都具有破坏性，因此只能抽取其中一批材料或在产品中某一部位进行试验，根据试验的结果对这批材料的质量做出某种判别或评价。另外，试样制备的质量对力学性能试验结果的准确性和可比性也会带来某些影响。因此试样的真正意义在于它能代表所在的这一批材料。所以正确取样和制备就成了准确评定材料性能的重要环节。

1.5.1 取样类型及取样原则

1. 取样类型

力学性能试样的取样可分为以下三种类型：

（1）从原材料上直接取样　即从原材料上直接切取样坯，然后加工成标准规定的试样。如型材、棒材、板材、管材和线材等就是根据有关标准，在一定的部位取出一定尺寸的样坯，加工成所需的拉伸、弯曲、冲击、疲劳等标准试样。

（2）从产品（结构或零部件）的一定部位上取样　即从产品（结构或零部件）的一定部位（一般是最薄弱、最危险、最具代表性的部位）上切取样坯，加工成一定尺寸的标准或非标准试样。例如，从涡轮盘上切取拉伸、疲劳、持久蠕变等试样，通过对这些试样进行力学性能试验，并与试验应力分析相配合，评定材料在使用条件下的力学行为，可进一步校正设计计算的正确性；同时在失效分析和安全评估中有重要的作用。

（3）把实物作为样品　即把结构或零部件作为样品，直接进行力学性能试验，以评价零件在使用条件下的抗拉、抗剪和抗疲劳等性能。如铆接件、弹簧、螺栓、接头、耳片、轴承等。

2. 取样原则

为保证力学性能试验结果的准确性、可靠性、可比性和可追溯性，力学性能试验取样必须遵循以下原则：

（1）取样部位　由于金属材料在冷热变形加工过程中，变形量不会处处均匀，材料内部的各种缺陷分布和金属组织也不均匀，因此在产品的不同部位取样时，力学性能试验结果

必然不同。如大直径的圆钢，其中心部位的抗拉强度就低于其他部位的抗拉强度，槽钢在其腰部不同高度处取样，其拉伸性能也有差异等。

（2）取样方向　金属材料在轧制或锻造时，金属沿主加工变形方向流动，晶粒被拉长并排成行且夹杂也沿主加工变形方向排列，由此造成材料性能的各向异性。例如，纵向试样和横向试样的力学性能可能就会有较大的差异。

（3）取样数量　某些力学性能指标对试验条件和材料本身的特性十分敏感，因此一个试样的试验结果可能不足为信；但取样数量太多，则造成人力、材料和时间的浪费。为了确定最小取样数量，需根据试验类型，产品和材料性能的用途，试验结果的分散性以及经济条件等因素，对具体情况进行具体分析。如拉伸试验，一般每次取三个试样进行试验；但对材料研制阶段和全面性能鉴定、复验和仲裁试验时，所用试样数量就不一样；疲劳试验结果往往比较分散，所需试样就比较多，其数量由所要求的置信度确定。

以上三项由于对材料力学性能试验结果影响较大，故俗称为取样三要素。

（4）样品的代表性　由于取样部位、方向对试验结果有影响，因此必须对取样的部位和方向做统一的规定，这样不同的人或不同的实验室对同一产品所做的力学性能试验结果才可以相互比较。GB/T 2975—1998《钢及钢产品　力学性能试验取样位置及试样制备》对钢和钢产品力学性能试验取样位置包括取样方向做了一般性的规定，此外，不少产品标准和协议也都根据产品的特点明确规定了取样部位和方向。这些标准规定取样部位时，有的是出于该部位能代表产品的平均性能，如大直径的钢材，中心的强度比靠近表面部位低，故把半径的 1/2 部位规定为取样位置；有的是出于取样方便，如线材，在长度方向上性能无明显差异，就规定在原材料两头取样等。对原材料产品按这些标准规定的位置取样时，就认为其具有代表性。

当对实际零部件取样时，一般取其最危险、最薄弱的部位，因为最薄弱、最危险处的力学性能决定了产品的性能。此外，还应考虑试样的受力状态与零部件的受力状态相一致，否则试验就失去了意义。

当对产品的力学性能进行比较时，试样的取样位置和方向相对于晶粒流动方向应保持一致，否则，试验结果之间没有可比性。

3. 样坯切取

一般用于切取样坯的方法有冷剪法、火焰切割法、砂轮片切割法、锯切法等，无论采取哪种方法都应遵循以下原则：

1）应在外观及尺寸合格的产品上取样，试料应有足够的尺寸，以保证机加工出最终的试样尺寸和足够的试样数量。

2）取样时，应对样坯或试样标示出不影响其性能的标记，以保证始终能识别出试样的取样位置和方向。

3）取样的方向和位置应按产品标准规定或双方协议执行。

4）切取样坯时，应防止因过热、加工硬化而影响其力学性能与工艺性能。

采用火焰切割法取样时，由于材料是在火焰喷嘴下熔化而使样坯从整体中分离出来的，在熔化区附近，会产生一个从熔化到相变点以下的高温区域，这一局部的高温将会引起材料性能的很大变化。因此从样坯切割线至试样边缘必须留有足够的切割余量，以确保机加工时充分去除过热区的材料而不影响试样的性能。其规定的加工余量一般应不小于试料的厚度或直径。同理，采用冷剪法切取样坯时，在冷剪边缘会产生塑性变形，厚度或直径越大，塑性变形的范围也越大。为此，这两种切取方法均应按表 1-8 留下足够的加工余量。

表 1-8　样坯所留加工余量

试料厚度或直径/mm	机加工余量/mm
≤4	4
>4～10	试料厚度或直径
>10～20	10
>20～35	15
>35	20

1.5.2　试样轴线的标识方法

由于取样部位、方向对试验结果有影响，因此必须对取样的部位和方向做统一的标识规定，这样不同的人或不同的实验室对同一产品所做的力学性能试验结果才可以相互比较。

GB/T 20832—2007《金属材料　试样轴线相对于产品织构的标识》规定了一种利用 *X*-*Y*-*Z* 正交坐标系对相对于产品织构的试样轴线进行标识的方法，用于识别织构规律一致的金属材料。如对于锻造金属，*X* 轴通常指定为主要变形方向，*Y* 轴为最小变形方向，*Z* 轴为 *X*-*Y* 平面的垂直方向。

航空工业行业标准 HB 5142—1996《金属材料平面应变断裂韧度 K_{IC}试验方法》和国家军用标准 GJB/Z 18A—2005《金属材料力学性能数据处理与表达》中，对金属材料试样轴线相对于产品织构的标识方法与 GB/T 20832—2007 规定的方法完全一致，只是用字母 *L*、*T*、*S* 分别代替字母 *X*、*Y*、*Z*。这样的规定主要为了与国际标准 ISO 和美国 ASTM 标准的规定相符合。因此本书推荐航空工业标准取样的表示方法。例如，对于轧制的厚板，*L* 代表金属的主流变方向，即厚板的长度方向（简称纵向）；*T* 代表金属的最小变形方向，即厚板的宽度方向（简称横向或长横向）；*S* 代表 *L*-*T* 平面的垂直方向，即厚板的厚度方向（简称高向或短横向）。*R* 代表圆棒或圆饼金属材料的径向；*C* 代表圆棒或圆饼金属材料的弦向。

1. 一般试样的标识

一般试样的标识通常用一个字母表示取样方向，随后紧跟一个或两个数字表示序号。图 1-4 所示为一般试样轴线相对于产品晶粒流变方向的各种取样标识。

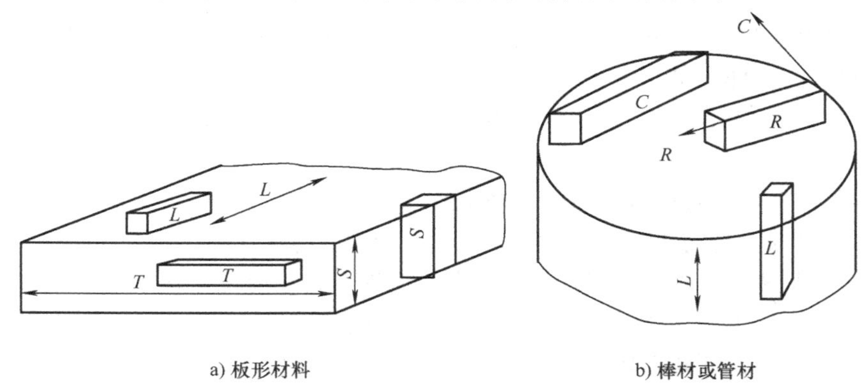

a) 板形材料　　b) 棒材或管材

图 1-4　一般试样轴线相对于产品晶粒流变方向的取样标识

L——纵向，表示试样的加载轴线与材料的长度或主流变方向一致；

T——横向（或长横向），表示试样的加载轴线与矩形截面的宽度方向一致；

S——高向（或短横向），表示试样的加载轴线与矩形截面的厚度方向一致；

R——径向，表示试样的加载轴线与圆形材料的径向方向一致；

C——弦向，表示试样的加载轴线与圆形材料的弦向方向一致。

2. 缺口（或预裂纹）**试样的标识**

对于含裂纹试样，裂纹扩展平面和方向与产品特征晶粒流动方向一致的标识方法，采用连字符连接的两个字母来表示。连字符前面的字母代表裂纹平面的法线方向，连字符后面的字母代表预期的裂纹扩展方向，如图 1-5 所示。例如，L-T 试样，L 表示裂纹面的法线方向，

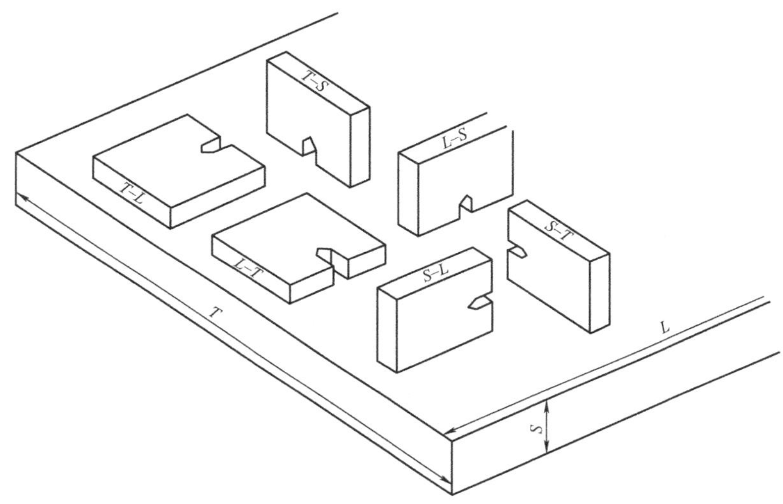

a) 矩形截面的裂纹平面取向和裂纹扩展(或缺口)方向的标记规定

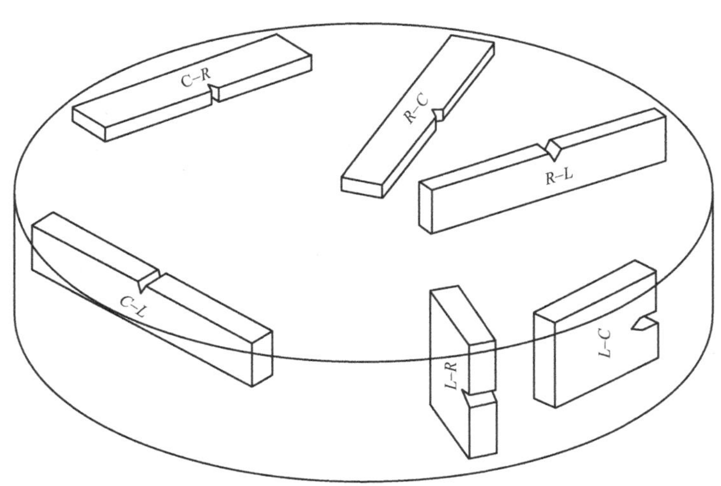

b) 棒材或圆饼试料的裂纹面取向和裂纹扩展(或缺口)方向的标记规定

图 1-5　含裂纹试样相对于产品晶粒流变方向的取样标识规定

T 表示预期的裂纹扩展方向。对于矩形截面含裂纹试样，其轴线相对于产品晶粒流变方向不一致的取样标识如图 1-6 所示。

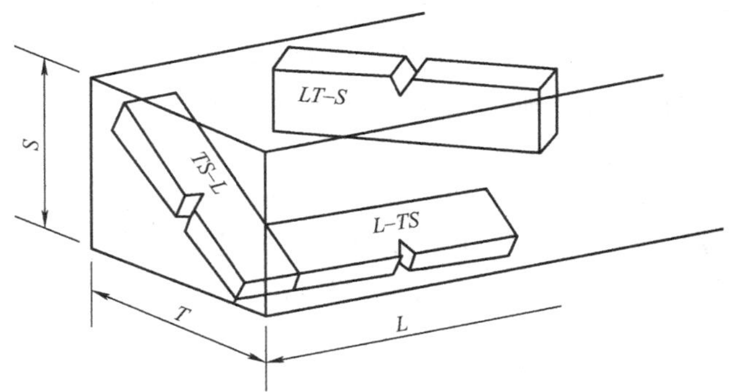

图 1-6 矩形截面含裂纹试样相对于产品晶粒流变方向不一致的取样标识规定

1.5.3 试样的制备

1. 对试样机加工的要求

机加工是力学性能测试的重要组成部分，试样机加工的工艺和质量对力学性能的测试结果有影响，为保证力学性能试验结果的准确性和可比性，对机加工提出如下要求：

1）制备试样过程中，应避免由于机加工使试样表面产生冷作硬化或过热而改变其力学性能。机加工最终工序应使试样形状和尺寸及表面质量满足相应试验方法标准的要求。

2）试样表面不应有划痕、损伤及锈蚀。

3）试样的缺口应在热处理后磨削加工。

4）对疲劳试样的工作部分应尽可能采用纵向磨削加工，以尽可能减少加工纹理对疲劳试验结果的影响。

5）对厚度较薄或易变形的板材试样，在加工过程中应采用慢速、较小进刀量的多级加工工艺，并不断翻转，以使变形减至最小。对易变形的材料，应尽可能留出足够的加工余量。如必须对试料矫直，可在热处理之前进行热加工或冷加工，热加工的温度应低于最终热处理温度。

6）从切取样坯到试样交付测试的全过程中，试样编号是识别取样位置和取样方向的唯一标识，因此在试样制备过程中必须始终保持试样编号的同一性和可追溯性。

2. 对试样热处理的要求

热处理是试样制备的重要程序，为保证试样质量，对试样热处理有如下要求：

1）热处理过程中应避免试样变形、过热、氧化和腐蚀。对易氧化的材料应采取防氧化措施，如在保护性气体或真空环境中进行。

2）对尺寸相差悬殊的试样不应同炉处理，以保证试样截面力学性能的同一性。

3）坯样或试样加工前或加工后的热处理都应严格按产品标准、订货单或客户的要求进行。

1.5.4 试样包装与防护

试样从制备完成到待检验之前的包装和防护十分必要，如果试样表面受到划伤和腐蚀，

就有可能因试样受到的损伤而影响材料的力学性能试验结果。如试样表面有划伤就有可能影响裂纹检测的精度和准确性；试样表面有腐蚀坑或损伤，则有可能成为裂纹萌生的策源地。因此试样制备完成后，应立即用吸湿纸或油纸将试样隔层或单个包装好，并存放在干燥器内；如果需要托运或邮寄，则将包装好的试样放入包装箱内，应防止试样在路途中颠簸而引起相互滑动、碰撞和变形及腐蚀介质的渗入。对板材试样，如需较长时间保存，不宜平行存放，建议侧向放置。

1.6　力学性能试验方案设计

力学性能试验方案设计是对材料及力学性能基础理论知识与试验方法、测试技术及测试经验的综合集成和具体应用；另外，设计一个好的试验方案将是项目研究和试验成功的关键。本节将介绍如何设计一个合适的试验方案。

1.6.1　试验方案策划

根据项目合同内容和客户要求，试验方案策划一般应包括以下内容：

1. 试验目的与意义

明确说明本项目力学性能试验的任务来源、相关背景材料与试验目的，以及所要达到的预期技术指标，并从预期结果、应用价值、经济与社会效益等方面说明其意义。

2. 试验类型

在制订试验方案时应依据试验规模和实现的难度以及试验目的和用途，首先确定试验类型，为制订具体的试验方案提供总体思路和框架。

按试验规模和实现的难度，试验类型一般分为三类：基础试验、综合性试验和创新性试验。基础试验是指针对某种材料的某项或某些常规的力学性能试验项目，如拉伸、压缩、扭转、持久蠕变、疲劳等。综合性试验是指为某项工程或某重大任务提供设计用材料力学性能数据、曲线的大、中型综合性试验项目。该类试验通常测试材料的牌号和品种多、测试项目和试件数量多、测试技术的难度大，需强大的技术支持和严密系统的技术管理。创新性试验是指探索和研究型的试验项目，其测试方法和测试技术具有一定的难度和复杂性，如腐蚀环境、高温环境下的疲劳与裂纹扩展试验等。

按试验目的和用途又可分为筛选试验、全面性能鉴定试验、产品生产阶段工艺抽检试验、产品出厂批检试验、仲裁试验、故障分析试验等。

3. 试验内容

提出明确具体的试验项目内容，包括所测试材料的牌号、规格、状态、取样方向、测试项目、试样数量等。为了让试验内容清晰可见，一目了然，最好以表格矩阵形式表示。

4. 可行性分析

可行性分析主要包括测试能力和测试水平的分析。对于基础试验，其测试能力主要分析试验设备和附加试验装置是否满足试验要求，如试验机状态、加载能力、频率范围等试验条件。测试水平主要分析测试人员从事本岗位工作及接受培训的资质。对于综合性试验和创新性试验，除了上述分析外，还应包括完成本试验研究项目的硬件、软件条件（如测试设备的品种、数量和先进程度，测试人员组成和水平，试验质量保障体系运行、认证状况，实验

室综合管理和整体技术水平等）、过去在力学性能测试技术方面与本测试项目相关的主要工作状况和取得的主要测试研究成果等。

5. 试验经费预算

试验经费是保障测试项目如期优质完成的关键，因此在试验方案策划中，试验经费预算是不可或缺的一项。预算要明确具体，要细算到每一个试样、每一条曲线的试验经费。

1.6.2　试验方法与步骤

1. 材料

对于全面性能鉴定试验、仲裁试验、创新性试验或大中型综合性试验，为保证数据的有效性和稳定性，要求材料必须是已定型、性能稳定的成熟材料，并满足相应材料的技术标准要求，具有出厂检验保证单，并经复验证明合格。

2. 试样及制备

为确保数据的准确性、权威性和可比性，试样应尽可能选择标准试验方法中推荐的标准试样。在特殊情况下，如需设计试样时应遵循以下原则：

1）试样夹持部位应考虑与夹具、试验机的恰当连接和配合。

2）试样过渡部位应圆滑、受力均匀，避免过度的应力集中。

3）确保试样断裂位置应位于试样工作部分。

试样的制备应严格执行标准中推荐的机加工工艺，以确保最终获得所要求的试样尺寸公差、几何公差及表面粗糙度。为保证数据的可追溯性，应严格按预先设计的取样图切取试样，并标记永久性的试样标识。

3. 试验设备、仪器和夹具

根据试验目的和要求选择适当的相应试验设备。如测定疲劳极限应选择高频疲劳试验机；测定疲劳裂纹扩展门槛值可考虑选择载荷精度高、试验频率适当的小吨位电液伺服疲劳试验机（±50kN）；测定低周疲劳性能可考虑选择试验频率低，具有应变控制和测量功能的低频疲劳试验机。

根据试样夹持部位的形状和尺寸选择试样夹具。如板材试样可选择液压夹具或螺栓连接的平板摩擦夹具；螺纹试样可选择螺纹连接夹具；圆形试样可选择 V 形液压夹具或台阶夹具；对于特殊的元件试样应根据试样的形状和尺寸设计专用夹具，如单耳片或双耳片元件试验夹具。

对于高温试验应选择合适的高温炉或恒温箱。

对于环境试验应具有合适的环境控制与测量系统，如温湿环境控制箱、腐蚀疲劳试验装置等。

4. 技术难点及关键测试技术

解决技术难点突破关键测试技术是完成测试任务的关键，必须明确本项目的主要技术难点和关键测试技术及解决的方案。如超高温（>900℃）下的疲劳裂纹长度测量技术，拟采用的测量技术（如 COD 法、电位法等），描述其技术成熟度、测量精度和稳定性等方面的技术指标是否满足试验方法要求。

5. 试验进度及关键节点

明确分工和完成节点是保证任务按期优质完成的关键，因此必须在试验方案设计中明确

规定试验各项目的完成日期、主要负责人及关键节点。

1.6.3　试验质量控制

1. 试验设备仪器状态

试验前必须核查试验设备仪器的状态，主要包括试验设备、仪器仪表和量具的物理、力学等参量的检验合格证（其检验参量是否满足试验方法要求、有效期是否合格）；对试验机与夹具的同轴度进行检查和校对，以满足试验方法的要求。

2. 技术文件状态

技术文件状态是指拟采用的标准试验方法、技术规程、试验操作程序、试验技术合同的有效性及规范性。

3. 检测人员状态

检测人员状态主要包括检测人员的专业资格证、设备操作合格证的有效性以及检测人员的专业培训资历证明等。

1.6.4　数据处理方法及结果表达

1. 试验数据处理方法

对应不同的试验项目，试验数据处理拟采用的方法：静力试验数据宜采用最小二乘法，疲劳试验数据宜采用最小二乘法或多项式回归法，裂纹扩展试验数据宜采用 7 点递增多项式法或割线法等。评定试验误差或精度拟采用的参量，如标准差、方差、存活率、置信度、变异系数等。

2. 试验结果表达

试验结果表达通常采用标准试验方法中推荐的表达形式，或以数据表格和曲线形式表达。但无论何种试验项目的结果表达都应包括以下相适应的内容。

1）材料：牌号、规格（是指薄板、厚板、圆棒、自由锻件、模锻件等）、状态或热处理工艺、表面状态（是指喷丸、滚压、挤压、涂层等）等。

2）试样：编号、取样方向、试样类型［如 C（T）、M（T）、光滑试样、缺口试样等］。

3）试验设备型号。

4）试验参数：对于疲劳和裂纹扩展试验应包含应力比 R、应力集中系数 K_t 等参数。

5）试样环境，如实验室空气、潮湿空气（95% RH）、盐水（3.5% NaCl）、盐雾（3.5% NaCl）等，对于高温试验还应包括试验温度。

6）试验频率，对于腐蚀环境力学性能试验或低周疲劳试验，频率则是重要的试验参量。

7）数据处理方法及曲线表达式。

1.6.5　试验结果评估

对于某些重要的综合性试验和创新性试验，为保证试验结果的可靠性、权威性和真实性，应对试验研究结果进行综合评估。其主要内容包括：

1）从技术层面全面评价本项目所采用的试验原理、方法和测试技术的技术水平、先进性、可靠性、准确性和创新性，试验研究结果是否满足客户设计使用的需求。

2）从试验质量控制层面评价试验结果的有效性和可靠性，如试验数据的可追溯性，试样、试验原始记录、试验报告及技术报告的完整性和一致性，试验设备、仪器仪表及量具的有效性等。

思　考　题

1. 了解材料性能的基本概念。何谓材料性能？何谓材料固有性质？何谓材料使用性能？
2. 飞机设计思想经历了哪三个阶段？各阶段的特点及对力学性能的要求有哪些不同？
3. 简述超高强度钢的定义及分类。
4. 简述不锈钢的主要特性和分类。
5. 简述高温合金的分类、特性及应用。
6. 简述钛合金的分类。如何划分高、中、低强度钛合金？
7. 简述力学性能试样的取样类型、取样原则及试样标识方法和相应符号。
8. 简述复合材料的主要特点，复合材料的定义、组成及分类。
9. 设计试样方案时，试验质量控制应考虑哪些状态？
10. 简述试验的三种基本类型。

第2章　金属的变形

金属在外力作用下产生形状或尺寸的变化叫作变形。根据外力去除后变形能否恢复，可分为弹性变形和塑性变形两种。能恢复的变形叫作弹性变形，不能恢复的变形叫作塑性变形。金属在外力作用下先发生弹性变形，当应力超过屈服强度后就发生塑性变形，同时还伴随有弹性变形和形变强化。因此金属是具有弹性变形、塑性变形和形变强化能力的弹塑性材料。

为了更好地理解和掌握材料力学性能指标的物理本质与测试技术理论，本章将集中讨论应力-应变、弹性变形、塑性变形和形变强化等金属变形的基本概念。

2.1　基本概念

2.1.1　外力与内力

1. 外力

外力是指作用于结构体上的载荷。当结构体工作时，各构件将承受载荷，并将其相互传递。例如，桥梁承受车辆和行人的载荷，水坝承受水的压力，活塞杆承受气缸内的压力并推动机车，飞机起落架承受飞机本身重量和起飞着陆时的冲击力等。这一类载荷称为作用于构件上的外力。对于所研究的物体来说，其他物体作用于其上的力均为外力，包括载荷与约束力。

外力按作用方式可分为体积力和表面力。

体积力：结构体所承受的载荷是连续分布在构件体积内的，其单位是 N/m^3。如构件本身的重量或者运动构件中的惯性力等都属于这一类的外力。

表面力：结构体上所承受的载荷是由相邻介质传递而作用于构件表面的，这一类力可以分为集中力与分布力两种。集中力是指作用在构件上某一点的载荷，它的单位是 N。分布力是连续分布在构件表面的某段长度上或某块面积上的力，它的单位是 N/m 或 N/m^2。

载荷可以分为永久载荷和暂时载荷。前者是在结构体存在的所有时间内长期作用着，如结构体本身的重量；后者只是在若干时间内作用于结构体上的，如过桥的车重。

按载荷的性质，还可以分为静载荷和动载荷。静载荷是逐渐地加于结构体上的，构件不产生加速度，或者加速度小得可以忽略不计；动载荷是使结构体产生速度变化的载荷，如冲击载荷、重复载荷、交变载荷。

2. 内力

物体受外力作用时，将发生变形，即引起原子间的距离发生变化，而在它的内部也就产生了附加的内力。外力企图改变构件的形状，使其一部分脱离其他部分；内力则抵抗这种企图。这种引起原子间相互作用力的改变量称为内力。

内力的数值可以根据外力来计算，通常采用截面法进行计算。

2.1.2 变形的基本形式

金属在外力作用下产生形状或尺寸的变化叫作变形，这是固体的基本性质。

外力通常以各种不同的方式作用于构件上，因此在工程结构中，构件由于外力而引起的变形具有非常复杂的形式。但是这些复杂的形式最终都可以分析为由几种基本形式组合而成，如图 2-1 所示，变形的基本形式如下：

1）拉伸（见图 2-1a），如链条、吊绳、拉杆等。

2）压缩（见图 2-1b，如短柱、基座等。

3）剪切（见图 2-1c），如铆钉、螺杆等。

4）扭转（见图 2-1d），如机轴等。

5）弯曲（见图 2-1e），如梁等。

这几种变形的基本形式也是力学性能测试的基本类型，这将在本书第 5 和第 8 章中详细讨论。

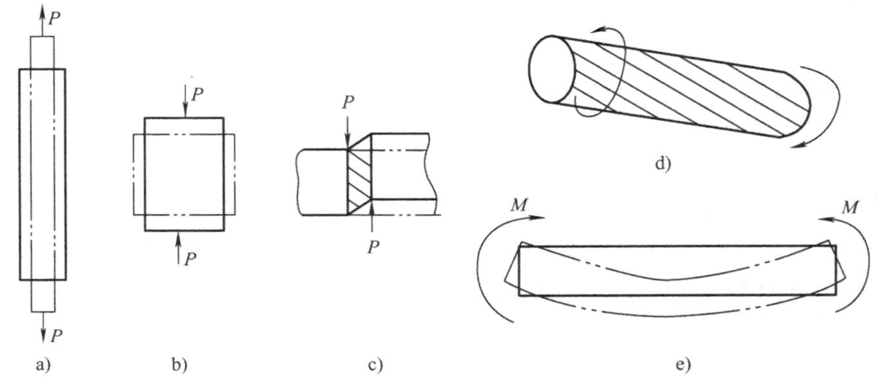

图 2-1 变形的基本形式

2.1.3 应力与应变

1. 应力

应力是材料局部的受力集中程度，用于表征材料承受载荷的能力。在工程上，应力被定义为物体受外力作用时，单位截面积上的内力。垂直于截面的内力，称为正应力，以 σ 表示；平行于截面的内力，称为切应力，以 τ 表示。必须注意，应力不是“力”的单位，它不能单独地用来表示“力”的作用，而必须通过截面积才能表示“力”的作用。在单轴静拉伸条件下的正应力 σ 为

$$\sigma = \frac{F}{S_0} \tag{2-1}$$

式中 F——拉伸载荷；

S_0——垂直于拉伸试样轴向的截面积，一般忽略加载过程中截面面积的变化，而以原始面积 S_0 计算，此时 σ 称为条件应力或工程应力。

2. 应变

应变是表征物体变形程度的力学参量。在拉伸载荷 F 作用下，试样将伸长，截面积收

缩，因此单位长度（或面积）上的伸长（或收缩）定义为应变。与条件应力相似，应变以条件应变或工程应变表示，即为伸长率 A：

$$A=\frac{l-l_o}{l_o} \tag{2-2}$$

式中　l_o——原始标距长度；

l——试样在载荷 F 作用下的标距长度。

如果用截面积变化表示，则为断面收缩率 Z：

$$Z=\frac{S_o-S}{S_o} \tag{2-3}$$

式中　S_o——原始截面积；

S——试样断后截面积。

在颈缩以前，根据体积不变的原则，可得伸长率 A 与断面收缩率 Z 的关系：

$$A=\frac{Z}{1-Z} \quad \text{或} \quad Z=\frac{A}{1+A} \tag{2-4}$$

3. 真应力

在拉伸过程中，试样的截面积是逐渐变小的。用载荷 F 除以试样的瞬时截面积 S，称为真应力，用 σ_t 表示为

$$\sigma_t=\frac{F}{S} \tag{2-5}$$

由于 $S=S_o-\Delta S=S_o\left(1-\frac{\Delta S}{S_o}\right)=S_o(1-Z)$，所以真应力与条件应力之间的关系为

$$\sigma_t=\frac{F}{S}=\frac{\sigma}{1-Z} \tag{2-6}$$

4. 真应变

在轴向加载过程中，瞬间标距 l 与原始标距 l_o 之比的自然对数称为真应变。即当负荷增加 $\mathrm{d}F$ 时，试样伸长 $\mathrm{d}l$，则此时的瞬时真应变为 $\mathrm{d}l/l_o$，其表达式为

$$e=\int \mathrm{d}e=\int_{l_o}^{l}\frac{\mathrm{d}l}{l}=\ln\frac{l}{l_o} \tag{2-7}$$

同样，如用截面积的变化表示，则真应变为

$$e=\int_{S_o}^{S}\frac{\mathrm{d}S}{S}=\ln\frac{S}{S_o} \tag{2-8}$$

真应变与条件应变的关系为

$$e=\ln\frac{l}{l_o}=\ln\frac{l_o+\Delta l}{l_o}=\ln(1+A) \tag{2-9}$$

$$e=\ln\frac{S}{S_o}=\ln\frac{S_o-\Delta S}{S_o}=\ln(1-Z) \tag{2-10}$$

5. 应力-应变的关系

材料的应力与应变关系是表征材料在不同受力状态下的力学行为，通常用应力-应变曲线来表达，它是力学性能中最基本、最重要的力学行为特性。例如从应力-应变曲线上，可以直接测出金属材料拉伸、压缩、扭转、剪切等力学性能的各项指标，如弹性模量 E、屈服

强度、断裂强度、和塑性等。应力-应变曲线按其静、动态可分为静态应力-应变曲线和动态应力-应变曲线。前者称为单调应力-应变曲线，或全范围应力-应变曲线（参见第5章5.1.1节）；后者称为循环应力-应变曲线，详见第12章12.1.3节。

*2.1.4 应力状态的柔性系数

1. 均匀应力状态

均匀应力状态是指物体内各点的应力状态相同。轴向拉伸状态和纯剪切状态是两种最简单的均匀应力状态，分别如图2-2和图2-3所示，这两种应力状态是构成复杂应力状态的最基本单元。

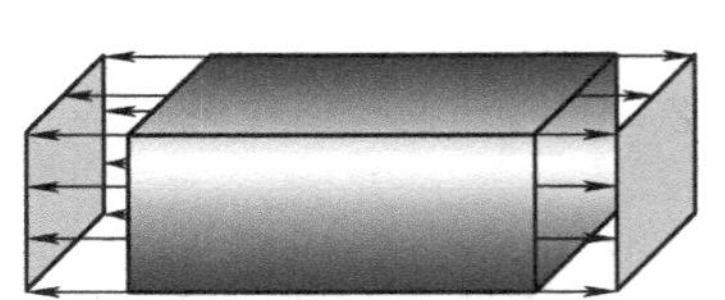

图2-2 轴向拉伸状态

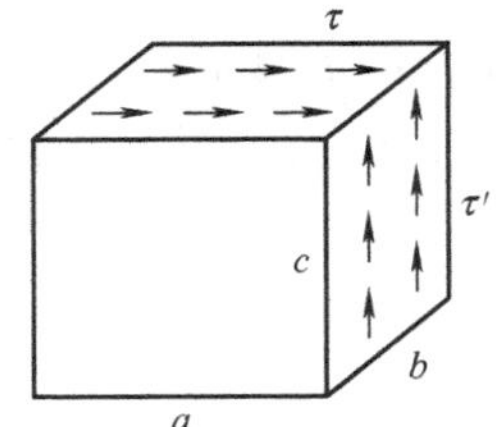

图2-3 纯剪切状态

2. 应力状态柔性系数

不同的加载方式在试验中将产生不同的应力状态。单向静拉伸试验时，垂直截面上正应力最大为σ，45°方向截面的切应力最大为$\sigma/2$。对于一般复杂应力状态，其相应的最大正应力和切应力可以根据固体材料力学第二强度理论和第三强度理论求得，即

$$\sigma_{max} = \sigma_1 - \nu(\sigma_2 + \sigma_3) \tag{2-11}$$

式中 ν——泊松比。

$$\tau_{max} = \frac{1}{2}(\sigma_1 - \sigma_3) \tag{2-12}$$

一般用最大切应力与最大正应力之比表示应力状态的柔（软）性系数α，即

$$\alpha = \frac{\tau_{max}}{\sigma_{max}} = \frac{\sigma_1 - \sigma_3}{2\sigma_1 - 2\nu(\sigma_2 + \sigma_3)} \tag{2-13}$$

该比值是应力状态的一种标志。$\alpha \geqslant 1$，应力状态称为“软”态；$\alpha < 1$，应力状态称为“硬”态。影响材料断裂的因素很多，如试验温度、加载速度、应力状态等。当温度和加载速度一定时，由于应力状态的不同，可以使材料表现出不同的断裂类型。

金属在变形和断裂过程中，正应力和切应力的作用是不同的。只有切应力才能引起塑性变形和韧性断裂，而正应力一般只能引起脆性断裂。因此可以根据金属材料受力的应力状态柔性系数α来分析金属的塑性变形和断裂类型，α值越大，最大切应力分量越大，金属越容易发生塑性变形，导致韧性断裂；反之，金属容易发生脆性断裂。

不同的试验加载方式，材料所处的应力状态不同。合理选择不同材料的力学性能测试项目，以正确评定材料的力学性能指标。例如，对于低塑性和脆性材料，单向拉伸试验不能较好地测定它们的塑性和强度指标，需要选用α较大的加载试验来评定材料的力学性能指标，用作设计和选材的依据。常见几种加载方式下的应力状态柔性系数α见表2-1。

表 2-1　常见几种加载方式下的应力状态柔性系数 α 值（$\nu = 0.25$）

加载方式	主应力			应力状态柔性系数 α
	σ_1	σ_2	σ_3	
三向不等拉伸	σ	$\frac{8}{9}\sigma$	$\frac{8}{9}\sigma$	0.1
单向拉伸	σ	0	0	0.5
扭转	σ	0	$-\sigma$	0.8
两向等压缩	0	$-\sigma$	$-\sigma$	1
单向压缩	0	0	$-\sigma$	2
三向不等压缩	$-\sigma$	$-\frac{1}{3}\sigma$	$-\frac{7}{3}\sigma$	4

由表 2-1 可见，单向拉伸的应力状态较硬，正应力分量较大，切应力分量较小，故一般适用于那些塑性变形抗力与切断抗力较低的所谓塑性材料的试验。对于那些正断抗力较低的所谓脆性材料（如淬火并低温回火的高碳钢、灰铸铁及某些铸造合金），在这种加载方式下进行试验，金属将产生脆性正断，难以反映表征这类材料塑性变形能力的塑性指标，不能观察到它们在韧性状态下所表现的各种力学行为。为了研究化学成分、组织结构对这类金属材料力学性能的影响，就必须在扭转、单向压缩等应力状态较“软”的加载方式下观察其力学行为，以揭示那些客观存在而在单向拉伸下不能反映的塑性性能。

2.2　金属的弹性变形

2.2.1　弹性变形的特点

金属的弹性变形是一种可逆性变形。金属在一定外力作用下，先产生弹性变形，当外力去除后，变形随即消失而恢复原状，表现为弹性变形的可逆性特点。

金属在正应力或切应力，即在拉伸、压缩、扭转、剪切和弯曲载荷作用下都会产生弹性变形。正应力引起的相对弹性变形叫作正弹性应变，切应力引起的相对弹性变形叫作切弹性应变。在弹性变形过程中，不论是加载或卸载，其应力和应变都保持单值的线性关系，所以弹性变形又具有单值性的特点。

金属的弹性变形主要发生在弹性变形阶段，但在塑性变形阶段也还伴随发生一定量的弹性变形。即使这样，两个变形阶段的弹性变形总量也很小，一般不超过 0.5%～1%。

总之，金属的弹性变形具有可逆性、单值性和变形量很小三个特点。

2.2.2　胡克定律

众所周知，金属弹性变形时，应力和应变之间存在着正比例直线关系，即符合胡克定律。对简单应力状态，胡克定律可表示为：

（1）单向拉伸

$$e_y = \frac{\sigma_y}{E} \tag{2-14}$$

$$e_x = e_z = -\nu \frac{\sigma_y}{E} \tag{2-15}$$

式中　e_y——纵向拉伸应变；

e_x、e_z——横向收缩应变；

E——正弹性模量；它数值上等于应力-应变曲线上直线段的斜率，即 $E=\frac{\sigma}{e}=\tan\alpha$；

ν——泊松比，表示单向受力状态下横向变形与纵向变形之比；

σ_y——拉应力。

（2）剪切和扭转

$$\tau = G\gamma \tag{2-16}$$

式中　τ——切应力；

G——切弹性模量；

γ——切应变。

（3）E、G 和 ν 的关系　工程上用的金属材料一般为多晶体，可认为是各向同性的，其正弹性模量和切弹性模量之间的关系可表示为

$$G=\frac{E}{2(1+\nu)} \tag{2-17}$$

2.3　弹性模量

2.3.1　弹性模量的物理意义

由胡克定律式（2-14）和式（2-16）可知，当应变为1个单位（$e=1$ 或 $\gamma=1$）时，弹性模量即等于弹性应力。即 $E=\sigma(e=1)$，$G=\tau(e=1)$。因此弹性模量是弹性应变为1时的弹性应力。这样的定义从数学关系来看是正确的，但就实际金属来说，因其本身弹性应变极小（一般不超过0.5%），此定义却显得没有意义，也无法按照这种定义去测定。因此在工程上金属弹性模量只能理解为应力应变的比值，表征金属对弹性变形的抗力。它的大小反映了金属材料弹性变形的难易程度，其值越大，则在相同应力下产生的弹性变形就越小。

对于单晶体来说，不同晶向因原子结合力不同其弹性模量也不同，表现为弹性各向异性。常见的体心立方金属和合金，其（111）晶向的弹性模量 E_{111} 为最大，而（100）晶向的弹性模量 E_{100} 为最小，其他晶向的弹性模量 E 值介于两者之间。多晶体金属各晶粒取向是任意的，其弹性模量应该是各个晶向弹性模量的统计平均值，介于 E_{111} 和 E_{100} 之间。一些常用金属的弹性模量见表2-2。

表2-2　一些常用金属的弹性模量

晶格类型	金属	正弹性模量 E/GPa			切弹性模量 G/GPa		
		单晶体		多晶体	单晶体		多晶体
		最大值	最小值		最大值	最小值	
面心立方	铝 Al	76.1	63.7	70.8	28.4	24.5	26.1
	铜 Cu	191.1	66.7	129.8	74.5	30.6	48.3
	金 Au	116.7	42.9	78.0	42.0	18.8	27.0

（续）

晶格类型	金属	正弹性模量 E/GPa			切弹性模量 G/GPa		
		单晶体		多晶体	单晶体		多晶体
		最大值	最小值		最大值	最小值	
体心立方	银 Ag	115. 1	43. 0	82. 7	43. 7	19. 3	20. 3
	铁 Fe	272. 7	125. 0	211. 4	115. 8	59. 9	81. 6
	钨 W	384. 6	384. 6	411. 0	151. 4	151. 4	160. 6
六方	镁 Mg	50. 6	42. 9	44. 7	18. 2	16. 7	17. 3
	锌 Zn	123. 5	34. 9	100. 7	48. 7	27. 3	39. 4

绝大部分构件在服役过程中都处于弹性变形状态，其中一些构件要求在一定载荷下只允许产生一定的弹性变形，如镗床的镗杆、机床的主轴、刀架等，如果发生过量的弹性变形就会造成废品。例如，镗杆工作时，若本身发生过量的弹性变形，则镗出的内孔直径就会偏小、有锥度。这就出现了生产中的刚度问题。那么，什么是刚度呢？在工程上往往将构件产生弹性变形的难易程度叫作构件的刚度。拉伸构件的刚度常用 ES_o 表示，ES_o 越大，拉伸构件的弹性变形越小。

已知
$$E=\frac{\sigma}{e}=\frac{F/S_o}{\Delta l/l_o} \tag{2-18}$$

则
$$ES_o=\frac{Fl_o}{\Delta l}=\frac{F}{e} \tag{2-19}$$

由式（2-19）可知，当零件的长度 l_o 和外加载荷 F 一定时，弹性变形的绝对值 Δl 主要取决于弹性模量 E 和零件的截面积 S_o 的乘积 ES_o。ES_o 值越大，Δl 或 e 值就越小，说明零件就越不容易发生弹性变形，即零件的刚度大。可见要增加零件的刚度，或者是增大零件的截面积 S_o，或者是选取 E 值高的材料。如果零件的截面积不变，则零件的刚度主要取决于材料的 E 值。所以在设计、选材时，除了设计足够的截面 S_o 外，还应选用弹性模量高的钢铁材料。所以说 E 代表了材料刚度的大小，这就是弹性模量的工程技术意义。

2.3.2　影响弹性模量的因素

从原子间的相互作用力来看，弹性模量是表征原子间结合力的一个物理量，其值反映了原子间结合力的大小。因此弹性模量主要取决于金属的本性，即与晶格类型和原子间距有密切关系。室温下金属的弹性模量是原子序数的周期函数。同一周期的元素如 Na、Mg、Al、Si 等，E 值随原子序数增加而增大，这与元素价电子增多及原子半径减小有关。同一族的元素，如 Be、Mg、Ca、Sr、Ba 等，E 值随原子序数增加而减小，这与原子半径增大有关。但是对于过渡族金属来说并不适用。过渡族金属的弹性模量最高，这可能和它们的 d 层电子未被填满而引起的原子间结合力增大有关。常用的过渡族金属，如 Fe、Ni、Mo、W、Mn、Co 等，其弹性模量都很大，显然这也是这些金属被广泛应用的原因之一。

合金中固溶溶质元素虽可改变合金的晶格常数，但对于常用钢铁合金来说，合金化对其晶格常数改变不大，因而对弹性模量影响很小。例如各种低合金钢和碳钢相比，其 E 值相当接近。所以若仅考虑构件的刚度问题时，选用碳钢可以满足要求。

热处理是改变组织的强化工艺，但对弹性模量却影响不大。如晶粒大小对 E 值无影响，第二相的大小和分布对 E 值影响也很小，淬火后稍有下降，但回火后又恢复至退火状态的 E 值。

冷塑性变形使 E 值稍有降低，一般降低 4% ~ 6%，但当变形量很大时，因形变织构而使其出现各向异性，沿变形方向 E 值最大。

加载速度对弹性模量也没有影响，固体中弹性变形的传播速度与声速相当。因为声音本身就是机械振动在弹性介质中的传播，而金属的弹性变形速度极快，远远超过了一般的加载速度。因此工程上通常的加载速度不会明显影响金属的弹性模量。

温度的变化能改变弹性模量，金属的弹性模量总是随温度升高而减小，因为温度升高使原子间距增大，使原子间结合力减弱。一般对钢来说，温度每升高 100℃，E 值下降 3% ~ 5%。但在 -50 ~ 50℃ 范围内，钢的 E 值变化不大。

综上所述，作为表征金属材料刚度的弹性模量（E、G），是一个对成分、组织都不敏感的力学性能指标。其大小主要决定于金属本性和晶体结构，是金属最稳定的力学性能，热处理、合金化、冷加工三大金属强化手段对其作用均很小。

2.3.3 金属的弹性与弹性比功

金属的弹性是金属弹性变形的能力，可用开始塑性变形前的最大弹性应变表示。金属拉伸时，其弹性可用弹性极限所对应的弹性应变 e_e 表示，如图 2-4 所示。

$$e_e = \frac{\sigma_e}{E} \tag{2-20}$$

金属的弹性比功又称弹性比能或应变能。它是金属吸收弹性变形功的能力，一般用塑性变形前的最大弹性比功表示。图 2-4 所示应力-应变曲线中阴影区面积的大小，即为金属拉伸时的弹性比功 W_e，其表达式为

$$W_e = \frac{1}{2}\sigma_e e_e = \frac{\sigma_e^2}{2E} \tag{2-21}$$

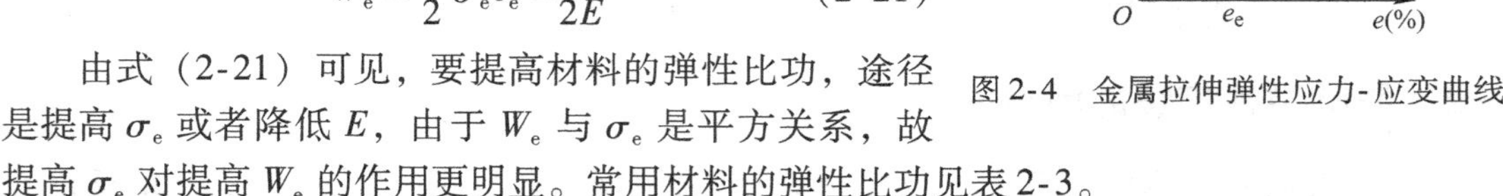

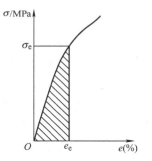

图 2-4　金属拉伸弹性应力-应变曲线

由式（2-21）可见，要提高材料的弹性比功，途径是提高 σ_e 或者降低 E，由于 W_e 与 σ_e 是平方关系，故提高 σ_e 对提高 W_e 的作用更明显。常用材料的弹性比功见表 2-3。

表 2-3　常用材料的弹性比功

材　　料	E/GPa	σ_e/MPa	W_e/(MJ/m^3)
高碳弹簧钢	206.8	970	2.27
铍青铜	120.0	588	1.44
磷青铜	101.0	450	1.0
中碳钢	206.8	310	0.23
硬铝	68.95	127	0.12
铜	110.23	28	0.0036
橡胶	1	2	2

弹簧是典型的弹性零件，主要起减振和储能驱动的作用，因此弹簧应具有较高的弹性和弹性比功，常用的弹簧因为钢的弹性模量很难改变，故只好用提高弹性极限的办法来提高弹性比功。通常采用合金化、热处理、冷变形强化等方法。例如，硅锰弹簧钢的碳含量为0.5%～0.7%（质量分数），形成足够数量的第二相碳化物，加入 Si、Mn 以强化铁素体基体，并经淬火加中温回火获得回火托氏体组织，这些都可以有效地提高 σ_e。对于较细的弹簧钢丝常采用铅溶等温淬火再加冷拔形变硬化，也采用形变热处理方法。对于仪表弹簧，因要求无磁性，常采用铍青铜和磷青铜制造，这类材料的 E 值较低而 σ_e 较高，能保证在较大变形量下仍处于弹性变形状态，称之为软弹簧材料。

必须强调，弹性与刚度是两个不同的概念，弹性表征材料弹性变形的能力，刚度表示弹性变形的抗力。例如，汽车弹簧可能出现以下两种情况：

1）汽车没有满载，弹簧变形已达到最大；卸载后，弹簧完全恢复到原来的状态，这是由于弹簧的刚度不足所造成的。由于弹性模量是对成分、组织不敏感的性能，因此解决这一问题要从加大弹簧尺寸和改进弹簧结构着手。

2）弹簧使用一段时间后，发现弹簧的弓形越来越小，即产生了塑性变形，表现为弹簧的弹性不足，这是由于材料的弹性极限低所造成的。可以用改变钢种、热处理等提高钢的弹性极限的办法来解决。

2.4　金属的塑性变形

金属在外力作用下，当超过弹性极限后就开始塑性变形。和弹性变形相比，塑性变形是一种不可逆变形。随着外力增加其塑性变形量也增加，当达到断裂时，塑性变形量达极限值。塑性是表征材料塑性变形能力的一种性能指标，一般用断裂时最大相对塑性变形量表示，如拉伸试样的断后伸长率 A 或断面收缩率 Z。根据材料和试验条件的不同，金属的塑性可达百分之几至几十，超塑性可达 100%～1000%。因此金属的塑性变形量远远大于金属的弹性变形量。

一般来说，金属的塑性变形是由切应力引起的，因为只有切应力才能使晶体产生滑移或孪生变形。

金属的塑性变形阶段除了塑性变形本身外，还伴随有弹性变形和形变强化，因此其应力-应变关系不再是简单的直线关系，而是呈现出复杂的曲线关系。对于常见的塑性材料，在拉伸均匀塑性变形阶段应力和应变的关系为 $\sigma = Ke^n$。这样的应力-应变曲线称为真实应力-应变曲线，其任一点的应力 σ 称为真实应力。

在一般温度下，金属的塑性变形主要取决于应力，可不考虑温度和时间的影响。但在高温、长时间加载条件下，塑性变形除了取决于应力外，还和温度及时间有关。因此金属塑性变形是取决于应力、温度和时间（或形变速度）的一个综合表现，尤其是在高温下显得更为突出。

金属塑性变形时所表现的各种力学性能指标，既受材料成分、组织的影响，又与温度、加载速度、应力状态和环境介质相关。

另外，金属塑性变形时还会引起形变强化、内应力以及一些物理性能的变化，如密度降低，电阻和矫顽力增加等。

综上所述，塑性变形与弹性变形相比其行为更加复杂，具有如变形的不可逆性、变形曲线的非线性、大变形、高温时间效应等特点。

2.5 金属的形变强化

2.5.1 形变强化的工程意义

形变强化是金属的一个重要性能，它标志着金属继续塑性变形的抗力。在工业生产中，无论是金属结构强度，还是冷变形工艺或强化金属都离不开这一性能。因而形变强化获得了广泛的应用，具有十分重要的实际意义。

1）形变强化可使金属机件具有一定的抗偶然过载能力，保证机件安全。机件在使用过程中，某些薄弱部位因偶然过载会产生局部塑性变形，如果此时金属没有形变强化能力去限制塑性变形继续发展，则变形会一直流变下去，而且因变形使截面积减小，过载应力越来越高，最后会导致颈缩，从而产生韧性断裂。但是由于金属有形变强化性能，它会尽量阻止塑性变形继续发展，使过载部位的塑性变形只能发展至一定程度即停止下来，保证了机件的安全使用。

2）形变强化可使金属塑性变形均匀进行，保证冷变形工艺的顺利实现。金属在塑性变形时，由于应力和材料性能的不均匀性，截面上各点的塑性变形的起始时间和大小各不一样，如果没有形变强化性能，则先变形的部位就会流变下去，造成严重的不均匀塑性变形，从而不能获得合格的冷变形金属制品。但是由于金属有形变强化能力，哪里先变形它就在哪里阻止变形继续发展，并将变形推移至别的部位去，这样变形和强化交替重复（即变形和强化的联合）就构成了均匀塑性变形，从而获得了合格的冷变形加工金属制品。

3）形变强化可提高金属强度，与合金化、热处理一样，也是强化金属的重要工艺手段。这种方法可以单独使用，也可以和其他强化方法联合使用，对多种金属进行强化，尤其是对于那些不能热处理强化的金属材料，这种方法就成了最重要的强化手段。如 18-8 奥氏体不锈钢，变形前强度不高，但是经 40% 轧制后，$R_{p0.2}$ 由 196MPa 增加到 784 ~ 980MPa，提高了 3 ~4 倍；抗拉强度由 588MPa 增加到 1176MPa，提高了 1 倍。生产上常采用的喷丸和表面滚压强化工艺，除了造成有利的表面残余压应力外，也强化了表面材料，因而可以有效地提高疲劳抗力。

4）形变强化还可降低塑性改善低碳钢的可加工性。低碳钢因塑性好，切削时易产生粘刀现象，表面加工质量差，此时可利用冷变形降低塑性，使切屑容易脆离，改善其可加工性。

2.5.2 形变强化曲线和形变强化指数

在金属的整个变形过程中，当应力超过屈服强度之后，塑性变形并不是像屈服平台那样连续流变下去，而需要继续增加外力才能继续发生塑性变形。这说明金属有一种阻止继续塑性变形的抗力，这种抗力就是形变强化性能。若用真应力-真应变曲线描述，则至断裂前表现为流变应力随应变增加而不断上升的情况，即称之为形变强化现象，这种真应力-真应变曲线或流变曲线称为形变强化曲线。图 2-5 所示为工业纯铁的真应力-真应变曲线。图中虚线为$\frac{d\sigma}{de}-e$曲线，$\frac{d\sigma}{de}$称为形变强化率。

一般认为，多数多晶体金属的变形曲线都是抛物线，对于拉伸试验，其真应力-真应变曲线存在幂函数关系，即

$$\sigma = Ke^n \tag{2-22}$$

式中　σ——真应力；

e——真应变；

K——形变强化系数；

n——形变强化指数。

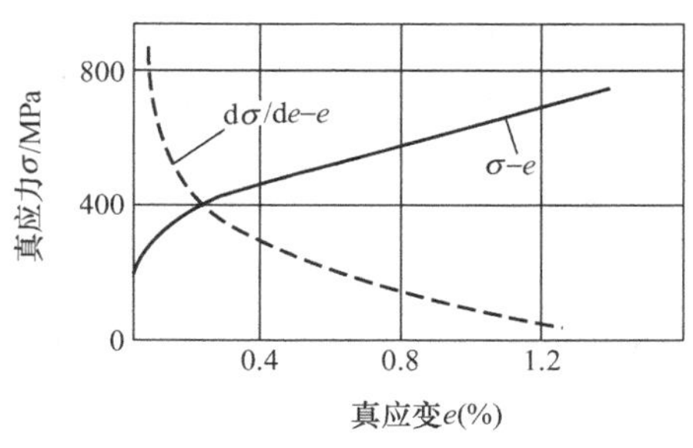

图 2-5　工业纯铁的真应力-真应变曲线

形变强化系数反映金属材料抵抗继续塑性变形的能力，是表征材料形变强化性能的指标，同时也表示了金属形变强化效果的大小。在极限情况，$n=1$，表示材料为完全弹性体，σ 和 e 成正比关系；$n=0$，$\sigma=K=$常数，表示材料没有形变强化能力。表 2-4 给出了几种材料的 n、K 值。大多数金属的 n 值在 0.1～0.5 之间，一般随材料强度的增加，n 的数值减小。

表 2-4　几种材料的 n、K 值

材料常数	纯铜（退火）	黄铜（退火）	纯铝（退火）	纯铁（退火）	40 钢（调质）
n	0.44	0.42	0.25	0.24	0.23
K/MPa	448	746	158	575	921
材料常数	T8 钢（调质）	T8 钢（退火）	T12 钢（退火）	60 钢（淬火+500℃回火）	40 钢（正火）
n	0.21	0.20	0.17	0.10	0.22
K/MPa	1018	996	1103	1570	1044

通常也用应力-应变曲线的斜率$\left(\frac{d\sigma}{de}或\frac{d\tau}{d\gamma}\right)$表示形变强化性能。应当注意，形变强化指数 n 和形变强化率$\frac{d\sigma}{de}$是不同的。在用作图法求 n 时，因为

$$n=\frac{d(\lg\sigma)}{d(\lg e)}=\frac{d(\ln\sigma)}{d(\ln e)}=\frac{e}{\sigma}\frac{d\sigma}{de}$$

所以

$$\frac{d\sigma}{de}=n\frac{\sigma}{e}$$

这说明，在相近的比值$\frac{\sigma}{e}$下，n 值大的，$\frac{d\sigma}{de}$也大，则应力-应变曲线也越陡；但是形变硬化指数 n 小的材料，当$\frac{\sigma}{e}$比值大时，同样可以有较高的形变强化率；这样就不能简单地从应力-应变曲线的陡或平来判断材料 n 值的高低。

2.5.3　影响形变强化的因素

1. 金属的本性和点阵类型

从形变强化的三个阶段来看，形变强化取决于金属的滑移系多少、形成 L-C 位错和胞

状结构的难易以及螺位错的交滑移能否顺利进行等因素，而这些都和金属的本性和点阵类型有关。一般来说，在金属中滑移系多的面心和体心立方金属比六方金属强化趋势大，而面心立方金属中又以层错能低的为最好。

2. 晶粒大小

多晶体在塑性变形过程中，由于晶界附近滑移的复杂性和不均匀性，因而晶粒大小除了影响屈服强度外，也影响形变强化。细化铁素体晶粒会使形变强化趋势增加，也使铁素体-珠光体钢的形变强化率提高。

3. 合金化

合金固溶体与纯金属相比，不仅屈服强度高，而且形变强化率也高。在以铁素体为基的钢中，大多数溶质元素都能提高形变强化率，且间隙溶质原子较置换溶质原子的作用效果大。溶质原子对形变强化的影响，首先是溶质元素改变位错的分布状态和影响位错运动状态的结果；其次是有些溶质原子阻止交叉滑移，这可能通过降低层错能的途径实现，属于这类元素的有 Si、P、Mo、V、Co 等。对于奥氏体不锈钢，加入铁素体形成元素可以降低层错能，因而增加形变强化率；而加入 Ni、Cu 等元素则相反。

4. 温度

一般来说，形变强化随温度升高总是降低的。但在低温下温度对形变强化的影响有以下两种情况：

1）对于多数面心立方金属，降低温度对屈服强度影响较小，但却使其形变强化趋势显著增大。

2）对于体心立方金属，降低试验温度，显著提高屈服强度，但对形变强化趋势影响不大，只使整个变形曲线抬高。

思 考 题

1. 试解释下列术语：

①应力；②应变；③真应力；④真应变。

2. 试述典型拉伸应力-应变曲线各阶段变形的特点及物理意义。
3. 何谓变形？变形的基本形式及类型有哪些？
4. 试描述弹性变形的主要特点。
5. 简述弹性模量的物理意义及影响因素。
6. 何谓金属的弹性、弹性比功及其应用？
7. 试述产生塑性变形的主要方式。
8. 简述塑性变形的一般特点。
9. 简述形变强化的工程意义。

第3章　金属的断裂与断口分析

在应力作用下（有时还兼有热或腐蚀介质的共同作用）使金属分裂成两段或多段的现象称为完全断裂；当金属内部存在裂纹时则称为不完全断裂。零件完全断裂后，不仅完全丧失服役能力，而且还可能造成巨大的经济损失，甚至造成严重的伤亡事故，因此断裂是最危险的失效类型。长期以来，人们对于材料断裂的研究极为关注。

断口分析是研究金属断面的科学技术。其目的是：①判断断裂的性质，分析和找出破坏的原因，并提出防止断裂事故发生的改进措施；②研究断裂的机理；③分析微观结构与力学性能的关系。

本章重点介绍金属的断裂与断口宏微观特征的基本概念，为材料力学性能检测人员分析断裂过程本质和断口特征提供相关的基础知识。

3.1　断裂的类型

3.1.1　韧性断裂与脆性断裂

根据金属材料断裂前所产生的宏观塑性变形量的大小，断裂可分为韧性断裂和脆性断裂两大类。

1. 韧性断裂

韧性断裂是指断裂前产生明显宏观塑性变形的断裂，这是材料所受应力超过其抗拉强度时发生的。这种断裂是一个缓慢的撕裂过程，在裂纹扩展过程中需要不断地消耗能量，断裂面一般平行于最大切应力并与主应力大约成45°角。用肉眼或放大镜观察时，断口呈纤维状，灰暗色。纤维状是塑性变形过程中微裂纹不断扩张和相互连接造成的，而灰暗色则是纤维断口表面对光反射能力很弱所致。由于韧性断裂前发生明显的塑性变形，它将预先引起人们注意，因此一般不会造成严重事故。图3-1所示为某枪管典型韧性断裂的实物照片。

2. 脆性断裂

脆性断裂是一种突然发生的断裂，断裂前基本上不发生塑性变形，没有明显征兆，因而危害性很大。图3-2所示为某机关枪管脆性断裂的实物断口照片。历史上曾发生过大量脆性断裂事故，如美国油船脆性断裂沉没、澳大利亚大铁桥断毁、法国核电站压力容器和英国核电站大型锅炉爆炸等，都是由脆性断裂而造成的严重事故。脆性断裂一般具有如下特点：

1）脆性断裂是一种突然发生的断裂，断裂前基本上不发生塑性变形，没有明显征兆。

2）脆性断裂时承受的工作应力很低，一般低于材料的屈服强度。

3）脆性断裂的裂纹源总是从内部的宏观缺陷处开始的。

4）温度降低，脆性断裂倾向增加。

5）脆性断裂的断口平齐而光亮，且与正应力垂直，断口上常呈人字纹或放射花样，如图3-3所示。

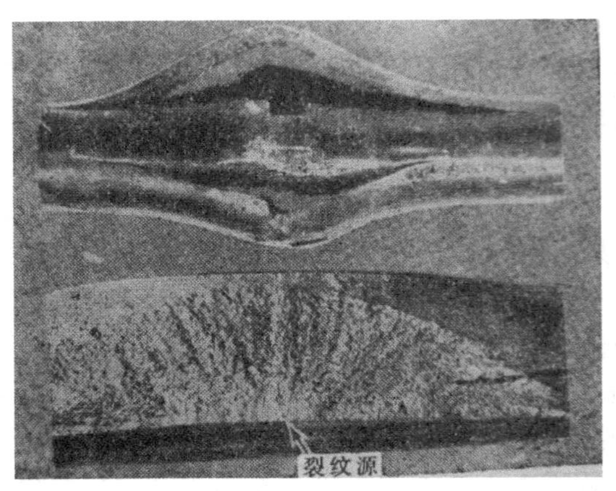

图 3-1　某枪管典型韧性断裂的实物照片

图 3-2　某机关枪管脆性断裂的断口照片

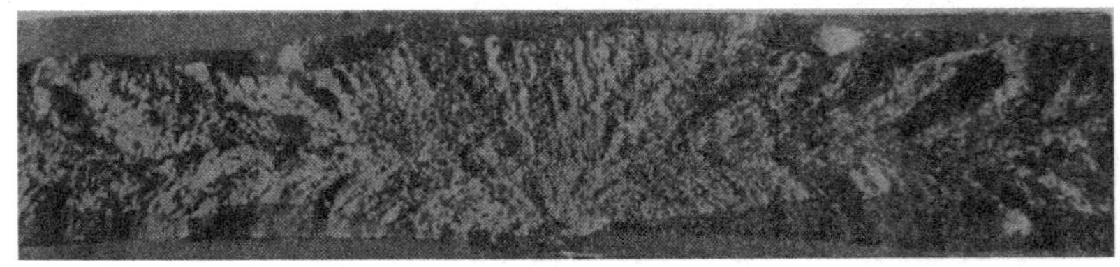

图 3-3　放射花样的脆性断口

通常脆性断裂前也发生微量塑性变形，一般规定光滑拉伸试样的断面收缩率小于 5% 则为脆性断口，这种材料称为脆性材料；反之为延性材料。由此可见，材料的韧性与脆性是根据一定条件下的塑性变形量来确定的。条件改变，材料的韧脆断裂行为也会改变。

3.1.2　穿晶断裂与沿晶断裂

多晶体断裂时，依据裂纹扩展的路径可以分为穿晶断裂和沿晶断裂两类，图 3-4 为穿晶断裂与沿晶断裂示意图。

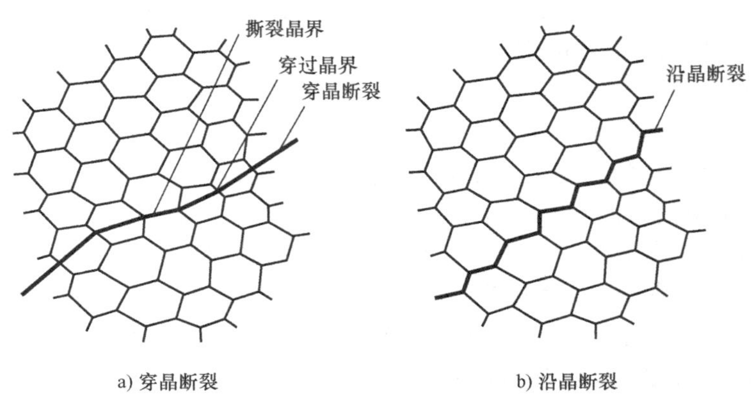

图 3-4　穿晶断裂与沿晶断裂的示意图

从宏观上看，穿晶断裂可以是韧性断裂，也可以是脆性断裂。而沿晶断裂则多是脆性断

裂。沿晶断裂是由于晶界上有一薄层连续或不连续的脆性第二相或夹杂物破坏了晶界连续性所致，也可能是杂质元素向晶界集聚引起的。应力腐蚀、氢脆、回火脆性、淬火裂纹、磨削裂纹等都是沿晶断裂。金属在高温下，多由穿晶断裂转化为沿晶断裂。沿晶断裂的宏观断口呈冰糖状，如图 3-5 所示。但是如果晶粒很细，则肉眼无法辨认出冰糖状形貌，此时断口一般呈结晶状，颜色较纤维断口明亮，但比纯脆性断口要灰暗些，因为它们没有反光能力很强的小剖面。穿晶断裂和沿晶断裂有时可以混合发生。

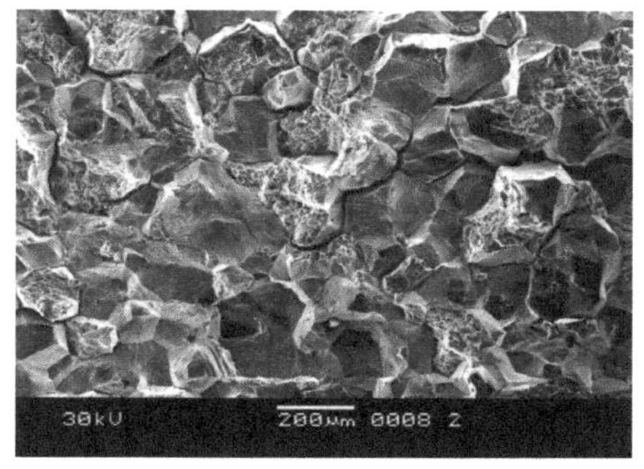

图 3-5　冰糖状沿晶断口

3.1.3　剪切断裂与解理断裂

按静载下断裂的机制，断裂类型又可分为剪切断裂与解理断裂两大类。

1. 剪切断裂

剪切断裂是材料在切应力作用下，沿滑移面滑移而造成的断裂。它又分滑断（纯剪切断裂）和微孔聚集型断裂。纯金属尤其是单晶体金属常产生纯剪切断裂，其断口呈锋利的楔形或刀尖形，这是由纯粹的滑移流变所造成的断裂。常用的工程金属材料一般产生微孔聚集型断裂，如低碳钢室温下的拉伸断裂，这类断裂是通过微孔形核长大聚集而使材料分离的。

2. 解理断裂

解理断裂是金属材料在一定条件下（如低温），当外加正应力达到一定数值后以极快速度沿一定的结晶学平面产生的穿晶断裂，该结晶学平面被称为解理面。解理面一般是低指数晶面或表面能最低的晶面。各种材料、各种晶体构造的解理面和主要滑移面见表 3-1。

表 3-1　各种材料、各种晶体构造的解理面和主要滑移面

晶体结构	材　　料	解理面	主要滑移面
体心立方	Li、Na、K、α-Fe、大多数钢、V、Cr、Mn、Nb、Mo、W、Ta、β-Ti	[100]	[112] [110]
面心立方	Cu、Ag、Au、Al、Ni、黄铜、奥氏体不锈钢	无	[111]
密排六方	Be、Mg、Zn、Sn、Cd、U、α-Ti	[0001]	[1010] [0001]

由表 3-1 可见，只有体心和密排六方金属才产生解理断裂，面心立方金属不发生解理断裂。这是因为只有当滑移带很窄时，塞积位错才能在其端部造成很大的应力集中而使裂纹成核，但是面心立方金属易产生多系滑移，使滑移带破碎，尖端钝化，应力集中下降。所以，从理论上讲面心立方金属不存在解理断裂。但面心立方金属在非常苛刻的条件下也可能产生解理破坏。

通常解理断裂总是脆性断裂，但有时在解理断裂前也显示一定的塑性变形，所以解理断裂与脆性断裂不是同义词，前者指断裂机制，后者则指断裂的宏观形态。

除了上述的断裂分类方法外，根据断裂面的宏观取向与最大正应力的交角，断裂方式又可分成正断型和切断型两种。若断裂面取向垂直于最大正应力，即为正断型断裂。常见于解理断裂，或塑性变形约束较大的场合，例如平面应变条件下的断裂。断裂面取向与最大切应力方向一致，而与最大正应力约呈45°时，则为切断型断裂。常发生于塑性变形不受约束或约束较小的情况，例如平面应力条件下的断裂、拉伸断口上的剪切唇。

综上所述，金属材料的断裂分类及其主要特征见表3-2。

表3-2　金属材料的断裂分类及其主要特征

分类方法	断裂类型		断裂示意图	主要特征
断裂前塑性变形大小	脆性断裂		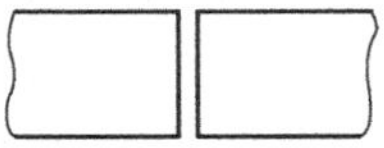	断裂时无明显的塑性变形，断口形貌呈光亮的结晶状
	韧性断裂		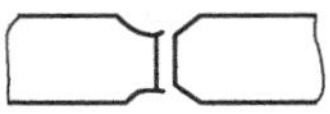	断裂时有明显的塑性变形，断口形貌呈暗灰色纤维状
断裂面的取向	正断		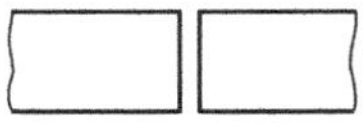	断裂的宏观表面垂直于最大正应力 σ_{max} 方向
	切断			断裂的宏观表面平行于最大切应力 τ_{max} 方向
裂纹扩展的途径	穿晶断裂			裂纹穿过晶粒内部
	沿晶断裂		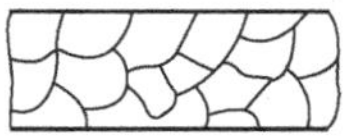	裂纹沿晶界发展
断裂机制	解理断裂		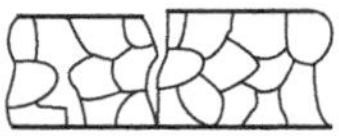	无明显塑性变形，沿解理面分离，穿晶断裂
	剪切断裂	微孔聚积型断裂		沿晶界微孔聚合，沿晶断裂
			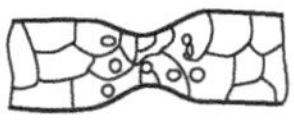	沿晶内微孔聚合，穿晶断裂
		纯剪切型断裂		沿滑移面分离剪切断裂（单晶体）
				通过缩颈导致最终断裂（多晶体、高纯金属）

3.1.4　按受力状态和环境介质分类

由于零件受力状态和周围环境介质不同，断裂的特点也不相同，从而又可将断裂分为静载断裂（拉伸断裂、扭转断裂、剪切断裂）、冲击断裂、疲劳断裂等。根据环境不同，又可分为低温冷脆断裂、高温蠕变断裂、应力腐蚀和氢脆断裂、磨损和接触疲劳断裂等。这些内容将在本书后续章节中讨论。

3.2　断口分析

零件断裂后的自然表面称为断口。由于金属材料中裂纹总是沿着阻力最小的路径扩展，所以断口一般也是材料中性能最弱或应力最大的部位。

断口分析是通过现代的宏、微观分析手段，对试样或零件断裂后的破坏表面形貌进行观测分析，了解材料断裂模式及特征，分析其断裂机理及与材料性能的关系。

断口形貌根据分析时所采用的手段不同、观察的范围不同，一般分为宏观断口与微观断口两类。宏观断口反映了断口的全貌，而微观断口则揭示了断口的本质，各有特点，应互相配合分析。

3.2.1　断口分析的内容

分析宏、微观断口时，一般主要包括以下六方面：

1. 断口的颜色

依据断口表面有无氧化色彩可以判断机件服役温度的高低；依据有无腐蚀产物的特殊色彩可以判断腐蚀类型和程度；依据有无冶金夹杂物的特殊色彩可以判断冶金因素的作用；依据疲劳断口各区光亮程度可以判断疲劳源的位置。

2. 断口的表面粗糙度

依据断口的表面粗糙度可以判断断裂机件的受力大小和定性地评定材料的晶粒大小与裂纹扩展速率；依据断口上是否存在反光小刻面及其数量，可以判断金属材料的冶金质量、杂质相的多少。

3. 断口的花纹

如果宏观上可见疲劳弧线或微观上可见疲劳条带，则为疲劳断口；依据在疲劳断口有无台阶，可判断交变应力的大小；如果有放射状的撕裂棱或人字纹花样，则是判断脆性材料或高速加载的断裂特征；如果宏观断口呈纤维状或长毛绒状，则是延性断裂的特征。

4. 断口边缘的特征

从断口边缘的特征可以判断疲劳源的位置；从断口唇边的情况，可以判断机件的应力状态；唇边的大小可以判断材料塑性变形的程度。

5. 断口的位置

根据断口在构件中的位置，分析受力形式、应力集中程度及环境特征等，进而帮助分析断裂的性质和原因。

6. 微观断裂形貌与特征

例如，韧窝形状和大小、解理台阶、河流花样、滑移带、疲劳条带数量和宽度、氧化物性质及厚度、夹杂物形状和尺寸、晶粒尺寸等。

通过上述断口分析，研究和评定下列内容：

1）确定断裂类型。脆性断裂还是延性断裂；穿晶断裂还是沿晶断裂；静载荷断裂还是交变载荷断裂；空气环境断裂还是腐蚀环境断裂；室温断裂还是高温环境断裂等。

2）确定裂纹源位置。

3）揭示微观结构与性能的关系。

3.2.2 断口分析的基本方法

1. 宏观断口分析方法

宏观断口分析是用肉眼、放大镜、低倍实体显微镜，通过观察断口表面的颜色、表面粗糙度、宏观形貌特征和宏观变形痕迹等，来确定断裂的性质、断裂源的位置、裂纹扩展的过程和方向、受力状态和环境介质作用等情况，从而初步分析断裂的性质及原因。

在宏观断口分析中可以使用低倍照相器（0.5×~20×）和低倍实体显微镜（4×~100×），其主要作用是观察和拍摄整个断口的宏观形貌特征，可以初步分析判断材料断裂的基本性质和全过程，为进一步放大观察和深入分析提供线索。进行宏观断口分析时，由于断口表面较粗糙，为获得良好的成像效果，拍摄时多采用单光源斜照明，倾斜角一般为30°~45°。为防止断口凸凹悬殊的地方明暗反差太大，产生失真，可增加亮度较低的辅助光源，其效果更佳。

2. 微观断口分析方法

微观分析是在宏观分析的基础上，利用其他分析工具观察分析断口的微观形貌，进一步探讨裂纹形成与扩展的过程和产生的原因，揭示材料结构与力学行为之间的关系。只有宏观分析与微观分析相结合，才能对材料的力学行为有更深入、更全面的认识和了解。

用于断口微观分析的主要分析工具有光学显微镜、扫描电子显微镜、透射电子显微镜和能谱仪等。它们各有特点，在断口分析中应相互配合使用。

光学显微镜在断口分析中是不可缺少的重要设备。它主要用于观察断口的形貌特征、局部的微观形貌、断口剖面特征等。由于光学显微镜的放大倍数和景深都十分有限，且断口本身又极为不平整，这给光学显微镜观察断口带来了不可克服的困难。

扫描电子显微镜（SEM）与光学显微镜和透射式电子显微镜相比具有以下优点：

1）聚焦景深很大，可以研究粗糙的样品表面，获得清晰的图像。

2）放大倍数可在几倍到十万倍之间连续观察。

3）可观察三维特征，图像清晰、立体感强。

4）样品制备方法简单，可直接观察断口，不需制作复型，避免由复型带来的假象等。

5）如果与能谱仪配合使用，则可直接定量地探测样品表面微区元素种类和含量。

6）一般分辨力可达纳米量级。

透射电子显微镜（TEM）的分辨力比SEM高，但透射型电子显微镜不能直接观察断口，需制取金属薄膜或复型，不能得到连续图像，观察部位与实际断口面上的位置或方向很难对应起来，并且不能从很低的倍数开始观察。

3. 断口的保护

保护断口清洁和不受损伤是断口分析的重要环节。如果断口表面受到外来机械损伤或化学腐蚀，就破坏或掩盖了原始的断口表面形貌特征，直接影响断口分析的质量和准确性，甚至会导致错误的结论。因此断裂的试样或零件，如果不立即进行断口表面检测，就应尽可能快地将断口存放和保护起来，防止环境污染及意外损伤。

在实验室里存放断口的最好方法是将断口直接储存在干燥器中或放在含有干燥剂的塑料容器内。例如从现场提取断口，应在搬运前将断口表面覆盖一层干净、不含绒毛的软布，如果断口表面有松散附着物，为防止失落，应提前将附着物取下，保存好以待分析。对于需长

途运输或长期保存的断裂试件，除可与硅胶同装入塑料袋封存外，还常用表面涂层保护。表面涂层应既能防腐蚀又易于被清洗掉，常用的有高质的防锈油或丙烯清漆。

醋酸纤维素纸（简称塑料纸或 AC 纸）已成功用来保护大多数断口表面。塑料纸需用丙酮软化，然后用手指或橡皮擦将软化的一面紧紧地压附在断口表面。除净塑料纸必须把样品放入丙酮中长时间浸泡，用毛刷或用超声波清洗。

从断裂试件上切取分析样品时，不应损伤断口。如果采用火焰切割时，应防止热影响及熔化的金属溅及断口表面；如果用锯或砂轮片切割，应采用干切，或先用塑料纸粘在断口上，用胶布固牢后再切割。

在接触断口过程中，用手指触摸断口表面以及用坚硬器械接触断口或把匹配断口对合一起都是不允许的。前者将使水汽和盐粘在断口表面上造成化学腐蚀；后者会使断口产生机械损伤。

4. 断口的清洗

暴露于不同环境的断口表面，一般附有污物以及腐蚀或氧化物，在进行断口分析前必须予以清除。但是如果断口表面的附着物对断口的分析有作用时，在进行断口清洗前，要注意进行断口表面的附着物的分析。清洗断口表面一般采用以下几种清洗技术：

1）用干燥空气吹或用柔软毛刷清洗。

2）用有机溶剂清洗。如用丙酮、乙醇浸泡，主要用于除去油污，把样品放入装有溶剂的烧杯中长时间浸泡或用超声波清洗几分钟能得到较满意的效果。

3）复型剥离法。用塑料纸反复粘贴，再加超声波清洗，其效果令人满意。

4）洗净剂清洗。选择的清洗液只侵蚀掉断口表面的沉积物，而不会损伤样品的断面基体。

5）阴极清洗法。采用上述清洗方法仍不能清洗干净时，如断口表面存在较厚的腐蚀性产物（如腐蚀疲劳试验样品）时，可采用阴极清洗法。阴极清洗是一个电解过程，将清洗的样品作为阴极，不锈钢板作为阳极。清洗钢铁材料断口的电解液是 10% NaOH 水溶液，电流密度为 $10A/dm^2$，电解时间依锈蚀程度而定，一般为 5 ~ 8min。电解过程完成后，样品迅速用水冲洗，并放入沸腾的 10% 柠檬酸水溶液中用软毛刷清洗干净，然后用水冲洗并放入无水酒精中，最后吹干保存在干燥器内。

6）化学清洗。用弱酸或弱碱性溶液浸泡或刷洗，由于该方法可能腐蚀断口表面基体，因此只是在使用上述清洗方法后，其效果不好的情况下才采取的一种化学浸蚀清洗方法。去除铝合金断口表面的腐蚀产物可用 200mL 正磷酸 + 80g 铬酸 + 800mL 水溶液，在室温下清洗 2 ~ 10min。钢铁材料断口样品可用以下溶液清洗：①50% ~ 100% 正磷酸水溶液，溶液可加热清洗；②18.4mL 盐酸（6mol/L）+ 0.2g 六甲撑四胺 + 81.6mL 水，在室温下使用。经过上述处理的样品应立即放入稀释的 Na_2CO_3（碳酸钠）或 $NaHCO_3$（碳酸氢钠）溶液中冲洗，然后再用蒸馏水、酒精清洗，吹干后保存在干燥器内。

3.3　断口的宏观形貌特征

3.3.1　静载荷下断口的宏观形貌特征

1. 光滑圆柱试样的拉伸断口

光滑圆柱拉伸试样的韧性断口，一般呈纤维状，由纤维区、放射区、剪切唇区三个区域组成，即所谓断口特征的三要素，如图 3-6 所示。

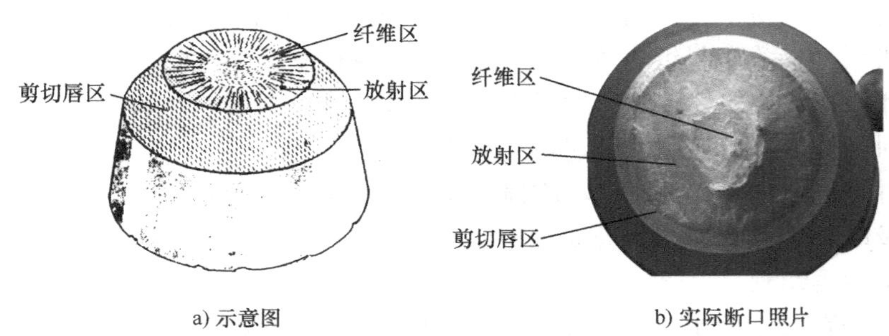

a) 示意图　　b) 实际断口照片

图 3-6　光滑圆形拉伸试样断口的宏观形貌

（1）纤维区　裂纹起源于纤维区，并在此区中缓慢地扩展，当达到一定尺寸后，裂纹开始快速扩展（或称失稳扩展）而形成放射区，最后由于有效截面减小，至试样表面附近时，裂纹前端应力状态由三向应力逐渐变为平面应力状态，所以在试样表面形成了属于韧性断裂的剪切唇。整个断口呈杯锥状，故常称为杯锥状断口。

对于光滑圆柱试样的杯锥状断口来说，纤维区往往位于断口的中央，呈粗糙的纤维状圆环形花样。拉伸时，当拉伸载荷超过屈服强度载荷后试样出现颈缩，由于缺口效应在颈缩处将产生应力集中，并出现三向应力，沿颈缩的最小截面处轴向应力分布不均匀，其中心轴向应力随着颈缩的进展不断增大。因此在这种三向应力作用下，裂纹首先在最小截面处中心的某些非金属夹杂物、渗碳体或某些第二相质点、缺陷处形成，并不断长大、连接。纤维区所在平面（即裂纹扩展的宏观平面）垂直于拉伸应力方向，仔细观察断口上的纤维区，常可看到显微空洞和锯齿状形貌，其底部的晶粒被拉长像纤维一样。

关于显微空洞形成的原因，一般认为是在三向应力作用下，使脆性夹杂物断裂或使夹杂物与基体界面分离所致。正由于纤维区是显微孔洞形成和连接的结果，所以纤维区所在的宏观平面虽与外力垂直，但其过程却是由许多小杯锥组成的，每个小杯锥的小斜面大致与外力呈 45°角，这说明纤维区的形成，实质上是在切应力作用下，由塑性变形过程中微裂纹不断扩展和相互连接所造成的。由于纤维区中塑性变形较大，加之断面粗糙不平，对光线的散射能力很强，所以总是呈暗灰色。

（2）放射区　紧接纤维区的是放射区，有放射花样特征，纤维区与放射区交界线标志着裂纹由缓慢扩展向快速扩展的转化。放射线平行于裂纹扩展的方向，而且垂直于裂纹前端（每一瞬间）轮廓线，并逆指向裂纹起始点。

放射花样也是由材料的剪切变形所造成的，不过它与纤维区的剪切断裂不同，是在裂纹达到临界尺寸后快速低能量撕裂的结果。这时材料的宏观塑性变形量很小，表现为脆性断裂。但在微观局部区域，仍有很大的塑性变形。所以放射花样是剪切型低能量撕裂的一种标志。

沿晶断裂或解理断裂一般也包括在快速破坏的放射区内。因为这类断裂的塑性变形很小，所以此类断口的放射线往往是极细的。材料越脆，放射线越细。若材料处于完全的沿晶断裂或解理断裂状态（即极脆状态），则放射线消失。

（3）剪切唇区　剪切唇区在断裂过程的最后阶段形成，其表面平滑，与拉应力方向约呈 45°角，通常称为“拉边”。在剪切唇区域内，裂纹也是做快速的不稳定扩展，但按断裂

力学观点，此时裂纹是在平面应力状态下发生的失稳扩展，材料的塑性变形量很大，属于韧性断裂区。

当试样形状、尺寸和材料性能不同，以及试验温度、加载速度和受力状态不同时，断口三个区域的形态、大小和相对位置都会发生变化。一般来说，材料强度增加，塑性降低，则放射区所占比例增大；试样尺寸加大，放射区增大明显，而纤维区变化不大；缺口的存在不但改变了断口中各区所占比例，而且裂纹成核位置也将发生改变。例如缺口圆柱试样通常从缺口处首先形成，最后断裂区在试样心部。

2. 缺口圆柱试样的拉伸断口

带缺口的圆柱试样，由于缺口处的应力集中，裂纹直接在缺口或缺口根部产生。其纤维区沿圆周分布。裂纹将从该处向试样内部扩展。若缺口较钝，则裂纹仍可首先在试样中心形成。但由于试样外表受到缺口的约束而大幅度抑制了剪切唇的形成。图 3-7 为缺口圆柱试样拉伸断口形貌示意图和实际的宏观断口照片。图 3-7 中最终断裂区一般较其他部位的断口表面要粗糙得多。

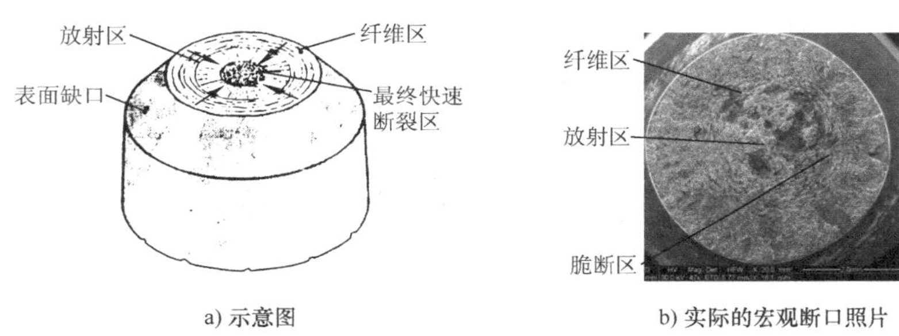

a) 示意图　　b) 实际的宏观断口照片

图 3-7　缺口圆柱试样拉伸断口形貌示意图和实际的宏观断口照片

由于试样或构件在缺口处的应力集中，约束增大而造成的脆断，称为缺口脆性。若缺口试样的裂纹以不对称的方式由缺口向内部扩展时，断口形态较为复杂。其宏观断口示意图如图 3-8a 所示，其初始阶段可能是纤维状的，第二阶段则可能是放射状的。当初始阶段与第二阶段相交接时，它便停止发展。图 3-8b 所示为缺口圆柱试样以不对称方式扩展的宏观断口照片，图中放射线及最终破断区明显可见。

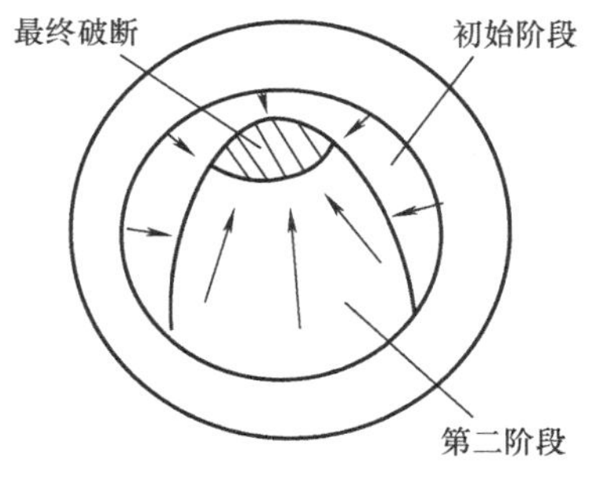

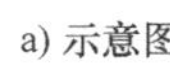

a) 示意图　　b) 实际断口照片

图 3-8　缺口圆柱试样拉伸裂纹不对称扩展的断口宏观形貌图

3. 矩形试样的宏观断口

无缺口的矩形拉伸试样，其断口和圆柱试样一样，也有三个区域。但是由于试样的几何形状不同，所以断口形态也不同。正方形试样的裂纹源位置与试样表面相对称，其纤维区呈圆形。但矩形扁平试样的中央纤维区变成椭圆形，而放射区则变为“人字形”花样。这是由于试样几何形状的改变，使裂纹主要沿宽度方向扩展的缘故。人字形花样的尖端指向裂纹源。最后破坏区仍为剪切唇区。这种断口的示意图如图 3-9 所示。

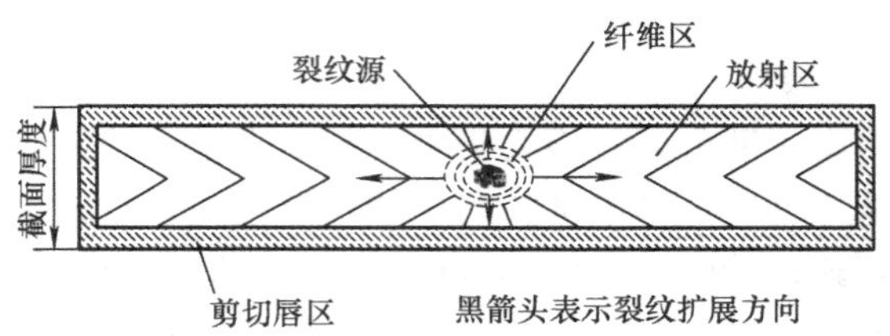

图 3-9　矩形拉伸试样断口示意图

试样厚度对断口形貌有很大的影响。当试样厚度减少时，剪切唇区所占面积增大，放射区缩小。对于相对薄的板试样，其断口是全剪切的，这就是平面应力条件下造成的切断型断口。

实验室使用的带缺口的板试样，其缺口有单边切口或双边切口，也有开在试样表面的中心穿透的切口或不穿透的切口。由于缺口的存在，裂纹源的位置发生了改变，一般都在缺口处产生。图 3-10 所示为单边缺口矩形试样及表面中心不穿透切口试样拉伸断口形貌的示意图。

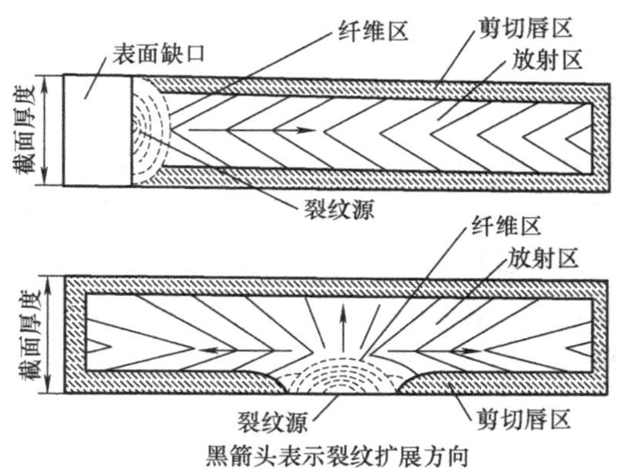

图 3-10　单边缺口矩形试样及表面中心不穿透切口试样拉伸断口形貌的示意图

影响平板试样断口三个区相对比例的因素主要是材质、板厚及温度。材料越脆，板厚越大，温度越低，其纤维区及剪切唇区越小，放射区越大。反之，则纤维区及剪切唇区增大，放射区减小，甚至出现全剪切断口。

实际构件的断口，其人字纹并不完全是直线状的，而是弯曲的，如图 3-11 所示。它是由一系列从板的中心向外发射的撕裂棱线所组成的，人字纹的顶点是裂纹源，人字的两撇表示裂纹扩展的方向。人字纹花样是脆性断裂的最主要宏观特征。由于大多数实际构件，其断面多属矩形板材，如焊接船体、储油罐等断口常出现人字纹，因此首先找出人字纹，然后顺着人字纹方向寻找裂纹源，这是事故分析的重要方法。

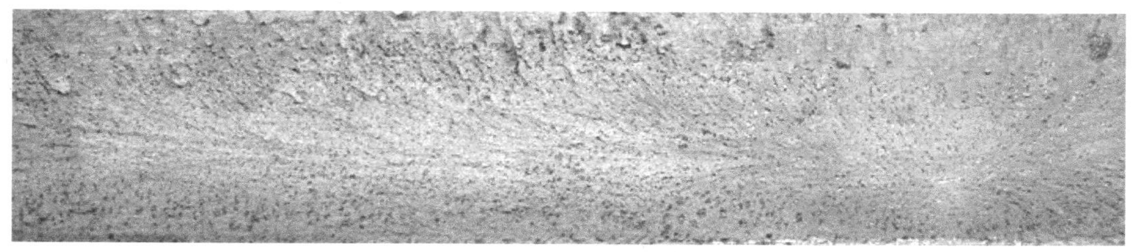

图 3-11　矩形拉伸试样的实际断口形貌

3.3.2　冲击断口的宏观形貌特征

一般来说，在拉伸断口中出现的三个区域，也都在冲击断口中出现。首先在缺口附近形成裂纹源，然后是纤维区、放射区及剪切唇区，剪切唇区沿无切口边的其他三侧边分布。纤维区同放射区或剪切唇区相连接的边界常呈弧形。

冲击断口的另一特征是，由于在摆锤的冲击下，V 形缺口侧受拉应力，不开缺口的另一侧受压应力，在整个断面上受力方向不同，所以当受张应力的放射区进入受压区时可能消失，而重新出现在纤维区。于是出现了图 3-12 所示的放射区两侧同时存在纤维区的断口形貌。若材料的塑性足够好，则放射区完全消失，整个截面上只有纤维区及剪切唇区两个区域。

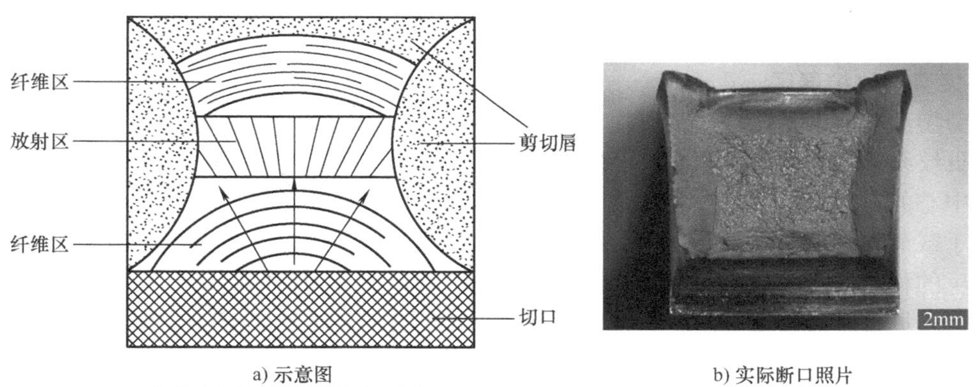

a) 示意图
(纤维区中箭头表示裂纹扩展方向)

b) 实际断口照片

图 3-12　冲击试样断口宏观形貌图

断口上二次出现纤维区的主要原因是，当裂纹进入压应力区时，压缩变形对裂纹的扩展起着阻滞的作用，使扩展速度显著降低。

温度对冲击断口各区所占面积的影响很大。随着试验温度的降低，纤维区面积陡然下降，而放射区面积陡然上升，材料由延性迅速转变为脆性。此种转变温度称为脆性转变温度。工程上用不同的方法及标准来确定它，以便作为衡量零件或构件在工作条件下是否安全的一种尺度。

3.3.3　疲劳断口的宏观形貌特征

典型的疲劳断口按断裂过程分为三个区域，即疲劳源区、疲劳裂纹扩展区和瞬时破断

区。图 3-13 所示为某直升机旋翼轴颈首扣螺纹处断裂的全貌和疲劳断口。图 3-13b 中清晰地显示了三个区域：光滑细腻的疲劳源区、显现贝纹状花纹的疲劳裂纹扩展区和呈纤维状的瞬时脆性断裂区。

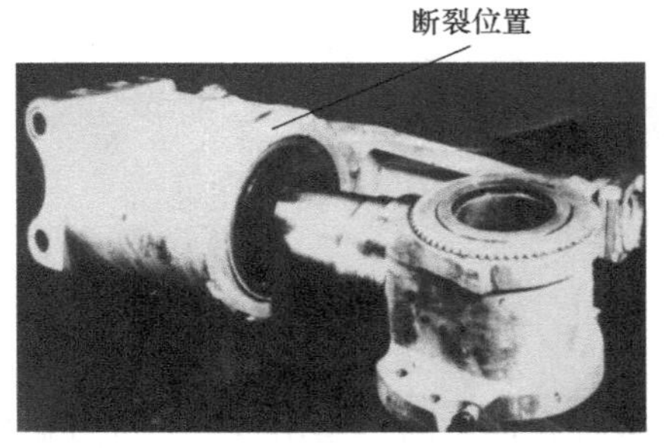

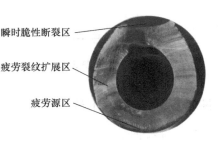

a) 轴颈断裂全貌　　b) 轴颈疲劳断口全貌

图 3-13　某直升机旋翼轴颈首扣螺纹处断裂的全貌和疲劳断口

1. 疲劳源区

疲劳源是疲劳破坏的起点，它一般总是发生在表面。但如果构件内部存在缺陷，如脆性夹杂物、空洞、偏析等，也可在零件的次表面或内部发生。疲劳裂纹形成后，由于表面经受反复挤压摩擦，使该区变得光滑、细腻。疲劳源的数目可以是一个，也可以是多个，这与机件的应力状态和过载程度有关。如单向弯曲疲劳断裂时是一个疲劳源，双向反复弯曲时就出现两个疲劳源。过载程度越大，即公称应力越高，则出现的疲劳源数目就越多。

2. 疲劳裂纹扩展区

疲劳裂纹扩展区是疲劳裂纹亚临界扩展部分。它的典型特征是具有贝壳一样的花纹，一般称为贝纹线，也称为海滩状条纹、疲劳停歇线或疲劳线，如图 3-13b 所示。贝纹线是以疲劳源为中心的近于平行的一簇向外凸的同心圆，它们是疲劳裂纹扩展时前沿线的痕迹。贝纹线是由于载荷大小或应力状态变化、频率变化或机器运行中的停车起动等原因，裂纹扩展过程中产生的相应微小变化所造成的。因此这种花纹常出现在构件的断口上，或变幅载荷的疲劳断口上。贝纹线从疲劳源向四周推进，与裂纹扩展方向相垂直，因而在与贝纹线垂直的相反方向，对着同心圆的圆心可以找到疲劳源所在地。通常在疲劳源附近，贝纹线较密集，而远离疲劳源区，由于有效面积减小，实际应力增强，裂纹扩展速率加快，故贝纹线较稀疏。当断口上有多个疲劳源时，根据疲劳源区附近贝纹线的疏密程度可以判断疲劳源产生的先后次序。贝纹线还与材料性质有关，即较小的间距表示材料韧性较好，疲劳裂纹扩展速率较慢，在较软的材料中易出现贝纹线，而在较硬的材料中则不易看到。

3. 瞬时脆性断裂区

瞬时脆性断裂区是疲劳裂纹快速扩展直至断裂的区域。随着应力循环周次增加，疲劳裂纹不断扩展，当其尺寸达到相应载荷（σ_{max}）下的临界值时，裂纹将失稳快速扩展，从而形成瞬时脆性断裂区，瞬时脆性断裂区的断口形态与断裂韧性试样相近，靠近中心为平面应变状态的平断口，与疲劳裂纹扩展区处于同一个平面上，边缘处则变为平面应力状态的剪切唇区。韧性材料断口为纤维状，暗灰色；脆性材料为结晶状。

4. 载荷类型、应力大小和应力集中因素对疲劳断口形态的影响

疲劳裂纹扩展区与瞬时断裂区的形状，以及它们所占面积的相对比例和构件的形状、载

荷类型、载荷大小及应力集中程度有关。图 3-14 为各类疲劳断口的形态示意图。它们示意地说明了载荷类型、应力大小和应力集中因素对疲劳断口形态的影响。比较各种类型断口具有如下特点：

（1）高公称应力的光滑试样　由于没有明显的应力集中，裂纹产生于试样表面，裂纹由疲劳源向四周的扩散速率基本相同，贝纹线呈圆弧形。由于应力高，故疲劳断口上瞬时断裂区相对于疲劳裂纹扩展区所占面积的比例较大。

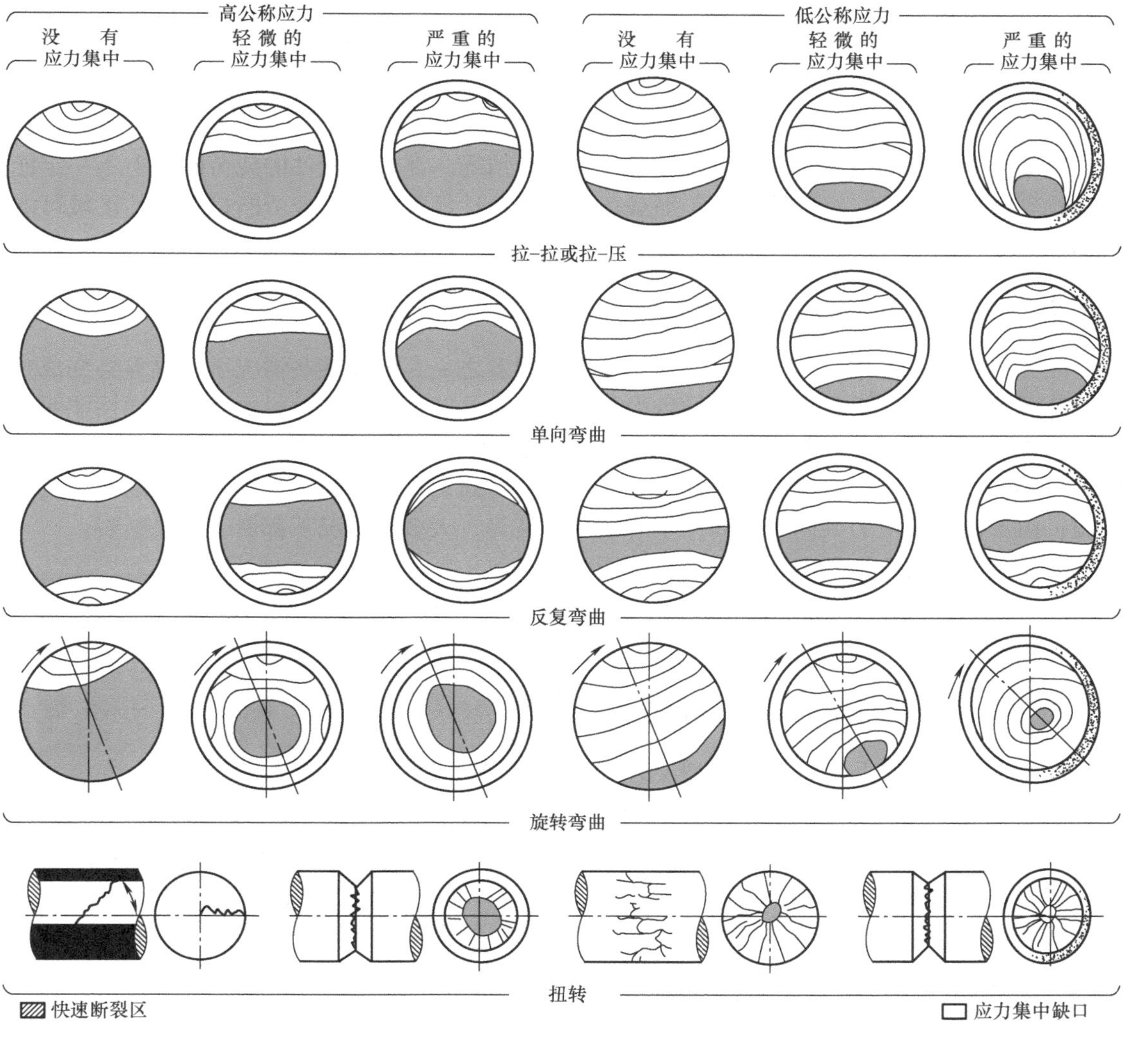

图 3-14　各类疲劳断口的形态示意图

（2）高公称应力的缺口试样　因缺口根部存在应力集中，故裂纹沿两侧扩展速率较快，从而形成波浪形的贝纹线。应力集中越大，这种特征越明显。

（3）低公称应力试样　无论试样上有无缺口，由于应力低，疲劳裂纹扩展都比较充分，故缺口上疲劳裂纹扩展区所占面积的比例较大。当有缺口时，疲劳裂纹沿两侧扩展速率较快。

（4）载荷类型　脉动拉伸、拉-压和单向弯曲试样一般都是一个疲劳源，疲劳裂纹沿一个方向扩展，只有一个疲劳裂纹扩展区。双向弯曲试样，无论有无缺口，都出现两个疲劳源，疲劳裂纹从两处开始扩展，形成两个疲劳裂纹扩展区。在低公称应力下，旋转弯曲试样的瞬时断裂区与疲劳源的相对位置，随着疲劳裂纹的扩展，逐渐向试样旋转方向的相反方向偏转一定角度。这是由于迎着转动方向的疲劳裂纹扩展速度较快所致。

在交变扭转应力作用下，高公称应力光滑试样，其疲劳断口与轴向约成45°角，这是循环应力中最大拉应力引起的；而低公称应力的光滑试样，其疲劳断口垂直于轴线方向，这是循环应力中最大切应力所引起的。对于缺口试样，不论公称应力高低如何，其断口总是呈锯齿形的。锯齿形断口的形成是由于疲劳裂纹自表面形成后，在正向和反向扭转力矩作用下，分别沿+45°和-45°两个斜方向扩展，最后两相邻裂纹相交所致。

以上讨论的高周疲劳宏观断口特征是一种典型情况。在一个机件的疲劳断口上不一定能同时找到疲劳断裂的三个区域。由于加载条件、材料性能等原因，疲劳断口上某些区域可能很小，甚至可能消失，因此分析具体疲劳断口时要从实际出发，不可绝对化。

3.3.4　沿晶断裂的宏观形貌特征

晶界的存在，本来是使金属材料强化的重要因素之一。但在某些情况下，晶界会变成独特的薄弱源，使裂纹沿晶界扩展，导致沿晶断裂。沿晶断裂总是与材料的某些力学性能明显降低（如 A、Z、K、K_{IC}等）相联系。沿晶断裂的产生一般与热处理规范、外界环境及应力状态有关，如热处理引起的过热脆性断裂和回火脆性断裂；环境因素引起的应力腐蚀与氢脆断裂；由于高温及应力共同作用而产生的蠕变断裂等，大多数情况下都属于沿晶断裂。

沿晶断裂多属脆性断裂，断口常呈所谓“冰糖状”形态。图3-15所示为18CrNiWA钢的冰糖状断口。

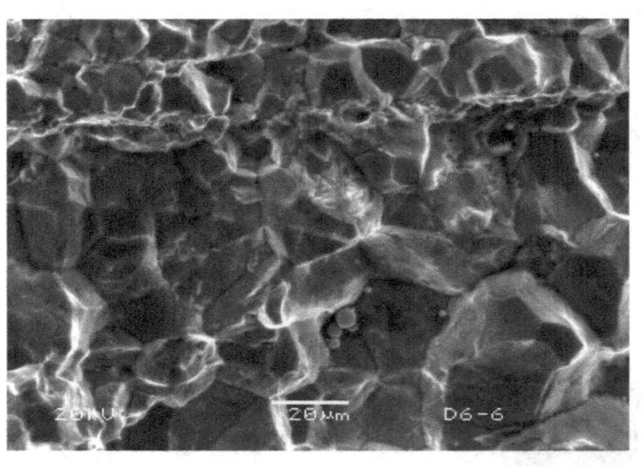

图3-15　18CrNiWA钢的冰糖状断口

3.3.5　实际构件断口的宏观分析

以上主要介绍了几种常见的典型宏观断口，但实际构件受力状态复杂，断裂原因也是多方面的，因此宏观断口形貌也比较复杂。譬如，在交变应力作用下会产生疲劳断裂，宏观断口上常围绕疲劳源区形成一些同心圆，称为“贝纹线”，它是疲劳断口的主要宏观特征；又如，由于氢分子聚合而造成的氢脆断裂，在宏观断口上出现雪片状的“白点”。在观察宏观断口时，必须首先寻找这些特征，以确定断裂性质。

1. 断口特征的判据

分析实际构件的宏观断口时，主要从以下几方面分析其特征与性质。

（1）观察断口是否存在放射花样或人字纹　放射花样或人字纹表征裂纹在该区不稳定、快速扩展的轨迹，沿着人字纹尖顶，可找到裂纹源位置；同时根据放射区与纤维区的相对比例，可大致估计断裂性质，放射区或人字纹区所占比例越大，则脆性断裂越明显。

（2）观察断口是否存在弧形线　在裂纹扩展过程中，由于应力状态变更，断裂方式改变以及裂纹扩展速度明显变化时，其裂纹扩展前沿线就会在断口上留下弧形线痕迹。疲劳断口上的同心圆就是这种弧形线，找到了同心圆弧线，就可朝着圆心方向找到疲劳源。

（3）观察断口的粗糙程度　实际断口的表面是由许多小断面所构成的，这些小断面的大小、曲率半径以及相邻小断面间的高度差，决定了整个断面的表面粗糙度。不同材料、不同断裂方式，其表面粗糙度大不相同。断口越粗糙，表明韧性纤维断裂所占比例越大；反之，断口细平、多光泽，则解理断裂所占比例大。

（4）观察断口的光泽与颜色　断口暗灰色表明裂纹扩展过程中塑性变形大，若断裂过程中断面间存在相对摩擦或受到氧化、腐蚀等作用时，断面上的腐蚀产物及颜色会发生很大变化。

（5）观察断口与最大正应力方向的交角　脆性断裂时，断口与最大正应力方向垂直。而纯剪切断裂的断口与最大切应力方向平行，但纤维区的宏观平面与最大正应力方向垂直。

2. 裂纹源的确定

实际构件或试样的裂纹源，一般根据试样几何形状、应力状态、宏观断口特征来确定。

1）对于圆形截面零件或试样由于过载引起的断口，其纤维区常常是裂纹源所在的位置。而放射花样逆指向纤维区或裂纹源具有圆环脊状花样的纤维区，其裂纹源总是在最内层的中心区。

2）对于矩形或板状构件，顺着人字纹顶尖所指的方向或放射花样逆向追溯到裂纹源和纤维区。

3）对于缺口试样，裂纹源产生于缺口根部，而且呈现多源，因此首先应在断口的缺口径向边缘处寻找裂纹源。

4）对于疲劳断口，疲劳源总是起始于缺口、沟槽、孔角等几何形状不连续的应力集中处，以及材料内部的夹杂、空洞等缺陷处。当零件经表面强化或其他镀层处理后，裂纹源会出现在材料的次表面上，因此首先应在断口上寻找上述易出现裂纹源的区域，然后根据断口上的一些特征花样，如放射花样、贝纹线等来确定裂纹源的具体位置。

5）疲劳断口表面若有贝纹线，则沿着贝纹线发展的逆向，可找到疲劳源。若断口上还有放射区，则沿着放射花样的逆向，可追溯到疲劳区并确定疲劳源的位置。

裂纹源位置确定后，裂纹扩展的宏观方向即可随之确定。一般情况下，指向源区的反方向就是裂纹宏观扩展方向。例如，放射线发散方向、与疲劳弧线相垂直的放射状条纹的发散方向等。从微观上来判断，与疲劳条带相垂直的方向及扇形或羽毛状花样的发射方向即为疲劳裂纹局部扩展方向等。

3.4　疲劳断裂的微观形貌特征

3.4.1　疲劳裂纹扩展断口的微观形貌特征

疲劳裂纹扩展可分为两个阶段，其复型照片如图 3-16 所示。

第Ⅰ阶段：当疲劳裂纹的核心一旦在试样表面滑移带或缺陷处（如夹杂物、刀痕等）、晶界上形成后，立即沿滑移带的主滑移面向金属内部伸展，此滑移面的取向大致与正应力约呈45°角。第Ⅰ阶段裂纹总是沿着最大切应力方向的滑移面扩展。

第Ⅱ阶段：裂纹按第Ⅰ阶段扩展方式扩展一定距离后（约10^{-1}mm量级），将改变方向，沿与正应力相垂直的方向扩展。此时正应力对裂纹的扩展产生重大影响。

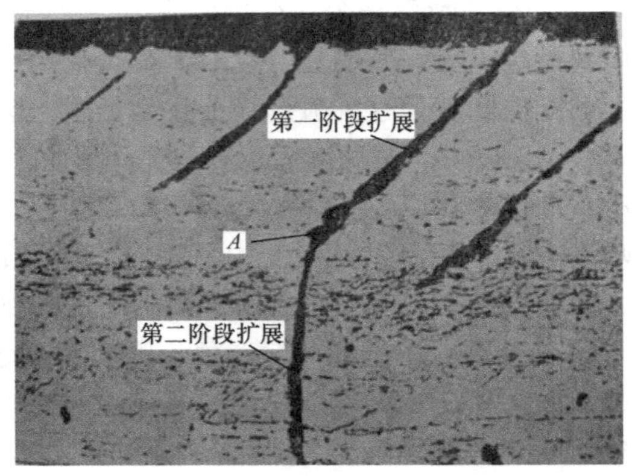

图3-16　疲劳裂纹扩展两阶段的复型照片

1. 疲劳裂纹扩展第Ⅰ阶段的微观形貌特征

第Ⅰ阶段的疲劳裂纹扩展的宏观形貌特征可分为两种类型。第一类为平面状断口。由于该阶段的裂纹严格地沿晶粒内某一滑移面扩展，因此断口非常平坦光滑，而且这种平断口往往具有很强的反光能力。第二类为平行锯齿状断口。这是由于裂纹沿着两组互不平行的｛111｝滑移面扩展造成的。其微观特征随不同的合金有所不同，以Mar-M200镍基高温合金为例，可能出现的微观特征主要表现如下：

1）类似于解理断裂的河流、台阶等花样。对镍基高温合金疲劳断口观察发现，有类解理小刻面。图3-17所示为Mar-M200镍基高温合金疲劳断口上的解理刻面。其中，图3-17a中的裂纹起始于临近表面的金属碳化物夹杂处（图中A点处），扩展了很短一段距离后（图中B点处），裂纹呈放射状向四周扩展，形成扇形台阶。

2）滑移线是第Ⅰ阶段断口的又一特征。断口上可见许多细小的、平行的并与台阶呈60°交角的滑移线，裂纹自左上向右下方向扩展，如图3-17b所示。

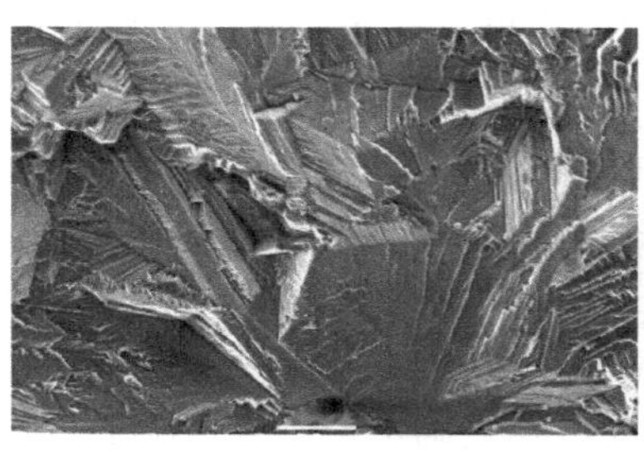
a) 解理刻面：台阶+河流花样

b) 解理平面：台阶+滑移线

图3-17　粉末高温合金疲劳裂纹扩展第Ⅰ阶段的微观形貌特征

2. 疲劳裂纹扩展第Ⅱ阶段的微观形貌特征

疲劳裂纹扩展的第Ⅱ阶段断口的基本微观特征是疲劳条带。疲劳条带是判断疲劳断裂的基本依据，凡在断口中发现疲劳条带时，可判断为疲劳断裂。但反过来，如果在断口上未发现疲劳条带时，并不能断定是非疲劳断口，这是由于并不是在所有的合金和所有条件下疲劳条带都呈现相互平行的规则形态。合金、应力水平、环境的不同，条带的形态会有很大差别。典型的疲劳条带形貌如图3-18所示。铝合金、碳钢、钛合金、耐热钢的疲劳条带有时很明显，但超高强度钢、铸造耐热合金及高应变低寿命疲劳中，疲劳条带并不十分明显。

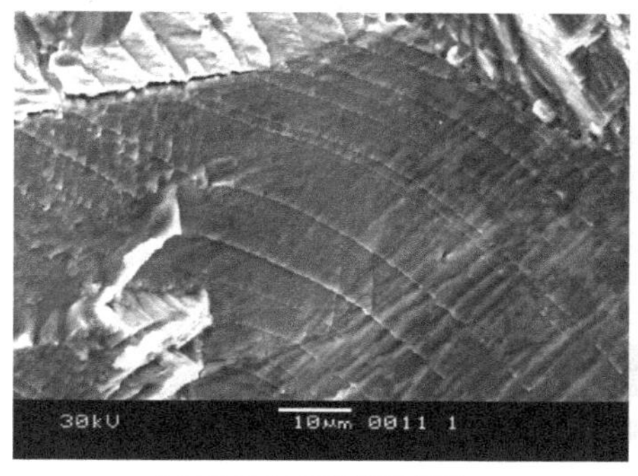

a) GH1015 900℃疲劳条带

b) Ti6Al4V疲劳条带

图 3-18　典型的疲劳条带形貌

疲劳条带的基本特征归纳如下：

1）疲劳条带是一系列基本上相互平行的条带，略带弯曲，呈波浪形。这些条带在不同的条件下可以是凸出于断面的埂上，也可能是凹陷于断面内的沟槽，条带的方向与裂纹局部扩展方向垂直。疲劳条带通常要在高倍显微镜下才能观察到（如 ×1000 倍）。

2）每一条疲劳条带代表一次载荷循环，每条疲劳条带表示该载荷循环下裂纹尖端的位置。疲劳条带在数量上与循环次数相等。

3）疲劳条带的间距（或宽度）是应力强度因子范围 ΔK 的函数，随 ΔK 的增加而增加。

4）疲劳裂纹并不是总在一个平面上扩展，而经常是在多个大小不等、方向有别、高低不一的小平面上同时扩展。每一个小平面上的疲劳条带连续且平行，但相邻小平面上的疲劳条带是不连续、不平行的，当这些小平面汇合时就形成一棱边。

5）断口两侧断面上的疲劳条带基本相对应。

6）疲劳条带形成的必要条件是疲劳裂纹尖端必须处于张开型的平面应变状态。所以只有当疲劳断口与疲劳载荷张开应力相垂直时，才能观察到疲劳条带。

贝纹线是变幅载荷历程在断口表面上留下的痕迹，一条贝纹线（疲劳弧线）对应一次过载峰值，如图 3-19 所示。其中，图 3-19a 所示为飞机机翼主梁破断断口的贝纹线；图 3-19b 所示为飞机机翼标准载荷谱疲劳断口的微观形貌。工程构件在裂纹扩展过程中，过载峰值会在裂纹尖端产生明显的塑性变形（图中白色弧线）。过载峰值越大，塑性变形越明显，贝纹线的宽度越大，如图 3-19b 所示；而且随着裂纹扩展速率加快，贝纹线间距增大，如图 3-19a 所示。基于一条贝纹线对应一次过载峰值的理论依据，根据断口上留下的贝纹线就可以反推工程结构的初始裂纹尺寸，从而获得工程上应用的裂纹长度与疲劳寿命曲线和应力强度因子 ΔK 与裂纹扩展速率 da/dN 的关系。

应该指出，宏观断口上看到的贝纹线与疲劳条带并不是一回事，前者是变幅载荷历程在断口表面上留下的痕迹，一条贝纹线对应一次过载峰值；后者是一次交变应力循环时裂纹尖端塑性钝化形成的微观特征，一般要在扫描电镜的高放大倍数下（×1000 以上）才能发现。

3.4.2　近门槛值扩展区断口的微观形貌特征

近门槛值扩展区的裂纹扩展速率为 10^{-7}mm/周，其行为受力学、材料和环境等因素的影响很敏感。图 3-20 所示为 300M 钢（美国牌号，相当于 40CrNi2Si2MoVA）等温淬火状态

a) 飞机主起落架上转轴断口的贝纹线

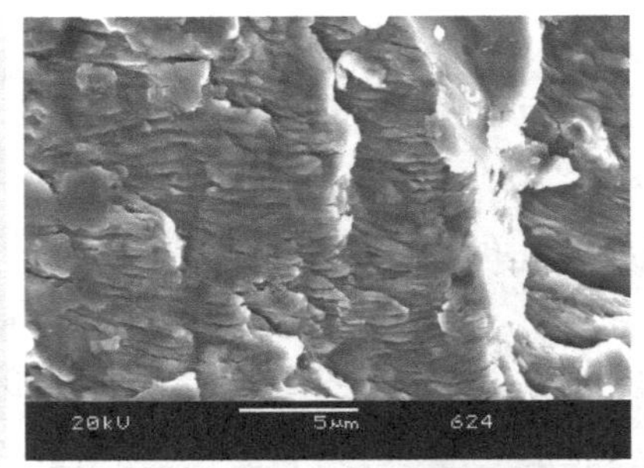

b) 实验室运输机机翼标准载荷谱疲劳断口微观形貌

图 3-19　变幅载荷历程形成的疲劳弧线（贝纹线）

在不同应力比 R 条件下的宏观断口照片，在门槛区存在明显的磨蚀氧化沉积物，而且随应力比 R 的增加，氧化膜厚度减小，当 $R=0.7$ 时氧化膜消失。这表明裂纹闭合效应在起作用。图 3-21 所示为 300M 钢在近门槛扩展区的一组典型的断口微观形貌照片。观察表明，无论是等温淬火状态还是油淬状态，在近门槛区的断口表面光滑细腻，并显示磨蚀和氧化物的痕迹；断口的微观形貌的主要特征是存在一定数量的解理小刻面，等温淬火状态为穿晶小平面，如图 3-21a 所示，油淬状态为沿晶小刻面，如图 3-21b 所示。

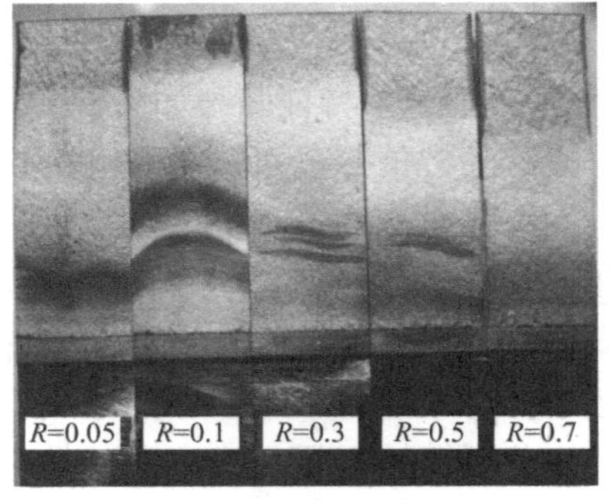

图 3-20　300M 钢近门槛扩展区的宏观断口照片

a）等温淬火状态，R=0.05，磨蚀痕迹

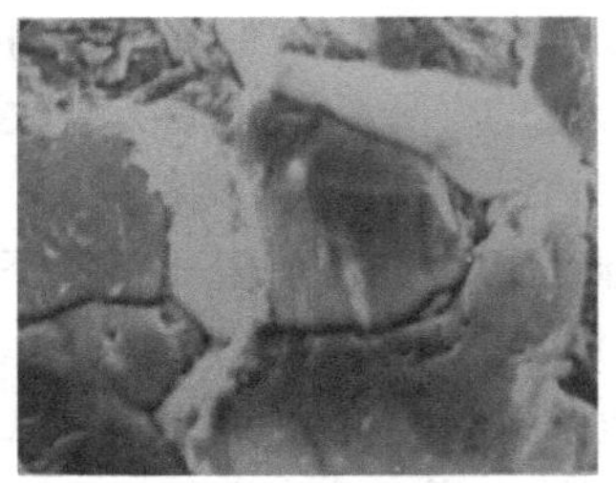

b）油淬状态，R=0.05，沿晶小刻面

图 3-21　300M 钢在近门槛扩展区的微观断口照片

3.4.3　低周疲劳断口的微观形貌特征

低周疲劳应力水平较高，一般超过材料的屈服强度，因此低周疲劳宏观断口形貌除具有与高周疲劳断口的相同特征外，还具有以下特点：

1）多疲劳源，且源区放射状棱线多。

2）断口较粗糙，台阶高度差大。

3）疲劳条带间距大。

4）瞬断区面积大。

低周疲劳的微观断口形貌，随应力幅（或应变幅）的不同，有很大的不同。当应力幅比较高时，静载断裂机制就有可能出现在疲劳断裂之中，在断口上会形成各种静载断裂所产生的韧窝形态。例如，对于 HT60 钢，当疲劳寿命 $N_f<90$ 次时，断口均为细小的韧窝，没有疲劳条带出现；当 $N_f \geqslant 300$ 次时，出现轮胎花样；当 $N_f>1000$ 次时，才出现疲劳条带。

如果试验温度超过等强温度，还会出现沿晶断裂。例如，GH1035 合金在 550℃下的低周疲劳断口观测结果显示：当应变幅小于 0.8% 时，可观察到清晰的疲劳条纹；随着应变幅的增加，沿晶断裂开始出现；在应变幅为 1.2% 时，沿晶断裂与条纹并存；在应变幅为 2% 时，以沿晶断裂为主。

图 3-22 所示为 7050 铝合金低周疲劳断口的微观形貌。疲劳条带是微观形貌的主要特征，如图 3-22a 所示；在大应变下（$e=\pm 6\%$），还观察到沿晶断裂特征，如图 3-22b 所示。

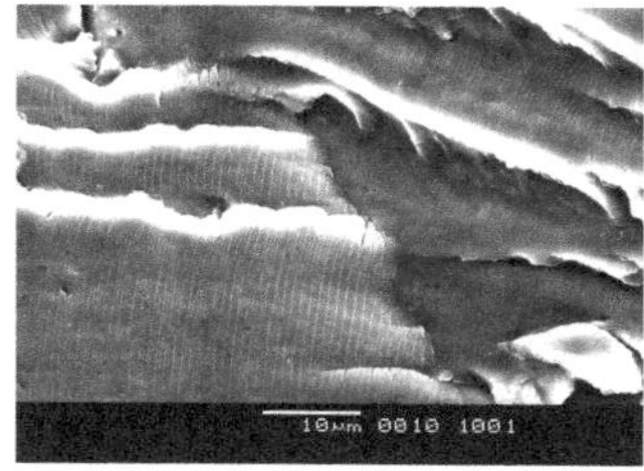

a) 疲劳条带

b) 大应变 ($e=\pm 6\%$) 下的沿晶断裂特征

图 3-22　7050 铝合金低周疲劳断口的微观形貌

3.4.4　腐蚀疲劳断口的微观形貌特征

腐蚀疲劳是在交变应力与腐蚀介质共同作用下的结果，所以在断口上往往可观察到腐蚀破坏的特征，同时也可以观察到疲劳破坏的特征。图 3-23 所示为 2024 铝合金腐蚀疲劳小裂纹断口的一组微观形貌照片（3.5% NaCl 水溶液）及 2A01 铝合金在海洋环境中的沿晶断裂形貌特征。一般来说，腐蚀疲劳断口与空气环境的疲劳断口相比，具有以下特征：

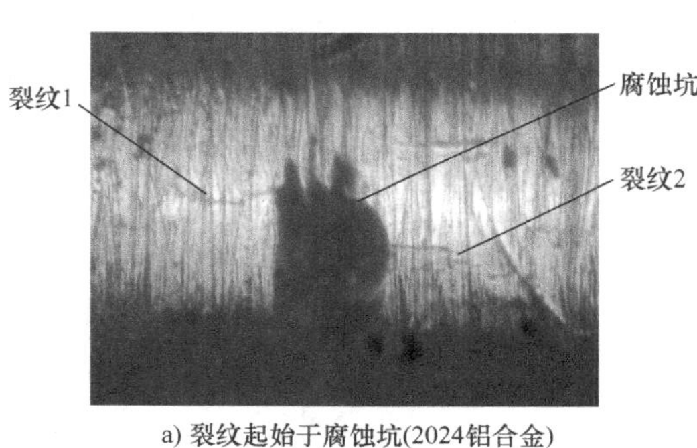

a) 裂纹起始于腐蚀坑(2024铝合金)

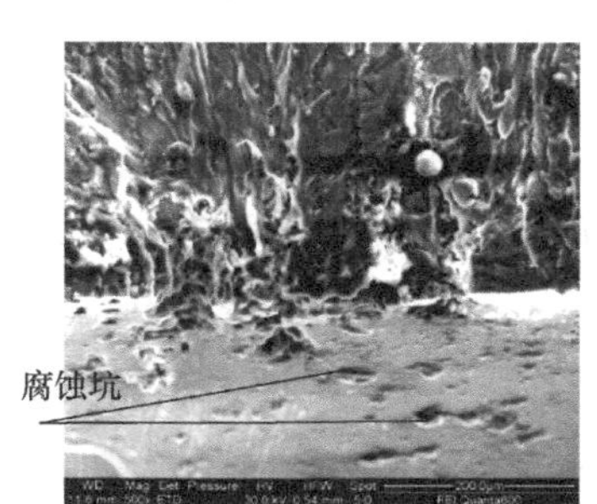

b) 多腐蚀坑(2024铝合金)

腐蚀产物

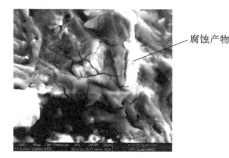

c) 干涸状花样(2024铝合金)

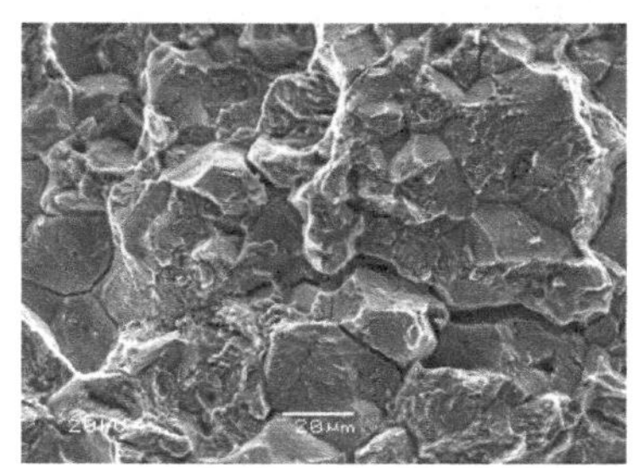

d) 沿晶断裂特征(2A01铝合金)

图 3-23　腐蚀疲劳断口的微观形貌特征

1）断裂的宏观表面一般颜色灰暗，无金属光泽；对腐蚀严重的材料，断口表面呈现明显的腐蚀坑或腐蚀氧化沉积物。

2）裂纹一般起源于表面腐蚀损伤处，如腐蚀坑、腐蚀斑，如图 3-23a 所示。

3）疲劳源与扩展区一般有腐蚀产物沉积，如图 3-23b 所示。

4）断裂扩展区具有较明显腐蚀特征，如腐蚀坑、干涸状花样等，如图 3-23c 所示。

5）沿晶断裂是腐蚀疲劳断口的重要微观特征，如图 3-23d 所示。

*3.5 应力腐蚀与氢脆断口

3.5.1 应力腐蚀断口的形貌特征

金属构件在静载拉应力和特定腐蚀环境共同作用下所导致的脆性断裂为应力腐蚀断裂，其断口的形貌特征主要有：

1）应力腐蚀断裂是脆性断裂，即使是延性极好的材料，产生应力腐蚀断裂时同样也是脆性断裂。其断口平齐、与主应力垂直、没有明显的塑性变形，断口形态呈颗粒状。

2）应力腐蚀是一种局部性腐蚀，裂纹常被腐蚀产物所覆盖，从外表很难观察到。

3）应力腐蚀的断口特征比较复杂。它与材料的晶体结构、合金成分、热处理状态、环境介质、温度及应力状态有关；它既可呈脆性断口，有时也可看到延性断口，断裂方式既可是晶界型，也可是沿晶型。

在一般情况下，低碳钢、低合金钢、铝合金和 α-黄铜等合金是晶界断裂。超高强度钢一般沿原始的奥氏体晶界断裂，如图 3-24 所示。

铝合金应力腐蚀断口主要特征为沿晶断裂，在晶界面上有腐蚀产生的痕迹并可观察到泥纹状花样，如图 3-25 所示。它是平坦面上分布着晶界裂纹（如河底干涸状），这种平坦面并不是断口表面金属的真实面貌，而是晶界面上覆盖了一层腐蚀产物。引起铝合金应力腐蚀的主要介质有水蒸气、潮湿空气、海洋大气、海水及 NaCl 水溶液等。

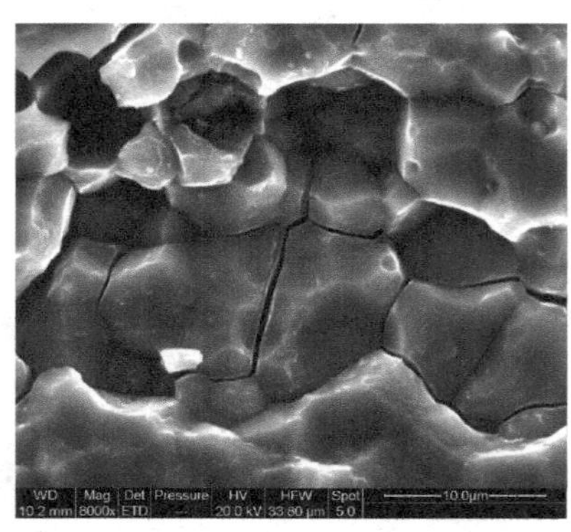

图 3-24　30CrMnSiNi2A 钢在 3.5% NaCl 水溶液中应力腐蚀的沿晶断裂特征

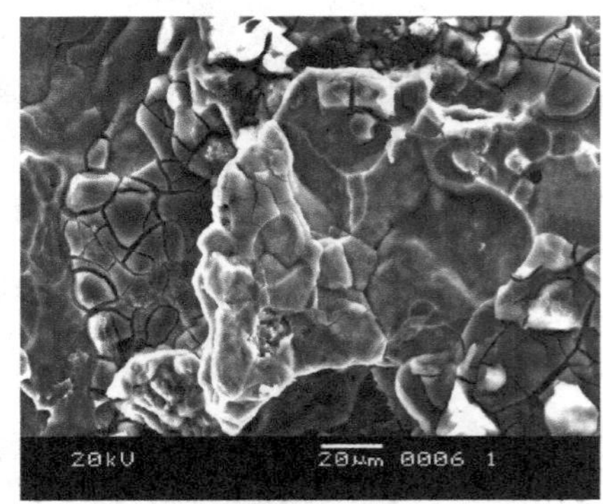

图 3-25　铝合金应力腐蚀断口的泥纹状花样

不锈钢的应力腐蚀断裂也是脆性断裂，具有较高塑性的奥氏体 Cr-Ni 不锈钢也不例外，其微观断口形态可以是穿晶的，也可以是沿晶的或两者都有的混合型。通常情况下，奥氏体

不锈钢在 Cl^- 离子溶液中主要是穿晶断裂，而在热碱性溶液中是穿晶断裂还是沿晶断裂，取决于腐蚀剂的温度。图 3-26 所示为 13Cr11Ni2W2MoV 马氏体不锈钢在 3.5% NaCl 水溶液中应力腐蚀断裂的断口形貌特征。

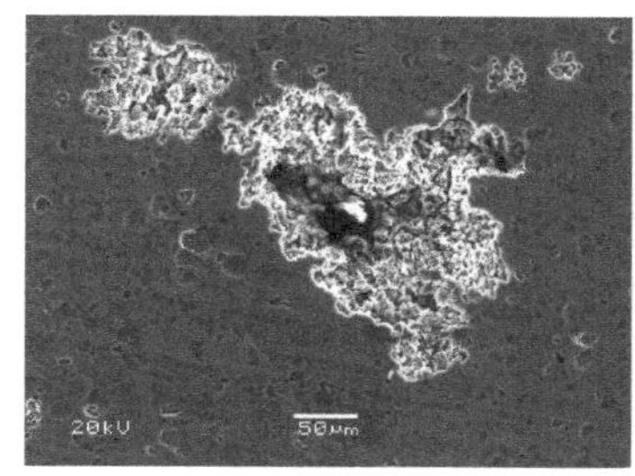

a) 源区蚀坑形貌

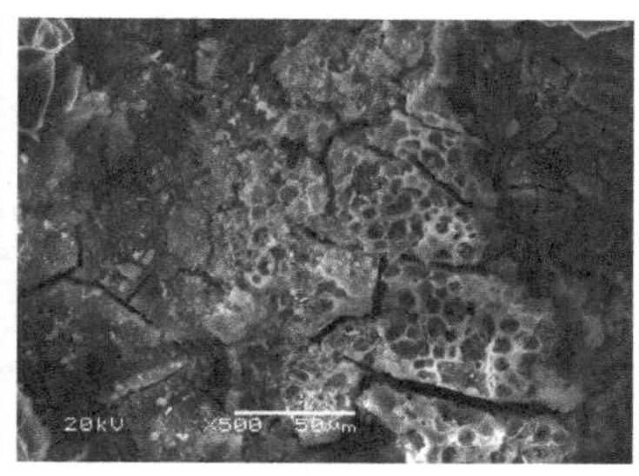

b) 沿晶断裂、二次裂纹与晶面上的腐蚀花纹

图 3-26　13Cr11Ni2W2MoV 钢的应力腐蚀断口

3.5.2　氢脆断口的形貌特征

氢脆断口具有典型的脆性断裂特征：断口平齐，存在放射状的棱线或呈颗粒状。其微观断口形貌随着氢含量、合金成分、晶粒度、应力大小和应变温度等的不同而变化。氢脆断口最基本的微观形貌是沿晶断裂（见图 3-27），有时也可观察到解理断裂及局部韧窝断裂。

“白点”是氢脆断口形貌的另一重要特征，如图 3-27 所示。白点有两种类型。一种是在钢件中观察到纵向发裂，在其断口上则呈现白点。这类白点多呈圆形或椭圆形，而且轮廓分明，表面光亮呈白色，所以又叫作“雪斑”或“发裂白点”。如图 3-28a 所示，这种白点实际上就是一种内部微细裂纹，它是由于某种原因致使材料中含有过量的氢所造成的。另一种白点呈鱼眼形，它往往是某些以材料内部的宏观缺陷（如气孔、夹渣等）为核心的银白色斑点，其形状多为圆形或椭圆形。圆白点的大小往往同核心的大小有关，即核心越大，白点也越大。图 3-28b 所示为以焊接缺陷（气孔）为核心的鱼眼形白点。

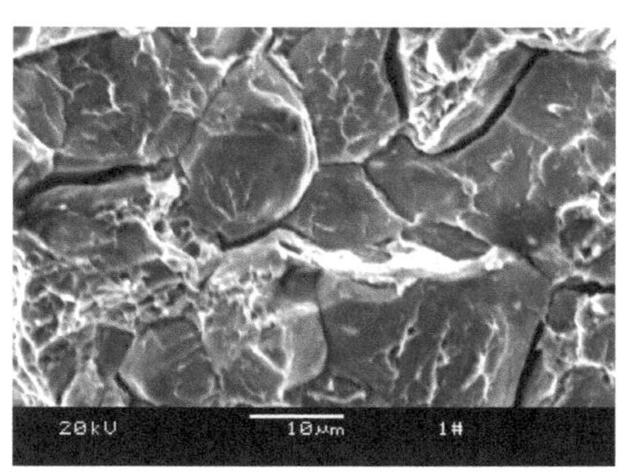

图 3-27　300M 钢冲氢试样延迟断口特征

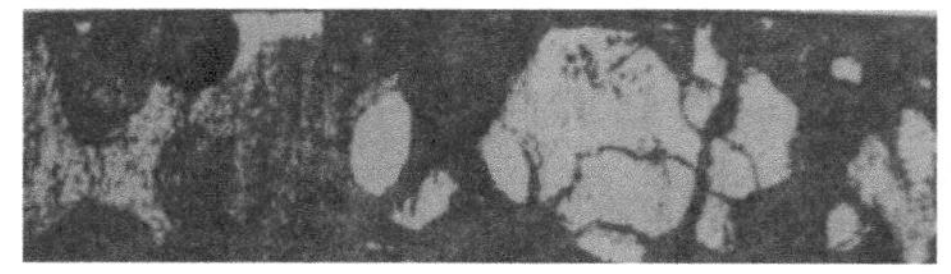

a) 发裂白点　　b) 鱼眼形白点

图 3-28　氢脆白点

思　考　题

1. 简述断裂类型的分类及主要特点。
2. 简述拉伸试样宏观断口的主要特征。

3. 试分析疲劳宏观断口的主要特征。
4. 如何根据断口特征判断试样或零件的断裂类型、受力状态、环境等断裂特征？
5. 如何根据断口特征确定疲劳源位置？
6. 试分析疲劳条带和贝纹线的基本特征。
7. 简述韧性断裂的一般特点。
8. 简述保护断口的基本方法。
9. 简述断口特征的三要素。

第4章　数据统计分析基础知识

对所得的试验数据进行统计分析是客观获取研究结论的重要方法。由于几乎所有的力学性能试验结果都会受偶然因素影响，并导致测得的试验数据产生一定的分散度，因此需采用统计方法对其进行处理分析，以便能够得到客观且具有较高置信度和可靠度的评价结论。本章主要介绍与力学性能测试相关的数据统计分析的基础知识，侧重于基本概念、应用过程和主要结论的描述。

本章内容主要包括数据统计分析基本概念、常用分布函数及其应用、回归分析简介、数据基值简介、数值修约和试验结果的测量不确定度简介。

4.1　基本概念

4.1.1　母体、个体和子样

母体、个体和子样是数理统计学中最常用的名词。母体也称为“总体”，指的是研究对象的全体。而个体指的是母体中的一个基本单元。譬如，要研究一批飞机零件的疲劳寿命，那么所有这批零件的疲劳寿命就是一个母体；而其中每一个零件的寿命则为一个个体。母体的性质是由个体的性质构成的。所以，要了解母体的性质，必须知道每一个个体的性质。但若把母体中所有个体都一一加以研究，则主要会遇到两种困难。首先，在一般情况下，母体包含的个体为数众多，甚至近似无限多，因此，不可能把所有个体都进行研究。其次，也有一些情况，如飞机生产中的一些大型部件，批生产的数量虽然不多（即母体包含的个体数目有限），但对个体的疲劳寿命的测定具有破坏性，因此该部件经疲劳试验后已不能使用。显然，不能对所用部件都进行这种破坏性试验。

由于以上两种原因，为了推断母体的性质，常从母体中抽取一部分个体来加以研究，这些被抽取出来的一部分个体称为子样或样本。子样所包含的个体的数目，称作子样大小或样本容量。在进行疲劳试验时，对每一个试件测得的疲劳寿命值，就相当于一个个体。在相同的试验条件下，根据一组试件测得的一组数据，则相当于一个子样。如子样大小 $n=6$，即表示这个子样包含6个观测数据。

母体和子样有一定差别，但也有密切联系。由于子样是母体的一部分，故子样的特征在一定程度上能够反映母体的性质，即母体的规律可借助子样的规律来加以认识，这也是可以用已取得的子样数据来推估母体性质的依据。另外，子样毕竟只是母体的一部分，当然也不能完全由其代表母体的特征。一般当子样越大时，其自身也就越接近母体。故当子样容量足够大时，更容易推断母体的性质。此时，通过子样来认识母体也就更加有效。

4.1.2　平均值和中值

疲劳统计的基本任务是要根据子样的统计性质来推断母体的性质。而这种推断须借助于数学分析的方法，所以，须求出几个观测数据的特征值，以此来代表子样的统计性质。常用的子样特征值可分为两类：一类是表示数据集中位置的，如平均值和中值；另一类是表示数据分散性质的，如标准差（标准偏差）、方差和变异系数等。

如果从母体中随机地抽取一个大小为 n 的子样，取得了 n 个观测数据（x_1，x_2，…，x_n），则这 n 个数据的平均值称为“子样平均值”，以 $\bar{x}$ 表示，即

$$\bar{x} = \frac{1}{n}(x_1 + x_2 + \cdots + x_n) = \frac{1}{n}\sum_{i=1}^{n} x_i \tag{4-1}$$

显然子样平均值反映了数据的平均性质。各个观测数据可看作是围绕它而分布的，因此子样平均值能够表示数据的集中位置。

“中值”也是一种表示数据集中位置的特征值，中值也被称为中位数。将一组数据按大小顺序排列，居于正中间位置的数值，称为这组数据的子样中值，用符号 M_e 表示。例如，在一次疲劳试验中，测得一组 5 个试件的疲劳寿命（按大小顺序排列）为

$$(376,535,565,604,901)\times 10^3 \text{ 次}$$

此时，由于观测数据的总数为奇数，因此子样中值就是居于正中（第 3 个）的那个数，即 $M_e = 565\times 10^3$ 次。当观测数据的总数为偶数时，如以上试验再增加一个试件，测得 6 个试件的疲劳寿命（同样按大小顺序排列）为

$$(376,535,565,604,629,901)\times 10^3 \text{ 次}$$

则子样中值为居于中间位置的两个（第 3 个和第 4 个）数据的平均值，即 $M_e = (565 + 604)/2\times 10^3 = 585\times 10^3$ 次。

4.1.3 方差和标准差

标准差为标准偏差或标准离差的简称，它是表示观测数据分散性的一个特征值。为了介绍标准差的意义，首先引入偏差的概念。如取 n 个观测数据 x_1，x_2，…，x_n，其平均值为 $\bar{x}$，每个观测值 x_i 与平均值 $\bar{x}$ 之差称作“偏差”，以符号 d_i 表示：

$$d_i = x_i - \bar{x} \quad (i = 1,2,\cdots,n) \tag{4-2}$$

偏差代表每个观测值偏离平均值的大小。显然，各个偏差的绝对值越大，数据也就越分散。由于偏差有正有负，可以证明，所有偏差的总和等于零。所以，无法用偏差总和来度量观测数据的分散性。在疲劳统计分析中，一般采用子样方差 s^2 作为分散性的度量。s^2 越大，表示数据越分散。s^2 定义为

$$s^2 = \frac{\sum_{i=1}^{n} d_i^2}{n-1} = \frac{\sum_{i=1}^{n}(x_i - \bar{x})^2}{n-1} \tag{4-3}$$

子样方差 s^2 的平方根 s 称为子样标准差，即

$$s = \sqrt{\frac{\sum_{i=1}^{n}(x_i - \bar{x})^2}{n-1}} \tag{4-4}$$

在疲劳统计分析中，常用子样标准差 s 作为数据分散性的指标。s 越大，表示数据越分散；s 越小，则分散性就越小。

4.1.4　变异系数

虽然子样标准差 s 能够描述数据的分散性，但其只描述了各个观测值偏离其平均值的程度，并未考虑各观测值本身的大小。对于具有相同子样标准差的几组数据，仅用 s 作为其特征量则不足以有效比较此几组数据的分散性。例如，对于两组测量数据（10，11，12）mm 和（100，101，102）mm，由式（4-4）可计算得到此两组数据的子样标准差 $s_1 = s_2 = 1\text{mm}$。然而，相比于第一组数据，第二组数据彼此之间的差别明显较小，因为对于 100mm 左右的观测值，相差 1 ~2mm 并不能算数据很分散。因此，为了有效描述此种情况下的分散度，将标准差除以平均值 $\bar{x}$，将由此得到的特征参量称为变异系数或离差系数 C_V，其定义为

$$C_V = \frac{s}{\bar{x}} \tag{4-5}$$

变异系数可作为衡量一组数据相对分散程度的指标，且为无量纲量。因此，不同性质、不同单位的几组观测值的分散性，也可用它们的变异系数进行比较。

4.1.5　随机变量和概率密度函数

随机变量 X 就是随偶然因素而改变的量，并可以具体化为各个子样值。例如，获得一组圆盘直径的观测值（100，101，102）mm，由于生产或测量等偶然因素，导致圆盘直径为一个随机变量 X，在此，X 取 100mm、101mm、102mm，或取其他数值，都由某些偶然因素决定。要深入了解一个随机变量，必须考虑以下两个问题：

1）随机变量的变化范围，即随机变量的取值范围。

2）随机变量以怎样的概率取得某一数值，即 X 具体化为某个数值的概率是多少。

要了解随机变量取值的规律，必须建立它的概率密度函数。概率密度函数 $f(x)$ 是描述随机变量 X 取某个数值的概率密度的函数。例如，当 $X = x_C$ 时，对应的概率密度为 $f(x_C)$。概率密度函数 $f(x)$ 具体函数形式的提出依赖于试验频率曲线。试验频率曲线一般是通过大量的重复性试验获得的，该曲线能够描述随机变量 X 取得某一数值时的概率密度大小。例如，射击打靶 100 次，打中靶心 80 次，打中靶面内环 15 次，打中靶面外环 5 次。此处，打中位置为一个随机变量 X。当 X 取为靶心位置时，其对应的概率密度 $f(\text{靶心位置}) = 80/100 = 0.8$。以此类推，即可得到 X 取各观测值时的各自的概率密度值，将这些值画入以随机变量为横轴、概率密度为纵轴的二维坐标系中且连成一条曲线，此曲线即为试验频率曲线。

获得试验频率曲线后，选用适当的函数进行拟合，此函数即为概率密度函数 $f(x)$。目前已知的概率密度函数均为经验函数。式（4-6）给出了常用的正态分布的概率密度函数表达式，其对应的曲线形式如图 4-1 所示。

$$f(x) = \frac{1}{\sqrt{2\pi}\sigma} e^{-\frac{(x-u)^2}{2\sigma^2}} \quad (-\infty < x < +\infty) \tag{4-6}$$

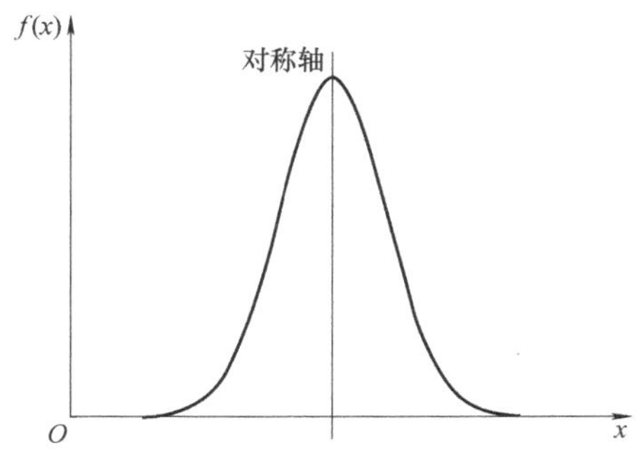

图 4-1　正态分布的概率密度曲线

一般来说，不同分布的概率密度函数彼此各异，对应的概率密度曲线也各不相同，但这些曲

线却具有如下的一些共同特性：

1）曲线纵坐标恒为非负值。

2）在曲线中部至少存在一个高峰。

3）曲线两端向左右延伸，直至纵坐标等于零或趋近于零。

4）曲线与横坐标轴所包围的面积等于1。

4.1.6 分布函数和可靠度

分布函数 $F(x_p)$ 也称为累积频率函数，是指随机变量 X 小于某一数值 x_p 的概率，对概率密度函数 $f(x)$ 进行积分，下限取为 $-\infty$，上限取为 x_p，即可得到分布函数，即

$$F(x) = P(X < x_p) = \int_{-\infty}^{x_p} f(x)\,\mathrm{d}x \tag{4-7}$$

按照积分的定义，分布函数 $F(x_p)$ 可用图4-2中的阴影面积表示。当 x_p 值增加时，阴影面积变大，$F(x_p)$ 值随之增大。可见，当已知概率密度函数 $f(x)$ 时，分布函数 $F(x_p)$ [即 $X<x_p$ 的概率 $P(X<x_p)$]，完全取决于 x_p 的大小。

在疲劳可靠性中，分布函数以及概率密度函数占有极其重要的地位。这里简要说明它们的物理意义及其与可靠度的关系。设已知某分布的概率密度函数为 $f(x)$，当给定任一 x_p 值，即可知道随机变量小于 x_p 的概率为 $F(x_p)$。反之，当指定任一概率，也可求得对应这一概率的 x_p 值。例如，指定 $F(x_p)=5\%$（见图4-3），对应的灯泡使用寿命 $x_p=90$ 个月，即随机变量小于90个月的概率为5%。这就意味着：平均100个灯泡中，可能会有5个灯泡的使用寿命低于90个月。如果将这批灯泡的安全使用寿命定为90个月，则表示100个灯泡中，可能会有5个灯泡在未达到使用寿命之前，过早地发生了失效。由此可见，指定的这个概率5%相当于“破坏率”，也就相当于灯泡寿命低于90个月时的破坏率。破坏率越小，安全使用寿命就越低。对于飞机结构中的零部件，破坏率常取0.1%。它表示1000个零部件中，只能有一个零部件未达到安全寿命而提前发生破坏。这样小的概率，实际上很难实现，因此，由此破坏率确定的安全寿命是比较可靠的。对于重要的零部件，破坏率还可以取得更低一些。对于一般便于更换或易于检查的零部件，则破坏率可以取得高一些，从而给出较高的安全寿命。

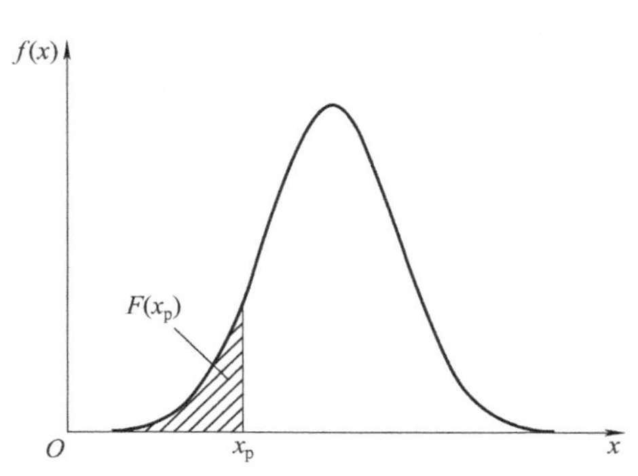

图4-2 对概率密度曲线积分得到随机变量 X 的分布函数 $F(x_p)$

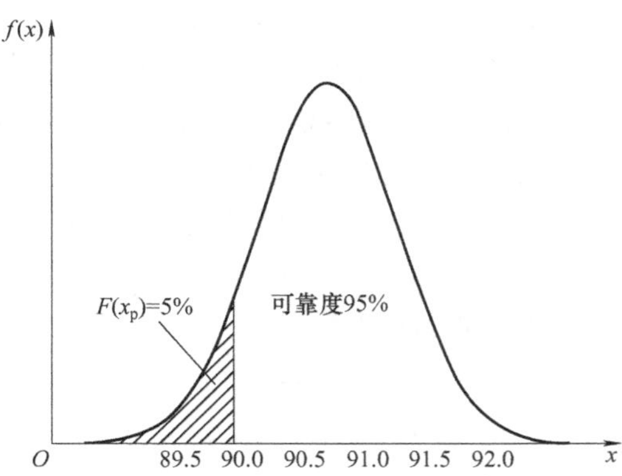

图4-3 可靠度和概率密度曲线的关系

由于概率密度曲线和横坐标轴之间所包围的面积为 1，故图 4-3 中阴影面积右边的空白面积为 95%。它表示随机变量 X 大于 90 个月的概率，即灯泡使用寿命为 90 个月的“存活率”。这意味着：平均 100 个灯泡中，可能会有 95 个灯泡的使用寿命都比 90 个月长。在疲劳可靠性中，通常将存活率称为“可靠度”。可靠度和破坏率之间存在以下关系：

$$破坏率 + 可靠度 = 1 \tag{4-8}$$

此关系的数学形式为

$$P(X < x_p) + P(X \geqslant x_p) = 1 \tag{4-9}$$

当破坏率取 0.1% 时，可靠度为 99.9%。由此可知：安全寿命的可靠性如何，可以通过可靠度显示出来。如可靠度定得较高，虽然给出较低的安全寿命，但可靠性较大。可靠度是安全寿命的“可靠性”指标。在飞机零部件的可靠性设计中，都会要求其寿命具有一定的可靠度。

4.2　常用分布函数及其应用

4.2.1　正态分布及其应用

1. 一般正态分布

在数理统计学中，最重要的一个频率分布为正态分布，也称高斯分布。多年来，人们对各种研究对象（如对数疲劳寿命、零件尺寸、材料性能、化学成分和测量误差等）进行了大量的统计分析。根据这些研究对象的分布结果发现了正态分布，并得到了其概率密度函数 $f(x)$，其函数表达式为

$$f(x) = \frac{1}{\sqrt{2\pi}\sigma} e^{-\frac{(x-\mu)^2}{2\sigma^2}} \quad (-\infty < x < +\infty) \tag{4-10}$$

式中　e——自然对数的底，且 e = 2.718；

μ、σ——正态分布的两个分布参数，μ 为母体平均值，σ 为母体标准差。

显然，当 μ 和 σ 已知时，其概率密度函数 $f(x)$ 就会确定。

正态分布的概率密度曲线如图 4-4 所示。由图 4-4 可见，当 $x = \mu$ 时，$f(x)$ 为极大值。曲线的对称轴位于横坐标 μ 处。在 $x = \mu \pm \sigma$ 处，曲线存在拐点。对称轴左右两部分曲线向外延伸，并且以横坐标轴为曲线的渐近线。曲线的形状由母体标准差 σ 决定。σ 越大，曲线外形越扁平，表示分散性越大；σ 越小，曲线外形越狭高，表示分散性越小。若已知 μ 和 σ，正态分布的概率密度曲线就可完全确定。一般采用符号 $N(\mu;\ \sigma)$ 表示母体平均值为 μ、母体标准差为 σ 的正态分布。

2. 标准正态分布

对于正态分布，令其概率密度函数中的母体平均值 $\mu = 0$、母体标准差 $\sigma = 1$，即可得到所谓的标准正态分布。标准正态分布通常用符号 $N(0;\ 1)$ 表示，其概率密度函数见式（4-11），相应的概率密度曲线如图 4-5 所示。

$$\phi(u) = \frac{1}{\sqrt{2\pi}} e^{-\frac{u^2}{2}} \quad (-\infty < u < +\infty) \tag{4-11}$$

对于一般的正态分布 $N(\mu;\ \sigma)$，可通过式（4-12）将其转换为标准正态分布 $N(0;\ 1)$。

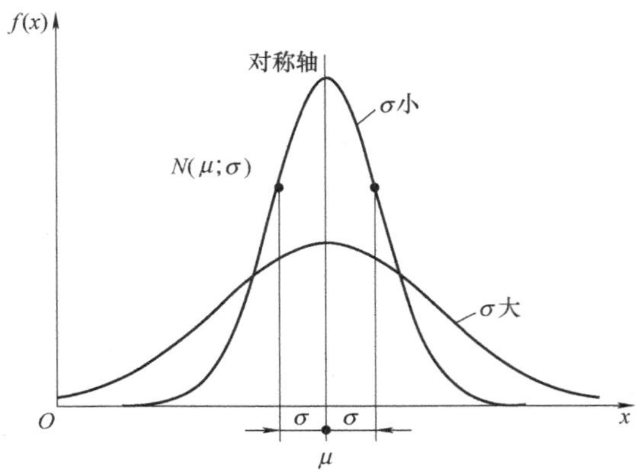

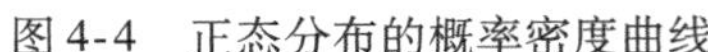
图 4-4　正态分布的概率密度曲线

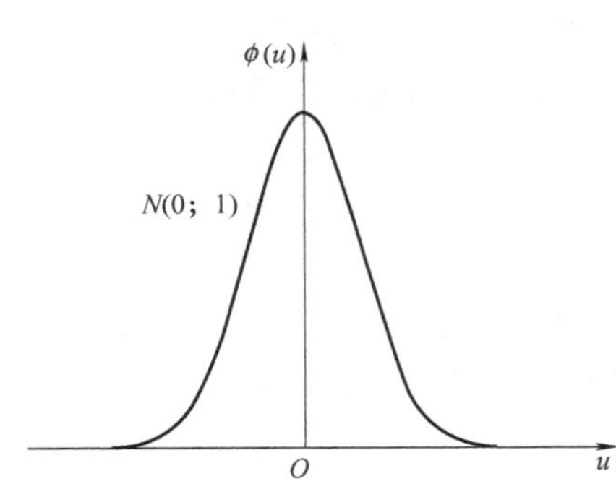

图 4-5　标准正态分布的概率密度曲线

这样转换的好处是可以利用已知的标准正态分布表来查得随机变量 U 小于 u_p 时的概率 $\Phi(u_p)$。

$$U=\frac{X-\mu}{\sigma} \tag{4-12}$$

式中　U——标准正态分布的随机变量；

X——一般正态分布的随机变量；

μ、σ——一般正态分布的分布参数。

3. 对数正态分布

大量的统计结果显示，试件的疲劳寿命 N 是一个随机变量，且 N 不服从正态分布，但是对数疲劳寿命 $\lg N$ 一般是服从正态分布的。因而，可通过式（4-13）将疲劳寿命 N 转换为正态分布的随机变量 X。这样转换的好处是可以方便地利用正态分布的概率密度函数和相应特征值对试件的疲劳寿命进行统计分析和处理。

$$X=\lg N \tag{4-13}$$

4. 正态分布的参数估计

一般来说，各种分布的母体参数都属于理论值，无法精确无误地确定其大小。例如，某事件服从正态分布 $N(\mu;\ \sigma)$，那么其母体平均值为 μ 和母体标准差为 σ 一般都是未知的。为了近似得到这些母体参数，一般采用现有的子样数据来估计它们。用子样数据来估计母体的参数（如 μ 和 σ）属于点估计量的问题。虽然这种点估计方法只是对母体参数的近似，但是为了保证这种估计的有效性，一般须满足一致性要求和无偏性要求。

正态分布母体平均值 μ 的估计量的符号记为 $\hat{\mu}$，母体标准差 σ 的估计量的符号记为 $\hat{\sigma}$。由一致性要求和无偏性要求推导（推导过程略）得到 $\hat{\mu}$ 和 $\hat{\sigma}$ 计算式分别为

$$\hat{\mu}=\frac{1}{n}\sum_{i=1}^{n}X_i=\bar{x} \tag{4-14}$$

$$\hat{\sigma}=\sqrt{\frac{\sum_{i=1}^{n}(x_i-\bar{x})^2}{n-1}}=s \tag{4-15}$$

可见，子样的特征值恰好与正态分布母体参数（真值）的估计值 $\hat{\mu}$ 和 $\hat{\sigma}$ 完全相等，即子样平均值 $\bar{x}$ 等于 $\hat{\mu}$、子样标准差 s 等于 $\hat{\sigma}$。

4.2.2　威布尔分布及其应用

1. 威布尔分布概率密度函数

在可靠性领域，威布尔分布得到了广泛应用。威布尔分布的优点在于存在有最小安全寿命，即 100% 可靠度的安全寿命。按照正态分布理论，只有当对数安全寿命 $x_p = \lg N_p$ 趋于 $-\infty$ 时（即 $N_p = 0$ 时），可靠度才等于 100%。显然，这是不符合实际情况的（事实上，构件存在一个最小安全寿命使其对应的可靠度趋近于 100%），这也是采用正态分布处理此类问题的理论不足之处。此时，如采用威布尔分布理论，则在极高可靠度范围（99.99% ~ 100%）内给出的安全寿命（或最小安全寿命）是比较符合实际情况的。

另外，正态分布适用于中、短寿命区的情况，而威布尔分布则不仅限于此。对于疲劳寿命大于 10^6 次循环的长寿命区，众多试验结果也近似符合威布尔分布，从而能得到长寿命区的安全寿命。但由于威布尔概率密度函数的数学形式较繁，这使得它在统计应用中受到一些限制。

研究表明，在恒定幅值的循环载荷作用下，各试件疲劳寿命 N 为一随机变量，且 N 服从威布尔分布，则 N 的威布尔概率密度函数可写为

$$f(N) = \frac{b}{N_a - N_0}\left[\frac{N - N_0}{N_a - N_0}\right]^{b-1} \exp\left\{-\left[\frac{N - N_0}{N_a - N_0}\right]^{b}\right\} \quad (N_0 < N < \infty) \tag{4-16}$$

式中　N_0——最小寿命参数；

N_a——特征寿命参数；

b——威布尔形状参数（斜率参数）。

由此可见，威布尔概率密度函数中含有三个待定参数（在正态分布中只有两个，即 μ 和 σ），因此能更完善地拟合试验数据点。

威布尔分布的概率密度曲线如图 4-6 所示。由图 4-6 可见，当 $b = 1$ 时，$f(N)$ 为一简单的指数概率密度函数。当 $b = 2$ 时，$f(N)$ 称为瑞利概率密度函数。当 $b = 3 \sim 4$ 时，接近正态概率密度函数。曲线高峰通常偏斜向左，偏斜程度随 b 而变化。对于 $b > 1$ 的情况，当 $N = N_0$ 时曲线与横坐标轴相交，存在有大于零的最小寿命值 N_0。差值（$N_a - N_0$）越大，曲线外形越扁平，分散性越大。曲线右端延伸至无限远处，以横坐标轴为渐近线。

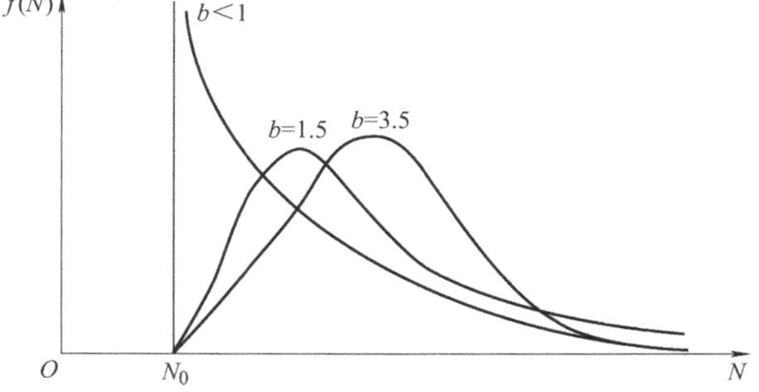

图 4-6　威布尔分布的概率密度曲线

2. 威布尔分布的参数估计

威布尔分布的三个母体参数（N_0，N_a，b）的估计量的符号分别记为 $\hat{N}_0$、$\hat{N}_a$、$\hat{b}$。由一致性要求和无偏性要求推导（推导过程略）得到 $\hat{N}_0$、$\hat{N}_a$、$\hat{b}$ 满足以下四式：

$$\hat{N}_0 + (\hat{N}_a - \hat{N}_0)\Gamma\left(1 + \frac{1}{\hat{b}}\right) = \bar{\mu} \tag{4-17}$$

$$\exp\left\{-\left[\frac{\widehat{N}_{50}-\widehat{N}_0}{\widehat{N}_a-\widehat{N}_0}\right]^{\widehat{b}}\right\}=0.5 \tag{4-18}$$

$$\widehat{N}_{50}=M_e \tag{4-19}$$

$$(\widehat{N}_a-\widehat{N}_0)^2\left[\Gamma\left(1+\frac{2}{\widehat{b}}\right)-\Gamma^2\left(1+\frac{1}{\widehat{b}}\right)\right]=s \tag{4-20}$$

式中　$\bar{\mu}$、s、M_e——子样平均值、子样标准差和子样中值；

$\Gamma(\alpha)$——Γ 函数，可由 Γ 函数表查值得到。

由此可见，只要将子样特征值 $\bar{\mu}$、s、M_e 代入以上四式，再联合求解，即可得到威布尔母体参数的三个估计量（$\widehat{N}_0$、$\widehat{N}_a$、$\widehat{b}$）。

4.2.3　t 分布及其应用

1. t 分布概率密度函数

t 分布是数理统计学中一个重要的统计分布。t 分布的用途很广，这里只介绍应用 t 分布对正态分布的母体平均值进行统计检验的原理和主要结论。t 分布的概率密度函数 $h(t)$ 为

$$h(t)=\frac{1}{\sqrt{\pi\nu}}\frac{\Gamma\left(\frac{\nu+1}{2}\right)}{\Gamma\left(\frac{\nu}{2}\right)}\left(1+\frac{t^2}{\nu}\right)^{\frac{\nu+1}{2}} \tag{4-21}$$

式中　t——t 分布的随机变量；

ν——t 分布的母体参数，称为“自由度”；

$\Gamma(\alpha)$——Γ 函数，可由 Γ 函数表查值得到。

t 分布的概率密度曲线如图 4-7 所示。由图 4-7 可见，t 分布的概率密度曲线与前述的标准正态分布概率密度曲线类似，都以纵坐标轴为对称轴。进一步的数学证明指出：当 $\nu\to\infty$ 时，t 分布趋于标准正态分布。实际上，当 $\nu\geqslant 30$ 时，两者已经十分接近。

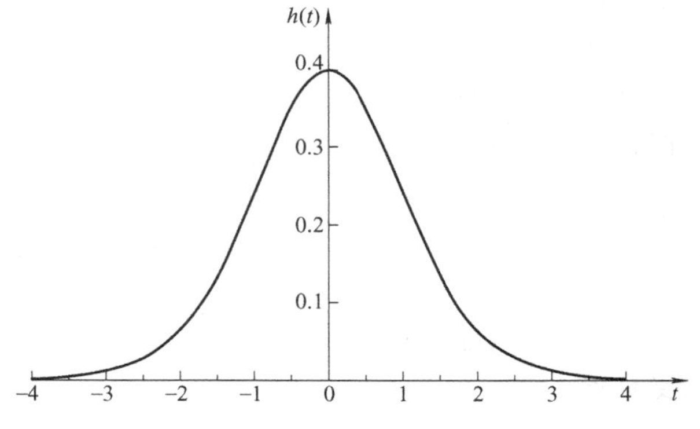

图 4-7　t 分布的概率密度曲线

2. t 分布检验一个正态分布子样的母体均值是否等于某值

对于一个大小为 n 且服从正态分布 $N(\mu;\ \sigma)$ 的子样，可以证明：$(\bar{x}-\mu)\sqrt{n}/s$ 服从 t 分布，且对应的自由度 $\nu=n-1$。可令 t 变量为

$$t=\frac{\bar{x}-\mu}{s}\sqrt{n} \tag{4-22}$$

式中　$\bar{x}$——正态分布的子样平均值；

s——正态分布的子样标准差；

n——子样大小；

μ——正态分布的母体平均值。

可以利用 t 变量与正态分布母体平均值 μ 的关系［即式（4-22）］对 μ 进行统计检验。假定正态分布母体平均值为某一定值 μ_0，但此假定是否能够让人信服（即有足够的置信度），则需进行双侧统计检验。检验时，将假定的正态分布母体平均值 μ_0 和子样特征值 $\bar{x}$、s 代入式（4-22）中，计算得到 t_0 值。然后在给定显著度 α 和自由度 $\nu=n-1$ 的条件下，查阅 t 分布数值表，得到接受区间的上下限 $\pm t_{\alpha/2}$（见图 4-8），即接受区间为（$-t_{\alpha/2}$，$+t_{\alpha/2}$）。如果计算的 t_0 值在此区间内，则接受正态分布母体平均值 $\mu=\mu_0$ 的假定；否则，则不接受 $\mu=\mu_0$ 的假定。

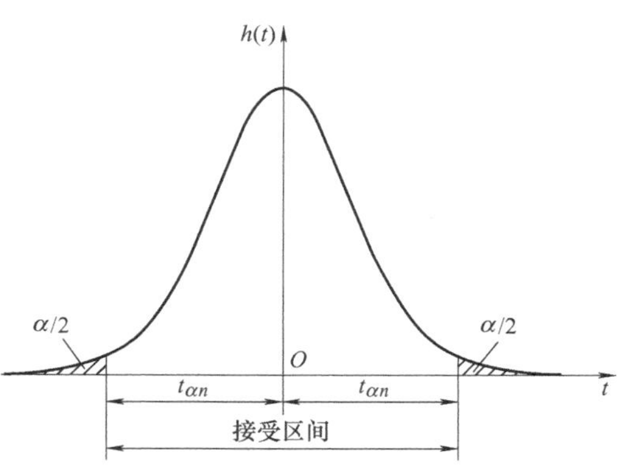

图 4-8　t 分布在给定显著度 α 下的接受区间

3. t 分布检验两个正态分布子样的母体均值是否相同

对于两个子样，第一个子样服从正态分布 $N(\mu_1, \sigma_1)$ 且大小为 n_1，第二个子样服从正态分布 $N(\mu_2; \sigma_2)$ 且大小为 n_2。在两个母体的标准差相等（即具备 $\sigma_1=\sigma_2$ 的方差齐性）的条件下，可以证明式（4-23）中的 t 变量服从 t 分布，且对应的自由度 $\nu=n_1+n_2-2$。

$$t=\frac{(\bar{x}_1-\bar{x}_2)-(\mu_1-\mu_2)}{\sqrt{\frac{(n_1-1)s_1^2+(n_2-1)s_2^2}{n_1+n_2-2}}\sqrt{\frac{1}{n_1}+\frac{1}{n_2}}} \tag{4-23}$$

式中　$\bar{x}_1$、s_1、n_1——第一个子样的子样平均值、子样标准差和子样大小；

$\bar{x}_2$、s_2、n_2——第二个子样的子样平均值、子样标准差和子样大小；

μ_1、μ_2——两个正态分布的母体平均值。

现做统计假定："两个子样所服从的两个正态分布母体平均值相同，即 $\mu_1=\mu_2$"，则式（4-23）可简化为

$$t=\frac{(\bar{x}_1-\bar{x}_2)}{\sqrt{\frac{(n_1-1)s_1^2+(n_2-1)s_2^2}{n_1+n_2-2}}\sqrt{\frac{1}{n_1}+\frac{1}{n_2}}} \tag{4-24}$$

可利用式（4-24）的 t 变量对 $\mu_1=\mu_2$ 进行双侧统计检验。检验时，首先将两个正态分布的各特征值 $\bar{x}_1$、$\bar{x}_2$、s_1、s_2、n_1、n_2 代入式（4-24）中，计算得到 t 值。然后在给定显著度 α 和自由度 $\nu=n_1+n_2-2$ 的条件下，查阅 t 分布数值表，从而得到图 4-8 所示的接受区间（$-t_{\alpha/2}$，$+t_{\alpha/2}$）。如果计算的 t 值在此区间内，则可接受两个正态分布的母体平均值 $\mu_1=\mu_2$ 的假定；否则，则不接受 $\mu_1=\mu_2$ 的假定。

4.2.4 χ^2 分布及其应用

1. χ^2 分布概率密度函数

如上所述，利用 t 分布可以对正态分布的母体平均值 μ 进行统计检验，那么对于正态分布的母体标准差 σ 又该如何统计检验呢？数理统计学中，一般利用 χ^2 分布来检验正态分布母体标准差 σ。这里简要介绍 χ^2 分布的分布规律和检验原理。χ^2 分布的概率密度函数 $f(x)$ 为

$$f(x)=\frac{\left(\frac{1}{2}\right)^{\frac{\nu}{2}}}{\Gamma\left(\frac{\nu}{2}\right)}x^{\frac{\nu}{2}-1}e^{-\frac{x}{2}}\quad(0<x<\infty)\tag{4-25}$$

式中 x——χ^2 分布的随机变量；

ν——χ^2 分布的母体参数，称为“自由度”；

$\Gamma(\alpha)$——Γ 函数，可由 Γ 函数表查值得到。

χ^2 分布的概率密度曲线如图 4-9 所示。由图 4-9 可见，χ^2 分布的概率密度曲线以横坐标轴为渐近线，且随着 ν 的逐渐增大曲线接近于对称形式。

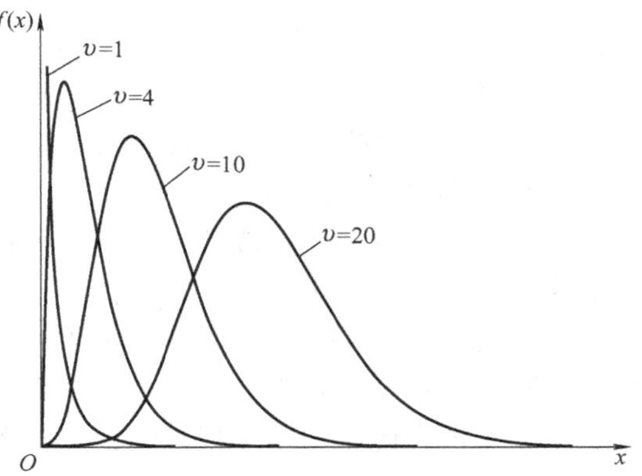

图 4-9 χ^2 分布的概率密度曲线

2. χ^2 分布检验一个正态分布子样的母体标准差是否等于某值

对于一个大小为 n 且服从正态分布 $N(\mu;\ \sigma)$ 的子样，可以证明：$(n-1)s^2/\sigma^2$ 服从 χ^2 分布，且对应的自由度 $\nu=n-1$。可令 χ^2 变量为

$$\chi^2=\frac{(n-1)s^2}{\sigma^2}\tag{4-26}$$

式中 s——正态分布的子样标准差；

n——子样大小；

σ——正态分布的母体标准差。

可利用 χ^2 变量与正态分布的母体标准差 σ 的关系［即式（4-26）］对 σ 进行统计检验。假定正态分布母体标准差为某一定值 σ_0，但此假定是否能够让人信服（即有足够的置信度），则需进行双侧统计检验。检验时，将假定的正态分布母体标准差 σ_0、子样特征值 s 和子样大小 n 代入式（4-26）中，计算得到 χ_0^2 值。然后在给定显著度 α 和自由度 $\nu=n-1$ 的条件下，查阅 χ^2 分布数值表，就可确定图 4-10 所示的接受区间 $(\chi^2_{(\frac{\alpha}{2})_1},\ \chi^2_{(\frac{\alpha}{2})_2})$，如果计算的 χ_0^2 值在此区间内，则可接受正态分布的母体标准差 $\sigma=\sigma_0$ 的假定；否则，则不接受 $\sigma=\sigma_0$ 的假定。

4.2.5 F 分布及其应用

1. F 分布概率密度函数

数理统计学中，除了对单子样正态分布的母体平均值 μ 和母体标准差 σ 是否为某一定

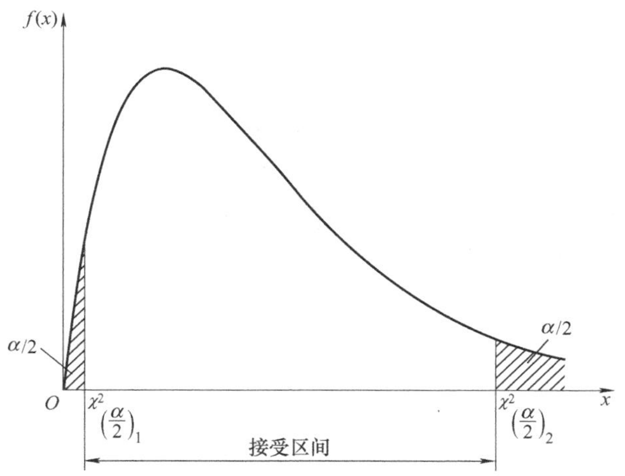

图 4-10　χ^2 分布在给定显著度 α 下的接受区间

值进行统计检验外，还需对两个子样的母体均值是否相同（即 $\mu_1=\mu_2$）、母体标准差是否相同（即 $\sigma_1=\sigma_2$）进行检验。前面已介绍了应用 t 分布对 $\mu_1=\mu_2$ 的检验，现在介绍对 $\sigma_1=\sigma_2$ 的检验原理。需要说明的是，只有通过了对 $\sigma_1=\sigma_2$ 的检验，才可应用 t 分布进行 $\mu_1=\mu_2$ 的统计检验。

一般利用 F 分布来检验“两个服从正态分布的子样是否来自标准差相同的两个母体”，即检验两个母体标准差 σ_1 和 σ_2 是否相等。这里简要介绍 F 分布的分布规律和检验原理。F 分布的概率密度函数 $p(F)$ 为

$$p(F)=\frac{\nu_1^{\frac{\nu_1}{2}}\nu_2^{\frac{\nu_2}{2}}\Gamma\left(\frac{\nu_1+\nu_2}{2}\right)}{\Gamma\left(\frac{\nu_1}{2}\right)\Gamma\left(\frac{\nu_2}{2}\right)}\frac{F^{\frac{\nu_1}{2}-1}}{(\nu_1F+\nu_2)^{\frac{\nu_1+\nu_2}{2}}}\quad(0<F<\infty)\tag{4-27}$$

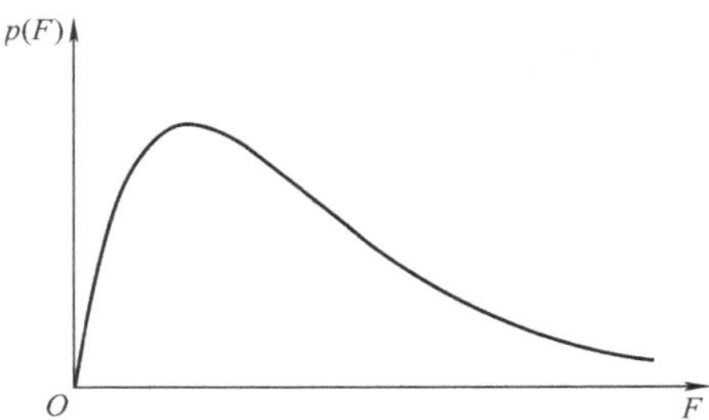

图 4-11　F 分布的概率密度曲线

式中　F——F 分布的随机变量；

ν_1、ν_2——F 分布的两个母体参数，分别称为“分子自由度”和“分母自由度”；

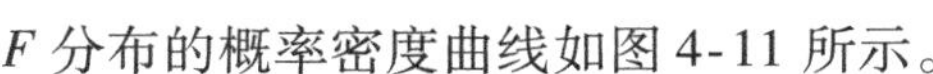

$\Gamma(\alpha)$——Γ 函数，可由 Γ 函数表查值得到。

F 分布的概率密度曲线如图 4-11 所示。

2. F 分布检验两个正态分布子样的母体标准差是否相同

对于两个子样，第一个子样服从正态分布 $N(\mu_1;\ \sigma_1)$ 且大小为 n_1，第二个子样服从正态分布 $N(\mu_2;\ \sigma_2)$ 且大小为 n_2。可以证明式（4-28）中的 F 变量服从 F 分布，且对应的自由度分别为 $\nu_1=n_1-1$、$\nu_2=n_2-1$。

$$F=\frac{s_1^2/\sigma_1^2}{s_2^2/\sigma_2^2}\tag{4-28}$$

式中　s_1、s_2——两个正态分布的子样标准差；

σ_1、σ_2——两个正态分布的母体标准差。

现做统计假定：“两个子样所服从的两个正态分布母体标准差相同，即 $\sigma_1=\sigma_2$”，则

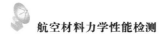

式（4-28）可简化为

$$F = \frac{s_1^2}{s_2^2} \tag{4-29}$$

可利用式（4-29）的 F 变量对 $\sigma_1=\sigma_2$ 进行双侧统计检验。检验时，首先将两个正态分布的子样标准差 s_1 和 s_2 代入式（4-29）中，计算得到 F 值。然后在给定显著度 α 和自由度 $\nu_1=n_1-1$、$\nu_2=n_2-1$ 的条件下，查阅 F 分布数值表，从而得到图 4-12 所示的接受区间(a，b)。如果计算的 F 值在此区间内，则接受两个正态分布的母体标准差 $\sigma_1=\sigma_2$ 的假定；否则，则不接受 $\sigma_1=\sigma_2$ 的假定。

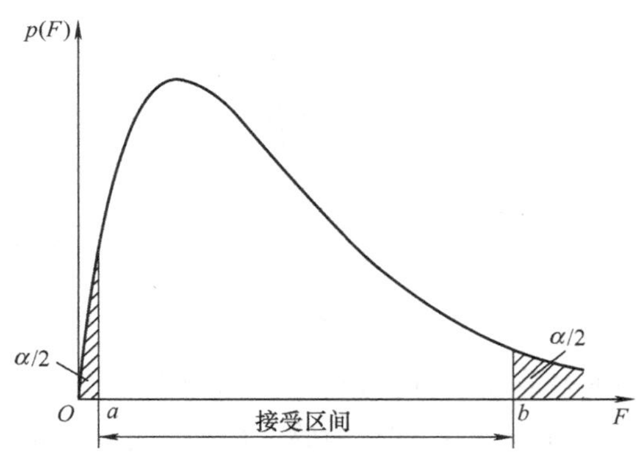

图 4-12　F 分布在给定显著度 α 下的接受区间

当统计假定 $\sigma_1=\sigma_2$ 成立时，s_1 和 s_2 之间的差异纯属偶然误差所致。因此，s_1 和 s_2 应相差无几，F 值也必将在 1 左右偏摆。当 σ_1 和 σ_2 存在显著差异时，F 值将远大于 1 或远小于 1，从而落在接受区间以外。为了制表的方便，一般 F 分布数值表只给出接受区间的上限 $F_{\alpha/2}$（即图 4-12 中的 b 点）。因此，在计算 F 值时，约定子样方差数值较大的作为分子，较小的作为分母。这样，进行显著性检验时，用计算得到的恒大于 1 的 F 值与数值表给出的上限值 $F_{\alpha/2}$ 互相比较即可。若 $F>F_{\alpha/2}$，则拒绝假设；若 $F<F_{\alpha/2}$，则接受假设。

4.3　回归分析简介

4.3.1　回归分析的基本概念

回归分析是研究两种或两种以上随机变量相互关系的一种统计分析方法，它能帮助人们由一个变量所取得的值去估计另一个变量的取得值。其运用十分广泛。例如，凭经验我们知道“产品质量”和“用户满意度”变量密切相关，但是这两个变量之间到底是哪个变量受哪个变量的影响，影响程度如何，则需要通过回归分析来确定。回归分析就是在掌握大量观测数据的基础上，利用数理统计方法建立因变量与自变量之间的回归关系函数表达式（称回归方程）。回归分析是定量预测方法之一，它可以依据事物内部因素变化的相互关系来预测事物未来的发展趋势。

4.3.2　一元线性回归分析

回归分析按照涉及的自变量的多少，可分为一元回归分析和多元回归分析。按照自变量和因变量之间的关系类型，则可分为线性回归和非线性回归。如果在回归分析中，只包括一个自变量和一个因变量，且两者的关系可用一条直线近似表示，则此种回归分析称为一元线性回归分析。对于独立试验得到的 n 对观测结果：(x_1，y_1)，(x_2，y_2)，…，(x_n，y_n)，一元线性回归的回归模型可表示为

$$y = a + bx \tag{4-30}$$

式中　y——因变量；

x——自变量；

a、b——回归系数，其计算式分别见式（4-32）和式（4-31）。

$$b = \frac{\sum_{i=1}^{n}(x_i - \bar{x})(y_i - \bar{y})}{\sum_{i=1}^{n}(x_i - \bar{x})^2} \tag{4-31}$$

$$a = \frac{1}{n}\sum_{i=1}^{n} y_i - \left(\frac{1}{n}\sum_{i=1}^{n} x_i\right)b \tag{4-32}$$

将 a、b 代入回归模型式（4-30）中，即可得到 y 的估计量 $\hat{y}$ 为

$$\hat{y} = a + bx \tag{4-33}$$

为了判定回归分析是否对观测数据进行了完好地描述，一般用回归判定系数 r^2 来进行判定，其定义为

$$r^2 = \frac{\sum_{i=1}^{n}(\hat{y}_i - \bar{y})^2}{\sum_{i=1}^{n}(y_i - \bar{y})^2} \tag{4-34}$$

$|r|$ 越接近于 1，就表明建立的回归方程越接近于实际观测数据。$|r| = 1$，x 与 y 是完全确定的线性相关关系；$|r| > 0.7$，x 与 y 为高度线性相关；$0.3 < |r| \leqslant 0.7$，x 与 y 为中度线性相关；$|r| \leqslant 0.3$，x 与 y 为低度线性相关；$|r| = 0$，x 与 y 无线性相关关系。本书附录 I 给出了相关系数检验表，表中的数值叫作相关系数的起码值。

4.4　数据基值简介

数据基值也称材料的数据基准值或设计许用值，通常是指在具有较高可靠度和置信度下材料力学性能指标的基准值。通俗来说，即大多数或绝大多数的测量值均应高于该基准值。数据基值是一种具有统计意义的材料力学性能的最低值，具有可靠性高、偏于安全等优点，因此被广泛应用于结构设计和材料性能评定中。对于某些重要的设计材料，除了需要获得其材料强度（屈服强度和抗拉强度）的样本均值 $\bar{x}$ 和样本方差 s^2 外，还需给出相应的基准值（A 基值和 B 基值等）。

材料力学性能数据基值按其统计特性可分为五大类。本节简要介绍常用的 -3σ 基值、A 基值、B 基值、S 基值和典型基值。

4.4.1　-3σ 基值

-3σ 基值是指在母体中至少有 99.87% 的数值等于或超过该力学性能设计许用值，其置信度为 50%。它是建立在正态分布的 3σ 准则基础上的。3σ 准则认为：对于服从的正态分布 $N(\mu;\ \sigma)$（其概率分布如图 4-13 所示）的随机变量 X，X 在区间（$\mu - \sigma$，$\mu + \sigma$）的概率为 0.6826、在区间（$\mu - 2\sigma$，$\mu + 2\sigma$）的概率为 0.9544、在区间（$\mu - 3\sigma$，$\mu + 3\sigma$）中

的概率为0.9974。可见，X 的取值几乎全部集中在（$\mu-3\sigma$，$\mu+3\sigma$）区间内，超出此区间的可能性仅为0.26%。而对于标准正态分布，X 的取值会有99.74%的可能性落在（-3σ，3σ）之间。

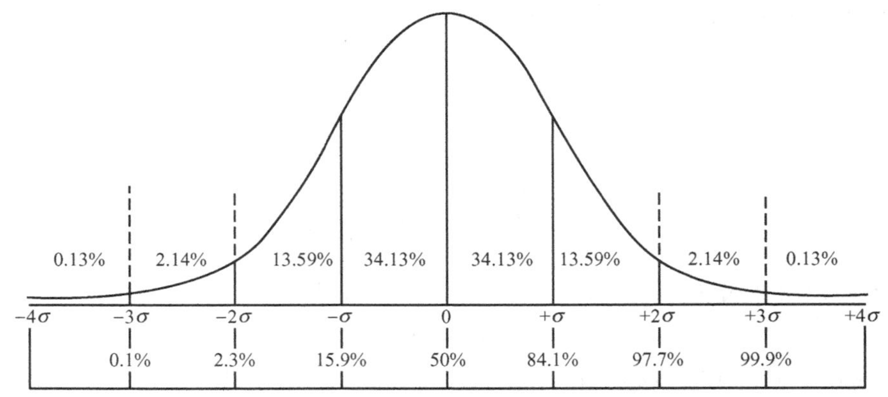

图4-13　正态分布的概率分布区间

通常可将 3σ 准则作为最常用、最简单的误差判别准则，如果一组测量数据中某个测量值的残余误差的绝对值大于 3σ，则该测量值为坏值，应予以剔除。3σ 准则一般应用于测量次数 n 充分多（$n\geqslant30$）或当 $n>10$ 做粗略判别时的情况。

由图4-13可见，X 的取值小于 -3σ 的概率仅有0.13%。对于材料的强度指标，如果确定了其 -3σ 基值，则意味着材料强度指标低于该基值的可能性仅有0.13%，因此该材料强度指标的 -3σ 基值 $X_{-3\sigma}$ 具有很高的可靠度（99.87%）。$X_{-3\sigma}$ 基值按下式计算：

$$X_{-3\sigma}=\mu-3\sigma \tag{4-35}$$

式中　μ——正态分布的母体均值；

　　　σ——正态分布的母体标准差。

4.4.2　*A* 基值和 *B* 基值

A 基值是指在母体中至少有99%的数值等于或超过该力学性能设计许用值，其置信度为95%。它是在95%的置信度的前提下母体的性能值中99%大于该值。*B* 基值是指在母体中至少有90%的数值等于或超过该力学性能设计许用值，其置信度为95%。它是在95%的置信度的前提下母体的性能值中90%大于该值。*A* 基值和 *B* 基值是基于统计分析提出的具有较高置信度和可靠度的材料力学性能指标的基准值。美国的航空材料性能手册系列（MIL-HDBK）提出了 *A* 基值和 *B* 基值的计算方法。目前，对于应用在某些重要构件部位的材料，均要求给出材料强度的设计许用值（即 *A* 基值或 *B* 基值。至少应给出 *B* 基值，如提高要求，还需给出 *A* 基值）。*A* 基值和 *B* 基值的原理和计算方法请参考相关资料。

4.4.3　*S* 基值

S 基值是由国家标准、国家军用标准、行业标准或企业标准对材料力学性能规定的最低值。它反映材料标准规定的质量控制要求。*S* 基值一般根据材料的用途和使用要求提出，并非由统计方法得到，因此没有具体的置信度或可靠度。

4.4.4　典型基值

典型基值是指材料性能的统计平均值，此值与统计保证无关（即此值的置信度未知）。

4.4.5　数据基值表达设计许用值的使用原则

所谓设计许用值是要求材料最基本的静态力学性能，以试验为基础，并对已获得的大量生产检验数据进行科学的处理，经过数理统计分析，提出具有一定置信度和存活率的数值。因此，设计许用值能反映出材料制品的真实能力和大多数供应厂商的实际质量情况。

数据基值表达设计许用值的使用原则如下：

1）强度性能以 A 基值表达，在大多数场合也用 B 基值表示。

2）强度性能经统计处理后，未获得 A、B 基值的情况下，用典型基值表示。

3）对材料屈服强度 $\sigma_{P0.2}$ 和抗拉强度 R_m 的设计许用值以 A 基值或 S 基值表达时：当 A 基值高于 S 基值时，虽在材料性能表中给出了 A 基值，但在材料技术标准指标未更改前不得用于设计；当 A 基值等于或低于 S 基值时，经使用部门批准，可以取代 S 基值用于设计。

4）断后伸长率和断面收缩率一般用 S 基值或典型基值表达。

5）除非另有说明，所有其他性能，如 E、E_c、G(或 μ)、持久蠕变、断裂韧度、疲劳、裂纹扩展速率等都以典型基值表达。

4.5　数值修约

在生产和试验中，测得的性能数据是通过测量和运算得到的多位数，即小数点后存在多位数字。由于这些数字并不都具有实际意义，因此须根据实际需要和测试方法所能达到的精度，对得到的数据进行修约处理，使最后得到的值最接近原始数值。

4.5.1　数值修约规则

数值修约一般按 GB/T 8170—2008《数值修约规则与极限数值的表示和判定》进行，主要按以下五种情况进行修约：

1）当拟舍弃数字的最左一位数字小于 5 时，则舍去，保留其余各位数字不变。例如：将 12.1498 修约到“个”位数，得 12；将其修约到一位小数，得 12.1。

2）当拟舍弃数字的最左一位数字大于 5 时，则进一，即保留数字的末尾数字加 1。例如：将 1268 修约到“百”位数，得 13×10^2。

3）当拟舍弃数字的最左一位数字是 5，且其后有非“0”数字时，则进一，即保留数字的末尾数字加 1。例如：将 10.5002 修约到“个”位数，得 11。

4）当拟舍弃数字的最左一位数字是 5，且其后无数字或皆为“0”时，若所保留的末位数字为奇数（1、3、5、7、9），则进一，即保留数字的末尾数字加 1；若所保留的末位数字为偶数（0、2、4、6、8），则舍去。例如：将 1.050 修约到一位小数，得 1.0。将 0.35 修约到一位小数，得 0.4。将 2500 修约到“千”位数，得 2×10^3。将 3500 修约到“千”位数，得 4×10^3。

5）负数修约时，则先对其取绝对值，然后按上述方法进行修约，最后再加上负号。例如：将 −0.0365 修约到三位小数，得 -36×10^{-3}。

需说明的是，拟修约数字应在确定修约间隔或指定修约位数后只进行一次修约，不得进行多次连续修约。例如：8.53459 修约成三位有效数字应为 8.53，而不能按 8.53459→8.5346→8.535→8.54 进行修约。

4.5.2 修约间隔为非 10^n 单位的修约

上述的修约问题，其修约间隔都是 10^n（n 为整数），但在实际应用中，往往会碰到修约间隔不是 10^n 的情况，例如，拉伸试验结果的修约就碰到修约间隔是 5 或 0.5（即非 10^n，此间隔可记为 a）的情况。此时，解决的办法是将修约数值 A 乘以 2，得到 $2A$ 数值，然后对 $2A$ 数值按照上述方法根据 $2a$ 的修约间隔进行修约，最后，将此修约数值除以 2 即得到修约结果，此方法简称为 $2A$ 方法。例如：将下列数值修约到个位数的 0.5 单位，见表 4-1。

表 4-1 数值修约举例

拟修约数值 A	$2A$ 数	$2A$ 数修约值（修约间隔为 1）	A 的修约值（修约间隔为 0.5）
30.75	61.50	62.0	31.0
30.45	60.90	61.0	30.5

应用 $2A$ 方法对拉伸强度数据的修约实例见表 4-2。这里要求拉伸强度的修约间隔为 5 单位。

表 4-2 用 2A 方法对拉伸强度数据的修约实例

原始数值 A	$2A$ 数	$2A$ 修约数（修约间隔为 10）	A 修约数（修约间隔为 5）
392.27	784.54	780	390
480.53	961.06	960	480
617.82	1235.64	1240	620
833.57	1667.14	1670	835

4.5.3 界限数值的修约

所谓的界限数值是指靠近性能规范要求的实测数据。例如：某钢材，标准规定断后伸长率≥8%为符合要求，而试验测得为 7.96%，这里的 7.96%即为界限数值。一般来说，对界限数值进行修约将会对产品性能是否满足规范或标准的结果评定产生直接影响。在上述钢材断后伸长率的例子中，供方认为，根据标准规定极限值的修约位数，可以将 7.96%修约为 8%，则测试结果是合格的。而需方认为，测得数值 7.96%＜8%，应视为不合格，因而产生了争议。鉴于这种情况，ASTM E29 标准推荐了两种方法作为实测数值处理和判定的依据，即“修约法”和“绝对法”：

1）“修约法”是将标准中所规定的极限值的数字位数视为有效修约位数，对实测值或计算值按此修约位数进行修约，然后与标准中规定值相比较，以判定是否符合要求。

2）“绝对法”是对实测值或计算值的所有数字都规定为有效，而不加任何修约处理的直接与标准中规定极限值相比较，任何超出所规定的极限值的偏差，哪怕是极小的，也认为不符合标准规定。

在实际应用中，采用“修约法”还是采用“绝对法”，应在材料标准或双方协议中加以

明确。目前大多采用“修约法”。

4.6　试验结果的测量不确定度简介

在对材料的力学性能参量进行测量时，不管操作人员、方法、环境、仪器设备等条件如何完善，其测量结果总会存在不确定性。随着航空航天、电子工业等高新技术的发展，在许多测量过程中（也包括材料性能的测量），都要求给出测量结果的不确定度及可靠概率。

4.6.1　测量不确定度的基本概念

JJF 1059.1—2012《测量不确定度评定与表示》给出的测量不确定度的定义是：“根据所用到的信息，表征赋予被测量值分散性的非负参数”。它描述了测量结果正确性的可疑程度或不肯定程度。测量的水平和质量可以用测量不确定度来评价。不确定度越小，则测量结果的可信程度越大，测量结果的质量越高，其使用价值越高；不确定度越大，则测量结果越不可信，其使用价值也越小。

测量不确定度一般表征为由测量结果给出的被测量估计值的可能误差的度量值。例如，当被测量服从正态分布且置信概率为95%时，被测量估计值可能的极限误差为$|\pm 1.96\sigma| = 1.96\sigma$（$\sigma$ 为标准差）。

测量不确定度一般分为 A 类标准不确定度和 B 类标准不确定度。

1. A 类标准不确定度

A 类标准不确定度是指通过对观测结果的统计分析而得出的不确定度，一般用标准偏差来评定。例如，当测量结果取 n 次观测结果（x_1，x_2，…，x_n）的平均值 $\bar{x}$ 时，则其 A 类标准不确定度为

$$u(\bar{x}) = s/\sqrt{n} \tag{4-36}$$

而当测量结果取 n 次观测结果（x_1，x_2，…，x_n）中任意一次 x_i 时，其 A 类标准不确定度为

$$u(x_i) = s \tag{4-37}$$

两种情况下的自由度 ν 均为

$$\nu = n - 1 \tag{4-38}$$

2. B 类标准不确定度

B 类标准不确定度是指由非观测结果的统计分析而得出的不确定度。它一般根据所使用仪器设备的校准证书、检定证书、准确度等级、暂用的极限误差、技术说明书或有关资料提供的数据以及以往的测量数据、经验等信息来进行评定。在材料理化检验中，对所用仪器设备的不确定度分量，一般采用 B 类标准不确定度进行评定。例如，若数字显示测量仪的分辨力为 δx，则其 B 类标准不确定度为

$$u(x) = 0.29\delta x \tag{4-39}$$

B 类不确定度的自由度按下式计算：

$$\nu = \frac{1}{2}\left[\frac{\Delta u(x)}{u(x)}\right]^{-2} \tag{4-40}$$

式中，$\Delta u(x)$ 是 $u(x)$ 的标准差，即标准差的标准差（不确定度的不确定度）。$\Delta u(x)/u(x)$ 为相对标准不确定度，它可由信息来源的可信程度对其进行估计。对于来自国家法定

计量部门出具的检定或校准证书给出的信息，一般认为 $\Delta u(x)/u(x)=0.1$，由式（4-40）可知其对应的自由度 $\nu=50$。

应当指出，无论是 A 类还是 B 类标准不确定度评定，自由度越大，不确定度的可靠程度越高。不确定度是用来衡量测试结果的可靠程度，而自由度可用来衡量不确定度的可靠程度。

4.6.2 测量不确定度的评定方法

在力学性能试验中，拉伸、维氏硬度等试验结果的测量不确定度一般采用直接评定法进行。所谓的直接评定法，就是在试验条件（检测方法、环境条件、测量仪器、被测对象、检测过程等）明确的基础上，建立由检测参数试验原理所给出的数学模型，即输出量 Y 与若干个输入量 X_i（例如材料的不均匀性、测量人员的差异性、试验机的示值误差、测力仪的误差、读数分辨率、数值修约等）之间的函数关系 $y=f(X_1, X_2, \cdots, X_N)$，然后按照检测方法和试验条件对测量不确定度的来源进行分析，找出测量不确定度的主要来源，以此求出各个输入量估计值 X_1、X_2、…、X_N 的标准不确定度 $u(X_1)$、$u(X_2)$、…、$u(X_N)$。然后按照不确定度传播规律，由数学模型求出每个输入量估计值的灵敏系数 $c_i=\partial Y/\partial X_i$，再根据输入量间是彼此独立还是相关，或是两者皆存在的关系，进行合成，得到合成不确定度 $u_c(Y)$，最后根据对置信度的要求（95%或99%）确定包含因子，从而求得扩展不确定度。

需说明的是：采用直接评定法进行评定时，应满足以下三个前提：①数学模型中的输入量包含了测量过程中所有影响测量不确定度的主要因素；②由建立的数学模型能够较容易地求出所有输入量的灵敏系数；③各输入量之间的相关还是独立关系是明确的。

4.6.3 测量不确定度的评定步骤

进行测量不确定度评定时，一般可分以下七个步骤：

第一步：概述

明确描述测量或试验方法的依据、环境条件、使用的计量器具和仪器设备、被测对象、试验或测量过程及其他相关说明等。

第二步：建立数学模型

根据试验或测量原理建立输出量 Y（被测量）与输入量 X_i 之间的函数关系 $y=f(X_1, X_2, \cdots, X_N)$。

第三步：测量不确定度来源的分析

按试验或测量方法以及试验条件对测量不确定度的来源进行全面分析，以找出测量不确定度的主要来源，这是保证不确定度评定结果准确可靠的前提。

第四步：标准不确定度分量的评定

分别对各标准不确定度分量进行评定，得到各种影响因素引入的不确定度分量。

第五步：合成标准不确定度的计算

根据输入量间的关系（彼此独立或相关）计算出合成不确定度 $u_c(Y)$。如果输入量 X_i 是彼此独立或不相关的，则 $u_c(Y)$ 可按式（4-41）计算。即

$$u_c(Y)=\sqrt{\sum_{i=1}^{N}\left[\frac{\partial f}{\partial X_i}\right]^2 u^2(X_i)}=\sqrt{\sum_{i=1}^{N}c_i^2 u^2(X_i)}=\sqrt{\sum_{i=1}^{N}u_i^2(Y)} \tag{4-41}$$

式中：$u(X_i)$ ——各影响因素的 A 类或 B 类标准不确定度分量；

c_i——传播系数或灵敏系数，它反映了输出量的估计值 Y 如何随输入量 X_i 的变化而变化（即描述当 X_i 变化一个单位时所引起的 Y 的变化量）。

合成不确定度 $u_c(Y)$ 的有效自由度 ν_{eff} 按式（4-42）（韦尔奇-萨特斯韦特公式）计算。即

$$\nu_{eff} = \frac{u_c^4(Y)}{\sum_{i=1}^{N} \frac{u_i^4(Y)}{\nu_i}} \tag{4-42}$$

第六步：扩展不确定度的评定

根据实际问题的需要和对置信度的要求，按式（4-43）计算扩展不确定度 U。即

$$U = ku_c(Y) \tag{4-43}$$

式中　k——包含因子，取值范围为 2 ~ 3，一般当 $k=2$ 时，置信度为 95%，在大部分情况下推荐使用；当 $k=3$ 时，置信度为 99%，在某些情况下使用。

第七步：报告测量不确定度的评定结果

按照问题的类型，根据测量不确定度的评定，选择满足 JJF 1059.1—2012《测量不确定度评定与表示》规定的表示方式，给出测量不确定度评定的报告。评定结果可表达为：输出量的估计值 Y 可能的极限误差为 $|\pm U| = U$，其置信概率能够达到 95%（或 99%）。

4.6.4　测量不确定度的评定实例

在测定金属材料硬度值时，维氏硬度试验方法是一种被广泛使用的方法。该方法具有测试范围较宽、测量精度较高的优点。然而其测定结果也不可避免地存在不确定度。本节以某次维氏硬度试验的测量结果（见表 4-3）为例，采用直接评定法对其测量不确定度进行评定。

表 4-3　维氏硬度试验的测量结果（12 个试样，每个试样均由三个测量人员各测一次）

测量人员	甲	乙	丙
试样编号	两压痕对角线长度均值 d/mm	两压痕对角线长度均值 d/mm	两压痕对角线长度均值 d/mm
1	0.2944	0.2958	0.2958
2	0.2953	0.2954	0.2958
3	0.2939	0.2962	0.2954
4	0.2939	0.2958	0.2963
5	0.2948	0.2954	0.2958
6	0.2958	0.2972	0.2972
7	0.2944	0.2968	0.2972
8	0.2939	0.2948	0.2962
9	0.2944	0.2972	0.2954
10	0.2968	0.2990	0.2987
11	0.2948	0.2972	0.2968
12	0.2953	0.2978	0.2982

第一步：概述

（1）测量方法　采用 GB/T 4340.1—2009《金属材料　维氏硬度试验　第 1 部分：试验

方法》。

（2）评定依据　采用 JJF 1059.1—2012《测量不确定度评定与表示》和 GB/T 4340.2—2012《金属材料　维氏硬度试验　第 2 部分：硬度计的检验与校准》。

（3）环境条件　试验温度为 (26 ± 2)℃，湿度为 60%。

（4）测量设备　使用检定合格的 FV-700 型硬度计。

（5）被测对象　采用金属材料维氏硬度标准试样。

（6）测量过程　在规定的试验环境下，借助维氏硬度计，以适当的试验力和压头下降速度将压头压入试样表面，并采用合适的试验力保持时间和压痕测量装置放大倍数，测量得到压痕对角线的平均值，然后计算得到硬度值 HV。在本例中，试验力 $F = 98.07$N，力保持时间为 15s。

第二步：建立数学模型

维氏硬度测试原理的数学模型为

$$\mathrm{HV} = 0.1891 \frac{F}{d^2} \tag{4-44}$$

式中　F——试验力（N）；

d——两压痕对角线长度均值（mm）。

第三步：测量不确定度来源的分析

该维氏硬度试验测量不确定度的来源主要有三个：①两压痕对角线长度均值 d 的测量误差所引入的不确定度分量；②试验力值误差所引入的不确定度分量；③对测量结果进行数值修约所引入的不确定度分量。

第四步：标准不确定度分量的评定

（1）两压痕对角线长度均值 d 的测量误差引入的不确定度分量 $u(d)$　压痕对角线长度均值 d 的测量误差所引入的不确定度分量包括 A 类标准不确定度分量（基于观测结果的统计分析得到）和 B 类标准不确定度分量（基于非观测结果的统计分析得到）。

1）两压痕对角线长度均值 d 的测量结果引入的 A 类标准不确定度分量 $u_1(d)$　由多个测量人员多次重复测量的结果，其测量结果引入的 A 类标准不确定度分量 $u_1(d)$ 一般用样本标准差 s 来评定。由式（4-37）可知，本例的 A 类标准不确定度分量 $u_1(d)$ 为

$$u_1(d) = s \tag{4-45}$$

相应地，不确定度的自由度 ν 为

$$\nu = n - 1 \tag{4-46}$$

本例中的统计参量计算如下：

$$\bar{d} = \frac{1}{n}\sum_{i=1}^{n} d_i = \frac{1}{36}\sum_{i=1}^{36} d_i = 0.2960 \tag{4-47}$$

$$s = \sqrt{\frac{\sum_{i=1}^{n}(d_i - \bar{d})^2}{n-1}} = \sqrt{\frac{\sum_{i=1}^{36}(d_i - 0.2960)^2}{36-1}} = 0.001316 \tag{4-48}$$

式中　$\bar{d}$——两压痕对角线长度的总平均值（mm）；

d_i——两压痕对角线长度均值 d 的第 i 次测量值（mm）；

n——测量的总次数，本例中 $n = 36$。

由式（4-45）和式（4-46）可知，测量 d 值时引入的A类标准不确定度分量 $u_1(d)=0.001316\text{mm}$，对应的自由度 $\nu=35$。

2）测量 d 值时维氏硬度计的允许误差所引入的B类标准不确定度分量 $u_2(d)$　本例所使用的维氏硬度计经计量检定为合格，其允许误差为均匀分布，则该硬度计测量长度装置的允许误差所引入的B类标准不确定度分量 $u_2(d)$ 为

$$u_2(d)=\frac{\alpha}{\sqrt{3}} \tag{4-49}$$

式中　α——允许误差的半宽，其取值见表4-4。

表4-4　FV-700型硬度计测量长度装置的允许误差

压痕对角线长度 d/mm	最大允许误差/mm	允许误差的半宽/mm
$d\leqslant0.040$	±0.0004	0.0004
$d>0.040$	$\pm0.01d$	$0.01d$

本例中 $d=0.2960\text{mm}$，由式（4-49）和表4-6可得：

$$u_2(d)=\alpha/\sqrt{3}=0.01\times0.2960\text{mm}/\sqrt{3}=0.001708\text{mm}$$

3）压痕对角线长度均值 d 的测量不确定度 $u(d)$ 的合成。由于 $u_1(d)$ 和 $u_2(d)$ 之间彼此不相关，所以压痕对角线长度均值 d 的测量误差引入的标准不确定度可用平方和根进行合成，即

$$u(d)=\sqrt{u_1^2(d)+u_2^2(d)}=\sqrt{0.001316^2+0.001708^2}\text{mm}=0.002156\text{mm}$$

（2）试验力值测量误差所引起的标准不确定度分量 $u(F)$　试验力值的测量误差，取决于硬度计的试验力允许误差。本例中所用硬度计的试验力值的允许误差和B类标准不确定度见表4-5。

表4-5　FV-700型硬度计试验力值的允许误差和不确定度

试验力范围 F/N	允许误差（%）	不确定度 $u(F)$
$F\geqslant1.961$	±1.0	$0.577F\%$
$0.09807\leqslant F<1.961$	±1.5	$0.866F\%$

在本例中，$F=98.07\text{N}$，则由表4-7可得：

$$u(F)=0.577\times98.07\text{N}\times0.01=0.5659\text{N}$$

（3）硬度值进行数值修约所引入的不确定度分量 $u_{rou}(\text{HV})$　在对计算的硬度值HV进行数值修约时，会引入不确定度，且该不确定度为B类标准不确定度。一般情况下，数值修约引入的不确定度与修约间隔 δx 相关，且有 $u(x)=0.29\delta x$。在本例中，取 $\delta x=1$，则不确定度分量 $u_{rou}(\text{HV})=0.29\times1\text{N/mm}^2=0.29\text{N/mm}^2$。此外，由式（4-44）计算得到该金属材料的维氏硬度值，并取 $\delta x=1$ 进行修约，即

$$\text{HV}=0.1891\frac{F}{d^2}=0.1891\times\frac{98.07}{0.2960^2}\text{N/mm}^2=211.6627\text{N/mm}^2=212\text{N/mm}^2 \tag{4-50}$$

第五步：合成标准不确定度的计算

通过以上计算可得，维氏硬度试验中的测量不确定度分量包括以下三部分：

1）两压痕对角线长度均值 d 的测量误差所引入的不确定度分量 $u(d)=0.002156\text{mm}$。

2）试验力值误差所引入的不确定度分量 $u(F)=0.5659\text{N}$。

3）对测量结果进行数值修约所引入的不确定度分量 $u_{\text{rou}}(\text{HV})=0.29\text{N/mm}^2$。

由于该三部分不确定度分量之间彼此独立不相关。因此，合成标准不确定度 $u_{\text{c}}(\text{HV})$ 可按下式计算，即

$$
\begin{aligned}
u_{\text{c}}(\text{HV}) &= \sqrt{u_{\text{d}}^2(\text{HV})+u_{\text{F}}^2(\text{HV})+u_{\text{rou}}^2(\text{HV})} \\
&= \sqrt{c_{\text{d}}^2u^2(d)+c_{\text{F}}^2u^2(F)+u_{\text{rou}}^2(\text{HV})}
\end{aligned} \tag{4-51}
$$

式中 c_{d}、c_{F}——d 值和 F 值的测量不确定度传播系数或灵敏系数。

由维氏硬度的数学模型式（4-44），求偏导数得到不确定度传播系数 c_{d} 和 c_{F}，即

$$
c_{\text{d}}=\frac{\partial \text{HV}}{\partial d}=-2\times 0.1891\times\frac{F}{d^3}=-2\times 0.1891\times\frac{98.07}{0.2960^3}=-1430.1532 \tag{4-52}
$$

$$
c_{\text{F}}=\frac{\partial \text{HV}}{\partial F}=0.1891\times\frac{1}{d^2}=0.1891\times\frac{1}{0.2960^2}=2.1583 \tag{4-53}
$$

将不确定度分量 $u(d)$、$u(F)$、$u_{\text{rou}}(\text{HV})$ 和不确定度传播系数 c_{d}、c_{F} 代入式（4-51）中，可计算得到合成标准不确定度 $u_{\text{c}}(\text{HV})=3.329\text{N/mm}^2$。

第六步：扩展不确定度的评定

扩展不确定度 U 为合成标准不确定度 $u_{\text{c}}(\text{HV})$ 与包含因子 k 之积。k 值的选择与期望的置信水平相关，通常取 2 ~3。本例中取 $k=2$（对应的置信度为 95%），则可得扩展不确定度 U 为

$$
U=ku_{\text{c}}(\text{HV})=2\times 3.329\text{N/mm}^2=6.658\text{N/mm}^2 \tag{4-54}
$$

由于本例中的修约间隔 $\delta x=1$，则扩展不确定度 $U=7\text{N/mm}^2$。

第七步：报告测量不确定度的评定结果

按照 JJF 1059.1—2009《测量不确定度评定与表示》规定的表示方式，给出本例中维氏硬度值 HV 的测量不确定度评定报告如下：

维氏硬度值 $\text{HV}=212\text{N/mm}^2$，扩展不确定度 $U=7\text{N/mm}^2$，包含因子 $k=2$。

此报告的意义是：可以期望此金属材料维氏硬度 HV 的测量值在落在区间 $[212-7, 212+7]\text{N/mm}^2$ 内的可能性为 95%。

思 考 题

1. 简述母体、个体、子样的概念。
2. 简述子样平均值和中值的定义及计算方法。
3. 简述子样标准差和方差的定义及计算方法。
4. 简述可靠度和破坏率的定义以及两者的关系。
5. 简述常用概率统计分布的主要特性。
6. 简述 F 分布、t 分布和 χ^2 分布各自的用途及检验方法。
7. 简述一元线性回归分析的回归模型和回归判定系数的作用。
8. 简述数据修约的一般原则。
9. 简述 -3σ 基值、S 基值、A 基值和 B 基值的概念。
10. 简述试验结果的 A 类标准不确定度和 B 类标准不确定度的区别。
11. 简述试验结果的测量不确定度的评定方法和主要步骤。

第 2 篇　短时力学性能

第 5 章　金属的拉伸试验

金属拉伸试验是力学性能中最基本的试验，也是检验金属材料、表征其内在质量的重要试验项目之一。金属的拉伸性能既是评定金属材料的重要指标，又是机械制造和工程设计、选材的主要依据。单向静拉伸试验是在试样两端缓慢地施加载荷，使试样的工作部分受轴向拉力，引起试样沿轴向伸长，直至拉断为止，能清楚地反映出材料受拉伸外力时表现出的弹性、弹塑性和断裂特征。本章主要对金属材料在静拉伸条件下力学性能指标的物理概念和实用意义进行讲解。

5.1　基本概念

5.1.1　拉伸图和应力-应变曲线

将拉伸试样安装在材料试验机上，缓慢且均匀施加轴向力 F，观察并测定试样在外力作用下的变形过程，直至试样断裂为止，如图 5-1 所示。外力 F 与试样的绝对伸长量之间的关系曲线称为力-伸长曲线，又称为拉伸图。拉伸曲线形象地描绘出材料的变形特征及各阶段受力与变形间的关系，可由该图形的状态来判断材料的弹性与塑性好坏，断裂时的韧性与脆性程度以及不同变形下的承载能力。在拉伸试验时，利用试验机的自动绘图器可绘出力-伸长曲线。图 5-2 所示为低碳钢的力-伸长曲线，图中纵坐标为拉伸力 F，横坐标是绝对伸长量 ΔL。

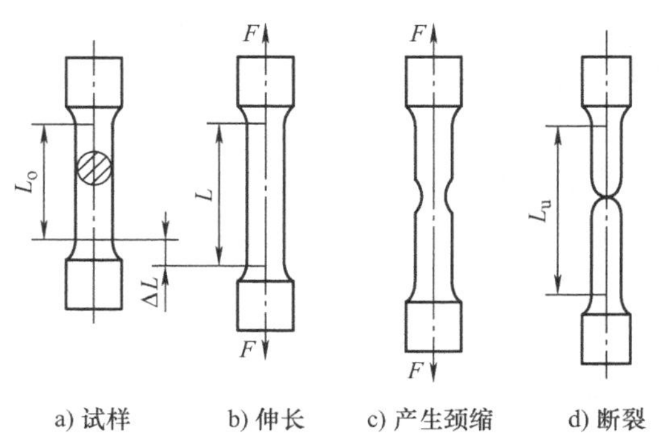

图 5-1　试样在拉伸时伸长和断裂过程

由图 5-2 可见，试样伸长随拉伸力增大而增大。拉伸力在 F_p 以下阶段（Op 段），试样在受力时发生变形，在此阶段中拉力和伸长成正比关系，卸除拉伸力后变形能完全恢复，该区段为完全弹性变形阶段。曲线的 pe 段，伸长量与载荷不再成正比关系，拉伸曲线不成直线，但试样仍处于弹性变形阶段。所加的拉伸力达到 F_e 后，外力不增大或变化不大，试样仍继续伸长，开始出现明显的塑性变形。曲线上出现平台或锯齿（曲线 *es* 段），试验机示力盘上的主指针暂停转动或开始回转并往复运动。这种现象表明试样在承受的拉力不继续增大或稍微减小的情况下，变形却继续增大，这种现象称为材料的屈服，直至 *s* 点结束。

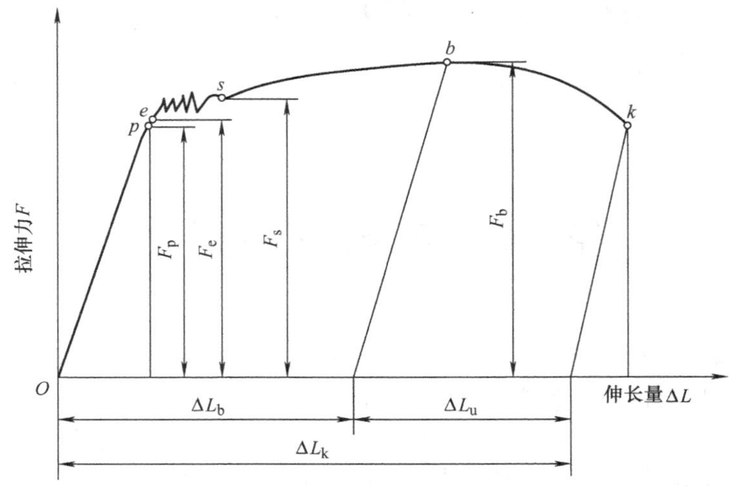

图 5-2　低碳钢的力-伸长曲线

在曲线的 *sb* 段，载荷增大，伸长沿整个试样长度均匀进行，继而进入均匀塑性变形阶段。同时，随着塑性变形不断增加，试样的变形抗力也逐渐增加，产生形变强化，这个阶段是材料的强化阶段，在这一阶段试样的塑性变形伸长为 ΔL_b。

在曲线的最高点（*b* 点），达到最大拉伸力 F_b 时，试样再次产生不均匀塑性变形，变形主要集中于试样的某一局部区域，该处横截面积急剧减小，该阶段试样的塑性伸长量为 ΔL_u。

由此可知，低碳钢在拉伸力作用下的变形过程分为弹性变形阶段、屈服阶段、均匀塑性变形阶段、局部变形（缩颈）阶段和断裂阶段。正火、退火碳素结构钢和一般低合金结构钢，也都具有类似的力-伸长曲线，只是力的大小和伸长量变化不同而已。

并非所有金属材料或同一材料在不同条件下都具有相同类型的力-伸长曲线。下面列举几种常见材料的力-伸长曲线，如图 5-3 所示。图 5-3a 所示是低碳钢、低合金结构钢的力-伸长曲线。它有锯齿状的屈服阶段，分上、下屈服，均匀塑性变形后产生缩颈，然后试样断裂。图 5-3b 所示是中碳钢的力-伸长曲线。它有屈服阶段，但波动微小，几乎成一直线，均匀塑性变形后产生缩颈，然后试样断裂。图 5-3c 所示是淬火后低、中温回火钢的力-伸长曲线。它无明显可见的屈服阶段，试样产生均匀塑性变形并缩颈后断裂。图 5-3d 所示是铸铁、淬火钢等较脆材料的力-伸长曲线。它不仅无屈服阶段，而且在产生少量均匀塑性变形后就突然断裂。

力-伸长曲线只代表试样的力学性质，同一种材料的力-伸长曲线中，横、纵坐标会因试样尺寸不同而各异。为了使同一种材料不同尺寸试样的拉伸过程及其特性点便于比较，以消除试样几何尺寸的影响，将图 5-2 所示力-伸长曲线的纵、横坐标分别用拉伸试样的原始横截面面积 S_o 和原始标距长度 L_o 去除，则得到应力-应变曲线，如图 5-4 所示。因均是以相应常数相除，故应力-应变曲线与力-伸长曲线形状相似，但消除了几何尺寸的影响。单向拉伸

条件下的金属材料的力学性能指标就是在应力-应变曲线上定义的。如果试验能提供一条精确的应力-应变曲线，那么单向拉伸条件下的主要力学性能指标就可精确地测量。

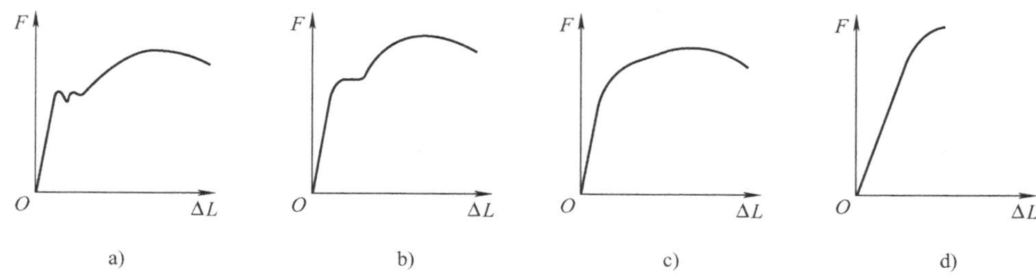

图 5-3　不同金属材料的力-伸长曲线

5.1.2　拉伸过程的物理现象及性能指标

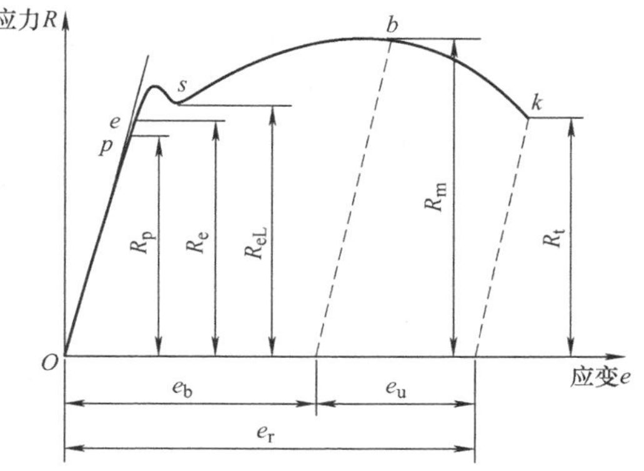

图 5-4　低碳钢的应力-应变曲线

1. 比例伸长阶段

在这个阶段中，试样的变形是弹性的，并且外力与伸长是成正比例的直线关系。即伸长与载荷之间服从胡克定律。如果在试验过程中卸除拉力，则试样的伸长变形会消失，试样的标距部分可以恢复到原长，不产生残余伸长。这一阶段的特点是力与变形成正比，变形完全是弹性的，载荷超过 F_p 后，拉伸曲线开始偏离直线，保持直线关系的最大载荷就是比例极限载荷。

金属材料在弹性变形阶段，其应力 R 和应变 e 成正比例关系，符合胡克定律，即

$$R = Ee \tag{5-1}$$

式中，比例系数 E 称为弹性模量。在应力-应变曲线上，弹性模量就是直线（Op）段的斜率。

弹性模量的物理意义可阐述为：表征金属材料对弹性变形的抗力，即金属发生弹性变形的难易程度。E 值越大，则产生相同的弹性变形量需要的外力越大，弹性变形越困难。

弹性模量 E 主要取决于材料的结合键和原子间的结合力，是一个对组织不敏感的力学性能指标。对金属进行热处理、微量合金化及塑性变形等，其弹性模量变化很小。但高分子和陶瓷材料的弹性模量则对结构与组织很敏感。此外，弹性模量和材料的熔点成正比，越是难熔的材料弹性模量也越高。

比例极限是衡量金属最大比例弹性变形的抗力指标，即金属材料在外力作用下，只发生比例弹性变形而不产生非比例塑性变形时所能承受的最大应力。在应力-应变曲线上，比例极限相当于 p 点所对的应力值，用 R_p 表示。

2. 非比例伸长阶段

非比例伸长阶段的特点是力与变形不完全成正比，但变形是弹性的，当载荷大于 F_e 再卸荷时，试样的伸长只能部分地恢复，而保留一部分残余变形，卸荷后的残余变形叫塑性变

形。开始产生微量塑性变形的载荷是弹性极限的载荷 F_e。一般来说，F_p 和 F_e 是很接近的。

弹性极限是衡量金属最大弹性变形的抗力指标，即金属材料在外力作用下，只发生弹性变形而不产生塑性变形时所能承受的最大应力。在应力-应变曲线上，弹性极限相当于 e 点所对的应力值，用 R_e 表示。

弹性极限是金属材料由弹性变形过渡到弹-塑性变形的应力，由于测试条件的限制，在工程测试中很难测出准确而唯一的数值，GB/T 228.1—2010《金属材料　拉伸试验　第1部分：室温试验方法》已将其删除。实际测量时是测定规定塑性延伸率 A_p 时的应力，在国家标准中称之为规定塑性延伸强度，并以脚注说明，用 R_p 表示，如图5-4所示。如测定试样标距部分的塑性延伸率0.001%时的应力，记为 $R_{p0.001}$。由此可见，弹性极限是表征最大弹性变形的抗力，或者说是表征微量塑性变形的抗力。

3. 屈服变形阶段

屈服阶段的特点是力不增加或增加很少或略有降低的情况下产生大量变形，拉伸图上出现平台或锯齿。这种载荷不增加或减小的情况下试样还继续伸长的现象叫屈服。屈服阶段的最小载荷是屈服点的载荷 F_s。屈服后，金属开始明显塑性变形，试样表面出现滑移带。在金属拉伸试验过程中，当应力超过弹性极限后，变形增加较快，此时除了弹性变形外，还产生部分塑性变形。当外力增加到一定数值时突然下降，随后，在外力不增加或上下波动情况下，试样继续伸长变形，在力-伸长曲线上出现一个波动小平台，这便是屈服现象。很多金属材料在拉伸试验时都会产生明显的屈服现象，尤其是具有体心立方晶格的金属，通常用考屈尔（Cotreall）气团模型和位错增殖模型解释。

金属材料拉伸试样发生屈服现象时，力所对应的点称为屈服点。试样发生屈服而力首次下降前的点为上屈服点；在屈服期间，不计初始瞬间效应时的最小力值为下屈服点。发生屈服时，试样的伸长变形是不均匀的，屈服伸长对应的水平线段或曲折线段称为屈服平台或屈服齿。

（1）屈服强度　屈服现象是金属材料在拉伸时开始产生宏观塑性变形的一种标志，用应力表示的屈服点称为屈服强度。屈服强度可以理解为金属材料开始产生明显塑性变形的最小应力值，其实质是金属材料对初始塑性变形的抗力。

在应力-应变曲线上，与上、下屈服点相对应的应力称为上、下屈服强度。在正常试验条件下，由于下屈服强度 R_{eL} 的数值较为稳定，再现性较好，所以常将下屈服强度 R_{eL} 选为屈服强度指标。

（2）屈服强度的工程意义　在生产实际中，绝大部分工程构件和机器零件在其服役过程中都处于弹性变形状态，不允许有明显塑性变形产生。如高压容器中的紧固螺栓发生过量塑性变形，即无法正常工作。因此，屈服强度是工程技术上重要的力学性能指标之一，也是大多数机械零件或工程构件选材和设计的依据。

传统的强度设计方法，对韧性材料，以屈服强度为标准，规定许用应力 $[\sigma]=R_{eL}/n$，安全系数 n 一般取2或更大。需要注意的是，按照传统的强度设计方法，必然会导致片面追求材料的高屈服强度，但是随着材料屈服强度的提高，材料的塑性、韧性降低，材料的脆性断裂危险性增加了。

屈服强度不仅有直接的使用意义，在工程上也是材料的某些力学行为和工艺性能的大致度量。例如材料屈服强度增高，对应力腐蚀和氢脆就敏感；材料屈服强度低，冷加工成形性

能和焊接性就好等。因此，屈服强度是材料性能中不可缺少的重要指标。

4. 形变强化阶段

金属材料在拉伸试验中“挺过”屈服阶段以后，继续变形将产生形变强化，进入均匀塑性变形阶段，并且需要不断增加外力才能继续变形，这表明金属材料有一种继续变形的能力。金属在塑性变形过程中，随着变形程度的增加，强度、硬度增加，塑性、韧性下降的现象，称为形变强化，也称为冷变形强化或加工硬化。

（1）形变强化系数　金属材料在均匀塑性变形阶段的形变强化能力用形变强化系数 n 表示。n 越大，形变强化能力越大。当 $n=1$ 时，表示材料是完全的弹性体；$n=0$ 时，表示材料没有形变强化能力。一般金属材料的 n 值为 0.1 ~0.5。弹壳采用的 H70 黄铜材料具有较高的 n 值（0.35 ~0.40），因此具有良好的冲压成形能力，可获得优良的外形。

（2）形变强化是金属冷塑性变形的保证　形变强化和塑性适当配合，可使先变形部分发生硬化而停止变形，而未变形部分开始变形，使塑性变形均匀地分布于整个工件上，而不至于集中在某些局部而导致最终断裂，保证冷变形工艺顺利实施。

对于工作中的零构件，也要求材料有一定的形变强化能力。例如，当金属某些薄弱部位因偶然过载产生塑性变形时，形变强化会阻止塑性变形继续发展，从而保证了金属构件的安全服役。

但形变强化后由于塑性和韧性进一步降低，给进一步变形带来困难，甚至导致开裂或断裂。

5. 局部塑性变形阶段

（1）颈缩现象　在力-伸长曲线上的最大载荷处，塑性变形主要集中于试样的某一局部区域，该处横截面积急剧减小，这种现象称为颈缩，是塑性材料在拉伸时变形集中于局部区域的特殊现象。

在金属试样力-伸长曲线（见图 5-2）极大值 b 点之前，塑性变形是均匀的，因为材料形变强化使试样承载能力增加，可以补偿试样截面减小时其承载力的下降。在 b 点之后，由于形变强化跟不上塑性变形的发展，变形集中于试样局部区域产生颈缩。发生颈缩后变形则主要集中在局部区域，在此区域内横截面越来越小，局部应力越来越高，直至不能承受外加载荷而断裂。所以，b 点是力-伸长曲线的最高点，也是局部塑性变形的开始点，也称为拉伸失稳点或塑性失稳点。

（2）抗拉强度　金属在断裂前所能承受的最大应力称为抗拉强度，又称为强度极限，用 R_m 表示，计算公式为

$$R_m = \frac{F_m}{S_o} \tag{5-2}$$

式中　R_m——抗拉强度（MPa）；

F_m——试样拉断前承受的最大载荷（N）；

S_o——试样原始横截面积（mm^2）。

抗拉强度 R_m 的物理意义是塑性材料抵抗大量均匀塑性变形的能力。铸铁等脆性材料拉伸过程一般不出现颈缩现象，抗拉强度就是材料的断裂强度。

（3）抗拉强度的工程意义　断裂是零件最严重的失效形式，所以，抗拉强度也是工程设计和选材的主要指标，特别是对脆性材料来讲。

对于韧性金属材料，抗拉强度代表产生最大均匀塑性变形的抗力，表示了材料在静拉伸条件下的极限承载能力。但这种承载能力仅限于光滑试样单向拉伸的受载条件，而且韧性材料的抗拉强度 R_m 不能作为设计参数，因为 R_m 对应的应变远非实际使用中所要达到的；如果材料承受复杂的应力状态，则 R_m 就不能代表材料的实际有用强度。虽然如此，由于抗拉强度代表实际工件在静拉伸条件下的最大承载能力，且 R_m 易于测定，重现性好，所以抗拉强度 R_m 是工程上金属材料的重要力学性能指标之一，广泛用作产品规格说明或质量控制指标。

对于脆性金属材料而言，一旦拉伸应力达到最大值，材料便迅速断裂了，所以抗拉强度 R_m 就是脆性材料的断裂强度，用于产品设计，其许用应力以抗拉强度 R_m 为依据。

（4）屈强比　屈服强度与抗拉强度的比值（R_{eL}/R_m）称为材料的屈强比，屈强比的大小对金属材料意义很大。屈强比越小，表示材料的屈服强度与抗拉强度的差距越大，即塑性越好，万一超载，由于塑性变形的产生而使金属材料的强度提高而不致立刻破坏，从而保证了使用中的安全性，但此值太小时，材料强度的有效利用率低；相反，屈强比高，说明屈服强度接近抗拉强度，材料的承载能力高，做结构零件可靠性高，但屈强比大，材料在断裂前塑性“储备”太少，对应力集中敏感，安全性下降。合理的屈强比一般为0.6～0.75；弹簧钢一般均在弹性极限范围内服役，受载荷时不允许产生塑性变形，因此要求弹簧钢经淬火、中温回火后具有尽可能高的弹性极限和屈强比（≥0.90）。

此外，屈强比越低，塑性越佳，冲压成形性越好，所以较小的屈强比几乎对所有的冲压成形都是有利的，很多用于冲压的板材标准中对屈强比有一定的要求，如深冲钢板的屈强比为≤0.65。

5.1.3　拉伸试验标准的分析与比较

1. 拉伸试验标准简介

国际上比较通用的拉伸试验标准方法有：ISO 6892、EN 2002（欧洲宇航标准）、美国的ASTM E8/E8M以及日本的JIS Z2241等。我国于2010年修订了GB/T 228.1—2010《金属材料　拉伸试验　第1部分：室温试验方法》。该标准等效采用了国际标准ISO 6892：2009《金属材料　拉伸试验　第1部分：室温试验方法》。将原GB/T 228—1987《金属拉伸试验方法》、GB/T 6397—1986《金属拉伸试验试样》和GB/T 3076—1982《金属薄板（带）拉伸试验方法》合并，不但技术内容采用国际标准，而且相关术语、性能名称、符号也采用国际标准。国际上其他国家标准与国际标准在技术内容上也有不同程度上的差别，其中，美国材料与试验协会（ASTM）的拉伸试验标准就与国际标准有所不同。

航空工业标准HB 5143—1996《金属室温拉伸试验方法》是我国航空工业的现行行业标准。它依据航空工业产品的要求而制定。

2. 航空工业标准、国家标准、ASTM标准比较

GB/T 228.1—2010与ASTM E8/E8M标准的差别主要表现在标准试样的尺寸不同，以及原始标距的计算不同。ASTM A370-07和ASTM E8/E8M-08虽然也采用标准圆形截面比例试样，但试样直径 D 常取12.5mm、9mm等，而没有我国常用的10mm直径。最值得注意的是，在ASTM A370-07和ASTM E8这些寸制标准中，试样原始标距 $G=4D$，即为4倍试样直径，由此会导致断裂后伸长率的结果不同。而在ASTM E8M-08米制标准中 $G=5D$，即为5倍

试样直径。HB 5143—1996 中规定屈服后的拉伸速率为试样平行长度的 40%/min，这是与其他标准的不同之处。航空工业标准、国家标准与 ASTM 标准中的拉伸速率的对比见表 5-1。

表 5-1　航空工业标准、国家标准与美国 ASTM 标准中的拉伸速率

标准号	试验方法名称	屈服前拉伸速率	屈服后拉伸速率
GB/T 228.1—2010	金属材料拉伸试验　第 1 部分：室温试验方法	应变控制时，速率为 0.00025/s（推荐） 应力控制时， 1）在弹性范围：对于 $E<150\text{GPa}$ 材料，$2\text{MPa/s}\leqslant R\leqslant 20\text{MPa/s}$；对于 $E\geqslant 150\text{GPa}$ 材料，$6\text{MPa/s}\leqslant R\leqslant 60\text{MPa/s}$ 测定下屈服强度时，速率为 0.00025 ~ 0.0025/s 2）如试验机无法控制应变，采用等效于弹性范围的应力速率的横梁位移速率测定屈服强度 如仅测抗拉强度，可选≤0.008/s 单一速率完成整个试验	应变控制时，速率为 0.0067/s（推荐） 应力控制时， 1）≤0.0025/s 2）≤0.008/s（或等效的横梁分离速率）
GB/T 228.2—2015	金属材料拉伸试验　第 2 部分：高温试验方法	应变控制时，速率为 0.00007/s（推荐） 扩展应变速率范围的试验方法： 1）应变控制时，0.001 ~ 0.005/min； 2）应力控制时，弹性范围应力速率≤5MPa/s，应变速率保持≤0.003/min	应变控制时，速率为 0.0014/s（推荐） 扩展应变速率范围的试验方法：应变控制时，0.02 ~ 0.2/min
HB 5143—1996	金属室温拉伸试验方法	应变控制时，速率为 0.00025 ~ 0.0025/s 应力控制时，速率为 1 ~ 10MPa/s	试验机两夹头空载移动速率为试样平行长度的 0.4 倍/min；对于抗拉强度 >1100MPa 材料，速率≤平行长度的 0.1 倍/min
HB 5195—1996	金属高温拉伸试验方法	应变控制时，速率为（0.005 ±0.002）/min 采用横梁位移时，≤平行长度的 0.02 倍/min	横梁移动速率：试样平行长度的 0.1 倍/min
ASTM E8/8M	金属材料拉伸试验标准试验方法	应变控制时，速率为(0.015 ±0.006)mm/mm/min 应力速率控制：1.15 ~ 11.5MPa/s 十字头速度控制：（0.015 ±0.003）mm/mm/min	0.05 ~ 0.5mm/mm/min
ASTM E21	金属材料高温拉伸试验标准试验方法	（0.005 ±0.002）/min	试样标距长度的（0.05 ±0.01）倍/min

ASTM 标准与我国金属拉伸试验标准中的大多数力学性能名称、定义及技术内容基本一致，但有些性能名称的表述方式或翻译有所不同。最大力下，非比例伸长率占总伸长率的比例随材料塑性差异而不同。对结构材料，这个比例一般很小。因最大力下非比例伸长率的应用十分有限，在 ASTM 拉伸试验标准中并无相应的性能名称和定义。ASTM E8 中虽然给大多数拉伸性能名称赋予了符号，但实际应用中，除了 *YS*（屈服强度）外，其他性能的符号很少被人使用。

HB 5143—1996《金属室温拉伸试验方法》中考虑航空工业使用有色金属和敏感材料较多，将室温范围规定为 10 ~ 30℃，比 GB/T 228.1—2010 规定的 10 ~ 35℃要窄。

HB 5143—1996《金属室温拉伸试验方法》中列表规定的试样形状、尺寸比其他试验方法更详细，例如，圆形试样有台肩、螺纹、光滑三种试样头部形状，对于直径小于5mm的试样，其性能有差异，方法中所列直径为3mm的试样仅适用于贵重材料、零件取样、故障分析使用；板形试样头部形状有带销孔和光滑两种，板厚规定为0.2～12mm，长、短试样均为比例试样，板宽规定15mm、20mm、30mm为标准试样。

5.2 试验设备

5.2.1 拉力试验机

拉力试验机是拉伸试验的主要设备，主要由加力机构、夹样机构、记录机构和测力机构四部分组成。目前主要分为机械式试验机、液压式试验机、电子万能试验机以及电液式试验机几类。无论试验机是哪一类型，拉伸试验所用的机器应满足以下要求：①达到试验机检定的1级精度；②有加力调速装置；③有数据记录或显示装置；④由计量部门定期进行检定。

拉伸试验一般在液压万能试验机或电子万能试验机上进行。液压万能试验机是一种实用性强、用途广的试验机，通常的系列规格有100kN、300kN、600kN、1000kN，目前为一般力学实验室普遍配套使用。

微机控制的电子万能试验机采用由计算机系统控制的伺服电动机、伺服调速系统及加力系统等组成，如图5-5所示。其性能优良、操作简便，能实现高精度、宽范围的测量，但电子万能试验机提供的试验力一般较小。

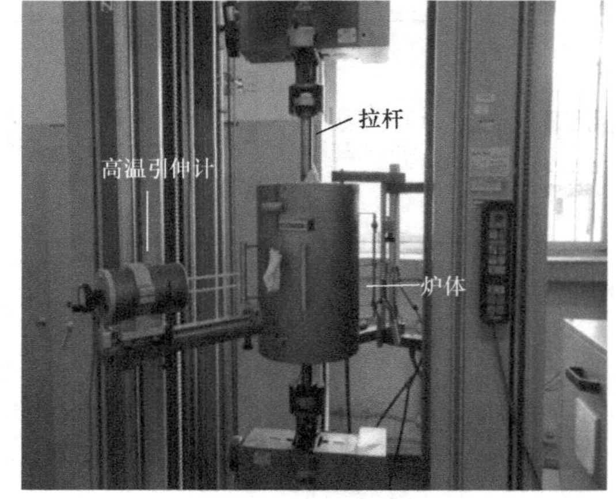

图5-5 电子万能试验机

根据试样的材质及试样的尺寸估算出试样破断所能承受的最大负荷值，作为选择试验机夹持装置以及合适量程的依据。在每批试验时，应在空载下调整试验机的指示零点。

试验机应按照GB/T 16825.1—2008进行检定，并应满足1级或优于1级的准确度。

5.2.2 引伸计

在测定微小塑性变形下的力学性能指标时，要用到精度高、放大倍数大的变形测量仪，即称为引伸计。引伸计一般由三部分组成：变形部分（与试样表面接触，感受试样的微量变形），信号传递和放大部分（将接收到的变形放大），记录部分（记录或显示变形量）。它的主要参数为放大倍数和测量范围（量程）。拉伸试验中常用的引伸计有机械式引伸计、电子式引伸计和光学式引伸计。

引伸计使用时应根据试验机和检测变形的要求来选取引伸计的式样及等级，见表5-2。若试验要求记录载荷-变形图，应选用电子式引伸计。引伸计应定期进行检定。日常试验中要经常检查引伸计，如发现异常应重新标定后再使用。

表 5-2　引伸计等级的选取

测 试 项 目	引伸计级别	标距相对误差（%）	分辨力/μm	系统相对误差（%）
R_{eL}，R_{eH}，R_p，R_t，R_r，A_e	1	±1.0	1.0	±1.0
R_m，A_{gt}，A_g，A_t，A	2	±2.0	2.0	±2.0

根据 GB/T 12160—2002 的要求，测定上屈服强度、下屈服强度、规定塑性延伸强度、规定总延伸强度、规定残余延伸强度，以及规定残余延伸的验证试验，应使用不小于 1 级准确度的引伸计，测定其他具有较大延伸率的性能，例如抗拉强度、最大力总延伸率和最大力塑性延伸率、断裂总延伸率，以及断后伸长率，应使用不小于 2 级准确度的引伸计。

5.2.3　高、低温试验装置

高、低温试验装置与室温拉伸试验装置相比较，一般需要增加以下几种辅助装置：加热装置、冷却装置、环境箱和温度测量装置。

1. 加热装置

加热装置是把试样加热到规定的试验温度，并保持该温度直到试验结束所使用的装置。对于温度在 100～1100℃的试验，可采用电阻丝加热炉。它应有均匀的温度区，其长度一般为试样标距的两倍。在均匀温度区内沿试样标距的温度梯度应小于 5℃。加热炉的温度偏差最多不能超过 ±5℃。

加热装置应能使试样加热到规定的温度 θ。温度的允许偏差和温度梯度见表 5-3。

表 5-3　温度的允许偏差和温度梯度

规定温度 θ/℃	θ_i 与 θ 的允许偏差/℃	温度梯度/℃
$\theta \leqslant 600$	±3	3
$600 < \theta \leqslant 800$	±4	4
$800 < \theta \leqslant 1000$	±5	5

对于高于 1000℃的试验，温度允许偏差应由有关双方协商确定。

指示温度 θ_i 是指在试样平行长度表面上所能测量的温度。测定各项性能时，温度均应保持在表 5-3 规定的范围内。

2. 冷却装置

冷却装置是把试样冷却到规定的试验温度，并保持该温度直至试验结束所使用的装置。其温度偏差应小于 ±2℃。冷却装置也应该有均匀温度区，其长度至少为试样标距的 1.5 倍。在试样标距两端同时测得的温度之差（梯度）最大不超过 3℃。使用搅拌装置时，冷却介质沿试样轴线方向流动循环来达到温度均匀。不同的冷却介质及其温度范围见表 5-4。

表 5-4　不同的冷却介质及其温度范围

冷 却 介 质	温度/℃(K)
80%冰 +20%氯化铵	−15.4（257.8）
75.2%冰 +24.8%食盐	−21.3（251.9）

（续）

冷却介质	温度/℃（K）
62.7%冰+19.7%食盐+17.6%氯化铵	-25.0（248.0）
41.2%冰+58.8%氯化钙	-54.9（218.3）
干冰+工业酒精	>75（198）
干冰+无水乙醇	>78（195）
液氮+无水乙醇	>110（163）
液氮+石油醚	>120（153）
液氮+氟利昂-22	>157（116）
液氮	-196（77）
液氢	-253（20）
液氦	-269（4.2）

3. 环境箱

环境箱是试验温度在-60～+250℃所使用的装置，它把加热装置和冷却装置合为一体。环境箱必须同时满足加热、冷却装置对温度范围和温度梯度的要求。使用时，它靠风扇把热源或冷源吹到环境箱内以达到试验要求的温度。

4. 温度测量装置

温度测量装置由热电偶、补偿导线和电位差计组成。根据不同的试验温度按表5-5选择热电偶类型。试验时，由电位差计测得的数值查表即可得到所对应的温度。热电偶、补偿导线以及电位差计应定期进行检定。

表5-5 热电偶的类型

型号	温度范围/℃	材料
B	0～1820	铂-30%铑/铂-6%铑
E	-270～1000	镍-铬合金/铜-镍合金
J	-210～1200	铁/铜-镍合金
K	-270～1372	镍-铬合金/镍-铝合金
R	-50～1767	铂-13%铑/铂
S	-50～1767	铂-10%铑/铂
T	-270～400	铜/铜-镍合金

注：B、T、R型为贵金属热电偶（铂/铂-铑组合），其他类型为廉金属热电偶。

温度测量装置的最低分辨率为1℃，允许误差应在±0.004θ或±2℃之内，取其最大值。热电偶应符合JJG 141—2013、JJG 351—1996的要求，应不低于2级。温度测量系统应在试验温度范围内检定，检定周期不超过3个月。如果温度测量系统能每天自动标定，或过去的连续检定已表明无须调节测量装置均能符合GB/T 228.2—2015的规定要求，检定的周期可以延长，但不能超过12个月。检定报告中应记录误差，并应采用相应检定规程进

行检查。

5.3　拉伸试样

试验表明，所用试样的形状和尺寸加工质量对其性能测试结果有一定影响。为了测定金属材料或零部件的拉伸性能，并使金属材料拉伸试验的结果具有可比性与符合性，拉伸试样的取样和制作应遵照金属材料力学及工艺性能的取样规定，如产品标准或供需双方协议另有规定，应按其规定执行。

5.3.1　比例试样

由于同一种材料测定的断后伸长率 A 值与 $K=\frac{L_o}{\sqrt{S_o}}$比值有关，因此，K 值相同的试样称为比例试样。通常把 $K=5.65$ 的试样称为短比例试样，对应的断后伸长率记为 $A_{5.65}$；$K=11.3$的试样称为长比例试样，对应的断后伸长率记为 $A_{11.3}$。根据式（5-3）可知：矩形截面短（长）比例试样的标距为 $5.65\sqrt{S_o}$（$11.3\sqrt{S_o}$），圆截面短（长）比例试样的标距为 $5d$（$10d$）。试验时，一般优先选用短比例试样，但要保证原始标距不小于 15mm，否则，建议采用长比例试样或其他类型试样。

$$L_o=K\sqrt{S_o} \tag{5-3}$$

式中　L_o——试样原始标距（mm）；

K——系数；

S_o——试样原始横截面积（mm^2）。

对于截面较小的薄带试样以及某些异形截面试样，由于其标距短或不用测量截面（例如只测定延伸率）可采用 L_o 为 50mm、100mm、200mm 的定标距试样。它的标距与试样截面不存在比例关系。

5.3.2　试样的形状和尺寸

拉伸试样的形状与尺寸取决于被试验的金属产品的形状与尺寸，可以分为板材（薄带）试样、棒材试样、管材试样、线材试样、型材试样以及铸件试样等种类。根据其形状及试验目的不同，试样可以进行机加工，也可以采用不经加工的原始截面试样。

一般拉伸试样由夹持段、过渡段和平行段构成，如图 5-6 所示。试样两端较粗部分为夹持段，其形状和尺寸必须与试验机夹头和钳口相匹配，最常用的是圆形单肩式和矩形夹头。过渡段常用圆弧形状，使夹持段与平行段光滑连接，以消除应力集中。平行部分必须保持光滑均匀以确保材料表面的单向应力状态，其有效工作部分 L_o 称作原始标距，d 表示圆形截面试样平行段的直径，L_c 为平行段长度。

圆形截面比例试样和板材矩形截面比例试样的主要尺寸和允许偏差见表 5-6 和表 5-7。拉伸试验时，非比例试样也称定标距试样，其原始标距（L_o）与其原始横截面积（S_o）无关。

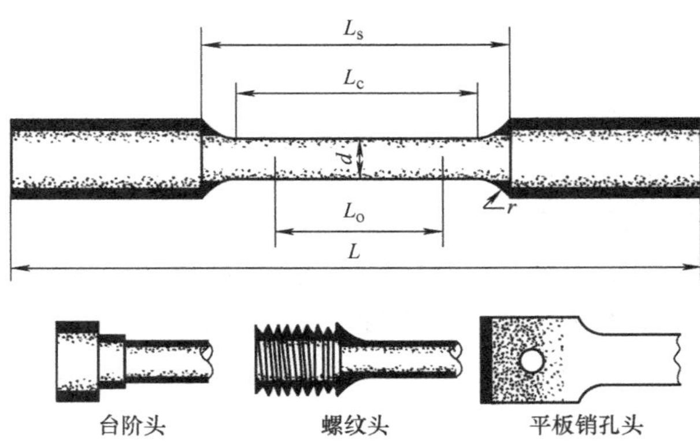

图 5-6　拉伸试样及夹持部分的各种形式

表 5-6　圆形截面比例试样的尺寸

d/mm	r/mm	$K=5.65$			$K=11.3$		
		L_o/mm	L_c/mm	试样编号	L_o/mm	L_c/mm	试样编号
25	≥0.75d	5d	≥$L_o+d/2$ 仲裁试样： L_o+2d	R1	10d	≥$L_o+d/2$ 仲裁试样： L_o+2d	R01
20				R2			R02
15				R3			R03
10				R4			R04
8				R5			R05
6				R6			R06
5				R7			R07
3				R8			R08

表 5-7　板材矩形截面比例试样的尺寸

b/mm	r/mm	$K=5.56$			$K=11.3$		
		L_o/mm	L_c/mm	试样编号	L_o/mm	L_c/mm	试样编号
12.5	≥12	$5.65\sqrt{S_o}$	≥$L_o+1.5\sqrt{S_o}$ 仲裁试样： $L_o+2.0\sqrt{S_o}$	P7	$11.3\sqrt{S_o}$	≥$L_o+1.5\sqrt{S_o}$ 仲裁试样： $L_o+2.0\sqrt{S_o}$	P07
15				P8			P08
20				P9			P09
25				P10			P10
30				P11			P11

5.3.3　试样的加工要求

试样在机加工过程中要防止冷变形或受热而影响其力学性能，通常以切削加工为宜，进刀深度要适当，并充分冷却，特别是最后一道切削或磨削的深度不宜过大，以免影响性能。

对于矩形横截面试样，一般要保留原表面层并防止损伤。试样上的毛刺要清除，尖锐棱边应倒圆，但半径不宜过大。试样允许矫直，但应防止矫直对力学性能产生显著影响。对于不测定断后伸长率的试样可不经矫直直接试验。

不经机加工的铸件试样，其表面上的夹砂、夹渣、毛刺、飞边等必须加以清除。

试样经加工以后，其尺寸和表面粗糙度应符合规定的要求，表面不应有显著的横向刀痕、磨痕、机械损伤、明显的淬火变形或裂纹，以及其他可见的冶金缺陷。确保试样加工后的表面完整性。

5.4　试验前的准备工作

试验前应先检查试样外观是否符合要求。对经过加工的试样，如发现表面有明显的横向刀痕，或有扭曲变形或淬火裂纹，应重新取样加工成合格试样。

5.4.1　测量试样原始横截面积 S_o

测量试样原始截面尺寸时，应按照表 5-8 选取量具。根据所测得的试样尺寸，计算原始横截面积 S_o 并至少保留四位有效数字。

圆形横截面试样直径在试样平行段的两端及中间两个互相垂直的方向上各测一次，选取其中最小值计算原始横截面积。原始横截面积 S_o 按式（5-4）计算。即

$$S_o = \pi d^2/4 \tag{5-4}$$

矩形横截面试样的横截面尺寸（宽度 b、厚度 a）也应在标距两端和中间处测量，选取三处测得横截面积中的最小值。矩形试样原始横截面积 S_o 按式（5-5）计算。即

表 5-8　量具或测量装置的分辨力

试样截面尺寸/mm	分辨力/mm
0.1 ~0.5	≤0.001
>0.5 ~2.0	≤0.005
>2.0 ~10.0	≤0.01
>10.0	≤0.05

$$S_o = ab \tag{5-5}$$

圆管纵向弧形试样应在试样工作段的两端及中间处测量，选取三处测得横截面积中的最小值。有关标准或协议无规定时，横截面积 S_o 按式（5-6）和式（5-7）计算。即

$$S_o = ab[1 + b^2/6D(D-2a)] \qquad b/D < 0.25 \tag{5-6}$$

$$S_o = ab \qquad b/D < 0.17 \tag{5-7}$$

计算时，管外径 D 取标称值。

圆管截面试样应在管的一端两个相互垂直的方向各测一次外径，取其算术平均值。在同一管端圆周上相互垂直的方向测量四处管壁厚度，取其算术平均值。用平均外径和平均管壁厚度计算得到的横截面积作为标距内的原始横截面积。原始横截面积 S_o 按式（5-8）计算。即

$$S_o = \pi a(D-a) \tag{5-8}$$

未经加工的等截面试样，其原始横截面积 S_o 可以根据测得的试样长度、质量和材料密度按式（5-9）计算。长度 L_t、质量 m 的测量精度应达到 ±0.5%，密度 ρ 至少取三位有效

数字。

$$S_o = m/(\rho L_t) \tag{5-9}$$

5.4.2 标记原始标距 L_o

试样原始标距一般采用两个或一系列小标距、细画线或墨线标记原始标距，所采用的方法不能引起试样过早断裂。当试样工作段远长于试样标距时，可标记相互重叠的几组标距。对于特薄或脆性材料的试样，通常可在试样平行段内涂上快干着色涂料，再轻轻画上标线，这样可避免试样断裂在刻线上而影响试验结果。

对于比例试样，应将原始标距的计算结果修约至最接近5mm的倍数，中间值向大的一方修约，标距的长度应精确到取值数据的±1%。

5.4.3 选择试验机和引伸计

根据试样选取合适的试验机载荷量程及夹持装置，检定过的拉力试验机应满足1级或优于1级的准确度。

测定屈服强度、规定延伸强度以及屈服点延伸率时，选用的引伸计应不低于1级，测定最大力延伸率、断裂总伸长率时应不低于2级，引伸计的标距长度应不小于试验要求标距的1/2。

5.4.4 确定试验速率

从弹性范围直至上屈服强度，试验机夹头的分离速度应尽可能保持恒定并在表5-9规定的应力速率范围内。若仅测定下屈服强度，屈服期间试样工作段的应变速率应在0.00025～0.0025s^{-1}之间，工作段的应变速率应尽可能保持恒定。如试验机无能力测量或控制应变速率，应通过调节即将开始前的应力速率来控制，在屈服完成之前不再调节试验机的控制。

表5-9　试验规定的应力速率

材料弹性模量 E/MPa	应力速率/(MPa·s^{-1})	
	最小	最大
<150000	2	20
≥150000	6	60

在测定规定塑性延伸强度（R_p）、规定总延伸强度（R_t）和规定残余延伸强度（R_r）时，在塑性范围直至上述规定强度期间，其应变速率应不超过0.0025s^{-1}。

若仅测定抗拉强度，在弹塑性范围内，试样工作段的应变速率可达到0.008s^{-1}。

5.5 强度指标的测定

5.5.1 上、下屈服强度的测定

对于有明显屈服现象的材料，应测定其上、下屈服强度；无明显屈服现象的材料，按要

求（一般为0.2%）测定规定塑性延伸强度或规定残余延伸强度。

1. 图示法

用记录装置绘制力-延伸曲线或者力-夹头位移曲线（在加载速率恒定的情况下也可以用力-时间曲线），曲线至少要记录到屈服阶段结束，如图 5-7 所示。在曲线上确定屈服阶段中力值首次下降前的最大力 F_{eH}——上屈服力；不计初始瞬时效应时的最小力 F_{eL}——下屈服力，屈服平台不变的力也记为 F_{eL}——下屈服力。用测得的上、下屈服力 F_{eH}、F_{eL}分别除以试样原始截面面积 S_o 即可得到上、下屈服强度，即

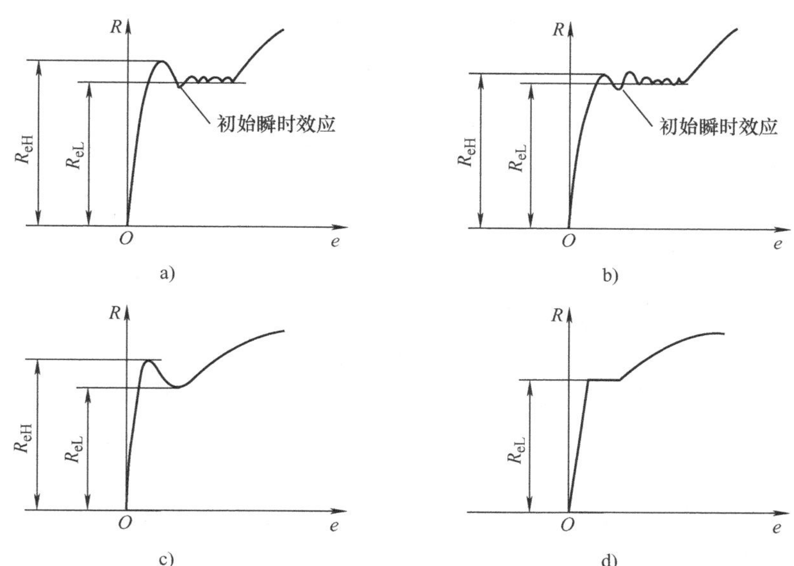

图 5-7　图示法测定 R_{eH}、R_{eL}

$$R_{eH} = F_{eH}/S_o \tag{5-10}$$

$$R_{eL} = F_{eL}/S_o \tag{5-11}$$

2. 指针法

试验过程中，读取力值刻度盘上指针首次回转前的最大力 F_{eH}，不计初始瞬时效应时的最小力 F_{eL}或试验机指针首次停转的恒定力 F_{eL}，将其分别除以试样原始截面面积 S_o，即可以得到上、下屈服强度。

上、下屈服强度判定应采用以下基本原则：

1）屈服前的第 1 个峰值应力（第 1 个极大值应力）判为上屈服强度，不管其后的峰值应力比它大或比它小。

2）屈服阶段中如呈现 2 个或 2 个以上的谷值应力，舍去第 1 个谷值应力（第 1 个极小值应力）不计，取其余谷值应力中最小者判为下屈服强度。如只呈现 1 个谷值应力则判为下屈服强度。

3）屈服阶段中呈现屈服平台，平台应力判为下屈服强度；如呈现多个而且后者高于前者的屈服平台，判定第 1 个平台应力为下屈服强度。

4）正确的判定结果应是下屈服强度一定低于上屈服强度。

自动测试系统测定上、下屈服强度，可以不绘制拉伸图。仲裁试验应采用图示法测定

上、下屈服强度。

5.5.2　规定塑性延伸强度的测定

对于不同的材料，规定塑性延伸强度有不同的测定方法。除自动系统测定时可以不绘制拉伸图外，其余的测定方法均与力-延伸曲线有关。具体的测定方法有常规平行线法（图解法）、滞后环法和逐步逼近法。

1. 图解法

由载荷传感器、变形传感器检测到的力、伸长量经过测量放大电路处理后，用记录装置绘制成力-延伸曲线，如图5-8所示。在曲线图上，绘制一条与曲线的弹性直线段部分平行的直线，在延伸轴上，此直线与弹性直线段的距离为$\overset{\frown}{OC}=L_e e_p$（其中，$L_e$为引伸计的标距长度；$e_p$为要测定的塑性延伸率），该直线与曲线的交截点所给出力即为所求规定塑性延伸强度的力值F_p，将它除以试样原始截面面积S_o，就得到规定的塑性延伸强度R_p。

2. 滞后环法

有些金属材料（如铜合金、铝合金等）的力-延伸曲线中没有明显的弹性直线段，无法用绘制平行线的方法来测定规定塑性延伸强度。在此情况下，可采用滞后环法。其核心是绘制滞后环顶点的连线来代替力-延伸曲线中的弹性直线段，如图5-9所示。具体方法为：对试样连续施力，超过预期规定的塑性延伸强度相应的力值后，将其卸载至上述所施力的10%左右，接着再加力并超过前次达到的力值。正常情况下，这一过程将给出一个滞后环曲线。通过环的两端点绘制一条直线作为基准线。从力-延伸曲线的原点O起，在延伸轴上取$\overline{OC}=L_e e_p$，过C点绘制一条直线与基准线平行，该直线与力-延伸曲线的交截点即为规定塑性延伸强度所对应的力值F_p。

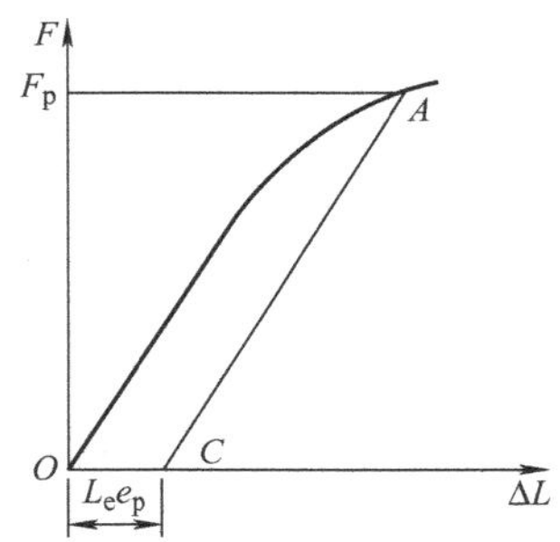

图5-8　图解法测定F_p

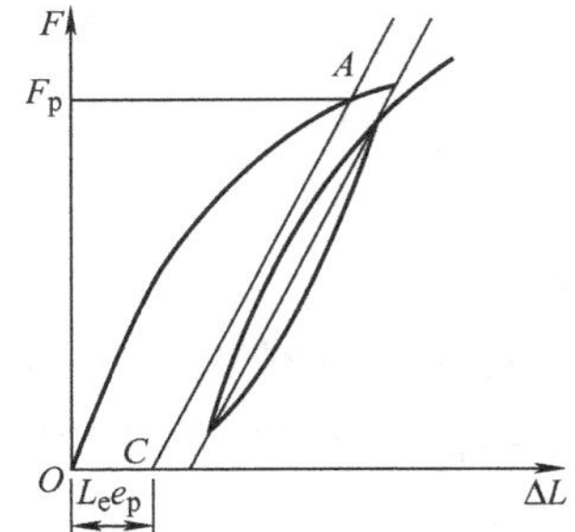

图5-9　滞后环法测定规定塑性延伸力

3. 逐步逼近法

该方法适用于无明显弹性直线段金属材料的规定塑性延伸强度的测定。该方法的实施步骤为（以F_p为例）：绘制拉伸试验曲线，如图5-10所示，并且力值要超过预期估计的F_p值。从曲线上任意取一点A_0作为F_p，用$0.1F_p$和$0.5F_p$与力-延伸曲线的交点B_1和D_1绘制直线，以此直线为基准线，从真实原点O起，截取$\overline{OC}=L_e e_p$段，过C点绘制基准线的平行线CA_1交于点A_1，如果点A_1与点A_0重合，则所取的点A_0处对应的力即为F_p。如果点A_1与点A_0不重合，则以点A_1处对应的力为新的F_p，再次实施以上的步骤，直至最后一次得到的交截点与前一次重合。最后一次所用的基准线也可以作为测定其他规定塑性延伸强度的

基准。

测定规定塑性延伸强度时应特别注意，不管在达到规定塑性延伸强度之前是否有高于它的力值出现，均以规定塑性延伸对应的力作为规定塑性延伸力值，如图 5-11 所示。

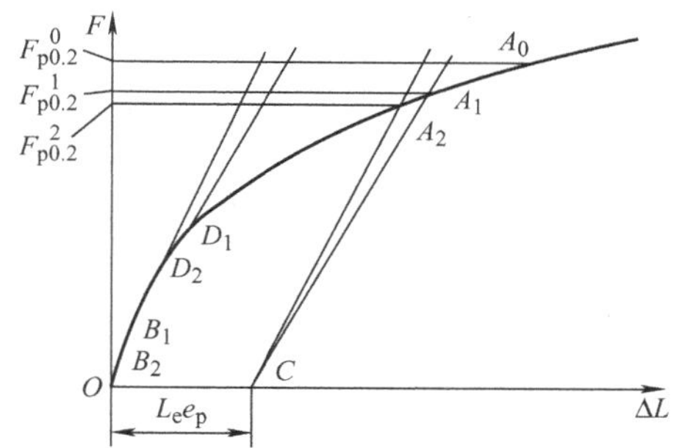

图 5-10　逐步逼近法测定规定塑性延伸力

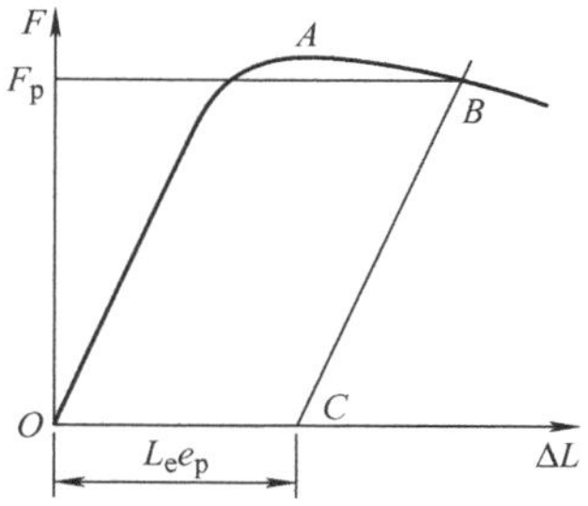

图 5-11　规定塑性延伸对应的力值

使用上述各种测量规定塑性延伸强度的方法时，要注意力-延伸曲线的原点位置是否正确。如果原点的位置需要修正（见图 5-12），可以采用以下方法：

1）将力-延伸曲线弹性段直线与延伸轴的交点作为修正后的原点。

2）在力-延伸曲线上绘制一条切线，斜率等于滞后环两顶点所构成直线的斜率，此平行线与延伸轴的交点即为修正后的原点。

5.5.3　规定总延伸强度的测定

试验时，在力-延伸曲线上绘制一条平行于力轴，并且与力轴的距离等于规定总延伸率的平行线（竖直线），如图 5-13 所示。该直线与力-延伸曲线的交截点即给出所测定规定总延伸强度的力值 F_t，将此力 F_t 除以试样原始截面面积 S_o 即可得到所测定的规定总延伸强度。即

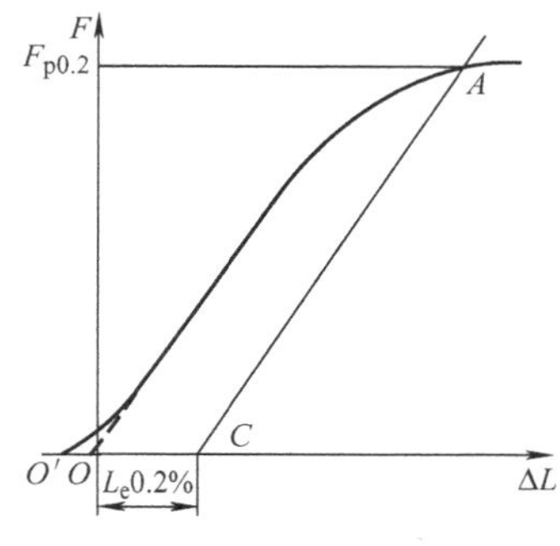

图 5-12　原点位置修正图

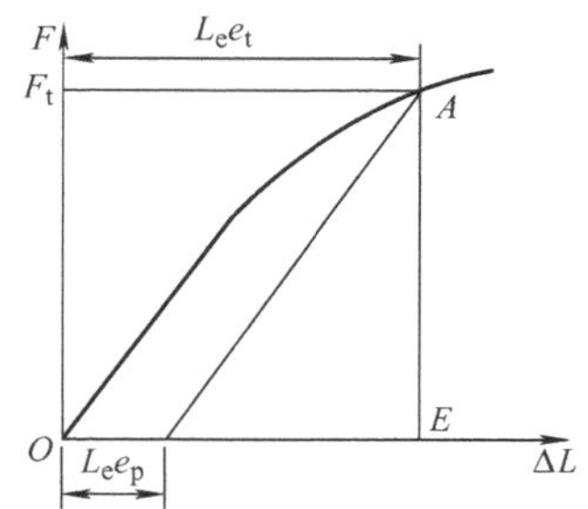

图 5-13　规定总延伸强度

$$R_t = F_t / S_o \tag{5-12}$$

用自动测量系统测定规定总延伸强度时，可以不绘制力-延伸曲线。

5.5.4　规定残余延伸强度的测定

规定残余延伸强度分为验证试验和测定试验。前者是施加规定的力值，卸力后测量残余

延伸率是否超过规定的百分比；后者是测定规定残余延伸下的强度。现在分述如下：

1. 验证试验

对试样施加相当于规定残余延伸强度的载荷（由要求验证方确定），保持 10～12s，卸掉载荷后，测定残余延伸率，如果不超过规定量者判为合格。

2. 卸力法测量规定残余延伸强度

对试样施加约 10% 预期规定残余延伸强度的力 F_0，装上表式引伸计。继续施加力至 $2F_0$ 再卸载至 F_0，记下引伸计读数作为零点（或者将引伸计调整到零位）。第一次施力时，应使试样在引伸计标距内的总延伸达到 $L_e e_r$ +（1～2）分格，其中第一项为规定残余延伸，第二项为弹性延伸。卸力至 F_0 后直接读出残余延伸。以后每次施力使试样总延伸到达：前一次总延伸 +（规定残余延伸 - 该次残余延伸）+（1～2）分格。试验直到实测的残余延伸等于或略大于要测定的规定残余延伸为止。用内插法求出规定残余延伸强度的精确力值。将此力 F_r 除以试样的原始截面面积 S_o，即得到所求的规定残余延伸强度 R_r。即

$$R_r = F_r / S_o \tag{5-13}$$

举例：卸力法测定钢的规定残余延伸强度 $R_{r0.2}$。

试验条件：圆棒试样，$d = 10$mm；表式引伸计，标距 50mm，每 1 分格为 0.01mm；试验机最大量程 600kN，选用表盘 120kN；预期残余延伸强度 $R_{r0.2} = 800$MPa。

预拉力 $F_o = 0.1 \times 800 \times 78.54\text{N} = 6283\text{N}$，取整为 6000N；引伸计条件零点为 1 分格；$R_{r0.2}$要求伸长 $50 \times 0.002\text{mm} = 0.1\text{mm}$，相当于 10 分格；

第一次加载要求 10 分格 +（1～2）分格 = 11～12 分格，加上条件零点 1 分格总计 13 分格。卸载至 6000N 后，读数为 2.3 分格，即残余伸长 1.3 分格；

第二次加载要求 13 分格 +（10 - 1.3）分格 + 2 分格 = 23.7 分格，卸载至 F_0 后得到 7.3 分格残余伸长；

第三次加载要求 23.7 分格 +（10 - 7.3）分格 + 1 分格 = 27.4 分格，卸载至 F_0 后得到 9.7 分格残余伸长；

继续进行试验，使得残余伸长达到或超过要求的 10 分格为止。

力-残余延伸数据记录见表 5-10。

表 5-10　力-残余延伸数据记录

力/N	施加力引伸计读数/分格	预拉力引伸计读数/分格	残余延伸/分格
6000	1.0	—	—
41000	13.0	2.3	1.3
57000	23.7	8.3	7.3
61000	27.4	10.7	9.7
62000	28.7	11.5	10.5

根据表 5-10 中的数据由内插法公式可求得精确的 $F_{r0.2}$值，即

$$y_d = y_1 + \frac{x_d - x_1}{x_2 - x_1}(y_2 - y_1)$$

注意，表 5-11 中，$y_1=6100\text{N}$，$x_1=9.7$，$y_2=6200\text{N}$，$x_2=10.5$，$x_d=10$，y_d 即为所求的 $F_{r0.2}$，于是有 $F_{r0.2}=61000\text{N}+\Delta F=61000\text{N}+1000\text{N}\ (10-9.7)/(10.5-9.7)=61.375\text{N}$

$R_{r0.2}=61.375\text{N}/78.54\text{mm}^2=781.45\text{MPa}$

5.5.5　抗拉强度的测定

从力-伸长曲线上找出试验过程中的最大力值 F_m（对于有屈服的材料屈服阶段之前不计），如图 5-14 所示；或从测力盘上读取屈服阶段结束后试验过程中的最大力值 F_m，将其除以试样原始截面面积 S_o 即得到抗拉强度 R_m。即

$$R_m=F_m/S_o \tag{5-14}$$

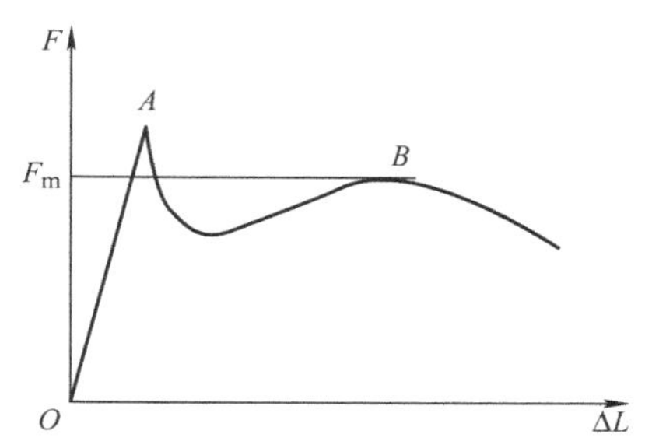

图 5-14　抗拉强度的力值确定

5.6　塑性指标的测定

5.6.1　断面收缩率 Z

将试样断裂部分仔细地配接在一起，使其轴线处于同一直线上。对于圆形横截面试样，在缩颈最小处相互垂直的方向测量直径，准确到 ±1%，取其算术平均值计算最小横截面面积 S_u；对于矩形横截面试样，测量缩颈处的最大宽度 b_u 和最小厚度 a_u（见图 5-15），两者的乘积为断后最小横截面面积 S_u。原始横截面面积 S_o 与断后最小横截面面积 S_u 之差除以原始横截面面积 S_o 得到的百分比即为断面收缩率 Z。其计算公式为

$$Z=(S_o-S_u)/S_o\times 100\% \tag{5-15}$$

薄板和薄带试样、管材全截面试样、圆管纵向弧形试样和其他复杂横截面试样以及直径小于 3mm 的试样，一般不测定断面收缩率 Z。

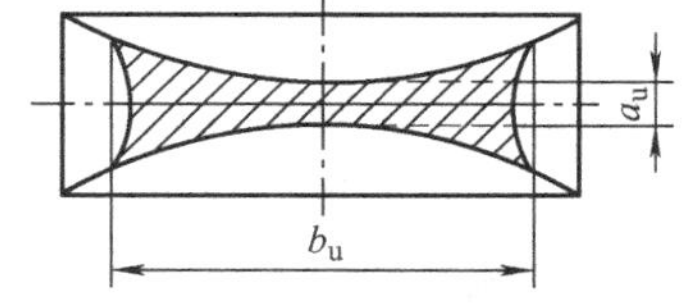

图 5-15　矩形横截面试样断后最小横截面面积的测定

5.6.2　断后伸长率 A

将拉断的试样紧密地对接在一起，尽量使试样轴线位于同一直线上，并采取适当措施（例如通过螺钉施加压力），使试样断裂部分适当接触。测量采用分辨力优于 0.1mm 的量具。断后标距可选用以下方法之一测量。

（1）直接法　当试样拉断处到标距端点的距离均大于 $L_o/3$ 时，直接测量标距两端点之间的距离 L_u。

（2）移位法　如果试样拉断处到标距端点的距离小于 $L_o/3$ 时，则根据原始标距内的小标点数值，以试样拉断处为中心，向两侧数小标点数，直到其数值达到原始标距内的小标点数，断样较短的一段小标点数不足的部分由较长一段上的与拉断处对称位置的小标点数补足，如图 5-16 所示，测量上述所数的小标点数的距离 L_u。

将测量得到的数值 L_u 减去试样原始标距 L_o 后，再除以试样原始标距 L_o 即得到断后伸长率 A。其计算公式为

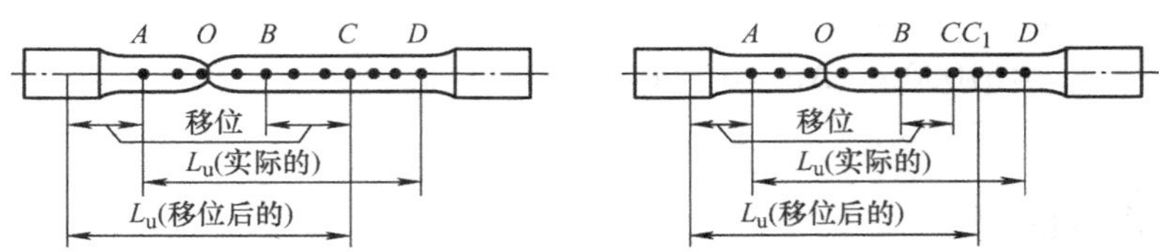

图 5-16　移位法测定断样标距

$$A=(L_u-L_o)/L_o\times100\% \tag{5-16}$$

断后伸长率小于5%时，还可以用下面的方法来测定 A 值。具体做法如下：

试验前，以试样平行长度两端点为圆心，以标距 L_o 为半径，分别画两个弧。试样拉断后，把断样部分在断裂处紧密地对接在一起，并使其两端受适当的压力，这可以在可调节距离的两顶尖间做到。然后仍以 L_o 为半径，以较近断裂处的端点为圆心，画第二个弧。用测量工具（工具显微镜）测出两弧之间的距离。此距离即为试样断后的伸长 ΔL。将其除以试样原始标距 L_o 即得到断后伸长率 A。其计算公式为

$$A=\Delta L/L_o\times100\% \tag{5-17}$$

5.6.3　断裂总延伸率 A_t

拉伸试验中，在有些条件下，可以用引伸计来测定断裂时的延伸（引伸计一直跟踪到试样拉断）。此时，引伸计标距应与试样原始标距一致。测得的断裂总延伸 ΔL_f 除以试样的引伸计标距 L_e 即得到断裂总延伸率 A_t，如图 5-17 所示。其计算公式为

$$A_t=\Delta L_f/L_e\times100\% \tag{5-18}$$

当以引伸计记录的断裂时的总延伸作为伸长量测定断后伸长率时，应从总延伸中扣除弹性延伸部分，如图 5-17 所示。

此外，测定断后伸长率时，如果所测得的值大于规定的要求，不管断裂位置在何处，采用哪一种测量方法，测量均为有效。

5.6.4　最大力总延伸率和最大力塑性延伸率

在力-延伸曲线图上测定最大力时的总延伸（见图 5-18），将总延伸 ΔL_m 除以引伸计标距 L_e 即得到最大力总延伸率 A_{gt}。其计算公式为

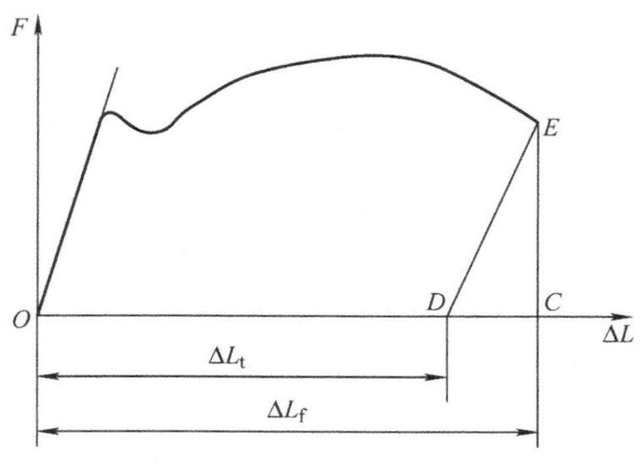

图 5-17　图解法测定 A、A_t

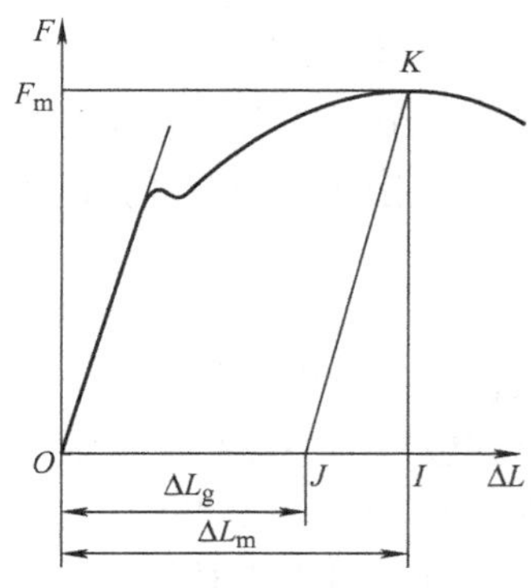

图 5-18　图解法测定 A_g、A_{gt}

$$A_{gt} = \Delta L_m / L_e \times 100\% \tag{5-19}$$

从最大力总延伸中扣除弹性延伸部分（见图 5-18），即得到最大力时的塑性延伸 ΔL_g，将其除以引伸计标记 L_e 就得到最大力塑性延伸率 A_g。其计算公式为

$$A_g = \Delta L_g / L_e \times 100\% \tag{5-20}$$

试验中对于最大力为平台的力-延伸曲线，取平台中点为对应的最大总延伸计算点，如图 5-19 所示。

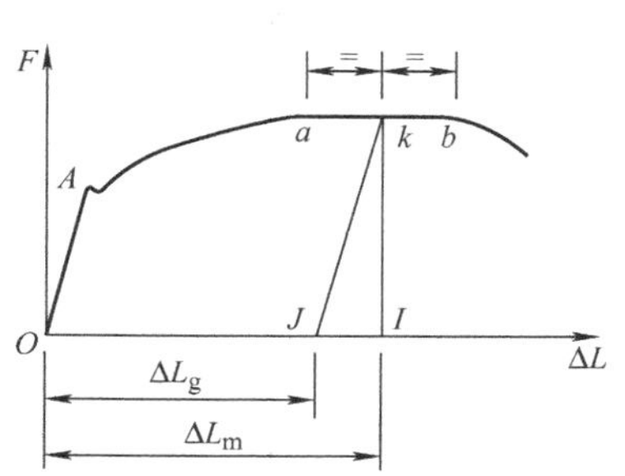

图 5-19　最大力总延伸率计算点

测量较长产品的最大力总延伸率，还可以用下面的方法进行。其原理是测量已拉断试样的不包括缩颈断裂部分的塑性延伸，并根据此延伸计算总延伸率。具体做法为：试验前，根据产品规定的要求确定 L_o^*，在试样工作段上标出等分格标记，连续两个等分格标记之间的距离等于 L_o^* 的约数，L_o^* 的标记应准确到 ±0.5mm 以内。断后，在试样的最长部分上测量断后标距 L_u'，准确到 ±0.5mm。L_u' 的测量结果应满足以下条件：

1）测量区域应处于距离断裂处至少 $5d$ 并距离夹头至少 $2.5d$。

2）测量用原始标距至少等于产品规定的要求值。

最大力塑性延伸率按式（5-21）计算。即

$$A_g = (L_u' - L_o^*) / L_o^* \times 100\% \tag{5-21}$$

最大力总延伸率按式（5-22）计算。即

$$A_{gt} = A_g + R_m / E \times 100\% \tag{5-22}$$

式中，E 值由相关产品标准给定。

5.6.5　屈服点延伸率 A_e

在力-延伸曲线图上测定屈服点延伸率时，试验记录的曲线应超过均匀强化阶段。在曲线图上，经过屈服阶段结束点绘制一条平行于力-延伸曲线弹性直线段的平行线（见图 5-20），此平行线的延伸轴上的截距即为屈服点延伸 ΔL_y，将其除以引伸计标距 L_e 就可以得到屈服点延伸率 A_e。其计算公式为

$$A_e = \Delta L_y / L_e \times 100\%$$

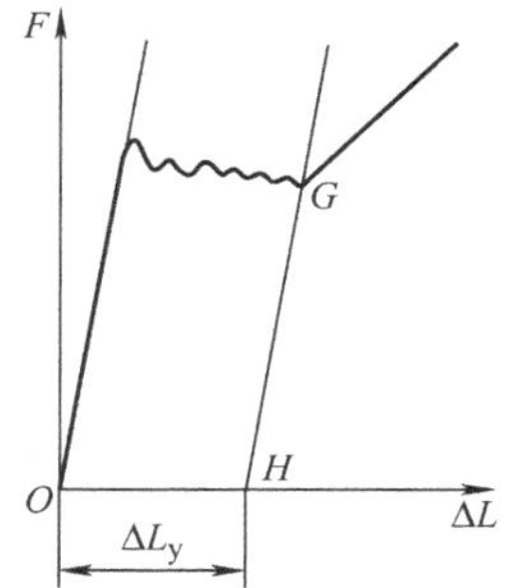

图 5-20　图解法测定屈服点延伸率

5.7　弹性模量及泊松比的测定

在拉伸试验过程的弹性阶段，可以测定材料的两项弹性性能指标，即弹性模量和泊松比。所采用的试验标准为 GB/T 22315—2008《金属材料　弹性模量和泊松比试验方法》。对于拉伸试验记录曲线有弹性直线段的材料，测定拉伸弹性模量；没有直线段的材料，可以测定其条件模量（切线模量和弦线模量）。测定弹性模量时，一般选用圆形或矩形截面试样，

如果要测定泊松比，为了增大横向变形测量的标距，应优先选用矩形截面试样。此外，试验机要满足 1 级精度要求；引伸计要满足 1 级精度要求（也可以用贴应变片的方法测定变形来代替引伸计）。

5.7.1 弹性模量的测定

1. 图解法测定拉伸弹性模量

拉伸试验时，用记录仪器记录轴向力-轴向变形曲线，如图 5-21 所示。绘制曲线时，力轴比例的选择应使轴向力-轴向变形曲线的弹性直线段的高度超过力轴量程的 3/5 以上。变形放大倍数的选择应使轴向力-轴向变形曲线的弹性直线段与力轴的夹角不小于 40°为宜。根据拉伸曲线图选定弹性直线段，在直线段选取相距尽量远的 A、B 两点之间的轴向力增量和相对应的变形增量。然后，按照式（5-23）计算拉伸弹性模量 E，即

$$E=(\Delta F/S_{o})/(\Delta_{1}/L_{el}) \tag{5-23}$$

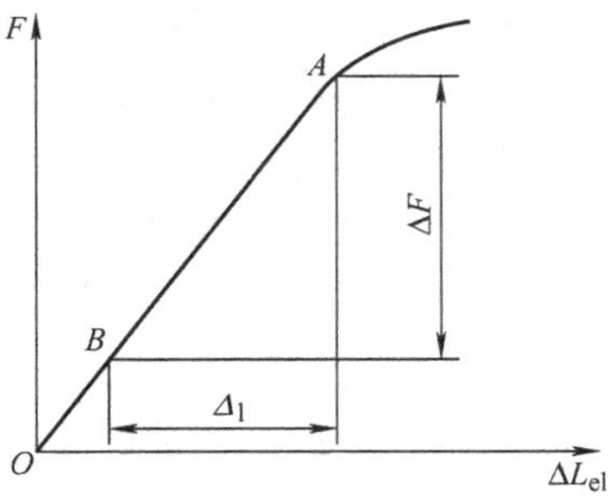

图 5-21　图解法测定拉伸弹性模量

式中　ΔF——A、B 两点之间的力值增量（kN）；

S_{o}——试样的原始截面积（mm^2）；

Δ_{1}——A、B 两点之间的引伸计轴向变形增量（mm）；

L_{el}——轴向引伸计标距（mm）。

可以借助于直尺将弹性直线段延长，在相距较远的两点之间读取轴向力增量和相应的轴向变形增量。

注意：当用应变片来测定变形时，记录的力-变形曲线中，横坐标的量纲为应变，它等于（$\Delta L/L_{e}$）。

2. 逐级加载法测定拉伸弹性模量 E

逐级加载法测定拉伸弹性模量时，不需要记录力-变形曲线，只要求用精度高的引伸计。试验时，在弹性范围至少读取 8 对轴向力和相应的轴向变形数据对。然后，按线性回归方法（最小二乘法）计算拉伸弹性模量。下面以实例来说明。读取的原始数据对见表 5-11，所用试样的直径为 10mm，引伸计标距为 50mm。

由表 5-11 可知：1 ~7 数据对之间的增量关系是线性的，超过 8 及以后的数据呈非线性比例关系的变化。因此，在计算拉伸弹性模量时，只能采用 8 及以下的数据对。将上述 8 对数据对转换成应力-应变数据对，用最小二乘法进行直线拟合，并求出直线的斜率，此斜率即为拉伸弹性模量 E。其计算公式为

$$E=[k\sum(eR)-\sum e\sum R]/[k\sum e^{2}-(\sum e)^{2}] \tag{5-24}$$

式中　e——Δ_{1}/L_{el}；

R——F/S_{o}；

k——数据对数目。

按式（5-24）计算可得到

$$E=213\text{GPa}$$

表 5-11　钢的拉伸弹性模量测定记录

序　号	轴向力/N	引伸计读数/分格	引伸计读数/增量分格	e（%）	R/MPa
1	5000	10.0	—	0.040	63.66
2	13000	22.5	12.5	0.090	165.52
3	21000	34.5	12.0	0.138	267.38
4	29000	46.0	11.5	0.184	369.26
5	37000	58.0	12.0	0.232	471.10
6	39000	61.0	3.0	0.244	496.56
7	41000	64.0	3.0	0.256	522.03
8	43000	67.5	3.5	0.270	547.48
9	45000	71.5	4.0	0.286	572.96
10	47000	77.5	6.0	0.310	598.42
11	49000	86.0	8.0	0.344	623.89

注：引伸计读数的每分格值为 0.002mm。

3. 图解法测定切线模量 E_{tan} 和弦线模量 E_{ch}

在记录的轴向力-轴向变形曲线上，根据规定的应力或应变取 R 点，并通过该点作切线，在相距尽量远的 A、B 两点读取轴向力增量和相应的轴向变形增量，如图 5-22 所示，然后按式（5-25）计算切线模量。类似地，根据规定的轴向应力或轴向应变取 A、B 两点，在轴向力-轴向变形曲线上，读取轴向力增量和相应的轴向变形增量，如图 5-23 所示，然后按式（5-26）计算弦线模量。两种图解法的图形要求为：力轴比例的选择应使轴向力-轴向变形曲线的弹性直线段的高度超过力轴量程的 3/5 以上。变形放大倍数的选择应使轴向力-轴向变形曲线的弹性直线段与力轴的夹角不小于 40°为宜。

$$E_{tan}=(\Delta F/S_o)/(\Delta_l/L_{el}) \tag{5-25}$$

$$E_{ch}=(\Delta F/S_o)/(\Delta_l/L_{el}) \tag{5-26}$$

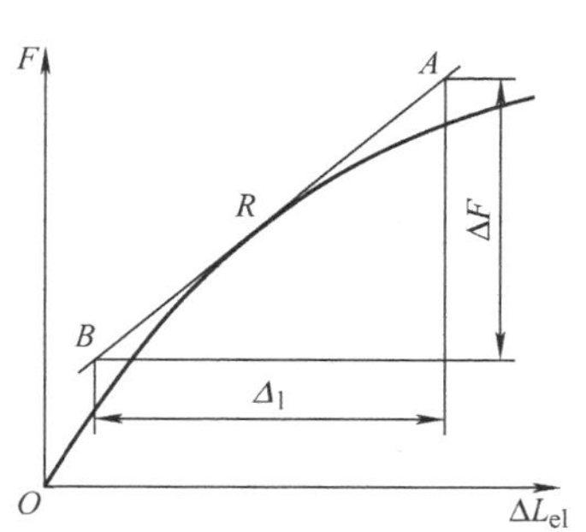

图 5-22　图解法测定切线模量

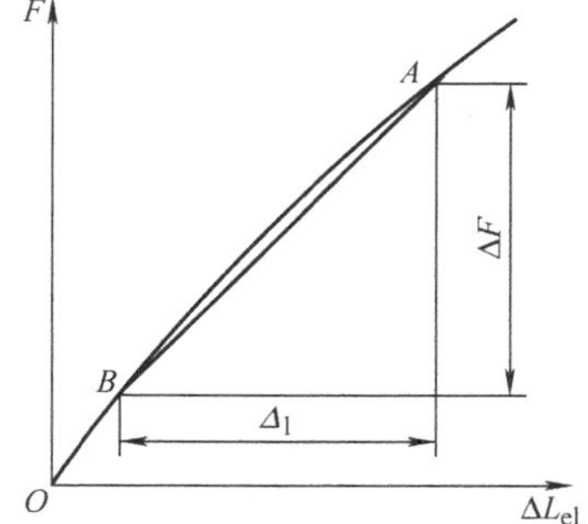

图 5-23　图解法测定弦线模量

5.7.2　泊松比的测定

图解法测定泊松比可用以下方法之一进行。

1. 单独测定泊松比

试验时，用双引伸计，同时记录试样的横向变形-轴向变形曲线，如图 5-24 所示。

2. 泊松比与拉伸弹性模量同时进行测定

方法1：试验时，同时记录两条曲线，一条是横向变形-轴向变形曲线，另一条是轴向力-轴向变形曲线，如图5-25a所示。

方法2：试验时也是同时记录两条曲线，如图5-25b所示。一条是轴向力-横向变形曲线，另一条是轴向力-轴向变形曲线。在记录的曲线上，从弹性直线段内取尽可能相距较远的 A、B 两点，分别读取横向变形增量（缩短）与对应的轴向变形增量（伸长）数据对，然后按式（5-27）计算泊松比 ν。即

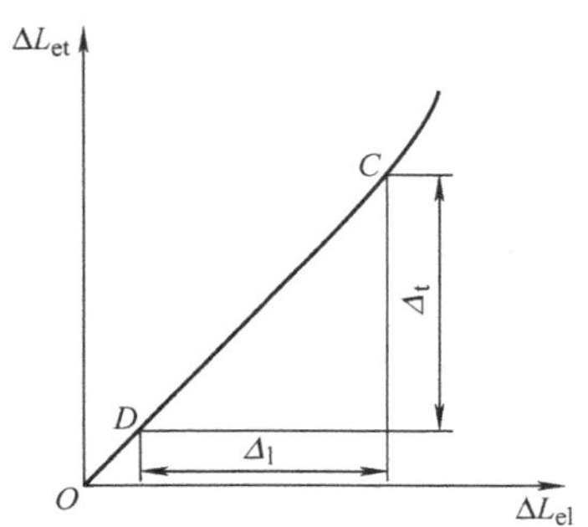

图5-24　图解法测定泊松比

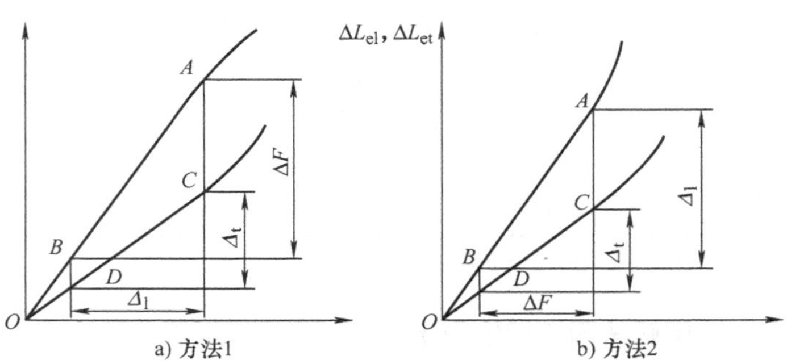

图5-25　图解法同时测定泊松比和拉伸弹性模量

$$\nu = (\Delta_t / L_{et}) / (\Delta_l / L_{el}) \tag{5-27}$$

5.8 应变硬化指数 *n* 值的测定

5.8.1 真应力和真应变

前面介绍的工程应力与工程应变的概念，都没有考虑拉伸过程中试样横截面的变化。根据体积不变原理，试验时实际的真应力 σ_t 为

$$\frac{F}{S_o} \times \frac{L_e \Delta L}{L_e} \tag{5-28}$$

同样，根据不断变化的试样尺寸来考虑，也可以得到实际的真应变为

$$e_t = \ln\left(\frac{L_e + \Delta L}{L_e} - \frac{F}{S_o m_E}\right) \tag{5-29}$$

另外，金属材料拉伸过程中的真应力与真应变曲线的形状也与常规拉伸曲线有所不同，其曲线形状如图5-26所示。

5.8.2 试验原理

根据GB/T 5028—2008《金属材料　薄板和薄带　拉伸应变硬化指数（n 值）的测定》的定义，金属材料硬化指数 n 的测定是建立在材料塑性应变硬化阶段的真应力和真应变的关系服从式（5-30）基础上的。即

$$\sigma_t = k e_t^n \tag{5-30}$$

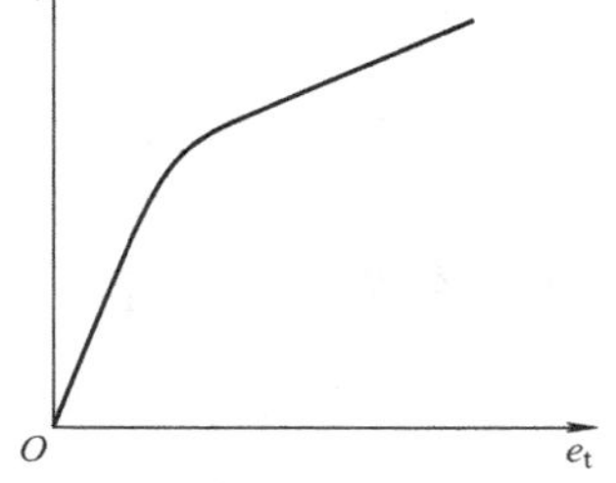

图5-26　真应力与真应变曲线

式中　σ_t——真应力；

e_t——真应变；

k——强度系数；

n——应变硬化指数。

将式（5-30）两端取自然对数得

$$\ln\sigma_t = \ln k + n\ln e_t \tag{5-31}$$

设 $\ln e_t = x$，$\ln\sigma_t = y$，$\ln k = b$，则 $y = b + nx$。

显然，它是一个以 n 为斜率，b 为截距的线性方程。对 x、y 的值运用最小二乘法进行直线拟合，可以得到

$$n = \frac{N\sum_{i=1}^{N} x_i y_i - \sum_{i=1}^{N} x_i \sum_{i=1}^{N} y_i}{N\sum_{i=1}^{N} x_i^2 - \left(\sum_{i=1}^{N} x_i\right)^2} \tag{5-32}$$

式中　N——数据对个数。

在拉伸试验记录得到的力-变形曲线上，适当选取 σ_t 和 e_t 的数据对，代入上述公式中便可以计算得到 n 值。

5.8.3　试验程序

拉伸试验时，记录力-变形曲线，直到超过最大拉伸力值。为了得到合理的读数精度，变形要有足够的放大倍数，力轴比例的选取应保证曲线的高度至少在力轴量程的 1/2 以上。在整个均匀塑性变形范围内测定 n 值时，测量应变的上限应略小于拉伸最大力所对应的应变，其下限应略大于屈服应变（对没有明显屈服的材料）或屈服变形终点时的应变（对有明显屈服的材料）。读取应变数据 e_t 时，应扣除其弹性部分，但是当弹性应变小于总应变的 10% 时可以不扣除。

手工测量时，在所选定的应变范围内，至少取以几何级数分布的 5 个应变数据点。对于自动测量，应变数据点不应小于 5 个。数据点不足 20 个时，应按几何级数分布；多于 20 个时，可按等间距分布。

5.9　高、低温拉伸试验

5.9.1　高温拉伸试验

1. 高温拉伸试验的特点

本节所介绍的高温拉伸试验通常指温度恒定在 1100℃ 以下，规定加载速率，受载方式为单向的拉伸试验。目前所采用的标准为 GB/T 228.2—2015《金属材料　拉伸试验　第 2 部分：高温试验方法》。高温拉伸试验与常温拉伸相比，试验方法以及得到的拉伸图形状大致相似，如性能指标采用下列符号表示：抗拉强度为 R_m，规定塑性延伸强度为 R_p，断后伸长率为 A，断面收缩率为 Z 等；由于高温拉伸试验增加了一个温度参数，因此相应地有了温度控制和温度测量的内容；对试验过程和试样夹持装置也提出了特殊要求。在高温下，某些

力学性能指标会呈现出与室温不同的规律，如：超过一定的温度，碳钢的屈服强度会变得不明显，从而难以测定。各种冶金元素对强度的影响随着温度的不同而有所改变等。典型的低碳钢和不锈钢与温度相关的拉伸曲线如图5-27所示。

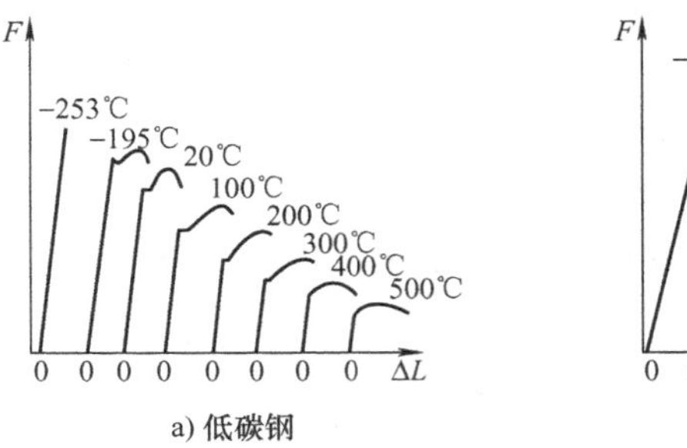

a) 低碳钢

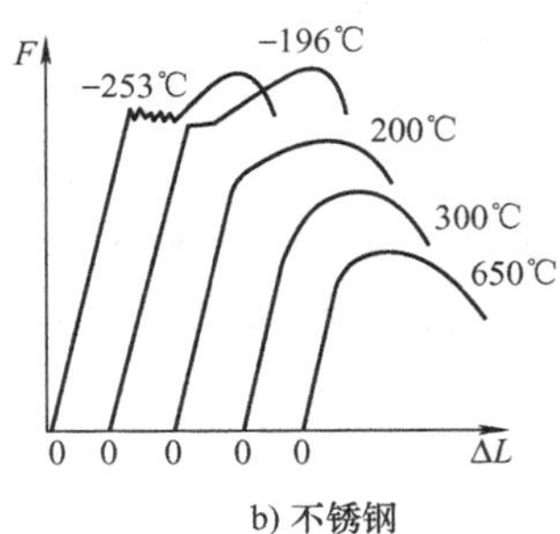

b) 不锈钢

图5-27 低碳钢和不锈钢与温度相关的拉伸曲线

2. 试验方法

高温拉伸试验方法与常温拉伸试验基本一致，这里主要介绍它的不同部分。

进行高温试验时，需要将试样加热，因此拉力试验机上应配有加热炉、温度测量及控制装置。用绑在试样上的热电偶来测量试样的温度，并通过控制器使加热炉保持试验温度。为了测量试样的变形，通常用引伸杆将变形引至炉外，再通过百分表或差动式引伸计进行测量。也可以通过加热炉上的观察孔用测试放大镜测定试样的伸长量。

试样除满足常温试验的要求外，应选用带螺纹头的圆棒试样或带有销孔的板状试样。测定规定塑性延伸强度或进行残余应力验证试验时，为了安装引伸杆从而将试样伸长引出炉外进行测量，还可以采用带凸耳（或凸环）的试样。在施加试验力前，将试件加热至规定的试验温度，保温约10min，在引伸计输出稳定后施加载荷，温度控制要求见表5-12。指标的测定方法（除上面已介绍的性能指标符号与常温试验不同外）基本上与常温拉伸试验相同。

表5-12 温度允许偏差和梯度 （单位：℃）

试验温度	温度允许偏差	温度梯度
≤600	±3	3
>600～800	±4	4
>800～1000	±5	5

5.9.2 低温拉伸试验

1. 低温拉伸试验与常温拉伸试验的区别

与高温拉伸试验相类似，低温拉伸试验是在室温拉伸试验的基础上增加低温环境的一种特殊试验。低温拉伸试验目前所采用的标准为GB/T 13239—2006《金属材料低温拉伸试验方法》。与常温拉伸试验相比，低温拉伸试验也是通过拉伸图来确定各类强度、塑性指标的。增加了降温、保温和测温的内容；在低温条件下，试样和夹持装置与常温相比也有特殊

性。低温试验时，有些材料会呈现出与室温不同的规律，如：低于一定的温度，碳钢的强度会大幅度提高，而塑性大幅度降低，断口呈现出脆性破坏的特征，材料的拉伸图在超过弹性阶段后会产生锯齿状等。

2. 试验方法

低温拉伸试验方法与常温拉伸试验基本一致，本节主要介绍它的特殊部分。

进行低温拉伸试验时，需要将试样冷却，因此拉力试验机的框架内应配有存放冷却液的制冷装置及温度测量系统。试验时，根据试验温度按照表 5-4 配置冷却介质，并将其与试样一起置于冷却装置中。制冷时速度不能过快，以免过冷。装夹好的试样应完全浸泡在冷却介质中。封闭式冷却装置应配有液面高度指示器，以便了解试样的浸泡程度。为了测量试样的变形，通常用引伸杆将变形引到冷却装置外，再通过其他辅助测量仪器进行测量。为了提高试验效率和节省冷源，可以在冷却装置内使用多试样装夹装置，以便一次冷却可以连续试验多个拉伸试样。试验时，当测量的温度达到试验温度后，保持该温度 10 ~ 15min，开始进行试验。加载的速度要求以及实施方法与常温试验相同。除液体浸泡式冷却外，也可以采用喷淋式冷却或蒸发式冷却，但温度需满足表 5-13 中的要求。

表 5-13　温度允许偏差和梯度　（单位：℃）

温度范围	温度允许偏差	温度梯度
+10 ~ −196	±2	3
−196 ~ −269	±1	3

某些材料在低温拉伸试验中，超过弹性阶段后，拉伸力会产生锯齿状运动，这种现象所对应的性能称之为锯齿起始应力，它的具体测定方法如下：根据试验记录的力-变形曲线，取曲线上第一个谷点所对应的力，作为锯齿起始力，将它除以试样原始截面积就得到锯齿起始应力，见下式。

$$R_{ST} = F_{ST}/S_o \tag{5-33}$$

它也可以用指针法测定，其方法为：试验时，观察拉力机刻度盘上力值指针的转动，第一次回转的最低力值即为锯齿起始力，如图 5-28 所示。

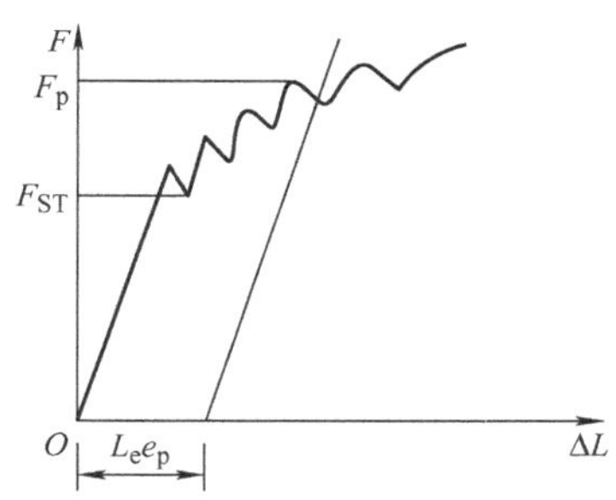

图 5-28　F_{ST}、F_p 的取值

*5.10　管材、丝材及薄板的拉伸试验

对一种金属材料进行拉伸试验时，有时不能按标准尺寸取样和制备拉伸试样。如金属线材、管材、钢丝绳和钢绞线及进行金属材料缺口敏感度的拉伸试验。这些试验必须在取样、装夹及测量上做出一些附加的技术规定。

5.10.1　金属线材拉伸试验

对于直径小于 10mm 的圆形截面的盘状材料的线材，其拉伸试验的标距长度取为 100mm

和 200mm 的定标距。试验前线材若需校直时，可将试样放在木垫上，用木槌、纯铜锤或铅锤打直或以平稳压力压直。线材拉伸时，一般要有专门制作的钢丝夹具——双夹头夹具，这样可避免线材在夹头处拉断而造成结果无效。对于某些很细的金属线材，可用打结拉伸力来代替反复弯曲试验。试验前，将试样打一个简单死结（不得拉紧），然后使其固定在试验机夹具内，对试样施加力直至拉断，则金属细线断裂在打结处为正常。

5.10.2 金属管材拉伸试验

对外径小于或等于 50mm 的金属管材，可取整个管的一段作为试样进行试验，试样的标距可按一般比例试样进行计算，为了避免断在夹头部位，一般须在两端头堵塞带一定锥度的、低硬度值的圆锥体堵头，如图 5-29 所示。

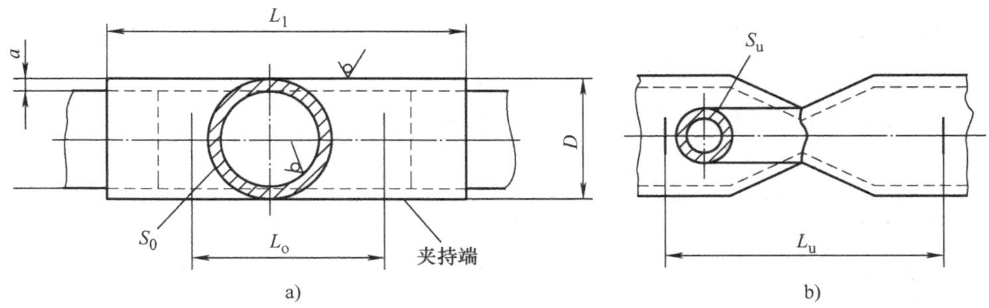

图 5-29 全截面管段拉伸试样

管材原始横截面面积按式（5-8）进行计算。

对于管材外径，应在管的一端两个相互垂直的方向各测一次，取算术平均值。对于厚度，应在同一管端圆周上相互垂直方面测量四处，取其算术平均值。

对于大管径的试样（一般外径大于 50mm 的管材），可用纵向弧形试样，应在标距的两端及中间三处测量宽度 b 和壁厚 a，取用三处测得的最小横截面积。管材纵向弧形拉伸试样的原始横截面积可由式（5-6）和式（5-7）进行简化计算，计算时管外径 D 取其标称值。

管试样的原始标距应采用等距离的连续打点或画线处理方法。

5.11 试验结果的分析处理表达

5.11.1 试验数据的分析处理

试验结果的处理就是判定试验结果的有效性。当试验出现下列情形之一时，试验结果无效，应重做同样数量的试验。

1）试样断在标距以外或机械刻画的标记上，并且造成测定的断后伸长率不合格。

2）试验期间设备或仪器发生故障，影响了试验结果。

此外，试验时出现两个或两个以上的缩颈部位，以及断口显示出肉眼可见的冶金缺陷（分层、气泡、夹渣）时，应在试验记录和报告中注明。

5.11.2　试验结果的数值修约

试验结果的数值修约要求参见本书第 4 章中 4.5.1 节~4.5.3 节的相关内容。

5.11.3　试验结果的表达

根据 GB/T 228.1—2010 中对试验报告的规定，试验报告应至少包括以下信息（除非双方另有约定）：

1）所采用的国家标准编号。

2）注明试验条件信息。

3）试样标识。

4）材料名称、牌号（如已知）。

5）试样类型。

6）试样的取样方向和位置（如已知）。

7）试验控制模式和试验速率或试验速率范围。

8）试验结果。

5.12　影响拉伸试验结果的主要因素

拉伸试验结果的影响因素主要分为两类。第一类为试验机刚度、吸振能力、固有频率，引伸计、测量器具的精度，力的施加速度，试样与施加力的同轴度、夹具的平行度，夹具压力，采用力的控制装置特性，引伸计的适用性和校准，热耗散（通过夹具、引伸计或辅助装置）以及数值修约等，在满足试验标准方法规定的要求下，这些影响因素所造成的误差积累可以用测量不确定度定量表示，具体的计算方法可参照试验数据的统计处理。第二类为试样形状、尺寸、表面粗糙度，试样夹持，试验速度，试验材料的代表性和均匀性，抽样计划，试样的制备：表面粗糙度、尺寸精度、标距端部的圆角、标距内的锥度、弯曲试样、螺纹质量等，它们对试验结果的影响程度简述如下。

5.12.1　试样形状、尺寸及表面粗糙度的影响

对于不同截面形状的试样进行研究，结果表明：上屈服强度受形状的影响较大，而下屈服强度影响较小。试样肩部过渡形状的影响也是如此，随着肩部过渡的缓和，上屈服强度明显升高，而下屈服强度变化不大，如图 5-30 所示。此外，低碳钢矩形截面试样的断后伸长率与断面收缩率比截面积相同的圆棒试样的值要小。

试样尺寸对试验结果的影响，一般情况是：随着试样截面积的减小，其抗拉强度和断面收缩率有所增加。对于脆性材料而言，尺寸效应更为明显。

表面粗糙度对塑性较好的材料影响不明显，但对塑性较差或脆性材料其影响显著增大。随着表面粗糙度值的增加，材料的强度和塑性指标都有所降低。

5.12.2　试样装夹的影响

进行拉伸试验时，一般不允许试样受到偏心力的作用，因为它会使试样产生附加弯曲应

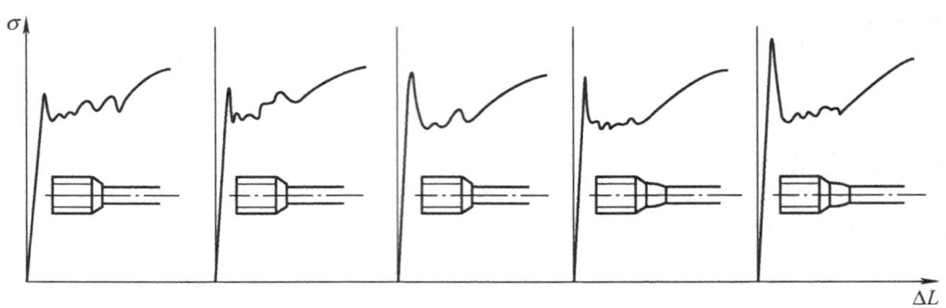

图 5-30　试样肩部过渡形状的影响

力，从而造成试验结果的偏差。对于脆性材料，由于在拉伸过程中试样的变形不足以使拉伸的施力线与试样的轴线重合，这种偏差更为显著。

造成试验时偏心力的作用，除了由于试验机的对中性不好外，还可能由于试样本身形状不对称、夹头的结构和安装不正确等因素产生。

5.12.3　试验速度的影响

对于不同的材料，试验速度对性能测定的影响不同。铝及铝合金受拉伸速度的影响较小，软钢、不锈钢受拉伸速度的影响分别如图 5-31 和图 5-32 所示。从图中的试验结果可以看出：试验速度增加，强度性能指标升高，延性性能指标降低；反之，强度性能与延性性能指标的变化与上述相反。性能指标受速度的影响程度随材料的不同而有所差异。因此，拉伸试验只有严格按照标准试验方法规定的速率范围进行，所测得的试验数据才有较好的可比性。

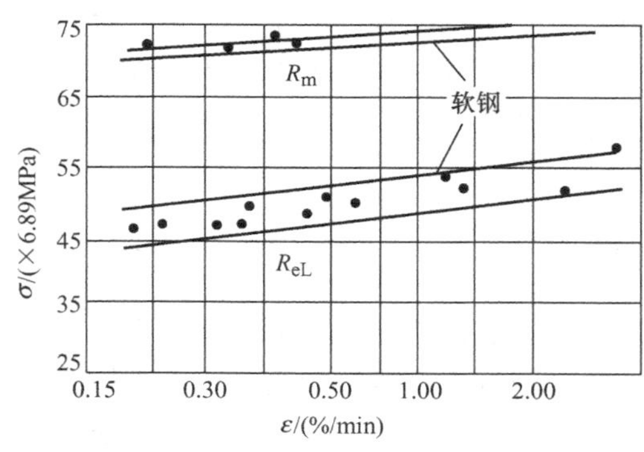

图 5-31　拉伸速度对强度的影响

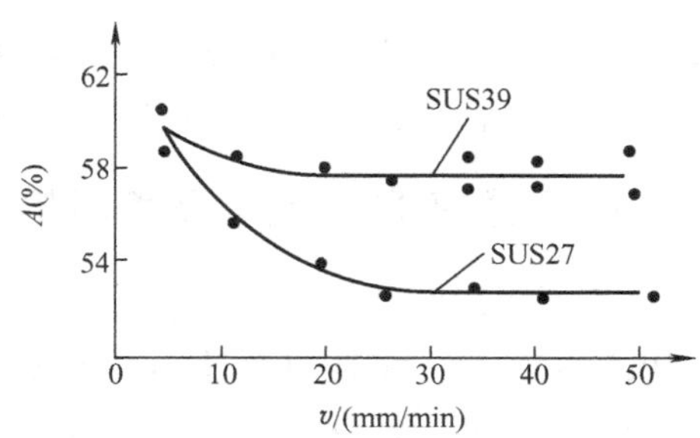

图 5-32　拉伸速度对伸长率的影响

思　考　题

1. 金属的弹性模量为何对显微组织不敏感？
2. 简述屈服强度的工程意义。
3. 拉力试验机由哪几部分组成？
4. 简述试样形状、尺寸及表面粗糙度对拉伸试验结果的影响。

5. 简述抗拉强度的工程意义。
6. 简述 GB/T 228.1—2010 中对拉伸试样的一般要求。
7. 影响拉伸试验结果的因素有哪些？
8. 如何判定试验结果的无效？
9. 拉伸试样的基本种类有哪些？

第6章　金属的硬度试验

金属硬度试验与轴向拉伸试验一样，也是一种应用最广泛的力学性能试验方法。硬度试验方法有十几种，基本上可分为压入法、回跳法和刻画法三大类。在工业生产中广泛应用的布氏硬度、洛氏硬度、维氏硬度和显微硬度等都属于压入法硬度。

硬度是衡量金属材料软硬程度的一种性能指标。硬度是指金属在表面上的不大体积内抵抗变形或者破裂的能力。表征哪一种抗力，则随试验方法不同而异。例如，刻画法硬度主要表征金属抵抗表面局部破裂的能力；回跳法硬度则表征金属弹性变形功的大小；而压入法硬度则表征金属抵抗变形的能力。由于在压痕以下不同深度处，金属所承受的应力和所产生变形程度不同，因此，压入法硬度值综合反映了压痕附近局部体积内金属的弹性、微量塑变抗力、形变强化能力以及大量塑性变形抗力等物理量的大小。

压入法硬度试验，操作迅速方便，又不损坏零件，适用于日常成批检验，同时又敏感地反映出材料的化学成分、组织结构的差异，因而被广泛用来检查热处理工艺质量。

硬度试验一般仅在金属表面局部体积内产生很小的压痕，通常视为无损检测，因而对大多数机件可用成品进行试验而无须专门加工试样。同时，用硬度试验也易于检查金属表面层情况，如脱碳与渗碳，表面淬火以及化学热处理后的表面质量等。

金属的硬度与抗拉强度 R_m 之间近似地成正比关系，如 R_m 值和布氏硬度值 HBW 之间近似关系可写成

$$R_m = K\text{HBW} \tag{6-1}$$

对于不同的材料，有不同的 K 值。对铜及铜合金和不锈钢，K 值为 0.4 ~0.55；对钢铁材料，K 值为 0.33 ~0.36，粗略地认为 $K=1/3$，铝合金也基本如此。试验结果表明，钢铁材料的旋转弯曲疲劳极限 σ_{-1} 大致相当于 $R_m/2$，R_m 又大约相当于 1/3HBW，因此，σ_{-1} 就相当于 HBW/6，即 $\sigma_{-1} \approx 0.16\text{HBW}$。需要指出的是，此时求出的抗拉强度 R_m、疲劳极限 σ_{-1} 的估计值的单位为 kgf/mm^2（$1\text{kgf/mm}^2 = 9.80665\text{MPa}$）。

同时，金属的硬度与其冷成形性、切削性、焊接性等工艺性能之间也存在某些关系，故硬度可作为评定工艺性能的参考。

目前还没有普遍适用的精确方法将某种硬度值换算成其他硬度值或抗拉强度值，除非通过对比试验得到相关的换算依据或产品标准另有规定，否则应避免这种换算。

6.1　布氏硬度

6.1.1　试验原理

对一定直径的碳化钨球，施加一定大小的试验力，压入被测金属的表面，经规定的保持时间后，卸除试验力，测量试样表面压痕的直径（见图6-1）。根据计算的压痕球形表面积，求出压痕单位面积上所承受的平均压力值，以此作为硬度值大小的计量指标，即

$$HBW = 0.102\frac{F}{S} = 0.102\frac{F}{\pi Dh} \tag{6-2}$$

式中　F——试验力（N）；

S——压痕表面积（mm^2）；

D——压头直径（mm）；

h——压痕深度（mm）。

式（6-2）中的 πDh 为压痕表面积，可从压痕表面积和球面积之比等于压痕深度和球直径之比的关系得到。

由式（6-2）可知，在 F 和 D 一定的情况下，布氏硬度值的高低取决于压痕深度 h 的大小，两者成反比。压痕深度 h 大，说明金属形变抗力低，故硬度值小；反之，则布氏硬度值大。在生产过程中，由于压痕深度 h 的测量比较困难，而测定压痕直径 d 却较为容易，因此，要求将式（6-2）中的 h 换成 d 的关系。这一换算可以从图6-2中直角三角形 OAB 的关系中求出。即

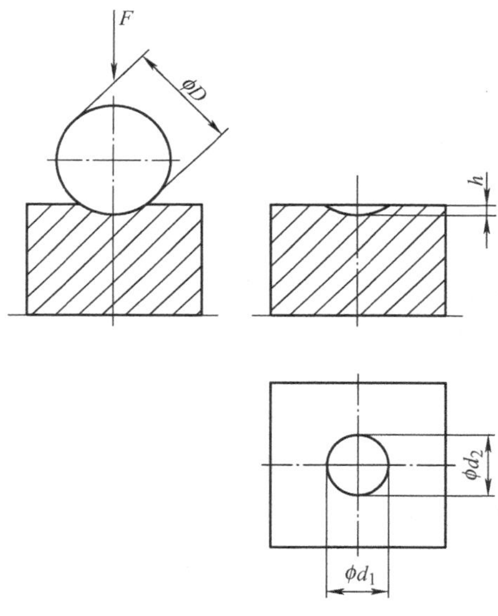

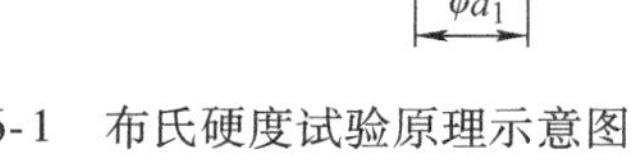
图6-1　布氏硬度试验原理示意图

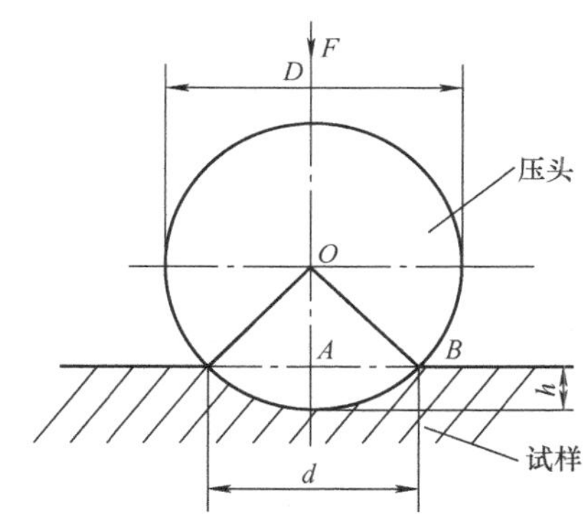

图6-2　压痕直径 d 和深度 h 的关系

$$\frac{D}{2} - h = \sqrt{\left(\frac{D}{2}\right)^2 - \left(\frac{d}{2}\right)^2} = \frac{1}{2}\sqrt{D^2 - d^2}$$

$$h = \frac{D}{2} - \frac{1}{2}\sqrt{D^2 - d^2}$$

将上式代入式（6-2），即得

$$HBW = 0.102\frac{2F}{\pi D(D - \sqrt{D^2 - d^2})} \tag{6-3}$$

式中　D——压头直径（mm）；

F——试验力（N）；

d——压痕平均直径(mm)$\left(注\ d = \frac{d_1 + d_2}{2}\right.$，$d_1$ 和 d_2 为在两相互垂直方向测量的压痕直径$\left.\right)$。

式（6-3）中只有 d 是变量，故试验后只要测量出压痕平均直径 d 即可计算出布氏硬度

值。有人按照一定的 F 和 D，已将 d 和布氏硬度值制成关系表，所以生产中只要根据 d 值查表即得布氏硬度值。

布氏硬度的表示方法：符号 HBW 前面为硬度值，符号后面是按如下顺序表示的试验条件：

1）球直径，单位为 mm；

2）施加的试验力，单位为 kgf（1kgf = 9.80665N）；

3）试验力保持时间（如果不在规定的 10 ~ 15s 范围内）。

当压头直径为 10mm，试验力为 3000kgf，试验力保持时间为 10 ~ 15s 时，布氏硬度值被认定为标准值，可以不标示。例如：

350HBW 表示用 10mm 直径的碳化钨球，在 3000kgf(29.42kN）试验力作用下，保持 10 ~ 15s，所测得的布氏硬度值为 350。

600HBW1/30/20 表示用 1mm 直径的碳化钨球，在 30kgf(294.2N）试验力作用下，保持 20s，所测得的布氏硬度值为 600。

在以前的标准中，符号 HB 或 HBS 表示使用钢球压头，而符号 HBW 表示使用碳化钨球压头。由于钢球压头在使用中会趋于变平而导致硬度值错误的升高，而使用碳化钨压头可以改进这一情况，因此，在最新的 GB/T 231.1—2009 及 ASTME10-18 标准中，已取消使用钢球压头。

6.1.2 试验规范及相似原理的应用

布氏硬度试验的基本条件是试验力 F 和球直径 D 必须事先确定，这样所得数据才能进行比较。但由于金属材料有硬有软，被试工件有厚有薄，如果只采用一个标准试验力 F（如 3000kgf）和球直径 D(如 10mm）时，则对于硬的合金（如钢）虽然合适，但对于软合金（如铝、锡）就不合适，这时整个球体都会陷入金属中；同样，这个值对厚的工件虽然合适，对于薄的工件（如厚度小于 2mm）就不合适，这时工件可能被压透，因此，试验力的选择应保证压痕直径为 $0.24D \sim 0.6D$。规定压痕直径的下限是必要的，因为它易损坏球体且测量困难，规定上限是因为随着压痕直径接近球直径时其灵敏度会降低。

如果采用不同的 F 和 D 的搭配进行试验时，对 F 和 D 应该采取什么样的规定条件才能保证同一材料得到同样的 HBW 值？为了解决这个问题，需要运用相似原理。

图 6-3 所示为两个不同直径的碳化钨球 D_1 和 D_2，在不同试验力 F_1 和 F_2 作用下压入金属表面的状况。由图可知，如果要得到相等的布氏硬度值，就必须使两者的压入角 φ 相等，这就是确定 F 和 D 的规定条件的依据，从图 6-3 中可看出，φ 和 d 的关系为

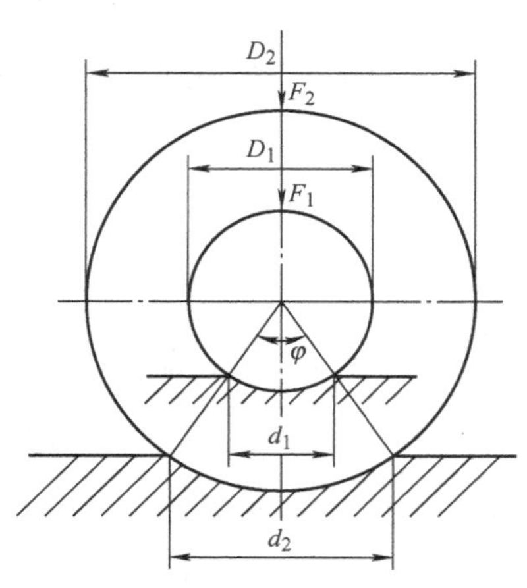

图 6-3 压痕相似原理的应用

$$d = D\sin\frac{\varphi}{2} \qquad \left(因为\frac{D}{2}\sin\frac{\varphi}{2} = \frac{d}{2}\right)$$

将其代入式（6-3），即得

$$\mathrm{HBW} = 0.102\frac{F}{D^2}\left[\frac{2}{\pi\left(1 - \sqrt{1 - \sin^2\frac{\varphi}{2}}\right)}\right] \qquad (6\text{-}4)$$

式中 D——压头直径（mm）；

F——试验力（N）；

φ——压入角（°）。

由式（6-4）可知，要保证所得压入角 φ 相等，必须使 $0.102F/D^2$ 为一常数，这样才能保证对同一材料得到相同的 HBW 值。

根据布氏硬度的压痕相似原理，要保证同一材料得到同样的 HBW 值，就必须使 $0.102F/D^2$ 为一常数，生产上常用的 $0.102F/D^2$ 值规定有 30、15、10、5、2.5 和 1 共六种。试验时可根据金属类别和布氏硬度范围，选择表 6-1 中的 $0.102F/D^2$ 值。施加的试验力可按表 6-2中的规定值选择。

表 6-1　不同材料的试验力-压头球直径平方的比率

材　料	布氏硬度 HBW	试验力-压头球直径平方的比率 $0.102F/D^2$/(N/mm²)
钢、镍合金、钛合金		30
铸铁[①]	<140	10
	≥140	30
铜及铜合金	<35	5
	35～200	10
	>200	30
轻金属及其合金	<35	2.5
	35～80	5 10 15
	>80	10 15
铅、锡		1

① 对于铸铁的试验，压头球直径一般为 2.5mm、5mm 和 10mm。

表 6-2　布氏硬度试验条件和推荐硬度范围

布氏硬度符号	球直径 D/mm	$0.102F/D^2$/(N/mm²)	试验力标称值		推荐硬度范围 HBW
			N	kgf	
HBW10/3000	10	30	29420	3000	95.5～650
HBW10/1500	10	15	14710	1500	47.7～327
HBW10/1000	10	10	9807	1000	31.8～218
HBW10/500	10	5	4903	500	15.9～109
HBW10/250	10	2.5	2452	250	7.96～54.5
HBW10/125	10	1.25	1226	125	3.98～27.2
HBW10/100	10	1	980.7	100	3.18～21.8
HBW5/750	5	30	7355	750	95.5～650
HBW5/250	5	10	2452	250	31.8～218
HBW5/125	5	5	1226	125	15.9～109

（续）

布氏硬度符号	球直径 D/mm	$0.102F/D^2$/（N/mm²）	试验力标称值		推荐硬度范围 HBW
			N	kgf	
HBW5/62.5	5	2.5	612.9	62.5	7.96～54.5
HBW5/31.25	5	1.25	306.5	31.25	3.98～27.2
HBW5/25	5	1	245.2	25	3.18～21.8
HBW2.5/187.5	2.5	30	1839	187.5	95.5～650
HBW2.5/62.5	2.5	10	612.9	62.5	31.8～218
HBW2.5/31.25	2.5	5	306.5	31.25	15.9～109
HBW2.5/15.625	2.5	2.5	153.2	15.625	7.96～54.5
HBW2.5/7.8125	2.5	1.285	76.61	7.8125	3.98～27.2
HBW2.5/6.25	2.5	1	61.29	6.25	31.8～218
HBW1/30	1	30	294.2	30	95.5～650
HBW1/10	1	10	98.07	10	31.8～218
HBW1/5	1	5	49.03	5	15.9～109
HBW1/2.5	1	2.5	24.52	2.5	7.96～54.5
HBW1/1.25	1	1.25	12.26	1.25	3.98～27.2
HBW1/1	1	1	9.807	1	3.18～21.8

6.1.3 试样及试验仪器

1. 试样

布氏硬度试样没有标准的形状或尺寸，试样应符合下述规定：

厚度——试样的厚度应是在试验之后，测试面的反面不能出现由于施加载荷而产生的凸起或其他痕迹。通常情况下，试样的厚度应至少是压痕深度的 8 倍。

宽度——试样的最小宽度应符合压痕间距的要求。

表面粗糙度——进行硬度试验的试样表面应光滑，无油腻、灰尘和污染物。试样表面粗糙度 Ra 值不大于 1.6μm，能够清楚地确定压痕边缘，以便使测量的直径达到规定的精度。

制备试样时，应使过热或冷加工等因素对试样表面性能的影响减至最小。

2. 试验仪器

（1）硬度计　布氏硬度计的试验力允许误差为 ±1%，变动度不大于 1%，校验周期不超过一年。

（2）压头　布氏硬度试验的压头应是四种规定直径（1mm、2.5mm、5mm、10mm）的碳化钨球，其直径偏差见表 6-3。压头应没有灰尘、污物、油腻、锈蚀等，否则将影响试验结果。

表 6-3　布氏硬度试验用压头球直径的偏差

球压头直径/mm	偏差/mm
10	±0.005
5	±0.004
2.5	±0.003
1	±0.003

布氏硬度试验采用碳化钨球压头，其硬度值应不低于 1500HV。

布氏硬度试验用压头，应定期进行检查（至少 10 倍放大镜下），以保证其没有任何损坏，如损坏则应更换压头。

（3）测量装置　布氏硬度测量装置的最小分辨力：对于 10mm 的压头，应最小为 0.01mm；对于 5mm 的压头，应最小为 0.005mm；对于 2.5mm 的压头，应最小为 0.0025mm；对于 1mm 的压头，应最小为 0.001mm。

3. 布氏硬度计的校验

布氏硬度计的校验方法有三种，即直接校验、间接校验和日常校验。

直接校验是通过直接测量试验载荷、压痕测量系统和试验过程来检查硬度计的主要部件在允许的公差范围内的方法。对于新的硬度计，或进行了可能影响试验载荷施加、测量系统的调整或修理时，应进行直接校验。

间接校验是通过标准试块和压头，定期检查硬度计性能的方法。推荐每 12 个月进行一次间接校验，如果需要，可以更频繁，但最长不应超过 18 个月。当硬度计安装或移动之后，在直接校验之后，均应进行间接校验。

日常校验是通过标准试块，在间接校验之间监控硬度计性能的方法。日常校验要求在每天硬度试验之前至少进行一次，压头或试验力改变时必须进行日常校验。校验之前，应使用标定过的标准硬度块上的标准压痕进行压痕测量装置的间接检验，压痕测量值应与标准硬度块证书上的标准值相差在 0.5% 以内。日常校验时，可采用其他试样预先打两个压痕以保证试样、压头及支座处于正常状态，这两个压痕不作为试验数据。选择的标准硬度块应与试验材料的硬度接近，在所选标准块上至少打出相应标准中规定数量的压痕，如果硬度读数的平均值与标准硬度块的硬度值之差在相应标准规定的允许误差之内，则认为布氏硬度计是合格的。

6.1.4　技术要求和试验操作要点

1. 压头直径的确定

在试验力-压头直径平方的比（$0.102F/D^2$）保持不变的情况下，按照表 6-2 选择压头直径和试验力的组合。当试样尺寸允许时，应优先选用直径 10mm 的压头进行试验。

2. 试验力的选择

试验力的选择应保证压痕直径在 $0.24D \sim 0.6D$ 之间，按照表 6-2 选择试验力和压头直径的组合。试验之后，试样的压痕背面不应出现可见的变形痕迹，否则，应使用较小的试验力重新试验。

3. 试样的支承

试样应牢固地放置在测砧上，保证在试验过程中不发生位移。所有测砧的底座和支承面应清洁无杂物。试样的试验面应垂直于加载方向。

4. 施加试验力及试验力保持时间

施加试验力时，要确保压头和试样不出现振动或横向移动。施加试验力的时间应为2 ~ 8s，试验力保持时间为 10 ~ 15s。对于有些材料（施加试验力后表现出极度塑性的材料），可能要求较长的试验力保持时间，这应在产品规范中规定，应记录和报告这一时间。

5. 压痕间距

任一压痕中心距试样边缘的距离至少应为压痕平均直径的2.5倍，两相邻压痕中心之间的距离至少应为压痕平均直径的3倍。

6.1.5 试验结果处理

1）试验后，应检查试样背面，若发现试样背面出现变形痕迹，则试验结果无效。压痕直径应为0.24D～0.6D。

2）在读数显微镜或其他测量装置上测量压痕直径时，应在两个相互垂直的方向测量，用两个读数的平均值计算布氏硬度，或按照标准查得布氏硬度值。

3）数据修约。布氏硬度值应根据GB/T 8170—2008中的修约方法修约至三位有效数字（如125HBW、99.2HBW）。

6.1.6 应用范围及优缺点

1. 应用范围

布氏硬度试验不应用于硬度超过650HBW10/3000的材料。

2. 优缺点

（1）优点

1）代表性全面。因为布氏硬度压痕面积较大，能反映金属表面较大体积范围内各组成相综合平均的性能数据，所以特别适宜于测定灰铸铁、轴承合金等具有粗大晶粒或粗大组成相的金属材料。

2）试验数据稳定。

3）试验数据从小到大都可以统一起来。

4）布氏硬度值和抗拉强度之间存在一定的换算关系。

（2）缺点

1）由于压痕较大，不宜用于某些表面上不允许有较大压痕的成品检验，也不宜用于薄件试验。

2）因需测量压痕直径，所以被测处要求平稳，加上操作和测量都需要较长时间，因此测试效率低。

6.2 洛氏硬度

鉴于布氏硬度存在的缺点，1919年洛克威尔（S. P. Rocwell）提出了洛氏硬度试验，也是目前最常用的硬度试验方法之一。

洛氏硬度和布氏硬度一样，也是一种压入硬度试验。但与布氏硬度不同的是，它不是测定压痕的表面积，而是测定压痕的深度，以压痕深度表示材料的硬度值。

一般洛氏试验分两类，即洛氏硬度试验与表面洛氏硬度试验。两类试验的差别是所使用的载荷。对于洛氏硬度试验，初载荷是10kgf(98N)，总载荷是60kgf(589N)、100kgf(981N)和150kgf(1471N)；而对于表面洛氏硬度试验，初载荷是3kgf(29N)，总载荷是15kgf(147N)、30kgf(294N)和45kgf(441N)。

6.2.1　试验原理

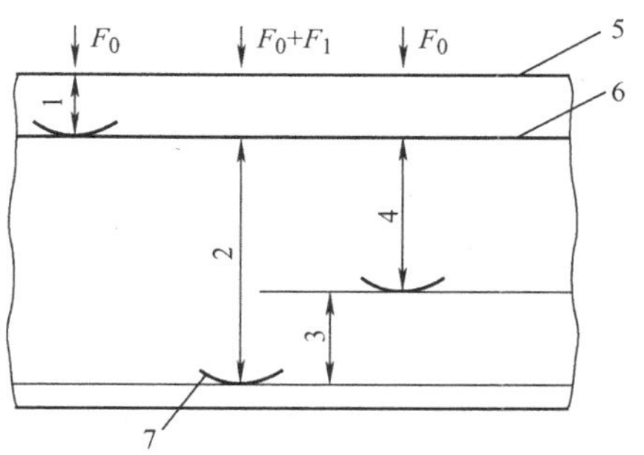

图 6-4　洛氏硬度试验原理
1—在初试验力 F_0 下的压入深度
2—由主试验力 F_1 引起的压入深度
3—卸除主试验力 F_1 后的弹性回复深度
4—压痕残留的深度 h
5—试样表面
6—测量基准面　7—压头位置

将压头按图 6-4 分两个步骤压入试样表面，经规定保持时间后，卸除主试验力，测量在初试验力下的残余压痕深度 h。根据 h 值及常数 N 和 S（见表 6-4），用式（6-5）计算洛氏硬度值。

$$\text{洛氏硬度} = N - h/S \tag{6-5}$$

式中　h——卸除主试验力 F_1 在初试验力 F_0 下压痕残留的深度；

N——给定标尺的硬度数；

S——给定标尺的单位（0.002mm 为一个洛氏硬度单位，0.001mm 为一个表面洛氏硬度单位）。

表 6-4　符号及名称

符　　号	说　　明	单　　位
F_0	初试验力	N
F_1	主试验力	N
F	总试验力，$F=F_0+F_1$	N
S	给定标尺的单位	mm
N	给定标尺的硬度数	
h	卸除主试验力，在初试验力下压痕残留的深度	mm
HRA HRC HRD	洛氏硬度 $=100-\dfrac{h}{0.002}$	
HRB HRE HRF HRG HRH HRK	洛氏硬度 $=130-\dfrac{h}{0.002}$	
HRN HRT	表面洛氏硬度 $=100-\dfrac{h}{0.001}$	

洛氏硬度是以压痕深度 h 作为计量硬度值的指标。在同一硬度标尺下，金属越硬则压痕深度越小，越软则 h 越大，如果直接以 h 的大小作为指标，则出现硬金属的 h 值小，从而硬度值小，软金属的 h 值大，从而硬度值大的现象，这和人们的习惯不一致。为此，只能采取一个不得已的措施，即用选定的常数减去所得 h 值，以其差值来表示洛氏硬度值。此常数 N 规定为 0.2mm（对 HRA、HRC、HRD 标尺）和 0.26mm（对 HRB、HRF、HRG 等标尺），此外在读数上再规定 0.002mm 为一度，这样前一常数为 100 度（在试验机表盘上为 100 格），后一常数为 130 度（在表盘上再加 30 格，为 130 格）。因此

$$HRC = 100 - \frac{h}{0.002} \tag{6-6}$$

$$HRB = 130 - \frac{h}{0.002} \tag{6-7}$$

式中　h——残余压痕深度（mm）。

由式（6-6）和式（6-7）可知，当压痕深度 $h=0$ 时，HRC = 100 或 HRB = 130；当 $h=0.2$mm 时，HRC = 0 或 HRB = 30。由此不难理解，为什么 HRC 所测定硬度值的有效范围为 20 ~ 70，HRB 的有效范围为 20 ~ 100，因为在上述有效范围以外，不是压头压入过浅，就是压头压入过深，都将使测得的硬度值不准确。

洛氏硬度所加负荷根据被试金属本身软硬不等做不同的规定，随不同压头和所加相应不同负荷的搭配出现了各种的洛氏硬度标尺，见表 6-5。

表 6-5　洛氏硬度标尺

洛氏硬度标尺	硬度符号	压头类型	初试验力 F_0/N	主试验力 F_1/N	总试验力 F/N	适用范围
A①	HRA	金刚石圆锥	98.07	490.3	588.4	20 ~ 88HRA
B②	HRB	直径 1.5875mm 球	98.07	882.6	980.7	20 ~ 100HRB
C③	HRC	金刚石圆锥	98.07	1373	1471	20 ~ 70HRC
D	HRD	金刚石圆锥	98.07	882.6	980.7	40 ~ 77HRD
E	HRE	直径 3.175mm 球	98.07	882.6	980.7	70 ~ 100HRE
F	HRF	直径 1.5875mm 球	98.07	490.3	588.4	60 ~ 100HRF
G	HRG	直径 1.5875mm 球	98.07	1373	1471	30 ~ 94HRG
H	HRH	直径 3.175mm 球	98.07	490.3	588.4	80 ~ 100HRH
K	HRK	直径 3.175mm 球	98.07	1373	1471	40 ~ 100HRK
15N	HR15N	金刚石圆锥	29.42	117.7	147.1	70 ~ 94HR15N
30N	HR30N	金刚石圆锥	29.42	264.8	294.2	42 ~ 86HR30N
45N	HR45N	金刚石圆锥	29.42	411.9	441.3	20 ~ 77HR45N
15T	HR15T	直径 1.5875mm 球	29.42	117.7	147.1	67 ~ 93HR15T
30T	HR30T	直径 1.5875mm 球	29.42	264.8	294.2	29 ~ 82HR30T
45T	HR45T	直径 1.5875mm 球	29.42	411.9	441.3	10 ~ 72HR45T

注：如果在产品标准或协议中有规定时，可以使用直径为 6.350mm 和 12.70mm 的球形压头。

① 试验允许范围可延伸至 94HRA。

② 如果在产品标准或协议中有规定时，试验允许范围可延伸至 10HRBW。

③ 如果压痕具有合适的尺寸，试验允许范围可延伸至 10HRC。

洛氏硬度的表示方法：洛氏硬度值是用代表压头和所施加力的标尺符号来表示的，硬度值后面是符号 HR 和标尺符号。当使用球形压头时，标尺符号后面加字母“W”表示使用的是碳化钨球，或者加字母“S”表示使用的是钢球。

例如：64HRC 表示在洛氏 C 标尺上，洛氏硬度值是 64；81HR30N 表示在表面洛氏 30N 标尺上，表面洛氏硬度值是 81；72HRBW 表示用碳化钨球形压头，在洛氏 B 标尺上测量的洛氏硬度值为 72。

6.2.2　试样及试验仪器

1. 试样

除非产品或材料规范另有规定，试样表面应平坦光滑，并且不应有氧化皮及外来污物，尤其不应有油脂，试样的表面应能保证压痕深度的精确测量，建议试样表面粗糙度 Ra 值不大于 1.6μm。当对可能会与压头黏结的活性金属进行硬度试验时，例如钛，可以使用某种合适的油性介质（例如煤油）。使用的介质应在试验报告中注明。

试样的制备应使受热或冷加工等因素对试样表面性能的影响减至最小，尤其是对于残余压痕深度浅的试样更应特别注意。

对于用金刚石圆锥压头进行的试验，试样或试验层的厚度应不小于残余压痕深度 h 的 10 倍；对于用球形压头进行的试验，试样或试验层的厚度应不小于残余压痕深度的 15 倍。一般可以从 $h=0.002(100-\text{HRC})$ 或 $h=0.002(130-\text{HRB})$ 中知道所试工件厚度是否满足 $10h$ 或 $15h$ 的要求，或者可以查表查得试样最小厚度。

对圆柱形试样，最好磨一平面后再做试验。由于载样台升降螺杆、V 形载样台、压头对中、表面粗糙度以及圆柱同轴度的影响较大，同时由于压痕周围阻力减小，硬度值偏低，为此，在试样曲面或凸球面上进行硬度试验后，应对洛氏硬度试验数据进行修正。在凸圆柱面和凸球面上试验后的洛氏硬度修正值请参见 GB/T 230.1—2009。

2. 试验仪器及校验

（1）硬度计　洛氏硬度计应能按表 6-5 施加预定的试验力，各级试验力的允许偏差见表 6-6。

洛氏硬度计应定期进行校验，校验周期不超过一年。

表 6-6　洛氏硬度计所施加试验力的偏差

试验力		偏差	
kgf	N	kgf	N
10	98.07	±0.20	±1.96
60	588.4	±0.45	±4.41
100	980.7	±0.65	±6.37
150	1471	±0.90	±8.83
3	29.42	±0.060	±0.589
15	147.1	±0.100	±0.981
30	294.2	±0.200	±1.961
45	441.3	±0.300	±2.943

（2）压头　常用的洛氏硬度压头有两种：一种是顶角为 120°的金刚石圆锥压头，适合于测定淬火钢等硬度较高的金属材料，另一种是直径为 1.5875mm（1/16in）、3.175mm（1/8in）、6.350mm（1/4in）和 12.70mm（1/2in）的碳化钨球或钢球，适于退火钢、有色金属等较软材料硬度值的测定。

压头上不允许有灰尘、污物和其他外来材料，否则将影响测试结果。

洛氏硬度试验用碳化钨球压头硬度值应不低于1500HV。

洛氏硬度试验用压头，应定期进行检查（至少10倍放大镜下），以保证其没有任何损坏，如损坏则应更换压头。

（3）测量装置　对于常规的洛氏硬度标尺，压痕深度测量装置应精确到±0.001mm之内，而对于表面洛氏硬度标尺，压痕深度测量装置应精确到±0.0005mm之内，这些精度对应于0.5个洛氏硬度单位。

（4）洛氏硬度计的校验　洛氏硬度计必须进行周期性的校验。洛氏硬度试验设备校验的三种类型为直接校验、间接校验以及日常校验。可按照GB/T 230.2—2012《金属材料　洛氏硬度试验　第2部分：硬度计的校验与校准》及ASTM E18《金属材料的洛氏硬度标准试验方法》中的要求进行设备校验。

直接校验是一种对于硬度试验设备组成元件的校验程序。就是对试验力、压头、压痕深度测量装置、试验循环时间等进行直接检测。初试验力 F_0 的最大允差应为其标称值的±2.0%；总试验力 F 的最大允差应为其标称值的±1.0%。

间接校验是一种周期性的通过标准块与设备显示硬度值进行比较的校验程序，应对将要使用的每一标尺进行校验。

硬度计的示值重复性 r：将每一标准块上测得的5次硬度值按从小到大递增的次序排列，如 H_1、H_2、H_3、H_4、H_5。在规定的校验条件下，硬度计的示值重复性 r 按式（6-8）确定。即

$$r = H_5 - H_1 \tag{6-8}$$

硬度计的示值误差 E：在规定的校验条件下，硬度计的示值误差 E 按式（6-9）确定。即

$$E = \bar{H} - H_c \tag{6-9}$$

式中　$\bar{H}$——5次测定值的平均硬度值；

H_c——所用标准块标定的硬度值。

洛氏硬度计允许的示值误差和示值重复性见表6-7。

表6-7　洛氏硬度计允许的示值误差和示值重复性

洛氏硬度标尺	标准块的硬度范围	允许的示值误差	允许的示值重复性
A	20～75HRA >75～88HRA	±2HRA ±1.5HRA	≤2.0%或0.8洛氏单位①
B	20～45HRB >45～80HRB >80～100HRB	±4HRB ±3HRB ±2HRB	≤4.0%或 1.2洛氏单位①
C	20～70HRC	±1.5HRC	≤2.0%或0.8洛氏单位①
D	40～70HRD >70～77HRD	±2HRD ±1.5HRD	≤2.0%或0.8洛氏单位①
E	70～90HRE >90～100HRE	±2.5HRE ±2HRE	≤4.0%或1.2洛氏单位①
F	60～90HRF >90～100HRF	±3HRF ±2HRF	≤4.0%或1.2洛氏单位①

（续）

洛氏硬度标尺	标准块的硬度范围	允许的示值误差	允许的示值重复性
G	30～50HRG >50～75HRG >75～94HRG	±6HRG ±4.5HRG ±3HRG	≤4.0%或 1.2 洛氏单位①
H	80～100HRH	±2HRH	≤4.0%或 1.2 洛氏单位①
K	40～60HRK >60～80HRK >80～100HRK	±4HRK ±3HRK ±2HRK	≤4.0%或 1.2 洛氏单位①
N	—	±2HRN	≤4.0%或 1.2 洛氏单位①
T	—	±3HRT	≤6.0%或 2.4 洛氏单位①

① 取其较大者。

日常校验是通过标准化试块，在间接校验之间监控试验机性能的方法。日常校验要求在每天硬度试验之前至少进行一次，压头、试验标尺改变时必须进行日常校验。校验之前，应在硬度块上预先打两个压痕以保证试样、压头及支座处于正常状态，这两个压痕不作为试验数据。选择的标准硬度块应与试验材料的硬度接近，在所选标准块上至少打出三个压痕，如果示值重复性 r 和示值误差 E 在相应标准规定范围内，则认为硬度计合格。

下列情况应进行直接校验：硬度计安装时；经拆卸并重新装配后或改变位置时；间接校验结果不合格时；间接校验时间超过了 12 个月。每次直接校验后，接着应做间接校验。间接校验的周期视维护水准和硬度计使用的次数而定，但在任何情况下该周期不应超过 12 个月。

6.2.3　技术要求和试验操作要点

1. 洛氏硬度试验标尺的选择

洛氏硬度各种标尺的有效范围见表 6-5。对 HRB 而言，测定的硬度有效范围为 20～100HRB（相当于 60～230HBW），当测定的 HRB 小于 20 时，因为 HRB＜20 时，压痕深度超过 0.22mm。此外，该类材料已有冷蠕变的影响存在，其变形的延续时间很长，故无法获得正确的试验结果，对这种材料应改为测定 HRF，最好改做布氏硬度试验；当测定的 HRB 大于 100 时，压头压入深度过浅，已不够准确，此时应改为测定 HRC；对 HRC 而言，测定的硬度有效范围为 20～70HRC（相当于 230～700HBW），当测定的 HRC 小于 20 时，压痕深度超过 0.16mm，金刚石圆锥压头过深地压入试样，由于圆锥压头底部形状误差较大，测得的结果不够准确，应改为测定 HRB；若测定的 HRC 大于 70 时，压入深度太浅，仅有 0.06mm，圆锥压头压入工件太浅，1471N 试验力全部加在金刚石圆锥压头上，压头容易遭到损坏，应改为测定 HRA。

2. 试样的支承

应使用适合于待检试样的测砧，通常支承试样的测砧至少应有 58HRC 硬度，所有测砧的底座及支承表面应清洁、平滑，并且应无坑点、深的划痕及外来物质。若试样太薄，压应力作用在底边（试样被打穿），则会损坏测砧。压头与测砧意外的接触也可能损坏测砧。无论测砧因何种原因损坏，都必须进行更换。有可见凹痕的测砧会导致薄试样硬度测试结果不准确。

3. 施加试验力及试验力保持时间

使压头与试样表面接触，无冲击和振动地施加初试验力 F_0，初试验力保持时间不应超过3s。

从初试验力 F_0 施加至总试验力 F 的时间应不小于1s且不大于8s。

总试验力 F 保持时间为4s ±2s。然后卸除主试验力 F_1，保持初试验力 F_0，经短时间稳定后，进行读数。

对于压头持续压入而呈现过度塑性流变（压痕蠕变）的试样，当产品标准中有规定时，总试验力的保持时间可以超过6s。这种情况下，总试验力保持的时间应在试验结果中注明（例如，65HRF，10s）。

4. 压痕间距

两相邻压痕中心之间的距离至少应为压痕直径的4倍，并且不应小于2mm。

任一压痕中心距试样边缘的距离至少应为压痕直径的2.5倍，并且不应小于1mm。

6.2.4 试验结果处理

洛氏硬度试验的结果，可直接从硬度计表盘上读取或通过显示器直接显示，试验结果应至少精确至0.5HR。试验结果不允许使用设备误差进行修正。

对在凸圆柱面和凸球面上试验所测得的洛氏硬度值应进行修正，其修正值参见GB/T 230.1—2009中的附录C和附录D。

没有普遍适合的方法将洛氏硬度值精确地换算成其他硬度或抗拉强度，因此应避免这种换算，除非通过对比试验得到可比较的换算方法。

6.2.5 表面洛氏硬度

测定洛氏硬度施加的试验力大，不宜用于测定极薄的工件和表面硬化层，如渗氮及金属镀层等的硬度。为满足这些试件硬度测定的需要，发展了表面洛氏硬度试验。表面洛氏硬度试验原理与洛氏硬度试验相同，其与洛氏硬度的不同点主要是所使用的载荷比较小，表面洛氏硬度试验的初试验力 F_0 为 3kgf(29.42N)，总试验力 F 分别为 15kgf(147.1N)、30kgf(294.2N) 和 45kgf(441.3N)。表面洛氏硬度的常数 N 取 0.1mm，每 0.001mm 为一个表面洛氏硬度单位。表面洛氏硬度标尺见表6-8。

表6-8 表面洛氏硬度标尺

标尺	硬度符号	压头类型	初试验力 F_0/N(kgf)	总试验力 F/N(kgf)	适用范围	标尺的典型应用
N	HR15N	金刚石圆锥	29.42 (3)	147.1 (15)	70 ~94HR15N	渗氮钢、各种薄钢板、渗碳钢及其他零件边缘部分和表面部分
	HR30N		29.42 (3)	294.2 (30)	42 ~86HR30N	
	HR45N		29.42 (3)	441.3 (45)	20 ~77HR45N	

（续）

标尺	硬度符号	压头类型	初试验力 F_0/N(kgf)	总试验力 F/N(kgf)	适用范围	标尺的典型应用
T	HR15T	直径 1.5875mm 球	29.42（3）	147.1（15）	67～93HR15T	软钢、黄铜、青铜、铝合金等薄板
	HR30T		29.42（3）	294.2（30）	29～82HR30T	
	HR45T		29.42（3）	441.3（45）	10～72HR45T	软钢、铍青铜
W	HR15W	直径 3.175mm 球	29.42（3）	147.1（15）	<100HR15W	
	HR30W		29.42（3）	294.2（30）	<100HR30W	
	HR45W		29.42（3）	441.3（45）	<100HR45W	
X	HR15X	直径 6.350mm 球	29.42（3）	147.1（15）	<100HR15X	软金属、塑料等
	HR30X		29.42（3）	294.2（30）	<100HR30X	
	HR45X		29.42（3）	441.3（45）	<100HR45X	
Y	HR15Y	直径 12.70mm 球	29.42（3）	147.1（15）	<100HR15Y	极软的金属、塑料
	HR30Y		29.42（3）	294.2（30）	<100HR30Y	
	HR45Y		29.42（3）	441.3（45）	<100HR45Y	

6.2.6　应用范围及优缺点

洛氏硬度测定时采用金刚石或碳化钨球（或钢球）作为压头，不同的试验力可根据材料的软硬加以选择，因此，洛氏硬度可用于测定各种不同材料的硬度。洛氏硬度试验具有如下优缺点：

（1）优点

1）硬度值可从硬度计的表盘上直接读出，简便迅捷，工效高，适用于大量生产中的成品检验。

2）压痕小，对工件表面造成的损伤小，可测定较薄的工件或表面处理后的硬度。

（2）缺点

1）不同硬度标尺测得的硬度值无法统一起来，无法进行比较。

2）对材料组织不均匀性很敏感，测试结果数据比较分散，重复性差，因而不适用于具有粗大、不均匀性组织材料的硬度测定。

6.3　维氏硬度

维氏硬度是在 1925 年由英国的史密斯（R. L. Smith）和桑德兰德（G. E. Sandland）提出的，在维克尔斯（Vickers）公司最早制造而得名。

维氏硬度的测定原理和布氏硬度相同，也是根据单位压痕面积上承受的试验力，即应力值作为硬度值的计量指标。不同的是维氏硬度采用锥面夹角为 136°的正四棱锥体作为压头，由金刚石制成。

维氏硬度采用正四棱锥体作为压头，是针对布氏硬度的试验力 F 和压头球体直径 D 之间必须遵循 F/D^2 为定值的这一制约关系而提出来的。

6.3.1 试验原理及特点

1. 试验原理

测定维氏硬度时，以一定的试验力将顶部两相对面具有规定角度的正四棱锥体金刚石压头压入试样表面，保持规定时间后，卸除试验力，测量试样表面压痕对角线长度（见图 6-5），查表或计算［见式（6-10）］得到维氏硬度值。

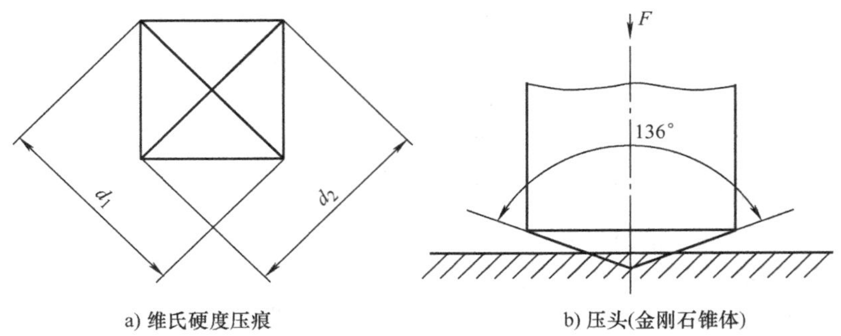

a) 维氏硬度压痕　　b) 压头(金刚石锥体)

图 6-5　维氏硬度试验原理

维氏硬度值与试验力除以压痕表面积的商成正比，压痕被视为具有正方形基面并与压头角度相同的理想形状。

$$HV = 0.102\frac{2F\sin\frac{136°}{2}}{d^2} \approx 0.1891\frac{F}{d^2} \tag{6-10}$$

式中　F——试验力（N）；

d——两压痕对角线长度 d_1 和 d_2 的算术平均值（mm）。

2. 维氏硬度试验特点

采用正四棱锥体作为压头，在各种力值作用下所得的压痕几何相似，其压入角不变，因此力值可任意选择，这是维氏硬度试验最主要的特点，也是最大的优点。

锥面夹角之所以采用 136°，是为了所测数据与布氏硬度值能得到最好的配合，因为一般布氏硬度试验时，压痕直径多半为 $0.25D \sim 0.5D$，当

$$d = \frac{0.25D + 0.5D}{2} = 0.375D$$

时，通过此压痕直径作球体的切线，切线的夹角正好等于 136°，所以通过维氏硬度试验所得的硬度值和通过布氏硬度试验所得的硬度值基本相等，这是维氏硬度的第二个特点。此外，采用正四棱锥体压头后，压痕为一具有清晰轮廓的正方形，在测量对角线长度 d 时误差小，这点比用布氏硬度试验测量压痕直径 d 要方便得多，另外，金刚石压头可适用于试验任何金属材料。

3. 维氏硬度的表示方法

维氏硬度的表示方法与布氏硬度相同，维氏硬度用 HV 表示，符号之前为维氏硬度值，符号之后按如下顺序排列：例如，640HV30/20，HV 前面的数字为硬度值，后面的数字依次为试验力（单位为 kgf）和试验力保持时间（单位为 s）。

6.3.2　试样及试验仪器

1. 试样

试样表面应平坦光滑，试验面上应无氧化皮及外来污物，尤其不应有油脂，除非在产品标准中另有规定。试样表面的质量应能保证压痕对角线长度的测量精度，建议试样表面进行表面抛光处理。

制备试样时应使由于过热或冷加工等因素对试样表面硬度的影响减至最小。试样或试验层厚度至少应为压痕对角线长度的1.5倍。试验后试样背面不应出现可见变形压痕。对于小截面或外形不规则的试样，可将试样镶嵌或使用专用试验台进行试验。

2. 试验仪器及校验

（1）硬度计　维氏硬度计应符合GB/T 4340.2—2012的规定，在要求的试验力范围内施加规定的试验力。

维氏硬度计应定期进行校验，校验周期不超过一年。

（2）压头　测定维氏硬度所用的压头应是具有正方形基面的金刚石锥体，两相对面间的夹角为136°±30′，金刚石锥体轴线与压头柄轴线（垂直于安装面）的夹角应小于30′。

维氏硬度试验用金刚石压头，应定期进行检查，如果金刚石在压头体中松脱、碎裂或有裂纹，应更换压头。检查压头有无损伤，可通过在标准块上打压痕来确定。

（3）测量装置　压痕测量装置的分辨力和最大允许误差见表6-9。

表6-9　压痕测量装置的分辨力和最大允许误差

两压痕对角线长度平均值 d/mm	测量装置的分辨力	最大允许误差
$d \leqslant 0.040$	0.0002mm	±0.0004mm
$0.040 < d \leqslant 0.200$	0.5% d	±1.0% d
$d > 0.200$	0.001mm	±0.002mm

注：测量压痕对角线长度所需的测量装置放大倍数 V 应满足以下条件：

$$Vd \geqslant 14\text{mm}$$

当两压痕对角线平均值 $d < 0.035$mm时，可能不满足此条件，但放大倍数宜至少为400倍。

（4）维氏硬度计的校验　维氏硬度计必须进行周期性的校验。维氏硬度试验设备定期校验有两种类型：直接校验和间接校验。可按照GB/T 4340.2—2012《金属材料　维氏硬度试验　第2部分：硬度计的校验与校准》及ASTM E384《材料努氏和维氏硬度标准试验方法》中的要求进行设备校验。

直接校验是一种对于硬度试验设备组成元件的校验程序，就是对试验力、压头、压痕测量装置、试验力保持时间等进行直接检测。

间接校验是一种周期性的通过标准块与设备硬度值进行比较的校验程序。当所校验的硬度计使用几个试验力时，至少选取两个力值进行校验，其中一个力值应为硬度计最常用的试验力。

硬度计除应进行定期校验外，还应进行日常校验。每天硬度试验之前至少进行一次日常校验，压头或试验力改变时必须进行日常校验。选择的标准硬度块应与待测材料硬度接近，在所选标准块上至少打出两个压痕，如果硬度读数的平均值与标准硬度块的硬度值之差在允许误差之内，则认为硬度计合格。

下列情况应进行直接校验：硬度计安装后；经拆卸并重新装配后或改变位置时；间接校验结果不合格时；间接校验时间超过了一年。每次直接校验后，接着应做间接校验。

间接校验的周期视维护水平和硬度计使用频率而定，但周期不应超过一年。

6.3.3 技术要求和试验操作要点

1. 试样固定

试样支承面应清洁且无其他污物（氧化皮、油脂、灰尘等）。试样应稳固地放置于刚性支承台上，以保证试验过程中试样不产生位移。

2. 试验力的选择

选择试验力时，应使硬化层或试件的厚度为1.5d。若不知待测的硬化层厚度，则可在不同的试验力下按从小到大的顺序进行试验。若试验力增加，硬度明显降低，则必须采用较小的试验力，直至两相邻试验力得出相同结果时为止。当待测试件厚度较大，应尽可能选用较大的试验力，以减小对角线测量的相对误差和试件表面层的影响，提高维氏硬度测定的精度。但对于硬度大于500HV的材料，试验时不宜采用490.3N（50kgf）以上的试验力，以免损坏金刚石压头。测很薄试件的维氏硬度时，可选用较小的试验力。

3. 施加试验力及试验力保持时间

使压头与试样表面接触，垂直于试验面施加试验力，加力过程中不应有冲击和振动，直至将试验力施加至规定值。从加力开始至全部试验力施加完毕的时间应为2～8s。对于小力值维氏硬度试验，施加实验力过程不能超过10s且压头下降速度应不大于0.2mm/s。

试验力保持时间为10～15s，对于特殊材料试样，试验力保持时间可以延长，直至试样不再发生塑性变形，但应在硬度试验结果中注明且误差应在2s以内。在整个试验期间，硬度计应避免受到冲击和振动。

4. 压痕间距

两相邻压痕中心之间的距离，对于钢、铜及铜合金至少应为压痕对角线长度的3倍；对于轻金属、铅、锡及其合金至少应为压痕对角线长度的6倍。如果相邻压痕大小不同，应以较大压痕确定压痕间距。

任一压痕中心距试样边缘的距离，对于钢、铜及铜合金至少应为压痕对角线长度的2.5倍；对于轻金属、铅、锡及其合金至少应为压痕对角线长度的3倍。

6.3.4 试验结果处理

试验后应测量压痕两条对角线的长度，用其算术平均值计算维氏硬度值，也可查表查得硬度值。在平面上压痕两对角线长度之差，应不超过对角线长度平均值的5%，如果超过5%，则应在试验报告中注明。

当维氏硬度值小于10时，试验结果保留三位有效数，即精确到小数点后两位；当维氏硬度值小于100且大于10时，试验结果保留三位有效数，精确到小数点后一位；当维氏硬度值大于100时，试验结果保留到整数位。试验结果不允许使用设备误差进行修正。

6.3.5　应用范围及优缺点

由于维氏硬度采用了金刚石正四棱锥体压头，在各种力值作用下所得的压痕几何相似，其压入角不变，因此试验力可任意选择，所得硬度均相同，不受布氏硬度法那种力值 F 与压头直径 D 的规定条件的约束。维氏硬度法测量范围较宽，软硬材料都可测试，而又不存在洛氏硬度法那种不同标尺的硬度无法统一的问题，并且比洛氏硬度法能更好地测定薄件或膜层的硬度，因而常用来测定表面硬化层以及仪表零件等的硬度。此外，由于维氏硬度试验的压痕为轮廓清晰的正方形，对角线长度易于精确测量，故精度较布氏硬度试验法高。当材料的硬度小于 450HV 时，维氏硬度值与布氏硬度值大致相同。

维氏硬度试验的缺点是其硬度值需要测量压痕对角线长度，然后再计算或查表获得，因此生产效率较洛氏硬度试验法低，不宜用于成批生产的常规检验。随着现在维氏硬度计自动化控制技术的成熟发展，这一缺点将不复存在。

6.4　显微硬度测定法

布氏、洛氏及维氏三种硬度试验法测定载荷较大，只能测得材料组织中各组成相的平均硬度值。如果要测定某个晶粒的硬度、某个组成相或夹杂物的硬度、扩散层组织硬度、硬化层深度内的硬度以及极薄板的硬度等，上述三种硬度法就都不适用了。显微硬度试验为这些领域的硬度测定创造了条件，它在工业生产及科研中得到了广泛的应用。所谓显微硬度试验一般是指测试载荷小于 200gf(1.96 N) 力的硬度试验。常用的显微硬度有维氏显微硬度和努氏硬度两种。

6.4.1　维氏显微硬度

维氏显微硬度就是更小载荷下的维氏硬度，测定原理和维氏硬度一样。已知维氏硬度的负荷可以任意选择而不影响硬度值的测定，若将维氏硬度试验的负荷不是选几公斤力、几十公斤力，而是减少到千分之一（即几克力、几十克力），那么就有可能测定在一个极小范围内，如个别铁素体晶粒，个别夹杂物或其他组成相的维氏硬度值。压入法的维氏显微硬度试验正是基于这些而提出来的。

维氏显微硬度值以符号 HV 表示，由于其测定原理和维氏硬度一样，故按式（6-11）计算。即

$$\mathrm{HV}=0.1891\frac{F}{d^2} \tag{6-11}$$

式中　F——试验力（N）；

d——两压痕对角线长度 d_1 和 d_2 的算术平均值（mm）。

但通常人们习惯地将负荷以克力表示，而压痕平均对角线长度以微米表示，所以维氏显微硬度可以方便地表示为

$$\mathrm{HV}=1854.4\frac{F}{d^2} \tag{6-12}$$

当然，由于维氏显微硬度试验正四棱锥金刚石压头的制造上，特别是顶角的制造上要比

维氏硬度的角锥要严格得多，金刚石锥体顶端两相对面夹角为136°±15′，此外在对压痕对角线d的测量上也要严得多，压痕对角线长度以微米计量。维氏显微硬度的试验负荷一般从几克力到200gf。

6.4.2 努氏显微硬度

测定努氏显微硬度时，采用金刚石长棱形压头，两长棱夹角为172.5°，两短棱夹角为130°，在试样上产生长对角线长度L比短对角线长度w大7倍的菱形压痕，如图6-6所示。

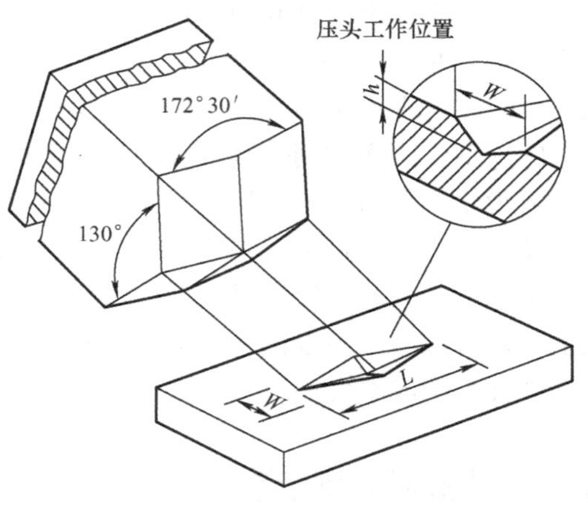

图6-6 努氏硬度压头示意图

努氏硬度值的定义与维氏硬度值的定义不同，它是用单位压痕投影面积上所承受的力来定义的。已知载荷P，测出压痕长对角线长度L后，可按式（6-12）计算努氏硬度值（HK）。即

$$HK = 14.22\frac{P}{L^2} \qquad (6\text{-}13)$$

努氏硬度试验的测试载荷通常为1～50N。测定显微硬度的试件应按金相试样的要求制备。

努氏硬度试验由于压痕浅而细长，在许多方面较维氏法优越。努氏法更适于测定极薄层或极薄零件，丝、带等细长件以及硬而脆的材料（如玻璃、玛瑙、陶瓷等）的硬度，此外，其测量精度和对表面状况的敏感程度也更高。

*6.5 肖氏硬度

与上述各种静态压入法硬度不同，肖氏硬度试验是一种动态力试验法。其原理为：用具有一定重量和规定形状的金刚石冲头从一定高度自由下落到试样表面，根据冲头回弹高度来衡量硬度值大小，故也称为弹性回跳硬度试验。

6.5.1 试验原理

冲头从初始高度h_0下落后，以一定的能量冲击试样表面，使试样产生弹性变形和塑性变形，冲头的冲击能量一部分转为塑性变形能被试样吸收，另一部分弹性变形能储存在试样中。当弹性变形恢复时，弹性能被释放，使冲头回弹到一定高度h，用h和h_0的比值计算肖氏硬度。回弹高度与材料硬度有关，材料越硬其弹性极限越高，则冲击后试样中储存的弹性能越大，使冲头回弹高度增加，说明试样的硬度越高。

肖氏硬度用符号HS表示，其硬度值按式（6-14）计算。即

$$HS = K\frac{h}{h_0} \qquad (6\text{-}14)$$

式中　K——肖氏硬度系数，其值与肖氏硬度计类型有关，详见表6-10。

表 6-10　肖氏硬度计的主要技术参数

项　　目	C 型	D 型
冲头质量/g	2.5	36.2
冲头落下高度/mm	254	19
冲头顶端球面半径/mm	1	1
冲头反弹比与肖氏硬度值的关系	$HSC=\frac{10^4}{65}\frac{h}{h_0}$	$HSD=140\frac{h}{h_0}$

由式（6-14）可知，肖氏硬度值是一个无量纲的值。

肖氏硬度的表示方法是在符号 HS 后面注明所用硬度计类型，硬度值写在符号之前。如 25HSC 表示用 C 型（目测型）肖氏硬度计所测硬度值为 25；又如 51HSD 表示用 D 型（指示型）肖氏硬度计所测硬度值为 51。

6.5.2　试样及试验仪器

1. 试样

肖氏硬度计是一种轻便的手提式硬度计，测定硬度时在试样上仅产生轻微压痕。因此，它既可测定试样硬度，也可直接在工件上进行试验。为了获得较为准确的试验结果，试样或工件应满足下述要求：

1）试样的试验面一般为平面。对于放在硬度计试台上的试样，其支承面应与试验面平行，以保证测量筒与试验面垂直。对于曲面试样或工件，其试验面的曲率半径不应小于 32mm。

2）试样的质量至少应大于 0.1kg。

3）试样应有足够的厚度，以保证测量的硬度值不受试台硬度的影响，试样的厚度一般应大于 10mm。

4）试样的试验面应经过精加工。由于肖氏硬度以弹性回弹高度来度量硬度值，所以试验面的表面粗糙度如不符合规定要求，将直接影响试验结果的准确性。一般对于肖氏硬度小于 50HS 的试样，试验面表面粗糙度 *Ra* 应不大于 1.6μm；肖氏硬度大于 50HS 的试样，试验面表面粗糙度 *Ra* 应不大于 0.8μm。

5）试样的试验面应尽可能大，以满足相邻压痕中心距离不小于 1mm 且压痕中心距试样边缘的距离不小于 4mm 的要求。

6）试样不应带有磁性，其表面应清洁，无外来污物，如油脂等。

2. 试验仪器

肖氏硬度计从结构形式上可分为两种类型：一种是带刻度标尺的目测型肖氏硬度计，称为 C 型硬度计；另一种是带圆盘刻度的指示型肖氏硬度计，称为 D 型硬度计。

肖氏硬度计除了定期检定外，一般在日常试验前，应在所测试的硬度范围内选用标准肖氏硬度块进行示值检查，其示值误差应不大于 ±2.5HS；试验时，试台质量应为 4kg；肖氏硬度计的冲头质量、冲头顶端球面半径、冲头落下高度，应满足标准所规定的技术要求。GB/T 4341.1—2014《金属材料　肖氏硬度试验　第 1 部分：试验方法》规定的肖氏硬度计主要技术参数及冲头反弹高度比与肖氏硬度值的关系见表 6-10。

6.5.3 试验操作要点

1）试验一般在10～35℃室温下进行。对温度有特殊要求的试验，应控制在（23±5）℃之内。

2）试验前，应在所测的硬度范围内选用标准肖氏硬度块检查硬度计的示值，并使指针对准零位。

3）试验时，将试样稳固地放置于试台上。试样的试验面应与冲头作用方向垂直。调整硬度计水平，使测量筒指示标杆处于垂直状态。如果测试大型工件的硬度，可将测量筒从机架上取下，以手持或安放在特殊形状的支架上使用，这时要特别注意保持垂直状态。

4）测量硬度时，试样在试台上受到的压紧力约为200N，以避免冲头冲击时产生振动消耗过多的能量而造成试验结果的误差。当试样质量在20kg以上，手持测量筒或在特殊形状的支架上进行试验时，对测量筒的压紧力不加限制，以测量筒在试样上保持稳固为宜。

5）进行肖氏硬度试验的人员一定要熟练地掌握操作技术，否则，由于操作不当会给试验结果带来较大的影响。在操作D型硬度计时，要求操作鼓轮的回转时间为1s，复位时的操作以手动缓慢进行。在操作C型硬度计时，应特别注意读出冲头反弹至最高位置时间的瞬间读数。

6）试样两相邻压痕中心距离应不小于1mm，压痕中心距边缘的距离应不小于4mm。

6.5.4 试验结果处理

肖氏硬度的读数应精确至0.5HS，以连续5次有效读数的平均值作为一个肖氏硬度测量值，平均值按GB/T 8170—2008修约至整数。

对于手持测量筒或安置在特殊形状支架上测定的硬度值，应注明为手持测量或支架测量。

6.5.5 应用范围及优缺点

肖氏硬度试验适合于在现场测试轧辊、机床床面、导轨、大型锻件等工件硬度。其优点是操作简便，测试效率高；试验后工件上几乎不产生压痕，可在成品上试验。其缺点是测试精度低，重复性差，并且试验结果的准确性受人为因素影响较大，不适合于精度要求较高的试验。另外，对于弹性模量相差较大的材料，其所测硬度不能相互比较。

思 考 题

1. 简述布氏硬度、洛氏硬度、维氏硬度试验的原理及其优缺点。

2. 简述硬度试验机的校验方法。在每日硬度试验之前，试验人员采用哪种方法校验硬度计?

3. 在布氏硬度试验中，对 F 和 D 应该采取什么样的规定条件，才能保证同一材料得到同样的布氏硬度值?

4. 下列零件需要测定硬度，请说明选用何种硬度试验方法为宜。

1）渗碳层的硬度分布。

2）淬火钢。

3）灰铸铁。

4）渗氮层。

5）硬质合金。

6）仪表中的小黄铜齿轮。

5. 已知 30CrMnSiA 淬火后的硬度要求值为 26.5 ~35HRC，现测量出 30CrMnSiA 螺栓的洛氏硬度试验压痕深度为 0.136mm，计算一下该零件是否可以通过验收。

6. 在 5kgf(49.03N) 负荷作用下测定某钢材的维氏硬度，测得压痕平均对角线长度为 0.192mm，试计算该钢材的维氏硬度值。

7. 某一铝合金锻件，其布氏硬度值大于或等于 100，当选用 10mm 的碳化钨球压头进行试验时，请问应施加多大的试验力？

8. 举例说明布氏硬度、洛氏硬度和维氏硬度的表示方法。

第7章　金属的冲击试验

材料的冲击性能是力学性能中很重要的一部分，金属材料在动载荷与静载荷作用下所表现的性能是不同的。在静载荷下表现出良好塑性的材料，在动载荷下可以呈现出脆性。因此承受动载荷作用的材料需进行冲击试验，以测定其动载荷力学性能。工程上常用冲击弯曲试验来检查产品质量，揭示在静载荷试验时不能揭示的内部缺陷对力学性能的影响，以及材料在某些条件下（如低温等）具有脆性倾向的可能性。许多机器的零构件在工作时都要受到冲击载荷的作用，如飞机在着陆、滑跑颠簸、转弯制动时，都承受冲击载荷。有些机械本身就是利用冲击能量来工作的，如锻锤、冲床、凿岩机、铆钉枪等，由于冲击载荷的作用，必然带来材料力学性能的一系列变化。本章着重讨论金属材料承受冲击载荷后表现的力学行为特点及如何评定冲击载荷作用下的力学性能。

7.1　概述

冲击载荷具有能量特性，在冲击载荷下，冲击应力不仅与零件的截面积有关，而且与其形状和体积有关。若零件不含缺口，则冲击能为零件的整个体积均匀地吸收，从而应力和应变也是均匀分布的，零件体积越大，单位体积吸收的能量越少，零件所受的应力和应变也越小；若零件中有缺口，则缺口根部单位体积将吸收更多的能量，使局部应变和应变速率大大提高。缺口试件的冲击断裂要吸收三部分能量，即裂纹形成、亚临界扩展和断裂能。这三部分能量的和应等于冲断试件所做的功，但这三部分能量在总能量中所占的百分比和绝对值不仅取决于材料的性质，也取决于试件的几何尺寸。

能量载荷的另一个特点是整个承载系统承受和吸收冲击能，如试样、试验机、地脚螺栓、水泥墩和地基等，这些部位的能量分配均难以精确测定和计算，因此不同设备和不同实验室测出的数据会有系统误差。

由于缺口冲击韧性对材料内部组织的变化十分敏感，试验测定又很简便，故在生产和研究工作中仍被广泛采用。

7.1.1　加载速度与变形速度

冲击载荷与静载荷的主要差异在于加载速度的不同。加载速度是指载荷施加于机件的速度，用单位时间内应力增加的数值表示，单位是 MPa/s。

由于加载速度增加则变形速度也随之增加，因此可用变形速度间接地反映加载速度的变化。变形速度是指单位时间内的变形量，有以下两种表示方法：

一种是绝对变形速度，即单位时间内试样的绝对变形量，用 v（m/s）表示，则

$$v=\frac{\mathrm{d}l}{\mathrm{d}t} \tag{7-1}$$

式中　l——试样的长度（m）；

t——时间（s）。

另一种是相对变形速度，即单位时间内试样的真实相对变形量，以 $\dot{\varepsilon}$（s^{-1}）表示，则

$$\dot{\varepsilon} = \frac{d\varepsilon}{dt} \tag{7-2}$$

式中　ε——真实相对变形；

t——时间（s）。

由于 $d\varepsilon = \frac{dl}{l}$，所以两种变形速度之间的关系为

$$\dot{\varepsilon} = \frac{v}{l} \tag{7-3}$$

通常相对变形速度 $\dot{\varepsilon}$ 应用较多，也称应变速率。

7.1.2　冲击载荷下金属变形与断裂的特点

金属材料在冲击载荷作用下的失效类型与在静载荷下一样，也表现为弹性变形、塑性变形和断裂三个阶段。但在分析冲击载荷下材料的失效及建立相应的抗力指标时，必须注意冲击载荷本身的特点。

静载荷下机件所受的应力主要与机件的形状及载荷类型和大小有关，而在冲击载荷下，由于载荷的能量性质使整个承载体系（包括机件）承受冲击能，因此机件及与机件相连物体的刚度都直接关系到冲击过程的持续时间，但由于冲击过程持续时间非常短，很难按惯性力来计算机件内的应力，所以冲击载荷下的应力通常按能量守恒法计算，并假定冲击能全部转换为机件内的弹性能，以计算应力和应变。

众所周知，理想弹性体的弹性变形速度很快，相当于声音在弹性体中的传播速度（如声音在钢铁中的传播速度为 5200m/s），金属中弹性变形传播速度在钢中为 4982m/s，普通摆锤冲击试验时绝对变形速度在 10^3m/s 以下，这样弹性变形总是能跟上外加载荷的变化，因而变形速度对金属材料的弹性行为及相应的力学性能（如弹性模量、泊松比）没有影响。

但是变形速度对塑性变形、断裂及与此过程有关的力学性能有显著的影响。在载荷增加时，塑性变形的增加比较缓慢，因此在冲击的高速加载下，塑性变形往往来不及充分进行。显微镜观察表明，在静载荷下塑性变形比较均匀地分布在各个晶粒中，而在冲击载荷下，塑性变形集中在某些局部区域，这反映了塑性变形是极不均匀的。正因为如此，在冲击载荷作用下，塑性变形抗力总是随着 $\dot{\varepsilon}$ 的增加而增大，尤其以屈服强度升高最为显著。图 7-1 ~ 图 7-3 所示是工业上几种常见材料在 20℃时采用不同应变速率实测的应力-应变曲线。

应变速度增加时，断裂过程变化比较复杂，断裂抗力的变化可以分为两种基本情况：一种是断裂抗力随 $\dot{\varepsilon}$ 增加变化很小，此时，塑性随 $\dot{\varepsilon}$ 增加而减小，通常对低塑性材料即为这种情况，所以 $\dot{\varepsilon}$ 增加促进了这类材料的脆性断裂倾向；另一种是断裂抗力随 $\dot{\varepsilon}$ 增加迅速提高，此时塑性实际上并不变化，通常对于高塑性材料即为这种情况，其断裂方式基本不变。但在有缺口（或有裂纹）及低温条件下，随 $\dot{\varepsilon}$ 增加，金属材料的塑性、韧性一般都是下降的，将使材料变脆。因此提高变形速度和降低温度，与开缺口的作用一样，都能促使材料变脆。因此工程试验时通常把三者结合起来，以显示材料的变脆倾向，其中应用最普遍和最简单的是缺口试样冲击（包括低温冲击）试验。

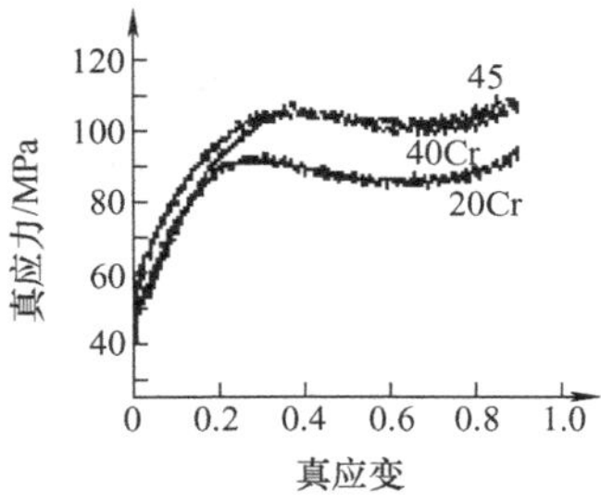

图 7-1 试验钢在应变速率为 1m/s 时的应力-应变曲线

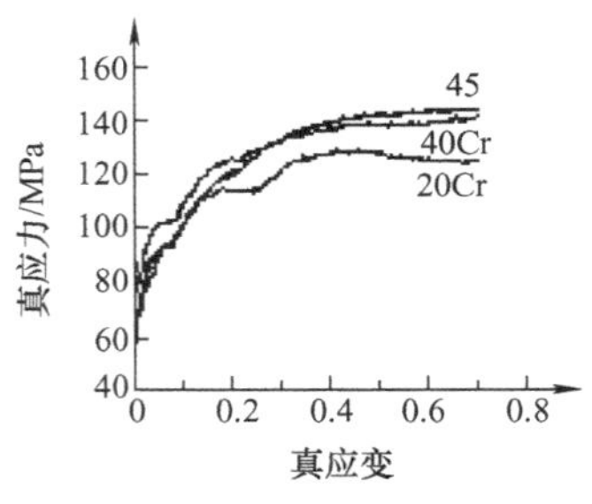

图 7-2 试验钢在应变速率为 5m/s 时的应力-应变曲线

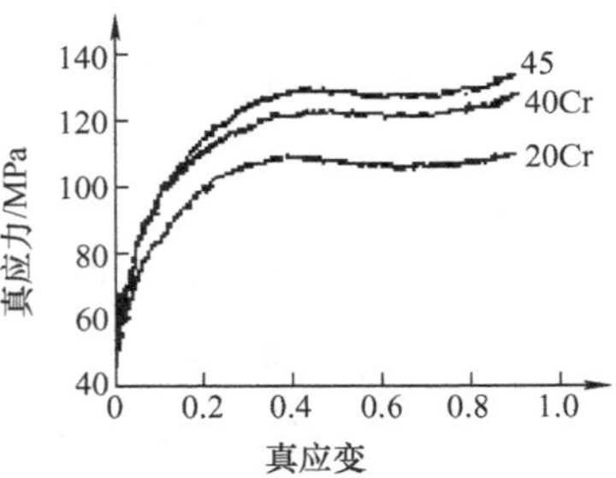

图 7-3 试验钢在应变速率为 10m/s 时的应力-应变曲线

7.1.3 冲击韧度的意义

1. 冲击韧度是反映材料缺口敏感性的指标

众所周知，缺口的存在会引起缺口根部的应力集中和应变集中，使缺口处于三向应力状态而使材料的塑性变形受到约束并提高其屈服强度。如果材料的屈服强度等于或接近于断裂抗力，则在缺口根部尚未开始塑性变形时，最大轴向应力就已经达到了断裂抗力，发生早期脆性断裂。通常用缺口拉伸和偏斜拉伸试验来评定材料的缺口敏感性，是为了使材料处于脆性断裂状态。同样，提高加载速率，也会进一步提高材料的屈服强度。在冲击载荷作用下，可使缺口周围区域产生塑性变形，从而使应力集中松弛的时间较短，这样会使材料处于脆性断裂状态。所以从本质上讲，对缺口试样进行偏斜拉伸或者采用冲击加载具有相同的效果。

2. a_K 值与断裂韧度 K_{IC} 之间无必然联系

尽管许多工作在试图建立 a_K 值与 K_{IC} 之间的关系，但从大量的试验结果看，两者之间并无一致关系。典型的例子是一些高强度钢经过高温淬火处理后，其 K_{IC} 值升高但 a_K 值却降低了，这说明，把冲击韧度作为材料的韧性指标考虑是不正确的。这是因为，试样尺寸不同或缺口半径不同，其冲击韧度也不会相同，因而无法反映材料的固有韧性特点。另一方面，冲击吸收能量 K（在 HB 5144—1996 中称冲击吸收功 A_K）实际上包含了裂纹形成能 K_i 和裂纹扩展能 K_p 两部分，即使材料的冲击吸收能量 K 值相同，其 K_i 和 K_p 的分量却可能不同，而只有 K_p 才可能与材料的韧性有关。但是 K_p 值总是随试样缺口半径的减少而降低的，虽然这是因为冲击试验断口存在着明显的剪切唇区，且剪切唇区的大小随缺口半径不同而变化所致。更重要的是，对于不同强度级别的材料，K_p 所占 K 的比例是截然不同的，如超高强度钢 40CrMnSiMoVA 钢 U 型或 V 型缺口试样，其 K_p/K 仅为 20%～30%，而调质的 42CrMo 钢其 K_p/K 高达 60%～70%，即超高强度钢的冲击吸收能量中主要部分是裂纹形成能，而中低强度钢中主要部分是裂纹扩展能。对于超高强度钢，其冲击韧度与断裂韧度之间绝不具有必然的联系，两者也不能互相代替。

3. a_K 值与疲劳裂纹形成寿命之间的关系

对于低强度材料，过分强调 a_K 值高意义不大；中低强度材料的冲击吸收能量中主要部分是裂纹扩展能，提高 a_K 值未必会有效延长其疲劳裂纹形成寿命；但对于高强度和超高强度材料，其缺口敏感性高已上升为限制其强度水平进一步发挥的重要因素。既然超高强度材料的冲击吸收能量主要反映的是裂纹形成能的大小，它与裂纹形成的难易也应该有一定关

系。40CrMnSiMoVA 钢缺口试样拉-拉疲劳试验结果（见表7-1）表明：a_K 值较高的贝氏体组织比 a_K 值较低的马氏体组织在等应力条件下疲劳寿命长，并且应力水平降低疲劳寿命的延长，由于疲劳裂纹形成寿命占总寿命的比例进一步提高，则 a_K 值高的贝氏体组织更加显示出其疲劳性能的优越性，这也说明 a_K 值对缺口试样疲劳裂纹形成寿命的影响更大一些。

表7-1　40CrMnSiMoVA 钢缺口试样拉-拉疲劳试验结果

热处理工艺及代号	a_K/(kJ/m^2)	疲劳总寿命/周		
		σ_{max} = 1392MPa	σ_{max} = 1160MPa	σ_{max} = 920MPa
190℃等温60min，260℃回火4h（M190T）	660	1472	2727	8094
300℃等温30min，260℃回火4h（B30T）	820	—	4066	21202
300℃等温60min，不回火（B60）	800	1770	4287	—

7.1.4　冲击试验的应用

1. 评定原材料的冶金质量

a_K 值对组织缺陷非常敏感，它能灵敏地反映材料品质、宏观缺陷和显微组织方面的微小变化。原材料的缺陷，如夹渣、气泡、严重分层、偏析以及夹杂物超标等，会影响材料的质量，通过测定冲击吸收能量及观察试样断口，可以间接评定冶金缺陷存在的严重程度。

2. 控制热加工工艺质量

冲击试验可以灵敏地反映出锻、铸、焊、热处理等热加工工艺过程中产生的疏松、夹杂、白点、过热、过烧、裂纹、回火脆性、纤维组织各向异性等，对改进和提高工艺质量有着重要意义。

为提高试验的敏感性，试验最好在材料呈半脆性状态（脆性过渡区）温度范围内进行。但由于室温条件下试验最为方便，因而所选择的试样尺寸及缺口类型，应能使材料在室温下正好处于半脆性状态。实践证明，对一般钢材U型缺口试样基本能满足要求。

3. 评定材料在不同温度下的脆性转化趋势

将需要试验的材料加工成一批尺寸和形状相同的试样，分别在一系列不同温度下进行冲击试验，测定冲击吸收能量随温度变化的曲线，称为系列冲击曲线，它常在生产中用来评定材料的变温韧脆转化趋势。

图7-4所示为通过一系列冲击试验所测定的钢的脆性转化趋势。由图7-4可知，总的变化趋势是 K 值随着温度降低而下降，当温度降至某一温度时，K 值急剧下降，钢由韧性断裂变为脆性断裂，这种转变称之为冷脆转变，转变温度称为冷脆转变温度，这是除面心立方金属以外的金属材料常出现的现象，特别是在低温下使用的金属材料应引起重视。钢铁材料除在低温下存在冷脆性外，还在中温区存在蓝脆性，在高温区存在重结晶脆性。当钢铁材料试验温度升高到200～400℃时，K 值开始再度下降，且随着钢中碳含量的增加，K 值开始下降的温度升高，但都在500～600℃范围内下降至最低点，然后随着温度升高，K 值又重新增加，这种现象称为蓝脆，因为在这一温度范围内，钢的氧化色呈蓝色。蓝脆最严重的温度范围为525～550℃（静载下的蓝脆温度很低，碳钢为325～350℃）。

在 A_1～A_3 温度范围内试验时，冲击吸收能量也存在最低点，称为重结晶脆性，它的产

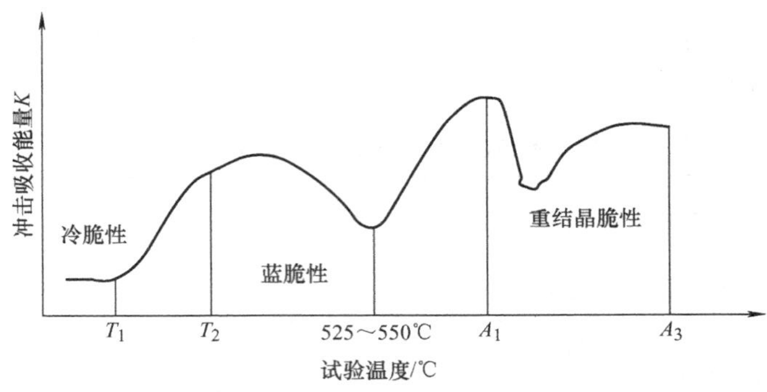

图 7-4　钢的脆性转化趋势

生与钢处于两相混合组织区有关，在两相组织各占一半的温度下韧性最低。

4. 确定应变时效敏感性

钢铁材料，尤其是低碳钢板冷加工变形后处于高温或高温下工作时，其塑性和韧性会明显降低，这种现象称为应变时效。材料的应变时效敏感性是用其时效前后的冲击吸收能量之差与时效前的冲击吸收能量之比的百分数来表示的。

5. 作为材料承受大能量冲击时的抗力指标或作为评定某些构件寿命与可靠性的性能指标

冲击试验由于其本身反映着对大能量冲击破断的抗力，因此对于一些特殊条件下服役的机件（如弹壳、装甲板、石油射孔枪等），冲击吸收能量就是一个重要的抗力指标。对一些承受大能量冲击的机件，冲击吸收能量也可以作为结构性能指标以防止发生脆断。对于高强度和超高强度材料，冲击吸收能量被认为是十分重要的安全可靠性评定指标，用来评定其缺口敏感性高低。

7.2　夏比摆锤冲击试验

7.2.1　试验原理

冲击试验自 1905 年左右问世以来发展很快，已经成为材料性能不可缺少的检查项目，最初的试验方法各种各样，随着时代的发展，夏比锁形缺口冲击试验、夏比 V 型缺口冲击试验和夏比梅氏冲击试验得到重视。1968 年之前美国都采用夏比锁形缺口冲击试验方法，但是这种试验方法有个缺点：由于锁形缺口过钝，由此来确定脆性转变温度低于结构的脆性断裂温度，因此 1968 年以后，在 ASTM 规范中就改为采用标准夏比 V 型缺口试样。目前世界上采用 V 型缺口试样和梅氏冲击试样的比较多，总体来说欧美采用夏比 V 型缺口试样较多，而俄罗斯则采用夏比梅氏试样。我国现在采用的最新的标准是 GB/T 229—2007《金属材料　夏比摆锤冲击试验方法》。

由于摆锤冲击试验已经百余年历史，最初试样不开缺口，结果一些韧性高的试样常常冲不断。后来在试样上开一定形状的缺口，这样冲击能量和塑性变形就集中在缺口附近不大的体积内，增大了材料的脆化趋势。由于在试验装置上进行弯曲试验比拉伸试验方便得多，这

就形成了目前生产上广泛采用的缺口试样一次摆锤冲击弯曲试验。试验方法和原理如图 7-5a、b 所示。

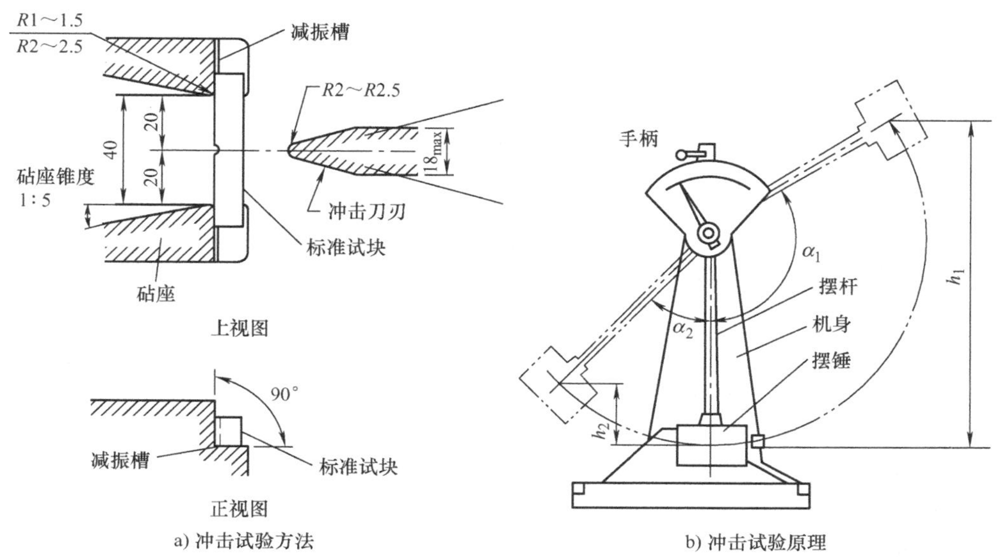

图 7-5　夏比摆锤冲击试验的方法和原理

将待测定的材料先加工成标准试样，然后在试验机支座上，将具有一定重量 G 的摆锤举至一定高度 h_1，使其具有一定势能 G_{h1}，然后将其释放，在摆锤下落最低位置处冲断试样，摆锤冲断试样时失去的能量即为试样的冲击吸收能量，用 K（U 型缺口时为 KU，V 型缺口时为 KV）表示。因摆锤剩余的能量使摆锤扬起 h_2 高度，于是：

$$K = G_{h1} - G_{h2} = G(h_1 - h_2) \tag{7-4}$$

其单位用 J 表示。

当用试样缺口处的原始横截面积 A_N 去除试样在冲击破坏过程中所吸收的能量 K（U 型缺口时为 KU，V 型缺口时为 KV）时，即得到所谓冲击韧度 a_k。

$$a_k = \frac{K}{A_N} \tag{7-5}$$

式中　K——试样在冲击破坏过程中所吸收的能量，J；

A_N——试样的缺口处的原始横截面积，mm^2。

a_k——冲击韧度，kJ/m^2、J/cm^2。

7.2.2　冲击试验方法标准

冲击试验方法标准和具体技术要求可参阅以下标准：

1）GB/T 229—2007《金属材料　夏比摆锤冲击试验方法》；

2）HB 5144—1996《金属室温冲击韧性试验方法》；

3）HB 5278—1984《金属低温冲击韧性试验方法》；

4）ASTM E23《金属材料缺口冲击试验标准方法》

7.2.3 试样设计与制备

冲击试验的影响因素较多，对取样有一定的要求，特别要注意取样的方向性。除材料技术条件或其他协议中有规定外，一般规定冲击试样为纵向试样（即沿轧制方向截取），并保证试样不存在加工硬化和因烧割而引起组织变化等现象。对于板材、带材，除沿轧制方向截取外，试样缺口轴线还应垂直于轧制方向的表面层。

板材和圆柱形材料的取样方向和标示详见第1章1.5.2节。

通常，冲击试样可分为缺口冲击试样和无缺口冲击试样两类，对于缺口冲击试样，应用最多的是U型和V型缺口标准试样，其试样形状和尺寸要求如图7-6、7-7所示。在特殊情况下可选择深缺口或钥匙孔型等非标准试样，某些情况下也可采用与标准试样相辅助的小尺寸试样，但试验结果应在报告中注明。对于一些脆性材料，如淬硬的高碳钢、铸铁、陶瓷等，试样也可以不开缺口。

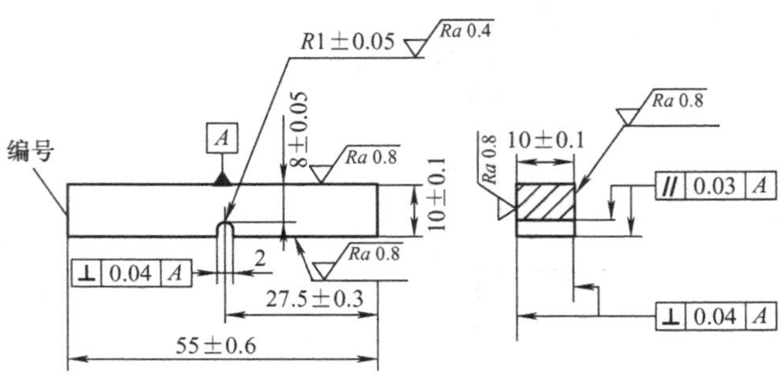

图7-6 U形缺口标准试样

各类试样加工时必须严格按图样要求进行，应注意其横截面的四角应为90°±0.5°。缺口形状应用成形铣刀或成形砂轮进行加工，加工时应保证其轴线与试样纵轴垂直。缺口的形状和表面粗糙度对冲击试验结果有很大影响，因此缺口的形状尺寸应在光学投影仪上检查，缺口表面应进行打磨或抛光，不允许有可见横向划痕存在。在进行材料对比性试验时，应注意保证试样的加工条件完全一致，在进行仲裁试验或材料检验时，为保证缺口形状和表面粗糙度符合要求，理想的方法是采用光学曲线投影仪磨床进行加工，加工时应注意充分冷却，不允许因过热改变其性能。为保证试验的准确性和具有代表性，如发现试样有下列情况之一时，不允许用于试验或试验结果无效：

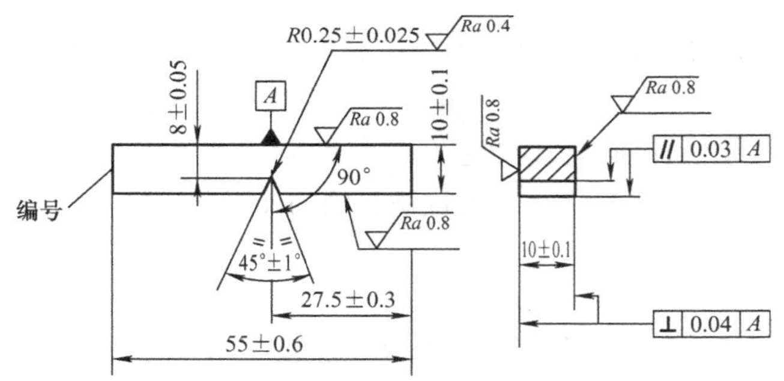

图7-7 V形缺口标准试样

1）试样缺口及底部表面有横向加工刀痕；

2）试样上有淬火或其他原因引起的裂纹；

3）试样形状不符合图样或尺寸超差的。

当材料大小不能制作标准试样时，可采用较小的试样，但不同尺寸的试样结果不能直接比较，同时采购双方在合同中注明。其他非标准试样如图7-8～图7-10所示。

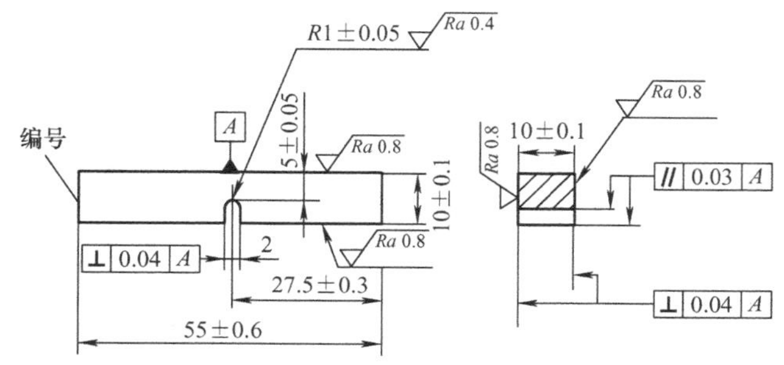

图7-8 U型缺口非标准试样（10mm×10mm×55mm，槽深5mm）

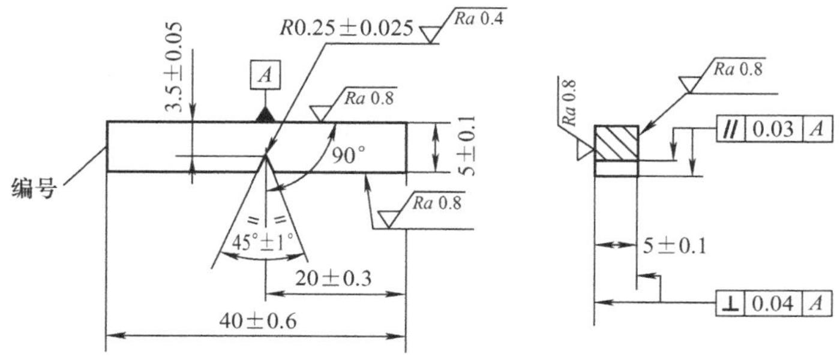

图7-9 V型缺口非标准试样（5mm×5mm×40mm，槽深1.5mm）

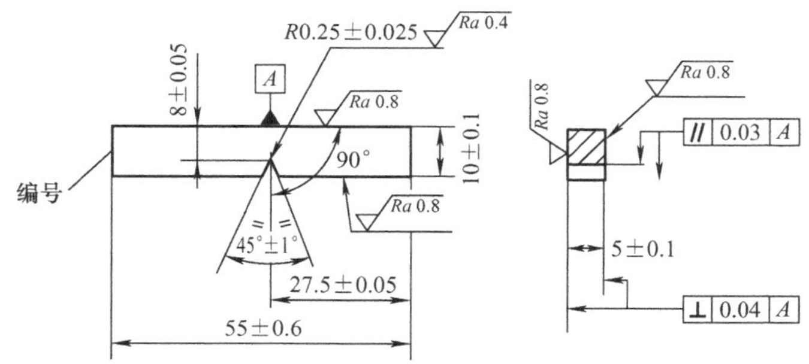

图7-10 V型缺口非标准试样（5mm×10mm×55mm，槽深2mm）

7.2.4 试验设备

1. 冲击试验机简介

冲击试验机是指对试样施加冲击试验力进行冲击试验的设备。按显示方式分为：度盘显示、液晶显示、微机显示；按自动化程度分为：手动、半自动、全自动冲击试验机；按试验材料分为：金属试验机（主要是各种金属的冲击性能测试，通常冲击能量较大）和非金属试验机（各种塑料、橡胶的冲击性能测试，通常冲击能量较小）；按结构分为：简支梁冲击试验机和悬臂梁冲击试验机；按试验方式分为：落锤冲击试验机和摆锤冲击试验机；我们平常接触最多、使用最多的就是摆锤式冲击试验机。摆锤式冲击试验机用于测定金属材料在动负荷下抵抗冲击的性能，从而判断材料在动负荷作用下的质量状况。

2. 冲击试验机构成

摆锤式冲击试验机主要由机架、摆锤、试样支座、指示装置及摆锤释放、制动和提升机构及防护装置等组成，典型冲击试验机结构如图 7-11 所示。目前国产摆锤式冲击试验机型号很多，如：JB-30A、JB-30B 等，各种试验机的基本参数是相同的，结构形式及操作方法也基本一致，它们的主要区别在送样方式（手动或自动）和显示装置（表盘或数显）上。最大冲击能量分别为 150J、300J、450J、600J 等几档。

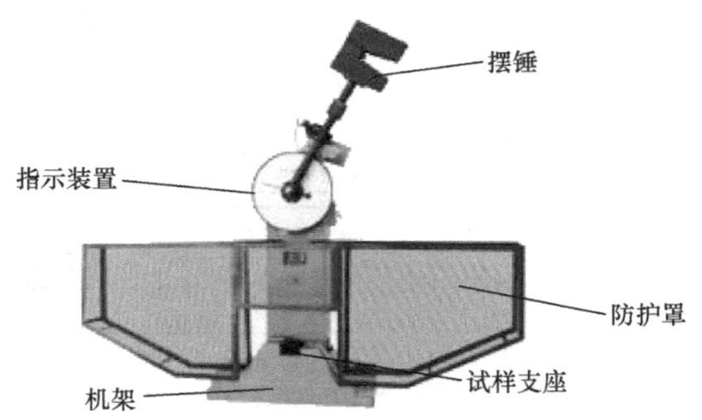

图 7-11　典型摆锤式冲击试验机结构图

全自动摆锤冲击试验机由冲击机主机、控制系统、试样盒、送料机构、定位机构等部分组成，按动按钮就可完成一系列动作并得出试验数据，完成整个冲击试验。高低温冲击试验机还配有高温箱或者制冷系统。

3. 冲击试验机一般要求

摆锤冲击试验所用的试验机必须是摆锤式，应稳定牢固地安装在厚度大于 150mm 的混凝土地基或质量大于摆锤 40 倍的基础上。对于新出厂的摆锤式冲击试验机，应按照 GB/T 3808—2002《摆锤式冲击试验机的检验》进行验收检查，对于日常使用的试验机，应定期按 JJG 145—2007《摆锤式冲击试验机检定规程》进行检定并应溯源至国家或国际标准。试验过程中，试验设备、机架、摆锤的能量损失（例如：位移、转动或者振动）可以忽略不计。

4. 冲击试验机技术参数

（1）试验机砧座　试验机砧座由两延伸至各侧面的、表面相互垂直并且垂直于摆锤摇摆平面的砧座组成。其中一块承受试块的重量，另一块承受摆锤对试块的冲击。砧座两分隔面保证在同一平面上，水平度应保证承载试块的砧座在以试验机基准面为基准的纵向平行度，公差为 0.002mm。砧座材料应为淬硬钢，严格按试验机机架进行配合设计，并满足下列要求：两砧座间距应保证在 $4^{+0.2}_{0}$mm 以内；圆角半径为 1.0 ~1.5mm；砧座斜度为 11° ±1°。

（2）冲击刀刃　冲击刀刃及其组件应符合以下要求：冲击刀刃材料应为淬硬钢并固定在摆锤上：刀刃夹角为 30° ±1°；圆角半径为 2.0 ~2.5mm；刀刃的最大宽度为 18mm；冲击刀刃应光滑圆角过渡；锤摆的摆动平面与砧座间凹口中心距离应在 0.5mm 以内，并且应垂直于砧座；刀刃冲击边缘与砧座受冲击面之间的平行度公差为 0.03mm；当冲击刀刃与试块接触时，接触线应与试块纵向垂直且误差不超过 2°。另外，冲击刀刃关于锤摆摆动平面对称。

（3）冲击中心　冲击中心与旋转轴之间的距离应等于摆锤长度，偏差保证为 ±0.01mm。

（4）冲击速率　打击瞬间摆锤的冲击速度在 5.0 ~5.5m/s 之间。

（5）零刻度　当试验机没有放试块正常开启时，指针读数应为 0 刻度。并且此读数不能超过 ±0.5% 的额定初始势能。

（6）摩擦损耗　由于摩擦损耗的能量包括空气的阻力、轴承的摩擦损失和指针摩擦所损失的能量。一次摆锤冲击所摩擦损失的能量不允许超过 0.5% 的初始势能。

7.3　室温冲击试验

7.3.1　试验前的准备工作

1. 检查试验温度

进行冲击试验的实验室温度一般应在 10～35℃（即通常所称的室温）范围内，对于要求严格的试验，如韧性对温度变化很敏感的材料进行冲击试验时，试验应在 23℃ ±5℃进行。

2. 检查测量试样尺寸

用最小分度值不大于 0.02mm 的量具测量试样的宽度、厚度、缺口处厚度（特殊设计千分尺或光学投影仪）。用光学投影仪检查缺口形状尺寸，看其是否符合标准的要求。

3. 选择冲击试验机

根据待验试样材料牌号和热处理工艺，估计试样冲击吸收能量的大小，选择适合量程的试验机（试样吸收能量 K 不应超过实际初始势能的 80%，试样吸收能量 K 的下限应不低于试验机最小分辨力的 25 倍）。

4. 试验前应检查砧座跨距

砧座跨距应能保证在 $40^{+0.2}$mm 以内。

5. 检查回零差和空载能耗

开机检查试验机系统是否正常，进行摆锤空打试验，将摆锤扬起至预扬角位置，把从动指针拨到最大冲击能量位置（如果使用的是数字显示装置，则应清零），释放摆锤，读取零点附近的被动指针的示值（即回零差），回零差不应超过最小分度值的 1/4（以最大量程 300J 为例，最小分度值为 2J，分度值的 1/4 为 0.5J，其回零差应不超过 0.5J），空载能耗值应不大于摆锤标称能量值的 0.5%。

7.3.2　试验操作步骤

1. 刻度盘式冲击试验机

起动扬摆装置，将试样紧贴砧座放置，并使试样缺口的背面朝向摆锤刀刃，试样缺口对称面偏离两砧座间的中点应不大于 0.5mm（图 7-12）。将指针放在刻度盘的满刻度上；松开摆锤，试样冲断，指针停稳后，即可通过刻度盘的刻度读出冲击吸收能量 K 值（刻度都是事先标好的，越靠近零刻度每个刻度间的距离越大，越靠近最大刻度，刻度值之间的距离越小），记录测试结果并进行计算。

2. 数显式冲击试验机

取摆：按动取摆按钮，通过继电器和离合器、接触器的动作，摆锤扬至最高位置后，碰到微动开关，电动机停转，其他电器线路复位，保险销伸出。

放置试样：将试样紧贴砧座放置，并使试样缺口的背面朝向摆锤刀刃，试样缺口对称面偏离两砧座间的中点应不大于 0.5mm。

退销：按动退销按钮，保险销退回。

冲击：按动冲击按钮，电磁铁工作，实现落摆冲击冲断试样。

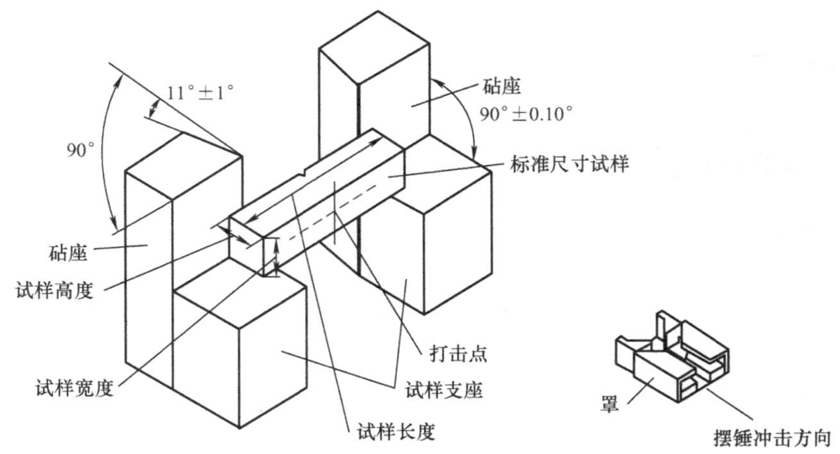

图 7-12　试样与摆锤冲击试验机支座及砧座相对位置示意图

读数：等摆锤停稳后，即可在显示装置上读出冲击吸收能量 K 值，记录测试结果并进行计算。

放摆：按下放摆按钮，试验工作结束，把摆锤放下来。

7.3.3　试验结果的处理及表达

读取每个试样的冲击吸收能量，至少估读到 0.5J 或 0.5 个标度单位（取两者之间较小值），试验结果至少应保留两位有效数字，修约方法按照 GB/T 8170—2008 执行。

摆锤刀刃半径应为 2mm 和 8mm 两种，用符号的下标数字表示，KV_2 或 KV_8（此表示方法来源于 GB/T 229—2007）。

注意以下几点：

1）对于试验后没有完全断裂的试样，可以给出冲击吸收能量，或者与完全断裂试样结果平均后给出。如果由于试验机打击能量不足，试样未完全断开，吸收能量不能确定，试验报告则应注明“×J 的试验机试验，试样未断开”字样。

2）误操作、试样打偏、试样打断时有卡锤现象，断口有明显淬火裂纹，则试验结果无效。

3）如果试样吸收能量超过实际初始势能的 80%，则应在试验报告中报告为近似值并注明超过试验机能力的 80%

4）特别要注意不同尺寸和类型试样的试验数据不能相互换算和直接比较。对于低能量的冲击试验，一些材料用 2mm 和 8mm 的摆锤刀刃试验测定的结果有明显不同，2mm 摆锤刀刃的结果可能高于 8mm 摆锤刀刃的结果。

7.3.4　影响冲击试验结果的主要因素

由于金属材料的冲击性能和韧脆转变温度对材料内部组织结构、宏观缺陷及试验条件都很敏感，因此影响冲击试验结果的因素很多，其中主要的影响因素有以下几种。

1. 与材料有关的因素

样品本身的化学成分、金相组织、晶粒度及是否有夹渣、偏析、白点、裂纹以及非金属夹杂物超标等冶金缺陷或过热、过烧、回火脆性等热加工缺陷对试样的冲击性能

产生影响，这些缺陷使冲击试验结果的离散性较大，试验人员可以通过对材料性能的了解、试验数据的分析和解释，判断试验结果的准确性。

2. 与样品取样和制备有关的因素

（1）样品的取样方向　工程上使用的金属材料，大多是轧制而成的，由于轧制时产生纤维组织对冲击吸收能量影响较大。沿轧制方向取样，垂直于轧制方向开缺口，冲击吸收能量较高；垂直于轧制方向取样，顺着轧制方向开缺口，冲击吸收能量较低。因此冲击样品的取样方向应按照产品标准和有关协议的要求进行。

（2）缺口的加工质量　冲击试样的缺口深度、缺口根部曲率半径及缺口角度决定着缺口附近的应力集中程度，从而影响该试样的缺口冲击性能。缺口深度减小、缺口根部半径增大则冲击吸收能量增大，因此冲击试验方法对试样缺口的尺寸及几何公差做了严格规定，在加工中必须注意保证尺寸参数。此外，缺口根部的表面质量对冲击试验结果影响很大，特别是对高强度钢影响显著。过烧会导致蓝脆倾向，划痕会减小裂纹形成能，使裂纹扩展能占比过大，降低冲击吸收能量。缺口根部表面的加工硬化、尖锐的加工痕迹，特别是与缺口轴线平行的加工痕迹和划痕会明显降低试样的冲击性能。

（3）试样的尺寸　增加试样宽度或厚度会使金属在冲击中塑性变形体积增加，从而导致试验冲击吸收能量增加。但是尺寸增大，特别是宽度增加，会使约束程度增加，导致脆性断裂，降低冲击吸收能量。

3. 与试验机有关的因素

（1）试验机的精度　冲击试验机能量指示装置的相对误差，尤其是能量指示装置的回零误差对冲击试验结果有直接影响。

（2）摆锤与机架的配合　摆锤与机架的相对位置的正确性及稳定性，尤其是冲击刀刃与支座跨距中心的重合性及摆锤刀刃与试样纵向轴线的垂直度对于获得准确试验结果有很大的影响。当冲击刀刃偏离支座跨距中心时，冲击刀刃不能打击在冲击试样缺口中心线上，这将使吸收能量增加。

4. 与试验过程有关的因素

（1）试验温度　对于大多数材料，冲击吸收能量随温度而变化，因此温度控制的精度、保温时间以及高温、低温冲击试验时试样从保温介质中移出至打断的时间间隔都可能影响试验结果。

（1）冲击试样的定位　试样安放的位置，如果使试样缺口轴线偏离支座跨距中心，则最大冲击力没有作用在缺口根部截面最小处，将会造成冲击吸收能量偏高。一般来说，只有当试样缺口轴线与支座跨距中心偏离超过 0.5mm 时，对试验结果才有明显影响。

7.4　高温和低温冲击试验

由于大多数材料冲击吸收能量随温度变化，因此试验应在规定温度下进行，当不在室温下试验时，试样必须在规定条件下加热或冷却，以保持规定的温度。对于试验温度有规定的，应在规定温度的 ±2℃ 范围内进行，如果没有特殊规定，摆锤冲击试验应在（23 ±5）℃范围进行。

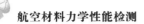

7.4.1 高温和低温试验装置

当使用液体介质冷却试样时，试样应放置于一容器中的网栅上，网栅至少高于容器底部25mm，液体没过试样的高度至少为25mm，试样距容器侧壁至少为10mm，应连续均匀搅拌介质以使温度均匀。测定介质温度的仪器推荐置于一组试样中间处。当使用气体介质冷却试样时，试样距低温装置内表面以及试样之间应保持足够的距离。当液体介质接近沸点时，从液体介质中移出试样至打击的时间间隔中，介质蒸发冷却会明显降低试样温度。

7.4.2 试样定位

当试验不在室温进行时，试样从高温和低温装置中移出至打断的时间不大于5s。转移装置的设计和使用应能使试样温度保持在允许的温度范围内，转移装置于试样接触部分应与试样一起加热或冷却。应采取措施确保试样对中装置不引起低能量高强度试验断裂后回弹到摆锤上而引起不正确的能量偏高指示。试样端部和对中装置的间隙或定位部件的间隙应不大于13mm，否则在断裂过程中试样端部可能回弹至摆锤上。图7-13所示的V型缺口自动对

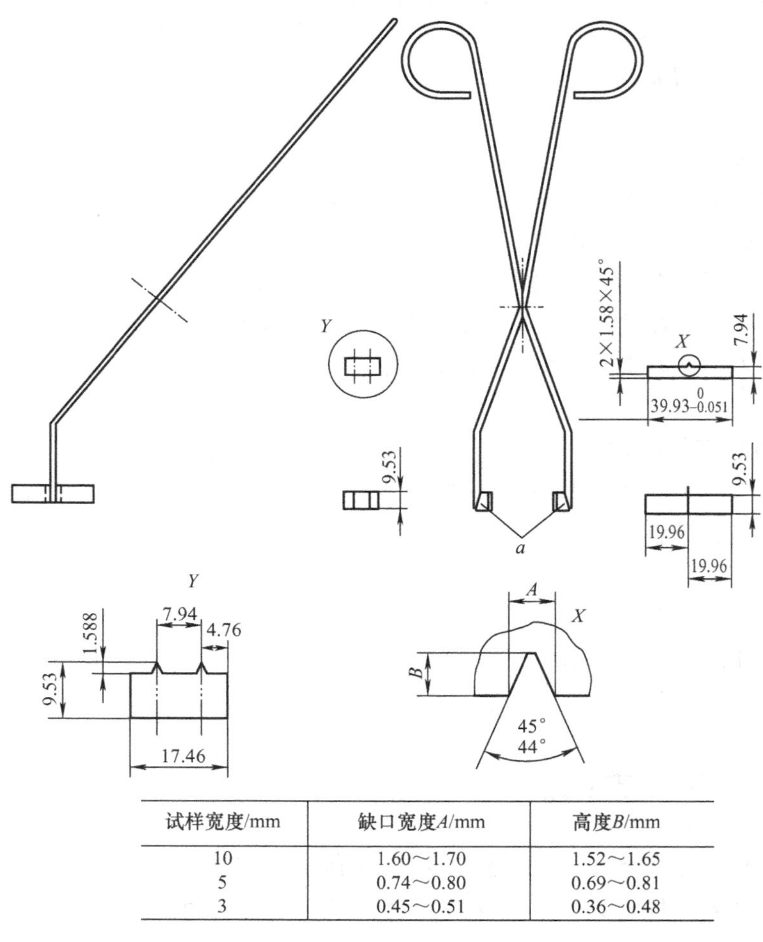

试样宽度/mm	缺口宽度A/mm	高度B/mm
10	1.60～1.70	1.52～1.65
5	0.74～0.80	0.69～0.81
3	0.45～0.51	0.36～0.48

图7-13　V型缺口夏比冲击试样对中夹钳

中夹钳一般用于将试样从控温介质中移至适当的试验位置，此类夹钳消除了由于试样和固定的对中装置之间相互影响带来的潜在间隙问题。

7.4.3　试样保温时间

当使用液体介质冷却试样时，介质温度应在规定温度的 ±1℃ 以内，保持至少 5min，当使用气体介质冷却试样时，试样应在规定温度下至少应保持 20min。

对于试验温度不超过 200℃ 的高温试验，试样应在规定温度 ±2℃ 的液池中至少保持 10min，对于试验温度超过 200℃ 的高温试验，试样应在规定温度 ±5℃ 以内的高温装置内保持至少 20min。

*7.4.4　温度补偿

对于试样从高温或低温装置中移出至打击时间在 3 ~5s 的试验，可以考虑采用过冷或过热试样的方法补偿温度损失，其温度补偿值见表 7-2。对于高温试样应充分考虑过热对材料性能的影响。

表 7-2　试样从高温或低温装置中移出在 3 ~5s 内打断的温度补偿值

试验温度/℃	过冷温度补偿值/℃
-192 ~ < -100	3 ~ <4
-100 ~ < -60	2 ~ <3
-60 ~ <0	1 ~ <2
试验温度/℃	过热温度补偿值/℃
35 ~ <200	1 ~ <5
200 ~ <400	5 ~ <10
400 ~ <500	10 ~ <15
500 ~ <600	15 ~ <20
600 ~ <700	20 ~ <25
700 ~ <800	25 ~ <30
800 ~ <900	30 ~ <40
900 ~ <1000	40 ~ <50

7.5　其他冲击试验方法

除夏比 U 型和 V 型缺口冲击试验外，在实际工作中还会遇到艾氏冲击试验、落锤试验等其他冲击试验方法。下面对艾氏冲击试验、落锤试验等进行简单介绍。

7.5.1　艾氏冲击试验方法

1. 艾氏冲击试验原理

艾氏冲击试验是在室温下（10 ~35℃），以悬臂梁式冲击，测定试样缺口处折断时所吸收的能量。试样的折断是由摆锤一次冲击造成的，冲击时，试样垂直夹紧，缺口底部和定位块顶面处于同一平面内。摆锤在缺口上方一定高度上，冲击缺口正面。

2. 艾氏冲击吸收能量

具有一定形状和尺寸的悬臂梁式金属试样，在一次冲击负荷作用下折断时所吸收的能量，所测得的数值称为艾氏冲击吸收能量，单位为焦耳（J）。

3. 艾氏冲击试样

艾氏冲击试样可采用正方形截面或圆形截面，并且可以选用单缺口、双缺口和三个缺口试样。试样缺口允许采用不同加工方法制造，如材料需经热处理再进行试验，则缺口应在热处理后加工，试样加工时不应产生冷加工硬化或过热现象而改变金属的性能。

4. 艾氏冲击试验机

艾氏冲击试验机应符合下列要求：

（1）试样和摆锤接触线到试样缺口对称面距离为（22 ±0.5）mm。

（2）摆锤顶角为75° ±1°。

（3）摆锤顶圆角半径为0.5 ~1mm。

（4）试样正面和摆锤底面夹角为100° ±1°。

（5）瞬时冲击速度为3 ~4mm/s。

试验机结构及安装均应牢固，刚性好。试验机固定在不小于150mm厚的混凝土地基上，或者固定在一个不小于摆锤质量40倍的基础上，底座水平面的斜度应在1∶100内。

摆锤应在铅垂平面内摆动，试验机结构应使能量损失最小，打击中心应与摆锤的冲击处相重合。多数材料冲击试验时用150J试验机，吸收能量较小的材料用微型试验机，试验时需记录试验机的能量。

5. 试验程序

试样装夹于定位块中，此定位块带有一铅垂定位槽，该槽使试样处于摆锤的摆动平面内。

定位夹紧时，缺口对称面应与定位块顶面相重合，用定位样板校准试样缺口方位，正方形试样缺口底部面对摆锤回转轴，圆形试样缺口底部平行于摆锤冲击刀口。

两个以上的缺口试样，在折断后应检查清理折断部位，以利于试验正确进行。试验时，冲击吸收能量读数精度应精确至1J。

7.5.2 落锤试验方法

落锤试验，又称落重试验，是一种冲击试验方法。重锤从不同高度落到试样（片、薄膜、制品、钢管、钢板）上，求取落下高度与试样破坏率的关系，用破坏率为50%时的落下高度来表示试样的抗冲击能力。也有的试验方法是固定重锤高度而改变锤质量来进行试验，用求得相应重锤质量来表示结果；或者两者都改变而用下落重锤的能量来表示结果。应该注意，用能量表示时对不同高度或不同重锤质量的结果是不宜做比较的。落锤试验比摆锤冲击试验更接近实际情况，是一种简便又实用的方法。

1. 铁素体钢落锤撕裂试验（GB/T 8363—2007）

铁素体钢落锤撕裂试验适用于测定壁厚不大于40mm的输送钢管和厚度为3 ~40mm的铁素体钢、贝氏体钢以及双相钢等钢板的落锤撕裂试验和结果评定。用一定高度的落锤或摆锤一次性冲断处于简支梁状态的试样，并评定试样断裂面上的剪切面积百分数的试验，称为落锤撕裂试验，简称DWTT。

缺口的几何形状可以采用压制缺口或人字形缺口。低韧性管线钢与其他钢材应选用压制缺口，高韧性管线钢优先采用人字形缺口试样，人字形缺口试样可以降低 DWTT 的吸收能量，在一定程度上减小高韧性管线钢发生异常断口试样的概率。

落锤撕裂试验使用的试验机可为摆锤式，也可为落锤式，为了保证将试样一次冲断，试验机应具有足够的能量，在需要得到 DWTT 吸收能量的情况下，建议采用摆锤式冲击试验机或仪器化落锤试验机。

落锤撕裂试验是用来表征材料韧脆特性的试验项目，主要用于金属材料的低温脆性研究。对于油气输送管，与夏比缺口冲击试验相比，落锤撕裂试验更能代表钢管的实际水平。

2. 铁素体钢的无塑性转变温度落锤试验方法（GB/T 6803—2008）

铁素体钢的无塑性转变温度落锤试验方法适用于测定厚度不小于 12mm 的铁素体钢（包括板材、型材、铸钢和锻钢）的无塑性转变温度。将给定材料的一组试样中的每一个试样分别在一系列选定的温度下施加单一的冲击负荷，测定试样断裂时的最高温度即为无塑性转变温度（NDT）。

3. 管线钢管落锤撕裂试验方法（SY/T 6476—2017）

管线钢管落锤撕裂试验方法适用于管线钢管和制管用钢板、板卷的落锤撕裂试验和结果评定。试验机结构形式不限，但应具有在一次冲击下将试样完全冲断的足够能量。试验机应有坚实的地基和稳固的主体结构，落锤部分的所有配重零部件均应处于紧固状态。对低韧性管线钢优先选用压制缺口，对高韧性管线钢优先采用人字形缺口试样，人字形缺口试样在降低启裂能的同时，可以减少异常断口即无效试样的概率。

4. 箱包落锤冲击试验方法（QB/T 2918—2007）

旅行衣箱（硬箱）的箱体多以塑料为主体材料制造而成。产品在使用时经常发生碰、撞、冲击，对箱体造成较严重的损坏。我国长期以来没有统一的旅行衣箱抗冲击的检验方法，为满足生产和市场的需求，有效监控产品质量，我国轻工行业制订了箱包落锤冲击试验方法。该试验是将一定质量的金属锤提升到一定的高度，让其自由落下冲击箱面，检查箱体的受损程度。

5. 硬质塑料落锤冲击试验方法（GB/T 14153—1993）

硬质塑料落锤冲击试验方法适用于硬质塑料管材、管件、异型材、板材及硬质塑料零部件。可以采用 A 法——通过法（采用一定质量的落锤在规定高度下冲击试样）和 B 法——梯度法（采用变换冲击高度或落锤质量冲击试样的方法而获得冲击破坏能）。

思　考　题

1. 冲击吸收能量的含义是什么？
2. 冲击吸收能量与其他力学性能有什么关系？
3. 冲击试验可应用于哪些方面？
4. 冲击吸收能量由哪几部分组成？为什么冲击吸收能量相同而韧性却不同？
5. 钢在不同温度下做冲击试验，会出现几种脆性？哪种脆性在使用中最危险？
6. 冲击试验结果如何处理，数据如何表达？
7. 金属材料在冲击载荷作用下的失效类型分哪几个阶段？

第8章 金属的压缩、弯曲、扭转和剪切试验

研究金属材料在常温静载荷下的力学性能时，除采用单向静拉伸试验方法外，有时还采用压缩、弯曲、扭转、剪切等不同加载方式的试验方法。采用这些试验方法的主要目的如下：

1）很多机件或工具在实际服役时常承受轴向压缩、弯矩或扭矩作用，或其上有螺纹、孔洞、台阶等引起应力集中的部位，有必要测定制造这类机件或工具的材料在相应承载条件下的力学性能指标，作为设计和选材的依据。

2）不同的加载方式在试样中将产生不同的应力状态。金属材料在不同应力状态下所表现出的弹性变形、塑性变形和断裂行为不完全相同。

因此，采用不同应力状态的试验方法，便于研究金属材料某一方面力学性能的变化。评定金属的应力状态采用应力状态柔性系数 α 表示，有关应力状态柔性系数 α 的描述详见第2章2.1.4节。

8.1 金属压缩试验

8.1.1 压缩试验的特点

1）单向压缩时的应力状态柔性系数 $\alpha=2$，因此，压缩试验主要用于脆性材料。以显示其在静拉伸、扭转和弯曲试验时所不能反映的材料在韧性状态下的力学行为。例如，灰铸铁在拉伸时表现为垂直于载荷轴线的脆断，而在压缩时则能发生一定的塑性变形，并有沿45°线的切断特征，所以压缩试验对于合理使用脆性材料具有重大意义。对于脆性更大的金属材料，还可以采用应力状态柔性系数 $\alpha>2$ 的多向不等压缩试验，以反映这些材料的微小塑性差异。此外，对于在接触表面处承受多向压缩的机件，如滚珠轴承的套圈与滚动体也可以采用多向压缩试验，使试验条件更接近机件的实际服役条件。

2）受力特点：作用在构件上的外力可合成为同一方向的作用力。

3）变形特点：压缩时试样的变形不是伸长而是缩短，试样截面不是横向缩小而是横向增大。构件产生沿外力合力方向的缩短。对于塑性材料，只能被压扁，一般不会破坏。

4）压缩试验时，试样断面存在很大的摩擦力，这将阻碍试样端面的横向变形，影响试验结果的准确性。试样高度与直径之比（L/d_0）越小，端面摩擦力对试验结果的影响越大。为减小其影响，可适当增大 L/d_0。

压缩试验标准为GB/T 7314—2017《金属材料 室温压缩试验方法》，适用于测定金属材料在室温下单向压缩的规定塑性压缩强度 R_{pc}、规定总压缩强度 R_{tc}、上压缩屈服强度 R_eHc、下压缩屈服强度 R_eL_c、压缩弹性模量 E_c 及抗压强度 R_{mc}。

8.1.2 压缩试验原理

如图8-1所示，压缩试验是对试样施加轴向压力，在其变形和断裂的过程中测定材料的

强度和塑性。从理论上讲，压缩试验可以看作是反方向的拉伸试验，因此，金属拉伸时所定义的各种性能指标和相应的计算公式，对压缩试验都保持相同的形式，如压缩时，有压缩的比例极限、弹性极限、屈服强度、抗压强度等。压缩试验时的载荷-变形曲线如图 8-2 所示。图 8-2 中“1”为塑性材料的压缩曲线，其上的虚线表示金属被压成饼状但并不断裂，这就无法在试验中测出它的塑性和断裂抗力。

由图 8-2 看出，塑性材料压缩时的弹性模量、屈服点等都与拉伸试验的结果基本相同。当应力到达屈服点以后，试样出现显著的塑性变形，试样的长度缩短，横截面变大。由于试样两端面与压头间摩擦力的影响，试样两端的横向变形受到阻碍，所以试样被压成鼓形。随着压力的增加，试样越压越扁，但并不破坏，因此不能测出其抗压强度。

图 8-2 中“2”为脆性材料的压缩曲线，脆性材料在压缩时呈剪切状破坏。与塑性材料相反，脆性材料压缩时的力学性质与拉伸时有较大区别，其抗压强度远比其抗拉强度高，为抗拉强度的 2 ~5 倍。

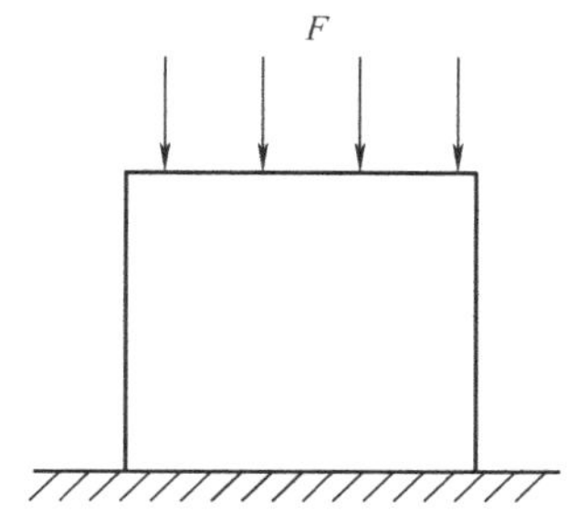

图 8-1　压缩试验时试样的受力情况

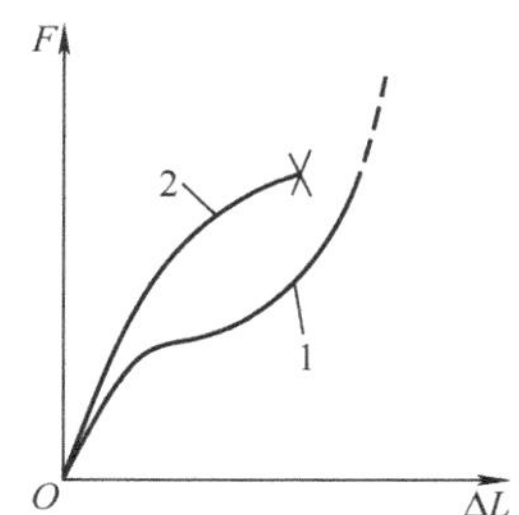

图 8-2　压缩试验时的载荷-变形曲线

1—塑性材料　2—脆性材料

8.1.3　试样及设备

1. 试样

一般采用圆柱体试样和正方形柱体试样，如图 8-3、图 8-4 所示。$L=(2.5\sim3.5)d$ 或 $L=(2.5\sim3.5)b$ 的试样适用于测定 R_{pc}、R_{tc}、R_{eHc}、R_{eLc}、R_{mc}；$L=(5\sim8)d$ 和 $L=(5\sim8)b$ 的试样适用于测定 $R_{pc0.01}$、E_c；$L=(1\sim2)d$ 和 $L=(l\sim2)b$ 的试样仅适用于测定 R_{mc}。

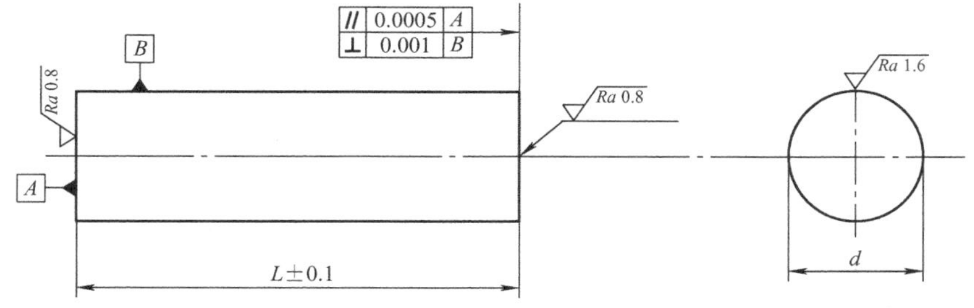

图 8-3　圆柱体试样

L—试样长度［$L=(2.5\sim3.5)$］d 或（5 ~8）d 或（1 ~2）d］，单位为毫米（mm）

d—试样原始直径［$d=(10\sim20)$］±0.05］，单位为毫米（mm）

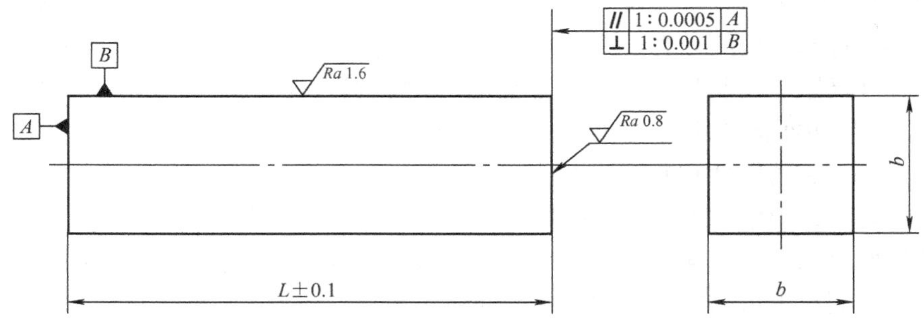

图 8-4　正方形柱体试样

L—试样长度［$L=(2.5\sim3.5)$］b 或（5 ~ 8）b 或（1 ~ 2）b］，单位为毫米（mm）

b—试样原始宽度［$b=(10\sim20)$］±0.05］，单位为毫米（mm）

试样原始标距两端分别距试样端面的距离不应小于试样直径（或宽度）的二分之一（测 E_c 时应不小于直径）。

板状试样如图 8-5 和图 8-6 所示。该试样需夹持在约束装置内进行试验。

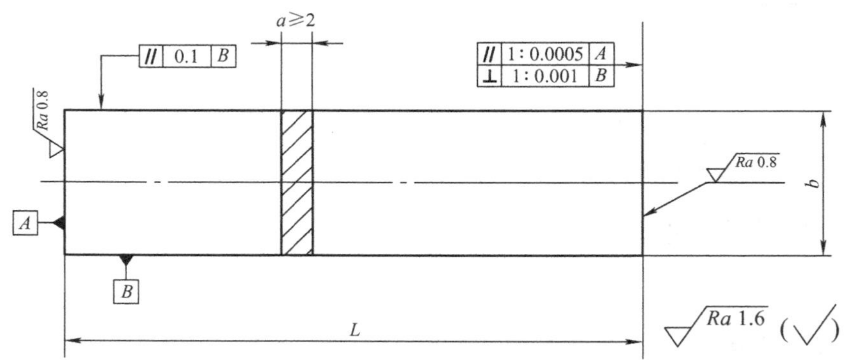

图 8-5　板状试样

L—试样长度［$L=(H+h)$　±0.1］，单位为毫米（mm）

b—试样原始宽度［$b=(12.5\pm0.05$］，单位为毫米（mm）

板状试样的宽度为 12.5mm，长度 L 按式（8-1）计算。即

$$L=H+h \tag{8-1}$$

式中　H——约束装置的高度（mm）；

h——板状试样无约束部分的长度（mm）。

板材试样无约束部分长度应根据被测材料的相关力学性能和约束装置高度进行计算，保证压头在压缩过程中不接触约束装置。

灰铸铁压缩试样按 JB/T 7945—1999《灰铸铁　机械性能试验方法》，选用 $d=6\sim25$mm、$L=d$ 的圆柱体试样。烧结金属材料压缩试样按 GB/T 6525—1986《烧结金属材料室温压缩强度的测定》，选用图 8-3 所示的 $d=13$mm、$L=d$ 的圆柱体试样。

2. 设备

（1）试验机　试验机准确度应为 1 级或优于 1 级，并应按照 GB/T 16825.1—2008 进行检验。

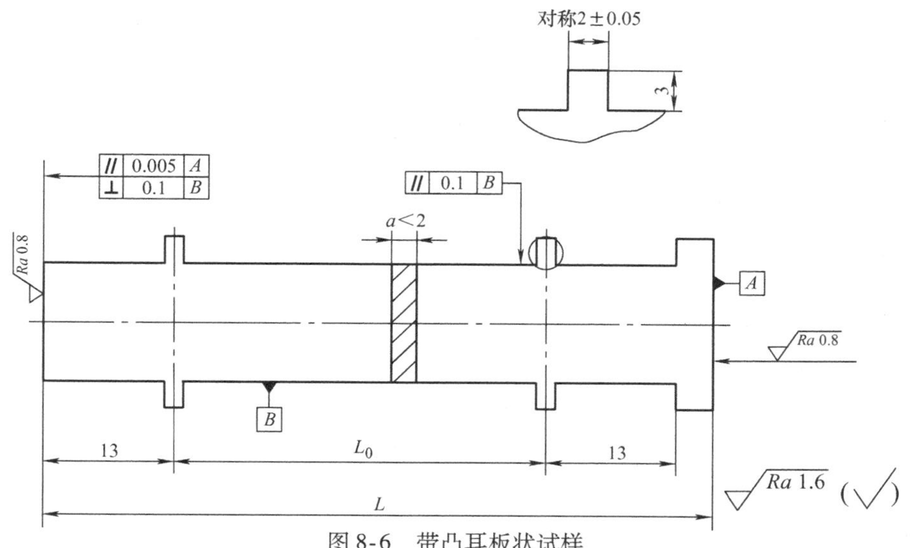

图 8-6　带凸耳板状试样

L_0—试样原始标距（$L_0=50\pm0.05$），单位为毫米（mm）

L—薄板试样原始长度［$L=(H+h)\pm0.05$］，单位为毫米（mm）

试验机上、下压板的工作表面应平行，平行度不低于 1∶0.0002mm/mm（安装试样区 100mm 范围内）。试验过程中，压头与压板间不应有侧向的相对位移和转动。压板的硬度应不低于 55HRC。如不满足上述要求，应采用配力导向装置。

硬度较高的试样两端应垫以合适的硬质材料做成的垫板，试验后，板面不应有永久变形。垫板上、下两端面的平行度应不低于 1∶0.0002mm/mm，表面粗糙度参数 *Ra* 的最大值为 0.8μm。如偏心压缩的影响仍较明显时，可配用调平垫块。

（2）约束装置　板状试样做压缩试验时，应使用约束装置。约束装置应具备：试样在低于规定的力作用下不发生屈曲；不影响试样轴向自由收缩及宽度和厚度方向的自由胀大；保证试验过程摩擦力为一个定值。推荐的约束装置参见 GB/T 7314—2017 中图 7。

（3）引伸计　参见第 5 章 5.2.2 节。

（4）安全防护装置　脆性材料试验时应在压缩试验装置周围装设安全防护装置，以防试验时试样断裂碎片飞出伤害试验人员或损坏设备。

8.1.4　压缩力学性能测定

1. 试验条件

1）试验应在室温（10～35℃）下进行。

2）试验速度：对于有应变控制的试验机，设置应变速率为 0.005min^{-1}。对于用载荷控制或用横梁位移控制试验机，允许设置一个相当于应变速率 0.005min^{-1}的速度。如果材料应变速率敏感，可以采用 0.003min^{-1}的速度。对于没有应变控制的系统，保持一个恒定的横梁位移速率，以达到在试验过程中需要的平均速率的要求。

3）在试验过程中恒定的横梁位移速率并不能保证试验过程中恒定的应变速率。无论采用哪种方法，都应采用恒定的速率，不准许突然的改变。

4）板材试样装进约束装置前，两侧面与夹板间应铺一层厚度不大于0.05mm的聚四氟乙烯薄膜，或均匀涂一层润滑剂，例如小于70μm石墨粉调以适量的精密仪表油的润滑剂，以减少摩擦。

5）板状试样铺薄膜或涂润滑剂之前，应用无腐蚀的溶剂清洗。装夹后，应把两端面用细纱布擦干净。

6）安装试样时，试样纵轴中心线应与压头轴线重合。

7）除非另有规定，试验一般在室温（10～35℃）范围内进行。对温度要求严格的试验，试验温度应为23℃±5℃。

2. 板状试样夹紧力的选择

根据材料的规定塑性压缩强度 $R_{pc0.2}$（或下压缩屈服强度）及板材厚度来选择夹紧力。一般使摩擦力 F_f 不大于 $F_{pc0.2}$ 估计值的2%；对极薄试样，允许摩擦力达到 $F_{pc0.2}$ 估计值的5%。在保证试验正常进行的条件下，夹紧力应尽可能小。

注意：一般认为厚度小于0.3mm的试样为极薄试样。

3. 板状试样实际压缩力（F）的测定

1）试验时自动绘制的力-变形曲线，一般初始部分因受摩擦力影响而并非线性关系（见图8-7）。当力足够大时，摩擦力达到一个定值，此后摩擦力不再进一步影响力-变形曲线。设摩擦力 F_1 平均分布在试样表面上，则实际压缩力 F 可表示为

$$F = F_0 - F_1/2$$

式中　F_0——试样上端所受的力。

2）用图解法确定实际压缩力（F）。在自动绘制的力-变形曲线图上，沿弹性直线段，反延直线交原横坐标轴于 O''，在原横坐标轴原点 O' 与 O'' 的连线中点上，作垂线交反延的直线于 O 点，O 点即为力-变形曲线的真实原点。过 O 点作平行原坐标轴的直线，即为修正后的坐标轴，实际压缩力可在新坐标系上直接判读（见图8-7）。

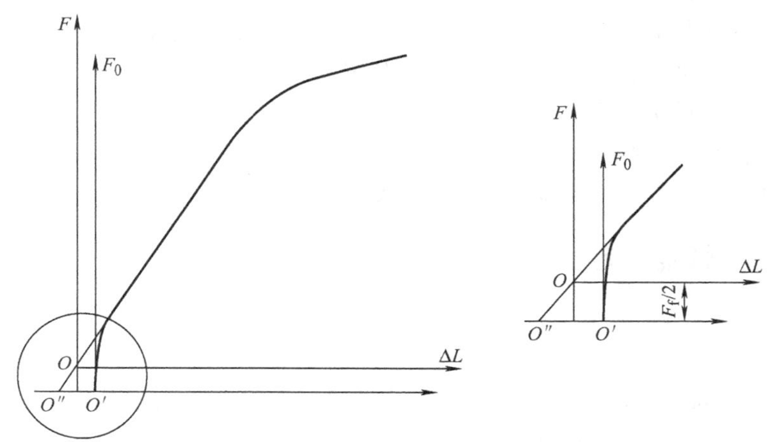

图8-7　图解法确定实际压缩力 F

4. 规定塑性压缩强度（R_{pc}）的测定

（1）力-变形曲线图解法。力轴的比例应使所求 F_{pc} 点位于力轴的二分之一以上，变形

放大倍数 n 的选择应保证图 8-8 中的 OC 段长度不小于 5mm。

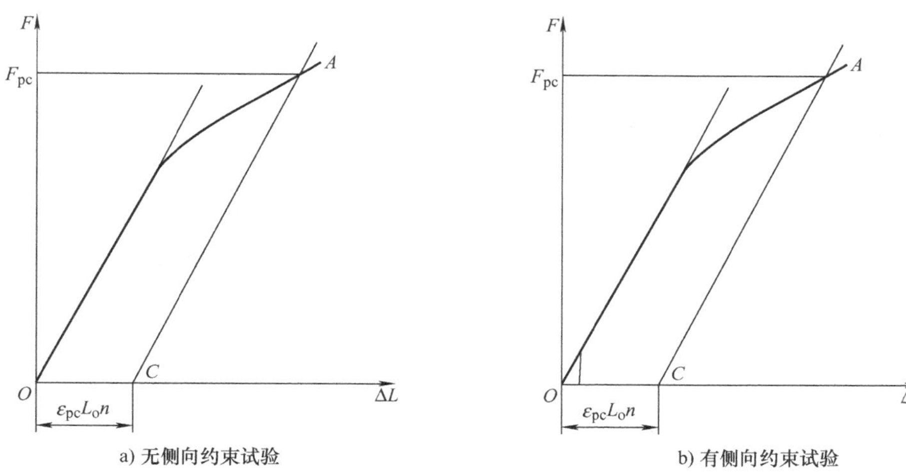

图 8-8 图解法求 F_{pc}

在自动绘制的力-变形曲线图上，自 O 点起，截取一段相当于规定塑性变形的距离 OC（$e_{pc}L_o n$），过 C 点作平行于弹性直线段的直线 CA 交曲线于 A 点，其对应的力 F_{pc} 为所测规定塑性压缩力（见图 8-8）。规定非比例压缩强度按式（8-2）计算。即

$$R_{pc} = \frac{F_{pc}}{S_o} \tag{8-2}$$

式中 S_o——试样原始横截面积。

（2）逐步逼近法 如果力-变形曲线无明显的弹性直线段，采用逐步逼近法。先在曲线上直观估读一点 A_0，约为规定塑性压缩应变 0.2% 的力 F_{A0}，而后在微弯曲线上取 G_0、Q_0 两点，其分别对应的力 $0.1F_{A_0}$、$0.5F_{A_0}$，作直线 G_0Q_0，按力-变形曲线图解法过 C 点作平行于 G_0Q_0 的直线 CA 交曲线于 A_1 点，如 A_1 点与 A_0 点重合，则 F_{A_0} 即为 $F_{pc0.2}$（见图 8-9）。G_0Q_0 直线的斜率一般可以用于图解确定其他规定塑性压缩强度的基准。

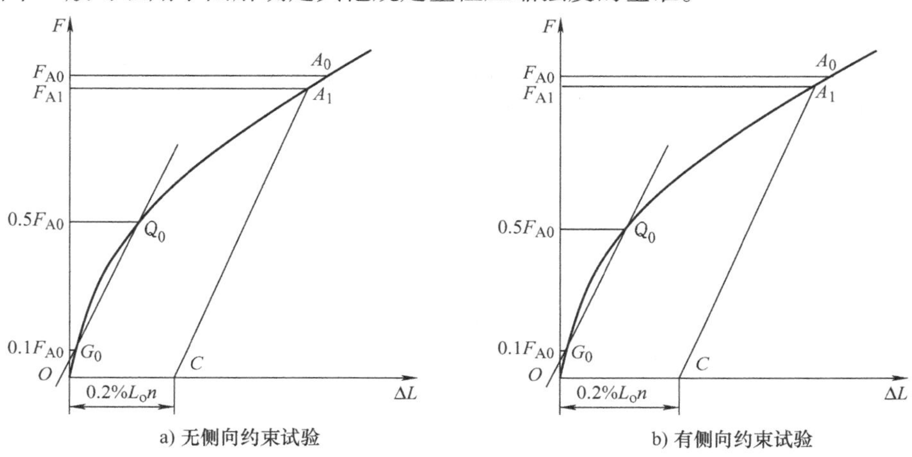

图 8-9 逐步逼近法求 F_{pc}

若 A_1 点未与 A_0 点重合，需要按照上述步骤进行进一步逼近。此时，取 A_1 点对应的力 F_{A1} 来分别确定 0.1 F_{A1}、0.5F_{A1} 对应的点 G_1、Q_1，然后如前述过 C 点作平行线来确定交点 A_2。重复相同步骤直至最后一次得到的交点与前一次的重合。

5. 规定总压缩强度（R_{tc}）的测定

用力-变形图解法测定。力轴按图 8-8 的规定，总压缩变形一般应超过变形轴的二分之一以上。

在自动绘制的力-变形曲线图（见图 8-10）上，自 O 点起在变形轴上取 OD 段（$e_{tc}L_on$），过 D 点作与力轴平行的 DM 直线交曲线于 M 点，其对应的力 F_{tc} 为所测规定总压缩力。规定总压缩强度按式（8-3）计算。即

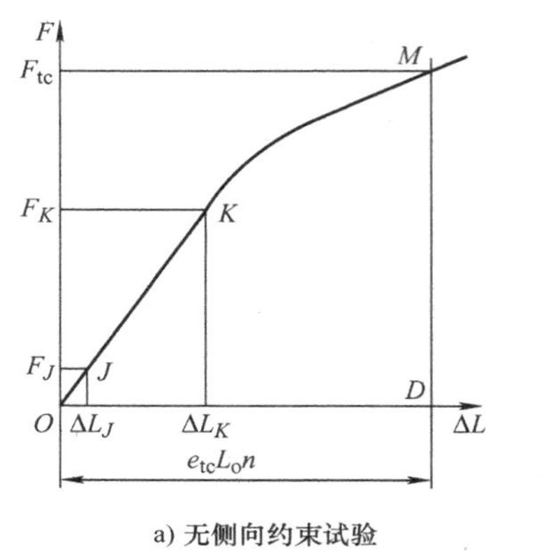

a) 无侧向约束试验

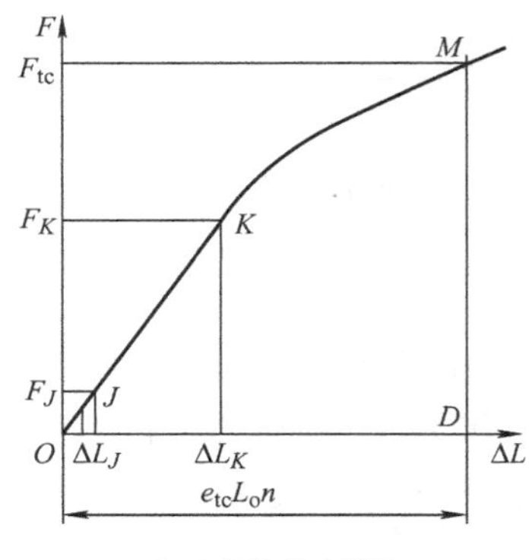

b) 有侧向约束试验

图 8-10　图解法求 F_{tc}

$$R_{tc} = \frac{F_{tc}}{S_o} \tag{8-3}$$

6. 上压缩屈服强度（R_{eHc}）和下压缩屈服强度（R_{eLc}）的测定

1）呈现明显屈服（不连续屈服）现象的金属材料，相关产品标准应规定测定上压缩屈服强度或下压缩屈服强度或两者。如未具体规定，仅测定下压缩屈服强度。

2）用力-变形曲线图解法测定。在自动绘制的力-变形曲线图上，判读力首次下降前的最高实际压缩力（F_{eHc}）和不计初始瞬时效应时屈服阶段中的最低实际压缩力或屈服平台的恒定实际压缩力（F_{eLc}）。上压缩屈服强度和下压缩屈服强度分别按式（8-4）和式（8-5）计算。即

$$R_{eHc} = \frac{F_{eHc}}{S_o} \tag{8-4}$$

$$R_{eLc} = \frac{F_{eLc}}{S_o} \tag{8-5}$$

如经协商同意，屈服力可以在测力度盘上判读。

7. 抗压强度（R_{mc}）的测定

试样压至破坏，从力-变形曲线图上确定最大实际压缩力 F_{mc}，或从测力度盘读取最大力值。抗压强度按式（8-6）计算。即

$$R_{mc} = \frac{F_{mc}}{S_o} \tag{8-6}$$

允许使用自动装置或自动测试系统测定抗压强度，可以不绘制力-变形曲线。对于塑性材料，根据应力-应变曲线在规定应变下测定其抗压强度，在报告中应指明所测应力处的应变。

8. 压缩弹性模量（E_c）的测定

用力-变形曲线图解法测定。力轴按图 8-8 的规定，变形放大倍数 n 应不小于 500 倍。

在自动绘制的力-变形曲线图上，取弹性直线段上 J、K 两点（点距应尽可能长），读出对应的力 F_J、F_K，变形 ΔL_J、ΔL_K（见图 8-10）。压缩弹性模量按式（8-7）计算。即

$$E_c = \frac{(F_K - F_J)L_o}{(\Delta L_K - \Delta L_J)S_o} \tag{8-7}$$

如材料无明显的弹性直线段，在无其他规定时，则按逐步逼近法处理。

9. 试验结果的数值修约

试验测定的性能结果数值应按照相关产品标准的要求进行修约。如未规定具体要求，测得的强度性能结果应按照表 8-1 的要求进行修约；弹性模量测定结果保留三位有效数字，修约的方法按照 GB/T 8170—2008。

表 8-1　强度性能结果数值的修约间隔　　（单位：N/mm^2）

性　能	范　围	修约间隔
R_{pc}、R_{tc}、R_{eHc}、R_{eLc}、R_{mc}	≤200	1
	>200～1000	5
	>1000	10

10. 试验结果处理

1）出现下列情况之一时，试验结果无效，应重做同样数量试样的试验。

① 试样未达到试验目的时发生屈曲。

② 试样未达到试验目的时，端部就局部压坏以及试样在凸耳部分或标距外断裂。

③ 试验过程中试验仪器设备发生故障，影响了试验结果。

2）试样上出现冶金缺陷（如分层、气泡、夹渣、缩孔等），应在试验记录及报告中注明。

8.1.5　压缩试验的破坏特征

在压缩试验时，试样的破坏形式与材料的性质及断面的支承情况有关。

对于塑性材料，在压缩试验过程中高度减小，横截面增大形成腰鼓形，压力继续增加，软钢、黄铜可压成圆板状，而纯铁则向侧面开裂，如图 8-11a、b 所示。低塑性与脆性金属材料，如高碳钢、铸铁等，压缩时试样的破坏形式如图 8-11c 所示，试样受压时沿斜截面发

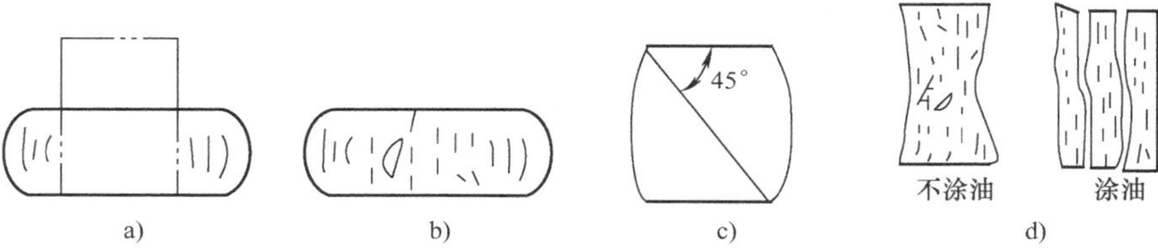

图 8-11　压缩试验破坏形式

生剪切错动而破坏。破断面与横截面略大于45°，压缩试样实际角度常在55°左右（大于45°是由于两破断面间有摩擦作用的缘故）。

其他脆性材料，如石料、混凝土等，压缩试验时试样的破坏形式如图8-11d所示。在试样端面涂油，减小端面受压时的摩擦力，可使破坏载荷降低，破坏的形式可由剪破坏变为拉破坏。

8.2 金属弯曲力学性能试验

8.2.1 弯曲试验的工程应用及特点

1）弯曲试验适用于测定脆性和低塑性材料的强度指标，同时用挠度表示塑性，能明显地显示脆性或低塑性材料的塑性，所以弯曲试验很适于评定脆性和低塑性材料，如铸铁、硬质合金、工具钢等。

2）弯曲试验时，试样横截面上的应力应变分布是不均匀的，表面的应力应变最大，可以较灵敏地反映出材料的表面缺陷情况，常用来比较和鉴别渗碳层和表面淬火层等表面热处理机件的质量和性能。

3）金属杆状试样承受弯矩作用后，其内部应力主要为正应力，与单向拉伸和压缩时产生的应力类同。但由于杆件截面上的应力分布不均匀，表面最大，中心为零，且应力方向发生变化，因此，金属在弯曲加载下所表现的力学行为与单纯拉应力或压应力作用下的不完全相同。例如，很多材料的拉伸弹性模量与压缩弹性模量不同，而弯曲弹性模量却是两者的复合结果。又如，在拉伸或压缩载荷下产生屈服现象的金属，在弯曲载荷下显示不出来。因此，对于承受弯曲载荷的机件，如轴、板状弹簧等，常用弯曲试验测定其力学性能，以作为设计或选材的依据。

4）弯曲试验的试样形状简单、操作方便，不存在拉伸试验时的试样偏斜（力的作用线不能准确通过拉伸试样的轴线而产生附加弯曲应力）对试验结果的影响，并可用试样弯曲的挠度显示材料的塑性。因此，弯曲试验方法常用于测定铸铁、铸造合金、工具钢及硬质合金等脆性与低塑性材料的强度和塑性。

8.2.2 弯曲试验原理

做弯曲试验时，将圆形或矩形横截面试样放置在一定跨距L_S的支座上，进行三点弯曲或四点弯曲加载，通过记录弯矩-挠度（M-f）或弯曲力-挠度（F-f）关系曲线，确定金属在弯曲力作用下的力学性能。试样上的外力垂直于试样的轴线，并作用在纵向对称面内，试样的轴线在纵向对称面内弯曲成一条平面曲线的弯曲变形称为平面弯曲。典型的试样中点处的弯矩-挠度曲线如图8-12所示。

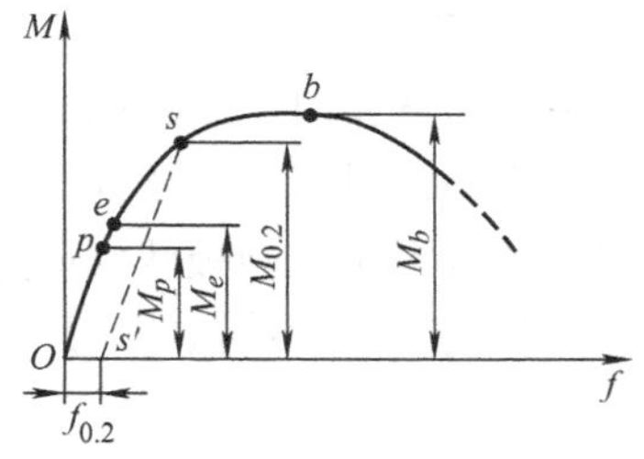

图8-12 弯矩-挠度曲线

从图8-12中可以看出，当试验进行到p点时，弯矩M与挠度f仍保持正比关系；进行到e点时，挠度仍为弹性变形，超过e点，则将产生一定的塑性变形；达到b点时，弯矩为最大值。超过此点，弯矩将逐渐下降，直至试样断裂。

弯曲试验常用两种加载方法：在支座中点集中加载的方法，称为三点弯曲，如图 8-13a所示；通过四点弯曲加载装置的两个加载辊将载荷施加在试样上，称为四点弯曲，如图 8-14a所示。

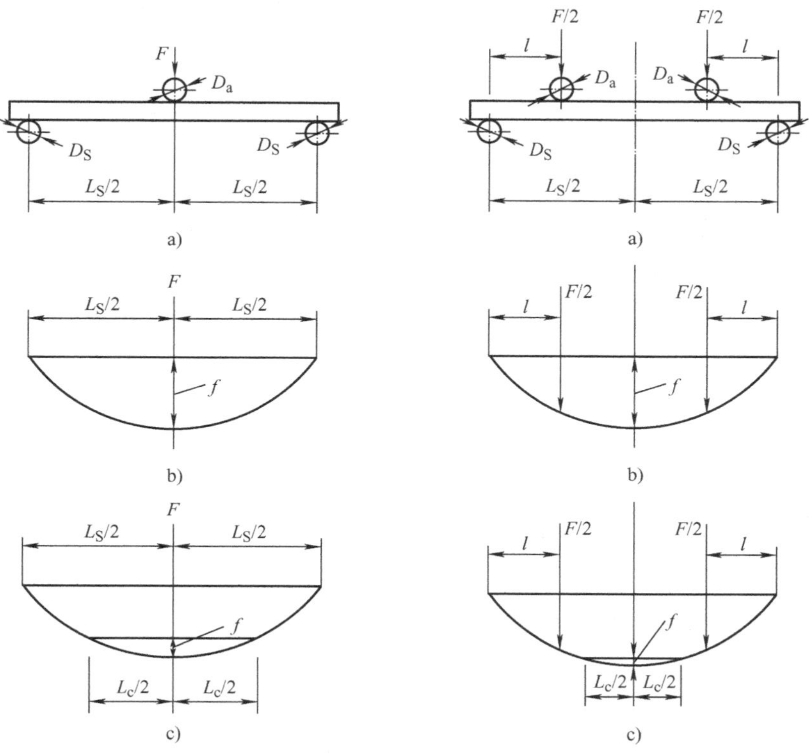

图 8-13　三点弯曲试验示意图　　　　图 8-14　四点弯曲试验示意图

试样弯曲时，一般承受弯矩和剪力。在试样的横截面上一般有弯矩产生的正应力和剪力产生的切应力。

1. 弯曲试样上承受的弯矩和剪力

（1）三点弯曲试样　三点弯曲试样上的弯矩和剪力如图 8-15 所示。

在试样的左半段：

弯矩 $M_1 = FX/2 \quad (0 \leqslant X \leqslant L_S/2)$

式中　X——三点弯曲试样上的考察点到左支座的距离（mm）。

剪力 $Q_1 = F/2 \quad (0 < X < L_S/2)$

在试样的右半段：

弯矩 $M_2 = F(L_S - X)/2 \quad (L_S/2 \leqslant X \leqslant L_S)$

剪力 $Q_2 = -F/2 \quad (L_S/2 < X < L_S)$

在试样的中点弯矩最大，可按式（8-8）计算。即

$$M_{max} = FL_S/4 \tag{8-8}$$

（2）四点弯曲试样　四点弯曲试样上的弯矩和剪力如图 8-16 所示。四点弯曲试验中，两弯曲力均为 $F/2$，两力臂均为 l，两力臂之间弯矩最大，可按式（8-9）计算。即

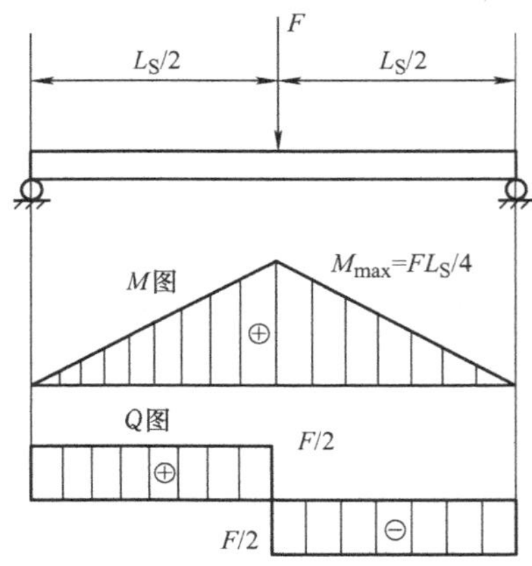
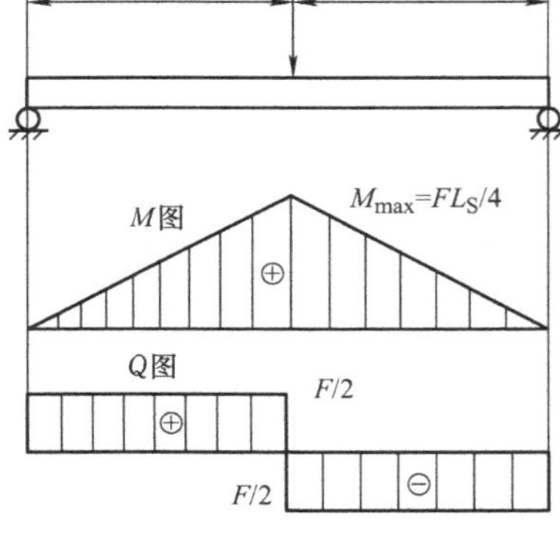

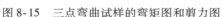

图 8-15　三点弯曲试样的弯矩图和剪力图

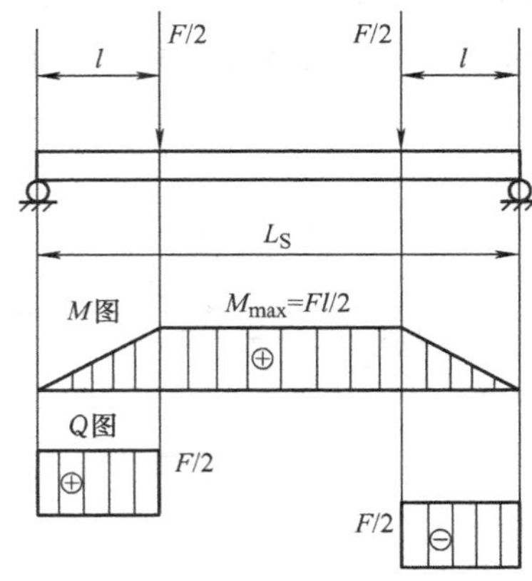

图 8-16　四点弯曲试样的弯矩图和剪力图

$$M_{max} = Fl/2 \tag{8-9}$$

四点弯曲试样的施力点与支座之间的剪力 Q 按式（8-10）计算。即

$$Q = F/2 \tag{8-10}$$

在四点弯曲试验的两弯曲力之间的各横截面上只有均匀分布的弯矩 M，而无剪力 Q，称为纯弯曲。试样通常会在该长度上的任何薄弱处破坏。而三点弯曲试验总是在试样中点处及其附近破坏。

在四点弯曲试验和三点弯曲试验的弯曲力与支点之间的各横截面上同时有弯矩 M 和剪力 Q，称为剪切弯曲。

2. 弯曲试样横截面上的应力与分布

（1）弯曲试验时的正应力　材料力学假设：试验材料是均匀、各向同性的，变形是弹性的；变形前后试样的各横截面都是平面，且与试样轴线垂直。通过对图 8-17 所示弯曲试样的正应力与弯矩的关系进行变形分析，可以得出弯曲试样在弹性变形范围内，横截面上任一点正应力 σ 按式（8-11）计算。即

$$\sigma = MY/I \tag{8-11}$$

式中　M——弯矩（N · mm）；

Y——横截面上任一点到中性轴的距离（mm）；

I——试样横截面对中性轴的轴惯性矩（mm^4），是仅与横截面的形状和尺寸有关的几何量。

式（8-11）表明，弯曲试样横截面上的正应力 σ 与弯矩 M、到中性轴的距离 Y 成正比，与轴惯性矩 I 成反比；Y 为正值时试样受拉，Y 为负值时试样受压，试样的最外层正应力最大。试样的正应力分布如图 8-18 所示。

试样的最外层正应力最大。即

$$\sigma_{max} = M_{max}Y_{max}/I = M_{max}/W \tag{8-12}$$

式中　W——弯曲试样截面系数（mm^3），仅与横截面的形状和尺寸有关的几何量，$W = I/Y_{max}$。

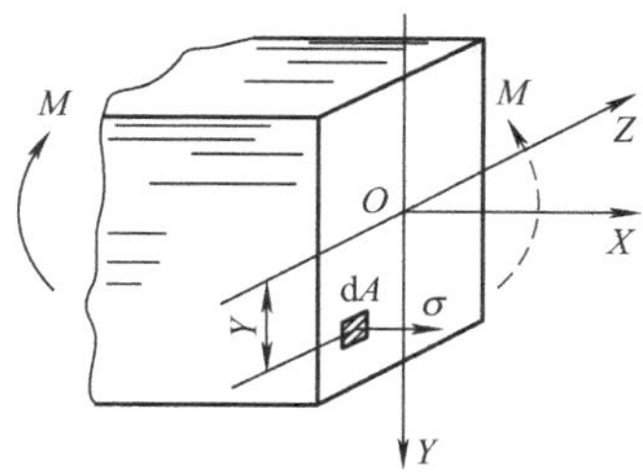

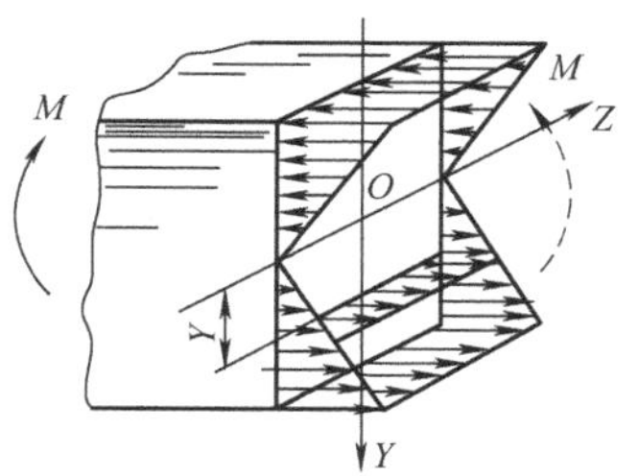

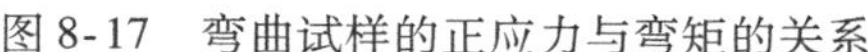
图 8-17　弯曲试样的正应力与弯矩的关系

图 8-18　试样的正应力分布

对于宽度为 b、高度为 h 的矩形截面试样，有 $I = bh^3/12$；$W = bh^2/6$。

对于直径为 d 的圆形截面试样，有 $I = \pi d^4/64$；$W = \pi d^3/32$。

（2）弯曲试验时的切应力　试样剪切弯曲时，横截面上不仅有正应力 σ，还有切应力 τ。材料力学假设：横截面上全部切应力的方向都平行于被它们所平衡的剪力 Q；距中性轴等距离处的切应力相等。通过对图 8-19 所示弯曲试样横截面上 Q 及 τ 的分布的关系进行变形分析，可以得到：

矩形弯曲试样（宽度为 b，高度为 h）的横截面上任一点的切应力，有：$\tau = 3F(1-4Y^2/h^2)/(4bh)$；在中性面处（$Y=0$），切应力最大，$\tau = \tau_{max} = 3F/(4bh)$；在上下表面处（$Y = \pm h/2$），$\tau = \tau_{max} = 0$。

圆形弯曲试样（直径为 d）的横截面上任一点的切应力，有：$\tau = 8F(1-4Y^2/h^2)/(3\pi d^2)$；在中性面处（$Y=0$），切应力最大，$\tau = \tau_{max} = 8F/(3\pi d^2)$；在上下表面处（$Y = \pm d/2$），$\tau = \tau_{max} = 0$。

试样的切应力分布如图 8-20 所示。

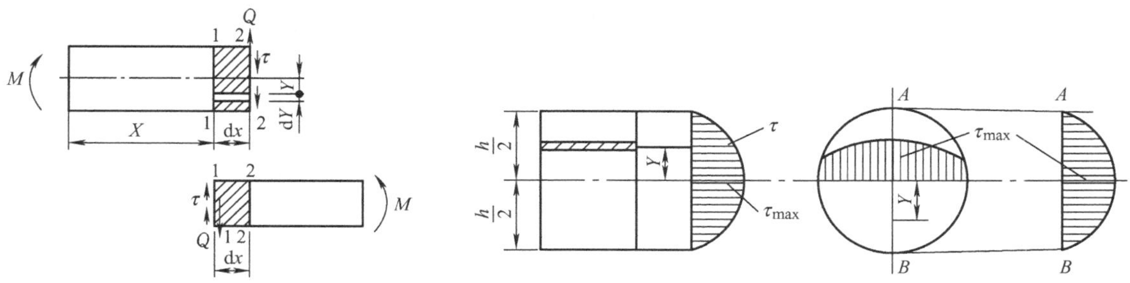

图 8-19　试样横截面上 Q 和 τ 的分布

图 8-20　试样的切应力分布

（3）三点弯曲试验时试样横截面上的最大正应力和最大切应力的关系

1）矩形截面试样

$$\sigma_{max}/\tau_{max} = 2Ls/h \tag{8-13}$$

2）圆形截面试样

$$\sigma_{max}/\tau_{max} = 3Ls/d \tag{8-14}$$

弯曲试验测定正应力 σ 时，要尽量减小切应力 τ 的影响。通常会保证试样有一定长度，如

取 $L_S=10d$（或 $L_S=16h$），则三点弯曲时，切应力的影响小于5%。

（4）弯曲试样的挠度　由材料力学可知，梁的弯曲在弹性范围内，忽略剪力的影响时，挠度 f 与转角 θ、弯矩 M 之间的关系为：挠度 f 的一次积分等于转角 θ，挠度 f 的二次积分等于弯矩 M 除以 EI。

通过积分可以得到：三点弯曲时，试样左半段挠度有：$f_1=-FX(3L_S^2-4X^2)/(48EI)$；试样中点处挠度最大，即

$$f_{max}=FL_S^3/(48EI) \tag{8-15}$$

8.2.3　弯曲力学性能的测定

试验按 YB/T 5349—2014《金属材料　弯曲力学性能试验方法》。

1. 试验机

各种类型的一级或优于一级的压力或万能试验机均可使用，并应按照 GB/T 16825.1 进行检验。试验机应能在规定的速度范围内控制试验速度，加卸力应平稳、无振动、无冲击；并应配备自动记录或采集弯曲力-挠度曲线的装置。

2. 弯曲试验装置

弯曲试验配有三点弯曲试验装置或四点弯曲试验装置。试验时，辊应能绕其轴线转动（相关产品或协议另有规定除外），但不应发生相对位移。两支座之间的距离应可调节，并带有指示距离的标记，跨距应精确到 ±0.5%。辊的硬度应不低于试样的硬度，其表面粗糙度参数 Ra 最大值一般为 0.8μm。

3. 挠度计

挠度计位移示值相对误差应符合表 8-2 的规定。挠度计标距与其名义值之差不大于 ±0.5%。应定期按 GB/T 12160《单轴试验用引伸计的标定》进行检定，检定时工作状态应尽可能与试验时的工作状态相同。

表 8-2　挠度计位移示值误差要求

性　　能	挠度计位移示值相对误差
m_E，R_{pb}，R_{rb}	≤ ±1.0%
R_{bb}，f_{bb}	≤2.0%

m_E—弹性直线斜率　R_{pb}—规定塑性弯曲斜率　R_{rb}—规定残余弯曲强度　R_{bb}—抗弯强度　f_{bb}—断裂挠度

挠度计也可以是一种装置，如管状移动装置，加装常规引伸计；利用百分表；以及利用试验机横梁位移，但应对试验机柔度等因素的影响加以修正。采用挠度计测量试样挠度时，挠度计对试样产生的附加弯曲力应尽可能小。

4. 安全防护装置

弯曲试验时应在试验装置周围装设安全防护罩，以防试样断裂碎片飞出伤害试验人员。

5. 试样

1）弯曲试验采用圆形截面和矩形截面试样。试样的形状、尺寸、公差及表面要求应按有关标准或协议的规定。如无规定，可根据材料和产品尺寸从表 8-3 或表 8-4 中选用合适的试样尺寸。

表 8-3　圆形和矩形横截面试样的尺寸　（单位：mm）

试样	d	$h\times b$	三点弯曲 L_S	三点弯曲 L	四点弯曲 L_S	四点弯曲 L	D_S，D_a
圆形横截面	5 10 13		$\geqslant 16d$	L_S+20			10
	20			L_S+d			20 或 30
	30 45						30
矩形横截面（硬金属用）		5×5 5.25×6.5	30 14.5	35 20			5
矩形横截面		5×5 5×7.5	$\geqslant 16h$	L_S+20	$\geqslant 16h$	L_S+20	5
		10×10 10×15 13×13 13×19.5					10
		20×20 20×30		L_S+h		L_S+h	20 或 30
		30×30 30×40					30

d—试样直径　h—试样高度　b—试样宽度　L_S—跨距　L—试样长度　D_S—支承辊直径　D_a—施力辊直径

表 8-4　薄板试样尺寸　（单位：mm）

薄板试样横截面尺寸 产品宽度 ≤10	薄板试样横截面尺寸 产品宽度 >10	h	L_S	L	r
$b\times h$	$10\times h$	0.25～0.5	$100h$～$150h$	$250h$	0.10～0.15
		>0.5～1.5	$50h$～$100h$	$160h$	
		1.5～<5	80～120	110～150	2.5

2）试样数量：对于圆形、矩形横截面试样，一般每个试验点需试验 3 个试样；对于薄板试样，每个试验点至少试验 6 个试样，试验时，拱面向上和向下各试验 3 个试样。

6. 试验条件

试验应在室温 10～35℃下进行。试验时，弯曲应力增加速率应在 3～30MPa/s 范围内的某个速率下尽量恒定。

7. 弯曲力学性能指标的测定

（1）弹性直线斜率 m_E 的测定

1）可以采用三点弯曲试验的图 8-13b 或四点弯曲试验的图 8-14b 的测量方式（全挠度测量方式）进行测定。试验时对试样连续施加弯曲力，同时自动记录弯曲力-挠度曲线，直至超过弹性变形范围。在曲线上读取弹性直线段的弯曲力增量和相应的挠度增量，如图 8-21 所示。按式（8-16）或式（8-17）计算弯曲应力-应变曲线的弹性直线斜率 m_E。

三点弯曲试验采用图 8-13b 测量方式：

$$m_E=\frac{L_S^3}{48I}\left(\frac{\Delta F}{\Delta f}\right) \tag{8-16}$$

四点弯曲试验采用图 8-14b 测量方式：

$$m_{E} = \frac{l(3L_{S}^{3} - 4l^{2})}{48I}\left(\frac{\Delta F}{\Delta f}\right) \tag{8-17}$$

式中的 I 按式（8-18）或式（8-19）计算：

圆形横截面试样：

$$I = \frac{1}{64}\pi d^{4} \tag{8-18}$$

矩形横截面试样：

$$I = \frac{1}{12}bh^{3} \tag{8-19}$$

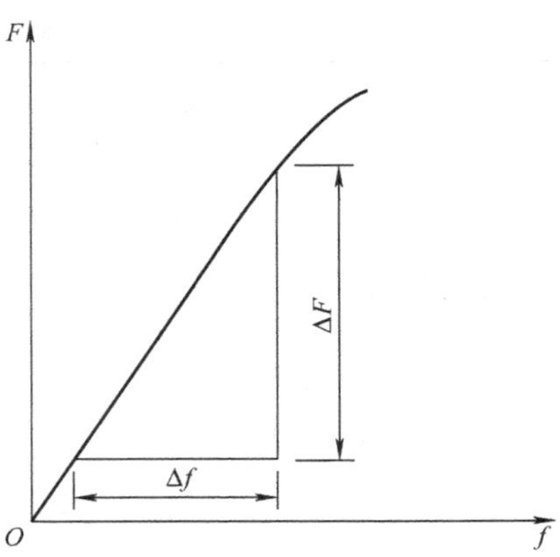

图 8-21　图解法测定弹性直线段弯曲力增量和挠度增量

2）可以采用三点弯曲试验的图 8-13c 或四点弯曲试验的图 8-14c 的测量方式（部分挠度测量方式）。试样对称地安放于弯曲试验装置上，将挠度计装在试样上，挠度计标距的端点与最邻近支承点或施力点的距离应不小于试样的高度或直径。对试样连续施加弯曲力，同时自动记录弯曲力-挠度曲线，直至超过弹性变形范围。在记录的曲线上读取直线段的弯曲力增量和相应的挠度增量，如图 8-21 所示。按式（8-20）或式（8-21）计算弯曲应力-应变曲线的弹性直线斜率 m_{E}。

三点弯曲试验，采用图 8-13c 测量方式：

$$m_{E} = \frac{L_{S}^{3}(3L_{S} - L_{e})}{96I}\left(\frac{\Delta F}{\Delta f}\right) \tag{8-20}$$

四点弯曲试验，采用图 8-14c 测量方式：

$$m_{E} = \frac{lL_{e}^{2}}{16I}\left(\frac{\Delta F}{\Delta f}\right) \tag{8-21}$$

注意：可以借助直尺直观判定图 8-21 的最佳弹性直线段，且可以延长最佳弹性直线段，在较大增量范围内，读取弯曲力增量和相应的挠度增量。

（2）规定塑性弯曲强度的测定　使用图解方法进行测定。将试样对称地安放于弯曲试验装置上，对试样连续施加弯曲力，采用自动方法记录弯曲力-挠度曲线。在曲线图的挠度轴上取 C 点，C 点与原点 O 的距离相应于达到规定塑性弯曲应变（e_{pb}）时的挠度 f_{pb}。根据所采用的测量方式，f_{pb} 按式（8-22）、式（8-23）、式（8-25）或式（8-26）计算。过 C 点作弹性直线段的平行线 CA 交曲线于 A 点，A 点所对应的力为所测规定塑性弯曲力，如图 8-22 所示。规定塑性弯曲强度按公式（8-24）或式（8-27）计算。

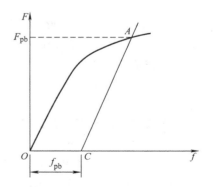

图 8-22　图解法测定规定塑性弯曲力

1）三点弯曲试验：

采用图 8-13b 的测量方式时

$$f_{pb} = \frac{L_{S}^{2}}{12Y}e_{pb} \tag{8-22}$$

采用图 8-13c 的测量方式时

$$f_{pb}=\frac{L_e^2(3L_S-L_e)}{24L_SY}e_{pb} \tag{8-23}$$

$$R_{pb}=\frac{F_{pb}L_S}{4W} \tag{8-24}$$

2）四点弯曲试验：

采用图 8-14b 的测量方式时

$$f_{pb}=\frac{3L_S^2-4l^2}{24Y}e_{pb} \tag{8-25}$$

采用图 8-14c 的测量方式时

$$f_{pb}=\frac{L_e^2}{8Y}e_{pb} \tag{8-26}$$

$$R_{pb}=\frac{F_{pb}l}{2W} \tag{8-27}$$

3）式（8-22）~式（8-27）中的 Y 和 W 为：

对于圆形横截面试样，$Y=\frac{1}{2}d,W=\frac{1}{32}\pi d^3$ 。

对于矩形横截面试样，$Y=\frac{1}{2}h,W=\frac{1}{6}\pi h^2$ 。

（3）规定残余弯曲强度的测定　将试样对称地安放于弯曲试验装置上，并对其施加相应于预期 $R_{pb0.2}$的 3% 的预弯曲力 F_0，测量跨距中点的挠度，记取此时挠度计的读数作为零点。对试样连续或分级施加弯曲力，并将其卸除至预弯曲力 F_0，测量残余挠度。反复递增施力和卸力，直至测量的残余挠度达到或稍超过规定残余弯曲应变相应的挠度。用线性内插法按式（8-28）求出相应于规定残余弯曲形变的弯曲力 F_{rb}。

$$F_{rb}=\frac{(f_n-f_{rb})\ F_{n-1}+\ (f_{rb}-f_{n-1})\ F_n}{f_n-f_{n-1}} \tag{8-28}$$

1）残余挠度f_{rb}按式（8-29）或式（8-30）计算。

三点弯曲试验，采用图 8-13b 的测量方式时

$$f_{rb}=\frac{L_S^2}{12Y}e_{rb} \tag{8-29}$$

四点弯曲试验，采用图 8-14b 的测量方式时

$$f_{rb}=\frac{(3L_S^2-4l^2)L_S^2}{24Y}e_{rb} \tag{8-30}$$

2）规定残余弯曲强度按式（8-31）或（8-32）计算。

三点弯曲试验时：

$$R_{rb}=\frac{F_{rb}L_S}{4W} \tag{8-31}$$

四点弯曲试验时：

$$R_{rb}=\frac{F_{rb}l}{2W} \tag{8-32}$$

注意：1）用此法测定的规定弯曲强度值与用拉伸试验方法测定的规定残余延伸强度值

不一定相等。

2）测定真实规定残余弯曲强度的方法见 YBT 5349—2014 附录 A。

3）如果试样在未达到规定的残余弯曲应变之前已断裂，此试样无可测的规定残余弯曲强度性能。

（4）抗弯强度的测定　将试样对称地安放于弯曲试验装置上，对试样连续施加弯曲力，直至试样断裂。从试验机的力指示装置上或从记录的弯曲力-挠度曲线上读取最大弯曲力 F_{bb}，按式（8-33）或式（8-34）计算抗弯强度。

1）三点弯曲试验时

$$R_{bb} = \frac{F_{bb}L_S}{4W} \tag{8-33}$$

2）四点弯曲试验时

$$R_{bb} = \frac{F_{bb}l}{2W} \tag{8-34}$$

注意：测定真实抗弯强度的方法参见 YBT 5349—2014 附录 A。

（5）断裂挠度的测定　将试样对称地安放于弯曲试验装置上，按图 8-13b 或图 8-14b 方式，对试样连续施加弯曲力，直至试样断裂，测量试样断裂瞬间跨距中点的挠度，此挠度即为断裂挠度 f_{bb}。

注意：对比试验时应采用同一试验方式。

测定断裂挠度一般可与测定抗弯强度在同一试验中进行。如果利用试验机横梁位移来测定断裂挠度，应修正由于试验机柔度等因素的影响，除非已经证明其影响可忽略。

（6）弯曲力学性能自动测定装置的使用　可以使用自动装置，例如微处理机等，自动测定标准中所规定的一项或几项弯曲力学性能而无须绘出弯曲力-挠度曲线。

（7）倒棱的修正　硬金属试样的四个相邻侧面的表面粗糙度 Ra 值的最大值为 0.4μm，4 条长棱应进行 45°角倒棱，倒棱宽度不应超过 0.5mm。倒棱磨削及加工方向与试样长度方向相同。

倒棱后，测定的弹性直线斜率和抗弯强度应进行修正。矩形横截面试样的四条长棱经 45°倒棱后，用试样倒棱前名义横截面尺寸计算弹性直线斜率和弯曲应力（包括抗弯强度）等性能时，其值偏小，应进行修正。修正方法是将式（8-35）计算得到的修正系数乘以用名义横截面尺寸计算的性能值。

$$\alpha = \frac{1}{1 - \left\{\frac{3}{4}\left(\frac{h}{b}\right) - \left[\left(\frac{h}{b}\right) - \sqrt{2}\left(\frac{t}{b}\right)\right] + \frac{1}{4}\left(\frac{h}{b}\right)\left[1 - \sqrt{2}\,\frac{t}{h}\right]^4\right\}} \tag{8-35}$$

8. 试验结果数值的修约

试验结果数值应按照相关产品标准的要求进行修约。如未规定具体要求，应按表 8-5 的要求，使用 GB/T 8710 规定的方法进行修约。

表 8-5　数值修约

试验材料的弯曲力学性能参量	修　约　到
m_E	100MPa
R_{pb}，R_{rb}，R_{bb}	1MPa
f_{bb}	0.1mm

8.3　金属扭转试验

8.3.1　扭转试验的特点及应用

在航空、航天、机械、石油、冶金等工程中，有许多机械零部件承受扭转载荷作用的实例，如各种轴类零件（电机主轴、机床主轴、汽车传动轴、石油钻杆等。因此，必须测定其相关材料的扭转性能指标，为设计提供依据。

1）扭转试验时，从试验开始直至破断，在试样的整个工作长度上塑性变形都是均匀的，试样仍保持圆柱形，横截面的大小、形状及试样工作长度几乎保持不变，没有颈缩现象。因此，可以用扭转试验精确地测定高塑性金属材料的应力-应变关系。

2）剪切试验只能测定材料的抗剪强度，对于高塑性材料，由于常伴随着弯曲变形而不能得到正确的结果，扭转试验则能较全面地了解材料在切应力作用下的行为。

3）扭转应力状态较拉伸软（应力状态柔性系数 $\alpha=0.8$），可以使低塑性材料处于韧性状态下测定它们的强度和塑性。

4）扭转试验时，试样表面的应力状态如图8-23所示，最大切应力和正应力绝对值相等，夹角呈45°。因此，扭转试验可以明显地区别材料的断裂方式：正断或切断。这一点其他试验不能与之相比。

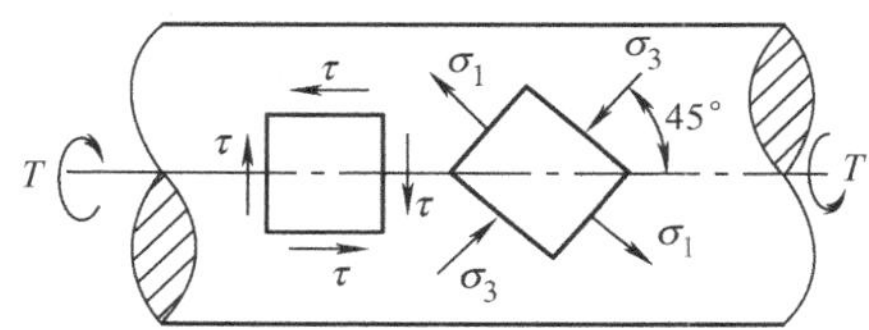

图8-23　扭转试样表面的应力状态

5）扭转试验时，试样横截面上沿直径方向切应力和切应变的分布是不均匀的，试样表面的切应力和切应变最大。因此扭转试验可以灵敏地反映出材料的表面缺陷及表面硬化层的性能，可用来研究或检验工件热处理的表面质量和各种表面强化工艺质量。

8.3.2　扭转试验的原理

扭转试验是对圆柱形（或管形）试样施加扭矩 T（使试样两端承受大小相等、方向相反、作用面垂直于试样轴线的力偶），测量扭矩 T 及相应的扭角 θ，试验一般扭转至断裂，以便测定金属材料的各项扭转力学性能指标。如把扭矩 T 及相应的扭角 θ 绘制成曲线，即得到 T-θ 扭转图。

当试样承受扭矩 T 时，试样表面的应力状态如图8-23所示。在与试样轴线呈45°的两个斜截面上承受最大与最小正应力 σ_1 及 σ_3，在与试样轴线平行和垂直的截面上承受最大切应力 τ，两者比值近于1。在弹性变形阶段，试样横截面上的切应力和切应变沿半径方向的分布是线性的，如图8-24a所示。当表层产生塑性变形后，切应变的分布仍保持线性关系，但切应力则因塑性变形而有所降低，不再呈线性分布，如图8-24b所示。

1. 扭转时的切应力

圆柱体试样扭转时，平衡外加扭矩 T 是由横截面上无数的微剪切力组成的。

如图8-25所示，设距圆心 ρ 处的切应力为 τ_ρ，此处的微面积 $\mathrm{d}A$ 上的微剪切力为 $\tau_\rho \mathrm{d}A$。

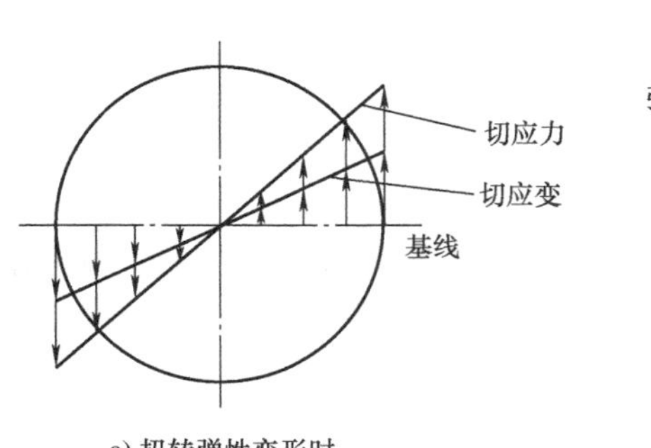

a) 扭转弹性变形时

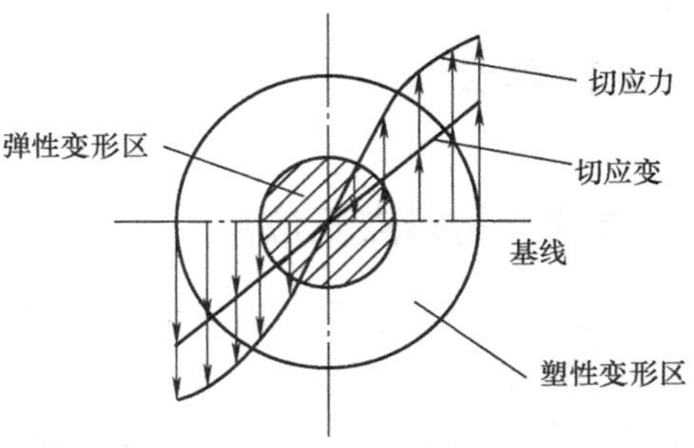

b) 扭转塑性变形时

图 8-24　扭转弹性变形横截面切应力和切应变分布

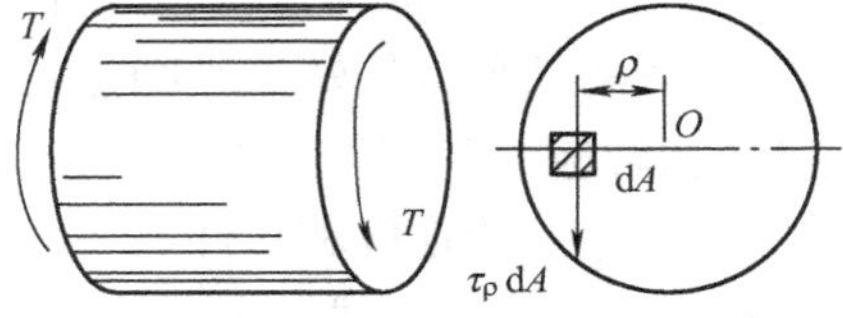

图 8-25　圆柱体试样扭转时的切应力计算示意图

则有 $T = \int_A \tau_\rho \rho \mathrm{d}A$，弹性范围内，切应力沿半径成正比，表面切应力最大，即 $\tau_\rho = \tau_{max}\dfrac{\rho}{r}$，故，

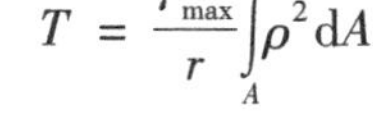

$$T = \frac{\tau_{max}}{r}\int_A \rho^2 \mathrm{d}A$$

令 $I_p = \int_A \rho^2 \mathrm{d}A$，这是仅与横截面的形状和尺寸有关的几何量，称为试样横截面对形心的极惯性矩，则有 $T = \dfrac{\tau_{max}}{r}I_p$，令 $W = I_p/r$，即扭转横截面系数，则有

$$\tau_{max} = T/W \tag{8-36}$$

对于实心圆截面

$$I_p = \pi d^4/32,\ W_p = \pi d^3/16$$

对于空心圆截面

$$I_p = \pi(d^4 - d_1^4)/32,\ W_p = \pi d^3(1 - d_1^4/d^4)/16$$

式中　d——空心圆外径；

d_1——空心圆内径。

2. 扭转时的切应变

当直径为 d、长度为 L_c 的圆柱体两端的相对扭转角为 θ 时，试样表面的切应变 γ 为

$$\gamma = r\theta/L_c = d\theta/(2L_c) \tag{8-37}$$

3. 剪切弹性模量

剪切弹性模量 G 的计算公式为

$$G = \tau/\gamma = TL_c/(\theta I_p) \tag{8-38}$$

1）当切应力使试样表面发生塑性变形时，圆柱体横截面上的切应力 τ_ρ 与该点到轴线的距离 ρ 失去比例关系，如图 8-24b 所示。由材料力学可知：扭转试验时，距离圆柱体轴线为 ρ 处，切应变 $\gamma_\rho = \rho\mathrm{d}\theta/\mathrm{d}x = \rho\theta$，切应力 $\tau_\rho = (3T + \theta\mathrm{d}T/\mathrm{d}\theta)/2\pi\rho^3$；在试样表面（$\rho = d/2$ 处），$\tau = 4(3T + \theta\mathrm{d}T/\mathrm{d}\theta)/\pi d^3$，其中，$\mathrm{d}T/\mathrm{d}\theta$ 为 T-θ 曲线上试验点的斜率。

2）薄壁管扭转时的切应力。当薄壁管的壁厚 α_0 远小于其平均半径 r_m 时［$r_m=(d+d_1)/2$，$\alpha_0/r_m<10$］，可以认为试样横截面上沿壁厚方向切应力近似相等，它们对试样轴线的力矩与外加扭矩 T 平衡，因此平衡方程为 $T-2\pi r_m\alpha_0\tau r_m=0$，所以薄壁管扭转时的切应力

$$\tau=T/(2\pi r_m^2\alpha_0) \tag{8-39}$$

在薄壁管扭转时的切应力公式推导中没有应用胡克定律，式（8-39）可应用于整个扭转试验过程，即此式（8-39）不仅可用于薄壁管扭转弹性变形阶段，也可用于薄壁管扭转塑性变形阶段。

8.3.3　扭转力学性能的测试

1. 扭转试样

圆柱形试样的形状和尺寸如图 8-26 所示。试样的头部形状和尺寸应适合试验机夹头夹持。推荐采用直径为 10mm，标距分别为 50mm 和 100mm，平行长度分别为 70mm 和 120mm 的试样。如采用其他直径的试样，其平行长度应为标距加上两倍直径。由于扭转试验时试样外表面切应力最大，对于试样的表面细微缺陷比较敏感，因此，对试样的表面粗糙度要求较拉伸试样高。

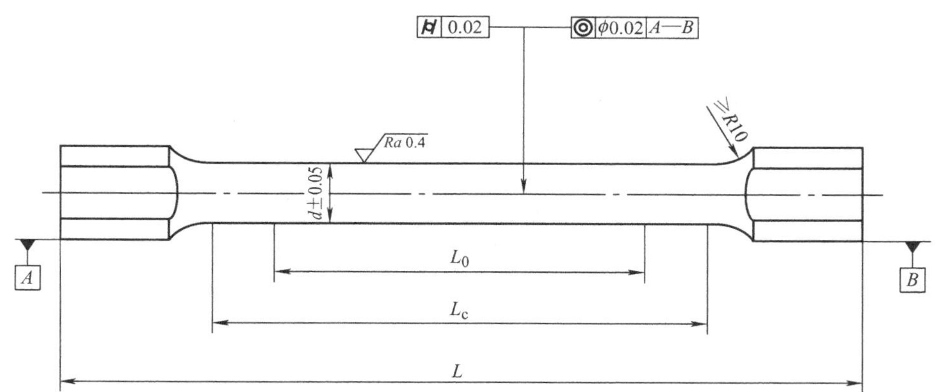

图 8-26　圆柱形扭转试样

管形试样的平行长度应为标距加上两倍直径。其外直径和管壁厚度的尺寸公差及内外表面粗糙度应符合有关标准或协议要求。试样应平直，试样两端应间隙配合塞头，塞头不应伸进其平行长度内。塞头的形状和尺寸可参照 GB/T 10128—2007 中的图 2。

2. 试验设备

（1）扭转试验机　允许使用不同类型的机械式或电子式扭转试验机，试验机扭矩示值相对误差应不大于 ±1%。试验时，试验机两夹头中之一应能沿轴向自由移动，对试样无附加轴向力，两夹头保持同轴。试验机应能在规定的速度范围内控制试验速度，对试样连续施加扭矩，加卸力应平稳、无振动、无冲击。试验机扭矩示值应由计量部门定期进行检定。

（2）扭转计　允许使用不同类型的扭转计测量扭角，如镜式扭转计、表式扭转计、电子型扭转计等。标距相对误差应不大于 ±0.5%。扭角：示值分辨力≤0.001°，示值相对误差应在 ±1% 以内，示值重复性≤1%。

扭转计应能牢固地装夹在试样上，试验过程中不应发生滑移。扭转计示值线性误差应不

大于 ±1%，应定期进行标定。

8.3.4 扭转力学性能指标的测定

1. 试验条件

试验应在 10 ~35℃室温下进行。对温度要求严格的试验，试验温度应为 (23 ±5)℃。扭转速度：屈服前控制应在 3°/min ~30°/min 范围内，屈服后不大于 720°/min。速度的改变应无冲击。

2. 规定塑性扭转强度 τ_p 的测定

在扭转试验的塑性变形阶段，对大部分材料来说，试样表面的最大切应变为最大正应变的 1.5 倍，所以为了能与拉伸试验时的规定塑性延伸强度相互比较，扭转试验的塑性切应变通常取与拉伸试验的塑性正应变 $\varepsilon_{p0.01}$、$\varepsilon_{p0.2}$ 相对应的 $\gamma_{p0.015}$、$\gamma_{p0.3}$。

(1) 图解法　试验时，安装试样并装夹扭转计，按规定的试验速度对试样连续施加扭矩，用自动记录方法记录扭矩-扭角曲线，如图 8-27 所示。在记录的扭矩-扭角曲线图上，自弹性直线段与扭角轴的交点 O 起，截取 OC 段（$OC=2L_c\gamma_p/d$）。过 C 点作弹性直线段的平行线 CA 交曲线于 A 点，A 点所对应的扭矩即为规定塑性扭矩 T_p。按式（8-40）计算规定塑性扭转强度 τ_p。即

$$\tau_p = T_p/W \tag{8-40}$$

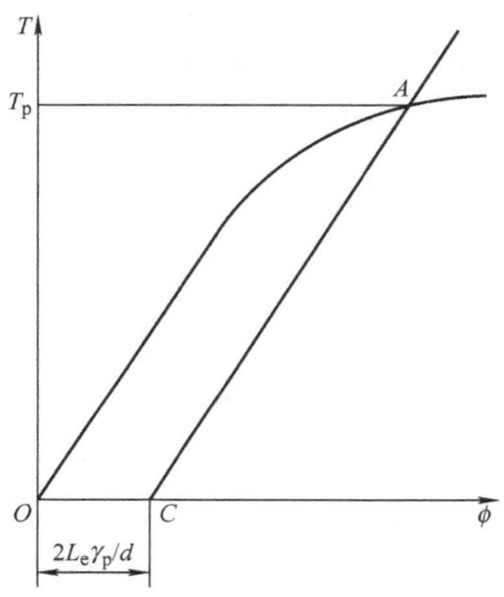

图 8-27　规定塑性扭矩 T_p 的确定

(2) 逐级加载法　试验时，首先对试样施加预扭矩，预扭矩一般不超过预期规定塑性扭转应力 $\tau_{p0.015}$ 的 10%，装上扭转计并调整零点。在相当于规定塑性扭转应力 $\tau_{p0.01}$ 的 70% ~80% 以前，施加大等级扭矩，以后施加小等级扭矩，小等级扭矩应相当于不大于 10MPa 的切应力增量。读取各级扭矩和相应的扭角。读取每对数据对的时间以不超过 10s 为宜。

从各级扭矩下的扭角读数中减去计算得到的弹性部分扭角，即得塑性部分扭角。施加扭矩直至得到塑性扭角等于或稍大于所规定的数值为止。用内插法求出精确的扭矩，按式（8-40）计算规定非比例扭转强度 τ_p。

3. 上屈服强度 τ_{eH} 和下屈服强度 τ_{eL} 的测定

采用图解法或指针法进行测定（仲裁试验采用图解法）。试验时，对试样连续施加扭矩，同时用自动记录方法记录扭矩-扭角曲线或直接观测试验机扭矩度盘指针的指示或数显器读数。首次下降前的最大扭矩为上屈服扭矩 T_{eH}，屈服阶段中不计初始瞬时效应的最小扭矩为下屈服扭矩 T_{eL}。上屈服强度 τ_{eH} 和下屈服强度 τ_{eL} 的计算公式如下：

$$\tau_{eH} = T_{eH}/W \tag{8-41}$$

$$\tau_{eL} = T_{eL}/W \tag{8-42}$$

4. 抗扭强度 τ_m 与最大塑性切应变 γ_{max} 的测定

试验时，对试样连续施加扭矩，同时记录扭矩-扭角曲线，直至试样扭断。从记录的扭矩-扭角曲线（见图 8-28）或试验机扭矩度盘上读取试样扭断前所承受的最大扭矩 T_m。过

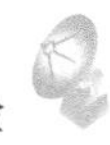

试样断裂点 K 作曲线的弹性直线段的平行线 KJ 交扭角轴于 J 点，J 点对应的扭角即为最大塑性扭角 ϕ_{max}。抗扭强度 τ_m 与最大塑性切应变 γ_{max} 的计算公式如下：

$$\tau_m = T_m/W \tag{8-43}$$

$$\gamma_{max}(\%) = [d\phi_{max}/(2L_c)] \times 100\% \tag{8-44}$$

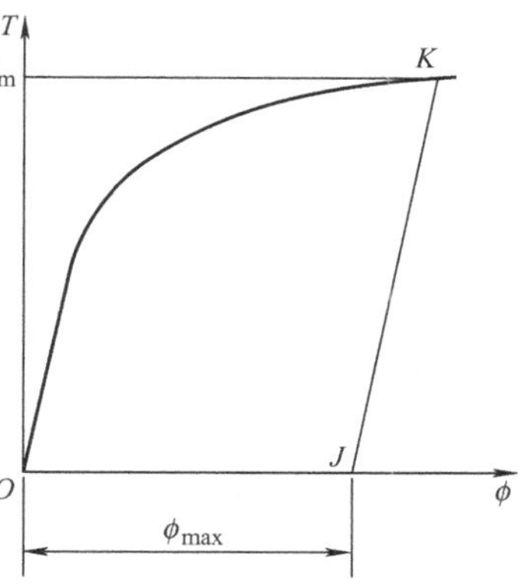

图 8-28　图解法测定 τ_m 与 γ_{max}

5. 剪切模量 G 的测定

（1）图解法　安装试样并装夹扭转计，按规定的试验速度对试样连续施加扭矩，用自动记录方法记录扭矩-扭角曲线。在所记录的曲线图上，读取扭矩增量 ΔT 和相应的扭角增量 $\Delta\phi$。按式（8-45）计算剪切模量 G。即

$$G = \Delta T L_c/\Delta\theta I_p \tag{8-45}$$

（2）逐级加载法　试验时，首先对试样施加预扭矩，预扭矩一般不超过预期规定塑性扭转强度 $\tau_{p0.015}$ 的 10%。装上扭转计并调整其零点。在弹性直线段范围内，用不少于 5 级等扭矩对试样加载。记录每级扭矩和相应的扭角，读取每对数据对的时间以不超过 10s 为宜。计算出平均每级扭角增量，按式（8-39）计算剪切模量 G。

6. 真实规定塑性扭转强度与真实抗扭强度的测定

由于试样表面发生塑性变形时，圆柱体横截面上的切应力 τ_p 与该点到轴线的距离 ρ 失去比例关系，在试样表面（$\rho = d/2$ 处）：$\tau = 4(3T + \theta dT/d\theta)/(\pi d^3)$。GB/T 10128—2007 的附录 B 给出了圆形横截面试样真实规定塑性扭转强度和真实抗扭强度的测定方法。

试验时，用与前面相同的方法进行试验，记录扭矩-扭角曲线。过规定塑性应变点作弹性直线段的平行线与曲线交于 A 点，以 A 点为切点，过 A 点作曲线的切线 AT_1 交扭矩轴于 T_1，如图 8-29 所示。读取 A 点扭矩 T_A 和扭矩 T_1。按式（8-46）计算真实规定塑性扭转强度。即

$$\tau_{tp} = 4[3T_A + \theta_A(dT/d\theta)_A]/(\pi d^3) = 4(4T_A - T_1)/(\pi d^3) \tag{8-46}$$

式中　θ——相对扭角，$\theta = \phi/L_e$。

以曲线上断裂点 K 为切点，过 K 点作曲线的切线 KT_B 交扭矩轴于 T_B，如图 8-30 所示。读取 K 点扭矩 T_K 和扭矩 T_B，按式（8-47）计算真实抗扭强度 τ_{tm}。

$$\tau_{tm} = 4[3T_K + \theta_K(dT/d\theta)_K]/(\pi d^3) = 4(4T_K - T_B)/(\pi d^3) \tag{8-47}$$

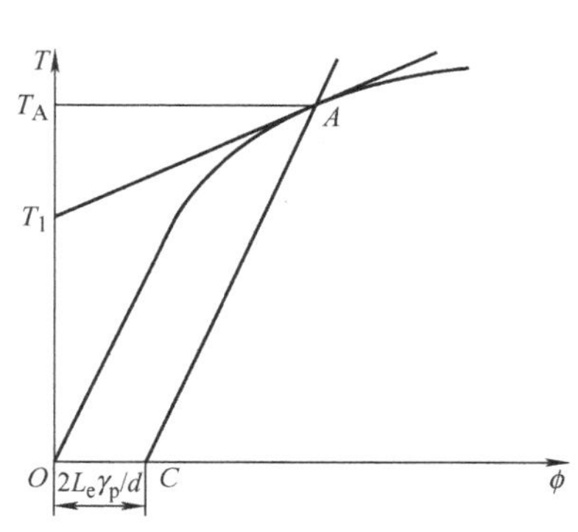

图 8-29　真实规定塑性扭转强度

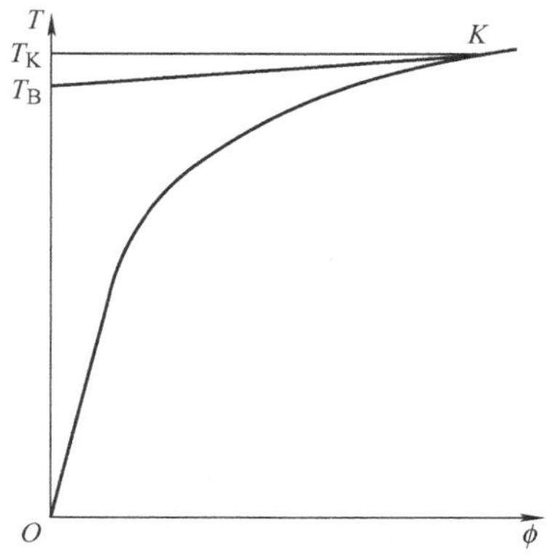

图 8-30　真实抗扭强度

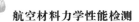

7. 测试结果数值的修约

强度值的修约参见表 8-1 的规定，切应变值修约到 0.5%，剪切模量修约到 100MPa。

8.3.5 扭转试样的断裂分析

扭转试样断裂后，从断裂面的破断情况可判断金属的性能和产生破断的原因（是韧性断裂还是脆性断裂，是正应力引起的破断还是切应力产生的破断）。扭转试验时，圆柱形试样表面的应力状态如图 8-22 所示，最大切应力和正应力绝对值相等，夹角成 45°。因此圆柱形试样扭转时，最大切应力发生在靠近试样表面的横截面和径向截面上，而最大正应力则发生在试样表面处与试样轴线成 45°倾角的斜截面上。

由于低碳钢等塑性材料的抗剪强度低于它们的抗拉（压）强度，所以破断发生在切应力最大处，即沿与轴线垂直的横截面发生剪切破断，这种断口平整，有塑性滑移痕迹，如图 8-31a所示。

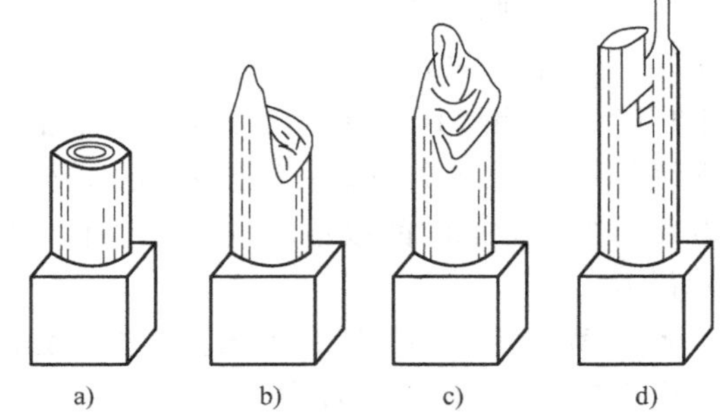

图 8-31　圆柱形扭转试样扭转破断形式

对于铸铁等脆性材料，由于它们的抗拉强度比剪切强度低，所以破断在受拉应力最大的部位发生，即沿着与试样轴线成 45°倾角的螺旋面上发生正断破坏，如图 8-31b 所示。

木材圆柱形试样在扭转时，则沿纵向纤维发生错动破坏，如图 8-31c 所示。破断的特点是顺着试样的轴线形成纵向剥层或裂纹。这是因为在径向截面上的切应力值与横截面上的相等，然而木材沿木纹方向的剪切强度远比与木纹垂直方向的剪切强度低。

金属材料圆柱形试样在扭转时除了上述两种破断形式外，也可能得到图 8-31d 所示的第三种破断形式。原因是试样内存在着非金属夹杂物、偏析或金属锻造、拉拔的方向与试样轴线一致时，使试样轴线方向上金属材料的抗剪能力降低，结果试样在受扭后沿纵向破断。

8.4 金属剪切试验

8.4.1 剪切试验的特点及应用

在工程实际中，常遇到剪切问题，例如用剪切机剪断钢丝或钢板。工程结构件中常用的销、键、铆钉、螺栓等连接件都是主要承受剪切力。发生剪切变形的构件，称为剪切构件。工程结构中梁的跨度较小时，结构除受弯曲应力外，还要承受较大的切应力。在这些情况下，构件的设计和制造都需要考虑材料的抗剪强度，需要对材料及零件进行剪切试验。剪切试验也可用来测定复合钢板的基体和覆层之间的结合力。

构件在剪切时受力和变形的特点是：作用在构件两侧面上的横向外力的合力大小相等、方向相反、作用线相隔很近，并使各自作用的构件部分沿着与合力作用线平行的受剪面发生错动。剪切试验就是要测定最大错动力和相应的应力。

剪切试验有相应的试验标准，也有工艺上的要求方法。工厂中常用到单剪试验、双剪试验、冲孔式剪切试验、开缝剪切试验、铆钉剪切试验和复合钢板剪切试验。

为使试验结果尽可能接近实际工况，剪切试验常用各种剪切试验装置和相应的试验方法来模拟实际工件的工况条件，对试样施加剪力直至断裂，以测定其抗剪强度。

8.4.2　剪切试验的原理

单剪试验原理如图 8-32 所示。由力的平衡关系可知，在 $m—m$ 受剪面上分布的内力系的合力必然是一个平行于外力 F 的剪力 Q。由平衡条件可得 $F-Q=0$，则 $Q=F$。

在图 8-33 所示的双剪试验中，同样可以得出双剪试验的剪力 $Q=F/2$。

在工程上，受剪面上的切应力按式（8-48）计算。即

$$\tau = Q/S_o \tag{8-48}$$

式中　S_o——受剪面原始截面积（mm^2）。

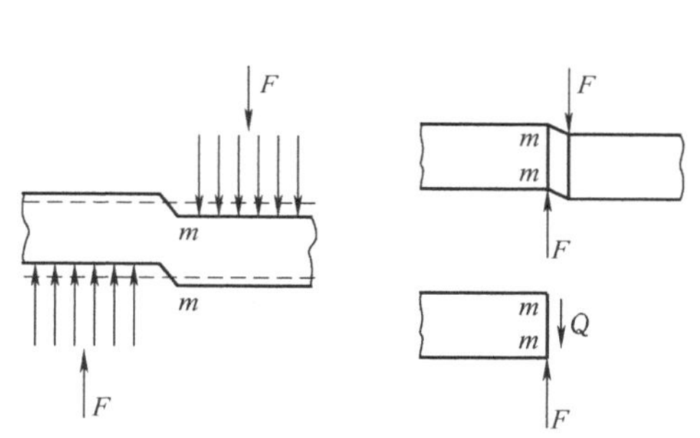

图 8-32　单剪试验原理

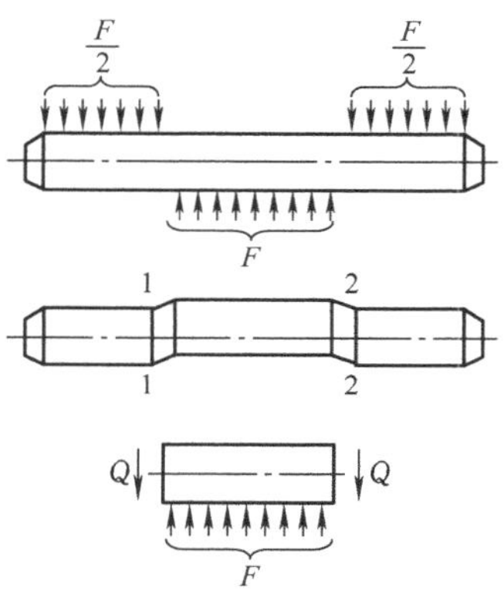

图 8-33　双剪试验原理

8.4.3　剪切力学性能的测试

1. 试验机

各种类型的 1 级拉力、压力或万能试验机均可使用。试验机应由计量部门定期进行检定，并能在规定的速度范围内控制试验速度，加卸力应平稳、无振动、无冲击。

2. 剪切试验装置

剪切试验装置的形式有多种，其加载零件和承载零件的材料、硬度和配合尺寸均有一定的要求。常见的几种剪切试验装置如下：

（1）单剪试验装置　单剪试验装置如图 8-34 所示。底模、上压模均由工具钢加工、淬火制成，要求表面光滑，边缘锋利，以减少摩擦和阻力。试验时试样用螺钉固定在底座上。

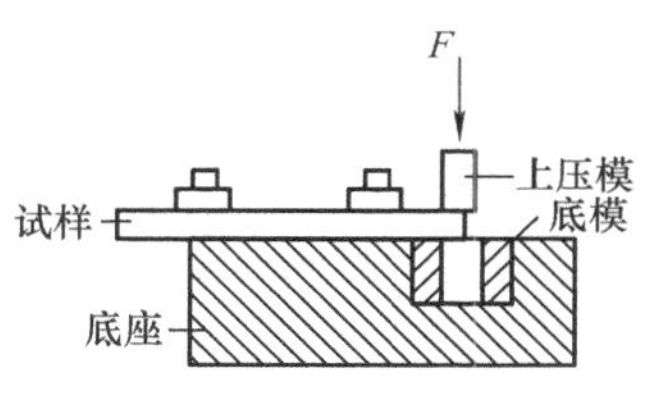

图 8-34　单剪试验装置

（2）双剪试验装置　几种典型的双剪试验装置如图 8-35 ~ 图 8-38 所示。剪切工装中，剪切支承部分采用合金钢材料即可，而切刀部分则要求有较高的硬度（≥700HV 或为 57 ~ 62HRC），

可采用工具钢或模具钢。更高要求的硬度，则会采用硬质合金钢。另外，剪切孔与试件的配合间隙是影响试验结果的重要因素，工装制造及试验时应考虑到，通常配合的间隙不应超过0.10mm。

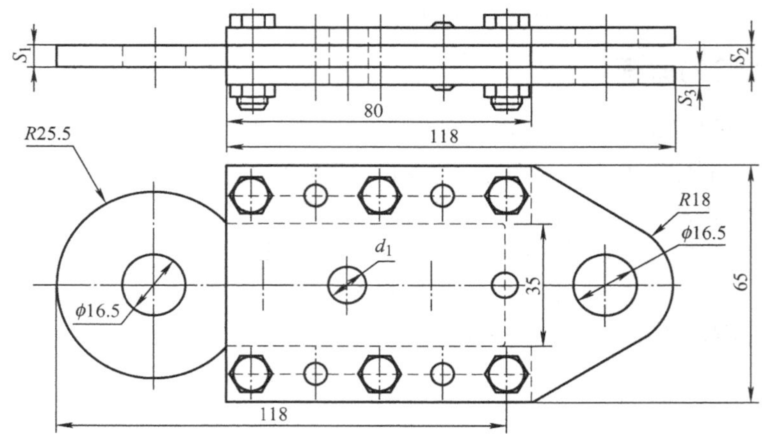

图8-35　拉式剪切试验装置

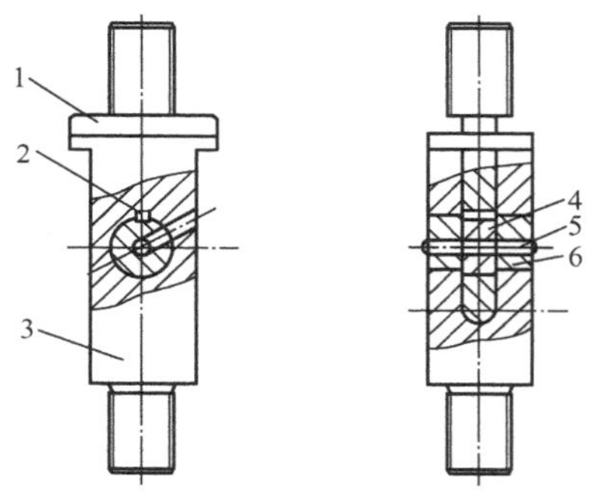

图8-36　高温拉式双剪试验装置

1—切刀　2—键　3—夹板　4—剪切圈　5—试样　6—支承圈

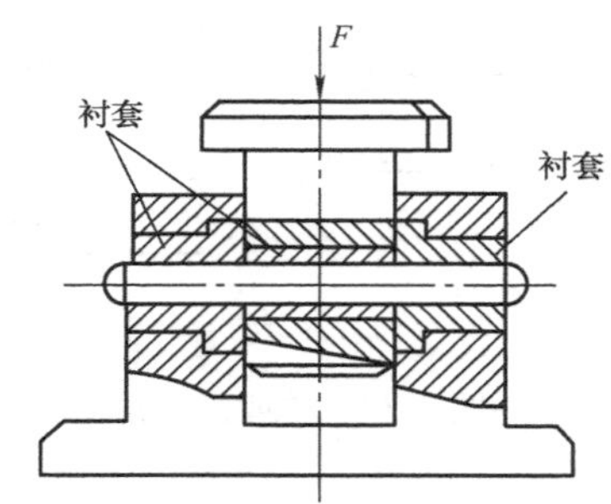

图8-37　压式双剪试验装置

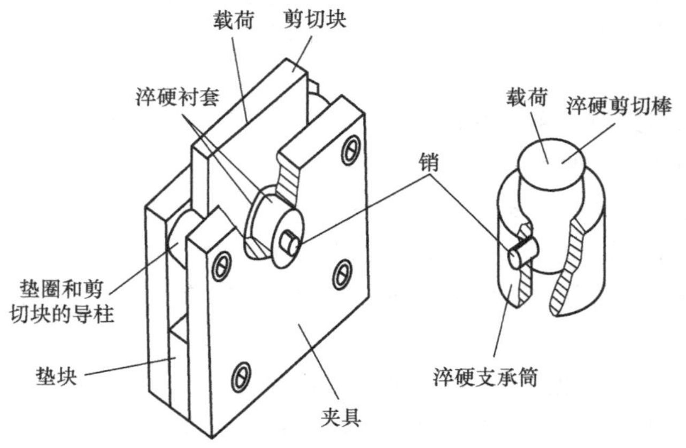

图8-38　压式销双剪试验装置

3. 常用剪切试验

剪切试样的形状、尺寸根据试验方法与剪切试验装置来确定，常见的形式有以下几种。

（1）圆柱形试样的剪切实验

1）该类试验涉及的试验方法标准有 HB 5148—1996《铆钉、金属丝剪切试验方法》、HB 5213—1982《金属高温剪切试验方法》、GB/T 6400—2007《金属材料　线材和铆钉剪切试验方法》、GB/T 13683—1992《销　剪切试验方法》、GB/T 3250—2007《铝及铝合金线材与铆钉剪切试验方法及铆钉线铆接试验方法》。

2）剪切试样，可取直径 $d_0=8\text{mm}$、10mm 或 12mm 的圆柱，成品件通常直接进行剪切试验。一般地，要求光杆长度 L 在双剪时 $L\geqslant 3d_0$，在单剪时 $L\geqslant 2.5d_0$。

3）试验结果表述：单剪试验抗剪强度 $\tau_b=F/S_o$；双剪试验抗剪强度 $\tau_b=F/(2S_o)=2F/(\pi d_0^2)$。通常，也有要求直接用单剪或双剪最大抗力表示的。

试样剪断后如发生弯曲，或断口出现楔形、椭圆形等剪切截面，则试验结果无效，应重新取样进行试验。

（2）零件冲孔剪切试验　图 8-39 所示为生产中常见的零件冲孔剪切试验装置。实际试验工装应考虑对冲头和试样的约束。冲孔试验抗剪强度 τ_b 的计算公式为

$$\tau_b=F/(\pi d_0 t)$$

式中　d_0——冲孔直径（mm）；

t——试样厚度（mm）。

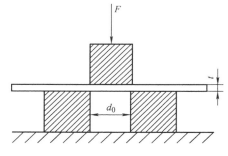

图 8-39　零件冲孔剪切试验装置

（3）复合钢板剪切试验　该试验方法可按 GB/T 6396—2008《复合钢板力学性能及工艺试验方法》。

复合钢板剪切试验是采用静压(拉)力，通过相应的试验装置（见图 8-40），使平行于试验力方向的基材与复材的结合面承受剪力直至断裂，以测定抗剪强度。对于轧制复合钢

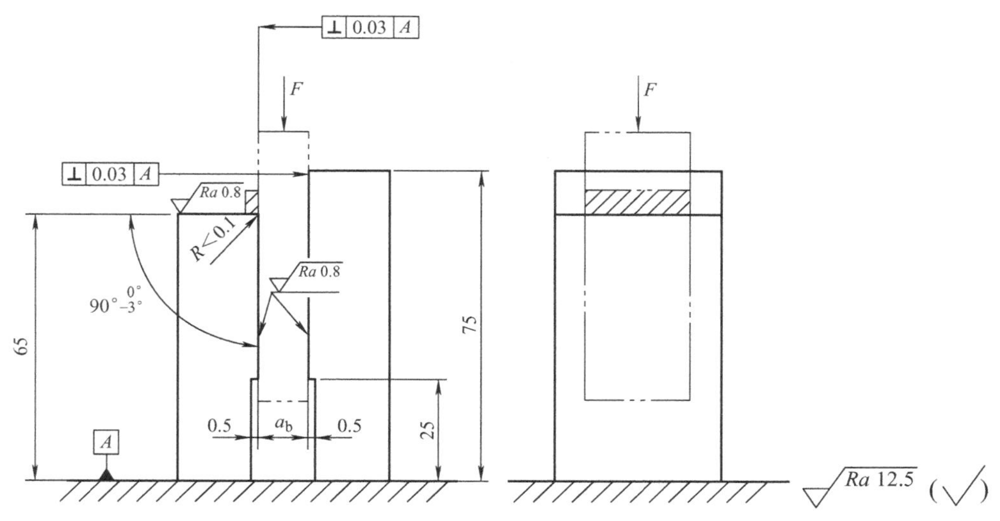

图 8-40　复合钢板剪切试验装置

板，试样长度方向应平行于轧制方向。复合钢板剪切试样如图 8-41 所示，将样坯大部分复材加工掉，只留下宽 W 的部分承受剪切。当复合钢板总厚度≤10mm 时，可采用图 8-42 所示的复合钢板拉剪试样，直接拉伸试样，获得剪切力。

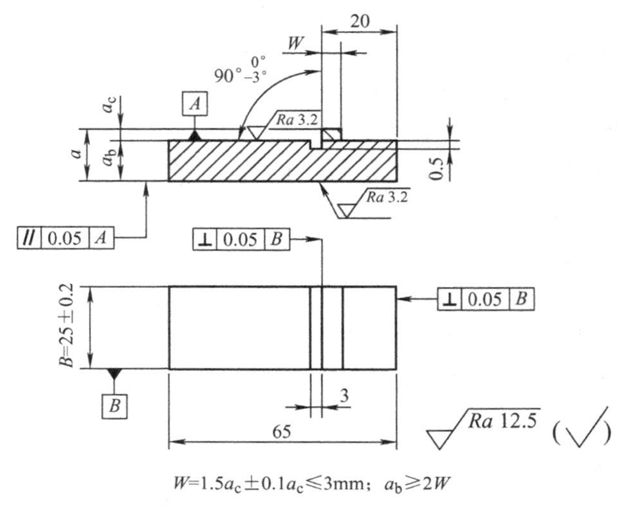

图 8-41　复合钢板剪切试样

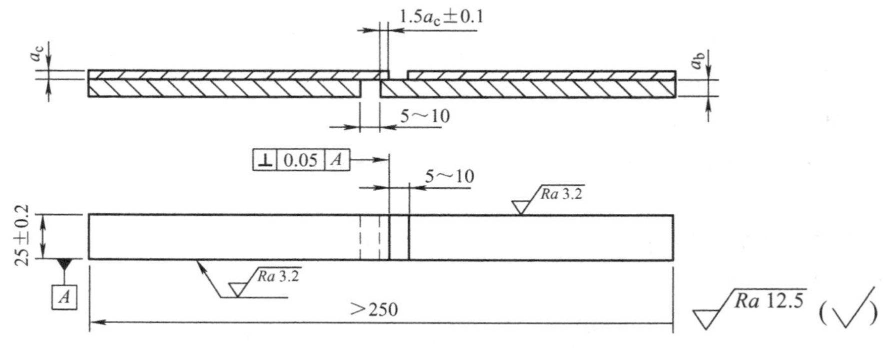

图 8-42　复合钢板拉剪试样

复合钢板剪切试验抗剪强度 τ_b 的计算公式为

$$\tau_b = F/(WB)$$

式中　W——试样复材受剪面宽度（mm）；

　　　B——试样宽度（mm）。

（4）金属板材剪切试验　该试验方法按 HB 6736—1993《金属板材剪切试验方法》。其试样如图 8-43 所示。试样剪断后，剪切断口与试样轴线夹角不超过 15°。金属板材剪切试验抗剪强度 τ_b 的计算公式为

$$\tau_b = \frac{F}{Bh}$$

式中　F——剪切试样承受的最大负荷（N）；

　　　B——试样厚度（mm）；

　　　h——试样两槽口边之间的最小距离（mm）。

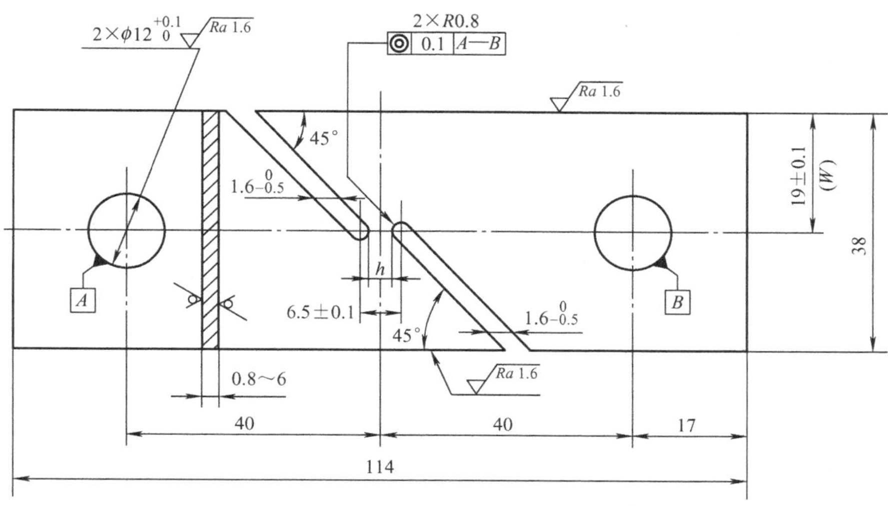

图 8-43　金属板材剪切试样

4. 剪切性能的测定

（1）剪切试验条件

1）根据试样的尺寸选择适宜孔径的试验装置。将试验装置安装在试验机上应保证装置的上下夹头（或压头）中心线一致，不得偏心。

2）室温剪切试验速度通常不大于 15mm/min，高温剪切试验速度不大于 5mm/min，平稳施加载荷，直至试样断裂。

3）高温剪切试验在高温炉中进行。对加热、测温及控温系统与温度波动的要求按 GB/T 228.2—2015《金属材料　拉伸试验　第 2 部分：高温试验方法》的规定。热电偶应直接测量试样中部温度，试样加热到试验温度时间一般不大于 1h，保温时间为 15 ~30min。

（2）剪切试验数据处理　试样剪断后，记下剪切试验过程的最大试验力 F，并按以下公式计算抗剪强度 τ_b。

1）单剪试验抗剪强度：

$$\tau_b = F/S_0 \tag{8-49}$$

式中　S_0——试样原始横截面积（mm^2）。

2）双剪试验抗剪强度：

$$\tau_b = F/(2S_0) = 2F/(\pi d_0^2) \tag{8-50}$$

式中　d_0——试样原始直径（mm）。

3）冲孔试验抗剪强度：

$$\tau_b = F/(\pi d_0 t) \tag{8-51}$$

式中　d_0——冲孔直径（mm）；

　　t——试样厚度（mm）。

4）金属板材剪切试验抗剪强度：

$$\tau_b = F/(Bh) \tag{8-52}$$

式中 B——试样厚度（mm）；

h——试样两槽口边之间的最小距离（mm）。

5）复合钢板剪切试验抗剪强度：

$$\tau_b = F/(WB) \tag{8-53}$$

式中 W——试样复材受剪面宽度（mm）；

B——试样宽度（mm）。

抗剪强度的计算精确到3位有效数字。数值修约按规定执行，但界限数值不准修约。

试样剪断后如发生弯曲，或断口出现楔形、椭圆形等剪切截面，则试验结果无效，应重新取样进行试验。

思 考 题

1. 压缩试验有哪几种破坏形式?
2. 薄板压缩试验的试样形状是怎样的?
3. 画出三点弯曲和四点弯曲时的弯矩图和剪力图。
4. 画出弯曲试验时试样横截面上的正应力和切应力分布图。
5. 剪切试验过程中试样的受力和变形特点是什么?
6. 复合钢板剪切试验的目的是什么?
7. 在什么情况下剪切试验结果无效?
8. 画出扭转试验时圆柱形试样横截面上的切应变和切应力分布图。
9. 扭转试验有哪几种破坏形式?

第9章　金属的工艺性能试验

金属材料的塑性加工在国民经济的加工工业中占有重要的地位，广泛用于航天、航空、汽车、军工、仪器仪表、机械等领域。在工业化生产中各种加工方法具有不同的特点，如板料冲压具有工艺过程复杂、制件精度高、一致性高等优点；锻造可以提高材料的综合力学性能、产品质量稳定等。金属工艺试验是测试金属承受一定变形能力或承受相似于金属工艺加工过程或以后服役时所承受作用力能力的试验，是检查金属材料工艺性能简便、实用的好方法。其目的是检验金属材料是否适用于某种加工工艺，以及采用某种加工工艺后承受塑性变形的能力。它有别于其他的常规力学性能试验（如拉伸、冲击、硬度等试验），不考虑材料的受力大小。在金属材料的使用程中，许多材料需要成形加工，对于这部分材料，仅检验其强度、塑性和韧性指标往往是不够的，即使这些指标达到了材料标准的要求，其是否能适用于材料的成形加工，还要进行相应变形的工艺试验来验证。例如，某加工车间在制作弹簧前，仅对使用的钢丝进行了拉伸性能试验，而没有进行缠绕工艺性能试验，在制作弹簧过程中发生开裂现象，造成大批材料浪费。某公司在镦制螺钉毛坯前，没有进行顶锻试验，螺钉毛坯端头出现裂纹，造成较大的经济损失。因此金属工艺性能对某些材料的实际应用是一项非常必要的材料检测项目。

金属工艺试验具有如下特点：

1）工艺试验的结果能显示金属材料的塑性和韧性及其他部分质量问题。

2）金属工艺试验的试样加工简易，试验方法简便，无须复杂的试验设备。

3）工艺试验的方法和结果判定可按技术协议要求作为产品的交货条件。

4）金属工艺试验的结果可以为材料生产企业提供从冶炼、冷热加工工艺方面提高质量措施的依据。

5）金属工艺试验还能作为一般常规材料力学性能检验的补充试验。

本章重点介绍在实验室中常用的几种工艺性能试验。

9.1　金属弯曲工艺性能试验

本节讲述的弯曲试验是指在室温环境下的冷弯试验。其原理是以圆形、方形、矩形或多边形横截面试样（不适用于金属管材和金属焊接接头）在弯曲装置上经受弯曲塑性变形，不改变加力方向，直至达到规定的弯曲角度，观测样品经过弯曲变形后在弯曲外表面和自然环附近的开裂现象。这种工艺试验是考核金属材料质量的有效方法之一，但该试验不测定金属的弯曲强度和挠度等性能指标。

弯曲工艺性能试验采用 GB/T 232—2010《金属材料　弯曲试验方法》。

9.1.1　试样与试验装置

有关试样的要求详见第8章的8.2.3节。

弯曲试验可以根据样品材料、规格和弯曲角度等选择适当的试验设备，通常采用拉压材料试验机、压力机或老钳等。一般情况下，应借助如下任意一种弯曲装置完成试验。

1. 支辊式弯曲装置

支辊式弯曲装置如图 9-1 所示。

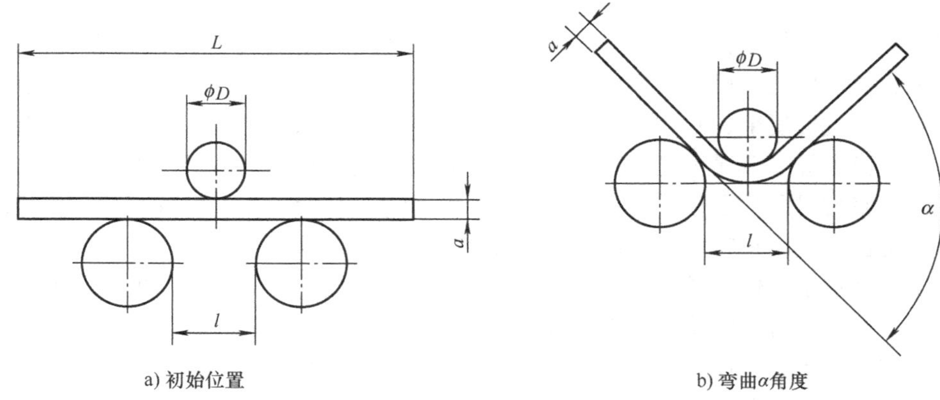

图 9-1　支辊式弯曲装置

支辊长度和弯曲压头的宽度应大于试样宽度或直径；除非另有规定，支辊间距离 l 应按照式（9-1）确定，此距离在试验期间应保持不变。

$$l = (D + 3a) \pm 0.5a \tag{9-1}$$

式中　D——弯曲压头直径；

a——试样厚度、直径或多边形横截面内切圆直径。

2. V 形模具式弯曲装置

V 形模具式弯曲装置如图 9-2 所示。模具的 V 形槽角度应为 $180° - \alpha$；模具的支承棱边应倒圆，其倒圆半径应为 1 ~ 10 倍的试样厚度。

3. 虎钳式弯曲装置

虎钳式弯曲装置如图 9-3 所示。装置由虎钳及有足够硬度的弯曲压头组成，可以配置加力杠杆。

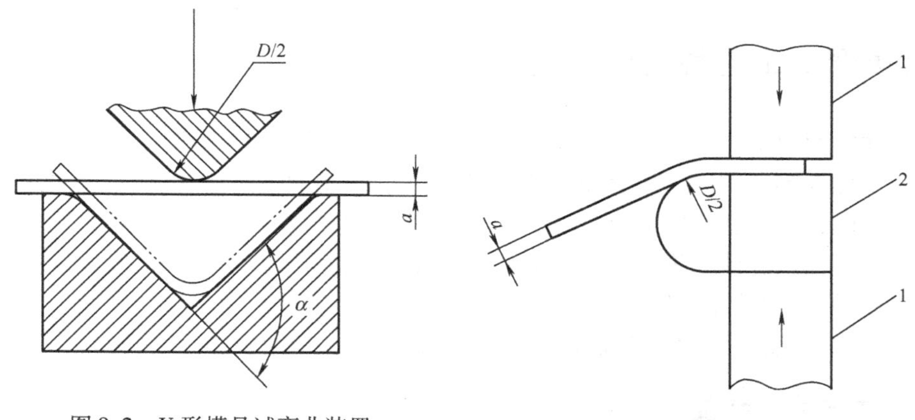

图 9-2　V 形模具试弯曲装置

图 9-3　虎钳式弯曲装置
1—虎钳　2—弯曲压头

不论采用何种弯曲装置，都需要满足：

1）用于支承的支辊、模具、楔形滑块和弯曲压头等，其宽度均应大于试样的宽度或直径，并应具有足够的硬度。

2）弯曲压头的直径应满足相关产品标准的规定。

9.1.2　试验程序

1）根据相关产品标准的要求，选择适当的弯曲装置，当选择支辊式弯曲装置或翻板式弯曲装置时，应调整好支辊间距离或两支承面间的距离。

2）试样弯曲至规定弯曲角度的试验，应将试样放于两支辊或 V 形模具或两水平翻板上，试样轴线应与弯曲压头轴线垂直，弯曲压头在两支座之间的中点处对试样连续施加力使其弯曲，直至达到规定的弯曲角度。也可采用虎钳式弯曲装置进行弯曲试验，试样一端固定，绕弯曲压头进行弯曲，可以绕过弯曲压头，直至达到规定的弯曲角度。

3）试样弯曲至两臂相互平行的试验，首先对试样进行初步弯曲（弯曲角度应尽可能大），然后将试样置于试验机两平行压板之间，连续施加力压其两端使试样进一步弯曲，直至两臂平行。试验时可以加或不加内置垫块。垫块厚度等于规定的弯曲压头直径，除非产品标准中另有规定。

4）试样弯曲至两臂直接接触的试验，首先对试样进行初步弯曲（弯曲角度应尽可能大），然后将试样置于试验机两平行压板之间，连续施加力压其两端使试样进一步弯曲，直至两臂直接接触。

5）弯曲试验时，应缓慢施加弯曲力，以使材料能够自由地进行塑性变形。

9.1.3　试验报告

试验报告应依据具体情况进行编写。一般包括试验标准编号、执行的产品标准、材料信息（如材料牌号、炉号、取样方向等）、试样信息（如形状和尺寸）、试验条件（弯曲压头直径、弯曲角度等）和试验结果。

其中，试验结果应按照相关产品标准的要求进行评定。一般检查弯曲处的外侧及自然环附近，按断裂、裂缝、分层和无裂纹等进行评定。相关产品标准规定的弯曲角度认作为最小值，规定的弯曲半径认作为最大值。如相关产品标准未规定具体要求，弯曲试验后试样弯曲外表面无肉眼可见裂纹应评定为合格。

9.2　金属杯突工艺性能试验

金属杯突试验主要测量金属薄板和薄带材料的冲压性能，也叫埃里克森杯突试验。与工程上的深冲成形工艺相似，是金属薄板和薄带材料的主要工艺试验之一。其试验原理是将一个端部为球形的冲头对着一个被夹紧在垫模和压模间的试样进行冲压形成一个凹痕，直到出现一条穿透裂纹。依据冲头位移测得的凹痕深度即为试验结果。

9.2.1　试样

杯突试样应平整，其宽度或直径应大于等于 90mm，压痕中心到试样任何边缘的距离不小于45mm，相邻压痕中心间距不小于90mm。对于窄试样，压痕中心应在试样宽度的中心，相邻压痕中心间距至少为一个试样宽度。制备试样时，试样边缘不应产生妨碍其进入试验设备或影响试验结果的飞边或变形。试验前，不能对试样进行任何锤打或冷、热加工。

9.2.2 试验设备

试验一般在杯突试验机上进行，也可以在一个装有压模、冲头和垫模的设备上进行。埃里克森杯突试验示意图如图9-5所示，金属杯突试验压模、冲头和垫模的尺寸和公差见表9-1。压模、冲头和垫模的尺寸和公差详见GB/T 4156—2007中的表1。

试验设备的结构应保证试验过程中可观察到试样的外表面，并在出现穿透裂纹时能够立即停止。试验时冲头不能转动，压模轴线相对冲头球形中心的距离在冲压行程范围内应小于0.1mm。垫模和压模与试样的接触表面应平坦并垂直于冲头的移动轴。成形压模应能相对于固定的垫模做自调整。试验设备应能够测量冲头从开始接触试样表面所产生的位移，冲头位移测量装置分度为0.1mm或更小。压模、垫模和冲头应有足够的刚性，其维氏硬度至少为750HV30。冲头的工作表面为球形并抛光，其表面粗糙度 Ra 不大于0.4μm。也可以使用经硬化处理的钢球替代上述冲头。

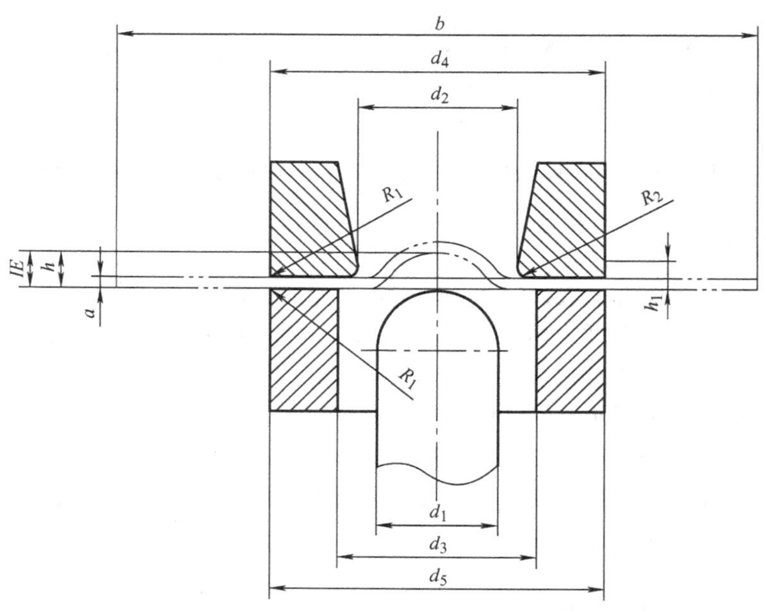

图9-4 埃里克森杯突试验示意图

注：图中符号名称见表9-1。

表9-1 金属杯突试验压模、冲头和垫模的尺寸和公差 （单位：mm）

符号	说明	试样和模具尺寸，埃里克森杯突值			
		标准试验	较厚或较窄薄板的试验		
a	试样厚度	$0.1 \leqslant a \leqslant 2$	$2 < a \leqslant 3$	$0.1 \leqslant a \leqslant 2$	$0.1 \leqslant a \leqslant 1$
b	试样厚度或直径	$\geqslant 90$	$\geqslant 90$	$55 \leqslant b < 90$	$30 \leqslant b < 55$

（续）

符号	说　明	试样和模具尺寸，埃里克森杯突值			
		标准试验	较厚或较窄薄板的试验		
d_1	冲头球形部分直径	20 ±0.05	20 ±0.05	15 ±0.02	8 ±0.02
d_2	压模孔径	27 ±0.05	40 ±0.05	21 ±0.02	11 ±0.02
d_3	垫模孔径	33 ±0.1	33 ±0.1	18 ±0.1	10 ±0.1
d_4	压模外径	55 ±0.1	70 ±0.1	55 ±0.1	55 ±0.1
d_5	垫模外径	55 ±0.1	70 ±0.1	55 ±0.1	55 ±0.1
R_1	压模外侧圆角半径，垫模外侧圆角半径	0.75 ±0.1	1.0 ±0.1	0.75 ±0.1	0.75 ±0.1
R_2	压模内侧圆角半径	0.75 ±0.05	2.0 ±0.05	0.75 ±0.05	0.75 ±0.05
h_1	压模内侧圆形部分高度	3.0 ±0.1	6.0 ±0.1	3.0 ±0.1	3.0 ±0.1
h	试验过程压痕深度	—	—	—	—
IE	埃里克森杯突值	IE	IE40	IE21	IE11

9.2.3　试验程序

1）试验前应根据产品标准的要求，选择相应的冲头、压模和垫模，并在试样接触到冲头和压模的部位，涂上少量石墨脂。

2）试验一般在室温下进行。将试样放置在垫模和压模之间，夹紧试样，其夹紧力约为 10kN。

3）缓慢移动冲头使其接触试样，此位置为试验测量的起始点。

4）平稳地进行压痕成形。对于标准试验，冲头移动速度控制在 5 ~20mm/min 之间；对于宽度小于 90mm 的试样，速度控制在 5 ~10mm/min 之间。

5）裂纹显示出穿过试样的整个厚度时，应立即停止移动冲头。

6）测量冲头的压入深度，精确到 0.1mm。

7）除非产品标准另有规定，应至少进行三次试验，埃里克森杯突值为所有测量值的平均值，单位为 mm。

9.2.4　试验报告

试验报告应依据具体情况进行编写。一般包括试验标准编号、执行的产品标准、材料信息（如材料牌号、炉号、取样位置等）、试样厚度、润滑剂类型、试验条件和试验结果及结论。

9.3　金属丝材扭转工艺性能试验

金属丝材扭转试验执行金属线材扭转试验方法。金属线材扭转试验是测定金属线材在单向或双向扭转中承受塑性变形的能力及判断线材的表面和内部缺陷。GB/T 239.1—2012 中规定：单向扭转是试样绕自身轴线向一个方向均匀旋转 360°作为一次扭转至规定次数或试样断裂。GB/T 239.2—2012 中规定：双向扭转是指试样绕自身轴线先向一个方向均匀旋转360°作为一周，扭转至规定次数后，向相反方向旋转至规定次数或试样断裂。下面主要介绍 GB/T 239.1—2012《金属材料　线材　第一部分　单向扭转试验方法》和 GB/T 239.2—2012《金属材料　线材　第二部分　双向扭转试验方法》。

9.3.1　试样

线材扭转试样应在外观检查合格的线材上截取。试样长度应根据试验机夹具的具体情况及产品标准规定的标距长度确定，当产品标准对试样标距没有规定时，采用表9-2规定的试样标距长度。表9-2中的特征尺寸 D 是指非圆形横截面金属线材横截面的最大尺寸，通常在相应标准中规定。试样应尽可能平直，必要时，可用手对试样进行矫直，也可将试样置于木材、塑料或铜质平面上，用由这些材料制成的锤子或其他合适的方法轻轻矫直。矫直时，不得损伤试样表面，也不得扭曲试样，且试样不能有局部硬弯的现象。

表9-2　金属丝材单向扭转试验两夹头间试样标距长度　　（单位：mm）

线材公称直径 d 或特征尺寸 D	两夹头间标距长度 L（公称值）[①]
$0.1 \leqslant d\ (D) < 1$	$200d$（或 D）
$1 \leqslant d\ (D) < 5$	$100d$（或 D）
$5 \leqslant d\ (D) < 10$	$50d$（或 D）
$10 \leqslant d\ (D) < 14$	$22d$（或 D）

① 夹头间距长度最大为300mm。
② 适用于钢线材。

9.3.2　试验设备

试验一般在专用线材扭转试验机上进行。试验机应具备：

1）试验机夹头夹块齿面应相互平行，夹块硬度≥55HRC。

2）试验期间，两夹头应保持在同一轴线上，并对试样不施加任何弯曲力。试验机自身不得妨碍由试样收缩所引起的夹头之间长度的变化。

3）试验机的一个夹头应能绕试样轴线旋转，而另一个夹头不得有任何转动，除非这种角度变形被用于测定扭矩。

双向扭转要求试验机夹头的一端应能绕试样轴线双向旋转，而另一端不得有任何转动。

4）试验机应有对试样施加适当的拉紧力的装置。

5）试验机的速度应能调节，并有自动记录扭转次数的装置及测量两夹头间标距长度的刻度尺。

6）试验机应有防护装置。

9.3.3　试验程序

1）试验一般在10~35℃的室温下进行，如有特殊要求，试验温度应为23℃±5℃。

2）将试样置于试验机夹持钳口中，使其轴线与夹头轴线重合。为使试样在试验过程中保持平直，应施加某种形式的拉紧力，这种拉紧力不得大于该线材公称抗拉强度相应力值的2%。对于10~14mm的钢线材无须施加拉紧力。

3）除非另有规定，否则应按表 9-3 所列有关材质的线材直径选用相应的扭转速度，其偏差应控制在规定转速的 ±10% 以内。

表 9-3　线材直径与扭转速度

<table>
<tr><th rowspan="2">线材公称直径 d 或特征尺寸 D/mm</th><th colspan="3">单向扭转速度/（r/s）</th></tr>
<tr><th>钢</th><th>铜及铜合金</th><th>铝及铝合金</th></tr>
<tr><td>$0.1 \leqslant d(D) < 1$</td><td>1 或 3①</td><td>5</td><td rowspan="6">60</td></tr>
<tr><td>$1 \leqslant d(D) < 1.5$</td><td rowspan="3">0.5 或 1①</td><td>2</td></tr>
<tr><td>$1.5 \leqslant d(D) < 3$</td><td>1.5</td></tr>
<tr><td>$3 \leqslant d(D) < 3.6$</td><td rowspan="2">1</td></tr>
<tr><td>$3.6 \leqslant d(D) < 5$</td><td rowspan="2">0.25 或 0.5①</td></tr>
<tr><td>$5 \leqslant d(D) \leqslant 10$</td><td>0.5</td></tr>
<tr><td>$10 < d(D) \leqslant 14$</td><td>0.1</td><td>—</td><td></td></tr>
</table>

① 此速度只适用于对应变速率不敏感的材料。

4）试样置于试验机后，以一合适的恒定速度旋转可转动夹头，计数装置同时自动记数，直至试样断裂或达到规定的次数为止。

5）当试样的扭转次数、表面及断口符合有关标准规定时，则该试验有效。如果试样未达到规定的次数，且断口位置在离夹头 $2d$（或 $2D$）范围内，则该试验结果无效。如试样发生严重劈裂，则最后一次扭转不计。检验性试验根据产品标准要求进行结果判定。

9.3.4　试验报告

试验报告至少应包括产品标准及试验标准编号、试样信息（如材料牌号、状态等）、试样公称直径或特征尺寸、试验条件（如标距长度、速度、拉紧力等）、试验结果。

9.4　金属顶锻工艺性能试验

顶锻试验原理是金属材料在室温或热状态下沿试样轴线方向施加压力，将试样压缩，检验金属在规定的锻压比下承受顶锻塑性变形的能力，并显示金属表面缺陷。YB/T 5293—2014《金属材料　顶锻试验方法》规定了横截面尺寸（直径、边长或内切圆半径）为 5 ~ 30mm 的冷顶锻试验方法和 5 ~ 200mm 的热顶锻试验方法。

9.4.1　试样

1）切取试样时，应防止损伤试样表面和因过热或加工硬化而改变其性能。

2）试样应保留原轧制或拔制表面。如果试样表面要求机加工，应在相关标准中加以说明，试样机加工的轨迹应垂直于试样的中心线。

3）试样的高度 h 应在相关产品标准中规定。如未具体规定，对于黑色金属应为试样横截面尺寸的 2 倍；对于有色金属应为试样横截面尺寸的 50% 倍。试样高度的允许偏差不应超过 ±5%h。

4）试样端面应垂直于试样轴线。

5）试样标志应标在试样的任一端面。

9.4.2 试验设备

顶锻试验可用顶锻试验机、万能试验机、压力机、锻压机或锤子完成。试验时可使用具有足够刚性的支承板和防止试样偏斜的夹具。对于热顶锻试样应用可控制温度的加热装置进行加热。

9.4.3 试验程序

1）试验应在静压力或动压力下进行。

2）冷顶锻试验一般在10～35℃的室温下进行，对于温度要求严格的试验，试验温度应为（23±5）℃。对于热顶锻试验，试样的加热温度、加热时间和允许的终锻温度应按照相关产品标准规定的要求。

3）顶锻试验后试样高度 h_1 按式（9-2）计算。即

$$h_1 = hX \tag{9-2}$$

式中 h——试样原始高度；

X——锻压比，应在相关产品标准或协议中规定，如未具体规定，对于冷顶锻试验采用1/2，对于热顶锻试验采用1/3。

4）顶锻试验后试样不应有扭歪锻斜现象，顶锻试验后试样高度允许偏差不超过±5%h。

5）顶锻试验后检查试样侧面，应按照相关产品标准的要求评定试验结果。如相关产品标准未有具体规定，当锻压比达到要求而试样未产生肉眼可见的裂纹、折叠，即评定为合格。

9.4.4 试验报告

试验报告至少应包括产品标准及试验标准编号、试样信息（如材料牌号、状态等）、试样公称直径、热顶锻试验温度、试验前后试样的高度、锻压比、试验结果等。

9.5 金属反复弯曲工艺性能试验

反复弯曲试验原理是将试样一端固定，绕规定半径的圆柱支辊弯曲90°，再沿相反方向弯曲的重复弯曲试验。我国金属材料反复弯曲试验方法标准为GB/T 238—2013《金属材料 线材 反复弯曲试验方法》，适用于直径或特征尺寸为0.3～10mm的金属线材反复弯曲塑性变形能力的测定；GB/T 235—2013《金属材料 薄板和薄带 反复弯曲试验方法》，适用于厚度等于或小于3mm的金属薄板和薄带反复弯曲塑性变形能力的测定。

9.5.1 试样

1. 线材反复弯曲试样

线材试样应尽可能平直。但试验时，在其弯曲平面内允许有轻微的弯曲。必要时试样可以用手矫直。在试样用手不能矫直时，可在木材、塑料等硬度低于试验材料的平面上用相同材料的锤头矫直。在矫直过程中，不得有影响试验结果的表面损伤，且试样也不得产生任何扭曲。沿着试样纵向中性轴线存在局部硬弯的线材不得矫直，试验部位存在硬弯的试样不得

用于试验。

2. 板材反复弯曲试样

试样厚度应为薄板或薄带产品的厚度，并保留两侧原表面，试样长度约为 150mm。机加工的试样其宽度应为 20 ~25mm。对于试样宽度大于 25mm 的，经供需双方协商，可采用其他宽度试样；对于试样宽度小于 20mm 的薄带产品，试样宽度应为原产品的全宽度。样坯的切取位置和方向应按照相关产品标准的要求或供需双方协议确定。样坯应保留足够的机加工余量。制备试样时，应使由于发热和加工硬化的影响减至最小。试样表面应无裂纹和伤痕，棱边应无毛刺。

9.5.2 试验设备

金属材料反复弯曲试验简图如图 9-5 所示。

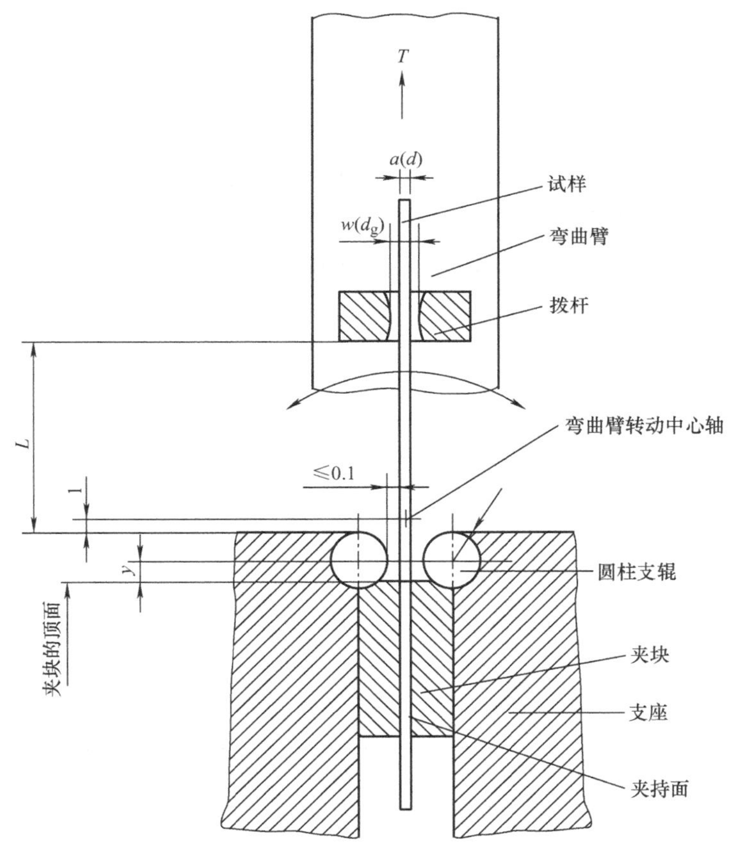

图 9-5 金属材料反复弯曲试验简图

$a(d)$—试样厚度（圆形金属线材直径或非圆形金属线材特征尺寸） r—圆柱支辊半径

L—圆柱支辊顶部至拨杆底部的距离 y—两圆柱支辊轴线所在平面至夹块顶面的距离

$w(d_g)$—拨杆狭缝宽度（拨杆孔直径） T—张紧力

1. 圆柱支辊和夹块要求

圆柱支辊和夹持块应有足够的硬度（以保证其刚度和耐磨性）。圆柱支辊半径不得超出

表9-4和表9-5给出的公称尺寸允许偏差。两个圆柱支辊轴线应垂直于弯曲平面并相互平行，而且在同一平面内，其平行度偏差不超过0.1mm。夹块的夹持面应稍突出于圆柱支辊但不超过0.1mm，即测量两圆柱支辊的曲率中心连线上试样与圆柱支辊间的间隔不大于0.1mm。夹块的顶面应低于两圆柱支辊曲率中心连线，当圆柱支辊半径等于或小于2.5mm时，y值为1.5mm；当圆柱支辊半径大于2.5mm时，y值为3mm。

表9-4　金属板材反复弯曲试验参数　（单位：mm）

试样厚度 a	圆柱支辊半径 r①	距离 L	拨杆狭缝宽度 w
a≤0.3	1.0±0.1	25	0.5
0.3<a≤0.5	2.5±0.1	25	0.7
0.5<a≤1.0	5.0±0.1	25	1.5
1.0<a≤1.5	7.5±0.2	25	2.0
1.5<a≤3.0	10.0±0.2	50	3.5

① 圆柱支辊半径 r 与部分钢铁产品标准的规定存在明显差异。

2. 弯曲臂及拨杆

对于所有尺寸的圆柱支辊，弯曲臂的转动轴心至圆柱支辊顶部的距离均为1.0mm，拨杆孔两端应稍大，且孔径应符合表9-5的规定。

表9-5　线材反复弯曲试验参数　（单位：mm）

圆形金属线材公称直径 d	圆柱支辊半径 r	距离 L	拨杆孔直径 d_g①
0.3≤d≤0.5	1.25±0.05	15	2.0
0.5<d≤0.7	1.75±0.05	15	2.0
0.7<d≤1.0	2.5±0.1	15	2.0
1.0<d≤1.5	3.75±0.1	20	2.0
1.5<d≤2.0	5.0±0.1	20	2.0和2.5
2.0<d≤3.0	7.5±0.1	25	2.5和3.5
3.0<d≤4.0	10±0.1	35	3.5和4.5
4.0<d≤6.0	15±0.1	50	4.5和7.0
6.0<d≤8.0	20±0.1	75	7.0和9.0
8.0<d≤10.0	25±0.1	100	9.0和11.0

① 较小的拨杆孔直径适用于较细公称直径的线材（见第1栏），而较大的拨杆孔直径适用于较粗公称直径的线材（也见第1栏）。对于在第1栏所列直径范围，应选择合适的拨杆孔直径，以保证线材在孔内自由运动。

9.5.3　试验程序

1）使弯曲臂处于垂直位置，将试样由拨杆孔插入，试样下端用夹块夹紧，并使试样垂直于圆柱支辊轴线。非圆形试样的夹持，应使其较大尺寸平行于或近似平行于夹持面，如图9-6所示。

2）弯曲试验是将试样弯曲90°，再向相反方向交替进行；将试样自由端弯曲90°，再返回至起始位置作为第一次弯曲。然后，如图9-7所示，依次向相反方向进行连续而不间断的

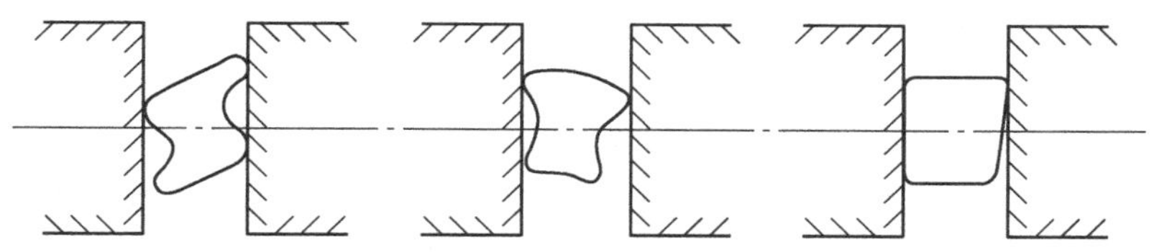

图 9-6　非圆形试样的夹持

反复弯曲。

3）弯曲操作应以每秒不超过一次的均匀速率平稳无冲击地进行。必要时，应降低弯曲速率以确保试样产生的热不致影响试验结果。

4）试验中为确保试样与圆柱支辊的圆弧面连续接触，可对试样施加一定的张紧力。除非相关产品标准中另有规定，施加的张紧力 T 不得超过试样公称抗拉强度相对应力值的 2%，有争议时采用的张紧力等于试样公称抗拉强度相对应的应力值的 2%。

5）连续试验至相关产品标准中规定的弯曲次数或肉眼可见的裂纹为止。如相关产品标准规定，连续试验至试样完全断裂为止。试样断裂前的最后一次弯曲不计入弯曲次数。

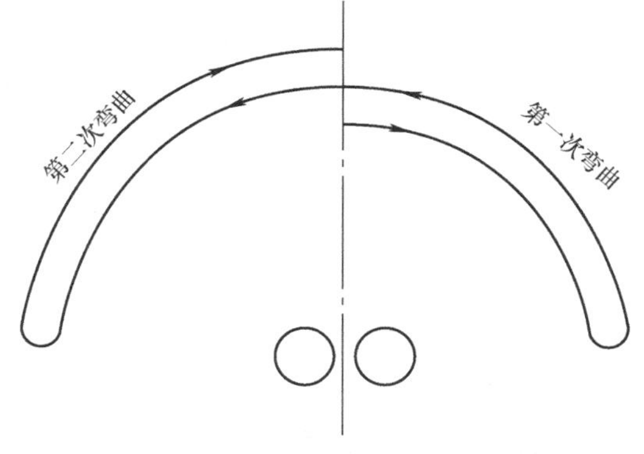

图 9-7　反复弯曲试验的计数方法

9.5.4　试验报告

试验报告至少应包括产品标准及试验标准编号、试样信息（如材料牌号、状态等）、试样公称直径或最小厚度、试样制备的详细情况（如矫直情况）、试验条件（如圆柱支辊半径、距离、施加的张紧力）、终止试验的判据、试验结果等。

9.6　金属线材缠绕工艺性能试验

缠绕试验原理是将线材试样沿螺旋方向以紧密的螺旋圈缠绕在规定直径的芯棒上，包括特殊程序的缠绕、解圈甚至再缠绕，检验有镀层和无镀层金属线材缠绕变形的能力并显示其缺陷及镀层结合牢固性。我国试验方法标准为 GB/T 2976—2004《金属材料　线材　缠绕试验方法》，适用于测定直径或厚度为 0.1 ~10mm 的金属线材。

9.6.1　试样

试样是金属线材的一段，试样长度应符合试验机的要求。

9.6.2　试验设备

试验设备应能满足线材绕芯棒缠绕，并使相邻线圈紧密排列呈螺旋线圈。用作试验的线材，只要符合规定的芯棒直径且具有足够的硬度，也可用作芯棒。在实际使用中，可以使用丝材扭转试验机或弹簧试验机。

9.6.3 试验程序

1）试验一般应在 10 ~35℃的室温下进行。如有特殊要求，试验温度应为 23℃ ±5℃。

2）试样应在没有任何扭转的情况下，以每秒不超过一圈的恒定速度沿螺旋线方向紧密缠绕在芯棒上。必要时，可减慢缠绕速度，以防止温度升高而影响试验结果。

3）为确保缠绕紧密，缠绕时可在试样自由端施加不超过该线材公称抗拉强度相应力值 5% 的拉紧力。

4）如果要求解圈或解圈后再缠绕，其解圈和再缠绕的速度应尽可能地慢，以防止温度升高而影响试验结果，解圈时试样末端应至少保留一个缠绕圈。

5）缠绕试验后检查试样表面，如无具体要求，可不用放大工具检查试样表面，如未发现裂纹则该试样判断为合格。对直径或厚度小于 0.5mm 的线材应在放大约 10 倍的情况下进行检查。

9.6.4 试验报告

试验报告至少应包括产品标准及试验标准编号、试样信息（如材质、镀层类别等）、试样公称直径、芯棒直径、试验条件（如圈数或缠绕长度）、试验结果等。

9.7 金属管材工艺性能试验

9.7.1 金属管扩口试验

金属管扩口试验原理是将规定锥度的顶芯压入金属管的一端，使其直径均匀地扩张至规定尺寸，如图 9-8 所示，检验金属管承受径向扩张塑性变形的能力并显示其缺陷。金属管扩口试验方法标准为 GB/T 242—2007《金属管　扩口试验方法》，适用于外径不超过 150mm（有色金属管外径不超过 100mm）、管壁厚度不超过 10mm 的金属管。下面以 GB/T 242—2007 中的试验方法要求介绍金属管扩口试验。

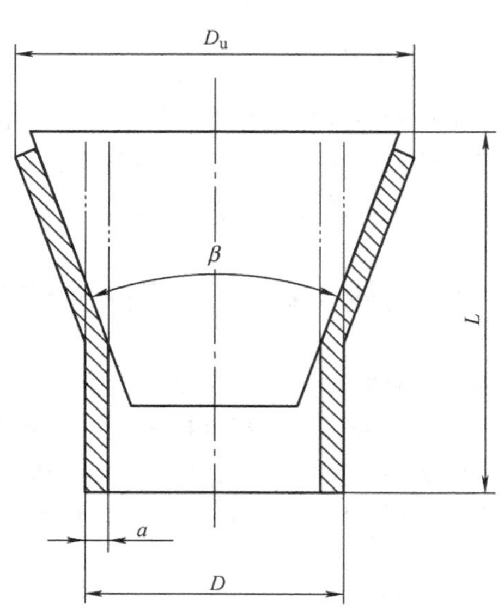

图 9-8　金属管扩口试验示意图

1. 试样

试样长度在顶芯角度等于或小于 30°时约为管外径的 2 倍，在顶芯角度大于 30°时约为管外径的 1.5 倍。如果在扩口试验后剩余的圆柱部分长度不小于管外径的 0.5 倍时，可以使用较短的试样。

试样的两端面应垂直于管子轴线。试验端的棱边允许用锉或其他方法将其倒圆或倒角。试验焊接管时，可以去除管内的焊缝余高。

2. 试验设备

采用可调速的压力机或万能试验机。圆锥形顶芯应具有相关产品标准所规定的角度，其工作表面应磨光并具有足够的硬度。推荐采用的顶芯角度为 30°、45°和 60°。

3. 试验程序

1）试验一般应在 10～35℃的室温范围内进行。对于温度要求严格的试验，试验温度应为（23±5）℃。

2）平稳地对圆锥形顶芯施加力使其压入试样端部进行扩口，直至达到所要求的外径。扩口期间圆锥形顶芯的轴线应与试样的轴线一致。

3）试样扩口后的最大外径或以原始外径的百分比表示的扩口率应在相关产品标准中规定。顶芯角度也应在相关产品标准中规定。当试验纵向焊管时，允许使用带沟槽的顶芯，以适应管内的焊缝余高。

扩口率 X_d 按式（9-3）计算。即

$$X_d = \frac{D_u - D}{D} \times 100\% \qquad (9\text{-}3)$$

式中　D_u——试验后金属管最大外径；

D——金属管原始外径。

4）允许润滑顶芯，在试验期间顶芯不应相对于试样转动。

5）出现争议时，压板的移动速度不应超过 50mm/min。

6）扩口试验后检查试样扩口处，当产品标准中没做规定时，在不使用放大镜的情况下，如果无可见裂纹、裂口或焊接接头开裂，即认为合格。仅在试样棱角处的轻微开裂不应判废。

4. 试验报告

试验报告至少应包括产品标准及试验标准编号试样信息（如材质、镀层类别等）、试样公称直径、顶芯角度、扩口率、试验结果等。

9.7.2　金属管弯曲试验

金属管材弯曲试验原理是绕带槽的弯心将试样弯曲至规定程度，检验金属管承受弯曲塑性变形的能力并显示其缺陷，如图 9-9 所示。我国试验方法标准为 GB/T 244—2008《金属管　弯曲试验方法》，适用于外径不超过 65mm 的金属管。下面以 GB/T 244—2008 中的试验方法要求介绍金属管弯曲试验。

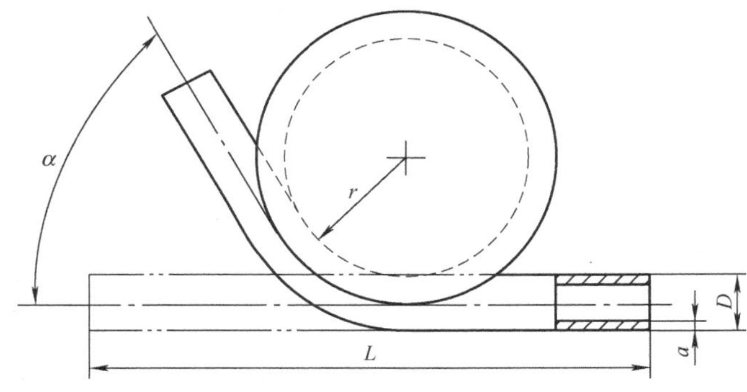

图 9-9　金属管材弯曲试验示意图

1. 试样

试样可以从外观检查合格的金属管任意部位切取，试样长度应能保证在规定的弯曲角度和半径下进行弯曲。

2. 试验设备

弯管试验应在弯管试验机上进行，试验时试验机应能防止管的横截面产生显著的椭圆变形。弯管试验机的弯心应具有与管外径轮廓相适应的沟槽。弯心半径的偏差、沟槽的深度和椭圆度均对试验结果有影响。

3. 试验程序

1）试验一般应在10～35℃的室温范围内进行。对于温度要求严格的试验，试验温度应为23℃ ±5℃。

2）通过弯管试验机将不带填充物的管试样弯曲，试验时应确保试样弯曲变形段与金属管弯心紧密接触，直至达到规定的弯曲角度。

3）在进行焊接管的弯曲试验时，焊缝相对于弯曲平面的位置应符合相关产品标准规定的要求。如未规定具体要求，焊缝应置于与弯曲平面呈90°（即弯曲中性线）的位置。

4）试验后检查试样弯曲处，当产品标准中未做规定时，在不使用放大镜的情况下，如果无裂纹、裂口、起层或焊接接头开裂，即认为试样合格。

4. 试验报告

应根据相关产品标准的要求提供试验报告。试验报告至少应包括产品标准及试验标准编号、试样信息（如材质、镀层类别等）、试样尺寸、弯曲角度和弯心半径，如为焊接管，焊缝相对于弯曲平面的位置，以及试验结果等。

9.7.3 金属管卷边试验

金属管卷边试验原理是将规定形状的顶芯压入金属管试样的一端，使管壁均匀卷至规定尺寸，检验金属管壁承受外卷塑性变形的能力并显示其缺陷。我国试验方法标准为GB/T 245—2016《金属材料　管　卷边试验方法》，适用于外径不超过150mm、管壁厚度不超过10mm的金属管。下面以GB/T 245—2016中的试验方法要求介绍金属管卷边试验。

1. 试样

1）试样长度约为金属管外径的1.5倍。如果在卷边试验后剩余的圆柱部分长度不小于管外径的50%时，可以使用较短的试样。

2）试样的两端面应垂直于金属管轴线。试验端的棱边允许用锉或其他方法将其倒圆或倒角。如果试验结果满足试验要求，可不对试样的棱边倒圆或倒角。

3）试验焊接管时，可以去除管内的焊缝余高。

2. 试验设备

试验设备为速率可调的压力机或万能试验机。成形装置要求具有足够硬度并经抛光。成形装置包括具有合适角度的圆锥形顶芯（一般为90°）、卷边模具及卷边过程中用于支承金属管另一端的支承平台。卷边模具要求圆柱端的直径比管的内径小1mm，同心的平台部分垂直于卷边模具的轴线，其直径不小于金属管最大卷边外径。

3. 试验程序

1）试验一般应在10～35℃的室温范围内进行。对于要求在控制条件下进行的试验，试验温度应为23℃ ±5℃。

2）对圆锥形顶芯施加力使其压入试样一端进行预扩口，直至扩大试样的外径达到可以进行卷边试验所规定的外径，如图9-10a所示。

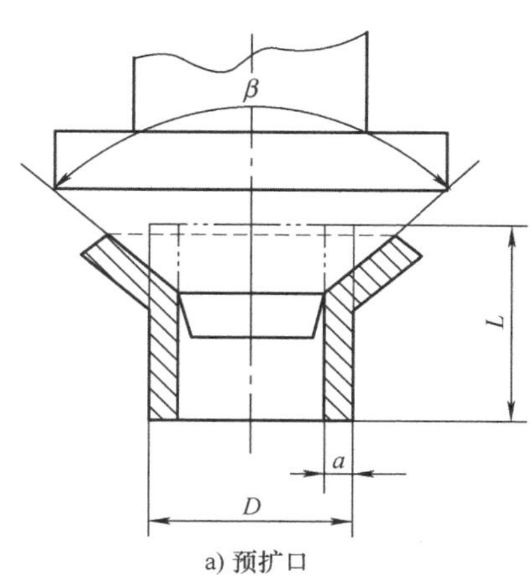

a) 预扩口

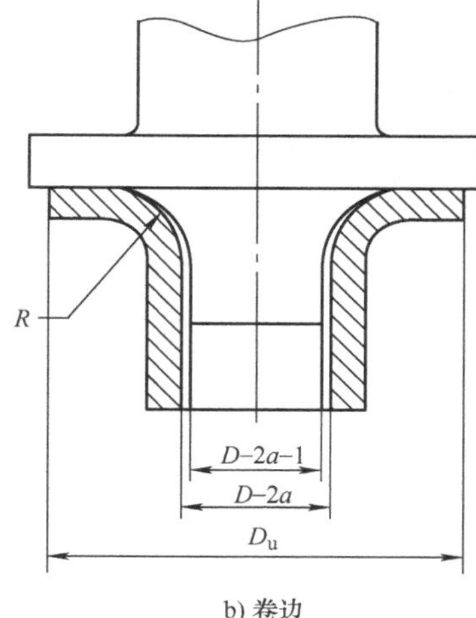

b) 卷边

图 9-10 金属管卷边试验示意图

3）卸下圆锥形顶芯，如果试样没有裂纹，换上卷边模具，如图 9-12b 所示。

4）对试样施加轴向力使其形成卷边，直至扩大部分垂直于试样轴线形成所要求直径的卷边。

5）允许润滑顶芯，在试验期间顶芯不应相对试样转动。试验速率不应超过 50mm/min。

6）卷边直径 D_u 和卷边模具圆角半径 R 应由相关产品标准规定。卷边率 X_f 的计算公式为

$$X_f = \frac{D_u - D}{D} \times 100\% \tag{9-4}$$

式中 D_u——金属管最大卷边外径；

D——金属管原始外径。

7）对卷边试验结果的说明应依据相关产品标准的要求，当产品标准中未做规定时，在不使用放大镜的情况下，如果无可见裂纹、裂口或焊接接头开裂，即认为试样合格。仅在试样棱角处出现微裂纹不应判废。

4. 试验报告

应根据产品标准的要求提供试验报告。试验报告至少应包括产品标准及试验标准编号、试样标识（如材质、状态等）、试样尺寸、试验后金属管最大卷边外径 D_u 或以原始外径 D 的百分比表示的卷边率、卷边模具圆角半径 R、试验结果等。

9.7.4 金属管压扁试验

金属管压扁试验原理是将金属管压扁至规定尺寸，检验其塑性变形能力并显示其缺陷，如图 9-11 所示。我国试验方法标准为 GB/T 246—2007《金属管 压扁试验方法》，适用于外径不超过 600mm，壁厚不超过外径的 15% 的金属管。下面以 GB/T 246—2007 中的试验方法要求介绍金属管压扁试验。

1. 试样

试样长度应不小于 10mm，但不超过 100mm。试样的棱边允许用锉或其他方法将其倒圆

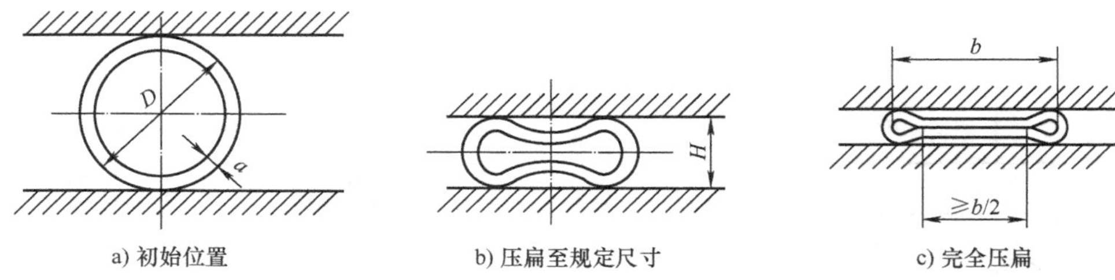

图 9-11　金属管压扁试验示意图

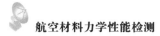

或倒角。如要在一根全长度管的管端进行试验时，应在距管端面的试样长度处垂直于管纵轴线切取，切割深度至少达外径的 80%。

2. 试验设备

试验机应能将试样压扁至规定的两平行压板之间的距离。压板应具有足够的刚度。压板的宽度应超过压扁后的试样宽度，即至少为管外径的 1.6 倍。压板的长度应不小于试样的长度。

3. 试验程序

1）试验一般应在 10～35℃的室温范围内进行。对于温度要求严格的试验，试验温度应为 23℃ ±5℃。

2）试样置于两压板之间。

3）焊接管的焊缝应置于相关产品标准所规定的位置。

4）沿垂直于管子纵轴线方向移动压板进行压扁试验。

5）出现争议时，压板的移动速率不应超过 25mm/min。

6）压扁试验后检查试样弯曲变形处。如产品标准未做规定，可不使用放大镜进行观察，如果无可见裂纹，应评定为合格。仅在试样棱角处的轻微开裂不应判废。

4. 试验报告

应根据产品标准的要求提供试验报告。试验报告至少应包括产品标准及试验标准编号、试样信息（如材质、状态等）、试样尺寸、压板间距、焊接管焊缝的位置、试验结果等。

思　考　题

1. 什么是金属工艺试验？
2. 简述金属工艺试验的特点。
3. 简述金属杯突工艺性能试验原理。
4. 顶锻试验锻压比一般是多少？
5. 弯曲试验装置一般采用哪几种？
6. 线材扭转试验的标距是如何定义的？试验中应施加多大的拉紧力？
7. 简述反复弯曲试验原理及试验目的。
8. 如何计算金属管扩口试验的扩口率？
9. 金属管弯曲试验机的弯心有何要求？
10. 金属管卷边试验的成形装置包括哪两部分？

第10章　复合材料的静态力学性能试验

复合材料结构设计所需单向板的11个基本力学性能包括：0°拉伸强度、0°拉伸弹性模量、主泊松比、90°拉伸强度、90°拉伸弹性模量、0°压缩强度、0°压缩弹性模量、90°压缩强度、90°压缩弹性模量、面内剪切强度和面内剪切模量。除此之外，常用于质量控制和工艺检验的还有弯曲强度、弯曲模量和层间剪切强度。本章主要阐述这些基本力学性能所涉及的拉伸性能试验、压缩性能试验、弯曲性能试验、面内剪切性能试验和层间剪切性能试验。

目前美国ASTM标准试验方法的技术先进性是国际公认的，因此本章主要以ASTM标准试验方法为样本阐述复合材料的静态力学性能试验。

10.1　拉伸性能试验

10.1.1　试验原理

将试样安装于试验机的上下夹头中，使试样中心线与加载线对中，对其施加拉伸载荷直至试样工作段发生破坏，同时记录载荷-变形曲线。根据记录的载荷-变形曲线，计算获得材料的拉伸强度、模量和泊松比等性能数据。

10.1.2　标准试验方法

国内外目前采用的复合材料拉伸性能标准试验方法主要包括：GB/T 3354—2014《定向纤维增强聚合物基复合材料拉伸性能试验方法》、GB/T 1447—2005《纤维增强塑料拉伸性能试验方法》、ASTM D3039/D3039M—2014《聚合物基复合材料拉伸性能标准试验方法》（Standard Test Method for Tensile Properties of Polymer Matrix Composite Materials）、ASTM D638—2014《塑料拉伸性能标准试验方法》（Standard Test Method for Tensile Properties of Plastics）、SACMA SRM 4R—1994《美国材料供应商协会推荐的定向纤维增强树脂基复合材料拉伸性能试验方法》（SACMA Recommended Test Method for Tensile Properties of Oriented Fiber-Resin Composites）。

上述标准试验方法的原理和施加拉伸载荷的方式是一致的，其主要差别体现在适用范围、试样形式和弹性模量计算方法等方面，具体内容详见相关的标准试验方法。

10.1.3　试样

复合材料拉伸试样通常采用直条形试样，该试样具有形状简单、易于加工、工作段较长、在测试标距段内应力分布均匀、便于引伸计或应变计安装等特点，因而被广泛选用。ASTM D3039/D3039M—2014推荐的试样形式如图10-1所示，其尺寸见表10-1。

试样可以单独模压成形，也可以从大板上切割获得。切割过程中应注意避免引起切口、划痕、粗糙的表面和分层。加工误差造成的纤维取向的偏离，对复合材料单向板0°拉伸强度的影响非常显著。已经有结果表明，纤维取向偏离1°会造成拉伸强度降低30%左右。

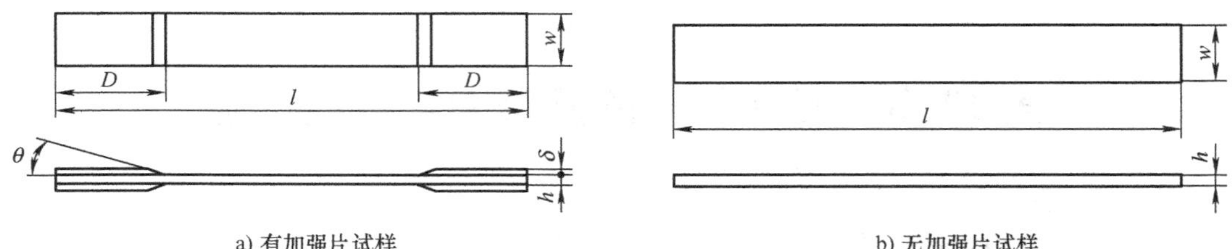

a) 有加强片试样　　b) 无加强片试样

图 10-1　拉伸试样形式

表 10-1　拉伸试样几何尺寸

试样铺层情况	几何尺寸					
	l/mm	W/mm	h/mm	D/mm	δ/mm	θ
单向带 0°	250	15 ±0.5	1 ~2	56	1.5	7°或 90°
单向带 90°	175	25 ±0.5	2 ~4	—	—	90°
对称均衡	250	25 ±0.5	2 ~4	50	1.5	—
随机不连续	250	25 ±0.5	2 ~4	—	—	—

注：1. 单向带 0°试样推荐厚度为 1mm。
2. 单向带 90°试样推荐厚度为 2mm。
3. 对称均衡试样和随机不连续纤维增强材料试样推荐厚度为 2.5mm。

10.1.4　试验设备和夹具

1. 试验机

试验机的静态载荷精度应满足标准要求，并进行定期校验。

2. 对中度校核方法

试验机加载系统的对中度不合格会引起试样提前破坏或增大性能数据的分散性。ASTM D3039 推荐了相关方法来校核系统的对中度。在试样工作段中间部位粘贴三个应变计，两个贴在试样同一面的边缘附近，另一个贴在试样另一面的中间位置，如图 10-2所示。对该试样施加拉伸载荷，采集三个应变计的应变数据以计算试样的弯曲百分比，通过弯曲百分比的大小来判断对中度好坏。试样关于 y 轴和 z 轴的弯曲百分比分别按照式（10-1）和式（10-2）计算。式（10-3）和式（10-4）分别是试样的平均应变和总弯曲量计算公式。

$$B_y = \frac{\varepsilon_{ave} - \varepsilon_3}{\varepsilon_{ave}} \times 100\% \tag{10-1}$$

$$B_z = \frac{2(\varepsilon_2 - \varepsilon_1)/3}{\varepsilon_{ave}} \times 100\% \tag{10-2}$$

式中　B_y——绕 y 轴的弯曲百分比；

B_z——绕 z 轴的弯曲百分比；

ε_1、ε_2、ε_3——应变计 1、2、3 的纵向应变值，如图 10-2 所示。

平均应变：

$$\varepsilon_{ave} = \left[\left(|\varepsilon_1| + |\varepsilon_2| \right)/2 + |\varepsilon_3| \right]/2 \tag{10-3}$$

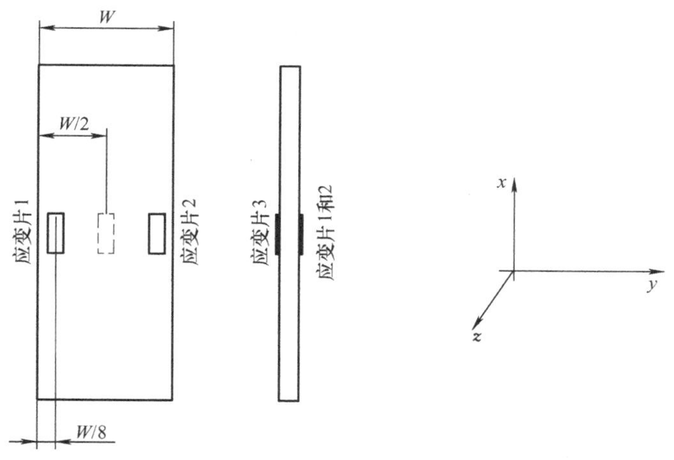

图 10-2　应变计粘贴位置图

总弯曲量：

$$B_{total} = |B_y| + |B_z| \tag{10-4}$$

对中度良好是指在应变大于 0.1% 时，试样的弯曲百分比应在 3% 以内。

3. 测量应变的要求

试验中一般通过安装引伸计或在试样上粘贴应变计来测量应变。引伸计的标距一般应在 10～50mm 范围内，引伸计的安装应注意避免刀口损伤复合材料的外层纤维，从而导致材料过早断裂。如果采用应变计进行测量，应特别注意应变计的粘贴应对中。有结果表明，应变计与考察方向偏差 2°可能导致 15% 的测量误差。推荐使用有效长度为 6mm 以上的应变计，因为尺寸大的应变计更容易对中和消除局部变化，并提供尽可能大的散热面积，以缓解试验过程中的“热漂移”问题。对于机织物试样，应变计的有效长度应至少覆盖机织物的一个特征重复单元。

10.1.5　试验过程

1. 准备

按照标准规定对试样进行状态调节，并进行尺寸测量。

2. 装夹试样

将试样放入试验机夹头中，利用限位块等辅助工装，以保证试样的纵轴与试验机加载中心线重合。选用合适的夹持力夹持试样，避免过大的夹持力引起试样的提前损伤，或由于夹持压力不足而造成试样打滑。对于无加强片的单向复合材料 90°拉伸试样，应采用较小的夹持力。为防止试样打滑，可以采用砂布包裹试样夹持端。

3. 测定弹性模量

建议每组试件中至少用一个试件背对背粘贴轴向应变计，在计算弹性模量应变范围（一般为 0.1%～0.3%）的中点（一般在 0.2%），用式（10-5）来计算弯曲百分比。如果弯曲百分比不超过 3%，则该组试样可使用单个应变计所测应变计算弹性模量。当弯曲百分比大于 3% 时，建议该组所有试样背对背粘贴应变计，用两面的平均应变计算弹性模量。

$$B_y = \frac{|\varepsilon_f - \varepsilon_b|}{|\varepsilon_f + \varepsilon_b|} \times 100\% \tag{10-5}$$

式中　ε_f——试样正面应变；

ε_b——试样背面应变；

B_y——试件绕 y 轴的弯曲百分比。

4. 加载

设置试验速度。ASTM D3039/D3039M—2014 推荐标准的横梁位移速率为 2mm/min。一般需要对试样进行预加载，通过预加载，可以消除夹具间隙，调整系统对中度和纤维取向的一致性，每次预加载的载荷不应超过破坏载荷的 30%，并且加载过程中不应有纤维断裂声。预加载后卸载，以特定的速率对试件加载，直到试件破坏，同时记录数据。

5. 记录失效模式

由于复合材料结构的复杂性导致了其失效模式的多样性。ASTM D3039/D3039M—2014 利用三个字母给出拉伸试验的破坏代码并给出了典型的失效模式，如图 10-3 所示。第一个字母指出了破坏的类型，第二个字母指出了破坏的区域，第三个字母指出了破坏的部位。

10.1.6　试验数据处理与表达

1. 拉伸强度

拉伸强度 F^{tu} 按式（10-6）计算，结果取三位有效数字。

$$F^{tu} = \frac{P_{max}}{wh} \tag{10-6}$$

式中　P_{max}——试样破坏时的最大载荷（N）；

w——试样宽度（mm）；

h——试样厚度（mm）。

2. 拉伸弹性模量

拉伸弹性模量 E_t 按式（10-7）计算，结果取三位有效数字。

$$E_t = \frac{\Delta P}{wh\Delta\varepsilon} \tag{10-7}$$

式中　$\Delta\varepsilon$——应力-应变曲线线性段上两点间的应变增量，两点一般取 0.1% 和 0.3%；

ΔP——与 $\Delta\varepsilon$ 对应的载荷增量（kN）；

w——试样宽度（mm）；

h——试样厚度（mm）。

3. 泊松比

泊松比 ν 在与拉伸弹性模量相同的应变范围内按式（10-8）计算，结果取三位有效数字。

$$\nu = -\frac{\Delta\varepsilon_T}{\Delta\varepsilon_L} \tag{10-8}$$

式中　$\Delta\varepsilon_T$——横向应变增量；

$\Delta\varepsilon_L$——纵向应变增量。

4. 拉伸破坏应变

拉伸破坏应变为试样破坏时所对应的应变。由于复合材料的拉伸破坏多为脆性破坏，弹

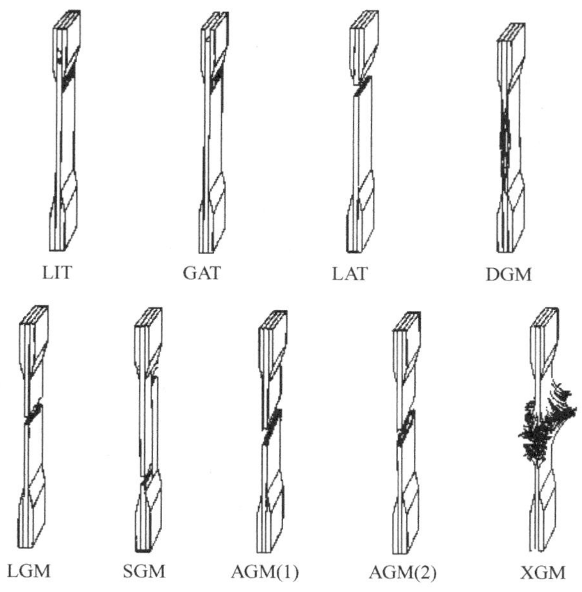

第一个字母	
破坏类型	代码
倒角	A
边缘分层	D
夹持/加强片	G
横向	L
多模式	M(xyz)
纵向劈裂	S
爆炸	X
其他	O

第二个字母	
破坏区域	代码
夹持/加强片内部	I
夹持/加强片	A
距离夹持/加强片小于1倍宽度	W
工作段	G
多处	M
可变的	V
未知	U

第三个字母	
破坏部位	代码
底部	B
顶部	T
左侧	L
右侧	R
中间	M
可变的	V
未知	U

图 10-3　利用三个字母给出拉伸试验的失效模式代码

性能释放较大，为避免损坏引伸计，必须在试样破坏之前将其取下，因此不能直接测得试样的破坏应变。拉伸破坏应变的获得可以通过应变计进行准确测量，或对于已知线性度较好的材料，通过初始应力-应变曲线进行拟合，并外推获得粗略的拉伸破坏应变。

10.2　压缩性能试验

10.2.1　试验原理

将试样安装于压缩试验夹具中，夹具支持试样保证受压过程中试样不发生过大的弯曲变形，持续施加压缩载荷直至试样发生工作段破坏，根据记录的载荷、变形等信息，计算获得材料的压缩强度和压缩弹性模量等性能数据。

10.2.2 标准试验方法分析

1. 标准试验方法

压缩性能测试包括纵向（0°）压缩强度、压缩弹性模量、压缩泊松比，横向（90°）压缩强度和压缩弹性模量共五个材料性能参数。目前用于测试复合材料压缩性能的试验方法较多，如 ASTM 标准、SACMA 标准和 GB 等，但从目前国内外出版的复合材料手册中可以发现，对于同一种材料体系，不同手册或不同测试单位给出的压缩性能值（主要是压缩强度）往往不同，有的甚至存在较大差异，究其原因，主要是性能测试所采用的试验方法不同，或者试验件的加工及试验夹具没有严格遵循试验方法规定。

国内外目前采用的复合材料压缩性能标准试验方法主要包括：GB/T 3856—2005《单向纤维增强塑料平板压缩性能试验方法》、GB/T 5258—2008《纤维增强塑料面内压缩性能试验方法》、SACMA SRM 1R—1994《美国材料供应商协会推荐的定向纤维增强聚合物基复合材料压缩性能试验方法》（SACMA Recommended Test Method for Compressive Properties of Oriented Fiber-Resin Composites）、ASTM D 695—2015《硬质塑料压缩性能标准试验方法》（Standard Test Method for Compressive Properties of Rigid Plastics）、ASTM D 3410—2016《通过剪切加载测定无工作段支持的聚合物基复合材料压缩性能标准试验方法》（Standard Test Method for Compressive Properties of Polymer Matrix Composite Materials with Unsupported Gage Section by Shear Loading）、ASTM D 6641—2016《用混合加载的压缩试验夹具测定聚合物基复合材料层合板压缩性能标准试验方法》（Standard Test Method for Determining the Compressive Properties of Polymer Matrix Composite Laminates Using a Combined Loading Compression (CLC) Test Fixture）。

表 10-2 压缩试验的分类

分类方式	区　别	特　点	代表标准
加载方式	剪切加载	通过加强片与试件之间的剪切将载荷传递到试件的工作段	ASTM D3410—2016，GB/T 3856—2005，GB/T 5258—2008 中的 A1 和 A2 夹具
	端部加载	直接将压缩载荷施加于试件的端部	ASTM D695—2015，GB/T 5258—2008 中的 C 夹具，SACMA SRM 1R—1994
	混合加载	剪切加载的同时也对试件的端部加载	ASTM D6641—2016，GB/T 5258—2008 中的 B 夹具
工作段的支持形式	无侧边支持	试件的工作段较短，且无支持	ASTM D3410—2016，ASTM D6641—2016，GB/T 3856—2005，GB/T 5258—2008 中的 A1、A2 和 B 夹具
	有侧边支持	试件工作段受到夹具支持，露出一侧端部施加压缩载荷	ASTM D695—2015，GB/T 5258—2008 中的 C 夹具，SACMA SRM 1R—1994

各标准试验方法的主要技术内容详见相关的标准试验方法。

2. 适用范围

为了得到可靠的压缩性能数据，首先应了解各种标准压缩试验方法的适用范围。各标准

具体的适用范围如下：

（1）ASTM D6641—2016　适用于对称均衡的复合材料。无加强片试件通常适用于低正交各向异性材料，如织物、短纤维复合材料以及 0°层不超过 50% 或与之等效的层合板。高度正交各向异性材料，包括单向纤维复合材料，一般需要粘贴加强片。压缩应力通过端部施压和侧面剪切的复合加载形式引入到试件。

（2）ASTM D3410—2016　复合材料形式限定于连续或不连续纤维增强的复合材料，其弹性性能相对于试验方向是正交各向异性的。通过试样与楔形夹块接触面的剪切力将压缩载荷引入到试件中。适用由单向带、湿纤维束铺放、纺织物、短纤维制成的复合材料，或类似的产品形式。

（3）ASTM D695—2015　当采用相对低的应变或加载速率时，用于测定非增强、增强刚性塑料以及高模量复合材料的力学性能。适用于模量不超过 41.4GPa 的复合材料。不推荐用于方向性很强或连续纤维增强的复合材料。

（4）SACMA SRM 1R—1994　参照 ASTM D 695 制定。适用于测定由定向高模量连续纤维（大于 20GPa）增强的树脂基复合材料的压缩性能。其方法主要针对预浸料或类似形式的产品。

（5）GB/T 3856—2005　适用于测定单向纤维增强塑料 0°和 90°单向板的力学性能。

（6）GB/T 5258—2008　适用于测定纤维增强塑料的力学性能。有三种加载方式：剪切加载、端部加载及混合加载。

3. 适用性分析

（1）ASTM D 6641—2016　采用直接施压试样端部，同时夹具与加强片摩擦产生剪切力的混合加载方式。可用于测试均衡对称复合材料层合板的压缩性能。一般情况下，0°方向纤维含量不超过 50% 的可不必采用加强片。该标准试验方法的优点在于：与 ASTMD 3410—2016 相比，对试验夹具和试件的公差要求相对较低；与 SACMA SRM1R—1994 相比，由于其工作段长度较大，可以粘贴应变计，因此只需一组试件即可同时测量其压缩弹性模量和压缩强度；在加载过程中可通过监测试件的弯曲百分比来检查试件的对中度。

（2）ASTM D3410—2016　与 GB/T 3856—2005 相比，其采用的压缩夹具消除了圆筒夹具的间隙问题，但是该标准对试验夹具和试件（包括加强片）的加工要求十分苛刻，也正因为如此，使用该方法往往可以获得更高的压缩强度值。

（3）ASTM D695—2015　有研究表明，在压缩试验过程中，试件的圆弧过渡区存在明显的应力集中，从而导致试件的破坏常常发生在该区，而不出现在预期的工作段内。表明该方法不适合用于测定高模量各向异性复合材料的压缩强度。

（4）SACMA SRM 1R—1994　国外工业界广泛使用该方法测试 0°单向带复合材料的压缩强度，该试验方法的优点是对试验夹具和试件（包括加强片）的要求没有 ASTM D 3410 高，而且试件的尺寸小，有利于降低成本。但也存在以下的局限性：

1）需要同时提供两组试件，分别用于测试压缩强度和压缩弹性模量。

2）仅适用于测试单向及织物试件 0°方向的压缩性能，而且对于织物材料，其单胞长度应小于试件的工作段长度（4.8mm）。

3）由于强度试件的工作段很短，无法粘贴电阻应变计，且模量试件（无加强片的）不适于加载至破坏，因此该标准不能获得破坏应变，也不能监控试件的弯曲百分比。

（5）GB/T 3856—2005　该标准试验方法的主要特点如下。

1）夹具：推荐的压缩夹具为圆筒形，其原理是通过圆锥形的楔形夹块以剪切形式将载荷传递到试件上。圆筒形夹具存在的最大问题，在于其具有导向作用的圆筒与加载用的圆锥体之间存在较大的间隙，在加载过程中试件容易产生弯曲现象，从而导致压缩破坏载荷偏低。

2）试样制备：除了试验机和夹具的对中度要求外，由该标准得到的试验数据还取决于加强片的厚度、平直度和平行度。这就要求将加强片粘接到试件上以后，必须对加强片表面进行精细研磨。

3）数据有效性判断准则：压缩试验结果和试件的弯曲程度密切相关，在加载过程中试件的弯曲会改变试件的失效模式，从而显著降低其承载能力。该标准的缺点之一是未建立判定压缩性能数据有效性的准则。

4）压缩弹性模量的计算：仅规定在载荷-应变曲线的初始直线段内计算压缩弹性模量，在应变范围的选择上引入了人为因素，而 ASTM 和 SACMA 标准中规定用于计算弹性模量的应变范围为0.1%~0.3%（破坏应变小于0.3%的另有规定），在一定程度上有利于降低数据的分散性。

（6）GB/T 5258—2008　该标准方法包含了三种压缩载荷的传递方式，因此采用了三种类型的夹具，试件形式和尺寸稍有改变。

10.2.3　试样

1. 试样设计要求

压缩试验对试件设计和试验条件要求十分苛刻，主要包括：

1）在试件不发生失稳的情况下，应尽量增加试件工作段长度，以利于试件工作段压应力分布均匀。

2）轴向压缩载荷传递给试件时要求有良好的对中性，防止试件发生纵向弯曲。

3）采用试件端面传递轴向压缩载荷时，要防止试件端面发生破坏。

4）利用夹具与试件的剪切力实施轴向压缩加载时，实现对中性的导向装置附加的摩擦阻力应尽量减小。采用该方法，可使试件端面加工精度要求降低，缩短加工周期，降低成本。

2. 试件形式和尺寸

不同测试标准所采用的试件形状可能不同，对于目前普遍采用的试验方法，其规定的试件形状包括：矩形直条试件（带或不带加强片），直圆柱（含棒或管）或棱柱试件，哑铃形试件等，各标准试验方法对试件尺寸的规定一般不同。几种典型的试件如图 10-4 ~ 图 10-7 所示，试样尺寸见表 10-3。

表 10-3　GB/T 5258—2008 中的试件尺寸　（单位：mm）

尺　寸	符　号	试件 1	试件 2	试件 3
总长	l_0	110 ±1	110 ±1	125 ±1
厚度	h	2 ±0.2	(2 ~10) ±0.2	≥4
宽度	b	10 ±0.5	10 ±0.5	25 ±0.5
加强片/夹头间距离	L	10	10	25
加强片长度	l_t	50	50（若用）	—
加强片厚度	d_t	1	0.5 ~2（若用）	—

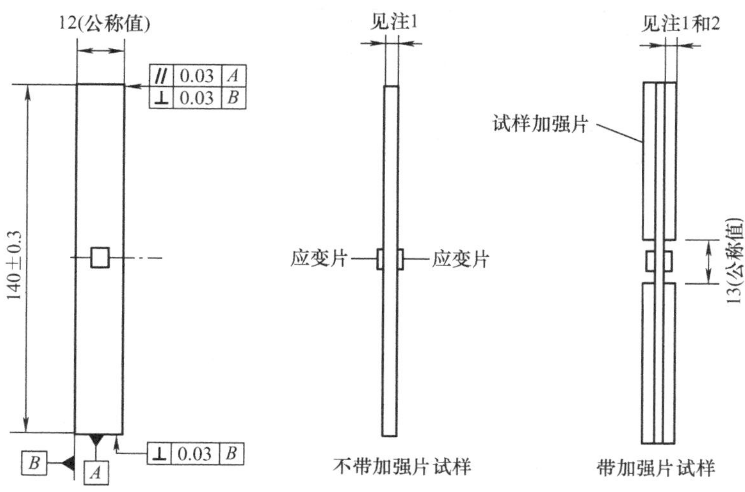

图 10-4　ASTM D6641—2016 和 ASTM D3410—2016 中的试件形状和尺寸

注：1. 试件和加强片的公称厚度是可变的，但必须均匀。厚度的偏差沿试件或加强片宽度方向不能超过 0.03mm，沿夹块或加强片长度方向不能超过 0.06mm；可以对试件的表面进行轻微打磨，消除表面局部缺陷和偏差，这样能提供较平的表面，有助于夹具的均匀夹持。

2. 加强片端部为矩形，厚度为 1.6mm，但其厚度可根据需求改变。

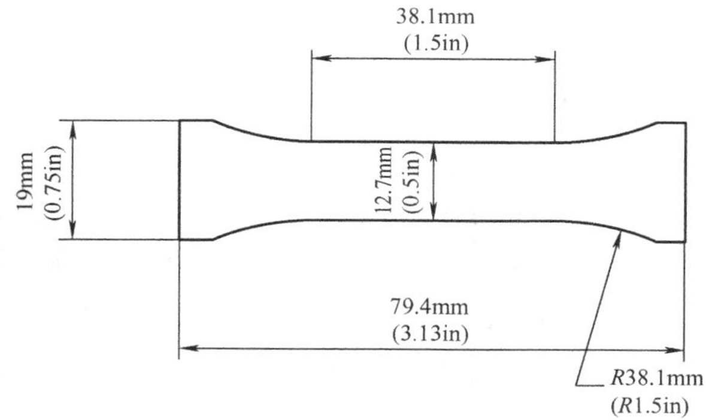

图 10-5　ASTM D695—2015 中的试件形状和尺寸

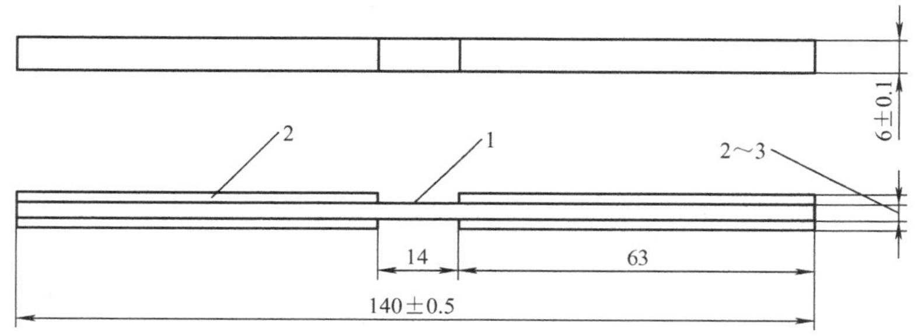

图 10-6　GB/T 3856—2005 中的试件形状和尺寸

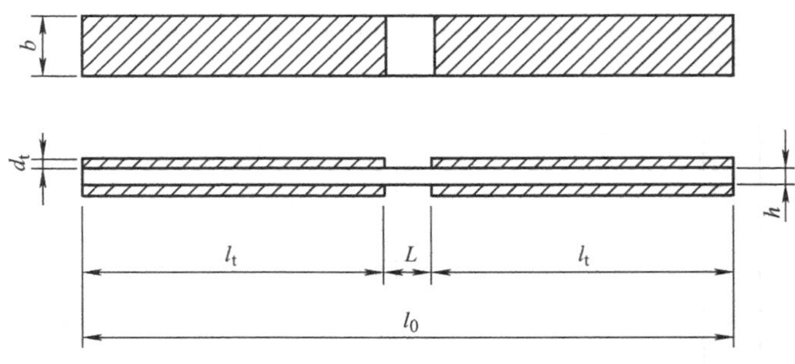

图 10-7　GB/T 5258—2008 中的试件形状

3. 试件的制备

试件的制备工作主要包括层合板制造、切割、加强片的粘贴及固化、使用诸如超声 C 扫描进行质量检查等。国内外均有试件制备方面的参考标准，如 ASTM D5687—2015，GB/T 1446—2005等。

当使用带加强片的试件时，若采用纤维增强塑料，最好采用先整体粘贴加强片，再切割加工单个试件的方法，这样可有效保证加强片的正确取向，从而大幅度降低偏心加载的影响。若加强片采用金属材料时，需要将切割好的加强片粘在每个试件上，此时要注意确保试件和加强片的正确取向。

10.2.4　试验设备和夹具

试验机应能以恒定的横梁速度进行控制且经过检定和带有载荷测量装置等。压缩试验常用工装夹具如图 10-8 所示。

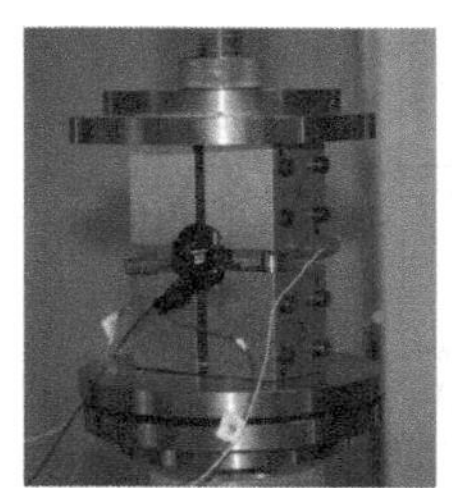
a) ASTM D6641—2016

b) ASTM D3410—2016

c) GB/T 3856—2005

d) SACMA SRM1R—1994

图 10-8　常见的压缩试验夹具

10.2.5　试验程序

1. 试件的状态调节

按照试验方法或客户要求对试样进行状态调节。

2. 试件尺寸的测量

在试件工作段内测量试样尺寸，并取三次测量数据的平均值。

3. 试验过程

将试件安装在夹具内，注意试件的对中。再将组装好的夹具放置于试验机的两个对中良好

的固定平台之间，也可以使用一个固定平台，一个球形底座平台。若采用应变计或其他传感器测量应变，则需用导线连接传感器和数据采集设备。调整平台到适当的位置，按照标准试验方法设定的速度对试件加载，直至破坏，记录载荷、位移、应变数据和试件的失效模式。

10.2.6　试验数据处理与表达

1. 压缩强度

层合板的压缩强度 F^{cu} 按式（10-9）计算。即

$$F^{cu} = \frac{P_f}{wh} \tag{10-9}$$

式中　P_f——最大破坏载荷（N）；

w——工作段的宽度（mm）；

h——工作段的厚度（mm）。

2. 压缩弹性模量

层合板的压缩弹性模量 E^c 按式（10-10）计算。即

$$E^c = \frac{P_2 - P_1}{(\varepsilon_{x2} - \varepsilon_{x1})bh} \tag{10-10}$$

式中　ε_{x1}——应力-应变曲线上线性段所选取的起点应变值，一般取 0.1%；

ε_{x2}——应力-应变曲线上线性段所选取的终点应变值，一般取 0.3%；

P_1——ε_{x1} 对应的载荷（N）；

P_2——ε_{x2} 对应的载荷（N）。

3. 压缩泊松比

压缩泊松比 ν_{xy}^c 按式（10-11）计算。即

$$\nu_{xy}^c = -\frac{\varepsilon_{y2} - \varepsilon_{y1}}{\varepsilon_{x2} - \varepsilon_{x1}} \tag{10-11}$$

式中　ε_{y1}——与 ε_{x1} 相对应的横向应变值；

ε_{y2}——与 ε_{x2} 相对应的横向应变值。

4. 弯曲百分比

用计算弹性模量的应变范围中点处的应变，按式（10-12）计算试样的弯曲百分比 B_y。即

$$B_y = \frac{\varepsilon_1 - \varepsilon_2}{\varepsilon_1 + \varepsilon_2} \times 100\% \tag{10-12}$$

式中　ε_1——试样正面应变；

ε_2——试样反面应变。

5. 结果分析

ASTM D 3410—2016 和 ASTM D 6641—2016 规定，用式（10-12）计算弯曲百分比小于 10% 的试验结果有效。压缩弹性模量、压缩强度和压缩破坏应变应通过监测弯曲百分比进行有效性判断。

试件最终的失效模式可能是试样端部压碎、工作段横向剪切破坏、纵向劈裂或分层，以及其他混合的失效模式。一般情况下，发生端部压碎、夹持段破坏、屈曲，破坏发生在加强

片内以及加强片脱粘的失效模式不可接受。如果端部压碎得到抑制，最终还是在试样工作段发生破坏，则认为试验有效。

10.3 弯曲性能试验

10.3.1 试验原理

弯曲试验按加载形式分为三点弯曲和四点弯曲试验两种。将直条形复合材料试样置于弯曲试验夹具上，试样垂直于加载压头并相对加载线对称放置。加载试样直至试样出现下表面拉伸破坏或上表面压缩破坏。通过记录的载荷、挠度或应变数据获得弯曲强度和弹性模量。弯曲试验是一种简便易行的试验，被广泛用于复合材料的工艺控制和质量检验。三点弯曲和四点弯曲两种加载方式如图 10-9 所示。

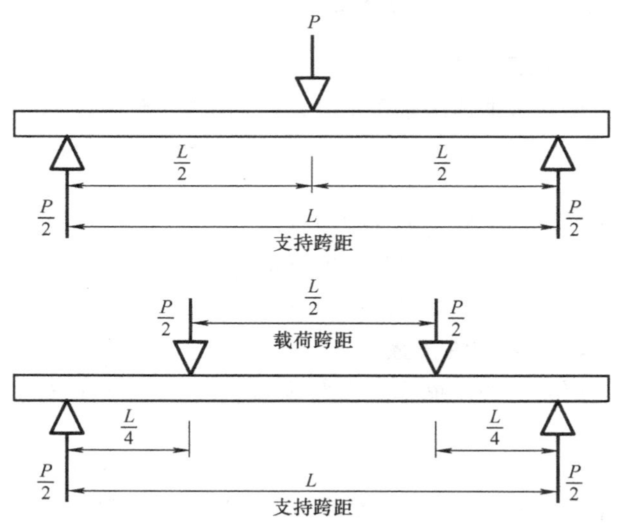

图 10-9　三点弯曲和四点弯曲加载方式（ASTM D7264—2015）

10.3.2 标准试验方法

目前国内外关于复合材料弯曲试验的标准方法主要包括：ASTM D790—2015e2《非增强和增强塑料及电绝缘材料弯曲性能标准试验方法》（Standard Test Methods for Flexural Properties of Unreinforced and Reinforced Plastics and Electrical Insulating Materials）、ASTM D7264—2015《聚合物基复合材料弯曲性能标准试验方法》（Standard Test Method for Flexural Properties of Polymer Matrix Composite Materials）、GB/T 3356—2014《定向纤维增强聚合物复合材料弯曲性能试验方法》、GB/T 1449—2005《纤维增强塑料弯曲性能试验方法》。

10.3.3 弯曲试样

1. 试样几何形状

复合材料弯曲试验的试样形状为长方体，如图 10-10 所示。

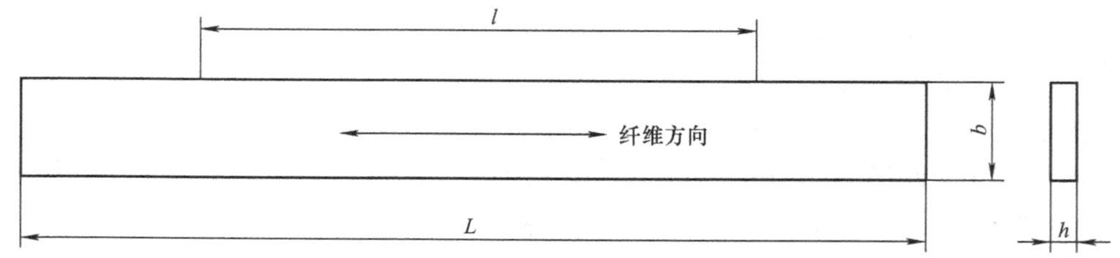

图 10-10　弯曲试验的试样

L—试样长度　*l*—跨距　*b*—试样宽度　*h*—试样厚度

2. 试样几何尺寸

表 10-4 给出了四种弯曲试验方法对试样尺寸的要求。

表 10-4　四种弯曲试验方法的试样尺寸

尺寸＼试验方法	ASTM D7264—2015	ASTM D790—2015e2	GB/T 1449—2005	GB/T 3356—2014
跨厚比 l/h	32	16、32、40 或 60	一般取 16；试样厚度较厚或较薄时，跨厚比随之变化	玻璃纤维增强材料：16 碳纤维增强材料：32
加载跨距	方法 B：$l/2$	—	—	—
长度 L/mm	1.2l	根据不同试样厚度，选择不同尺寸	试样厚度不同，尺寸不同	$L=l+15$
宽度 w/mm	13			12.5 ±0.5
厚度 h/mm	4.0			2.0 ±0.2

10.3.4　试验设备和夹具

1. 试验机

试验机应符合相应标准试验方法要求。

2. 试验夹具

表 10-5 给出了四种不同弯曲试验方法对弯曲试验夹具的要求。

表 10-5　四种不同弯曲试验方法对弯曲试验夹具的要求

试验夹具＼试验方法	ASTM D7264—2015	ASTM D790—2015e2	GB/T 1449—2005	GB/T 3356—2014
加载头半径 R/mm	5.0 ±1.0	5 ±0.1	5 ±0.1	5 ±0.2
支辊半径 r/mm	5.0 ±1.0	5 ±0.1	$h>3$，$r=2\pm0.2$ $h\leqslant3$，$r=0.5\pm0.2$	2 ±0.2
硬度要求	60 ~ 62 HRC	—	—	—

10.3.5　试验程序

1. 试验准备

1）检查试样外观。

2）对试样进行状态调节。

3）对试样进行编号、画线，测量试样中间 1/3 跨距内任意三点的宽度和厚度，取算术平均值。

4）按照标准要求，选择相应的跨厚比、加载头半径及支辊半径，并根据试样厚度计算跨距。按要求调节跨距。

2. 装夹试样

1）标记试样受压面，将试样对称放置于两支辊中心位置上。

2）将测量变形的仪表放置于跨距中点处，并与试样下表面相接触，施加初载（约为破坏载荷的5%），检查变形测量装置。

3. 试验过程

1）按要求设定加载速度，连续加载直至试样破坏。

2）连续记录载荷-位移曲线或载荷-应变曲线。

4. 试验结果分析处理

按照试验方法要求进行试验数据分析处理。

10.3.6 试验数据处理与表达

1. 弯曲强度的计算

选用三点弯曲加载方式时，按式（10-13）计算弯曲强度 σ_f。即

$$\sigma_f = 3P_{max}l/(2bh^2) \tag{10-13}$$

式中 P_{max}——最大载荷（N）；

l——跨距（mm）；

b——试样宽度（mm）；

h——试样厚度（mm）。

P 值的选取方法如下：

1）ASTM D7264—2015 规定：试验记录的最大载荷。

2）ASTM D790—2015e2 规定：试验记录的最大载荷。

3）GB/T 1449—2005 规定：挠度在小于或等于1.5倍试样厚度下破坏的材料，取破坏时最大载荷；挠度超过1.5倍试样厚度不呈现破坏的材料，取挠度为1.5倍试样厚度对应的载荷。

4）GB/T 3356—2014 规定：试样破坏时的最大载荷。

2. 弯曲应变的计算

选用三点弯曲加载方式时，按式（10-14）计算试样下表面的弯曲应变 ε_f。即

$$\varepsilon_f = 6\delta h/l^2 \tag{10-14}$$

式中 δ——试样下表面中心的挠度（mm）；

l——跨距（mm）；

h——试样厚度（mm）。

3. 弯曲模量的计算

（1）GB/T 3356—2014 中弯曲弹性模量的计算　按 GB/T 3356—2014 的规定，其弯曲弹性模量 E_f 按式（10-15）计算。即

$$E_f = \frac{\Delta P l^3}{4bh^3\Delta\delta} \tag{10-15}$$

式中 ΔP——载荷-挠度曲线上初始直线段的载荷增量（N）；

$\Delta\delta$——对应于 ΔP 的试样跨距中点处的挠度增量（mm）；

l——跨距（mm）；

h——试样厚度（mm）；

b——试样宽度（mm）。

（2）GB/T 1449—2005 中弯曲弹性模量的计算　按 GB/T 1449—2005 的规定，对于给定的应变 $\varepsilon_1=0.0025$、$\varepsilon_2=0.0005$ 下，其弯曲弹性模量 E_f按式（10-16）计算。即

$$E_f=500(\sigma_1-\sigma_2) \tag{10-16}$$

式中　σ_1——应变 $\varepsilon_1=0.0025$ 时测得的弯曲应力（MPa）；

σ_2——应变 $\varepsilon_2=0.0005$ 时测得的弯曲应力（MPa）。

（3）ASTM D7264—2015 中弯曲弹性模量的计算　按 ASTM D7264—2015 的规定，对于给定的应变 $\varepsilon_1=0.001$、$\varepsilon_2=0.003$ 下，其弯曲弹性模量 E_f按式（10-17）计算。即

$$E_f=\frac{\sigma_1-\sigma_2}{\varepsilon_1-\varepsilon_2} \tag{10-17}$$

式中　σ_1——应变 $\varepsilon_1=0.001$ 时测得的弯曲应力（MPa）；

σ_2——应变 $\varepsilon_2=0.003$ 时测得的弯曲应力（MPa）。

（4）ASTM D790—2015e2 中弯曲弹性模量的计算　按 ASTM D790—2015e2 的规定，弯曲弹性模量 E_f按式（10-18）计算。即

$$E_f=(\sigma_2-\sigma_1)/(\varepsilon_2-\varepsilon_1) \tag{10-18}$$

式中　ε_1、ε_2——应力-应变曲线线性段上预先定义的两点处的应变（mm/mm）；

σ_1、σ_2——与 ε_1、ε_2分别对应的弯曲应力（MPa）。

4. 大跨距梁的修正

ASTM D790—2015e2 规定：当采用较大的跨厚比时，在支辊处会产生明显的应力集中，从而对简支梁的弯曲产生影响。大跨厚比的梁会出现相对较大的位移。如果跨厚比大于 16，加载位移超过跨距的 10% 时，可以采用式（10-19）近似计算简支梁试件外表面的弯曲应力值。即

$$\sigma_f=(3Pl/2bh^2)[1+6(\delta/l)^2-4(h/l)(\delta/l)] \tag{10-19}$$

式中　P——载荷-位移曲线上给定点的载荷（N）；

δ——试样下表面中心的挠度（mm）；

l——跨距（mm）；

b——试样宽度（mm）；

h——试样厚度（mm）。

5. 底部补偿

1）典型的应力-应变曲线（图 10-11）含有一个底部区域 AC，它并不代表材料的特性，而是由于试验系统间隙的拉紧和试件的对中度或安装定位等人为因素造成的。为了获得正确的参数值，如弹性模量、应变、偏移屈服点，必须对这些人为因素进行补偿，以给出修正的应变零点或延长轴线。

2）对于具有明显线性行为的材料（图 10-11），曲线线性段（CD）的延长线应该通过应力轴线的零点。截距点（B）即为应变零点，如果可能，必须测量所有的延长值或应变值，包括屈服偏移量（BE）。直线 CD（或其延长线）上任意一点的应力值除以同一点的应变值（从应变零点 B 测量）即可得到弹性模量。

3）对于不具有任何线性区的材料（图 10-12），在拐点 H'处沿最大斜率构造一条切线，可以得到同样的应变零点底部修正。延长线与应变轴向相交于点 B'，即修正的应变零点。将点 B'作为应变零点，曲线上任意一点（G'）的应力值除以该点的应变值即可得到切线模

量（直线 $B'G'$的斜率）。对于没有线性区的材料，不建议使用通过拐点的切线作为基准来确定偏移屈服点。

对于任何一种复合材料体系，弯曲性能已经成为必不可少的性能评价参数之一，但由于复合材料弯曲试验中试样的应力状态复杂，弯曲性能的影响因素较多，可能发生多种失效模式。不同试验方法对弯曲试验有效性的规定不一，因而对复合材料弯曲性能数据的统计分析及对材料性能的评价，应根据具体情况谨慎对待。

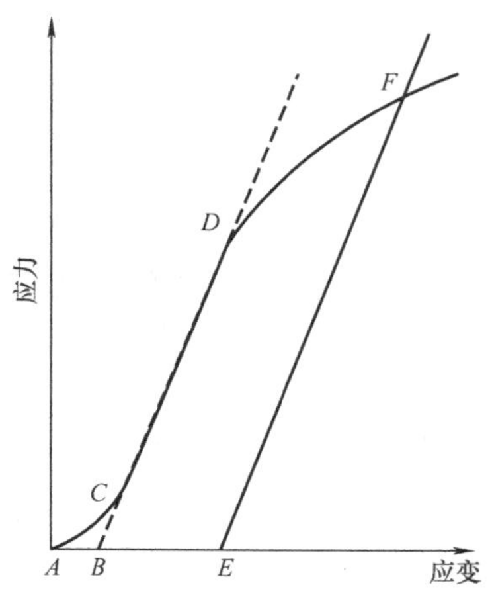

图 10-11　具有线性区域的材料

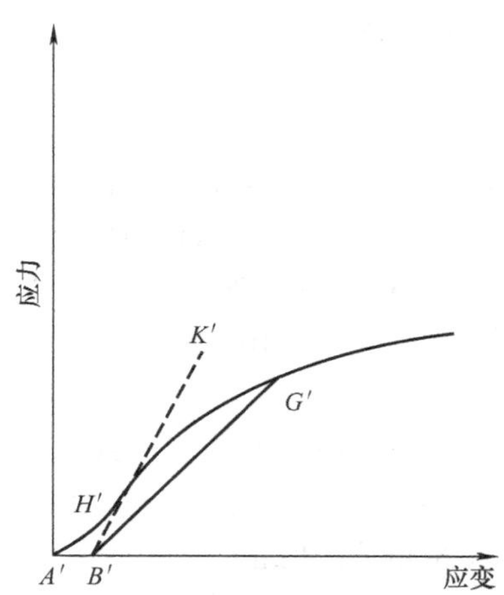

图 10-12　没有线性区域的材料

10.4　面内剪切性能试验

10.4.1　试验原理

对±45°铺层复合材料层合板进行拉伸，记录面内切应力-面内切应变曲线（或者记录载荷、纵向应变、横向应变等数据），由此计算获得面内剪切性能。测定纤维增强聚合物基复合材料层合板面内剪切试验的目的是获得用于制订材料规范、研究与开发、质量保证以及结构设计和分析的面内剪切性能数据，包括面内剪切强度、面内切应变、面内剪切弹性模量、偏移剪切强度等。

10.4.2　标准试验方法

目前常用的能够实现复合材料层合板面内剪切强度测试的国内外标准试验方法有：GB/T 3355—2014《聚合物基复合材料纵横剪切试验方法》、ASTM D 3518—2013《通过±45°层合板的拉伸试验测定聚合物基复合材料面内剪切性能的标准试验方法》（Standard Test Method for In-Plane Shear Response of Polymer Matrix Composite Materials by Tensile Test of a ±45° Laminate）、ASTM D 5379—2012《用 V 型槽梁方法测定复合材料剪切性能标准试验方法》（Standard Test Method for Shear Properties of Composite Materials by the V-Notched Beam Method）。

以上三种试验方法中，GB/T 3355—2014 和 ASTM D3518—2013 均采用±45°铺层层合板拉伸的方法（图 10-13），因其简单易行而得到广泛的使用。ASTM D 5379—2012 是复合

材料层合板剪切性能试验方法，可以给出不同方向的剪切性能。其中的剪切强度 τ_{12} 值（见图 10-14）与前两种方法得到的面内剪切强度的物理意义一致，但因试验方法不同，两者所测得的结果不可比。

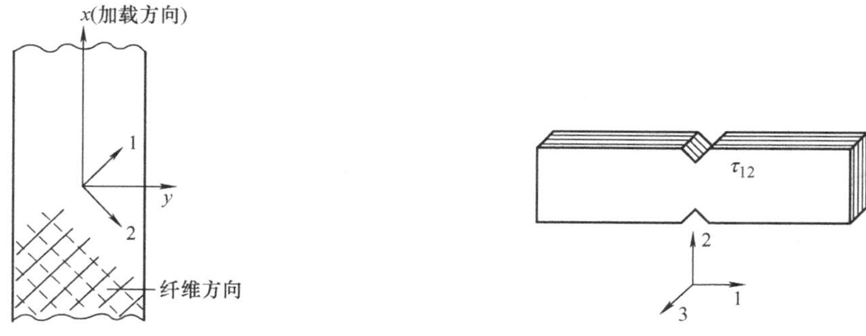

图 10-13　面内剪切试样纤维方向和加载示意图　　　图 10-14　V 形槽 τ_{12} 剪切试样示意图

尽管 ASTM D5379—2012 可以给出相对精确的面内剪切性能值，但是复杂的工装夹具、繁杂的试样安装过程和试样 V 形槽的加工难度都极大地限制了它的应用。GB/T 3355—2014 虽然简单，但是面内剪切强度定义为最大载荷对应的切应力，通常情况下最大载荷就是破坏载荷。破坏时试样纤维方向已经发生了很大的变化，不再是面内剪切状态，因此由此方法得到的面内剪切强度偏大，对应的面内剪切极限应变也偏大。而复合材料结构设计所考虑的刚度变形远远低于由国家标准获得的面内剪切极限应变，所以近年来工程项目中已经不再使用 GB/T 3355—2005 测试复合材料的面内剪切性能，而改用 ASTM D3518。下面以 ASTM D3518—2013 为例，重点介绍试验方法的主要技术内容。

10.4.3　面内剪切试样

1. 试样

ASTM D3518—2001 标准试样为单向带或机织物 ±45°铺层的矩形层合板试样，如图 10-15 所示。

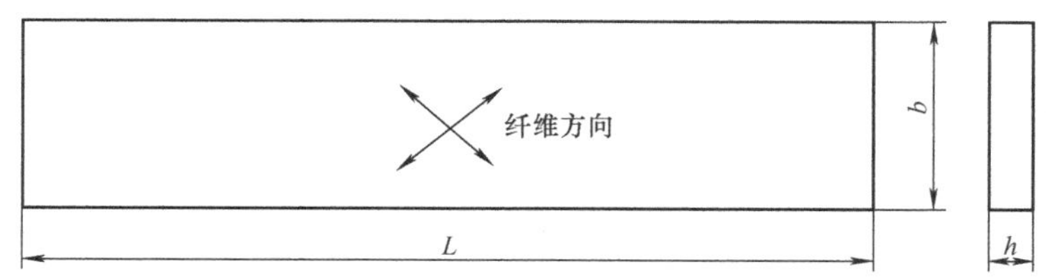

$L=200\sim300\text{mm}$，$b=25\text{mm}$，h 为试样厚度

图 10-15　ASTM D3518—2001 规定的标准试样

2. 试样制备

层合板的制备应符合相关材料规范或标准方法。所有的复合材料层合板应该在切割制样前进行无损检测，确保制备试样用层合板缺陷含量合格。层合板切割时，应使用合适的刀具和冷却系统，确保试样各条边不出现飞边、裂纹、分层、局部过热等人为缺陷。必要时，应对试样进行研磨以保证尺寸和外观符合要求。

10.4.4 试验机和应变测量装置

试验机应按标准进行定期校验，并具备载荷自动采集与记录的功能，其试验夹具与ASTM D3039—2014相同，采用拉伸试验夹具。纵向应变和横向应变可以使用引伸计或应变计辅以应变仪测量。引伸计和应变仪应按标准进行定期检验，应变计应使用合格产品。

10.4.5 试验程序

1. 试件状态调节

除非有特殊规定，一般情况下，状态调节是在标准实验室条件下（23℃ ±2℃，相对湿度50% ±5%）放置24h；复合材料层合板另外一个典型的状态调节是在71℃，相对湿度85%条件下吸湿平衡。

2. 尺寸测量

测量试样中心截面处的宽度和厚度，并按照编号记录尺寸。

3. 安装夹具和引伸计

1）将试件放入拉伸夹具中，使加载轴线重合试件中心线。

2）若使用引伸计测量应变，则应在试样表面工作段中心位置安装纵向和横向引伸计；若使用应变计测量应变，则应在试样表面工作段中心位置粘贴纵向和横向应变计。

4. 加热和保温

CTD（低温，试样为干态）试验和ETD（高温，试样为干态）试验需在高低温箱达到目标温度后保温5min，ETW（高温，试样为湿态）试验需在高低温箱达到目标温度后保温2min。

5. 试验

以标准规定的速率对试样加载，记录全程面内切应力-面内切应变曲线，或者拉伸载荷、纵向应变和横向应变信息，按照试验方法规定计算面内剪切强度和面内切应变。

10.4.6 试验数据处理与表达

1. 面内剪切强度

面内剪切强度τ_{12}^{m}按式（10-20）计算。即

$$\tau_{12}^{m}=\frac{P_{\mathrm{m}}}{2bh} \tag{10-20}$$

式中 P_{m}——5%面内切应变之前的最大载荷（N）；

b——试样宽度（mm）；

h——试样厚度（mm）。

2. 极限面内切应变

极限面内切应变定义为式（10-20）中面内剪切强度τ_{12}所对应的应变。

3. 面内剪切弹性模量

面内剪切弹性模量定义为面内切应力-面内切应变曲线上线性段的斜率，一般线性段的范围取0.2%~0.6%之间。范围可根据线性段具体情况调整。

4. 0.2%偏置强度

在 0.2% 的面内切应变点绘制一条平行于面内切应力-面内切应变曲线上线性段的直线，直线与曲线交点对应的应力为 0.2% 偏置强度。

5. 试验数据的有效性判断

试样在工作段破坏为有效。

10.5　层间剪切性能试验

10.5.1　试验原理

按照指定的跨厚比对短梁试样施加三点弯曲载荷，使得试样发生层间分层失效。根据试验过程中记录的最大载荷值、跨厚比和试样尺寸，计算获得层间剪切强度。

10.5.2　标准试验方法

目前常用的能够实现复合材料层合板层间剪切强度测试的国内外标准试验方法有：JC/T 773—2010《纤维增强塑料　短梁法测定层间剪切强度》、ASTM D2344—2016《聚合物基复合材料及其层合板短梁强度标准试验方法》（Standard Test Method for Short-Beam Strength of Polymer Matrix Composite Materials and Their Laminates）、ASTM D5379—2012《用 V 型槽梁方法测定复合材料剪切性能标准试验方法》（Standard Test Method for Shear Properties of Composites Materials by the V-Notched Beam Method）。

以上三种试验方法中 JC/T 773—2010 和 ASTM D2344—2016 均采用短梁三点弯曲的方法，如图 10-16所示。该方法的优点是简单易行，缺点是应力状态复杂，得到的是层间剪切强度的估计值。层间剪切强度是表征复合材料层合板层间抗剪切能力的重要参量，其高低与树脂基体性能、增强纤维和树脂界面性能、纤维铺层顺序和方向、试样尺寸等众多因素密切相关，一般不作为设计用力学性能数据，只用于材料质量检验和工艺控制。

ASTM D5379—2012 是复合材料层合板剪切性能试验方法，可以给出不同方向的切应力值。其中的剪切强度 τ_{31} 值（图 10-17）与前两种方法得到的层间剪切强度 τ_{sbs} 的物理意义是一致的，但是因试验中试样的应力状态明显不同，所以两者得到的结果是不可比的。

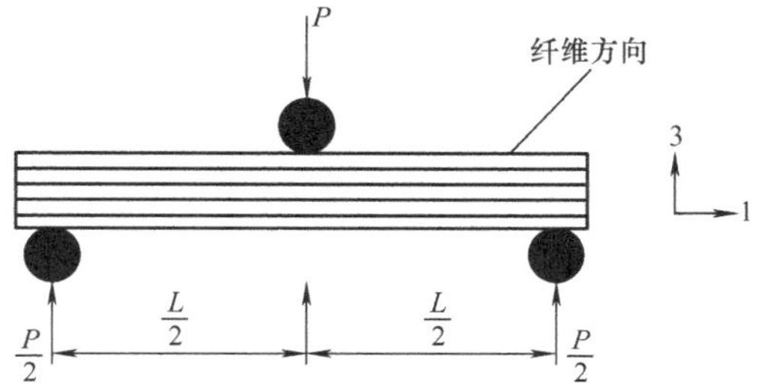

图 10-16　层间剪切强度加载示意图（短梁三点弯曲法）

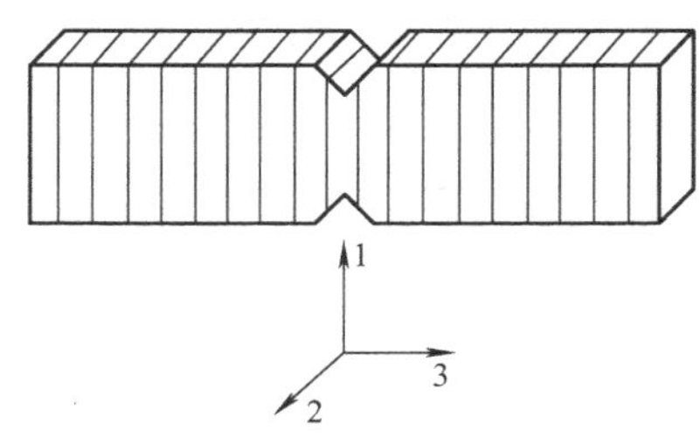

图 10-17　V 形槽 τ_{31} 剪切试样示意图

尽管 ASTM D5379—2012 可以给出相对精确的层间剪切性能值，但是复杂的工装夹具、繁杂的试样安装过程和试样 V 形槽的加工难度大等因素，都极大地限制了其应用。虽然 JC/T 773—

2010 和 ASTM D2344—2016 给出的是层间剪切强度的估计值，因其简便易行，目前在工程上仍大范围地使用它们来评定复合材料层合板的层间剪切强度。下面重点介绍 JC/T 773—2010 和 ASTM D2344—2016 试验方法。

10.5.3 层间剪切试样

1. 标准试样

JC/T 773—2010 的标准试样为单向纤维增强的平板试样，如图 10-18 所示。ASTM D2344—2016 推荐的标准试样分平板和曲板两种，如图 10-19 所示。

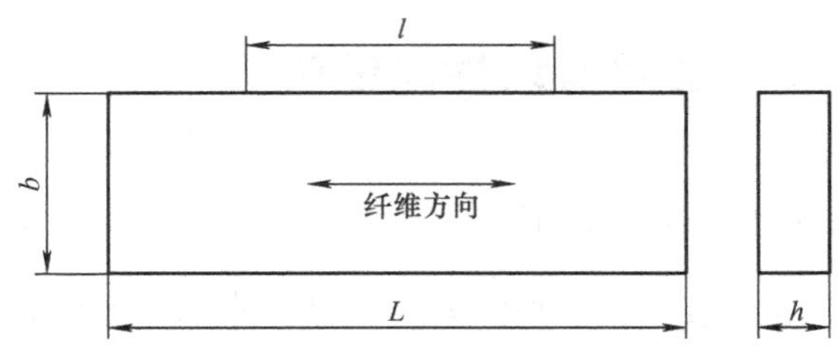

$L=20\text{mm}$，$l=10\text{mm}$，$b=2\text{mm}$

图 10-18 JC/T 773—2010 推荐的标准试样

2. 非标准试样

非标试样与标准试样的形状是一样的，尺寸有所差别。JC/T 773—2010 规定了非标试样尺寸为 $10h\times5h\times h$（h 为试样厚度），ASTM D2344—2016 规定了非标试样尺寸为 $6h\times2h\times h$（h 为试样厚度），试件最小厚度限定为 2.0mm。

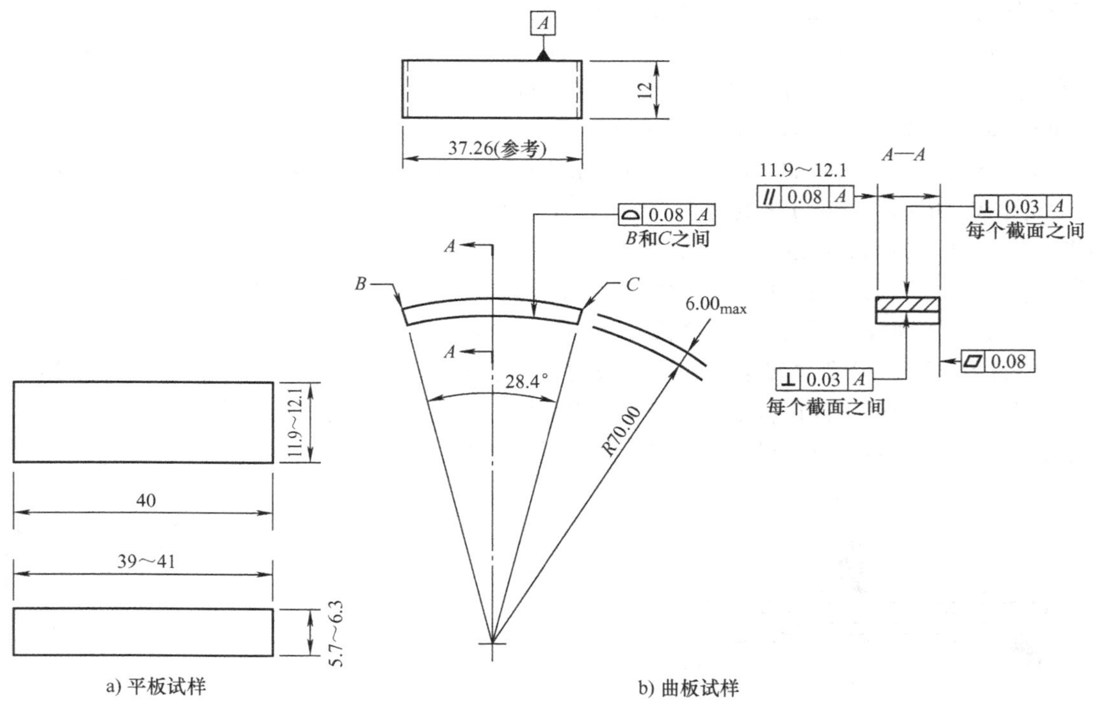

图 10-19 ASTM D2344—2016 推荐的标准试样

3. 试样的制备

层合板的制备应符合相关材料规范或标准方法。所有的复合材料层合板应该在切割制样前进行无损检测，确保制备试样用层合板缺陷含量合格。层合板切割时，应使用合适的刀具

和冷却系统，确保试样各条边不出现飞边、裂纹、分层、局部过热等人为缺陷。必要时，应对试样进行研磨以保证尺寸和外观符合要求。

10.5.4　试验设备和夹具

试验机应按标准进行定期校验，并具备载荷自动采集与记录功能。三点弯曲夹具的压头和支辊应按照标准要求加工。

10.5.5　试验程序

1. 试件状态调节

除非有特殊规定，一般情况下，状态调节是在标准实验室条件下（23℃ ±2℃，相对湿度为50% ±10%）放置24h；复合材料层合板另外一个典型的状态调节是在71℃，相对湿度为85%条件下吸湿平衡。

2. 试件编号与尺寸测量

测量试样中心截面处的宽度和厚度，并按照编号记录尺寸。

3. 试验夹具及安装

1）根据试验方法选择对应的试验夹具（支辊和加载头）。JC/T 773—2010 要求选择压头半径 5mm，支辊半径 2mm；ASTM D2344—2016 要求选择压头半径 3mm，支辊半径1.5mm。

2）根据试验方法调整跨距（L）。JC/T 773—2010 要求跨厚比为5.0，ASTM D2344—2016 要求跨厚比为4.0。

3）将试件放入试验夹具中，模具一侧置于支辊上，试件相对加载线对称放置，并将试件长轴与加载头和支辊垂直。

4. 加热与保温

CTD（低温，试样为干态）和ETD（高温，试样为干态）试验需在高低温箱达到目标温度后保温5min，ETW（高温，试样为湿态）试验需在高低温箱达到目标温度后保温2min。

5. 试验

以标准规定的速率对试样加载，记录全程载荷-挠度曲线，满足下列条件之一即停止试验：

1）试样破坏（JC/T 773—2010）。

2）试样分层，或者载荷下降了最大载荷的30%，或者挠度超过了试件的公称厚度（ASTM D2344—2016）。

10.5.6　试验数据处理与表达

1. 层间剪切强度

层间剪切强度 F^{sbs} 按式（10-21）计算。即

$$F^{sbs}=0.75\frac{P_{\mathrm{m}}}{bh} \tag{10-21}$$

式中　P_{m}——最大载荷（N）；

b——试样宽度（mm）；

h——试样厚度（mm）。

2. 试验数据的有效性判断

短梁三点弯曲试验可能出现三种典型的失效模式，如图 10-20 所示。第一种是层间分层；第二种是弯曲失效模式（上表面压缩破坏或下表面拉伸破坏）；第三种是发生大的弯曲塑性变形。

JC/T 773—2010 规定试样出现层间分层失效模式为有效，结果以层间剪切强度给出；ASTM D2344—2000 规定三种失效模式均有效，结果以短梁强度给出。

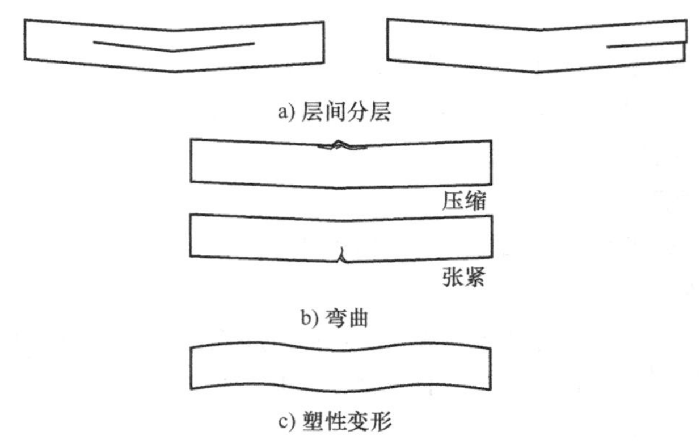

图 10-20　短梁三点弯曲试验典型失效模式

思　考　题

1. 拉伸试验方法中影响拉伸试验结果的关键技术内容有哪些？
2. 压缩试验方法中影响压缩试验结果的关键技术内容有哪些？
3. 弯曲试验方法中影响弯曲试验结果的关键技术内容有哪些？
4. GB/T 3355—2014 与 ASTM D3518—2013 的最大区别是什么？
5. 短梁强度与层间剪切强度有何区别？

第3篇　疲劳断裂力学性能

第11章　金属的高周疲劳试验

工程上有许多构件在服役过程中承受的应力大小、方向呈周期性变化，这种随时间做周期性变化的应力称为交变应力（也称循环应力）。在交变应力作用下即使构件所承受的应力低于材料的抗拉强度，甚至低于屈服强度时，经过较长时间工作也会发生断裂，这种现象叫作金属的疲劳。疲劳失效是指材料在交变应力的反复作用下，经过一定的循环次数后产生破坏的现象。由于疲劳失效前材料往往不会出现明显的宏观塑性变形，这种破坏容易造成严重的灾难性事故。统计表明，在机械失效总数中疲劳失效约占80%以上，因此疲劳问题引起了材料研究者和飞机设计者的极大关注。疲劳设计准则建立在结构无初始缺陷的基础上，要求结构在使用寿命期内不出现宏观损伤，一旦发现结构关键部位出现宏观可检裂纹，就认为结构已经破坏。

研究材料在交变载荷作用下的力学行为、裂纹萌生扩展特性、评定材料的疲劳抗力和预测构件的疲劳寿命等成为金属力学性能的重要研究课题。

疲劳按其承受交变载荷的大小及循环次数的高低，通常分为高周疲劳和低周疲劳两大类。前者表征材料在线弹性范围内抵抗交变应力破坏的能力，一般包括疲劳强度、疲劳极限和 S-N 曲线。后者则表征材料在弹塑性范围内抵抗交变应变破坏的能力，一般用循环应力-应变曲线和应变-寿命曲线表征。本章主要介绍高周疲劳试验的相关知识。

11.1　基本概念

11.1.1　疲劳破坏的特征

一般来说，金属的疲劳破坏可分为疲劳裂纹萌生、疲劳裂纹扩展和失稳断裂三个阶段。疲劳破坏有以下特征：

1）疲劳破坏是在交变载荷作用下的破坏。

2）疲劳破坏必须经历一定的载荷循环次数。

3）零件或试样在整个疲劳过程中不发生宏观塑性变形，其断裂方式类似于脆性断裂。

4）疲劳断口上明显地分为三个区域：疲劳源区、疲劳裂纹扩展区和瞬时断裂区。

图11-1所示为典型疲劳宏观断口，断口表面较平滑并伴有放射线的区域为疲劳裂纹扩展区，表面较粗糙的区域为瞬时断裂区。一般来说，高应力水平下疲劳裂纹扩展区占整个断

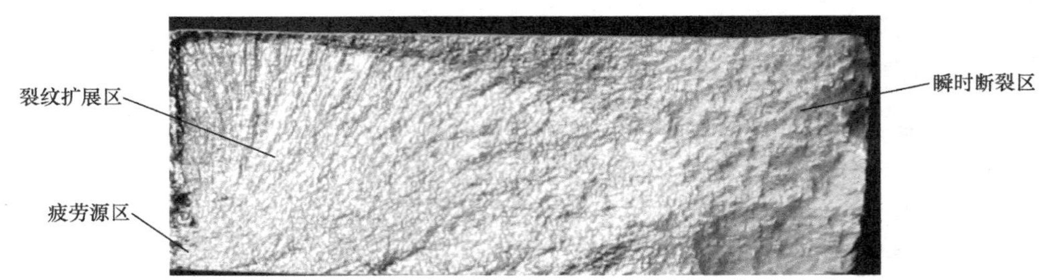

图 11-1　典型疲劳宏观断口

口的比例较小，低应力水平下疲劳裂纹扩展区占整个断口的比例较大。疲劳裂纹扩展区域的射线归拢处就是裂纹源的位置，分析疲劳断口中裂纹源产生的机理是非常必要的，通过分析裂纹源产生的原因可以指导材料的制造工艺或改进加工工艺。

11.1.2　循环载荷

构件承受的变动载荷是指载荷大小和方向随时间按一定规律呈周期性变化或呈无规则随机变化的载荷，前者称为周期变动载荷，后者称为随机变动载荷。

周期变动载荷又分为交变载荷和重复载荷两类，如图 11-2 所示。交变载荷是载荷大小、方向均随时间做周期变化的变动载荷，火车车轴和曲轴轴颈上的一点，在运转过程中所受的应力就是交变应力。重复载荷指载荷大小做周期变化，但方向不变的变动载荷。

随机变动载荷是载荷大小、方向随时间无规律的变化，如图 11-2d 和图 11-3 所示。承受随机载荷的构件很多，如汽车、拖拉机、挖掘机和飞机上的一些部件。汽车在不平坦的路面上行驶，它的许多构件常受到偶然冲击，所承受的载荷就是随机的。循环应力可以看作由恒定的平均应力 σ_m 和变动的应力半幅 σ_a 叠加而成。

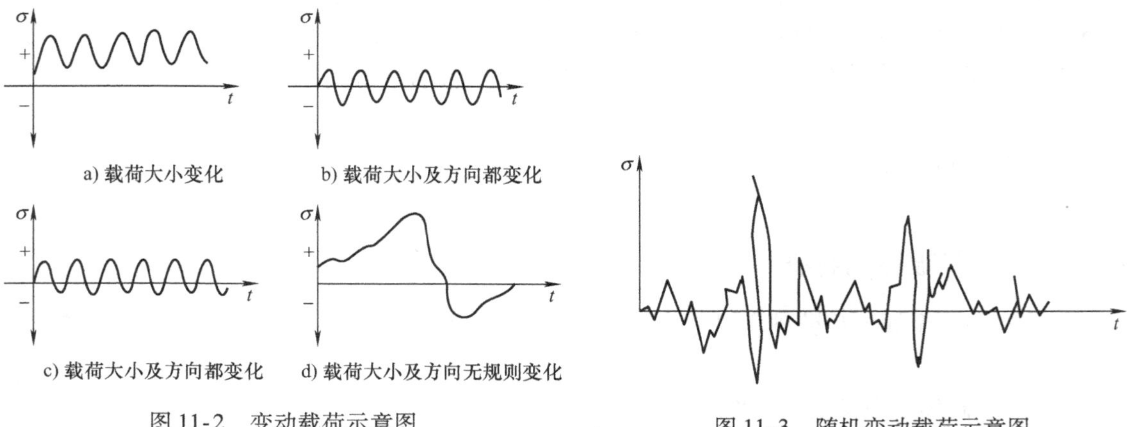

图 11-2　变动载荷示意图

图 11-3　随机变动载荷示意图

11.1.3　循环应力参数

在循环载荷作用下，构件内部所产生的应力称为循环应力。在实验室进行高周疲劳试验时，载荷波形大多为正弦波，这种按正弦曲线变化的等幅循环应力是最简单的循环应力，它

具有循环应力最基本的特征。疲劳试验中有关循环应力参数之间的关系如图 11-4 所示。

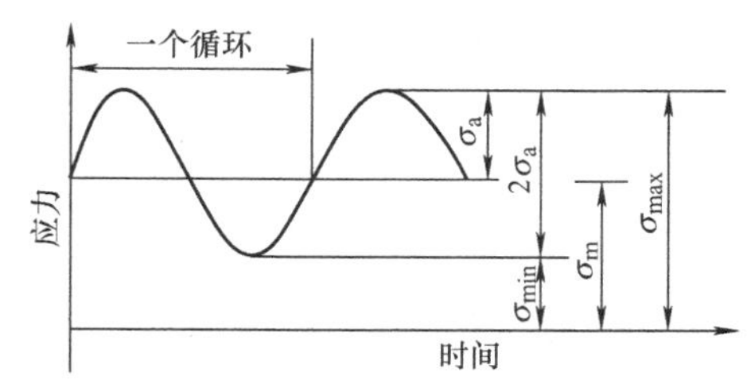

图 11-4　疲劳试验中有关循环应力参数之间的关系

循环应力各参数的定义如下：

最大应力 σ_{max}——具有最大代数值的应力；

最小应力 σ_{min}——具有最小代数值的应力；

平均应力 σ_m——最大应力与最小应力的平均值；

应力幅 σ_a——最大应力与最小应力差之半；

应力比 R——最小应力与最大应力之比值。

平均应力
$$\sigma_m = \frac{\sigma_{max} + \sigma_{min}}{2} \tag{11-1}$$

应力幅
$$\sigma_a = \frac{\sigma_{max} - \sigma_{min}}{2} \tag{11-2}$$

应力比
$$R = \frac{\sigma_{min}}{\sigma_{max}} \tag{11-3}$$

单位时间内的循环载荷次数由试验频率表示，通常以 1s 内载荷交变的次数表示。如试验频率是 50Hz，则表明 1s 内交变载荷的循环次数是 50 次。

11.1.4　疲劳试验的分类

金属的疲劳可以按不同方法进行分类。

按受力方式可以分为弯曲疲劳、拉压疲劳、扭转疲劳、复合疲劳、接触疲劳和微动磨损疲劳等。

按载荷和时间的关系可以分为等幅疲劳和随机疲劳。

按温度、介质环境可以分为一般疲劳（指在空气中）、腐蚀疲劳、高温疲劳、热疲劳（由于环境温度反复变化引起试件内部产生循环热应力而导致破坏的现象称为热疲劳）。

按试件破坏的载荷循环次数可分为高周疲劳和低周疲劳，其寿命分界线一般为 $5\times10^4 \sim 1\times10^5$ 周。

11.1.5　疲劳 *S-N* 曲线

试件的疲劳寿命取决于施加的应力水平，这种外加应力水平 S 和标准试样疲劳寿命 N 之间关系的曲线称为材料的 *S-N* 曲线。因为这种曲线通常都是表示具有 50% 存活率的中值疲劳寿命与外加应力间的关系，所以也称为中值 *S-N* 曲线。这一曲线通过拟合不同应力水平下中值疲劳寿命估计量和各个指定寿命下中值疲劳强度估计量获得，如图 11-5 所示。

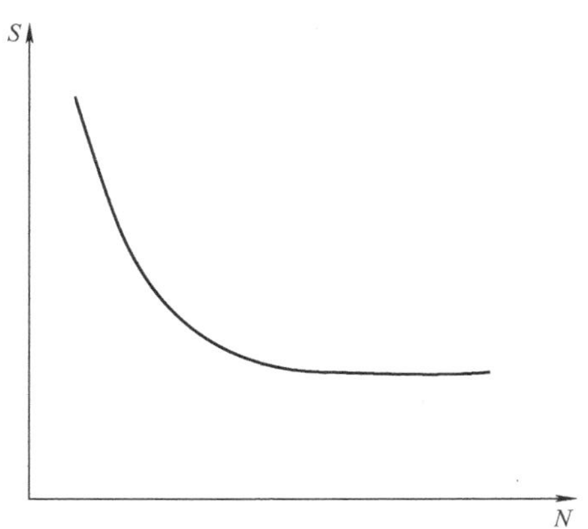

图 11-5　疲劳 *S-N* 曲线示意图

S-N 曲线的特点如下：

1）外加应力水平越低，试样的疲劳寿命越长。

2）曲线右端常有一段水平渐近段。

3）低于某一应力水平试样不发生断裂。

11.1.6 疲劳极限

S-N 曲线上水平部分对应的应力，即为材料的疲劳极限。疲劳极限是材料能经受无限次应力循环而不发生疲劳断裂的最大应力，一般认为试样只要经过 10^7 次循环不发生破坏，就可以承受无限次循环而不发生破坏。但现有的研究表明在 10^7 次循环不发生破坏的试件在经受更长的循环载荷作用后（如 10^8 次或 10^9 次）仍然会发生破坏。

在任一指定寿命下测定的疲劳强度，一般称为条件疲劳极限。如测定 10^6 条件疲劳极限就是测定 10^6 循环次数对应的疲劳强度。前面所说的疲劳极限实际上也是条件疲劳极限，是指定 10^7 循环次数对应的疲劳强度。

11.1.7 高周疲劳标准试验方法简介

国内、外高周疲劳试验标准主要有国家标准 GB、航空工业标准 HB 和美国材料试验标准 ASTM。目前常用的相关试验标准有 GB/T 3075—2008《金属材料　疲劳试验　轴向力控制方法》、GB/T 4337—2015《金属材料　疲劳试验　旋转弯曲方法》、HB 5152—1996《金属室温旋转弯曲疲劳试验方法》、HB 5153—1996《金属高温旋转弯曲疲劳试验方法》、HB 5287—1996《金属材料轴向加载疲劳试验方法》、ASTM E466—2015《金属材料轴向力控制等幅疲劳试验规程》(Standard Practice for Conducting Force Controlled Constant Amplitude Axial Fatigue Tests of Metallic Materials)。

试验标准的技术条款一般按试样构形、试样加工要求、试验设备要求、载荷要求、试验原理和试验过程等几个方面对试验进行规定。不同标准之间的具体规定会有所不同，但其主要目的都是保证试验的精度、稳定性，试验数据的可重复性和试验数据间的可比性，旨在揭示材料的本征规律。

试验时需要按试验委托方指定标准要求进行试样设计、试验设备检查、试验参数选择、试验过程控制等。

11.2 试验设备

11.2.1 试验机类型及特点

疲劳试验设备一般由试验机架、控制测量系统、液压动力系统及辅助装置等几部分组成。按不同的加载方式，试验机可分为轴向加载疲劳试验机、旋转弯曲疲劳试验机、扭转疲劳试验机等。按加载原理分为机械式试验机、液压式试验机等几类。图 11-6 所示为电磁谐振式轴向疲劳试验机，图 11-7 所示为液压伺服式疲劳试验机，图 11-8 所示为旋转弯曲疲劳试验机。

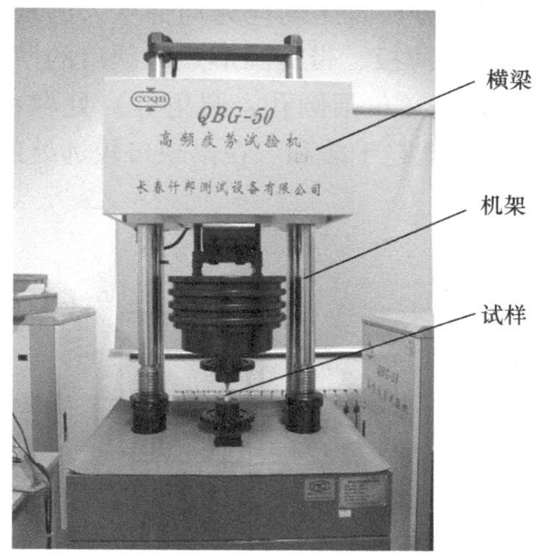

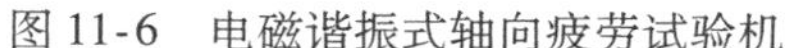
图 11-6　电磁谐振式轴向疲劳试验机

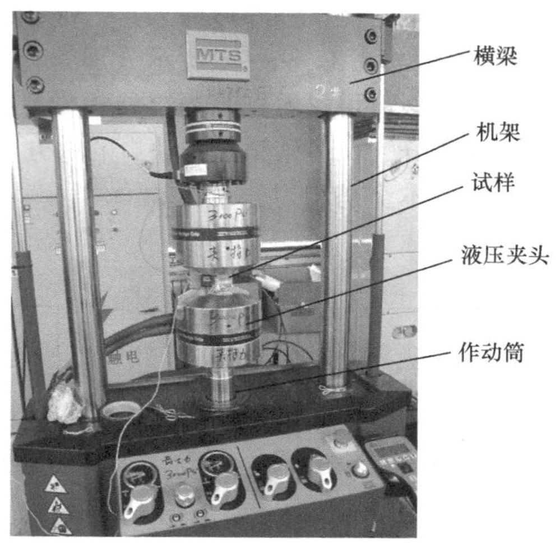

图 11-7　液压伺服式疲劳试验机

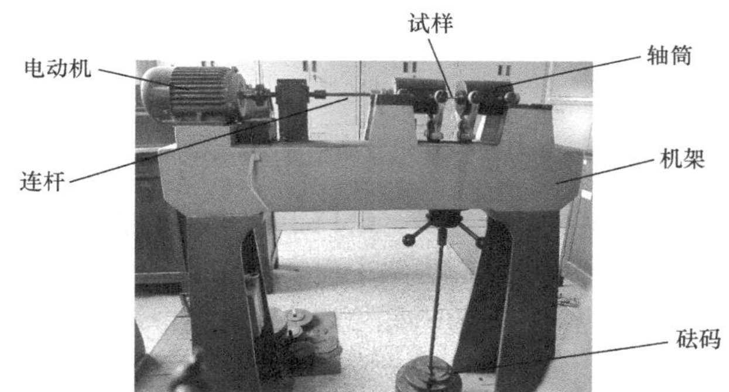

图 11-8　旋转弯曲疲劳试验机

11.2.2　疲劳试验机

高周疲劳试验标准一般都对试验设备的力传感器精度进行规定，各种标准要求的精度值不完全相同。除了载荷精度外，试验机的夹具还应具有良好的同轴度，以消除由于同轴度不好给试样带来的附加弯曲应力或应变，这点对低韧性材料更为重要。试验设备要定期检定，以保证试验精度。

11.3　疲劳试样

11.3.1　应力集中与应力集中系数

工程构件中一般都会存在凸台、拐角、缺口和孔等，这些地方都会产生应力集中。应力集中会使构件的局部应力提高，常常成为构件的薄弱环节，大量的构件疲劳试验表明疲劳源大多出现在应力集中处，因此在疲劳设计时必须考虑应力集中效应。

应力集中就是在试件外形突然变化或材料不连续的地方所发生的应力局部增大的现象，如图 11-9 所示。图 11-9a ~ c 所示分别为带有中心圆孔的薄板、带有圆形边缘缺口的薄板、带有圆角的薄板。可以看到，当这些板件受拉时，在缺口（包括圆孔、圆角等）处存在很大的局部应力 σ_{max}。但稍微离开缺口的地方，应力的变化就趋于缓和。在离缺口较远处的截面上，应力基本上是均匀分布的。

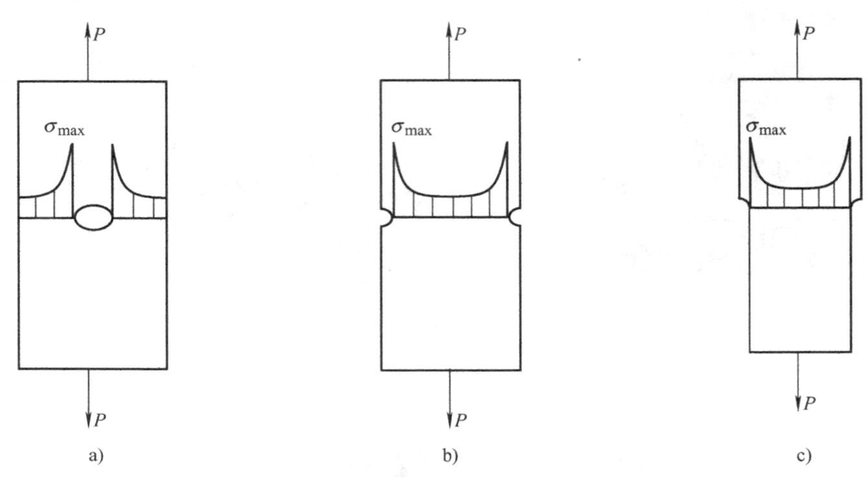

图 11-9　孔边应力集中示意图

应力集中的程度可用应力集中系数表示。缺口半径或圆角半径越小应力集中系数越大，表明应力集中越严重。缺口疲劳试样的应力集中程度通常采用理论应力集中系数来表征。在应力集中处的最大应力与名义应力的比值，称为理论应力集中系数，一般用 K_t 表示。即

$$K_t = \sigma_{max}/\sigma_0 \tag{11-4}$$

式中　σ_{max}——应力集中处的最大局部应力；

σ_0——有应力集中截面的名义应力。

名义应力可以是净截面应力也可以是毛截面应力，即计算应力时采用试样的净截面面积或毛截面面积。毛截面面积是包括孔洞或缺口的截面面积；净截面面积是减去孔洞、缺口的截面面积。

11.3.2　试样类型及设计原则

疲劳试样的形式取决于试验目的、设备类型、设备能力和使用的原材料。疲劳试样大体上可分为两类：一类是形状简单、尺寸较小的典型“试样”；另一类是实际零构件或局部细节模拟元件。本节中介绍的试样属于前一类，典型试样又分为“光滑试样”和“缺口试样”两种。光滑试样指在试验段没有应力集中的试样；而缺口试样则是在试验段内人为地制造缺口，即有应力集中的试样。

试样设计应保证试样失效位于试样工作段，试样工作段的应力分布定义明确，即光滑试样保证工作段无应力集中，缺口试样有明确的理论应力集中系数。

所有设计试样应由试验段、夹持部分及两者之间的过渡区三部分组成。夹持部分的形状必须根据试验机夹头的要求设计，不宜做统一的规定。但有些原则是必须遵守的：为避免在

夹持部分破坏，试样夹持端的截面要做得足够大；夹持部分的长度，在试验机夹具允许的情况下，应尽可能长一些，以减少试样夹持部分和夹具间过大的挤压应力；试样夹持部分必须平直，并且要保证与试验段截面的同轴度，以免试验段或试验过渡段产生附加应力，引起试样过早地破坏；为了防止试样在过渡段发生断裂，需要采用较大的圆角半径以减小应力集中，这一点对光滑试样尤为重要。

疲劳试样的形状、尺寸、表面粗糙度和加工工艺对疲劳性能都有不同程度的影响，因此为了保证疲劳试验结果具有可比性和可重复性，标准中常推荐一些典型试样及其制备方法。

高周疲劳试验标准中推荐了不同形式的光滑试样和缺口试样，如等截面、变截面的圆形截面试样，等截面、变截面的矩形截面试样，缺口试样等。典型疲劳试样示意图如图 11-10 所示。

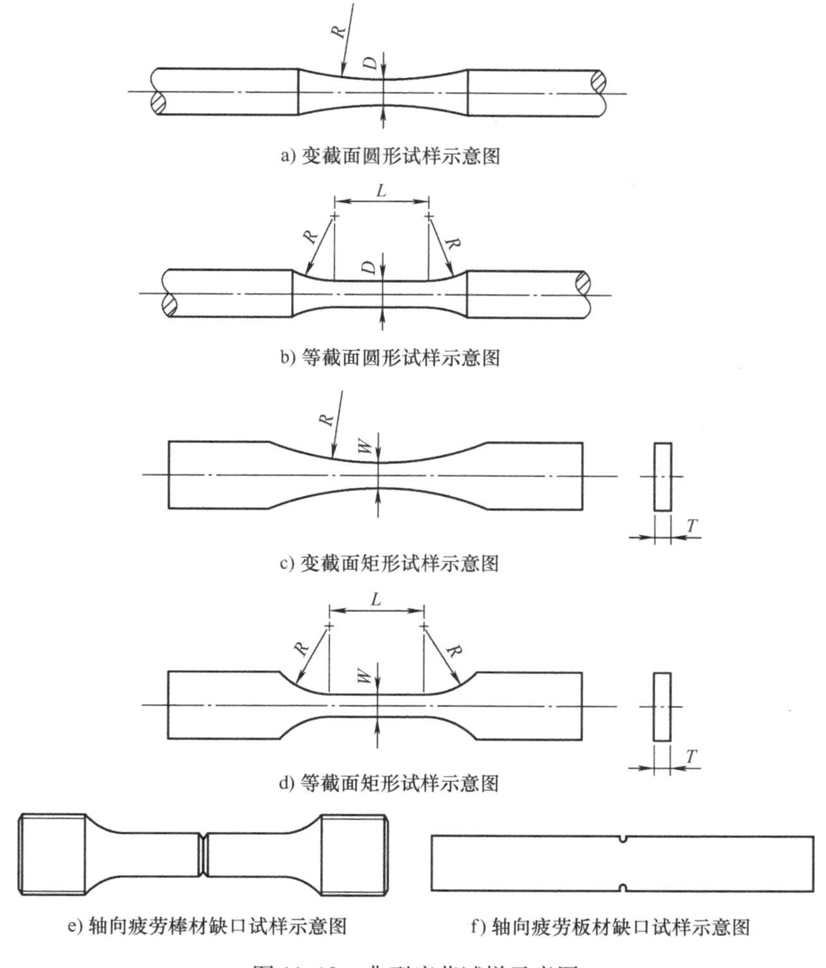

图 11-10　典型疲劳试样示意图

疲劳标准中一般都会给出试样设计的准则，如 ASTM E466—2015 中规定圆形试样的工作段曲率半径应大于 8 倍试样最小直径，以消除应力集中，缩减截面的长度应大于 3 倍最小

直径等。试验时一般根据原材料的规格尺寸、试验目的、标准具体要求和试验机夹具形式等设计合理的试样形式。

11.3.3 试样制备

试样加工方法对疲劳试验的结果影响较大，因此在加工时应尽量消除加工过程不一致性对试验结果的影响，一旦加工工艺确定不能轻易改变。加工工艺中要注意以下几点：

1）要防止加工过程中，由于一次切削量过大，或其他机械加工方式引起试样表面产生残余应力，进而影响试验结果。

2）严格控制疲劳试样的表面粗糙度，以免由于表面粗糙度值过小试样疲劳寿命偏长，或表面粗糙度值较大疲劳寿命偏短，造成不同批次试样间的疲劳数据无法比较。

3）防止机械加工过程中试样表面产生冷作硬化或过热导致材料性质发生变化，影响疲劳寿命。

试样加工好后应进行适当保护以免出现表面腐蚀。试验前采用内眼或 20 倍以内的光学镜检查试样表面，不允许有裂纹和明显的机加痕迹。

11.4 疲劳 *S-N* 曲线的测试方法

疲劳 *S-N* 曲线采用成组试验法和升降法进行测试。中、短寿命区（10^4 ~ 10^6 周之间）采用成组试验法进行测试，疲劳极限的测试采用升降法，如图 11-11 所示。

11.4.1 单点试验法

测定 *S-N* 曲线时应在预先估计的 4 ~ 6 级应力水平下进行单点疲劳试验，初步确定一条 *S-N* 曲线的大致趋向，如图 11-12 所示。然后在高应力区采用成组试验法，在低应力区（长寿命区域）采用升降试验法。

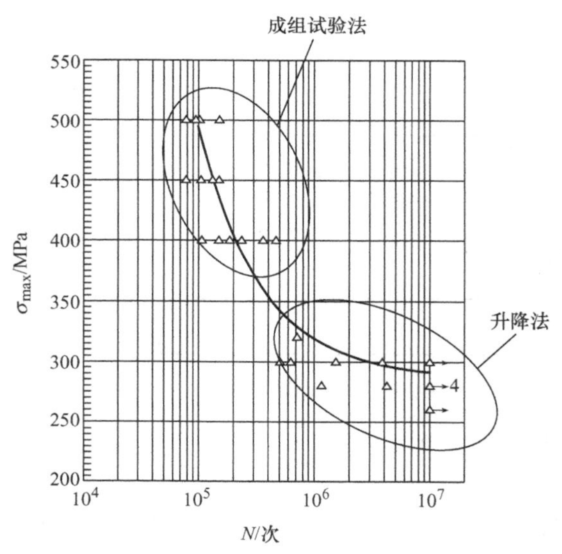

图 11-11 成组试验法和升降法数据示意图

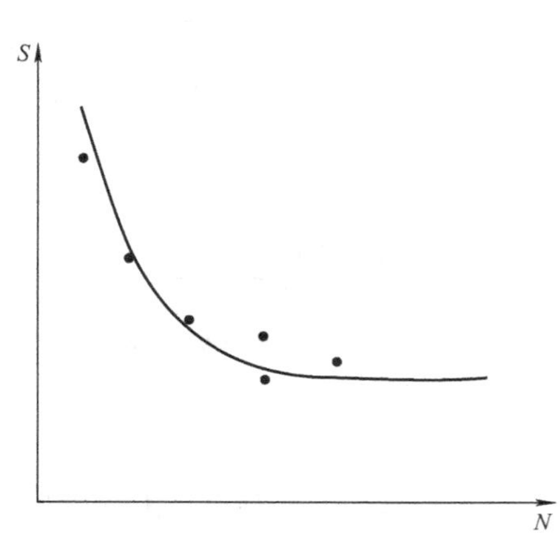

图 11-12 *S-N* 曲线测试单点试验法示意图

11.4.2　成组试验法

在初步确定了一条 S-N 曲线的大致趋势后，就可根据不同置信度要求，完成选定应力下的成组试验。对每条 S-N 曲线，一般选择 3 ~5 级应力水平进行成组试验法试验，不同应力水平最好能均匀地分布在 S-N 曲线上，如图 11-13 所示。试验时最大应力一般不超过材料的屈服强度。在每一个应力水平下测试一组试样，每级应力水平需要重复的试样数取决于试验数据分散程度和预先要求的置信度。通常试验应力水平较高，试验数据较集中，试验应力水平越低，试验数据越分散；置信度水平也决定成组试验重复的试样数，要求的置信度水平越高，需要的试样数就越多，反之置信度水平低，需要的试样数量就较少。在一个应力水平上做完三根试样后就可以计算置信度，如已满足所要求的置信度，这一组试验就结束，否则还要继续试验，在指定置信度下试样试验数据点是否满足试验要求的检定方法如图 11-14 所示。

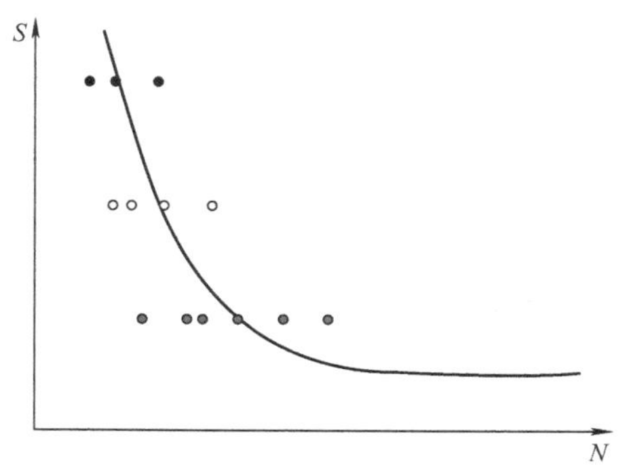

图 11-13　成组试验法示意图

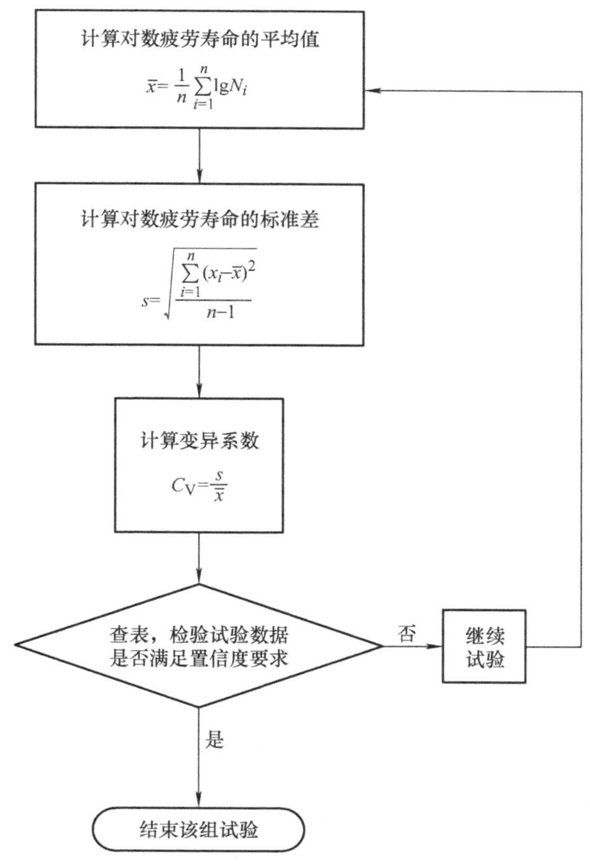

图 11-14　成组试验法的检定方法

当对数疲劳寿命服从正态分布时，成组试验法的中值对数疲劳寿命 $\bar{x}$ 就是对数寿命的平均值，按式（11-5）计算。即

$$\bar{x} = \lg N_{50} = \frac{1}{n}\sum_{i=1}^{n}\lg N_i = \frac{1}{n}(\lg N_1 + \lg N_2 + \lg N_3 + \cdots + \lg N_i) \tag{11-5}$$

式中 N_i——每组试验中第 i 个试样的疲劳寿命；

N——每组试验的试样数量；

N_{50}——具有50%存活率的疲劳寿命。

对数疲劳寿命标准偏差 S 按式（11-6）计算。即

$$s = \sqrt{\frac{\sum_{i=1}^{n}(\lg N_i - \bar{x})^2}{n-1}} = \sqrt{\frac{(\lg N_1 - \bar{x})^2 + (\lg N_2 - \bar{x})^2 + (\lg N_3 - \bar{x})^2 + \cdots + (\lg N_i - \bar{x})^2}{n-1}} \tag{11-6}$$

变异系数 C_V 按式（11-7）计算。即

$$C_V = s/\bar{x} \tag{11-7}$$

例如，在某一应力水平下完成一组满足置信度 $\gamma = 95\%$ 的疲劳试验。

首先在规定的应力水平下重复三根试样的疲劳试验，然后计算三根试样的试验结果是否满足置信度要求，如果计算结果不满足置信度 $\gamma = 95\%$ 的要求，则继续在该应力水平下进行试验，每获得一根试样的结果就进行一次检验计算，直至满足置信度要求。试验数据及计算结果见表11-1。最少的试验试样个数通过计算变异系数 C_V，由查表（见本书附录J）获得。

表11-1 试验数据及计算结果

计算项目	三根试样		四根试样	
	N_i/周	$x_i = \lg N_i$	N_i/周	$x_i = \lg N_i$
	2.73×10^5	5.4362	2.73×10^5	5.4362
	1.37×10^5	5.1367	1.37×10^5	5.1367
	1.65×10^5	5.2175	1.65×10^5	5.2175
			1.89×10^5	5.2765
对数均值 $\bar{x}$		5.2635		5.2667
对数标准差 s		0.155		0.127
变异系数 C_V		0.0294		0.0241
是否满足95%的置信度要求	不满足		满足	

11.4.3 升降法

由于疲劳数据在低应力水平存在较大的分散性，用常规的成组试验法是很难测出疲劳极限的。目前国内测试疲劳极限多采用小子样升降法。

试验前先根据经验或查阅资料预估一个疲劳极限值，根据预估的疲劳极限值确定出升降法试验的应力级差，一般光滑试样的应力级差选择在预计疲劳极限的5%以内，缺口试样的应力级差可比光滑试样适当减少。测试时应使第一根试样的试验应力水平略高于预计的疲劳

极限。如果试样在到达指定疲劳寿命之前发生破坏则标记为“×”（破坏），如到达指定疲劳寿命未发生破坏则标记为“○”（越出）。根据上一根试样的试验结果（越出或破坏）决定下一根试样的试验应力水平（降低或升高），若上一根试样在达到规定的循环次数以前破坏，则下一根试样的试验应力降低一个级差；反之，上一根试样越出则下一根试样的试验应力增加一个级差，直到完成全部试验，如图 11-15 所示。

升降法试验的试样数量主要取决于所测试疲劳极限的置信度的要求。置信度要求高则需要的试样数量较多，反之试样数量较少。参与疲劳极限和置信度计算的升降法数据必须“闭合”。

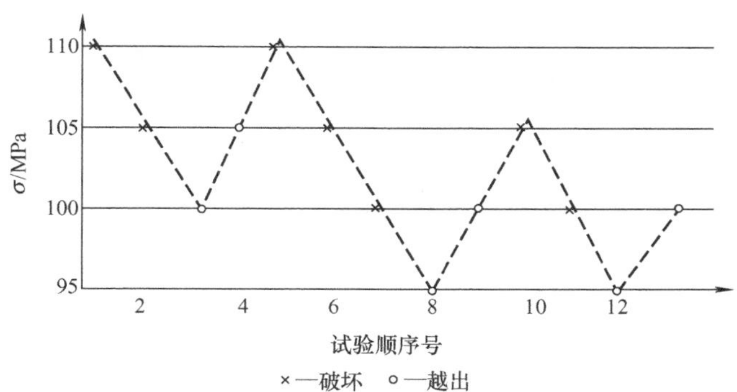

图 11-15　升降图示例

1. 升降图的起点

升降法数据中第一次出现相反结果（破坏、越出为相反结果）的两个数据点之前的数据均应舍弃，如图 11-14 中，第一次出现相反结果的点为点 2、点 3。因此从点 2 开始的数据才能为升降法的有效数据点，点 2 即为升降法的起始点。舍弃的数据点还可以利用，当试验到舍弃数据点的应力水平时，可以直接将被舍弃的数据点作为试验结果而无须重新试验另一根新试样。

2. 闭合升降图的终点

当最后一个数据点将要试验的下一个数据恰好回到第一个有效数据点的应力水平时，称为升降图闭合。也就是说当最后一个有效数据点为“○”（越出）或“×”（破坏）时，可设想在相邻应力水平还存在一个数据点，若该点与升降图的起始点位于同一应力水平上，则表示闭合。如数据不闭合则需舍弃数据点或补做试验以满足闭合条件。

配对：有效数据点中相邻应力水平，具有相反结果的两个数据即可配成对子。升降法数据闭合后所有有效数据点恰好能互相配成对子。

中值疲劳极限 σ_D 按式（11-8）计算。即

$$\sigma_D = \frac{1}{n}\sum_{i=1}^{n}\sigma_i = \frac{1}{n}(\sigma_1 + \sigma_2 + \sigma_3 + \cdots + \sigma_i) \tag{11-8}$$

式中　n——配成的对子总数；

σ_i——配成对子的两级应力水平的平均值。

疲劳极限的子样标准差 s 按式（11-9）计算。即

$$s = \sqrt{\frac{\sum_{i=1}^{n}(\sigma_i - \sigma_D)^2}{n-1}} = \sqrt{\frac{(\sigma_1 - \sigma_D)^2 + (\sigma_2 - \sigma_D)^2 + (\sigma_3 - \sigma_D)^2 + \cdots + (\sigma_i - \sigma_D)^2}{n-1}} \tag{11-9}$$

例如，将图 11-14 所示升降图配成对子，计算结果见表 11-2。

表 11-2 升降法配对子计算结果

应力水平/MPa	对子的平均应力/MPa	对子数/对
105 ~ 110	107.5	1
100 ~ 105	102.5	3
95 ~ 100	97.5	2

11.5 试验数据处理及表达

11.5.1 疲劳 *S-N* 曲线的数学模型

描述疲劳 *S-N* 曲线通常用线性模型与非线性模型对 *S-N* 曲线进行拟合。其模型表达式分别如下：

线性模型

$$\lg N = A_1 + A_2\sigma_{\max} \tag{11-10}$$

$$\lg N = A_1 + A_2\lg\sigma_{\max} \tag{11-11}$$

非线性模型

$$\lg N = A_1 + A_2(\sigma_{\max} - A_3) \tag{11-12}$$

$$\lg N = A_1 + A_2\lg(\sigma_{\max} - A_3) \tag{11-13}$$

式中 A_1、A_2、A_3——材料在一定应力集中系数和一定应力条件（如规定的应力比或平均应力）下的常数。

在这里模型中的循环应力参量采用最大应力，也可以是应力幅等其他能够反映循环应力水平高低的特征参量。

11.5.2 疲劳试验记录

疲劳试验的对象、过程等相关信息应记录完整、清晰，影响疲劳试验结果的主要因素都应在记录中描述，否则会造成试验结果的不可追溯性。

一般疲劳试验记录应包含以下信息：

1）原材料信息。

2）疲劳试样类型（板/棒试样、光滑疲劳试样、缺口试样的简单描述等）。

3）试验主要参数（载荷类型、大小、频率、应力比等）。

4）试验环境条件，如温度、相对湿度、介质（应在试验过程中做周期性记录）。

5）当发现光滑试样有屈服变形时，应在原始记录中注明。

6）断口形貌或断裂位置的简明描述。

7）如试验出现异常情况也应在原始记录中注明。

11.5.3 疲劳 *S-N* 曲线的绘制

为便于比较分析，将相同品种、规格材料的试样，在相同应力集中系数 K_t 和不同应力比 R 下所获得的试验数据和拟合曲线画在同一幅 *S-N* 曲线图上。图中纵坐标采用线性坐标，

坐标轴名称为最大应力。横坐标为疲劳寿命，一般采用对数坐标。典型的疲劳 S-N 曲线图如图 11-16 所示。

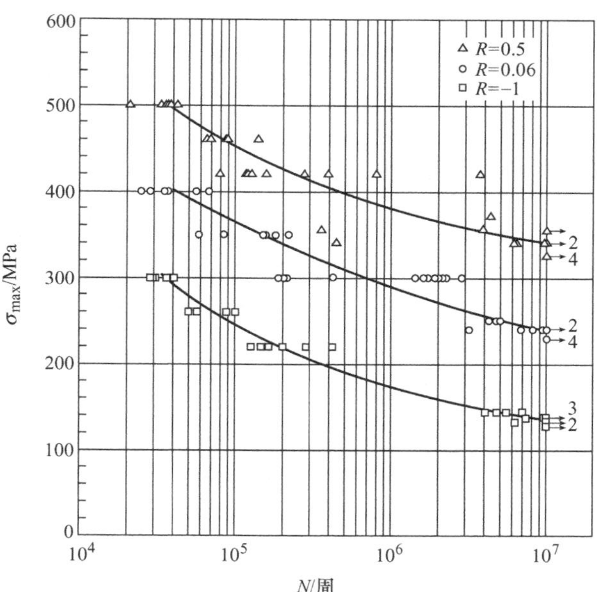

图 11-16　典型的疲劳 S-N 曲线图

*11.5.4　等寿命曲线图

为设计使用方便，将同一品种、规格的金属材料在相同 K_t 下的疲劳 S-N 曲线，经过转换绘制成等寿命曲线图，以表达给定疲劳寿命下的最大应力、最小应力、应力幅、平均应力和应力比之间的关系。使用者可以利用这些等寿命曲线图很方便地查出给定应力下所对应的疲劳寿命。

目前设计中常用的等寿命曲线图也称为古德曼（Goodman）图。典型的等寿命曲线图如图 11-17 所示。图中画成斜方向的 σ_a-σ_m 坐标系是根据古德曼公式绘制成的。对于每一种 K_t 试样，一般至少应该提供 3 条不同应力比（或平均应力）的 S-N 曲线才能画出此类试样的等寿命曲线图。

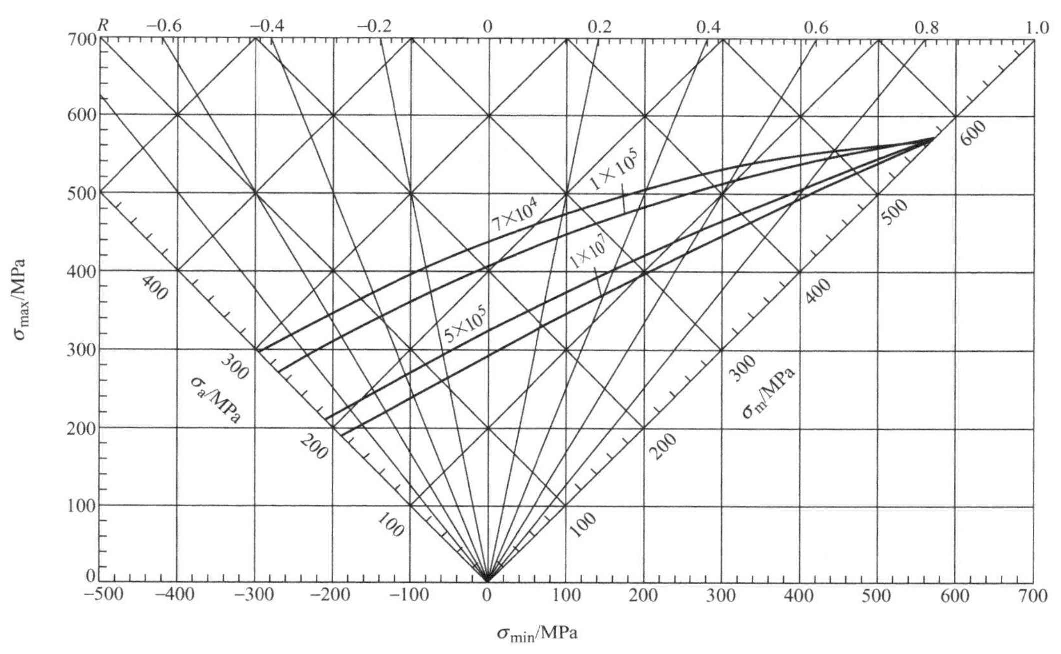

图 11-17　典型的等寿命曲线图

等寿命曲线图一般根据不同应力比或不同平均应力水平的疲劳 S-N 曲线绘制而成，每条等寿命曲线图一般以材料的抗拉强度 R_m 或规定塑性延伸强度 $R_{p0.2}$ 作为对应 $\sigma_a=0$ 时的 σ_m 值。

每幅等寿命曲线图中包含 3～5 条等寿命曲线。每条曲线代表某一寿命的曲线。

*11.6 成组对比试验结果的显著性检验

11.6.1 *F* 检验

为了鉴别两种产品质量的优劣，或者辨别两种不同处理条件的效应，除比较它们的平均水平（平均值）外，还要比较它们的均匀性（标准差），也就是，当条件改变时，两组观测值（两个子样）的标准差是否有显著差异，它们之间是否存在有条件误差。F 检验法是应用 F 分布检验“两个小子样是否来自标准差相同的两个母体”。由于 F 分布概率密度函数是根据 χ^2 分布理论推导出的，因此在进行 F 检验时，被抽取子样的母体须满足正态分布。同时假设“被抽样的两个正态母体的标准差相同”。于是 F 应为

$$F = 较大子样方差\ s_1^2/较小子样方差\ s_2^2 \tag{11-14}$$

图 11-18 中给出了 F 分布概率密度曲线。当已知自由度和显著度 α 时，接受区间 a 和 b 两点位置即可确定。若根据两个子样求出的 F 值位于接受区间以内，则表明 s_1 和 s_2 之间无显著差异，可以认为两个子样来自标准差相同的两个正态母体。若 F 值位于接受区间以外，则拒绝假设。

利用 F 检验法，只能知道两个母体的标准差是否相同，而不能对两个母体平均值做出任何结论。

11.6.2 *t* 检验

t 检验的目的是检验“一个子样是否来自已知平均值的母体”，或者说检验统计假设：“被抽样的母体的平均值等于某一数值 μ_0，即 $\mu=\mu_0$”。

t 分布概率密度曲线和标准正态分布概率密度曲线相类似，与纵坐标轴是对称的，如图 11-19所示。数学证明指出，当自由度 $\nu\to\infty$ 时，t 分布趋于正态分布。实际上，当 $\nu\geqslant30$，两者已十分相近。

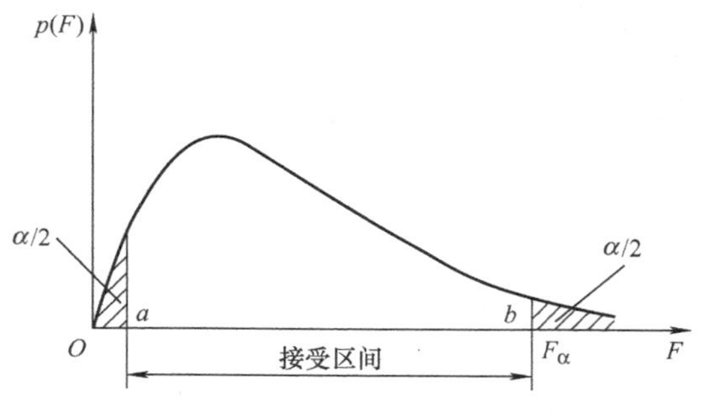

图 11-18 F 分布概率密度曲线

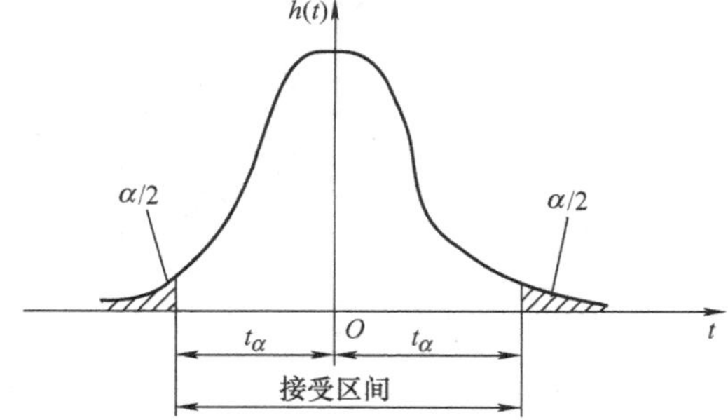

图 11-19 t 分布概率密度曲线

11.6.3 疲劳对比试验

当我们要了解两种工艺方法或两种设计方案中的哪一种有利于提高疲劳强度时，常常需要做对比试验。把待对比的两类试件，在同一加载条件下，进行疲劳试验，根据试验结果做出判断。本节着重讨论小子样的平均值对比试验。由于这类对比试验是以 t 分布理论为依据

的，故也属于 t 检验。应用 t 检验法时，必须满足正态母体的条件。

根据不同情况，对比试验可分为成组对比试验和成对对比试验。本节中只介绍成组对比试验。

成组对比试验是将待对比的两种类型的试件各作为一组，在同一应力水平下进行试验。每组试件一般不少于五个。根据两组试验结果，检验“两个小子样是否来自平均值相同的两个母体”。本节所介绍的成组对比试验必须满足被抽样的两个母体的标准差相等的条件，所以在应用 t 检验法之前，需要通过 F 检验，以证实 $\sigma_1=\sigma_2$。

经过推导，并假设“被抽样的两个正态母体的平均值相同”，并在一次抽样中，两组子样的平均值和方差分别为$\bar{x}_1$、$\bar{x}_2$和 s_1^2、s_2^2，则 t 分布函数的取值为

$$t=\frac{\bar{x}_1-\bar{x}_2}{\sqrt{\dfrac{(n_1-1)s_1^2+(n_2-1)s_2^2}{n_1+n_2-2}}\sqrt{\dfrac{1}{n_1}+\dfrac{1}{n_2}}} \tag{11-15}$$

如给定显著度 α，并已知自由度 $\nu=n_1+n_2-2$，查阅 t 分布数值表（见本书附录 F），则可确定出接受区间的上、下限 $\pm t_\alpha$。若 $|t|<t_\alpha$，则接受统计假设 $\mu_1=\mu_2$，即认为两个子样来自平均值相同的两个母体。若 $|t|>t_\alpha$，则拒绝统计假设。

例如，为了了解铝合金板材经单面喷丸后疲劳性能是否受到影响，分别取 8 个未喷丸试件和 10 个喷丸试件，做成一组对比试验。在同一应力水平下，测得两组试件的疲劳试验数据结果见表 11-3。试进行显著性检验。

表 11-3　两组试件的疲劳试验数据结果

试　样　号	未喷丸试件疲劳寿命		喷丸试件疲劳寿命	
	疲劳寿命 N_i/千周	$\lg N_{1i}$	疲劳寿命 N_i/千周	$\lg N_{2i}$
1	723	2.8591	737	2.8675
2	1077	3.0322	560	2.7482
3	1373	3.1377	844	2.9263
4	526	2.7210	630	2.7993
5	867	2.9380	1685	3.2266
6	1462	3.1649	515	2.7118
7	662	2.8209	808	2.9074
8	1277	3.1062	468	2.6702
9			1329	3.1235
10			604	2.7810

1. 计算子样平均值$\bar{x}$和方差 s^2

对于未喷丸试件，子样大小 $n_1=8$。

$$\bar{x}_1=\frac{1}{n_1}\sum_{i=1}^{n_1}x_{1i}=\frac{1}{8}\times 23.78=2.9725 \tag{11-16}$$

$$s_1^2=\frac{\sum_{i=1}^{n_1}(x_{1i}-\bar{x}_1)^2}{n_1-1}=0.02656 \tag{11-17}$$

对于喷丸试件，子样大小 $n_2=10$。

$$\bar{x}_2 = \frac{1}{n_2}\sum_{i=1}^{n_2} x_{2i} = \frac{1}{10} \times 28.7618 = 2.8762 \tag{11-18}$$

$$s_2^2 = \frac{\sum_{i=1}^{n_2}(x_{2i} - \bar{x}_2)^2}{n_2 - 1} = 0.03205 \tag{11-19}$$

2. *F* 检验

在应用 t 检验法之前，必须通过 F 检验。计算 F 值时，把较大的方差 0.03205 作为分子，较小的方差 0.02656 作为分母，则得

$$F = \frac{0.03205}{0.02656} = 1.21 \tag{11-20}$$

分子自由度对应于较大的方差，其值为 10-1 =9，分母自由度为 8-1 =7。如取显著度 $\alpha = 5\%$，则由本书附录 G 的表查得 $F_\alpha = 4.82$。因 $F < F_\alpha$，表示两个母体标准差相等。

3. *t* 检验

$$t = \frac{\bar{x}_1 - \bar{x}_2}{\sqrt{\frac{(n_1-1)s_1^2 + (n_2-1)s_2^2}{n_1+n_2-2}}\sqrt{\frac{1}{n_1}+\frac{1}{n_2}}}$$

$$= \frac{2.9725 - 2.8762}{\sqrt{\frac{(8-1)\times 0.02656 + (10-1)\times 0.03205}{8+10-2}}\sqrt{\frac{1}{8}+\frac{1}{10}}} = 1.179 \tag{11-21}$$

其自由度为

$$\nu = n_1 + n_2 - 2 = 8 + 10 - 2 = 16$$

取 $\alpha = 5\%$，则由本书附录 H 的表查得 $t_\alpha = 2.12$，因 $t < t_\alpha$，故可得出结论：就疲劳寿命而言，两个子样来自平均值相同的两个母体。又鉴于两个正态母体标准差相同，所以还可以说成“两个子样来自同一母体”。

*11.7 *P-S-N* 曲线

11.7.1 基本概念

疲劳试验结果离散性大是由疲劳破坏自身的特点所决定的。材料成分和组织不均匀性、试样加工和试验条件等因素都对疲劳试验结果波动有很大影响，因此对于重要构件的设计，应当用统计方法进行处理。

用统计方法处理疲劳试验结果是将 *S-N* 曲线同概率 P 结合起来，对试验结果进行统计分析后，根据某一存活率 P 的安全寿命绘制应力和安全寿命之间的关系曲线，这一曲线称为 *P-S-N* 曲线。50%存活率的应力和疲劳寿命之间的关系曲线称为中值 *S-N* 曲线，简称*S-N*曲线。

处理试验数据时，首先要确定试验数据属于哪类分布函数。许多疲劳试验证明，对数疲劳寿命正态分布函数和威布尔分布函数能符合疲劳试验结果。

11.7.2 *P-S-N* 曲线的绘制

研究表明，最适宜表达对数疲劳寿命 x 分布规律的曲线是“正态分布概率密度曲线”，

也叫作“高斯曲线”。

$$f(x)=\frac{1}{\sigma\sqrt{2\pi}}e^{-\frac{(x-\mu)^2}{2\sigma^2}} \tag{11-22}$$

式中　e——自然对数的底，$e=2.718$；

μ——母体平均值；

σ——母体标准差。

当μ和σ已知时，函数$f(x)$也就确定了。按照这个函数绘制出的正态分布概率密度曲线如图 11-20 所示。

当已知对数疲劳寿命 $x=\lg N$ 的正态分布概率密度曲线时，给定任意一个 x_p 值，即可知道 x_p 以右曲线与横坐标轴所包围的面积，如图 11-20 所示。

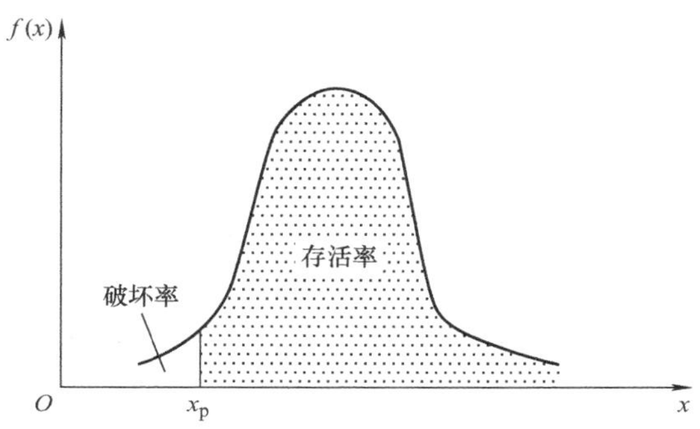

图 11-20　正态分布概率密度曲线

如以ξ表示作为随机变量的对数疲劳寿命，则该部分面积为随机变量ξ大于 x_p 的概率 $P(\xi>x_p)$。反之，当指定某一概率，也可确定出对应的 x_p 值。如指定这个概率为 90%，即随机变量ξ大于 x_p 的概率 $P(\xi>x_p)$ 为 90%，则意味着：100 个试件中，有 90 个试件的对数疲劳寿命高于 x_p，因此这个指定的概率 90%，称为“存活率”。由于概率密度曲线与横坐标轴之间所包围的面积为 1，图 11-20 中 x_p 左边的空白面积为 10%，它表示随机变量ξ小于 x_p 的概率 $P(\xi<x_p)$，因此 10% 相当于“破坏率”。存活率 $P(\xi>x_p)$ 和破坏率$P(\xi<x_p)$之间存在着以下关系

$$P(\xi>x_p)+P(\xi<x_p)=100\% \tag{11-23}$$

由图 11-20 可见，存活率取得越高，x_p 值就越小。在航空产品设计中，存活率一般都取得很高。对应于这种高存活率的对数疲劳寿命叫作对数安全寿命。譬如，存活率常常取 99.9%，此时$x_{99.9}$就叫具有 99.9% 存活率的对数安全寿命。而“安全寿命”$N_{99.9}$就是$x_{99.9}$的反对数。即

$$N_{99.9}=\lg^{-1}x_{99.9} \tag{11-24}$$

具有 99.9% 存活率的安全寿命$N_{99.9}$的含义是：在 1000 个产品当中，有 999 个的寿命都高于安全寿命 $N_{99.9}$，只有一个未达到安全寿命 $N_{99.9}$而提前发生破坏。更确切地说，母体中有 99.9% 的个体寿命高于 $N_{99.9}$，有 0.1% 的个体寿命低于 $N_{99.9}$。存活率为 P 的对数安全寿命 x_p计算公式为

$$x_p=\mu+u_p\sigma \tag{11-25}$$

式中，u_p 可通过查表 11-4 获得。

表 11-4　标准正态偏量数据

$p=P(X>x_p)$	50%	84.1%	90%	95%	99%	99.9%	99.99%
u_p	0	−1	−1.282	−1.645	−2.326	−3.090	−3.719

威布尔分布概率密度函数的优点在于存在最小安全寿命，即 100% 可靠度的安全寿命。

按照正态分布理论，只有当对数安全寿命 $x_p=\lg N_p$ 趋于 $-\infty$ 时，即 $N_p=0$ 时，可靠度才等于100%。显然，这是不符合实际情况的，这也是正态分布理论的不足之处。

采用威布尔分布理论，在极高可靠度范围（99.99%～100%）内所给出的安全寿命或最小安全寿命仍然比较符合实际情况。但由于威布尔分布概率密度函数的数学形式较繁，使得它在一些统计推断方面受到限制。

在同一循环载荷作用下，各试件疲劳寿命 N 的分布规律，可以由以下威布尔分布概率密度函数表示。即

$$f(N)=\frac{b}{N_a-N_0}\left[\frac{N-N_0}{N_a-N_0}\right]^{b-1}\exp\left\{-\left[\frac{N-N_0}{N_a-N_0}\right]^{b}\right\}(N_0<N<\infty) \tag{11-26}$$

式中 N_0——最小寿命参数；

N_a——特征寿命参数；

b——威布尔形状参数（斜率参数）。

由于威布尔分布概率密度函数中包含三个待定参数，因此它能更完善地拟合试验数据点。

当 $b=1$ 时，$f(N)$ 为一简单的指数分布概率密度函数。当 $b=2$ 时，$f(N)$ 为一瑞利分布概率密度函数。当 $b=3\sim4$ 时，$f(N)$ 接近正态分布概率密度函数。曲线高峰通常偏斜向左，偏斜程度随 b 而变化。对于 $b>1$ 的情况，当 $N=N_0$ 时曲线与横坐标轴相交，由图11-21可以看到，存在有大于零的最小寿命值 N_0。差值（N_a-N_0）越大，曲线外形越扁平，分散性越大。曲线右端延伸至无限远处，以横坐标轴为渐近线。

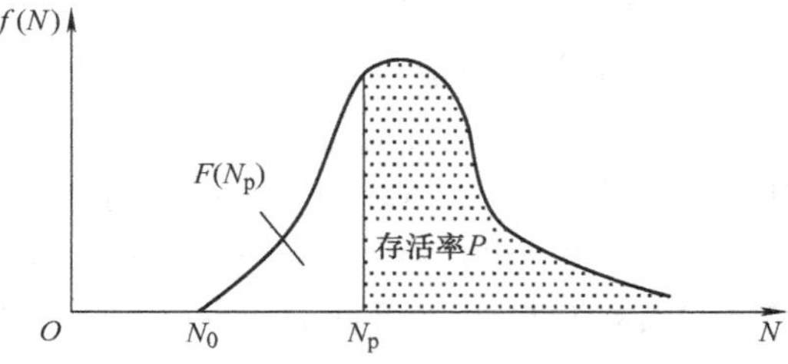

图11-21 威布尔分布概率密度曲线

根据威布尔分布概率密度函数，求出威布尔变量的分布函数 $F(N_p)$，即 N_ξ 小于某一数值 N_p 的概率 $P(N_\xi<N_p)$。

$$F(N_p)=P(N_\xi<N_p)=\int_{N_0}^{N_p}f(N)\mathrm{d}N=1-\exp\left\{-\left[\frac{N_p-N_0}{N_a-N_0}\right]^{b}\right\} \tag{11-27}$$

$$P(N_\xi>N_p)=\exp\left\{-\left[\frac{N_p-N_0}{N_a-N_0}\right]^{b}\right\} \tag{11-28}$$

$$P(\xi>x_p)+P(\xi<x_p)=100\% \tag{11-29}$$

由图11-20可见，N_0 是对应存活率100%的疲劳寿命。按威布尔函数分布计算不同存活率的疲劳寿命，显然要比对数正态分布函数复杂得多。

*11.8 金属的腐蚀疲劳试验

11.8.1 腐蚀疲劳及特点

一般来说，腐蚀环境中材料的各种力学性能都会有不同程度的下降，空气环境中测定的数据往往无法反映出材料在腐蚀环境中的使用性能。因此有些材料需要在典型腐蚀环境中测试疲劳性能。

金属材料中高强度钢、铝合金在腐蚀环境中疲劳性能下降较多，一般 2××× 系列的铝合金比 7××× 系列的铝合金耐蚀性好。钛合金在腐蚀环境中的疲劳性能无明显下降。

腐蚀疲劳是将试件置于腐蚀环境中对其施加交变载荷，考核其在腐蚀环境中的疲劳强度，如图 11-22 所示。腐蚀环境下影响疲劳强度的因素较多，一些在空气环境中对疲劳强度影响不明显的试验参数在腐蚀疲劳试验中变得非常敏感（如试验频率，不同试验频率对疲劳强度的影响较大），这些试验参数如不能严格控制将对试验结果造成很大影响。腐蚀疲劳有以下特点：

1）与空气环境下相比，腐蚀环境下的疲劳强度一般会降低。

2）试验频率对腐蚀环境下的疲劳强度有影响，一般来说，试验频率越低疲劳强度越低，这一现象对于耐蚀性较差的材料尤为明显。

3）不同应力比会影响腐蚀速率，一般来说高应力比下腐蚀速率较高。

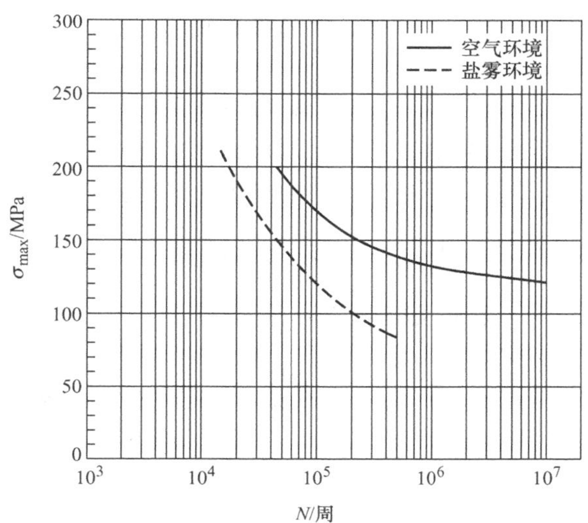

图 11-22　某铝合金材料在空气环境和盐雾环境下疲劳 S-N 曲线对比

11.8.2　测试技术要点

1）腐蚀介质的成分和温度应严格控制。试验过程中严格控制腐蚀介质的温度，腐蚀介质的成分在试验过程中保持稳定，对气态、雾态、液态与试样接触部分连续循环，定期监控介质化学成分的变化，如腐蚀电位、酸碱度、湿度等。

2）腐蚀装置。腐蚀装置不能与腐蚀环境发生反应，避免夹具与腐蚀介质之间接触。图 11-23 所示为盐水腐蚀环境下的疲劳试验装置。

3）试验参数的选择。应力比、加载波形、加载频率严格控制。

4）试验过程中观察试样表面的变化，对异常情况及时记录。

图 11-23　盐水腐蚀环境下疲劳试验装置

11.9　影响疲劳极限的因素

11.9.1　合金成分与组织结构

1. 合金成分

碳是影响结构钢疲劳极限的主要元素。当硬度 >40HRC 时，几种不同成分的低合金结构钢随含碳量增加，淬火回火后硬度和强度提高，其疲劳极限也提高。硬度过高时，材料脆性过大，疲劳极限又下降。硬度在40～55HRC时，不同成分低合金结构钢的试验数据都近似分布在一条直线上，这说明合金元素对钢的疲劳破坏没有明显的影响。合金元素是通过提高钢的淬透性和改善组织来提高其疲劳极限的。固溶于奥氏体中的合金元素能提高钢的淬透性，改善钢的韧性，因而提高疲劳极限。

2. 组织结构

晶粒大小：细化晶粒可以提高疲劳极限，这是由于晶粒细化之后，在交变应力下可以减少不均匀滑移的程度，从而推迟疲劳裂纹形成。钢中非金属夹杂物是疲劳裂纹核心的策源地。真空熔炼的钢比普通电炉冶炼的钢夹杂物少，故疲劳极限高。

11.9.2 表面状态与尺寸因素

1. 表面粗糙度

在交变载荷作用下，金属的不均匀滑移主要集中在金属的表面，疲劳裂纹也常常产生在表面，所以构件的表面状态对疲劳极限影响很大。表面的微观几何形状，切削和研磨产生的擦痕，打记号，磨裂等都可能像微小而锋利的缺口一样，引起应力集中，使疲劳极限降低。

一般说来表面粗糙度值越小，材料的疲劳极限越高；表面加工越粗糙，疲劳极限越低。当表面粗糙度值很小时，构件表面的加工状态已不再能产生应力集中或产生的应力集中非常小可以忽略，此时表面粗糙度对疲劳极限无明显影响。

材料强度越高，表面粗糙度对疲劳极限的影响越显著。同一种材料表面加工方法不同，所得到的表面粗糙度值也不相同，测得的疲劳极限也不同。

高周疲劳测试标准中都推荐了试样加工的主要步骤，在高周疲劳性能测试时需要特别关注试样的表面状态，表面粗糙度值要控制得既不能太大也不能过小，以免造成疲劳数据之间无法比较。试样抛光过程中需要注意不要在试样表面产生较大的残余应力。

2. 尺寸因素

弯曲疲劳和扭转疲劳试验时，随试样尺寸增加，疲劳极限下降；强度越高，疲劳极限下降得越多。这种现象称为疲劳极限的“尺寸效应”。它是因为在试样表面上拉应力相等的情况下，尺寸大的试样，在交变载荷下受到损伤的区域大，而且试样尺寸大其工作段上存在的材料缺陷也较多，因而疲劳极限下降。

3. 表面强化工艺

表面淬火、渗碳、碳氮共渗、渗氮（硬渗氮和软渗氮）等表面热处理都是提高构件疲劳极限的重要手段；喷丸、滚压等表面冷塑性变形加工，也对提高疲劳极限十分有效，特别是在表面热处理之后，再进行表面冷塑性变形加工，效果更为显著。

4. 温度

一般来说，温度升高，材料的疲劳极限下降。而在低温下疲劳极限会有所提高。但也有反常情况，即温度升高，疲劳强度增加，这是由于温度升高时，试样局部塑性变形增加，应力集中的影响减小，故使疲劳缺口应力集中系数减小。

思 考 题

1. 简述高周疲劳、低周疲劳一般选择的载荷水平范围。

2. 疲劳试验机的动、静态载荷精度要求是什么?

3. 简述测定中值疲劳 *S-N* 曲线的试验方法要点。如何画出一条 *S-N* 曲线?

4. 如何计算循环载荷的各特征量?

5. 如何计算成组试验法疲劳数据的中值寿命? 如何判别该组数据是否满足指定置信度要求?

6. 如何判断升降图是否闭合? 如何由升降法的数据计算疲劳极限?

7. 简述等寿命曲线图各坐标轴的名称。*S-N* 曲线图中的数据如何转换到等寿命图?

8. 疲劳试验的主要影响因素有哪些?

9. 成组法试验中疲劳寿命一般服从何种分布?

10. 简述 *P-S-N* 曲线的意义及其表示方法。

11. 简述 t 检验、F 检验的目的。

12. 简述疲劳断口的主要特征。

13. 简述应力集中系数的定义。

第 12 章　金属的低周疲劳试验

低循环疲劳问题与工程上的其他问题一样，始于实践并逐步被人们所认识。在研究飞机、船舶、桥梁、核反应堆装置、建筑物以及一些设备的断裂时发现，在较高应力、循环次数少的情况下也经常发生断裂，这种失效模式常常归于低周疲劳破坏。

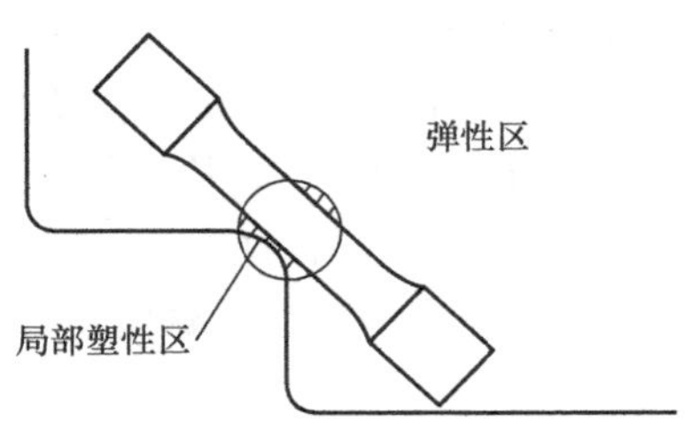

图 12-1　疲劳断裂过程示意图

大多数工程构件都存在应力集中。当构件受到循环载荷的作用时，虽然总体上处在弹性范围内，但在应力集中区材料可能已进入弹塑性状态，如图 12-1 所示。这种较小的局部塑性变形区通常又被周围的弹性区所约束，因此，即使实际构件的名义应力处于弹性范围，其关键部位也已进入弹塑性状态，处于循环应变的疲劳过程中。这类服役条件下的疲劳寿命一般小于 10^5 周次，正好与高周疲劳寿命 $10^5 \sim 10^7$ 周次相衔接，通常称之为低周疲劳（或低循环疲劳）。低周疲劳和高周疲劳的区分一般以 5×10^4 循环周次为界，或以是否存在宏观塑性应变来界定。低周疲劳力学是研究关键零部件的拐角、孔边、沟槽、过渡截面等应力或应变集中区材料的循环应力-应变行为，并结合零部件局部应变法定量描述试样或零部件疲劳寿命的一种方法。

当前，随着计算机技术的应用和断裂力学的发展，设计者为了充分发挥材料的应用潜力，最大可能地减轻零部件的重量并提高产品的性能，越来越多地采用弹塑性设计技术，即允许零部件关键零部件在塑性状态下工作。因此低周疲劳问题显得尤为重要。材料的低周疲劳性能已成为设计选材、寿命估算的关键力学性能指标。尤其是在航空工业，飞机和发动机零部件的设计迫切需要用低循环应变理论进行分析，采用局部应变法对零部件的低循环疲劳寿命进行估算。

低周疲劳比较复杂，包括的范围也很广，仅以受力方式而言就有轴向拉压、弯曲、扭转、单轴和多轴低周疲劳之分。按控制方式来分，低周疲劳可以分为应力控制和应变控制。但是，当采取应力控制时，由于在施加应力超过材料的屈服强度时，可能出现不稳定的塑性流变，因此，低周疲劳的试验一般采取应变控制的方式。本章重点介绍轴向等幅低周疲劳试验，并简单介绍作为低周疲劳特例的疲劳-蠕变交互作用和热疲劳等试验。

12.1　基本概念

低周疲劳和高周疲劳都是材料在循环载荷作用下出现破坏的现象。在应变控制的低周疲劳试验条件下，由于在变形上引入了塑性变形，在试验参量上引入了应变量，因此与主要考虑应力和断裂寿命的应力控制的高周疲劳相比，低周疲劳表现为复杂得多的循环疲劳行为，除了应变-寿命特性以外，还主要表现在应力应变的滞后回线、循环硬化或循环软化特性和不同于单调应力-应变（σ-ε）曲线的循环应力-应变响应曲线等。

12.1.1　滞后回线

在弹性循环加载时，应力和应变彼此仅与弹性模量 E 有关，呈线性关系。在非弹性循环加载时，材料的应力-应变关系就较为复杂。

以应变比 R（一个循环周次内最小应变与最大应变之比）的对称加载形式（$R=-1$）为例描述材料在低周疲劳过程中的应力-应变关系，图 12-2a 所示为应变-时间关系，纵轴为施加的控制参量，即应变，横轴为时间。图中的加载波形为三角波，从 O 点到 A 点施加随时间线性增加的拉伸载荷，直到 A 点达到最大值，然后开始卸载并反向加载进入压缩状态至 C 点，然后再从 C 点到应变零点，如此反复加载。

与之对应，材料的应力-应变关系如图 12-2b 所示。当从初始加载点 O 开始施加随时间线性增加的应变时，在比例极限的范围内，应力与应变为线性关系，但当超出比例极限时，出现应力的增加量小于线性增加量的阶段，直到 A 点。在从 A 点卸载并反向加载到 C 点的过程中，首先是线弹性卸载然后是非线性反向加载。从 C 点到 E 点的卸载和加载过程也有同样的变形特点。这样，就在 $A\rightarrow C\rightarrow E$ 的循环加载过程中形成闭合回线，该闭合回线称为滞后回线或滞后环。很明显，在全范围弹性加载时，滞后环会变成一条直线。

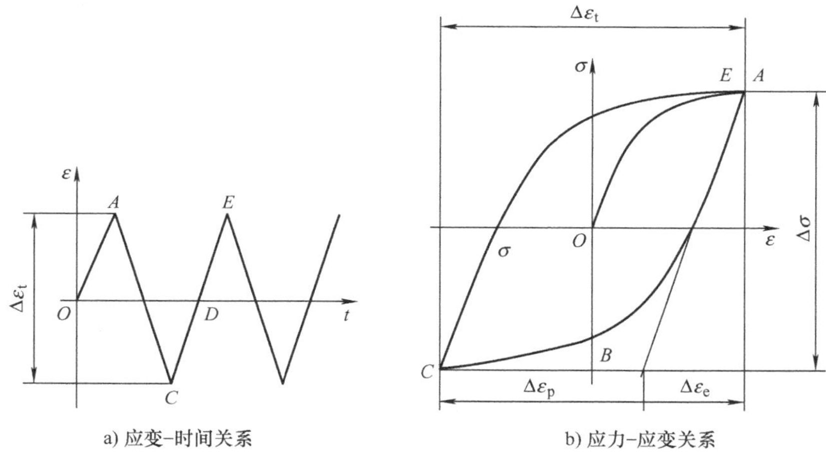

图 12-2　单轴应变循环加载时的应力-应变-时间关系

滞后环能够很好地描述循环加载过程中的材料应力-应变行为。滞后环内包含的面积通常称为滞后能或迟滞能，在疲劳损伤中，这是一个十分重要的物理量，滞后能越大，表明材料在一个循环周次的损伤越大。应当指出，在循环加载的初期，由于材料的循环硬化和循环软化，致使循环初期的滞后环不能封闭，在继续循环时，材料进入循环稳定状态才使滞后环封闭。通过稳定的滞后环可以得到相应的力学性能参量，如图 12-2b 所示。滞后环涉及应力幅 $\Delta\sigma$、总应变范围 $\Delta\varepsilon_t$、弹性应变范围 $\Delta\varepsilon_e$ 和塑性应变范围 $\Delta\varepsilon_p$，其中总应变范围 $\Delta\varepsilon_t$ 可表示为应变范围的塑性和弹性分量之和。即

$$\Delta\varepsilon_t=\Delta\varepsilon_e+\Delta\varepsilon_p \qquad (12\text{-}1)$$

应当指出，滞后环的形状与施加载荷和材料特征有关。只有施加载荷超过材料的屈服强度时才会出现明显的滞后环，施加的载荷越大，则滞后环的面积越大。滞后环的形状还依赖

于材料的循环硬化或循环软化特性。在材料出现循环硬化或循环软化时，一个循环一般不能形成完整的闭合回线，只有在材料循环稳定的情况下，滞后环才是闭合的。

12.1.2 循环硬化和循环软化

在低周疲劳循环的过程中，尤其是在初期，由于循环应力的影响和材料内部结构的变化，材料可能会出现循环不稳定现象，包括循环硬化和循环软化。如果试验为恒定应变幅控制，则应力可能表现为不稳定；试验在恒定应力幅控制下，则应变可能表现为不稳定。图 12-3a、b 分别给出了在等应变控制和等应力控制条件下的循环硬化和循环软化情况。可以看出，对于循环硬化的情况，在等应变的控制下，随着时间或者循环周次的增加，材料的应力幅逐渐增加；而在等应力的控制下，如果应力幅值较大，随着时间或者循环周次的增加，材料的应变幅可能逐渐减小，如图 12-3a 所示。另外，对于循环软化的情况，在等应变的控制下，随着时间或者循环周次的增加，材料的应力幅逐渐减小；而在等应力的控制下，随着时间或者循环周次的增加，材料的应力幅逐渐增加，如图 12-3b 所示。

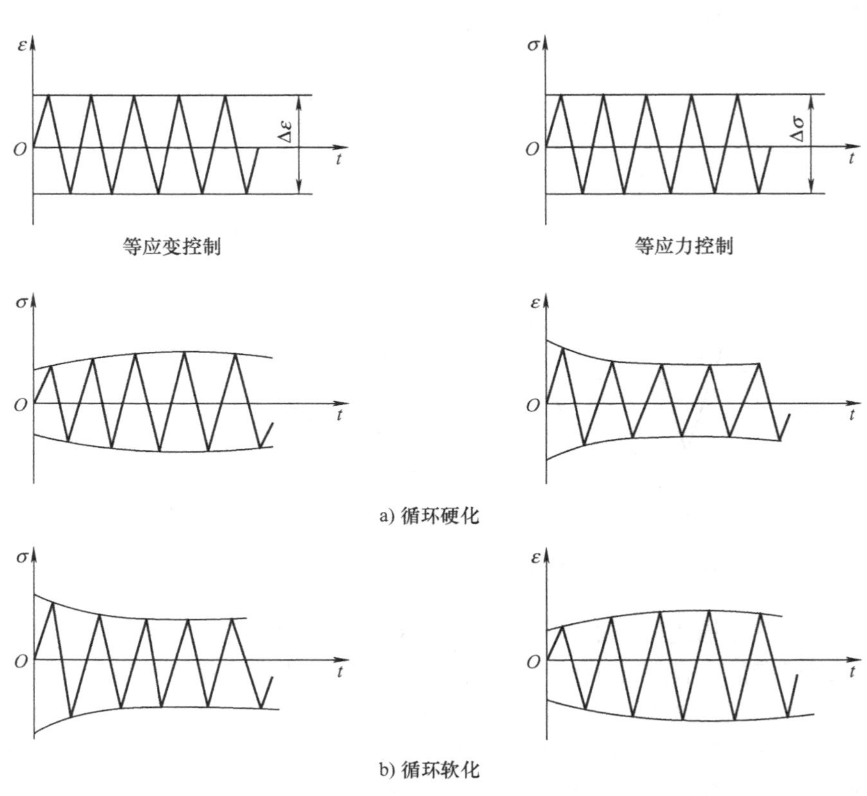

图 12-3 恒应力和恒应变下材料的循环特性

从材料的滞后环也可看出材料在低周疲劳试验过程中的循环硬化和循环软化情况。图 12-4给出了恒应变控制条件下低周疲劳过程中的滞后环变化。图中给出 n_1 循环周次和 n_2 循环周次对应的两个滞后环。可以看出，n_1 滞后环和 n_2 滞后环的应变范围均为从 $-\varepsilon_i$ 到

ε_i，但是，应力峰值分别为 σ_1 和 σ_2，且 $\sigma_1 < \sigma_2$。这里，如果假定 $n_1 < n_2$，则材料表现循环硬化；相反，如果假定 $n_1 > n_2$，则材料表现循环软化。

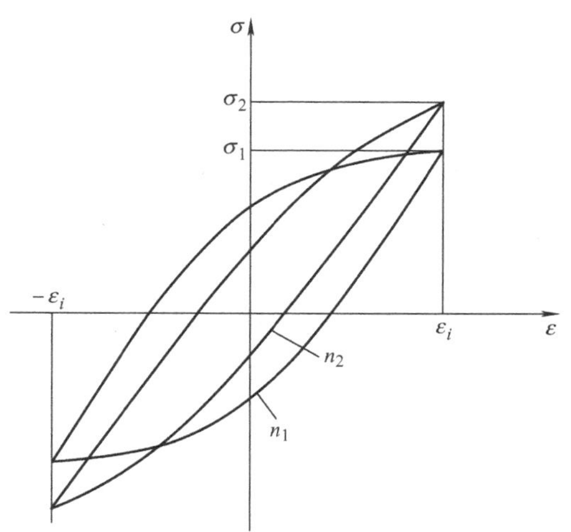

图 12-4　低周疲劳过程中滞后环的变化

金属材料是产生循环硬化还是产生循环软化取决于材料的初始状态、结构特性以及应变幅和温度等。一般退火状态的延性材料往往表现为循环硬化，而加工硬化的材料则往往表现为循环软化。试验发现，循环特性与材料的 $R_m/R_{p0.2}$ 比值有关。当 $R_m/R_{p0.2} > 1.4$ 时，表现出循环硬化；$R_m/R_{p0.2} < 1.2$ 时，表现出循环软化；$R_m/R_{p0.2}$ 在 1.2 ~ 1.4 之间时，其循环硬化、软化特性趋势不定，但这类材料一般易于表现为循环稳定。也可用材料拉伸的形变强化指数 n 来判断，当 $n < 0.1$ 时，材料表现出循环软化；当 $n > 0.1$ 时，材料表现出循环硬化或循环稳定。

循环硬化和循环软化现象与位错运动有关。一些退火金属，在恒应变的循环载荷作用下，由于位错往复运动和交互作用，产生了阻碍位错继续运动的阻力，从而表现出循环硬化。在冷加工后的金属中，已经充满了位错缠结和阻碍，此阻碍在循环加载中被破坏，或在一定沉淀不稳定的合金中，由于沉积结构在循环加载中被破坏，因此，导致循环软化。

12.1.3　循环应力-应变曲线

通常所说材料的应力-应变曲线是指由静力拉伸试验测定的曲线，也称单调应力-应变曲线。材料在循环载荷作用下测定的应力-应变曲线，称之为循环应力-应变曲线，它是由在不同总应变范围下得到的一系列稳定滞后回线顶点构成的迹线，如图 12-5 所示。许多材料在单调与循环加载下的这两种应力-应变曲线有着明显的差异，在同一坐标中比较这两种曲线，可判断材料的循环强化与软化特性，若循环应力-应变曲线低于单调应力-应变曲线，则材料呈循环软化特性，反之则呈循环硬化特性。

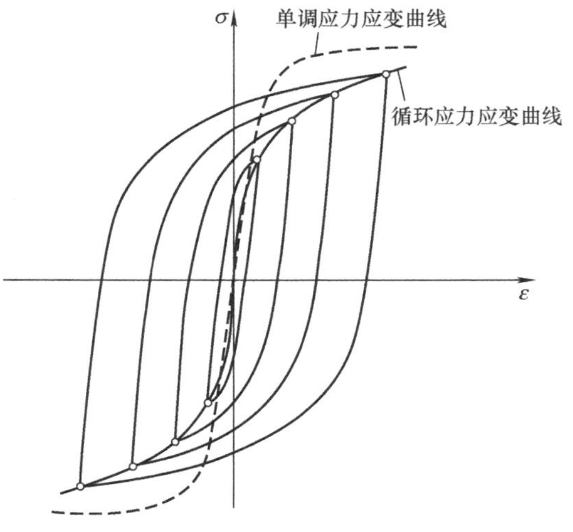

图 12-5　循环应力-应变曲线

循环应力-应变曲线通常有两种表达形式。一种是以应力幅与塑性应变幅来表达。即

$$\Delta\sigma/2 = K'(\Delta\varepsilon_p/2)^{n'} \qquad (12\text{-}2)$$

另一种是以总应变幅与应力幅来表达，即

$$\Delta\varepsilon_t/2=(\Delta\varepsilon_p/2E)+(\Delta\sigma/2k')/n' \tag{12-3}$$

式中 K'——循环强度系数；

n'——循环应变硬化指数；

E——材料的弹性模量。

到目前为止，所有研究过的材料其 n' 值都介于 0.05 ~0.5 之间。

12.1.4 应变-寿命曲线

材料的应变-寿命关系特性一般是低周疲劳试验关注的重点，是反映材料低周疲劳抗力最直接的依据。对于多根低周试样，不同的总应变范围 $\Delta\varepsilon_t$ 与其对应的断裂循环周次 N_f 之间建立起来的关系曲线称为应变-寿命（$\Delta\varepsilon_t$-N_f）曲线，如图 12-6 所示。

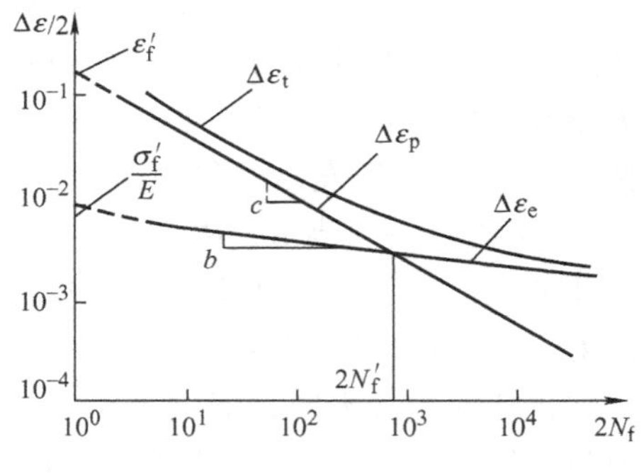

图 12-6 应变-寿命曲线

疲劳寿命通常以循环次数的形式给出。考虑一个循环中在加卸载方向存在两次损伤，所以通常采用反向次数 $2N_f$ 和应变幅 $\Delta\varepsilon/2$ 之间的关系来表征低周疲劳临界破坏行为。

材料在低周疲劳试验中，试样的失效寿命 N_f 可以基于不同的规定来确定，N_f 可以取为试样断裂时对应的循环次数，也可以取为由稳定载荷幅下降到一定的百分比（比如 5% 或 10%）对应的循环次数，有时也可以规定为出现特定尺寸的宏观裂纹长度所对应的循环次数。所以，在对比不同材料的疲劳寿命特性时应注意寿命规定的一致性。

低周疲劳的应变-寿命曲线，即总应变幅 $\Delta\varepsilon_t/2$ 和循环失效的反向次数 $2N_f$ 之间的关系曲线。经验表明，$\Delta\varepsilon_t/2$ 的弹塑性分量和 $2N_f$ 的对数值之间符合线性关系，故低周疲劳应变-寿命曲线通常在双对数坐标上表示。$\Delta\varepsilon_t/2$ 的弹性分量 $\Delta\varepsilon_e/2$ 与 $2N_f$ 的关系可采用幂函数表示。即

$$\Delta\varepsilon_e/2=\frac{\sigma_f'}{E}(2N_f)^b \tag{12-4}$$

式中 σ_f'——$2N_f=1$ 时直线的截距，称为疲劳强度系数。由于 $2N_f=1$ 时相当于一次加载，所以可以粗略地取 $\sigma'_f=\sigma_f$（静拉伸的真实断裂应力）；

b——斜率，称为疲劳强度指数。

$\Delta\varepsilon_t/2$ 的塑性分量 $\varepsilon_p/2$ 与 $2N_f$ 的关系也可采用幂函数表示，又称为 Manson-Coffin 方程。即

$$\varepsilon_p/2=\varepsilon_f'(2N_f)^c \tag{12-5}$$

式中 ε_f'——$2N_f=1$ 时直线的截距，称为疲劳延性系数。同理，也可取 $\varepsilon_f'=\varepsilon_f$（静拉伸的真实断裂应变）；

c——斜率，称为疲劳延性指数。

因此，$\Delta\varepsilon_t/2$ 与 $2N_f$ 的关系为

$$\Delta\varepsilon_t/2 = \Delta\varepsilon_e/2 + \Delta\varepsilon_p/2 = \frac{\sigma_f'}{E}(2N_f)^b + \varepsilon_f'(2N_f)^c \tag{12-6}$$

$\Delta\varepsilon_e/2$-$2N_f$ 和 $\Delta\varepsilon_p/2$-$2N_f$ 曲线的交点所给出的寿命值称为过渡寿命 N_t。此时，$\Delta\varepsilon_e = \Delta\varepsilon_p$，可以认为，在过渡寿命上，弹性应变所造成的损伤与塑性应变造成的损伤相等。当 $2N_f > N_t$ 时，$\Delta\varepsilon_e > \Delta\varepsilon_p$，材料的疲劳寿命主要取决于 $\Delta\varepsilon_e$；当 $2N_f < N_t$ 时，$\Delta\varepsilon_p > \Delta\varepsilon_e$，材料的疲劳寿命主要取决于 $\Delta\varepsilon_p$。由此可见，N_t 相当于由以弹性应变损伤为主转向以塑性应变损伤为主的过渡寿命。

过渡寿命 N_t 是材料疲劳的关键指标之一。如果设计零部件的疲劳寿命 $2N_f < N_t$，则疲劳设计需要材料的低周疲劳数据和零部件受载的弹塑性解，如果 $2N_f$ 比 N_t 大得多，则疲劳设计只考虑材料的高周疲劳数据和零部件的弹性解就可以了。

上述的 σ_f'、b、ε_f'、c、k'、n'统称为应变疲劳参量，这些参量是综合评定材料疲劳性能的指标，σ_f'、b 两个参量反映材料的应力疲劳性能，若 σ_f'高、$|b|$低，则材料具有高的循环应力阻力。ε_f'、c 两个参量反映材料的应变疲劳性能，若 ε_f'高、$|c|$低，则材料具有高的循环应变阻力。

12.1.5　低周疲劳的特点

高周疲劳和低周疲劳均是在交变循环载荷下造成的破坏。但低周疲劳与高周疲劳相比具有以下特点：

1）构件在承受弹塑性循环变形时，实际构件局部区域会产生宏观塑性变形，致使应力-应变之间的关系不呈直线关系，从而形成滞后回线而发生低周疲劳破坏行为。相比较而言，对于在弹性应力循环下的高周疲劳不产生宏观塑性变形，只在高应力部位产生局部微观滑移变形，故宏观应力-应变关系为一直线。

（2）低周疲劳时，因存在循环塑性变形，故不能仅用 S-N 曲线描述材料的疲劳抗力，而应考虑添加 $\Delta\varepsilon_p$-N_f 曲线描述材料的疲劳抗力。因为，当循环周次 N 小于 $10^4 \sim 10^5$ 次时，试样表面应力达到屈服强度（如弯曲试样），故在 S-N 曲线上有段较为平坦，在这一段曲线中应力水平只要有少量变化，就对疲劳寿命影响很大。所以单用 S-N 曲线，数据较分散，难独立描述材料的实际寿命变化。

（3）低周疲劳破坏一般有多个裂纹源。由于应力比较高，裂纹形核期较短，只占总寿命的 10%，但裂纹扩展速度较大。低周疲劳的条带较粗，间距也较宽，并且常常不连续。在许多合金中，特别是在超高强度钢和低强度材料中可能不出现条带。在某些金属材料中，如 TH60 钢，只有在破坏周次大于 1000 次时，才会出现疲劳条带。破坏周次在 90 次以下时，断口呈韧窝状态。破坏周次大于 100 次，还会出现轮胎花样。

4）低周疲劳寿命主要取决于塑性应变幅，而高周疲劳寿命则取决于应力幅或应力场强度因子，但两者都是循环塑性变形累积损伤的结果。

12.2　低周疲劳性能的测试

12.2.1　标准试验方法

目前国内采用的低周疲劳试验方法主要有 GB/T 15248—2008《金属材料轴向等幅低循

环疲劳试验方法》和 ASTM E606—2012“Standard Test Method for Strain-Controlled Fatigue Festing”，可以根据不同需求选择相应的试验方法进行测试。

试验标准包含了金属材料低周疲劳试验的设备、试样、试验程序、试验结果的处理及试验报告等内容和要求；不包括全尺寸部件、结构件的试验，允许在一定的温度、压力、湿度、介质等环境因素下进行试验，但这些因素在整个试验过程中应保持恒定。

12.2.2 试验设备

1. 试验机

低周疲劳试验可采用任何能控制试样载荷和变形的低循环疲劳试验机。当前低周疲劳试验一般使用全数字闭环微机控制的电液伺服疲劳试验机。该试验机又叫动静万能试验机，既可以做低周疲劳试验，也可以做静态拉伸、压缩、弯曲、蠕变等试验。动态疲劳试验机可实现任意波形试验；整机由载荷机架、液压源、控制测量系统三大部分组成，集电液伺服自动控制、自动测量、数据采集、屏幕显示、试验结果处理为一体。其系统误差应不大于 ±1%，偏差不大于 1%。应力或应变控制的稳定要求：相继两循环的重复性应在所试应力或应变范围的 1% 以内，或平均范围的 0.5% 以内，整个试验过程应稳定在 2% 以内。典型的轴向电液伺服疲劳试验机照片如图 12-7 所示。

图 12-7 轴向电液伺服疲劳试验机照片

2. 试样夹具

连接疲劳试样的夹头可采用任何方式，如螺纹夹具、台肩夹具等，大致分为机械式和液压抱紧式两种。试验时试样与夹头和试验机的连接应固紧，以免载荷换向时试样与夹头松动或造成间隙。目前电液伺服试验机都配有可靠的室温液压抱紧夹具，如图 12-8 所示。高温试验时应对夹具进行冷却，以防止载荷链中的其他元件如力传感器等受到损坏，通常采用水冷装置。图 12-9 所示为高温水冷式机械夹具，试验时应注意夹具连接后具有良好的同轴度。

图 12-8 室温液压抱紧夹具

图 12-9 高温水冷式机械夹具

3. 应变引伸计

应变引伸计用来测量标距部分的变形，应适合于长时间内动态测量和控制。其主要有两种类型：接触式引伸计（例如，图 12-10 和图 12-11 所示的使用频率比较高的轴向、径向引伸计）和非接触式引伸计（例如，激光引伸计）。

接触式引伸计主要由应变片、变形传递杆、弹性元件、限位标距杆、刀刃和夹紧弹簧等结构组成。测量变形时，将引伸计装夹于试件上，刀刃与试件接触而感受两刀刃间距内的伸长，通过变形杆使弹性元件产生应变，应变片将其转换为电阻变化量，再用适当的测量放大电路转换为电压信号。

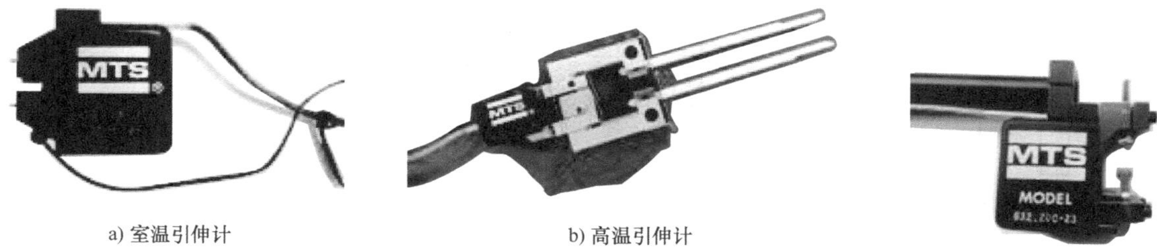

a) 室温引伸计　　b) 高温引伸计

图 12-10　轴向引伸计

图 12-11　径向引伸计

根据试验环境，引伸计又常分为室温引伸计和高温引伸计。应变引伸计是低循环疲劳试验必备的应变测量元件。它的灵敏度直接关系应变测量和控制的准确度。对引伸计总的要求如下：

1）重量轻。以减少动载荷试验时惯性力对测量结果的影响。

2）精度高。国标要求测量精度应不低于 ±1%，ASTM 要求达到 B-2 级（±0.5%）甚至更好。

3）灵敏度高。对交变变形的跟随性好，对低周循环疲劳容易满足这个要求。因为频率响应约为 5Hz 就可以了。

4）装夹可靠。不致在试验过程中打滑或脱落。同时要求不能夹伤试样表面，制造人为的疲劳源。引伸计安装在试样上时，应尽可能地使其纵向对称平面与试样轴线处在同一平面内，不得使标距叉发生明显的左右倾斜。试样的实际变形，绝对不允许超出引伸计的量程，否则引伸计会被损坏。

12.2.3　试样与制备

试样设计应保证其受载时正常工作，不致失稳，并使试样断在有效工作段内。推荐采用图 12-12 所示的试样。

图 12-12a 所示为等截面试样，通常选用该试样。图 12-12b 所示为漏斗形试样，选用时应根据材料的各向异性和抗弯性进行斟酌。等截面试样通常用于约 2% 以内的总应变范围，大于 2% 总应变范围的试验，建议采用漏斗形试样。关于漏斗形试样的曲率半径与试样最小半径之比，一般为 12:1，若有特殊需要，可使用 8:1 和 16:1 范围内的各种比例。较低的比值会使应力集中增加，可能影响疲劳寿命。较高的比值会降低试样的抗弯能力。当材料有各向异性时，应采用等截面试样。

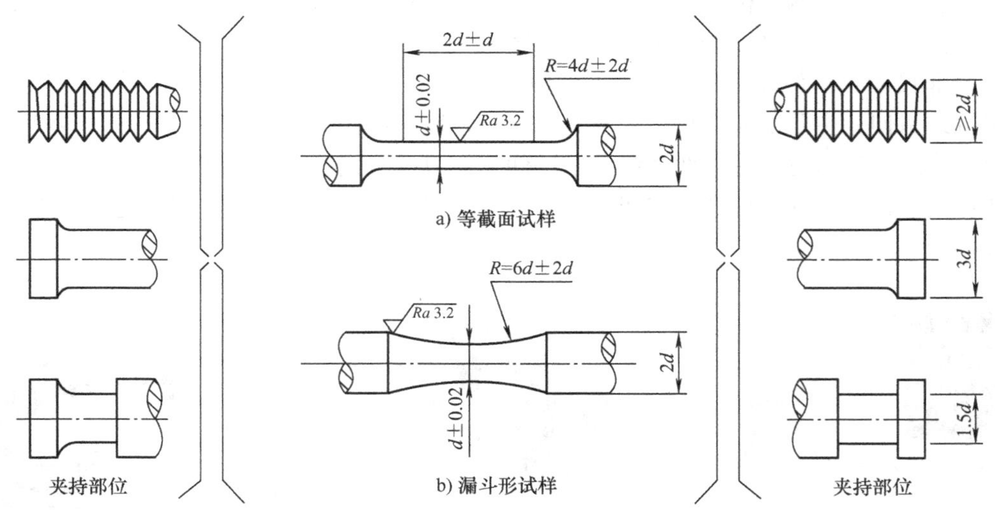

图 12-12　推荐的低循环疲劳试样

推荐工作部分的最小直径为 5mm。试样的头部根据所用夹具和材料来选择。高温下由于螺纹局部氧化而粘结时，建议采用台肩试样或加防粘结剂。

对于板材试样，一般来说，板厚小于 6mm 时可采用图 12-13 所示的试样，但应有特殊的夹持装置。图 12-13a 所示的矩形截面试样适合于 2.5mm 板厚、施加 1% 总应变幅值。对于较高的应变幅，建议采用图 12-13b 所示的圆形截面试样。

试样的制备与保存请参见本书第 1 章 1.5.3 节和 1.5.4 节的内容。

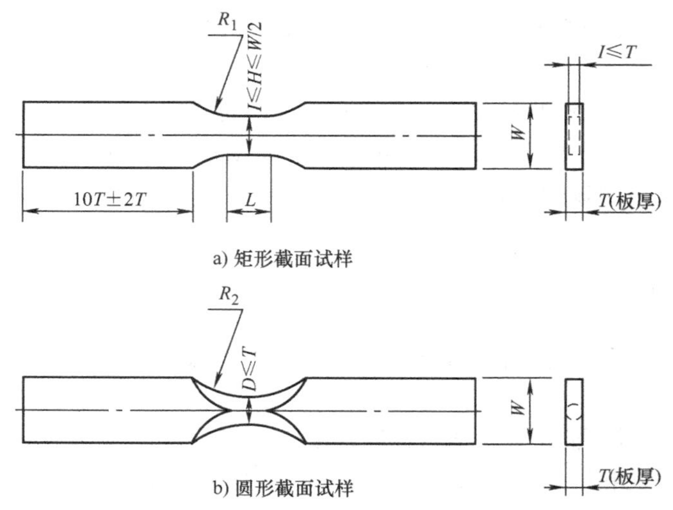

图 12-13　低循环疲劳板材试样

$L=3T\pm T/2$；$R_1=2T\pm T/2$；$W=4T\pm T$；$D\geqslant 2.5\text{mm}$；$2.5\text{mm}\leqslant I\leqslant T$；$R_2=6D\pm 2D$

12.2.4　测试技术要点

1. 试验前的准备

根据试验要求选择能够测试所需性能的试验机，试验机在开机前先检查油路、电路是否处于完好状态。高温试验检查测控温度仪表、热电偶是否满足使用要求。在水、电、油正常的前提下打开冷却水，打开电控箱和计算机电源并预热 10～30min。

2. 同轴度的检查与校正

为减少弯曲应变，试验夹具应保证在整个循环过程中试样的轴向与加载的轴向一致，测量调整试验机同轴度的方法有很多，在标准试样上贴应变片测量其弯曲率是国内外都认可的同轴度检测方法。

GB/T 15248—2008 中的同轴度检查方法包括以下几个步骤：

1）选用标准试样，在其中部圆周上打磨、清洗后均匀粘贴 4 片阻值相同的应变片。

2）安装试样，连接导线，施加负荷，在试样弹性范围内，测量其弯曲变形率。

3）测量时重复 3 次，然后将试样转动 90°再测，其变形率在 5% 以内为合格。

弯曲变形率（PBS）的计算公式为

$$\mathrm{PBS}=\frac{\sqrt{(g_{1,3})^2+(g_{2,4})^2}}{g_0}\times 100\% \tag{12-7}$$

式中　g_1、g_2、g_3、g_4——分别为 4 个应变片 3 次测量的应变平均值，$g_0=(g_1+g_2+g_3+g_4)/4$，$g_{1,3}=[(g_1-g_0)-(g_3-g_0)]/2=(g_1-g_3)/2$，$g_{2,4}=[(g_2-g_0)-(g_4-g_0)]/2=(g_2-g_4)/2$。

国外同轴度的检测方法如下：

1）应变片的设置。根据试验试样标距部分长度选择应变片组数：

① 标距部分为 19mm 以下，在试样中央贴一组应变片。

② 标距部分大于 19mm 的在试样标距中央及两端各贴一组应变片，每组应变片设置方法为沿试样圆周方向间隔 90°或 120°贴 4 或 3 块。

2）弯曲应变率。弯曲应变率是加载状态下任意一组应变片的平均应变（任意沿圆周方向配置 3 个或 4 个应变片的平均值）与此组应变片中最大值的差值，除以平均应变，乘以 100%。弯曲变形率在 5% 以内为合格。

3）检测步骤：

① 根据试验要求选用标准试样，在标距部分圆周上打磨、清洗后均匀粘贴三四片阻值相同的应变片。

② 安装试样，连接导线，调节零点，施加负荷，在试样弹性范围内，测量其各点变形量，算出其平均值、各点与平均值的最大差值以及弯曲应变率。

3. 试样的装夹及引伸计的安装

试样可采用任何方式连接，如螺纹或带台肩等。但试验时试样与夹头和试验机的连接应固紧，以免载荷换向时试样与夹头松动或造成间隙。

应变引伸计应适合于长时间内动态测量和控制，测量试样标距长度内的变形时，测量精度应不低于 ±1%。

应变引伸计采用电机械式和光电式（如光电或激光式）。根据所用试样选取轴向或径向应变引伸计。安装引伸计时应格外小心，以防损伤试样表面出现过早断裂。图 12-14 所示是高温引伸计的安装实例。

图 12-14　高温引伸计的安装实例

4. 高温加热系统

温度测量仪器应符合要求，热电偶的输出值通过读出装置、记录仪和控制器转换为温度值，所有这些仪器都应按照可溯源到标准体系进行校准。读出装置、记录仪和控制器的校准精度应为 ±1℃。可以采用循环热空气加热、电阻丝加热及其他客户被认可的方法（如感应加热等）。高温测试时，试样应安装在接近加热炉中心的位置，操作时应防止试样工作段外的温度比工作段高。达到试验温度后，应使试样至少保温 30min。

试样上热电偶的数目、位置和安装方法：选择的高温炉需保证试样工作段受热均匀，试样工作段长度≥50mm 时，应有 3 支热电偶；当试样工作段长度 <50mm 时，应有 2 支热电偶。疲劳应变试样较短，工作段还要安装引伸计，安装两支热电偶是很困难的，一般采用试样中间绑一支热电偶，两端夹具各绑一支热电偶的方法保证加热温度均匀。

热电偶焊头应与试样紧密接触，接触点应避免加热元件的辐射影响，这可以通过炉子设计实现，采用耐高温材料来阻隔加热元件的直接辐射，或者使用耐高温隔层覆盖接触点表面以阻止加热元件的直接辐射。

5. 选择试验参数

试验过程中，应变或应力对时间的波形应保持一致。在无特定要求或设备受限制时，一般采用三角波。除试验目的是测定应变速率或循环频率的影响外，试验的应变速率或试验频率应保持不变。一般来说，恒定的应变速率较常用，而恒定试验频率对于某些机械零部件的疲劳分析可能更切合实际。

若由于设备的限制使用非三角波，不能进行恒应变速率试验，或者由于时间的限制不能进行恒频率试验时，则可采用其他的速率控制方法。通常采用恒定的平均应变速率（应变范围和频率乘积的两倍）。当试验采用非弹性应变控制时，最合适的方法是保持平均非弹性应变速率恒定。

选用的应变速率或频率范围应确保试样温度升高不超过 2℃。试验机控制系统的能力和精度与引伸计的频率响应是限制试验速率或频率的两个重要因素。所用实际的应变速率或频率应在试验报告中予以注明。

6. 确定应变级数及应变幅值

低周疲劳试验一般采用 5 ~ 7 级应变水平，应变比 $R=-1$，平均每级用 3 ~ 5 根试样测

定 ε-N 中值曲线。应变幅值选择应使疲劳寿命分布在 $50 \sim 5\times10^4$ 周次循环范围内，幅值大小一般在 $\Delta\varepsilon_t = \pm0.3\% \sim \pm3.0\%$ 范围内。

7. 有效试验试样的判据

等截面试样断在标距长度内，或漏斗形试样断在最小直径附近，方为有效。若断在其他位置，或在断口上发现有杂质、孔洞或机加工缺陷等情况，则结果无效。

若试样总断在同一位置，则可能是同轴度问题或引伸计安装造成的“刀口”断裂，应予以纠正。

8. 试样失效的判据

随应变循环次数的增加，试样逐渐产生疲劳裂纹而失效。通常采用以下两种方法判断试样失效，以获得失效寿命。

1）试验过程中监测稳定的峰值载荷，当它下降了某一指定的百分数即认为试样失效。对于某些高延性材料，该载荷下降了 30% 试样仍未完全断开；而某些脆性材料，该载荷下降甚至不到 5% 就完全断开了；对于非脆性材料一般采用稳定峰值载荷下降 10% ~20% 判试样为失效。有人把该载荷下降 5% 时的循环次数定为疲劳裂纹形成寿命。

2）试验过程中监测应力-应变滞后回线，当压缩部分较明显地出现拐点时，即判试样为失效。此时，稳定峰值载荷也已明显降低。

不管用哪种方法判断试样失效，试验时都要将试样拉断取得破断寿命为止。

9. 试验过程中的注意事项及应急处理措施

1）对高温测试试验，通常需要提供一些方法（如冷却水、压缩空气等）冷却夹具、引伸计，防止传感器损伤；如果冷却系统发生故障，需尽快撤去高温炉。

2）安装引伸计时，应防止可能产生的试样表面损伤，可以采用包括在刀口贴透明胶带等保护方法。

3）试验初始，注意观察采集的数据，防止产生引伸计刀口接触滑移。

12.2.5　低周疲劳试验的特点

由于低周疲劳应力-应变关系的非线性特性，与高周疲劳相比，低周疲劳试验是一种更为复杂的试验。结合低周疲劳的特点，低周疲劳试验总体上具有以下特点：

1）塑性变形大：试验应变范围一般 $\Delta\varepsilon_t/2 = \pm0.2\% \sim \pm6\%$，相应的应力水平一般大于屈服强度。

2）循环周次少：疲劳寿命 N_f 在几十 $\sim 5\times10^4$ 周之间。

3）试验频率 f 较低：$f = 0.01 \sim 0.5\text{Hz}$。

4）一般采用应变控制，三角波。

5）要求试验机与夹具之间具有良好的同心度。

6）失效判据以载荷下降 10% ~20% 作为试样失效的依据。

12.3　循环应力-应变曲线的测定

12.3.1　单试样法

用一根试样在一组不同的总应变范围下循环加载，在每一级总应变范围下必须循环到足

以使 σ-ε 滞后回线达到稳定，但循环次数又不能过多，以免产生严重的疲劳损伤。然后，通过这些稳定回线的顶点拟合出一条光滑的循环 σ-ε 曲线，如图 12-5 所示。

12.3.2 多试样法

用一组相同的试样，在不同的总应变范围 $\Delta\varepsilon_t$ 下循环加载，测得每个试样的稳定应力范围 $\Delta\sigma$。然后，拟合一系列（$\Delta\sigma/2$，$\Delta\varepsilon_t/2$）数据点，即得用应力幅和总应变幅所描述的循环应力-应变曲线。这种多试样法一般用于测定材料的应变-寿命曲线，同时也测定了材料的循环应力-应变曲线。

12.3.3 增级试验法

将各级应变水平编成一组由小到大，再由大到小的程序块，然后用一根试样按程序块加载，循环进行到一定次数后应力就会达到稳定，把这个稳定应变程序块得到的从最小应变到最大应变的回线顶点连接起来，就可得到循环 σ-ε 曲线，即增级试验法。显然，此种方法经济方便，所以是一种常用的方法。

12.4 试验数据的获得、处理及表达

在给定的试验条件下（总应变幅、试验温度、试验频率等），对于某种材料的一组试样（n 个）进行低周疲劳试验。首先，获得原始试样数据并用其计算出稳定的滞后回线的特征值。最后，通过线性回归分析处理获得表征材料低周疲劳性能的数据。

12.4.1 试验数据的获得

试验过程中，监测每个试样承受的应变幅值 $\Delta\varepsilon$ 和应力幅值 σ。按指定的应变循环间隔记录各循环次数时的 ε_{max}、ε_{min}、σ_{max}、σ_{min} 等原始试验数据，直到试样失效获得失效寿命或破断寿命 N_f 为止。对于每根试样，需要获得 $\Delta\varepsilon_t/2$、$\Delta\varepsilon_e/2$、$\Delta\varepsilon_p/2$、$\Delta\sigma/2$ 和 $2N_f$。表 12-1 给出了合金钢材料在室温下获得的一组低周疲劳数据的实例。

在应变控制的条件下，在试验过程中，材料的 $\Delta\varepsilon_t/2$ 是恒定的，但 $\Delta\varepsilon_e/2$、$\Delta\varepsilon_p/2$、$\Delta\sigma/2$ 可能是变化的（如果存在循环硬化或循环软化）。因此，取 $\frac{1}{2}N_f$ 时的数据计算稳定应力-应变滞后回线特征值如下：

$$\Delta\varepsilon_t/2=(\varepsilon_{max}-\varepsilon_{min})/2 \tag{12-8}$$

$$\Delta\sigma/2=(\sigma_{max}-\sigma_{min})/2 \tag{12-9}$$

$$\Delta\varepsilon_e=\Delta\sigma/(2E) \tag{12-10}$$

$$\Delta\varepsilon_p/=\Delta\varepsilon_t/2-\Delta\varepsilon_e/2 \tag{12-11}$$

式中　E——材料的弹性模量。

12.4.2 试验数据的处理

大量试验证明，$\Delta\varepsilon_e/2$-$2N_f$、$\Delta\varepsilon_p/2$-$2N_f$、$\Delta\sigma_e/2$-$2N_f$、$\Delta\sigma$-$\Delta\varepsilon_p/2$ 在双对数坐标上呈直线关系，通过一元回归分析可建立起它们的函数关系式，从而获得应变疲劳性能的六大参量。

表 12-1　合金钢低周疲劳试验数据的获得

材料品种	轧　棒	试样尺寸	$d=6.0\text{mm}$
材料规格	$\phi 25\text{mm}\times 1000\text{mm}$	加载波形	三角波
取样方向	L	应　变　比	-1
试验温度	室　温	试验频率	0.1 ~ 1.0Hz
控制方式	轴向应变	失效判据	断　　裂

稳态迟滞回线特征值				$2N_f$/ 反向数	试样数量/ 根
$\Delta\varepsilon_t/2$	$\Delta\varepsilon_e/2$	$\Delta\varepsilon_p/2$	$\Delta\sigma/2$/ MPa		
%					
0.9456	0.4806	0.4650	976	2290	1
0.9472	0.4890	0.4583	993	2440	1
0.9463	0.4974	0.4488	1010	2510	1
0.7559	0.4886	0.2673	992	2880	1
0.9467	0.4823	0.4644	980	3064	1
0.7604	0.4689	0.2915	952	4822	1
0.7489	0.4647	0.2842	944	5242	1
0.7508	0.4612	0.2896	937	5650	1
0.6485	0.4572	0.1913	929	8202	1
0.6462	0.4590	0.1872	932	9262	1
0.6488	0.4466	0.2021	907	10136	1
0.6507	0.4517	0.1990	917	12484	1
0.5483	0.4456	0.1028	905	17242	1
0.5521	0.4439	0.1082	902	17486	1
0.5401	0.4410	0.0992	896	22298	1
0.4484	0.4289	0.0195	871	25426	1
0.5473	0.4404	0.1069	894	32806	1
0.4502	0.4279	0.0222	869	41712	1
0.4487	0.4172	0.0314	847	70402	1

取 $x_i=\lg(2N_f)_i$，$y_i=\lg(\Delta\varepsilon_e)_i$，按最小二乘法得到 $\Delta\varepsilon_e/2\text{-}2N_f$ 的对数线性方程，其一般形式为

$$y_i=\bar{a}+\bar{b}x_i \tag{12-12}$$

式中 $i=1, 2, 3, \cdots, n$，n 是试验观测值个数。

$$\bar{a}=\frac{1}{n}\sum_{i=1}^{n}y_i-\frac{\bar{b}}{n}\sum_{i=1}^{n}x_i$$

$$\bar{b}=\frac{\sum_{i=1}^{n}x_iy_i-\frac{1}{n}\sum_{i=1}^{n}x_i\sum_{i=1}^{n}y_i}{\sum_{i=1}^{n}x_i^2-\frac{1}{n}\left(\sum_{i=1}^{n}x_i\right)^2}$$

令 $A=\lg^{-1}\overline{a}$，A 值即为 σ_f'，$\overline{b}$ 值为疲劳强度指数 b。

若取 $x_i=\lg(2N_f)_i$，$y_i=\lg(\Delta\sigma/2)_i$，同理可得 A 值为疲劳强度系数 σ_f'，$\overline{b}$ 值为疲劳强度指数 b。

若取 $x_i=\lg(2N_f)_i$，$y_i=\lg(\Delta\varepsilon_p)_i$，同理可得 A 值为疲劳延性系数 ε_f'，$\overline{b}$ 值为疲劳延性指数 c。

若取 $x_i=\lg(\Delta\varepsilon_p)_i$，$y_i=\lg(\Delta\sigma)_i$，同理可得 A 值为循环强度系数 K'，$\overline{b}$ 值为循环强度指数 n'。

线性方程的线性相关程度，可用相关系数 R 检验（请参见本书附录 K）。

$$R=\frac{L_{xy}}{\sqrt{L_{xx}L_{yy}}} \tag{12-13}$$

式中 $L_{xx}=\sum_{i=1}^{n}x_i^2-\frac{1}{n}\left(\sum_{i=1}^{n}x_i\right)^2, L_{yy}=\sum_{i=1}^{n}y_i^2-\frac{1}{n}\left(\sum_{i=1}^{n}y_i\right)^2, L_{xy}=\sum_{i=1}^{n}x_iy_i-\frac{1}{n}\sum_{i=1}^{n}y_i$。

根据观测值个数 n 查相关系数检验表（见本书附录 K），当计算出的 R 值大于与 $n-2$ 相对应的 R 起码值时，即为线性相关。

12.4.3 试验结果的表达

（1）应提供的数据　低周疲劳试验应提供如下数据：

1）列表给出滞后回线特征值及应变疲劳的六大力学性能参量。

2）用图形表达 $\Delta\varepsilon_t/2$-$2N_f$ 曲线、$\Delta\varepsilon_e/2$-$2N_f$ 曲线和 $\Delta\varepsilon_p/2$-$2N_f$ 曲线，并给出曲线的函数关系式。

3）用图形表达循环应力-应变曲线，并给出曲线的函数关系式。

（2）数据表达的内容　数据表达应清楚说明以下的内容：

1）材料历史：牌号、品种、规格、生产厂、炉批号及化学成分。

2）试样：取样方向、形状及尺寸、表面状态、热处理制度及常规的力学性能。

3）试验条件：控制方式、试验温度及环境、试验频率或应变速率、波形、应变比和试样失效判据。

*12.5 金属的热疲劳

热疲劳是一种应变疲劳，属于低循环疲劳范畴，是低循环疲劳的一个特例。

随着现代工业的快速发展，高温高压的各类设备，其机械零部件的热疲劳强度已经是设计者和使用者十分关心的问题。航空发动机上的热端部件，如涡轮叶片和涡轮盘，燃烧室外套和火焰筒，都因热疲劳而出现故障。

12.5.1 热疲劳现象

高温条件下服役的机件，其强度设计大都依据相应温度下的静强度、蠕变强度和疲劳强度。而实际上，不少机件的工作温度并非恒定而是急剧反复地变化的，这种温度起伏造成机件的膨胀或收缩，当这种膨胀或收缩遇到约束时，在机件内部就会产生热应力，当温度反复变化时，热应力也随之反复变化，从而使材料受到疲劳损伤，这一过程称为热

疲劳。

产生热疲劳的原因是多种多样的，就纯金属而言，往往与晶体各向异性相关。对结构而言，其原因可能包括以下几方面：

1）由机件内部温度梯度引起，如燃气发动机叶片的裂纹多产生在进、排气边，呈多条细小状。

2）由机件之间的温差引起，如燃气发动机的轮盘，由于轮毂和轮缘沿径向产生很大的温差，在轮缘处引起周向热应力，有可能导致轮盘槽底裂纹。

3）热膨胀系数不同的材料的组合，如铁素体钢和奥氏体钢的焊接结构等。

12.5.2　热疲劳试验方法

热疲劳试验方法可分为定性比较方法和定时测定法。定性比较方法主要用于定性比较不同材料或不同工艺条件下的热疲劳抗力，采用的试样多种多样，如圆柱体、厚壁管、楔形盘、棱形柱体及板状等。定时测定法依据试样表面出现的一定长度的裂纹的循环次数来材料的热疲劳抗力。例如，对汽轮机叶片材料做热疲劳试验时，采用循环加热（如加热15min）和冷却（如冷却5min），一直到破坏为止。

对于厚度为0.6～1.6cm板材，可取150mm×150mm的板，卷成圆筒，在焊接之后，放入火焰炉或感应电炉中加热，并保温一定的时间，随后在空气中冷却一定时间，反复进行直到试样破坏，记录下循环次数。

测定棒材的热疲劳抗力，一般将材料制成三棱柱形试样，如图12-15所示。把试样加热到高温，然后在水中冷却，反复多次之后，三棱柱的边沿会产生裂纹，测定其循环次数。由于热疲劳试样种类和形状不同，加热和冷却方式也各不相同，所以热疲劳试验设备也是各式各样的。

定时测定法的试验装置如12-16所示。试样为中空薄壁管状，试验时将试样固定在两个圆盘夹之间，通电流对试样进行加热，用冷却介质通过试样内孔进行冷却，使试样经受反复

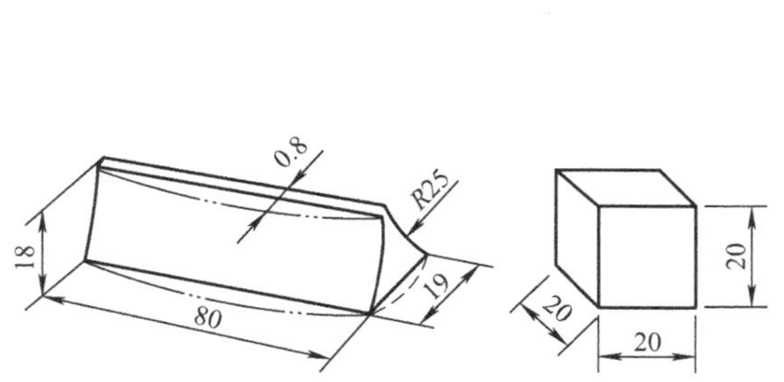

图12-15　三棱柱热疲劳试样

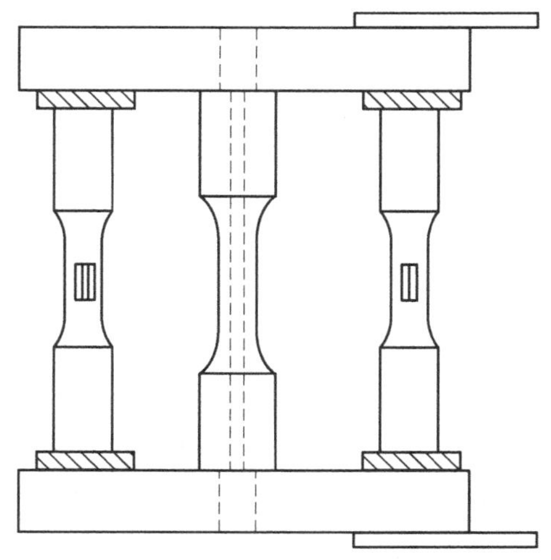

图12-16　定时测定法的试验装置

热循环作用。由于试样是薄壁管，因此，在试样上只产生单向应力状态。同时，由于两端固定，在热循环中试样不产生轴向位移，故试样在热循环时总变形为零。热变形仅仅是由于热膨胀引起的应变，应变值可用试样无固定端时的热循环情况下的伸长来度量。一次热循环时的塑性变形可用试验机上的测力计所测量的力、试样断面积和材料弹性模量 E 来计算。该方法可在试验过程中定时地测定塑性应变范围，以便研究材料在热循环中的应变范围和断裂寿命的关系。

*12.6 金属的热-机械疲劳

发动机的热端部件在其服役期间由于环境温度的不断变化，导致这些零部件不仅承受着循环载荷所产生的机械应力，而且还承受着由于温度变化或温度梯度而引起的热循环应力。尤其是在零部件的应力集中部位，如在涡轮盘榫槽和涡轮叶片榫齿的过渡区和缺口处，在其工作中存在有较大的多向应力和温度梯度，材料已进入塑性区，该处材料的工作环境更加恶劣，疲劳破坏呈突发性，会造成重大的经济损失和灾难性事故。

12.6.1 热-机械疲劳现象

之所以提出热-机械疲劳现象，是由于发现高温结构材料在热循环载荷和机械载荷的联合作用下，其所受到损伤不是热疲劳损伤和机械载荷损伤的简单线性叠加。因此，必须同时考虑两种循环的共同影响。而等温疲劳试验，由于不能模拟构件的实际工况，对工程构件的寿命分析和预测带来较大的误差。另外，在理论上由于高温合金的高温蠕变和疲劳机理尚不能完全说清楚，在变温和复杂应力条件下的（蠕变-疲劳交互作用）热-机械疲劳机理缺乏试验数据，对其疲劳破坏的机理更是不了解。综上所述，研究发动机热端零部件材料的热-机械疲劳损伤，无论是在理论上对疲劳破坏理论的丰富，还是在实际工程应用中对材料的正确评价，预测工程构件的使用寿命以及工程设计均有实际意义。因此，对同时存在循环机械应力和循环热应力的热-机械疲劳行为的研究是国内外工程专家所感兴趣的问题，也是学者非常关注的研究课题。

12.6.2 试验原理及力学行为模型

热-机械疲劳试验的试验原理是，在试验过程中，同时对试样施加热循环和机械循环。其中，为了保证迅速的热响应，一般通过环绕试样工作段的加热线圈和吹风机实现试样的加热和冷却。机械循环通过液压伺服加载系统实现，一般为应变控制。

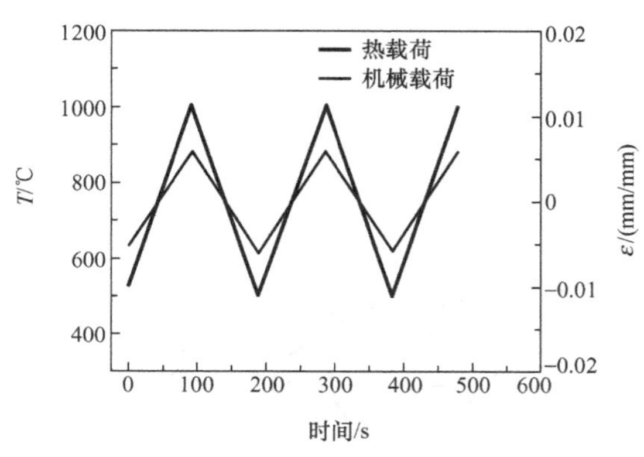

图 12-17 同相位（IP）

在热-机械疲劳试验中，既存在热载荷又存在机械载荷。热载荷和机械载荷可以同步、异步或它们之间存在一定的相位角。常用于热-机械性能研究的相位角包括同相位、反相位和135°相位，它们的热-机械疲劳试验波形分别如图 12-17 ~ 图 12-19 所示。在

同相位热-机械疲劳试验中热载荷和机械载荷的变化是同步的，其试验波形如图 12-17 所示。

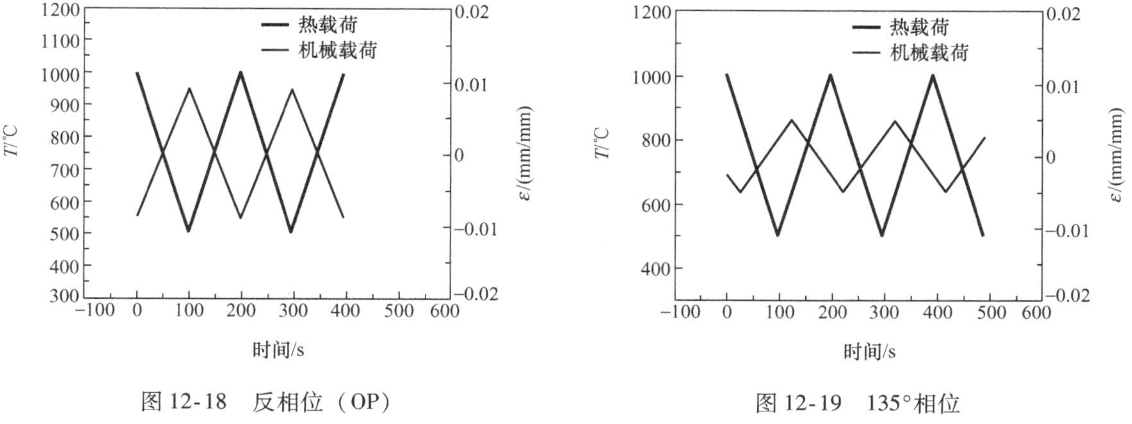

图 12-18　反相位（OP）

图 12-19　135°相位

12.6.3　热-机械疲劳试验方法

试验在专用的热-机械疲劳试验机上进行。热-机械疲劳试验机与低周疲劳试验机的主要不同在于，热-机械疲劳试验机另外备有一套冷风吹气系统。热-机械疲劳试验机的加热系统一般采用高频感应加热方式，以满足试验过程中的温度变化，其原理是在试样工作段的周围安装螺旋线圈，当在螺旋线圈中通过高频电流时，会在试验工作段感应产生涡流，涡流产生热量，从而使试样工作段的温度上升，如图 12-20 所示。热-机械疲劳试验过程中的加热速度为 10～30℃/s，上限温度的控制精度不大于 ±1%。冷却采用空气压缩机吹冷，冷却速度为 10～30℃/s，根据需要也可以自然冷却。加热和冷却设备应保证试样在升温和降温循环过程中，使整个试样标距范围内均匀地加热和冷却，其温差不大于 ±10℃。

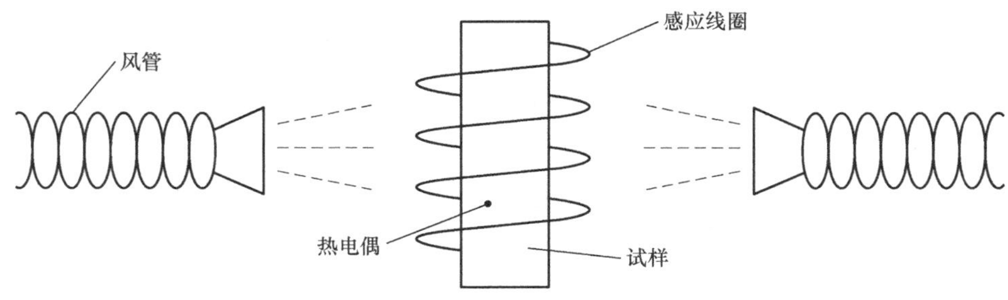

图 12-20　热-机械疲劳试验机加热与冷却系统示意图

连接试样的夹头可采用任何方式，如螺纹或带台阶等。但试验时，试样与夹头和试验机的连接必须固紧，以免载荷换向时试样与夹头松动或造成间隙。夹具应具有良好的同轴度，对试样不得产生偏心载荷。

应配备适合长时间动态测量和控制用的应变引伸计，能直接测量试样标距长度内的变形，其标定精度为 0.002mm/mm。每次试验前，引伸计应进行标定。安装引伸计时，既要牢固，又不得损伤试样表面，在引伸臂的刀口部位不得产生明显的应力集中或温差，以免试样在此部件先期破坏。

试验机的静、动载荷按国家有关检定规程进行校正。在整个试验过程中，应力或应变控制的稳定性，应稳定在小于所试应力或应变范围的2%。工作载荷应在试验机满负荷的25%~75%范围内。

*12.7　金属的疲劳-蠕变试验

金属高温结构部件，如燃气涡轮、蒸汽轮机、锅炉和核压力容器等，在服役过程中，材料一方面承受着交变应力（或应变）而产生疲劳损伤，另一方面又承受平均应力（或应变）而产生蠕变损伤。许多试验结果表明，其材料总损伤通常并非两者损伤的简单叠加而有某种交互作用存在，即蠕变-疲劳交互作用。因此，除了蠕变试验和疲劳试验以外，还需要另外开展疲劳-蠕变试验（也称为蠕变-疲劳试验或疲劳-蠕变交互作用试验）。

根据狭义蠕变的定义，蠕变是在恒定应力下材料随时间发生变形的现象，因此严格意义上的疲劳-蠕变交互应该是应力控制下的试验。在交变应力的基础上，在峰值应力的水平上保持一定时间的条件下进行试验。但是，当前通常的疲劳-蠕变试验应变控制的蠕变-疲劳试验，是在应变控制的交变载荷条件下，在峰值应变的基础上保持一定的时间。根据保持载荷（简称保载）的类型，疲劳-蠕变交互作用可以分为拉保载（$t/0$）、压保载（$0/t$）和拉压保载（t/t），并且，连同作为基础数据的低周疲劳数据（0/0），从而全面理解保载条件对于低周数据的影响。保载时间一般根据材料的实际工况确定。为了在相同的保载时间条件下比较保载对于材料疲劳寿命的影响，拉压保载（t/t）的保载时间也往往将t设为$t/2$。

当前疲劳-蠕变试验研究还没有对应的国家标准和航空标准。实际测试过程可以参照关于低循环疲劳的GB/T 15248—2008《金属材料轴向等幅低循环疲劳试验方法》。疲劳-蠕变试验的试样及制备、试验设备、试验程序上与常规的低周疲劳试验基本上相同。所不同的是在加载波形的设置上叠加保载时间。

思　考　题

1. 应变循环加载过程中的滞后回线主要涉及哪些参数？分别具有什么意义？
2. 什么是循环硬化？什么是循环软化？为什么会出现循环硬化和循环软化现象？
3. 循环应力-应变曲线的获得方法主要包括哪些？
4. 与高周疲劳相比，低周疲劳有哪些特点？
5. 列举当前采用的低周疲劳试验标准，比较国标与美标的不同点。
6. 疲劳-蠕变试验按保载方式划分可以分为哪几种？

第13章　金属的断裂韧度试验

自飞机诞生以来，在军用、民用方面的作用越来越不可替代，而飞机结构的设计思想也经历了一个不断发展变化的过程。最初的40多年里，静强度是飞机结构的主导设计思想，它采用材料光滑试样测得的屈服强度（σ_{YS}）除以安全系数n作为构件的许用强度［σ］，只要设计强度$\sigma <$［σ］则认为是安全的。随后由于疲劳问题而发展起来的安全寿命设计思想认为：只要结构的疲劳性能（疲劳寿命除以一定的分散系数）满足要求，结构就是安全的。然而设计实践表明，完全采用静强度和安全寿命思想设计的飞机，仍存在很多不安全的因素，其中一个明显不足就是没有考虑漏检的初始缺陷和裂纹对结构安全性的影响，这已经导致了多起灾难性事故的发生，例如：

1）1954年，英国慧星号飞机失事。

2）1969年，美国一架F-111飞机因机翼枢轴接头中存在漏检的初始缺陷，在使用仅一百多飞行小时就发生机翼断裂，造成机毁人亡。其后几年，又相继出现了F-5A、KC-125、F-4等按照安全寿命设计思想设计的飞机，在使用寿命早期就发生断裂破坏的事故。

3）1972年，我国空军某部歼五飞机左翼主梁折断。

静强度和安全寿命设计均是建立在结构无初始缺陷的假设基础之上的。而实际上，无论采取什么样的质量控制手段，材料内部的初始缺陷、加工制造和装配过程造成的损伤，以及使用中的意外损伤都是难以避免的。飞机在生产和使用中，现有无损检测方法都难以将所有存在于结构危险部位的裂纹检出。因此，结构带损伤（即缺陷或裂纹）使用是客观事实，损伤容限设计思想就是在这种情况下产生并发展起来的，它的理论基础是断裂力学的发展与应用。

损伤容限分析的主要内容是进行含裂纹体结构的裂纹扩展与剩余强度分析。初始缺陷在疲劳载荷的作用下可能会经历疲劳裂纹萌生、稳态裂纹扩展和裂纹失稳扩展而断裂的过程。如图13-1所示，随着裂纹在载荷谱作用下的不断扩展，结构所能承受的最大载荷，也就

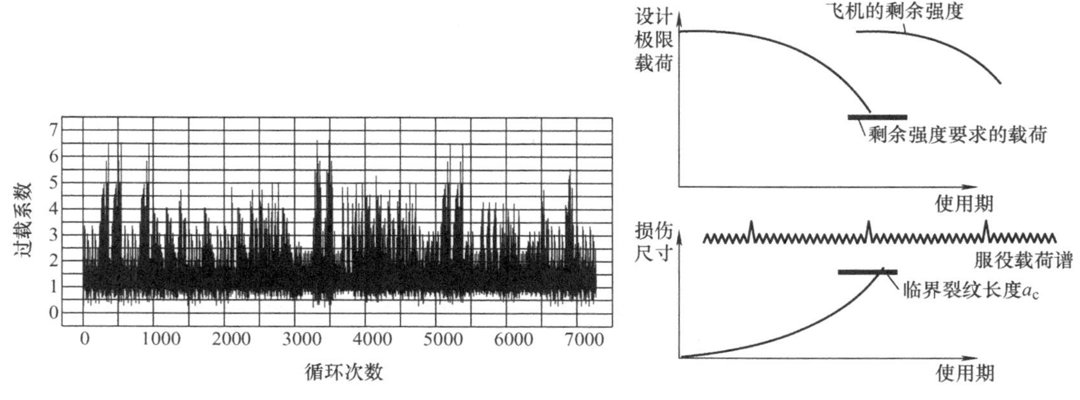

图13-1　损伤容限的剩余强度分析

是剩余强度会随使用时间的增加而急剧下降。若不加以控制，裂纹扩展超过临界裂纹长度，就会导致结构发生失稳扩展而断裂。对于一些高强度材料，导致裂纹失稳扩展的载荷通常要远低于材料的屈服强度。

断裂韧度就是反映材料在静态或准静态载荷下抵抗裂纹失稳扩展或稳态扩展起始能力的性能指标。本章将介绍断裂韧度的基本概念和航空领域常用断裂韧度参量的试验测试方法。

13.1 基本概念

损伤容限分析考虑的核心问题是含裂纹体结构与材料的力学行为，包括裂纹的扩展行为与断裂行为，它建立在断裂力学（特别是线弹性断裂力学）的理论基础之上。为了对材料的断裂行为及其相关的材料性能参数有一个初步了解，本节将主要介绍断裂力学与断裂韧度的基本概念。

13.1.1 断裂韧度及其表征参量

断裂韧度表征材料抵抗裂纹启裂的能力，即在静态或准静态载荷下裂纹产生失稳扩展或稳态扩展时断裂参量的临界值。由于不同类型、不同规格材料的构件裂纹往往呈现出不同的断裂模式和断裂行为，甚至有着不同的断裂力学理论背景。因此，采用的断裂韧度参量需要根据具体情况进行选择。

对于绝大部分航空金属材料，由于其强度高而延性相对较差，断裂模式主要表现为脆性断裂，裂纹尖端的塑性区尺寸相对较小。该类材料的裂纹以线弹性断裂力学为理论基础，裂纹尖端的应力应变场由应力强度因子 K 控制，因此，该类材料裂纹的断裂韧度主要采用 K 参量进行表征。当裂纹足够厚时，裂纹尖端处于平面应变状态，断裂韧度参量为平面应变断裂韧度 K_{Ic}值。当裂纹较薄时，则为平面应力断裂韧度 K_c 值（或 K_{app} 值）。与平面应变不同，平面应力下的裂纹扩展阻力（K_R）一般会随着裂纹扩展量 Δa 的增加而上升，因此薄板材料也常采用 K_R 阻力曲线来描述 K 随稳态裂纹扩展的变化。此外，线弹性断裂力学在处理带裂纹体的问题时还可采用能量分析方法，此时的断裂韧度参量为能量释放率 G_{Ic}。

对于延性较好的金属材料，裂纹尖端的塑性区尺寸相对较大，超过了线弹性断裂力学“小范围屈服”的基础条件。此时，线弹性断裂力学不再适用。该类材料以弹塑性断裂力学为理论基础，其断裂模式主要表现为延性撕裂，断裂韧度参量可采用裂纹尖端张开位移 CTOD 的特征值 δ_c、J 积分特征值 J_{Ic}来表征，也可用裂纹扩展阻力 R 曲线来描述 δ 或 J 随裂纹稳态扩展的变化过程。延性材料在航空、压力容器、核工业部门都有应用。

13.1.2 裂纹的基本形式

如图 13-2 所示，工程界通常将裂纹归纳为图 13-2 所示的三种基本形式。

图 13-2a 所示为张开型（简称 Ⅰ 型），其外加应力垂直于裂纹面，即在正应力作用下，使裂纹张开并向 x 轴方向扩展，这是工程结构上最严重的应力状态。

图 13-2b 所示为滑开型（简称 Ⅱ 型），其外加应力平行于裂纹面，即在切应力作用下，使裂纹面上下滑开。

图 13-2c 所示为撕开型（简称Ⅲ型），其外加应力在 z 轴方向产生切应力，即在切应力作用下，使裂纹面向左右方向撕开。

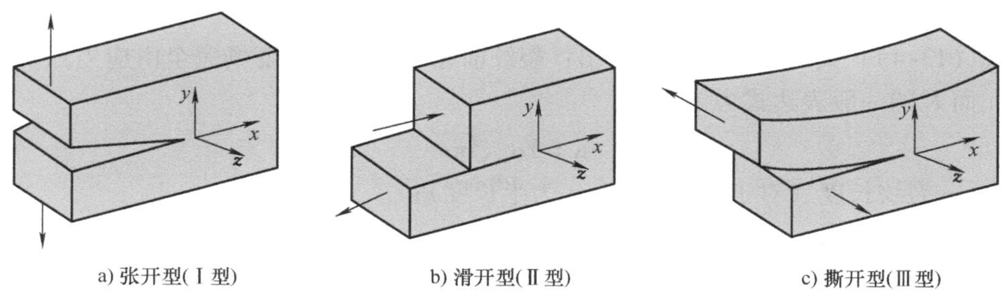

a) 张开型(Ⅰ型)　b) 滑开型(Ⅱ型)　c) 撕开型(Ⅲ型)

图 13-2　三种基本的断裂形式

以上的三种裂纹体，工程中以Ⅰ型断裂最为常见，也最危险，是本章讨论的重点。

13.1.3　线弹性断裂力学的几个基本概念

1. 裂纹尖端的应力场及应力强度因子 *K*

对裂纹的研究表明：构件在发生脆性断裂的瞬间，裂纹尖端附近的绝大部分都处于线弹性变形状态。应用线弹性断裂力学理论，研究带裂纹体的应力-应变关系。对于Ⅰ型裂纹，裂纹尖端的应力分量如图 13-3 所示。

线弹性断裂力学的理论分析已经证明，对于上述三类裂纹问题，在裂纹尖端区域（$r\to0$）的应力应变场呈现 $1/\sqrt{r}$阶的奇异性。用 K_{I}、K_{II}、K_{III}分别代表每种裂纹类型的应力场奇异性强度因子，简称应力强度因子，定义为

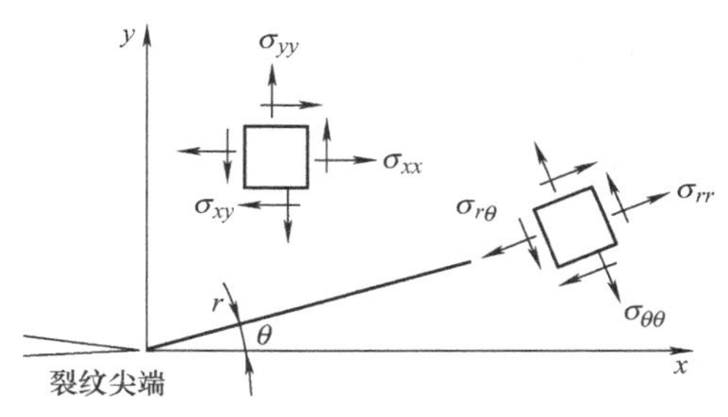

图 13-3　裂纹尖端的应力分量

$$K_{\mathrm{I}}=\lim_{r\to0}\{\sqrt{2\pi r}\sigma_{yy}\mid\theta=0\} \tag{13-1}$$

$$K_{\mathrm{II}}=\lim_{r\to0}\{\sqrt{2\pi r}\sigma_{xy}\mid\theta=0\} \tag{13-2}$$

$$K_{\mathrm{III}}=\lim_{r\to0}\{\sqrt{2\pi r}\sigma_{yz}\mid\theta=0\} \tag{13-3}$$

对于主要讨论的Ⅰ型裂纹，裂纹尖端的应力分量为

$$\left.\begin{aligned}\sigma_{xx}&=\frac{K_{\mathrm{I}}}{\sqrt{2\pi r}}\cos\frac{\theta}{2}\left(1-\sin\frac{\theta}{2}\sin\frac{3}{2}\theta\right)+\text{高次项}\\\sigma_{yy}&=\frac{K_{\mathrm{I}}}{\sqrt{2\pi r}}\cos\frac{\theta}{2}\left(1+\sin\frac{\theta}{2}\sin\frac{3}{2}\theta\right)+\text{高次项}\\\tau_{xy}&=\frac{K_{\mathrm{I}}}{\sqrt{2\pi r}}\sin\frac{\theta}{2}\cos\frac{\theta}{2}\cos\frac{3}{2}\theta+\text{高次项}\end{aligned}\right\} \tag{13-4}$$

位移分量为

$$\left.\begin{aligned}U&=\frac{K_{\mathrm{I}}}{G(1+\nu)}\left(\frac{r}{2\pi}\right)^{\frac{1}{2}}\cos\frac{\theta}{2}[(1-\nu)+(1+\nu)]\sin^2\frac{\theta}{2}\\V&=\frac{K_{\mathrm{I}}}{G(1+\nu)}\left(\frac{r}{2\pi}\right)^{\frac{1}{2}}\sin\frac{\theta}{2}\left[2-(1+\nu)\cos^2\frac{\theta}{2}\right]\end{aligned}\right\} \tag{13-5}$$

式中　G——材料的剪切模量；

ν——材料的泊松比；

r、θ——图 13-3 所示的极坐标参量。

由式（13-4）、式（13-5）可以看出：裂纹前缘的应力、应变场完全由应力强度因子 K 所决定，而 K 的一般表达式为

$$K = Y\sigma\sqrt{\pi a} \tag{13-6}$$

式中　a——裂纹长度（对于中心裂纹，a 为半长度）；

σ——名义应力；

Y——修正系数，与裂纹尺寸、加载方式及试样几何形状有关。

应力强度因子 K 主要与下列因素相关：

1）试样所受的载荷状况。

2）裂纹长度。

3）试样和裂纹的几何形状。

外加载荷、裂纹长度以及试样的几何形状与尺寸，都只通过应力强度因子 K 来影响裂尖奇异场的程度，K 是表征线弹性裂纹体裂纹尖端奇异性强度的参量。应力强度因子的这一特点使它成为裂纹扩展力的度量和裂纹失稳扩展的准则，在断裂力学和损伤容限设计中起着关键的作用。

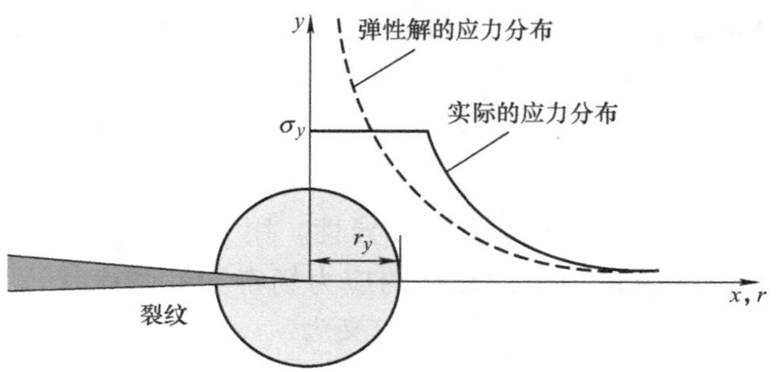

图 13-4　裂纹尖端的应力分布

2. 小范围屈服与 K 主导

如图 13-4 所示，若根据线弹性断裂力学理论解，裂纹尖端的应力将趋近于无穷。而实际上这是不可能发生的，在裂纹尖端附近的微小区域内，材料必然进入屈服状态，从而影响周围弹性应力场的分布。

线弹性断裂力学是建立在小范围屈服的基础上的，所谓小范围屈服是指裂纹尖端的塑性区尺寸比裂纹长度或其他特征几何尺寸小得多的情况。一般认为，当裂纹尖端塑性区尺寸 r_y 与裂纹体的最小特征尺寸相比小约 1/25 时，小范围屈服条件就可得到满足。

如图 13-5 所示，在裂纹尖端的非弹性区范围内，线弹性解将失去其有效性。但是，只要这个非弹性区比起裂纹体的最小特征尺寸要小得多（即满足小范围屈服条件），则基于线弹性分析得出的裂纹尖端奇异场仍能作为围绕裂纹尖端附近的环形区域的实际场的良好近似。因此，在小范围屈服条件下（$r_y < R_K$），应力强度因子 K 成为描述裂纹尖端应力应变场的唯一度量，此即所谓的“单参量

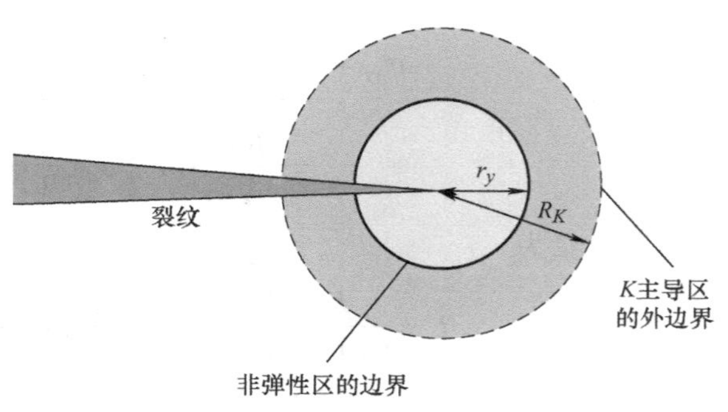

图 13-5　裂纹尖端的 K 主导区

表征”，即裂纹尖端的力学环境由 K 唯一决定。

3. 平面应变与平面应力

断裂力学所考虑的平面应力或平面应变是指裂纹尖端塑性区内的应力状态。不同厚度的Ⅰ型裂纹，其塑性区尺寸和应力状态是完全不同的。

平面应变状态：当裂纹足够厚时，裂纹尖端沿厚度方向的变形会受到限制，应变主要发生在另两个方向组成的平面内，这就形成了线弹性断裂力学中的平面应变状态。

平面应力状态：当裂纹较薄时，则可能会出现另一种情况，如侧面受载的薄板，垂直于板面方向的应力全为零，应力只存在于板面内，这就是线弹性断裂力学中的平面应力状态。

而介于平面应变和平面应力之间的状态为过渡状态。

工程上通常根据裂纹厚度 B 来定量区分平面应变、平面应力及过渡状态。

（1）平面应力状态（薄）

$$B \approx (0.1 \sim 0.2)\left(\frac{K_{\mathrm{I}}}{\sigma_{\mathrm{YS}}}\right)^2$$

（2）平面应变状态（厚）

$$B \geqslant 2.5\left(\frac{K_{\mathrm{I}}}{\sigma_{\mathrm{YS}}}\right)^2$$

（3）过渡状态

$$B \approx (0.2 \sim 2.5)\left(\frac{K_{\mathrm{I}}}{\sigma_{\mathrm{YS}}}\right)^2$$

平面应力和平面应变常常可以从断口形貌上得到判别。一般来说，平面应变所对应的裂纹前缘比较平直，断口本身以平断为主，只是接近表面层有很小的斜断口。相反，平面应力所对应的裂纹前缘常呈向前突出的指甲状，斜断口所占比例较大。

4. 裂纹尖端的塑性区尺寸及修正

对于平面应力和平面应变状态，其塑性屈服区的形状是不同的，如图 13-6 所示，其尺寸 r_y 可以按式（13-7）和式（13-8）进行估计。即

$$r_y = \frac{1}{3\pi}\left(\frac{K}{\sigma_{\mathrm{YS}}}\right)^2 \text{（平面应变）} \tag{13-7}$$

$$r_y = \frac{1}{\pi}\left(\frac{K}{\sigma_{\mathrm{YS}}}\right)^2 \text{（平面应力）} \tag{13-8}$$

式中　σ_{YS}——条件屈服强度。

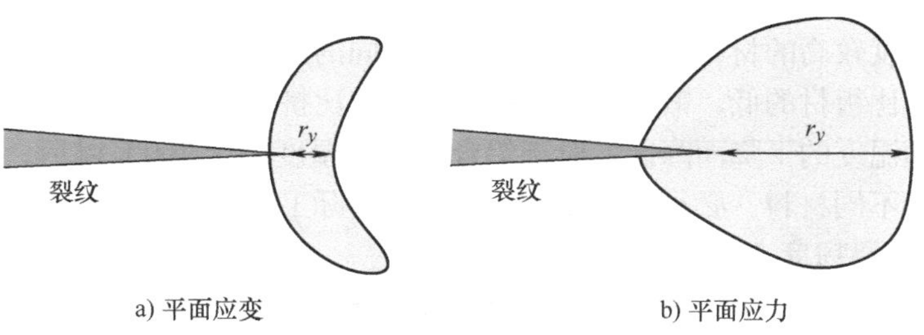

图 13-6　裂纹尖端的塑性区

对于平面应变状态而言，若要小范围屈服条件得到满足，则要求

$$\left.\begin{matrix} a \\ W-a \end{matrix}\right\} \geqslant 2.5\left(\frac{K_{\mathrm{I}}}{\sigma_{\mathrm{YS}}}\right)^2 \tag{13-9}$$

为了避免带裂纹体的弹塑性分析，欧文曾建议将裂纹尖端的塑性区也视为裂纹体的一部分，即用塑性区尺寸 r_y 对实际的裂纹长度 a_{p} 进行修正，将修正后的裂纹尺寸视为有效裂纹尺寸 a_{eff}。其计算公式为

$$a_{\mathrm{eff}} = a_{\mathrm{p}} + r_y \tag{13-10}$$

显然，这种修正办法，只对于小尺寸塑性区情况才认为是可接受的，此时，应力强度因子也需做相应的修正。

13.1.4 线弹性断裂韧度参量：K_{Ic}，K_{R}、K_{c} 和 K_{app}

断裂韧度 K_{Ic}、K_{R}、K_{c}、K_{app}是表征脆性材料在线弹性范围内、在平面应变、平面应力和过渡条件下抵抗裂纹失稳扩展的能力，即材料在发生失稳断裂时应力强度因子的临界值。它与材料厚度、裂纹取向、温度以及加载速度等因素有关，尤其值得注意的是材料厚度的影响。

图 13-7 所示是断裂韧度随材料厚度的变化关系。当试样较薄时，裂纹尖端以平面应力为主时，断口一般呈现剪切斜状断口，所测出的断裂韧度值较高。随着厚度增加，剪切斜断口尺寸与试样厚度之比逐渐减小，断裂韧度值相应降低。当试样达到一定厚度后，裂纹尖端近似处于平面应变状态，此时断口表面在厚度方向上主要是平直的，只是在靠近试样表面还有小的剪切唇。随着试样厚度的进一步增加，断裂韧度的测试值基本保持不变，此时确定的便是材料的平面应变断裂韧度 K_{Ic}，它代表材料的断裂韧度下限值。

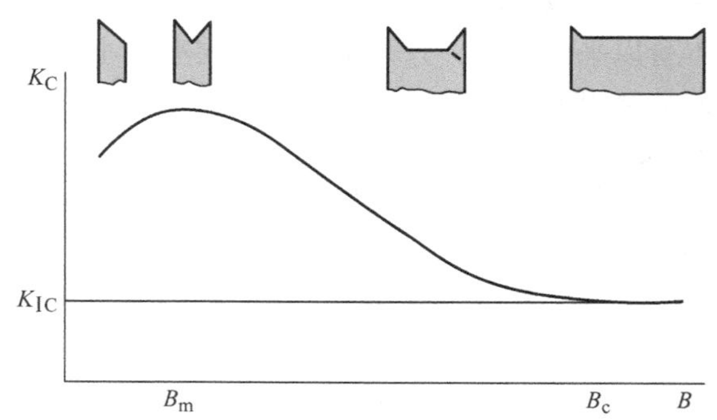

图 13-7　断裂韧度随材料厚度的变化关系

试样的取样方向对材料断裂韧度的测试结果也有明显的影响，特别是对各向异性材料。通常热处理后屈服强度较高的材料其断裂韧度较低。不同的加工工艺，其断裂韧度亦不同，挤压件的断裂韧度通常比板材的低，锻件的断裂韧度则通常比挤压件的低。在低温环境下，材料的断裂韧度一般会随温度的下降而降低。对于铝合金，当温度高于 100℃以后，断裂韧度亦呈现下降趋势。所以对不同材料，必须进行测试才能得到实际工作条件下的断裂韧度值。

1. 平面应变断裂韧度 K_{Ic}

平面应变断裂韧度 K_{Ic}，是指裂纹前缘近似处于平面应变状态，且裂纹尖端满足小范围屈服的条件下，脆性材料发生失稳裂纹扩展时应力强度因子 K 的临界值，它代表了材料对张开型（Ⅰ型）断裂临界抗力的下限值。

当外加载荷在裂纹尖端产生的应力强度因子 K_{I} 大于材料的 K_{Ic}时，构件会发生失稳裂

纹扩展而断裂。反之，构件处于安全状态。

在进行材料的平面应变断裂韧度 K_{Ic}测试时，K_{Ic}的测试值随试样厚度的增加基本保持不变，它代表了材料断裂韧度的下限，其断口的表现为：断口表面在厚度方向上主要是平的，剪切唇小。

为了保证线弹性断裂条件和平面应变的状态得以满足，以使得测得结果为有效 K_{Ic}，要求

$$a \geqslant 2.5\left(\frac{K_{\mathrm{Ic}}}{\sigma_{\mathrm{YS}}}\right)^2 \tag{13-11}$$

$$(W-a) \geqslant 2.5\left(\frac{K_{\mathrm{Ic}}}{\sigma_{\mathrm{YS}}}\right)^2 \tag{13-12}$$

$$B \geqslant 2.5\left(\frac{K_{\mathrm{Ic}}}{\sigma_{\mathrm{YS}}}\right)^2 \tag{13-13}$$

上述条件对于航空用高强度材料一般不难满足，而对于某些高韧性低强度材料，厚度要求可能使得试验设备无法接受（如核反应堆的 A553B 钢，满足要求的试样最小厚度可高达 600mm）。对于这样塑性较好的材料，由于塑性区尺寸通常较大，线弹性断裂力学分析中小范围屈服的基本条件难以得到满足，此时基于线弹性断裂力学分析得到的 K 参量和断裂韧度 K 准则不再适合，需要采用其他的参量进行分析表征，如基于弹塑性分析的 J 积分参量。

2. K_{R} 阻力曲线

当试样处于平面应变状态时，如图 13-8a 所示，断裂韧度值不随裂纹扩展量 Δa 的增加而变化。

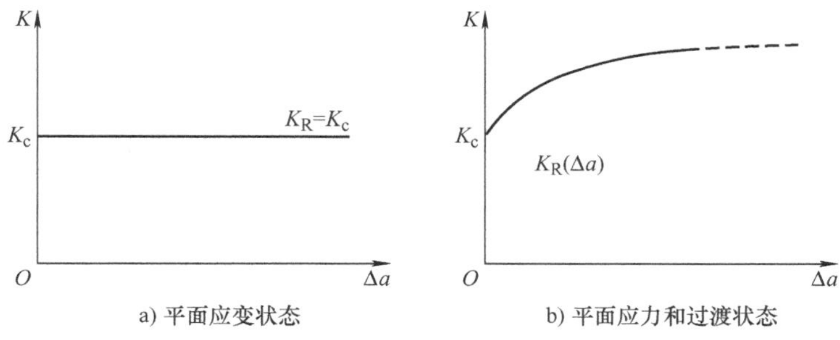

图 13-8　K_{R} 阻力曲线

而当试样厚度不足以维持平面应变所需的三维约束状态时，即裂纹尖端处于平面应力或过渡状态，则在起裂后仍需增加应力强度因子才能使裂纹继续扩展，如图 13-8b 所示。与平面应变不同，平面应力的裂纹扩展阻力（K_{R}）一般随着裂纹扩展量 Δa 的增加而上升，这一行为与试样的厚度有关，而与裂纹的初始长度 a_0 无关。

K_{R} 阻力曲线是用应力强度因子表达的断裂韧度随裂纹稳态扩展而变化的曲线，它表征材料的抗断裂阻力，是材料的特性曲线，一般用 K_{R}（Δa）表示。裂纹连续扩展的条件为

$$K(a) = K_{\mathrm{R}}(\Delta a) \tag{13-14}$$

如图 13-9 所示，若外加的裂纹驱动力 $K(a)$ 与材料的 K_{R} 阻力曲线相交，当交点处 $K(a)$的切线斜率小于 $K_{\mathrm{R}}(\Delta a)$ 的切线斜率，则扩展是稳定的。当 $K(a)$ 与材料的 K_{R} 曲线相切时，则达到临界状态，发生失稳扩展。

K_{R} 曲线一般可以用 M(T) 试样、C(T) 试样进行测试，其尺寸应保证在整个试验过程

中处于线弹性为主的状态。

3. 平面应力断裂韧度 K_c 和表观断裂韧度 K_{app}

K_R 曲线上各点的 K 值为

$$K_R = f\left(\frac{a_0 + \Delta a}{W}\right)\sigma_R\sqrt{\pi(a_0 + \Delta a)} \tag{13-15}$$

当外加的裂纹驱动力 $K(a)$ 与材料的阻力曲线 K_R 曲线相切时，则发生失稳断裂。平面应力断裂韧度 K_c 就是根据相切点对应的临界裂纹长度 a_c 和断裂时的最大应力 σ_c 而确定的，如图 13-9 所示。

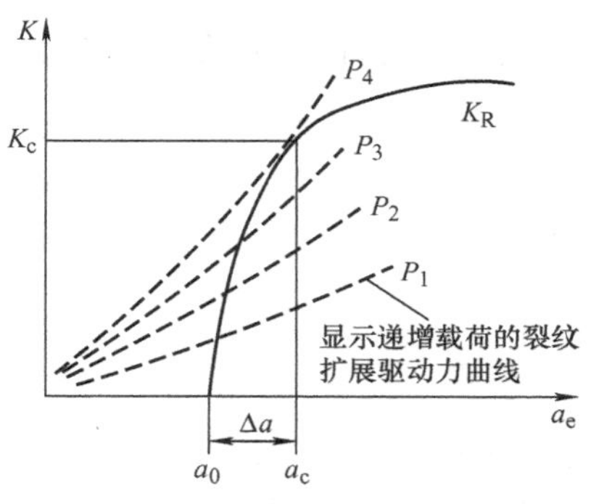

图 13-9 用 K_R 阻力曲线确定失稳扩展点

$$K_c = f\left(\frac{a_c}{W}\right)\sigma_c\sqrt{\pi a_c} \tag{13-16}$$

图 13-9 中失稳点的临界裂纹长度 a_c 对于工程应用来说并不是最关心的，而初始裂纹长度 a_0 更容易得到，由此便引出了表观断裂韧度 K_{app} 的概念，它是由初始裂纹长度 a_0 和最大载荷确定的，即用 a_0 代替 a_c 计算得到。

$$K_{app} = f\left(\frac{a_0}{W}\right)\sigma_c\sqrt{\pi a_0} \tag{13-17}$$

*13.1.5 裂纹扩展能量释放率 G_{I}

线弹性断裂力学处理带裂纹体的问题有两种方法：一种是上面所讨论的应力场分析法；另一种是能量分析法，这就是本节所要讨论的问题。

根据热力学定律，自然界一切过程的进行必须遵守能量守恒原理，而且一切自发进行的过程，一定使系统本身的能量降低。裂纹失稳扩展是一个自发进行的过程，只要分析裂纹扩展过程中的能量变化，建立平衡方程，就可以获得裂纹失稳扩展时的能量判据。这种分析方法较为直观，能更清楚地揭示断裂韧度的物理意义。

1. G_{I} 的物理意义

我们首先来讨论格里菲斯（Griffith）理论。该理论从材料中存在宏观裂纹这一事实出发，根据能量平衡条件，成功地说明了材料实际强度与裂纹尺寸之间的关系。

格里菲斯公式的数学表达式为

$$\sigma_c = \left(\frac{2E\gamma}{\pi a}\right)^{1/2} \text{或} \ \sigma_c\sqrt{\pi a} = \text{常数} \tag{13-18}$$

式中 E——弹性模量；

γ——表面能。

由式（13-18）可知，$\sigma_c\sqrt{\pi a}$ 也可作为评定材料脆性断裂的力学性能指标。

上述能量分析法也可以这样来解释：裂纹扩展单位面积时，系统所提供的弹性能量 $\partial U/\partial A$ 是推动裂纹扩展的动力，其所需要提供的能量为裂纹扩展阻力。通常把裂纹扩展单位面积由系统所提供的弹性能量叫作裂纹扩展力，或称为裂纹扩展时的能量释放率，简称能量释放率，以 G_{I} 表示（Ⅰ表示Ⅰ型裂纹扩展）。G 与外加应力、试样尺寸和裂纹尺寸有关。

在格里菲斯裂纹体中，其值为

$$G_{\mathrm{I}} = -\frac{\partial U}{\partial A} = -\frac{\partial}{\partial(2a)}\left(-\frac{\sigma^2\pi a^2}{E}\right) = \frac{\sigma^2\pi a}{E} \tag{13-19}$$

在临界状态下的裂纹扩展能量释放率记作 G_c（表示平面应力状态下的断裂韧性），其值为

$$G_c = -\frac{\sigma^2(\pi a_c)}{E} = 2\gamma \tag{13-20}$$

由式（13-20）可知，临界状态下的裂纹扩展能量释放率数值上等于临界裂纹扩展阻力。G_c越大，材料抵抗裂纹扩展的能力也越大，故 G_c是材料抵抗裂纹失稳扩展的度量，也叫作材料的断裂韧性。

实际上，对金属材料来说，裂纹扩展时裂纹前端不可避免地要产生塑性变形，因而裂纹扩展时释放的弹性能不仅要支付表面能增加，而且要支付屈服区的塑性变形功 U_p，而且 U_p 往往大于 γ，故式（13-20）中的 γ 应改为（$\gamma + U_p$），即

$$G_c = 2(\gamma + U_p) \tag{13-21}$$

2. 应力强度因子 K_{I} 与能量释放率 G_{I} 的关系

假设一无限宽板上有长为 $2a$ 的穿透裂纹，在裂纹远处受均匀拉伸正应力 σ 的作用。根据线弹性断裂力学理论计算，这个穿透裂纹尖端的应力场强度因子为

$$K_{\mathrm{I}} = \sigma\sqrt{\pi a} \tag{13-22}$$

对于这种裂纹，根据能量分析，其能量释放率 G_{I} 为

$$G_{\mathrm{I}} = \frac{\sigma^2\pi a}{E} \tag{13-23}$$

对比式（13-22）与式（13-23）可知，在平面应力情况下

$$G_{\mathrm{I}} = \frac{K_{\mathrm{I}}^2}{E} \tag{13-24}$$

在平面应变情况下

$$G_{\mathrm{I}} = \frac{(1-\nu^2)K_{\mathrm{I}}^2}{E} \tag{13-25}$$

上述公式是根据带裂纹的无限宽板这种特定情况下推导出来的。对于一般的含裂纹体，根据弹性理论也可以推导出上述结果。

在裂纹失稳的临界状态下有

$$G_{\mathrm{I}c} = \frac{K_{\mathrm{I}c}^2}{E} \quad（平面应力） \tag{13-26}$$

$$G_{\mathrm{I}c} = \frac{(1-\nu^2)K_{\mathrm{I}c}^2}{E} \quad（平面应变） \tag{13-27}$$

对于某一给定材料，裂纹的表面能和失稳扩展时所消耗的塑性变形功 U_p 都是材料常数，与裂纹大小、形状及外载情况无关，所以 $G_{\mathrm{I}c}$是材料本身的固有性能。

由上述分析可知，要使裂纹失稳扩展，必须使裂纹扩展力 G_{I} 大于或等于临界点的阻力 $G_{\mathrm{I}c}$，即

$$G_{\mathrm{I}} \geqslant G_{\mathrm{I}c} \tag{13-28}$$

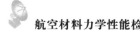

这就是断裂判据，满足上述方程，构件即发生失稳断裂。

*13.1.6 弹塑性状态下的断裂韧度

线弹性断裂力学原理和方法在研究和解决脆性断裂方面取得了巨大的成效。然而对于塑性较好的延性材料，裂纹尖端的塑性区尺寸往往较大，以至于超过了“小范围屈服”的条件，此时线弹性断裂力学的理论基础和断裂判据 $K_{\mathrm{I}}=K_{\mathrm{Ic}}$ 已经失效，必须重新建立新的判据，此时需要采用弹塑性断裂力学的理论来解决。由于弹塑性断裂力学处理裂纹体问题比较复杂，目前这部分理论基础和试验方法尚处于发展阶段，远不如线弹性断裂力学完善，但由于它研究的问题更接近于实际，因此发展很快。目前应用最广的是裂纹尖端张开位移（CTOD）理论与 J 积分理论，下面分别介绍。

1. 裂纹尖端张开位移（CTOD）理论

裂纹尖端张开位移的英文是 Crack Tip Opening Displacement，可简写为 CTOD 或 δ。CTOD 理论主要有两种：一种是模型理论，另一种是经验理论。下面就模型理论的主要结论简介如下：

CTOD 的模型理论为了计算大范围屈服条件下的裂纹尖端张开位移，从宏观模型和微观（位错）模型出发，得到的表达式如下

$$\delta=\frac{8\sigma_{\mathrm{YS}}a}{\pi E}\ln\sec\left(\frac{\pi\sigma}{2\sigma_{\mathrm{YS}}}\right) \tag{13-29}$$

式中　σ_{s}——材料的屈服强度。

裂纹尖端的张开位移 δ 和应力 σ、裂纹长度 a 有对应关系。用 δ 就可以描述大范围屈服条件下裂纹尖端的应力-应变场。式（13-29）一般称为 D-M 模型（宏观推导所得），也可称为 BCS 模型（从位错角度出发）。

在裂纹开始扩展的临界条件下

$$\delta_{\mathrm{c}}=\frac{8\sigma_{\mathrm{YS}}a}{\pi E}\ln\sec\left(\frac{\pi\sigma_{\mathrm{c}}}{2\sigma_{\mathrm{YS}}}\right) \tag{13-30}$$

这就是 D-M 模型所给出的 CTOD 表达式，若将式（13-30）进行级数展开，并只取第一项，则可得

$$\delta=\frac{G_{\mathrm{I}}}{\sigma_{\mathrm{YS}}}=\frac{K_{\mathrm{I}}^{2}}{E\sigma_{\mathrm{YS}}} \tag{13-31}$$

式（13-31）为 D-M 模型导出的 δ、K_{I}、G_{I} 的关系式。K_{I}、G_{I} 在临界条件下的 K_{Ic}、G_{Ic} 是材料性能，所以 δ_{c} 也是材料性能。δ_{c} 为那些测量 K_{Ic} 有困难的中、低强度钢提供了依据。

2. J 积分的定义

1968 年，赖斯（J. R. Rice）提出了一个与积分路径无关的能量线积分，即 J 积分，其目的是用来分析缺口或裂纹所引起的应力集中问题。1972 年，有人用试验测定了 Ni-Cr-Mo-V 转子钢和 A533B 压力容器用钢的断裂韧度 J_{Ic}，从而提出了 $J_{\mathrm{I}}=J_{\mathrm{Ic}}$ 可以作为裂纹体弹塑性变形下的断裂准则，用该判据可以预测大范围屈服下裂纹尖端的开裂。下面就对 J 积分的定义、积分的性质以及 J 积分的计算做简要的介绍。

（1）J 积分的定义　弹塑性断裂力学的任务之一就是要提炼一个既能定量描述裂纹尖端应力-应变场的强度，又便于理论计算和试验测定的参量。赖斯从能量守恒出发提出一个严密的，围绕裂纹前缘从裂纹的一侧表面到另一侧表面的能量线积分的数学表达式，用以表征裂纹前缘区域的应力-应变场。

$$J = \oint_{\Gamma} \omega \mathrm{d}y - \frac{\partial \overline{u}}{\partial x} \overline{T} \mathrm{d}s \tag{13-32}$$

此定义的物理意义是：第一项是裂纹体的总应变能（包括了弹性应变能和塑性应变能），第二项是表示张力势能（内力势能），两项之差（即总应变能与势能之差）就表示这个弹塑性体的总位能。对不同材料制成的试样，J 值的大小反映了裂纹尖端所受外界作用的强弱，所以 J 积分就是弹塑性情况下裂纹尖端应力场强弱程度的描述参量。

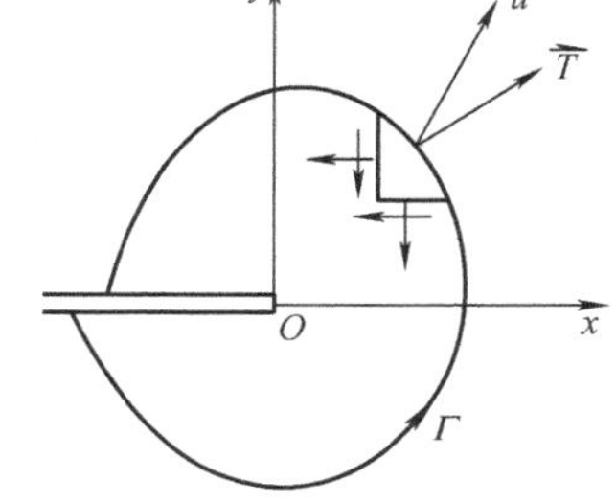

图 13-10　J 积分的定义

（2）J 积分的特点　J 积分有许多特点，其中较重要的如下：

1）J 积分的数值与积分路径无关，即 J 积分路径的选取是任意的。这一特性称为 J 积分守恒性。

2）J 积分可以描述在弹塑性状态下，裂纹前端应力-应变场的奇异性，它相当于线弹性状态下 K_{I} 的作用。

（3）临界 J 积分（J_{Ic}）　由式（13-32）可以推导得到，J 积分就等于能量释放率 G_{I}，即

$$\left.\begin{aligned} J = G_{\mathrm{I}} &= \frac{K_{\mathrm{I}}^2}{E} && （平面应力）\\ J = G_{\mathrm{I}} &= \frac{(1-\nu^2)K_{\mathrm{I}}^2}{E} && （平面应变）\end{aligned}\right\} \tag{13-33}$$

由于 $K_{\mathrm{I}} \geqslant K_{\mathrm{Ic}}$，$G_{\mathrm{I}} \geqslant G_{\mathrm{Ic}}$是线弹性状态下的断裂判据，根据推理，$J \geqslant J_{\mathrm{Ic}}$也是断裂判据。但是在弹塑性状态下利用 $J \geqslant J_{\mathrm{Ic}}$作为断裂判据是否合理，还只能用试验来证明。

应当指出，由于塑性变形不可逆，不允许卸载，而裂纹扩展就意味着部分卸载，故 J 积分原则上不能处理裂纹扩展问题。临界值 J_{Ic}指的是裂纹开始扩展的开裂点，而不是裂纹失稳扩展点。由于在线弹性状态下，$J = G_{\mathrm{I}}$，故 J 积分的量纲与 G 完全相同。

13.1.7　断裂韧度的测试方法

断裂韧度的表征参量较多，因此相应的测试标准也很多，包括线弹性参量和弹塑性参量的测试标准，此外还有专门针对铝合金材料的断裂韧度测试标准（用于材料复验与发布）。自 1970 年美国公布 ASTM E399 “Standard Test Method for Linear-Elastic Plane-Strain Fracture Toughness K_{Ic} of Metallic Materials” 以来，发布的有关金属材料断裂韧度的试验标准就有 10 余种，并在不断完善与更新。我国的国家标准（GB）与航空工业标准（HB）也发布了相关的测试标准。断裂韧度的主要测试标准见表 13-1。

表 13-1 断裂韧度的主要测试标准

序号	标准名称	标准号		
		ASTM	GB	HB
1	金属材料的平面应变断裂韧度试验方法	E399	4164	5142
2	金属材料平面应变山型缺口断裂韧度 K_{IV} 试验方法	E1204	—	—
3	K_{IE}试验方法	E740	7732	5279
4	K_R 曲线试验方法	E561	—	5261
5	J_{Ic}试验方法	E812	2038	—
6	J_R 曲线试验方法	E1152	—	—
7	CTOD 断裂韧度试验方法	E1290	2358	—
8	钢的等效能量法	E992	—	—
9	准静态断裂韧度的统一试验方法	E1820	21143	—
10	铝合金的平面应变断裂韧度试验方法	B645	—	5487
11	铝合金的断裂韧度试验方法	B646	—	—

13.1.8 断裂韧度的测试意义

断裂韧度是材料的基本力学性能，与材料的疲劳裂纹扩展性能一样，是飞机结构损伤容限分析和剩余强度评估的重要基础数据。工程上常用于估算含不同裂纹长度构件所对应的剩余强度，或在预期的工作载荷下，构件能够容许的最大裂纹尺寸，即临界裂纹长度。此外，断裂韧度还常用于疲劳裂纹扩展寿命计算，进而确定构件的安全检查间隔。因此，进行断裂韧度测试的意义如下：

1）通常是材料复验合格的重要性能参数。

2）为材料研制提供依据，如改善材料的损伤容限性能和抗断裂能力。

3）为航空结构选材、损伤容限设计与分析、定寿提供基础的性能数据和依据。

13.2 金属平面应变断裂韧度 K_{Ic}的测定

进行金属材料平面应变断裂韧度 K_{Ic}的试验测试标准主要包括：国家标准（GB）、航空工业标准（HB）和美国材料与试验协会标准（ASTM），具体有 GB 4161—2007《金属材料 平面应变断裂韧度 K_{Ic}试验方法》、HB 5142—1996《金属材料平面应变断裂韧度 K_{Ic}试验方法》、ASTM E399—2012e3《金属材料线性-弹性平面应变断裂韧性 K_{Ic}试验方法》（Standard Test Method for Linear-Elastic Plane-Strain Fracture Toughness K_{Ic} of Metallic Materials）。

13.2.1 试验原理

通过对疲劳预制裂纹试样进行增加载荷的试验直至试样断裂，记录加载过程中的载荷-裂纹嘴张开位移曲线（P-V 曲线）。对试验记录 P-V 曲线的线性部分进行规定的偏离来确定2%的最大表观裂纹扩展量所对应的载荷，根据该载荷及断口测量获得的裂纹长度计算应力强度因子 K_Q，若满足所有的有效性要求（线弹性主导、裂纹尖端处于平面应变状态），K_Q 即为 K_{Ic}。

13.2.2　试样

1. 试样的取向

断裂韧度试验方法中对试样的取样方向有严格的规定，不同取向的断裂韧度值也不相同，尤其是对于各向异性材料更是如此。试样取样方向的选择，通常应依据构件使用时的受载状态而定。一般提供原材料的断裂韧度数据时，提供 L-T、T-L 和 S-L 三个方向的数据。从数据来看，L-T 方向最高，T-L 方向居中，S-L 方向最低。有关试样取样方向的规定和标识详见第 1 章中 1.5.2 节。

2. 试样的形状

通常可以选择带有预制裂纹的三点弯曲 SE(B) 试样、紧凑拉伸 C(T) 试样、C 型拉伸 A(T) 试样、圆形紧凑拉伸 DC(T) 试样进行断裂韧度测试。最常用的试样为三点弯曲 SE(B) 试样和紧凑拉伸 C(T) 试样，其形式分别如图 13-11 和图 13-12 所示。

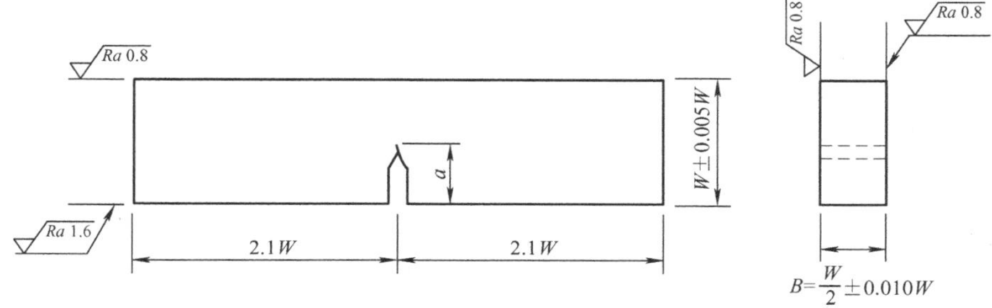

图 13-11　三点弯曲 SE（B）试样的形式

对于紧凑拉伸 C(T) 试样或三点弯曲 SE(B) 试样，侧槽作为光面试样的备选是允许的。图 13-13 所示为侧槽试样截面的示意图。B_N代表了在侧槽根部测量的最小厚度，而总厚度的减小应该不超过 0.25B。通常推荐的减少量是单边 0.1B。开侧槽的角度应小于或等于 90°，侧槽根部的半径应该为（0.5 ± 0.2）mm。侧槽的根部应位于试样中心线上。

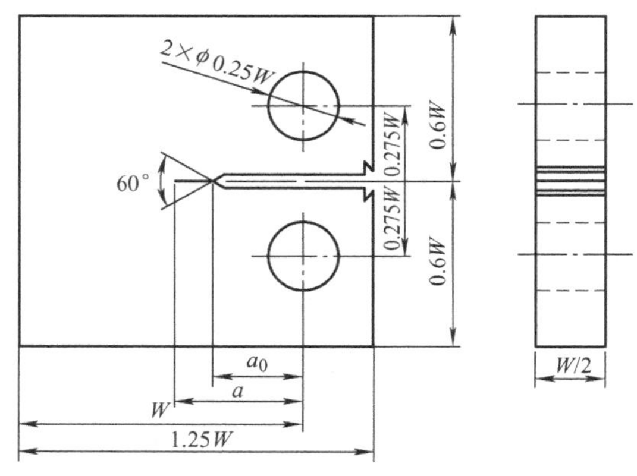

图 13-12　紧凑拉伸 C(T) 试样的形式

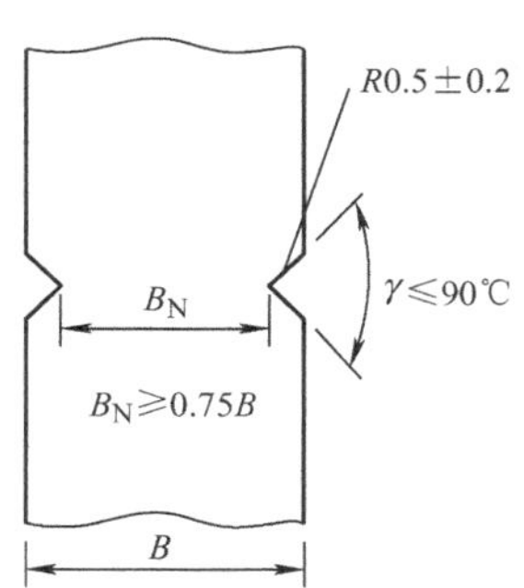

图 13-13　侧槽试样的截面示意图

3. 试样的尺寸

试样的裂纹尺寸 a，通常为（0.45～0.55）W。弯曲试样的宽度 W 与厚度 B 之比可以是 $1 \leqslant W/B \leqslant 4$，拉伸试样为 $2 \leqslant W/B \leqslant 4$。

推荐的标准试样比例：试样厚度 B 名义上为试样宽度 W 的一半（即 $W/B=2$）。同样，裂纹尺寸 a（缺口和疲劳预制裂纹长度之和）应该名义上等于试样宽度 W 的一半（即 $a/W=1/2$）。也可采用 $2 \leqslant W/B \leqslant 4$ 的非标准试样，非标准试样的 a/W 也应控制在0.45～0.55 之间。

为了使断裂韧度的试验测试结果有效，即满足小范围屈服与平面应变的条件，在国内外的试验方法中，通常规定试样的厚度 B 与韧带区要有足够的尺寸，即 $B \geqslant 2.5\,(K_{\mathrm{Ic}}/\sigma_{\mathrm{YS}})^2$，$W-a \geqslant 2.5(K_{\mathrm{Ic}}/\sigma_{\mathrm{YS}})^2$，对于某些高韧性材料，$B$ 在（2.5～5.0）$(K_{\mathrm{Ic}}/\sigma_{\mathrm{YS}})^2$ 之间才能有效。因此，在设计试样时首先应确定试样的厚度 B，当厚度 B 确定后，试样的其他尺寸也随之而定。为了获得有效的 K_{Ic}测量值，试样厚度 B 的最初选择应根据材料估计的最大 K_{Ic}值而定。若试验完一组试样后，经计算不满足 $B \geqslant 2.5(K_{\mathrm{Ic}}/\sigma_{\mathrm{YS}})^2$ 时，则应适当增加试样的厚度及相应试样各部分的尺寸，直到满足厚度及其他有效性判据要求后，才能将试样尺寸 B 确定下来。

4. 试样的制备

所有的试样应该在最终的热处理、机加工和环境状况下进行测试。试样通常应当在最终的热处理状态下进行加工。然而，对于无法在最终热处理状态下加工的试样，最后的处理可以在试样初加工后进行，要充分考虑试样尺寸对由某些热处理过程导致的冶金状态的影响，例如钢的水淬。试样加工时，应注意使最后的磨削刀痕方向垂直于裂纹扩展方向。

试样的引发缺口应在试样热处理后加工，以便能引发出平直的疲劳预裂纹。疲劳裂纹起始缺口和疲劳裂纹外形如图 13-14 所示。为了便于在低应力水平下预制疲劳裂纹，建议直通型缺口根部半径为 0.08mm 或更小，山形缺口根部半径为 0.25mm 或更小。

除非特别规定，所有的断裂韧度试样都必须预制疲劳裂纹，以模拟自然条件下产生的疲劳裂纹源。对于直通型裂纹的起始形式，每一个面上的疲劳裂纹尺寸应不小于 $0.025W$ 或 1.3mm 之中的大者。对于切缝结束于圆孔（$D<W/10$）的形式，应不小于 $0.5D$ 或 1.3mm 之中的大者。对于山形起始形式，仅需出现裂纹即可。裂纹尺寸（裂纹起始缺口加上疲劳裂纹的总尺寸）应为 $0.45W$～$0.55W$。

13.2.3 试验设备

1. 试验机

试验机的静态载荷精度应按标准进行定期校验，并具备载荷与位移规（COD 规）数据自动采集与记录的功能。也可采用计算机数据采集系统或 X-Y 记录仪记录载荷和 COD 值。

2. 试样夹具

夹具的设计应使得在试样的厚度范围内应力均匀分布并且对称于预期的裂纹面。根据试样类型选择相应的试样夹具，C(T) 试样采用 U 形夹具（见图 13-15）进行加载。夹具材料应具有足够的强度和刚性，销钉与销孔间隙的设计应使得摩擦减至最小，销孔应采用三心圆设计。

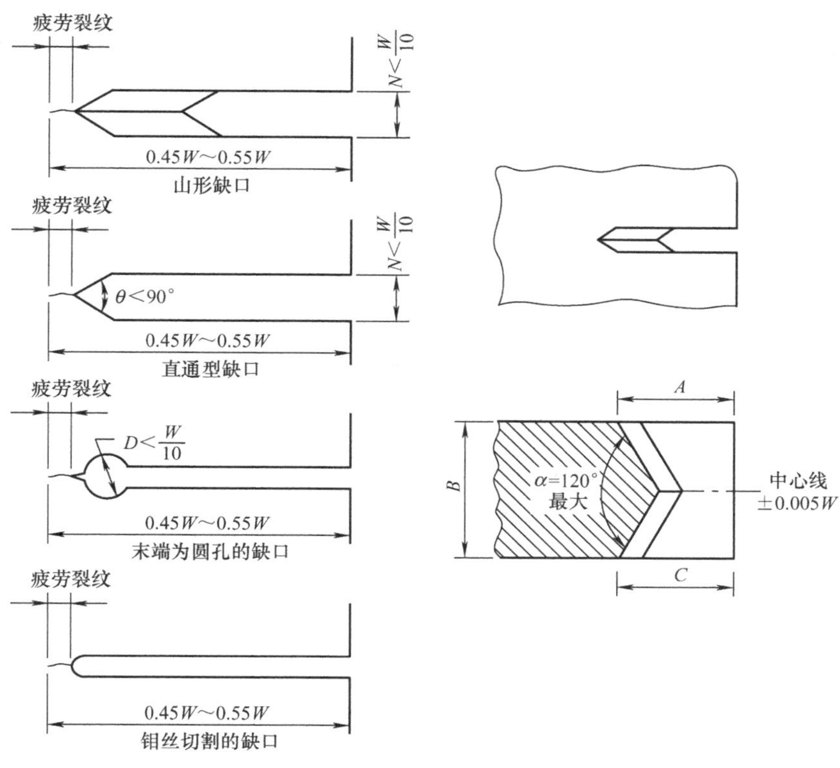

图 13-14　疲劳裂纹起始缺口和疲劳裂纹外形

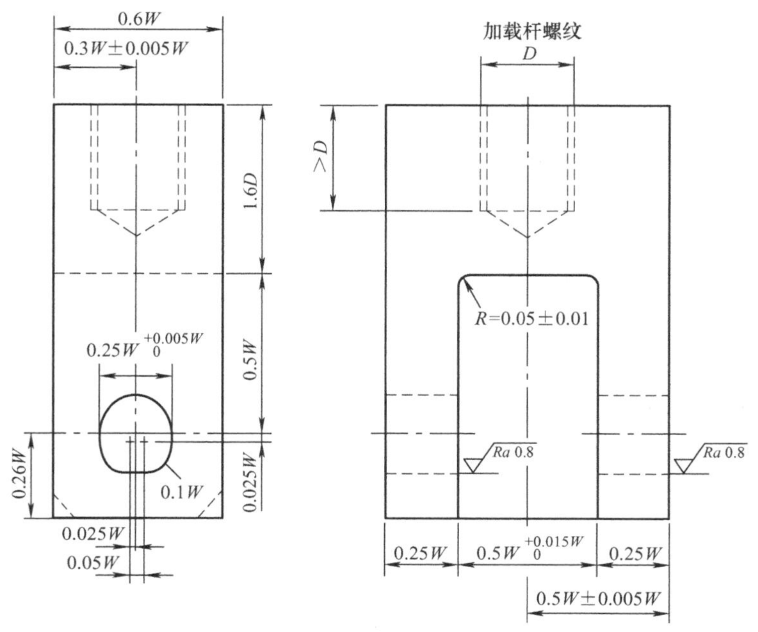

图 13-15　C(T) 试样的 U 形夹具

3. 位移规（COD 规）

位移规即裂纹张开位移规，简称 COD 规。位移规的电输出信号指示裂纹嘴标距间的相对位移（V）。在试样上正确地配置位移规，并且在试样断裂时能够自行脱开。位移规和刀口的设计应使得位移规和试样之间的接触点可以自由转动。图 13-16 所示为一个位移规的推荐设计图，位移规的应变规桥路安排也在图中给出。试样应该提供一对精确加工的刀口来支持位移规的悬臂，并且作为测定裂纹嘴张开位移的参考点。刀口应随着试样整体加工，或者是单独地粘贴在试样上。

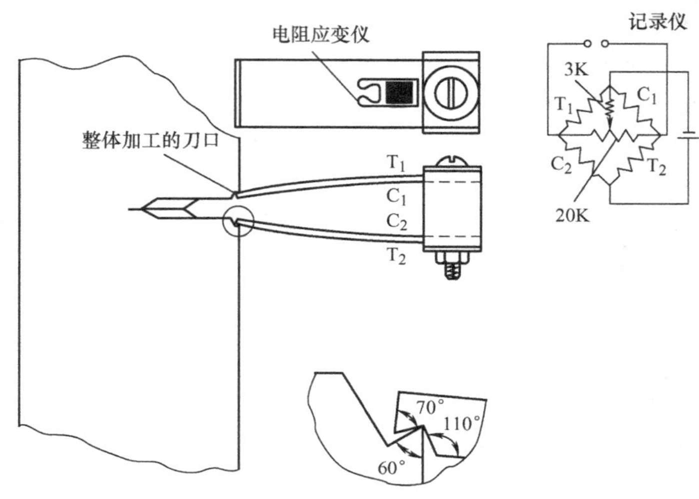

图 13-16　安装在整体刀口上的双悬臂夹式位移规

13.2.4　试验程序

1. 测量试样尺寸

沿着预期的裂纹扩展线，在至少三个等间隔位置上测量厚度 B，测量精度不低于 0.02mm，取三次测量的平均值作为 B。W 的测量与采用的试样有关，测量精度不低于 0.02mm。

2. 预制疲劳裂纹

疲劳预裂的目的是产生一条尖锐的裂纹，消除机械切口末端由于机械加工引起的残余应力，使裂纹尖端塑性区尺寸减至最小，并制造一条尖锐锋利的裂纹尖端。

疲劳预裂纹是对切口试样进行一定数量的循环加载产生的，应力比 R 可以选择为 0.1，循环次数大约为 10^4 左右，取决于试样的几何形状、切口制备和循环应力强度因子水平。应采用至少 2 级应力水平进行试样的疲劳裂纹预制，最大的应力强度因子 K_{max} 在疲劳裂纹扩展的任何阶段不能超过 K_Q 的 80%。最后阶段（裂纹尺寸 a 的 2.5%）疲劳预裂的 K_{max} 也不能超过 K_Q 的 60%。

3. 断裂试验

安装试样和 COD 规，增加载荷直到试样破坏，记录 P-V 曲线和最大的载荷 P_{max}。加载速率应使得最初弹性位移阶段应力强度因子 K 的增加速率在 0.55～2.75MPa · $m^{\frac{1}{2}}$ 范围内。

4. 裂纹长度的测量

测得 P-V 曲线后，可将试样压断或者拉断，用工具显微镜沿厚度方向 0.25B、0.5B、

0.75B 处共三点测量裂纹长度，如图 13-17 所示。并计算这三个点的平均值 a 作为裂纹长度参与应力强度因子的计算。$a=(a_2+a_3+a_4)/3$。a_2、a_3、a_4 中任何两个的差异不能超过平均值 a 的 10%；任何一个表面裂纹尺寸（a_1、a_5）的测量值与平均值 a 相差不能超过 15%，它们之间的差异不能超过 a 的 10%。

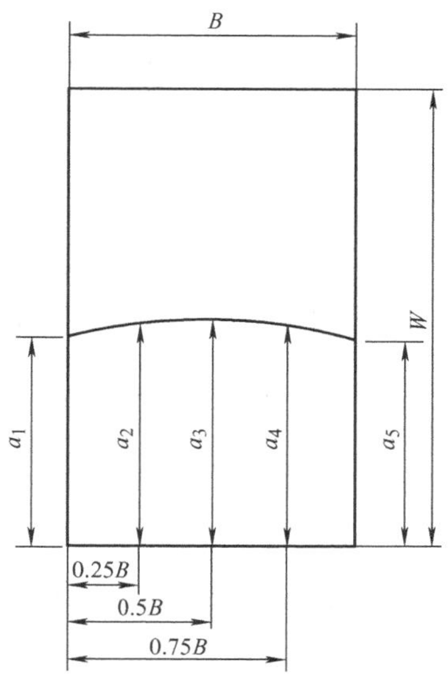

图 13-17　裂纹长度的测量位置

5. 断口形貌的观测

疲劳预裂平面和随后的 2% 裂纹扩展量（中间的平面断裂区域，不包括表面剪切唇）应该平行于起始切口平面，偏差不能超过 ±10°。对于侧槽试样，疲劳预裂和随后 2% 的稳态裂纹扩展量应在侧槽根部以内。

13.2.5　试验数据的处理及表达

1. P-V 曲线的基本类型及 P_Q 值的确定

由于不同材料、不同状态的试样，在进行拉伸断裂试验时，可能出现三种类型的 P-V 曲线，如图 13-18 所示。

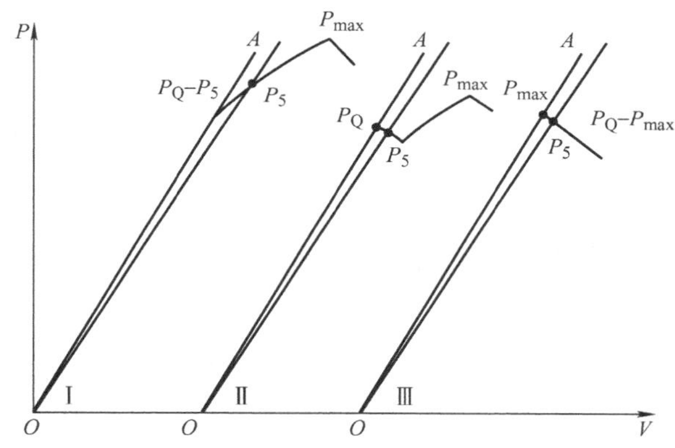

图 13-18　载荷-位移记录曲线的基本类型

根据材料的 P-V 曲线获取 P_Q 值的步骤如下：

（1）过 O 点以 P-V 曲线的线性段作直线 OA，其斜率为 $(P/V)_0$。

（2）画 $(P/V)_5=0.95\ (P/V)_0$ 的割线，与曲线交点所对应的载荷值即定为 P_5。

（3）如果 P_5 以前的 P-V 曲线上各载荷都低于 P_5 值，而且 $P_{max}/P_5 \leqslant 1.1$ 时，则取 $P_5=P_Q$，如图 13-18 中的Ⅰ型曲线。如果在 P_5 以前，有一个超过 P_5 的最大载荷，则取该载荷为 P_Q 值，如图 13-18 中的Ⅱ型和Ⅲ型曲线。

2. 计算 K_Q 值

根据试样的 P_Q 值和裂纹长度 a，按所选的试样类型及其相应的应力强度因子公式计算试样的 K_Q 值。

（1）对于紧凑拉伸试样

$$K_Q=\frac{P_Q}{B\sqrt{W}}\frac{(2+\alpha)}{(1-\alpha)^{3/2}}(0.866+4.64\alpha-13.32\alpha^2+14.72\alpha^3-5.6\alpha^4) \qquad (13\text{-}34)$$

式中　$\alpha = a/W$。

（2）对于三点弯曲试样

$$K_Q = \left(\frac{P_Q S}{BW^{\frac{3}{2}}}\right) f\left(\frac{a}{W}\right) \tag{13-35}$$

式中　S——跨距。

$f(a/W)$——试样几何形状因子，在试验方法中已制成专门的表可以查找。

（3）对于 A(T) 型拉伸试样

$$K_Q = (P_Q/BW^{\frac{1}{2}}) \left\{ \left[\frac{2x}{W} + 1.9 + 1.1\left(\frac{a}{W}\right) \right] \left[1 + 0.25\left(1 - \frac{a}{W}\right)^2 \left(1 - \frac{r_1}{r_2}\right) \right] \right\} f\left(\frac{a}{W}\right) \tag{13-36}$$

（4）对于 DC(T) 圆形紧凑拉伸试样

$$K_Q = [P_Q/(BW^{\frac{1}{2}})] f\left(\frac{a}{W}\right) \tag{13-37}$$

3. 试验数据的有效性判据

计算的 K_Q 值若要成为有效的 $K_{\mathrm{I}c}$值，需要满足以下的有效性判据：

1）$P_{max}/P_Q \leqslant 1.1$。

2）$W-a \geqslant 2.5\ (K_{\mathrm{I}c}/\sigma_{YS})^2$，$B \geqslant 2.5(K_{\mathrm{I}c}/\sigma_{YS})^2$；对某些高强高韧铝合金，$B \geqslant 5.0\ (K_{\mathrm{I}c}/\sigma_{YS})^2$；

如果 P_{max}/P_Q 超过了 1.10，则不是有效的 $K_{\mathrm{I}c}$测试，用户可选择弹塑性的断裂韧度参量进行测试。若 $2.5(K_Q/\sigma_{YS})^2$ 大于试样的厚度 B 和韧度尺寸 $W-a$，可增加试样的厚度重新进行测试。

13.3　金属平面应力断裂韧度 K_c 及 K_R-Δa 曲线的测定

进行金属材料平面应力断裂韧度 $K_{\mathrm{I}c}$的试验测试标准主要包括航空工业标准（HB）和美国材料与试验协会标准（ASTM），具体有 HB 5261—1983《金属板材 K_R 曲线试验方法》、ASTM E561—2015《测定 K-R 曲线的标准试验方法》（Standard Test Method for K-R Curve Determination）。

13.3.1　试验原理

在缓慢-稳态的断裂过程中，裂纹被连续或间歇增加的力或位移驱动向前扩展。而裂纹扩展抗力 K_R 等于施加在裂纹尖端的应力强度因子，它一般会随着裂纹扩展量的增加而上升。K_R 曲线是用应力强度因子表达的材料断裂韧度 K_R 随着有效裂纹扩展量 Δa_e 而变化的曲线。

K_R 曲线的测试是采用带有疲劳裂纹的中心裂纹拉伸 M(T) 试样或紧凑拉伸 C(T) 试样，按规定的加载速率对试样进行加载，记录加载过程中的 P-V 数据与曲线。加载过程中有效裂纹长度的变化 Δa_e 可以通过光学法或柔度法获得，而应力强度因子 K_R 则根据相应的表达式进行计算。对有效的（K_R，Δa_e）数据对进行处理即可获得材料的 K_R 曲线。若最大载荷点处的数据满足有效性判据，则该点的 K_R 值即为材料的 K_c 值。

13.3.2　试样

可采用中心裂纹拉伸 M(T) 试样和紧凑拉伸 C(T) 试样进行 K_R 阻力曲线测试。为了在整个试验测试过程中保持计算的 K_R 值有效，即在施加的载荷及物理裂纹尺寸的作用下裂纹尖端后方的韧带区保持线弹性为主导的条件，试样必须有一定的宽度。而该值可以根据预先估计的材料最大 K_R 值与屈服强度值，经计算给出。

1. M(T) 试样

中心裂纹拉伸 M(T) 试样是一个长方形试样，包含了一个中心切口，在长度方向受拉。试样末端包含一个销轴加载孔或设计成采用多个螺栓加载或楔形加载，如图 13-19 所示。

推荐 M(T) 试样的最小宽度 $W \geqslant 35r_{ymax}$，r_{ymax} 为最大的塑性区尺寸，可将预先估计的材料最大 K_c 值和屈服强度 σ_{YS} 代入式(13-38)计算获得。为了确保裂纹面为均布载荷，采用销轴加载方式的试样长度应不小于 3W。对于宽度大于 300mm 的试样，应采用多个螺栓加载或楔形加载，在这样的情况下，试样长度可放松到 1.5W。

$$r_y = \frac{1}{2\pi}\left(\frac{K}{\sigma_{YS}}\right)^2 \tag{13-38}$$

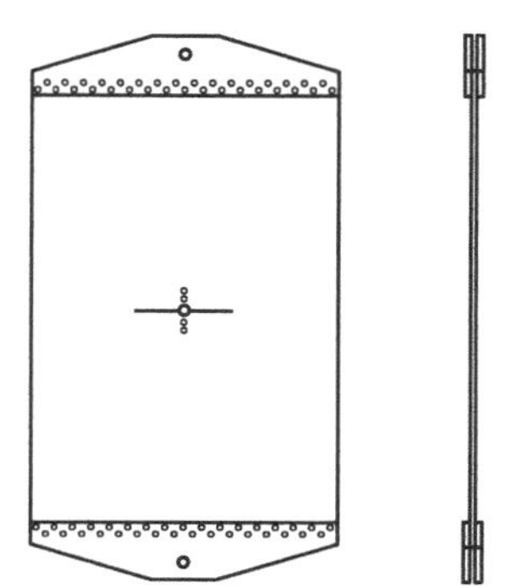

图 13-19　中心裂纹拉伸 M(T) 试样

初始缺口的方向应垂直于拉伸载荷的方向，缺口中心在半宽位置和试样长度的中央。应对试样进行疲劳预裂，缺口后面的疲劳裂纹长度应该不小于 1.3mm，初始裂纹长度 $2a_0$（加工切口 + 疲劳预裂纹长度）应该在 0.25W ~ 0.4W 之间。

2. C(T) 试样

推荐的紧凑拉伸 C(T) 试样如图 13-20 所示，通过 U 形夹具对试样加载。加载孔的尺寸与试样的宽度成比例。推荐 C(T) 试样的最小宽度 $W \geqslant 16r_{ymax}$，r_{ymax} 通过式（13-38）计算获得。C(T) 试样初始的裂纹尺寸 a_0 应该在 0.35W ~ 0.55W 之间。

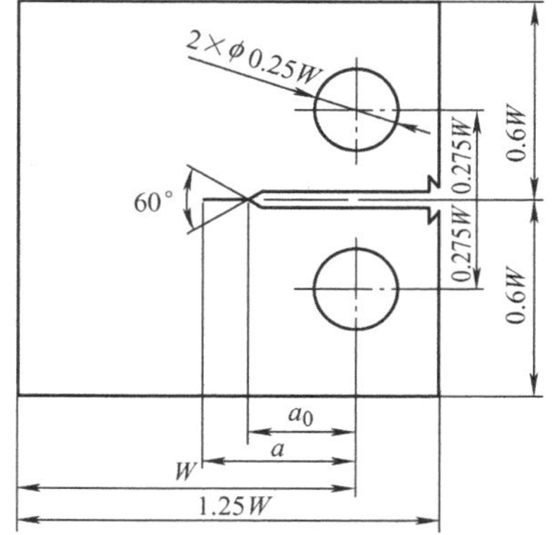

图 13-20　紧凑拉伸 C(T) 试样

13.3.3　试验装置

需要的试验装置包括试验机、试验夹具、位移规（COD 规）、防屈曲装置和其他辅助的装置，如数据采集系统或 X-Y 记录仪，若裂纹长度采用直接测量的方法，还要求增加裂纹观测的装置。关于试验装置的基本要求见 13.2.3 节，不再赘述。

13.3.4　有效裂纹尺寸的获取方法

在 K_R 曲线的测试过程中，需要获取试样在加载过程中的有效裂纹尺寸 a_e，其计算公式为

$$a_e = a_p + r_y \tag{13-39}$$

式中　a_p——物理裂纹尺寸；

r_y——裂纹尖端后方的塑性区的尺寸。

可采用以下两种方法获取试样的有效裂纹长度 a_e。

1）直接测量物理裂纹长度 a_p，然后通过塑性区尺寸修正获得 a_e。

2）通过柔度技术直接获得试样的有效裂纹尺寸 a_e。

试样柔度是试样在测试过程中位移变化与载荷变化的比值（$\Delta V/\Delta P$）。柔度技术利用了试样的弹性变形特点，采用有限元方法或含不同裂纹长度试样柔度的试验测试值发展了不同试样的柔度校核曲线与公式。图 13-21 所示为 M(T) 试样某一厚度下柔度校核曲线示例。

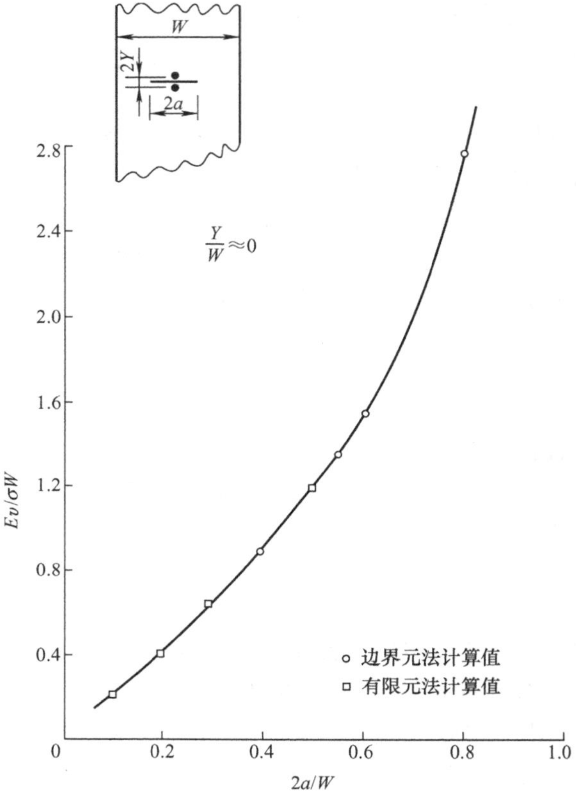

图 13-21　M(T) 试样某一厚度下柔度校核曲线示例

EB（$\Delta V/\Delta P$）作为 M(T) 试样 $2a/W$ 函数的柔度校核曲线方程为

$$EB\left(\frac{\Delta V}{\Delta P}\right)=\frac{2Y}{W}\sqrt{\frac{\pi a/W}{\sin(\pi a/W)}}\left\{\frac{2W}{\pi Y}\operatorname{arcosh}\left[\frac{\cosh(\pi Y/W)}{\cos(\pi a/W)}\right]-\frac{1+\nu}{\sqrt{1+\left[\frac{\sin(\pi a/W)}{\sinh(\pi Y/W)}\right]^2}}+\nu\right\} \tag{13-40}$$

EB（$\Delta V/\Delta P$）作为 C(T) 试样 a/W 函数的柔度校核曲线方程为

$$EB\left(\frac{\Delta V}{\Delta P}\right)=A_0+A_1\left(\frac{a}{W}\right)+A_2\left(\frac{a}{W}\right)^2+A_3\left(\frac{a}{W}\right)^3+A_4\left(\frac{a}{W}\right)^4 \tag{13-41}$$

对于安装在 C(T) 试样裂纹嘴上（0.25W）的位移规，参数 $A_0\sim A_4$ 为

测量位置	A_0	A_1	A_2	A_3	A_4
V_0	120.7	−1065.3	4098.0	−6688.0	4450.5

13.3.5　试验程序

1. 尺寸测量

在切口平面处，从切口末端到试样边缘的两个位置测量试样的厚度 B，精度达到 $\pm 0.5\% B$。测量试样宽度 W，精度达到 $\pm 0.5\% W$。

2. 疲劳预裂

疲劳预裂包括缺口裂纹萌生和裂纹扩展两个阶段。为了避免单一步骤的降载所导致的裂纹扩展迟滞，裂纹扩展阶段应在二级或更多的应力水平下进行。疲劳裂纹扩展量应不小于 1.3mm，且最后一级的裂纹扩展量不小于 0.65mm，循环次数不少于 5×10^3。推荐的 $R=0.1$。允许疲劳预裂与断裂测试采用不同的机器，因为疲劳预裂的最大载荷比 K_R 曲线测试的最大载荷要小很多，小吨位的设备能够施加更高的频率。

3. 断裂试验

安装试样，载荷清零。仔细地对齐试样以消除加载过程中的应力分布不均。如果需要，还必须安装防屈曲装置并检查防屈曲装置的有效性。应尽量采用位移控制来产生 K_R-Δa 曲线数据点。如果液压伺服机器采用应力控制，那么超过最大载荷点后试验设备容易不受控制。

为了保持一个稳定的变形速率，测试机器应该设置加载，使得 P-V 曲线线性部分的应力强度因子变化速率为 $0.55\sim2.75\text{MPa}\cdot\text{m}^{\frac{1}{2}}$，在整个测试过程中都应该采用该速率。

若裂纹长度采用直接测量的方式，对试样施加间歇的载荷或位移，在裂纹稳定后，测量和记录物理裂纹尺寸、载荷及 COD 值。若裂纹长度的测量采用柔度法，可施加连续的载荷，自动采集与记录加载过程中的载荷与 COD 值。图 13-22 所示为典型的 P-$2V$ 曲线。

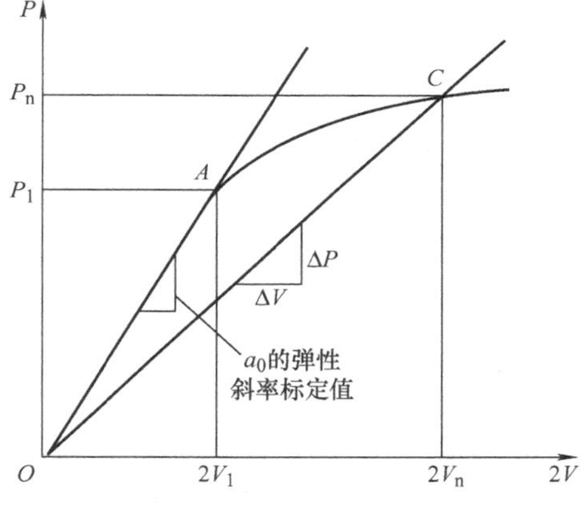

图 13-22　典型的 P-$2V$ 曲线

4. 初始裂纹长度的测量及断口形貌观测

在试样断裂后，通过在裂纹里面的 3 个部位测量裂纹长度并取平均来确定初始裂纹尺寸 a_0，1 个是中心部位，2 个是 1/4 部位。如果试样表面裂纹尺寸的测量值与 a_0 结果之差小于 1%，可用表面裂纹尺寸替代。裂纹尺寸测量应精确到 0.2mm。

当测试材料表现出强烈的各向异性时，裂纹扩展可能会偏离预期的方向。试样的 K 解、弹性柔度关系的准确性会随着裂纹偏移量的增加而减小。因此，标注那些裂纹尖端扩展偏移超过 ±10°的所有数据点。

13.3.6　试验数据的处理及表达

K-R 曲线是绘制裂纹扩展抗力 K_R 随有效裂纹扩展量 Δa_e 而变化的关系曲线。下面将分别介绍采用直接测量物理裂纹尺寸及柔度技术的数据处理过程。

1. 直接测量裂纹物理尺寸的数据处理过程

1）对于直接测量物理裂纹尺寸 a_p 的测试，有效裂纹尺寸 a_e 通过在 a_p 上增加塑性区尺寸 r_y 来确定。

2）对于每一个记录物理裂纹尺寸和载荷的观测点，将物理裂纹长度 a_p 代入到下面相应的应力强度因子计算公式中计算 $K(a_p)$。

M(T)试样：
$$K=\frac{P}{WB}\sqrt{\pi a\sec\left(\frac{\pi a}{W}\right)} \tag{13-42}$$

C(T)试样：
$$K=\frac{P_Q}{B\sqrt{W}}\frac{(2+\alpha)}{(1-\alpha)^{3/2}}(0.866+4.64\alpha-13.32\alpha^2+14.72\alpha^3-5.6\alpha^4) \tag{13-43}$$

3）根据式（13-38）计算塑性区尺寸 r_y。

4）在每一个计算点的物理裂纹长度 a_p 增加 r_y 来确定有效裂纹尺寸 a_e。

5）根据 a_e 并采用适合的方程计算每一个测试点的 K_R。

6）计算 Δa_e：$\Delta a_e=a_e-a_0$。

7）对于每一个观测点计算净截面应力 R_v 的有效准则：对于 M(T) 试样，这是一个净截面应力（采用物理裂纹尺寸）与材料屈服强度的比值；对于 C(T) 试样，这是一个 8 倍塑性区尺寸（采用物理裂纹尺寸）与剩余韧带区尺寸的比值。当 $R_v>1.0$ 时标记为无效数据。

M(T)试样：
$$R_v=\frac{\sigma_{\text{net}}}{\sigma_{\text{YS}}}=\frac{P}{\sigma_{\text{YS}}B(W-2a_p)} \tag{13-44}$$

C(T)试样：
$$R_v=\frac{8r_y}{W-a_p} \tag{13-45}$$

2. 采用柔度技术的数据处理过程

1）根据初始的裂纹尺寸 a_0，P-V 曲线线性部分的斜率 $(\Delta V/\Delta P)_0$ 和适当的柔度计算公式确定有效弹性模量 E_{eff}，检查 E_{eff} 与材料弹性模量 E 的误差是否在10%以内。

2）沿着 P-V 曲线超过线弹性的区域选择一系列（至少 20 个）数据点进行分析。对于每一个分析数据点（V_i，P_i），计算到 CMOD（裂纹嘴张开位移）原点 V_0 的斜率。

3）根据该斜率、试样几何与有效弹性模量 E_{eff}，采用适当的柔度方程计算每一个选择分析点的有效裂纹尺寸 a_e。

4）根据 a_e 与施加在试样上的载荷计算选择分析点的 K_R。

5）计算 Δa_e：$\Delta a_e=a_e-a_0$。

6）计算物理裂纹长度 a_p 和相应的塑性区尺寸，对选择点的数据进行有效性判断。若需要，将有效的 K_R-Δa 数据绘制成 K_R 曲线，如图 13-23 所示。

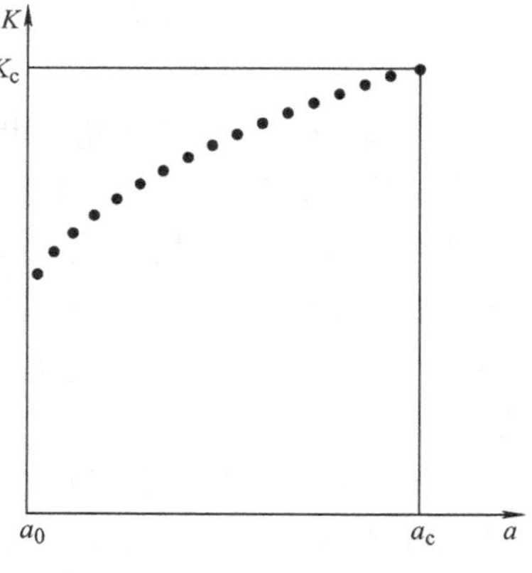

图 13-23 K_R-Δa_i 数据散点图

13.4 金属延性断裂韧度 J_{Ic} 及 J_R-Δa 曲线的测定

进行金属延性断裂韧度 J_{Ic} 与 J_R-Δa 曲线的试验测试标准主要包括国家标准（GB）、国军标（GJB）和美国材料与试验协会标准（ASTM），具体有 GB/T 21143—2014《金属材

料　准静态断裂韧度的统一试验方法》、GJB 2030—1994《高温下金属材料延性断裂韧度 J_{Ic}试验方法》ASTM E1152—1995《测定 J-R 曲线的标准试验方法》（Standard Test Method for Determining J-R Curves）、ASTM E1820—2017《测定断裂韧性的标准试验方法》（Standard Test Method for Measurement of Fracture Toughness）。

13.4.1　试验原理

采用疲劳预制裂纹试样，测定 J 与裂纹扩展量的关系。试验过程中对载荷-施力点位移进行数值采样，或在 X-Y 记录仪上绘制 P-Δ 曲线。将测得的 J 值对裂纹扩展量 Δa 作图，得到 J_{R} 曲线。在规定的裂纹扩展量范围内，至少应有 4 个试验点。用最小二乘法按幂函数关系拟合 J-Δa 曲线。根据材料的有效屈服强度，按规定求出钝化线方程，在 J-Δa 图上作钝化线。偏置 0.2mm 作钝化线的平行线。偏置线与幂函数拟合线交点对应的 J 值记为 J_{Q}，若规定的有效性均满足，则定义 J_{Q} 为 J_{Ic}。

13.4.2　试样

1. 试样形状

采用紧凑拉伸 C(T) 试样进行 J_{R} 曲线测试，试样形状与尺寸如图 13-24 所示。标准试样的 W/B 为 2；a_0/W 为 0.45 ~0.75，宜取 0.6。

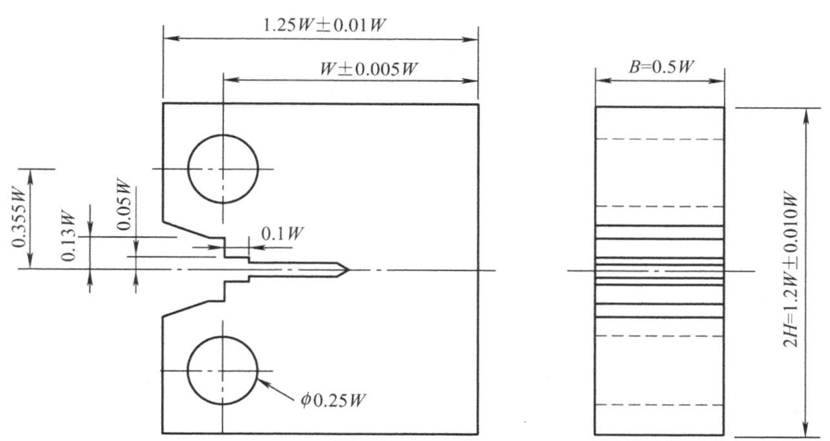

图 13-24　销钉直径为 0.24W 时的紧凑拉伸试样

为获得有效的 J_{Ic}值，标准要求试样的初始韧带尺寸 $W-a_0$、厚度 B 应大于 $25J_{\mathrm{Ic}}/\sigma_{\mathrm{YS}}$。

除 $W/B=2$ 的标准试样外，还可采用 W/B 为其他值的试样，但应满足韧带尺寸和厚度大于 $25J_{\mathrm{Ic}}/\sigma_{\mathrm{YS}}$的要求。为确定试样尺寸，应预先估计材料的 J_{Ic}值。当无法估计材料的 J_{Ic}值时，建议中、低强度钢选用 $B=20$mm 的试样，铝、钛合金选用 $B=15$mm 的试样。对于单试样法，为了满足试样裂纹前缘平直度的要求，可采用带侧槽试样。但需要先预制疲劳裂纹，然后加工侧槽。侧槽的加工深度与材料有关，应通过试验确定。一般情况下，允许的最大侧槽深度（试样两侧侧槽的总深度）应小于原试样厚度的 25%。侧槽夹角应不大于 90°，侧槽根部半径应在 0.2 ~0.6mm 之间。

2. 试样数量

采用多试样法时，每组至少制备7个试样，且预制裂纹长度应尽可能相同。采用单试样法，每组宜制备3个试样。缺口根部半径应小于或等于0.08mm。

3. 疲劳预制裂纹

同一组试样预制疲劳裂纹的长度应尽量一致。疲劳引发裂纹时采用的最大疲劳载荷P_{fmax}应不大于用a_0计算的极限载荷的50%，若未引发出裂纹，则可适当提高P_{fmax}，一旦出现裂纹后，应及时将载荷调整至P_{fmax}不大于$0.5P_L$。

紧凑拉伸试样的极限载荷P_L的计算公式为

$$P_L = \frac{Bb_0^2\sigma_{YS}}{2W + a} \tag{13-46}$$

在疲劳裂纹扩展至最后0.7mm时，最大疲劳载荷应不大于$0.4P_L$，且疲劳载荷幅对应的应力强度因子范围与弹性模量之比$\Delta K/E$应等于或小于$0.005\text{mm}^{1/2}$，取两者之中较小者。

紧凑拉伸试样的应力强调因子范围按式（13-43）计算。实际控制的最大疲劳载荷与预先选定的最大疲劳载荷的偏差应在±5%以内，最小疲劳载荷应不大于$0.1P_{fmax}$，使载荷幅P_{fmax}与P_{fmin}之差不小于$0.9P_{fmax}$。

疲劳预制裂纹的长度不小于a_0的5%，且不小于1.3mm。

13.4.3 试验装置

需要的试验装置包括试验机、试验夹具、COD规和其他辅助装置，如数据采集系统或X-Y记录仪。COD规有两个用途：其一是记录P-Δ曲线下面的面积，用于估算J值；其二是采用弹性柔度法，即通过弹性柔度来推测裂纹扩展量Δa值，所以要求测量有效量程大。关于试验装置的其他基本要求见13.2.3节，不再赘述。

13.4.4 试验程序

为获得J与Δa的关系曲线，可采用多试样法或单试样法。多试样法一般需要7个或更多形状及几何尺寸相同的预制裂纹试样，预制裂纹长度应尽可能相同，分别加载到不同的裂纹扩展量，用工具显微镜在断口上测定裂纹长度，保证合格的试验数据点不少于4个，然后把测得的J与Δa作图，得到J_R曲线。单试样法采用单个试样用弹性柔度或与之相当的其他间接方法求出裂纹长度及扩展量。

1. 试样测量与安装

测量试样尺寸B、W、B_N，精确到0.05mm或测量尺寸的0.5%，取其中之较大者。调整夹头，使上、下加载杆对中。试样应装在夹头的正中。把COD规装在刀口上，并轻轻摇动COD规，检查是否安装稳妥。

2. 多试样法试验程序

1）将试样形状、尺寸相同，初始裂纹长度相近的几个试样加载到预先选定好的不同位移水平，加载速率应使达到$0.4P_L$的时间为1～10min。

2）第一个试样应加载到P-Δ曲线到达最大载荷并刚刚开始下降时卸载。根据记录的P-Δ曲线，估计下一个试样加载终止的位移量。

3）将试样卸载，采用二次疲劳或热着色法勾画出裂纹前缘。对于钢和钛合金可在

300℃或其他温度下热着色 10min，二次疲劳方法的最大疲劳载荷不允许超过卸载点载荷的 90%。

4）将试样拉断或压断，显示裂纹前缘。断口上平坦区边缘为裂纹稳定扩展起点，热着色的终点为裂纹扩展的终了位置。

5）沿裂纹前缘和标记出的裂纹缓慢稳态扩展区的前缘，按图 13-25 所示，在等间隔的九点上测量裂纹尺寸 a_i（$i=1, 2, 3, \cdots, 9$）。测量仪器的精度应不低于 0.025mm。

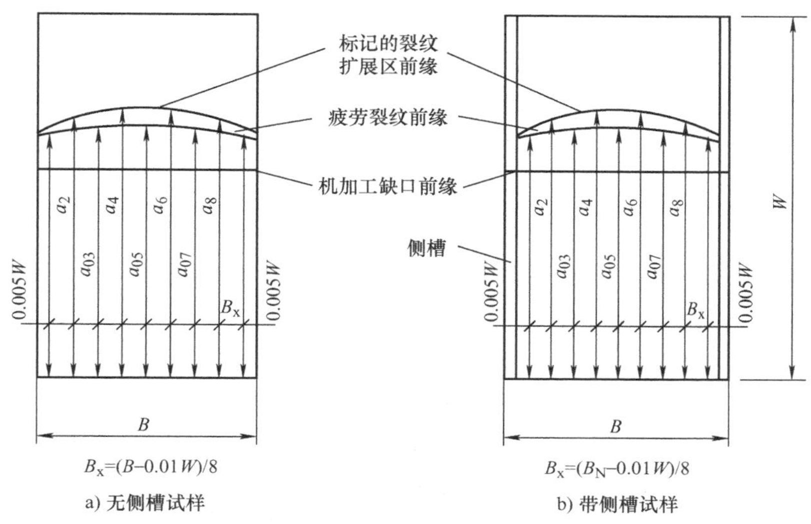

图 13-25　裂纹长度测量

6）将靠近表面的两个测量结果取平均值，再求出它与其余测量结果的平均值，按式（13-47）和式（13-48）计算 a_0 和 a。

$$a_0 = \frac{1}{8}\left(\frac{a_{01} + a_{09}}{2} + \sum_{i=2}^{8} a_{0i}\right) \tag{13-47}$$

$$a = \frac{1}{8}\left(\frac{a_1 + a_9}{2} + \sum_{i=2}^{8} a_i\right) \tag{13-48}$$

7）按式（13-49）计算裂纹扩展量。

$$\Delta a = a - a_0 \tag{13-49}$$

8）确定下一个试样加载的位移值，以便获得合适的裂纹扩展量，重复上述 2）~8），直至得到四个或更多个满足规定的合格数据点为止。

3. 单试样法

单试样法是用一个试样，根据卸载再加载过程中弹性柔度的变化，或用其他方法得到 J_R 曲线。试样加载时，加载速率应为使达到 $0.4P_L$（试验温度下）的时间在 1 ~ 10min 范围内。卸载再加载的速率应低，以能准确估计裂纹长度为准。试验按下述步骤进行：

1）按相应公式和计算方法，根据初始弹性柔度估算初始裂纹长度 a_0，此时，最大载荷应控制在（0.1 ~ 0.4）P_L 范围内。

2）为估算初始裂纹长度 a_0，柔度测量至少应重复三次。a_0 的单次测量值与平均值之差不应大于 $\pm 0.002W$。

3）估算好初始裂纹长度后，将载荷降低，但仍应保持夹具对中。

4）重新将试样加载，并按图 13-26 所示，对试样进行 8 ~10 次卸载再加载试验。

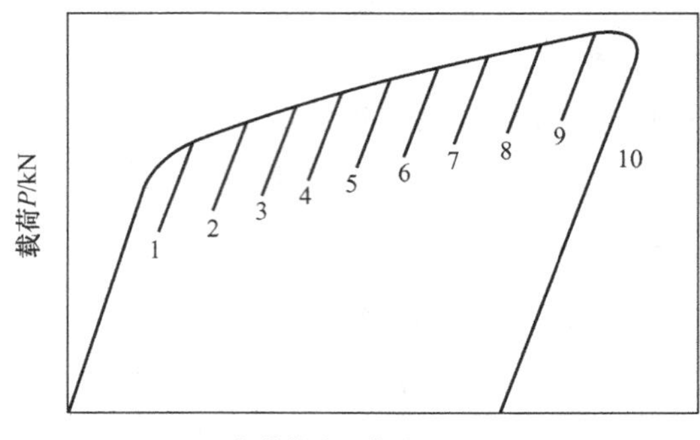

图 13-26　单试样法加载卸载示意图

5）卸载再加载的最大范围应不低于0.2P_L，或不小于当时载荷的50%，取其中较低者。最后一次卸载时，将载荷直接降至零。

6）在开始卸载再加载试验前，将试样在恒位移控制下保持一段时间，以避免有些材料可能因载荷松弛效应而使卸载斜率呈现与时间相关的非线性。

7）卸载再加载的位置应使 J-Δa 图上至少有 4 个数据点满足有效性规定。为此，在裂纹扩展稳定阶段，宜均匀分布 8 个或更多个数据点。

8）卸载后对试样进行热着色，勾画裂纹扩展终止时裂纹前缘。

9）将试样拉断或压断。

10）测量裂纹长度 a_i（i=1，2，3，…，9）。

11）计算裂纹扩展量 Δa。

13.4.5　试验数据的处理及表达

测得 P-Δ 曲线后，用数值积分法或求积法，求出 P-Δ 曲线下的面积 A（见图 13-27），精确到 ±2%，然后按选用的载荷标尺及位移标尺比例，将所测面积换算成能量。

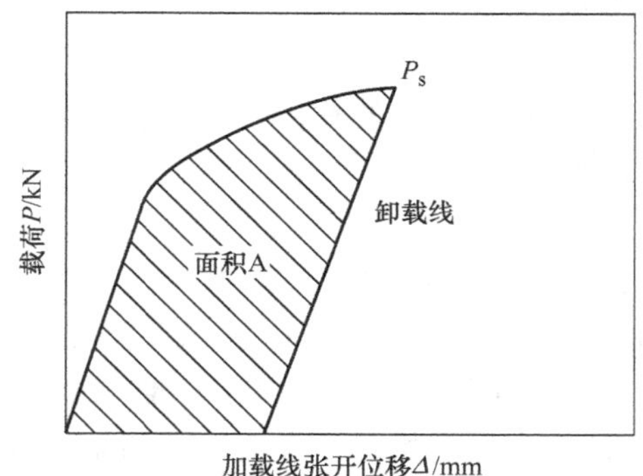

图 13-27　用于计算 J 值的面积

1. 不带侧槽 C(T) 试样的 J 值计算

不带侧槽 C(T) 试样的 J 值按式（13-50）~式（13-54）计算。即

$$J = J_e + J_p \tag{13-50}$$

$$J_e = \frac{1-\nu^2}{E}\left[\frac{P_s}{BW^{1/2}}f\left(\frac{a_0}{W}\right)\right]^2 \tag{13-51}$$

$$J_p = \frac{\eta U_p}{Bb_0} \tag{13-52}$$

$$\eta = 2 + 0.522\frac{b_0}{W} \tag{13-53}$$

$$f\left(\frac{a_0}{W}\right) = \frac{(2+a_0/W)[0.886+4.64a_0/W-13.32(a_0/W)^2+14.72(a_0/W)^3-5.6(a_0/W)^4]}{(1-a_0/W)^{\frac{3}{2}}} \tag{13-54}$$

2. 侧槽 C(T) 试样的 J 值计算

侧槽 C(T) 试样的 J 值按式（13-55）~式(13-57）计算。即

$$J = J_e + J_p \tag{13-55}$$

$$J_e = \frac{1-\nu^2}{E}\left[\frac{P_s}{(BB_N W)^{1/2}}f\left(\frac{a_0}{W}\right)\right]^2 \tag{13-56}$$

$$J_p = \frac{\eta U_p}{B_N b_0} \tag{13-57}$$

3. 单试样法裂纹长度与试样有效弹性模量 E_M 的计算

U_p 所需加载线的柔度，若无直接测量值，可按式（13-58）计算。即

$$C_{iLL} = \frac{1}{EB_e}\left(\frac{W+a_i}{W-a_i}\right)^2[2.1630+12.219(a_i/W)-20.065(a_i/W)^2-0.9925(a_i/W)^3+20.609(a_i/W)^4-9.9314(a_i/W)^5] \tag{13-58}$$

单试样法裂纹长度按式（13-59）~式(13-60）计算。即

$$a_i/W = 1.00196-4.06319U_{LL}+11.242U_{LL}^2-106.043U_{LL}^3+464.335U_{LL}^4-650.667U_{LL}^5 \tag{13-59}$$

$$U_{LL} = \frac{1}{(B_e EC_{iLL})^{\frac{1}{2}}+1} \tag{13-60}$$

为考虑试验中各种不确定因素的影响，可按式（13-61）计算有效弹性模量。若 E_M 与弹性模量 E 之差大于 10%，则试验无效。

$$E_M = \frac{1}{C_{0LL}B_e}\left(\frac{W+a_0}{W-a_0}\right)\left[2.1630+12.219\left(\frac{a_0}{W}\right)-20.065\left(\frac{a_0}{W}\right)^2-0.9925\left(\frac{a_0}{W}\right)^3+20.609\left(\frac{a_0}{W}\right)^4-9.9314\left(\frac{a_0}{W}\right)^5\right] \tag{13-61}$$

当 C(T) 试样在试验中产生很大的塑性变形时，为了精确估计裂纹扩展量，试样的弹

性柔度和裂纹扩展量需要进行转动修正。

4. 挑选合格的数据点

挑选合格的数据点时，采用幂函数 $J = C_1 \Delta a^{C_2}$ 对试验点进行拟合。参加回归分析的数据点应位于规定的界限区内，且分布间隔应满足规定要求。挑选合格数据点的步骤如下：

1）合格数据区为左界线、右界线、上界线和 Δa 轴组成的封闭区，如图 13-28 所示。为得到合格数据区，首先在 J-Δa 图上作钝化线 $J = 2\sigma_{YS}\Delta a$，过 $\Delta a = 0.15$mm 处作钝化线的平行线，得到合格数据区的左界线。过 $J_{max} = b_0\sigma_{YS}/15$ 的点作 Δa 轴的平行线，得到合格数据区的上界线。按下述方法获得合格数据区的右界线：

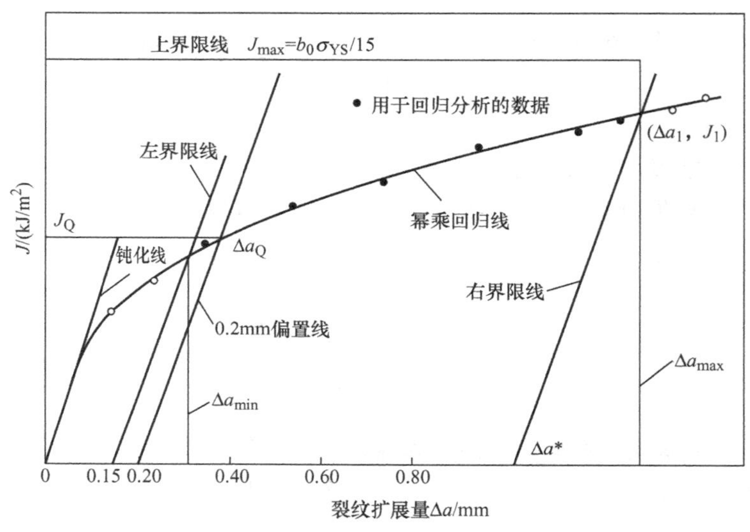

图 13-28　合格数据区的规定

① 根据 P-Δ 曲线上载荷最大值 P_s点，按相应公式计算出相应的裂纹扩展量 Δa_1 及 J 积分值 J_1。

② 在 J-Δa 图上过（Δa_1，J_1）作钝化线的平行线，得到合格数据区的右界线。右界线与 Δa 轴的交点，记为 Δa^*，Δa^* 应在 0.6～1.5mm 之间。

2）规定试验点的分布间隔，如图 13-29 所示，在区域 A 和区域 B 内应有一个数据点，其他的数据点可在合格数据区内任意分布。过 $\Delta a = 0.25$mm、$\Delta a = 0.75\Delta a^*$ 作钝化线的平行线，它们分别与左界线、右界线构成 A 区和 B 区。

5. J_R 曲线处理

用最小二乘法对合格数据按式（13-62）进行线性回归。即

$$\ln J = \ln C_1 + C_2 \ln \Delta a \tag{13-62}$$

在 J-Δa 图上过 0.2mm 处作钝化线的平行线。回归后所得 J_R 曲线与偏置线的交点（见图 13-28）暂定为 J_Q 和 Δa_Q。按式（13-63）和式（13-64）求解 Δa_Q、J_Q。即

$$J = 2\sigma_{FS}(\Delta a - 0.2) \tag{13-63}$$

$$J = C_1 \Delta a^{C_2} \tag{13-64}$$

为求得 J_{Ic}的暂定值 J_Q，还应对幂乘回归数据点进行有效性判断，判断方法如下：

1）过幂乘曲线与左界线、右界线的交点向 Δa 轴作垂线，垂线与 Δa 轴交点分别代表

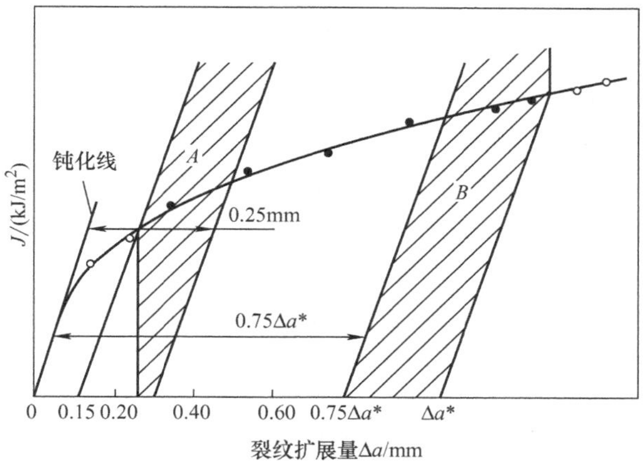

图 13-29　试验数据点分布间隔的规定

Δa_{min}和 Δa_{max}，如图 13-30 所示，图中的斜线区域为有效数据区，凡落在 Δa_{min}和 Δa_{max}区间之外的数据点，即落在$\triangle tuv$ 及$\triangle t'u'v'$内的点均应舍弃；位于 $J_{max}=b_0\sigma_{YS}/15$ 界线以上的数据点也应舍弃。

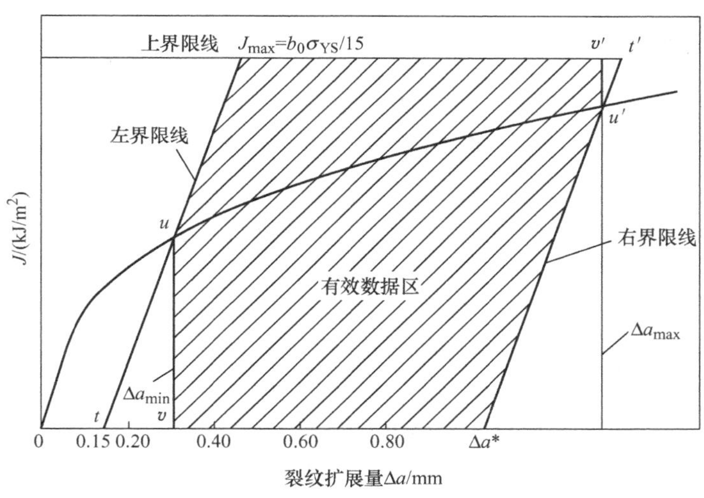

图 13-30　有效数据区的说明

2）在 Δa_{min}和 Δa_{max}与上界限 J_{max}之间，即图 13-30 阴影区内至少要有四个数据点，数据点的间隔应满足相关要求。若在回归分析中所用的数据点不满足该要求，则应采用符合本要求的数据点，重新进行回归分析计算求出新的 J_Q 值。

6. J_Q 值的有效性判据

若 J_Q 满足下列有效性判据，则 J_Q 等于 J_{Ic}。

1）试样厚度 B 大于 $25J_Q/\sigma_{YS}$。

2）试样初始韧带 b_0 大于 $25J_Q/\sigma_{YS}$。

3）幂乘回归线在点（Δa_Q，J_Q）处的斜率 $dJ/d\Delta a$ 小于 σ_{YS}。

4）在试验温度和加载速率下，试样没有呈现脆性解理断裂。

5）裂纹平直度满足以下要求：

① 在断口上测量9个裂纹长度 a_i（$i=1, \cdots, 9$）与计算的裂纹长度 a 之差均小于7%。

② 无侧槽试样或带侧槽试样在近表面（或近侧槽根部）的裂纹扩展量与试样中心（厚度1/2）处的裂纹扩展量之差小于 $0.02W$。

6）在单试样法中，根据最终卸载线用柔度法（或其他方法）求出的裂纹扩展量与断口上测得平均裂纹扩展量应当一致，两者之差满足以下要求：

① 当裂纹扩展量小于 Δa_{max} 时，差值小于 $0.15\Delta a$。

② 当裂纹扩展量大于 Δa_{max} 时，差值不大于 $0.15\Delta a_{max}$。

③ 有效模量 E_M 与 E 之差不大于10%。

*13.5 金属板材表面裂纹断裂韧度 K_{IE} 的测定

进行金属板材表面裂纹断裂韧度 K_{IE} 的试验测试标准主要包括国家标准（GB）、航空工业行业标准（HB）和美国材料与试验协会标准（ASTM），具体有 GB/T 7732—2008《金属材料　表面裂纹拉伸试样断裂韧度试验方法》、ASTM E740—2003《裂缝检测与表面裂纹拉伸试样的标准做法》(Standard Practice for Fracture Testing with Surface-Crack Tension Specimens)。

13.5.1 试验原理

金属板材表面裂纹断裂韧度 K_{IE} 试验方法是采用矩形截面试样，在试样中间的表面上制造一个椭圆形表面裂纹，并在大气环境条件下，将试样在规定的加载速率下进行缓慢加载直至断裂，自动记录 $P\text{-}V$ 曲线，并在 $P\text{-}V$ 曲线上，按规定的取值方法求得 P_Q 值，并代入条件断裂韧度 K_{IQ} 的表达式中，若 K_{IQ} 值满足 K_{IE} 的有效判据，则 $K_{IQ}=K_{IE}$。

13.5.2 试样

推荐采用带有销孔形和直条形试样的形状如图 13-31 所示。

试样的尺寸比例为：

1）对于 $K_{IE}/\sigma_{YS}<1.7$ 的板材，采用 $W/B\geqslant7.0$ 的试样。

2）对于 $K_{IE}/\sigma_{YS}>1.7$ 的板材，采用 $W/B\geqslant9.0$ 的试样。

试样的有效长度与有效宽度的比值 $L/W=1.5\sim2.0$。

表面裂纹试样的取样方向规定如图 13-32 所示。图中 $L\text{-}S$ 表示纵向试样，$T\text{-}S$ 为横向试样。

引发裂纹的制造，通常应在试样热处理后进行，可以先用电火花方法加工一个裂纹深度为 a_0 和裂纹长度为 $2c_0$ 的机械缺口，使 $a_0/B<1/8$，$2c_0/B<1/2$，然后用疲劳试验机预制疲劳裂纹，如图 13-33 所示。并要求引发裂纹的长轴中心线与试样宽度中心线偏差不大于 1%W 或 0.5mm，裂纹源平面应垂直于试样表面的中心线，偏差不应大于10°。

13.5.3 试验装置

可以采用各种形式的拉伸试验机，但必须满足国家有关标准，试验过程中，必须具备自动记录 $P\text{-}V$ 曲线的装置。测量张开位移用 COD 规推荐用针尖式微型 COD 规，如图 13-34 所示。

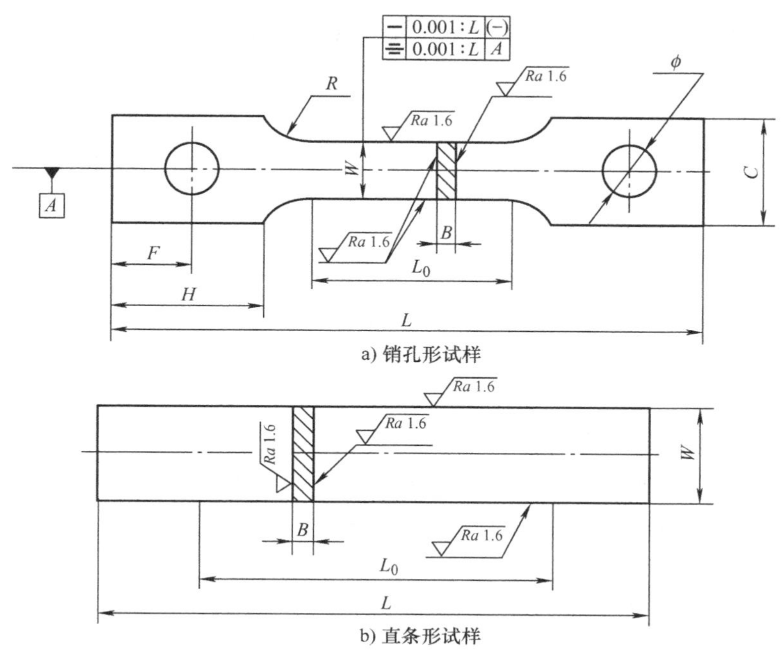

a) 销孔形试样

b) 直条形试样

图 13-31　表面裂纹断裂韧度试样

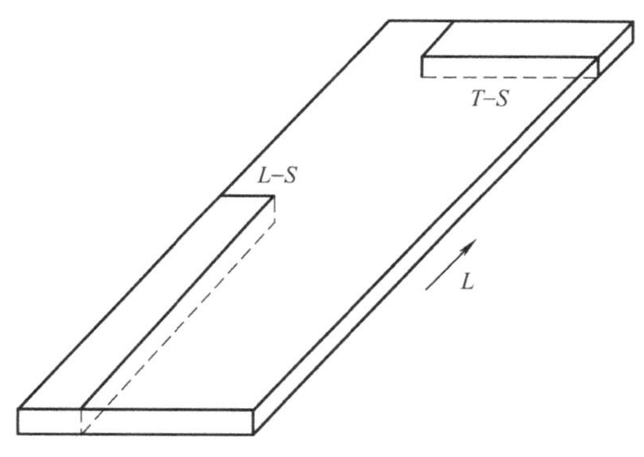

图 13-32　表面裂纹试样的取样方向标记图

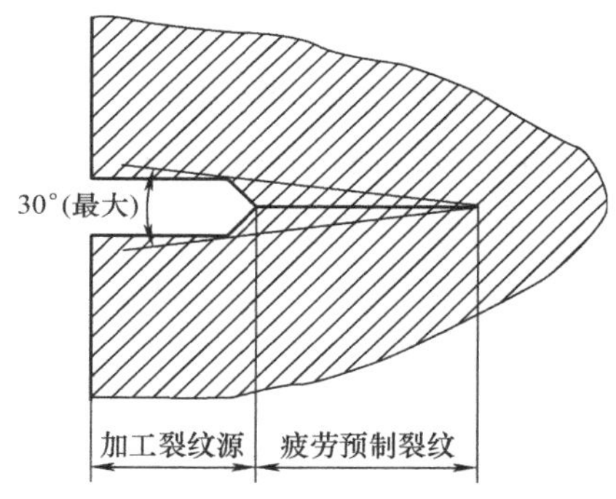

图 13-33　引发裂纹源剖视图

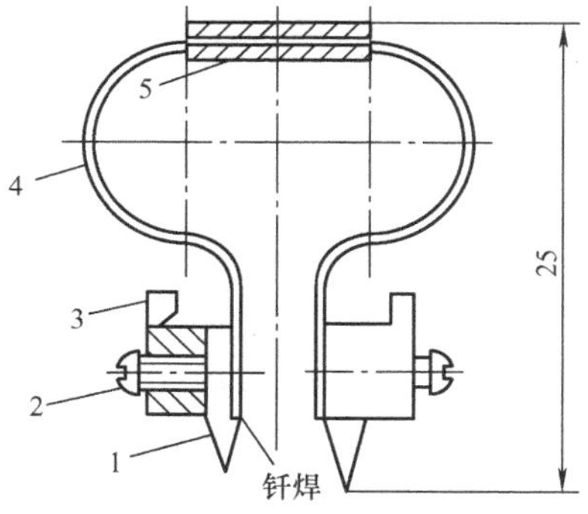

图 13-34　针尖式微型 COD 规

1—钢针　2—螺钉　3—支承块　4—弹性元件　5—应变片

安装此种 COD 规时，应先在试样中心线裂纹两侧对称位置上，压制圆锥形不通孔（表面孔径不大于 0.5mm，深度 0.3mm），孔间距小于 $2a$ 或 4mm，以便安装针尖式微型 COD 规来测量裂纹的张开位移量，即获得 P-V 曲线。

13.5.4　试验程序

1）对试样进行尺寸测量并安装试样。

2）预制椭圆形疲劳裂纹，一般采用三点弯曲加载方式，采用疲劳载荷应力比 $R=0.1\sim0.2$，循环周次约为 10^4 周。最大疲劳载荷 P_{max} 为

$$P_{max}=\alpha B^2 W\sigma_{YS}/(3S) \tag{13-65}$$

式中　S——加载跨距。

裂纹引发阶段，$\alpha=1.0$；裂纹扩展阶段，$\alpha=0.5$。

通常的裂纹扩展量不应小于总裂纹深度扩展量的 $0.25B$ 或 1.0mm，取其小者。一般可以通过表面上的裂纹长度来推算出裂纹深度 a，其经验关系式为

$$\frac{a}{B}+\frac{a}{C}=1.0\pm0.10 \tag{13-66}$$

疲劳预制裂纹后，a/B 和 a/C 应该在 0.45～0.55 范围内，并使得 $W/(2C)\geqslant3.0$。

3）将试样在规定的加载速率下进行缓慢加载直至断裂，自动记录 P-V 曲线。

13.5.5　试验数据的处理与表达

1. 条件载荷 P_Q 值的确定

不同的材料类型与状态下的试样，在进行拉伸试验时，可能会出现以下三种类型的 P-V 曲线，如图 13-35 所示。

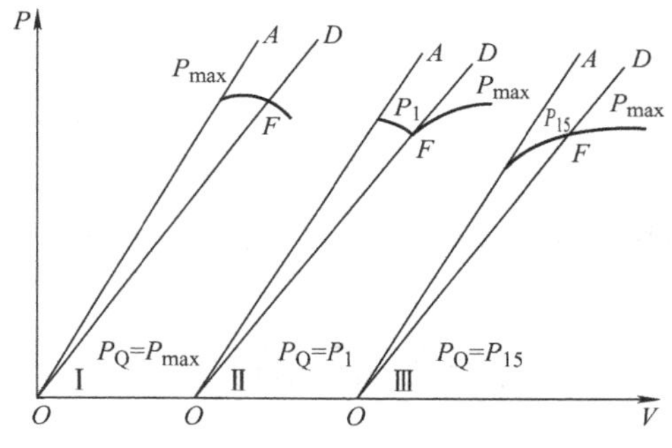

图 13-35　三种典型的 P-V 曲线

图 13-35 中Ⅰ、Ⅱ型曲线的处理是先在 P-V 曲线上，过原点 O 作割线 OD，使其斜率比初始切线 OA 的斜率降低 15%，并与 P-V 曲线相交于 F 点，其对应的载荷为 P_{15}，当 P_{15} 以前所对应的 P_{max}（或 P_1）就是条件起裂载荷 $P_Q=P_{max}$（或 P_1）。

图 13-35 中Ⅲ型曲线，当 P_{15} 前的曲线上任意一点所对应的载荷均低于 P_{15} 时，则 $P_{15}=P_Q$。

2. 裂纹长度 a 的测量

在试样拉断后，在裂纹平面上，对称轴线及其两侧各 $0.1C$ 处的三个间隔相同的三个位置上测得 $(a_2+a_3+a_4)/3=a$，即为 a 的平均值。

3. 条件断裂韧度 K_{IQ} 的计算

表面裂纹拉伸试样的条件断裂韧度 K_{IQ} 的计算表达式为

$$K_{IQ}=(M/\Phi)\sigma\sqrt{\pi a} \tag{13-67}$$

式中，M/Φ 值按下面的公式或在标准中查表求出

$$M=\left[1.13-0.09\left(\frac{a}{C}\right)\right]+\left(0.54+\frac{0.89}{0.2+a/C}\right)\left(\frac{a}{B}\right)^2+\left[0.5-\frac{1.0}{0.65+a/C}+14\left(1.0-\frac{a}{C}\right)^{24}\right]\left(\frac{a}{B}\right)^4 \tag{13-68}$$

$$\Phi^2=1+1.646\left(\frac{a}{C}\right)^{1.65} \tag{13-69}$$

$$\sigma=P_Q/(BW) \tag{13-70}$$

4. K_{IQ} 的有效性条件

K_{IQ} 的有效性条件为

$$\begin{gathered}P_{max}/P_Q\leqslant 1.2\\ a\geqslant 0.5(K_{IQ}/\sigma_{FS})^2\\ (B-a)\geqslant 0.5(K_{IQ}/\sigma_{FS})^2\end{gathered} \tag{13-71}$$

若满足上述条件，则 $K_{IQ}=K_{IE}$（B），即在某一个厚度下的 K_{IE} 值。当测定材料的 K_{IE} 值时，应采用一组不同厚度的板材，测得 $K_{IE}(B)$-B 曲线，当 K_{IE}（B）不随板厚变化时，即该值为材料的表面裂纹断裂断裂韧度 K_{IE} 值。

思　考　题

1. 简述断裂韧度的概念与意义。其主要表征参量有哪些？
2. 有哪三种基本的裂纹形式？其中最典型、最危险的是哪一种？
3. 简述小范围屈服和应力强度因子 K 的概念。
4. 何谓裂纹扩展的能量率 G？
5. 什么是平面应力、平面应变与过渡状态？怎么区分？
6. 断裂韧度的影响因素有哪些？简述其随试样厚度的变化规律。
7. 简述断裂韧度 K_{Ic}、K_R、K_c、K_{app} 分别代表的含义。
8. 简述平面应变断裂韧度 K_{Ic} 的测试原理与方法。
9. 简述平面应力断裂韧度 K_R 曲线的测试原理与方法，以及 K_c 与 K_{app} 值的含义。
10. 简述弹塑性断裂韧度 J_R 曲线的测试原理与方法。

第 14 章　金属的疲劳裂纹扩展速率试验

随着飞机结构设计思想的发展以及损伤容限设计理念的出现，金属疲劳裂纹的形成和扩展受到了极大关注。现代损伤容限疲劳设计方法的前提：实际工程构件不可避免地存在裂纹，此裂纹在循环载荷下扩展至发生突然失效需经历一段稳态扩展期，且此期间的裂纹扩展量足够大。若能有效掌握并控制材料在此阶段的疲劳裂纹扩展行为特性，将显著提高材料的应用前景和飞机寿命估算的准确性。因此研究带裂纹结构在外加应力、裂纹长度及构件几何等条件下的疲劳裂纹扩展速率，以及平均应力、试验频率与环境条件等因素对裂纹扩展速率机制的影响，具有重要的工程应用需求与科学理论价值。目前，在航空等重要军事工程领域，材料的疲劳裂纹扩展性能已经成为设计、选材、寿命估算的关键性能指标之一。一般而言，研究疲劳裂纹扩展机理、建立疲劳裂纹扩展表征模型、发展疲劳裂纹扩展测试技术、测试材料疲劳裂纹扩展性能数据是进行现代飞机结构损伤容限设计所涉及的主要内容。

14.1　疲劳裂纹的形成与扩展

14.1.1　疲劳破坏的特点

对实际工程结构而言，总是会不可避免地存在初始损伤（或缺陷），虽然在使用前期不会产生断裂，但是对于绝大多数工程结构在服役期间都要长期承受循环交变载荷（见图 14-1），在此类载荷作用下，结构中的初始损伤将会缓慢增长。一旦外加载荷与裂纹长度的组合使得裂纹驱动力 K 值达到其临界值 K_c（或 K_{Ic}），结构就会失效断裂。从初始损伤扩展到临界裂纹长度 a_c（即结构断裂时的裂纹长度）所经历的载荷循环次数，称为结构的疲劳裂纹扩展寿命 N。为了准确地预测构件的疲劳寿命，首先需对带裂纹体在各种循环载荷作用下裂纹的扩展规律进行研究。

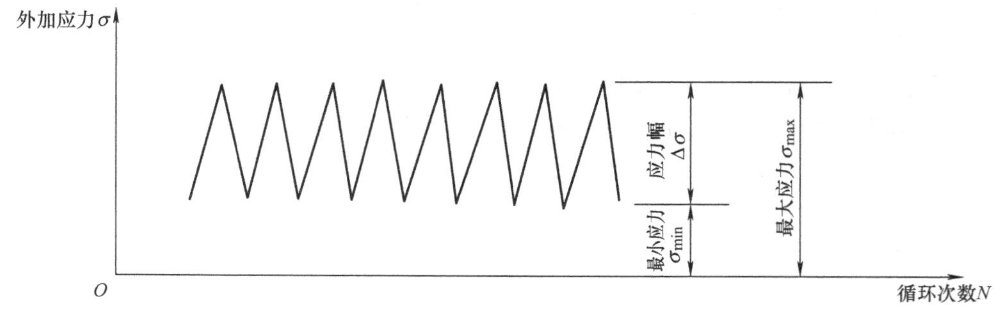

图 14-1　工程结构承受的循环交变载荷

对于没有宏观裂纹的构件，在循环交变应力的反复作用下，也可能萌生出微裂纹并最终扩展至断裂。因此，疲劳破坏时的应力远比静载荷破坏时的应力低，且构件一般都无明显塑性变形，这对于工程结构而言，具有很大的突发性和危害性，有时甚至会造成灾难性的事故。

在现代飞机结构设计中，按照 GJB776—1989《军用飞机损伤容限要求》的规定：在所有飞机构件内，均假设存在初始缺陷或裂纹；在规定的使用期内，直至裂纹检出前，这些裂纹不应扩展到临界尺寸，并且结构仍需具备足够的剩余强度载荷。因此，在飞机设计阶段，对飞机结构关键部位进行疲劳裂纹扩展行为分析和预测是十分必要的。

14.1.2　疲劳裂纹的形成和断裂过程

疲劳裂纹的形成、扩展和断裂过程比较复杂，受很多因素影响，但是其发展过程大致可分为以下四个阶段。

（1）疲劳裂纹形核阶段　对于一个无裂纹或无明显缺陷的光滑试样，在交变应力作用下，虽然外加应力不超过材料的屈服极限，但由于材料组织结构的不均匀性，在试样的表面局部区域仍然能产生不可逆的塑性滑移。经过多次反复的循环滑移，将在金属表面产生挤出和挤入的滑移带，并进而导致造成微裂纹形核。

（2）微观裂纹扩展阶段　一旦微观裂纹形核，它就会沿着滑移面扩展，该滑移面是与主应力轴成45°的切应力作用面（如图 14-2 中第Ⅰ阶段所示）。此阶段的扩展深度很浅，只扩展至表面以里大约十几微米，且不是单一的裂纹，而是会有众多沿滑移带发展的微裂纹。此阶段称为疲劳裂纹扩展的第Ⅰ阶段。

（3）宏观裂纹扩展阶段　在此扩展阶段，裂纹扩展方向与拉应力垂直，且为单一裂纹扩展（如图 14-2 中第Ⅱ阶段所示）。一般认为在裂纹长度 $0.1\text{mm} \leqslant a \leqslant a_c$ 范围内的扩展为宏观裂纹扩展阶段，又称为疲劳裂纹扩展的第Ⅱ阶段。裂纹在此阶段的扩展过程是裂纹顶端区域金属在切应力作用下发生反复塑性变形的过程。

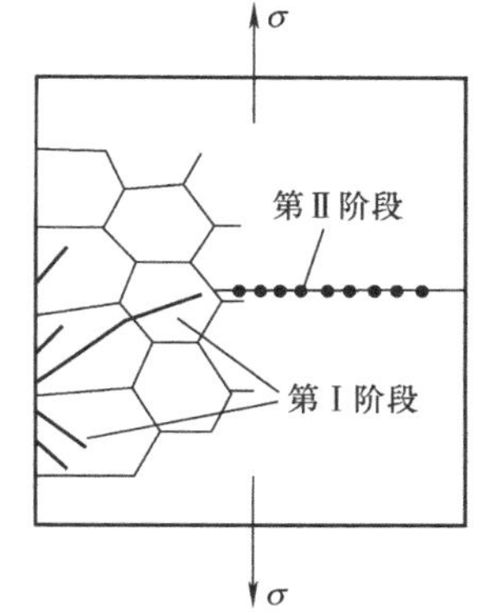

图 14-2　疲劳裂纹扩展过程

（4）断裂阶段　当裂纹扩展至临界尺寸 a_c 时，产生失稳扩展而很快断裂。

以上是无初始宏观裂纹的光滑试样的典型疲劳裂纹扩展至断裂的过程。对于有初始宏观裂纹的结构，主要是宏观裂纹扩展阶段。目前，关于宏观裂纹最小尺寸的规定很不统一，各阶段的划分也不一致。工程上从应用方便出发，一般规定宏观裂纹的最小尺寸 $a=0.1\sim0.2\text{mm}$（也有规定长为 $0.2\sim0.5\text{mm}$、深为 0.15mm 的表面裂纹），在此裂纹长度之前的扩展为疲劳裂纹形成阶段，对应的应力循环次数称为裂纹形成寿命，以 N_0 表示；在其之后的扩展为疲劳裂纹扩展阶段，所对应的循环次数为裂纹扩展寿命，以 N_p 表示。

*14.1.3　疲劳裂纹萌生机制

从材料的织构角度而言，微观裂纹常萌生于：晶体内的驻留滑移带（PSB），材料表面的挤出侵入物根部处，材料内部的晶界、孪晶界、夹杂、微观结构或成分的不均匀区，以及微观或宏观的应力集中部位。各种不同的萌生观点对应于不同的萌生机制，这里重点介绍在驻留滑移带、挤出脊和侵入沟、晶界及非金属夹杂物处微观疲劳裂纹的萌生机制。

1. 驻留滑移带

驻留滑移带（PSB）存在于晶体内部。对单晶体延性材料而言，驻留滑移带能够贯穿整个晶体，且其携带的应变在宏观上是可逆的，但是滑移带中的位移不是对称反向的，这导致滑移台阶的形成，并使得滑移带中产生粗糙的形貌，这些都大大增加了裂纹形核的概率。目前普遍认为，形成 PSB 是单晶体产生疲劳裂纹的先决条件。而对于多晶体延性材料，驻留滑移带同样形成于晶体内部，只是 PSB 所产生的滑移被限制在各个晶粒之内。在表面晶粒中，PSB 的形成使得材料被大量转移（即下述的挤出侵入物），使材料表面变得粗糙，从而萌生裂纹；但对于内部晶粒，由于周围基体对它们有约束，因而并不会发生这种转移现象。

在材料的细观层面上，延性金属的疲劳裂纹形核可分为两个阶段。第一阶段，在交变应力作用下，金属表面局部区域出现滑移线，这意味着这些滑移线（滑移面）携带的位错源所产生的位错受到阻碍，形成了位错塞积，使得位错源停止工作，此时金属呈现加工硬化现象。第二段阶，滑移带变宽，形成驻留滑移带。此过程可用图 14-3 所示的位错滑移模型来解释。在交变应力作用下，两条细滑移线下的螺位错能使滑移面发生交叉滑移，于是异号位错在交叉滑移面上相遇并相互湮灭，这种位错的湮灭形成了空位（包括空位偶极子和间隙性偶极子），空位的出现使得原滑移面上的位错源 S_1、S_2、S_3 等重新被激活，使位错继续增殖，滑移线便得到发展增长，从而使滑移带向两侧不断加宽加深，形成驻留滑移带并发展成微裂纹。

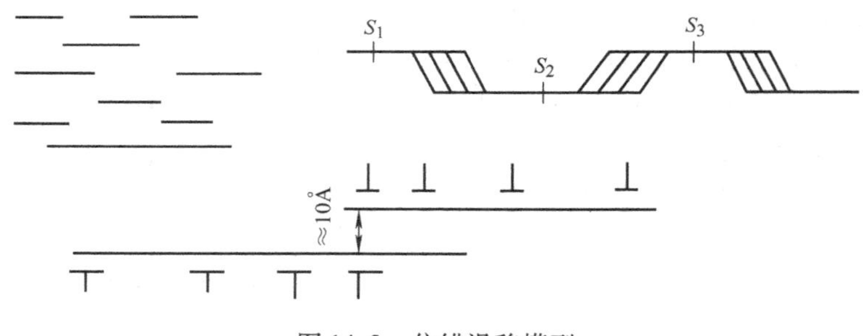

图 14-3　位错滑移模型

简言之，裂纹之所以会在驻留滑移带处萌生，是因为 PSB 和基体间的界面是一个不连续面，在此面的两侧位错密度和分布会有个突变，因而，很容易在此界面处萌生裂纹，众多的试验已经直接给出了微观裂纹在此界面处萌生的证据。

2. 挤出侵入物

延性金属材料的挤出侵入物总是与 PSB 密切相关的，PSB 的不可逆性能够导致材料在表面处的挤出侵入，并在材料表面形成峰谷，而微观裂纹常常萌生于这些谷的根部。从宏观上看，这种挤出侵入使得材料表面变得粗糙，增加了裂纹形成概率。

挤出脊和侵入沟形成模型如图 14-4 所示，它以交叉滑移为前提。在每个应力循环的前半周内，两个取向不同的滑移面上的位错源交替激活，后半周内又交替地沿两个滑移面的相反方向激活，从而形成挤出脊和侵入沟。随着应力的不断循环，挤出脊高度和侵入沟的深度不断增加。研究表明，挤出脊用电解抛光和腐蚀法去掉后，可以看到裂纹，说明在形成挤出脊的同时，试样内部相应部位就产生了空洞片——侵入沟本身就可视为裂纹。如用电解抛光

方法去除材料表面的粗糙形貌（挤出脊和侵入沟）可使疲劳总寿命急剧提高，这也进一步说明了材料的表面几何形态对材料的疲劳寿命有决定性作用。

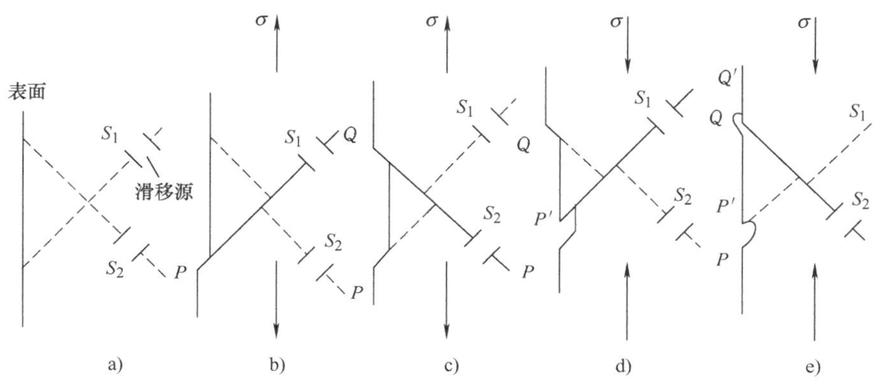

图 14-4 挤出脊和侵入沟形成模型

3. 晶界及非金属夹杂物

当滑移带穿过晶界时，由于各晶粒的取向不同，使滑移带方向改变并常常终止在晶界处。因此，会在晶界处造成高应力区，在交变应力作用下，滑移带在晶界处引起的变形不断增加，内应力也不断增高，致使在晶界处产生微裂纹。另外，金属的孪晶界处易形成挤出脊或侵入沟，所以也是产生疲劳裂纹的核心处。

对于工业合金，疲劳裂纹的形核主要地点包括孔洞、熔渣、气泡夹杂等微观组织结构和化学成分的不均匀区，萌生位置既可能是近表面，也可能是内部区域。在这些缺陷部位萌生微裂纹的机制与诸多力学因素、微观组织结构因素和环境因素有关。这些因素涉及基体的滑移特征、基体与缺陷的相对强度、基体与夹杂物界面的强度，以及基体与夹杂物在腐蚀环境中对于腐蚀的相对敏感性。一般情况下，在交变应力作用下，夹杂物附近会产生严重的不均匀滑移，造成位错的堵塞，进而形成显著的局部应力集中，并在夹杂物附近形成疲劳源，从而降低了工业合金的疲劳强度和疲劳寿命。

14.1.4 疲劳裂纹扩展的微观特征

疲劳裂纹的扩展是一个不连续过程，一般分为两个阶段（见图 14-2）。第Ⅰ阶段是从微裂纹源开始，沿最大切应力方向（与主应力方向成 45°）的晶面向前扩展；第Ⅱ阶段是裂纹沿垂直于最大拉应力方向扩展，直到失稳断裂的过程。以下分别介绍这两个扩展阶段的微观特征。

1. 疲劳裂纹扩展的第Ⅰ阶段微观特征

在第Ⅰ扩展阶段内裂纹扩展速率很低，每个循环的扩展量约为 0.1μm 数量级，扩展深度为 2～5 个晶粒直径。此阶段在疲劳总寿命中所占比例随应力幅值 σ_a 的高低而异。σ_a 越高，其所占比例越小；反之，则所占比例越大。

延性金属材料在第Ⅰ阶段的扩展，可以认为是在裂纹顶端区域的滑移带内发生急剧局部变形的过程。在此过程中，材料通过剪切脱粘形成了新的裂纹面。裂纹和裂纹顶端塑性变形区仅局限在几个晶粒直径范围内，裂纹主要沿滑移系方向以纯剪切方式扩展；扩展过程为纯滑移机制；裂纹扩展路径呈“Z”字形。在此阶段，由于扩展量很小，因此微观断口上无显著特征，无疲劳条带。宏观断口呈锯齿形或解理小平面，无明显宏微观塑性变形。在某些情况下，甚至可能分不出疲劳裂纹扩展的第Ⅰ阶段。

在此扩展阶段，在交变应力作用下，滑移沿某些特定滑移面反复滑移，不断地积累塑性变形并导致滑移面断裂，从而产生新表面，裂纹也向前扩展，其扩展模型如图 14-5 所示。这个阶段的裂纹扩展模型有两种。一种为塑性钝化模型，如图 14-5a 所示，该模型适用于产生波纹状滑移的材料。另一种为位移模型，如图 14-5b 所示，该模型适用于产生平面状滑移的材料。这两种模型都以塑性变形为基础，但这里不对其细节进行介绍。

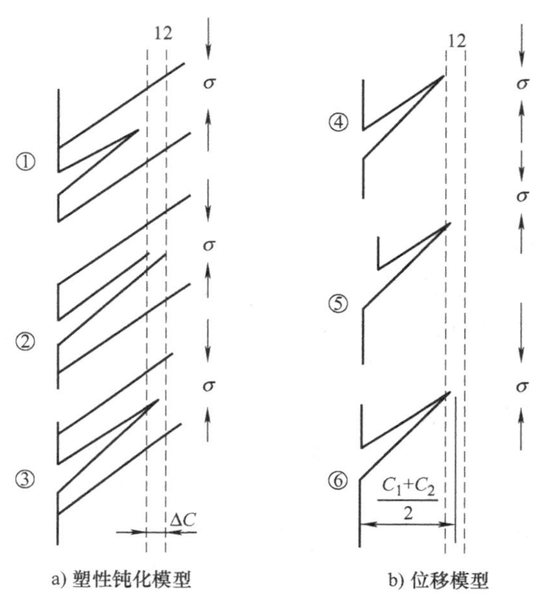

图 14-5　疲劳裂纹扩展第Ⅰ阶段的两种模型

2. 疲劳裂纹扩展的第Ⅱ阶段微观特征

在第Ⅱ扩展阶段内，应力强度因子幅较高，裂纹顶端塑性区跨越多个晶粒，裂纹沿两个滑移系统同时或交替进行扩展。扩展过程以双滑移机制为主导。此阶段裂纹扩展方向与最大拉应力垂直，裂纹且为穿晶进行，同时其扩展速率较也明显高于第Ⅰ阶段。

第Ⅱ阶段疲劳裂纹扩展过程如图 14-6 所示。图 14-6 中左侧的曲线表示交变应力的变化，右侧则为对应的在该扩展阶段裂纹的断面图。图 14-6a 表示交变应力为零时，裂纹呈闭合状态。图 14-6b 表示受拉应力时，裂纹张开，裂纹尖端处由于存在应力集中而沿 45°方向发生滑移。图 14-6c 表示拉应力达到最大值时，滑移区扩大，裂纹尖端变为半圆形，并发生钝化，裂纹停止扩展（这种由于塑性变形使裂纹尖端应力得到松弛并降低应力集中减小，从而使得滑移停止、裂纹停止扩展的过程称为“塑性钝化”现象）。图 14-6 中两个同向箭头表示滑移方向，且该两箭头间距变大，表示滑移区扩大。图 14-6d 表示交变应力为压应力时，滑移沿相反方向进行，原裂纹和新裂纹的裂纹表面被迫近，裂纹尖端被弯折成一对耳状切口。这一耳状切口又为下一次循环裂纹沿 45°方向滑移准备了应力集中条件。图 14-6e 表示压应力达到最大值时裂纹表面被压合，裂纹尖端又由钝变锐，形成

一对尖角。可见，应力每循环一周，裂纹形状就完成一次由锐化→钝化→锐化的过程，相应地，在断口上便留下一条痕迹（该痕迹称为“疲劳条带”，在结构件断口上通常能够看到），裂纹也随之向前扩展一个条带的距离。如此反复进行，不断形成新的条带，裂纹也不断向前扩展。

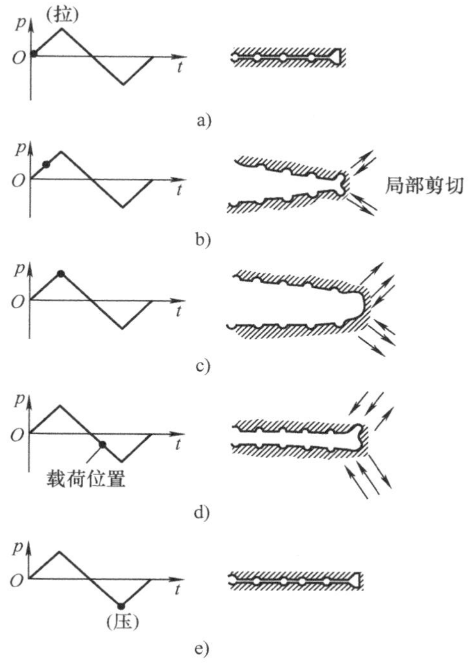

图 14-6　疲劳裂纹第Ⅱ阶段的扩展机制示意图

疲劳条带是疲劳断口最典型的微观特征，根据断口上的疲劳条纹间距，可以研究疲劳裂纹扩展速率与各物理量间的变化规律，分析断裂故障件的受力状况。在电子显微镜或扫描电镜下观察到的疲劳条带如图 14-7 所示，它是交变应力每循环一次裂纹扩展留下的痕迹。一般情况下，计算疲劳条带的数目不一定能确定出应力循环次数，因为应力循环一次，未必就能产生一条疲劳条带。另外，需注意区分疲劳断口上的贝纹线与疲劳条带之间的差别。贝纹线是交变应力幅值变化等原因在断口上留下的裂纹前沿痕迹，是疲劳断口的宏观特征，相邻贝纹线之间往往会有成千上万条疲劳条带。

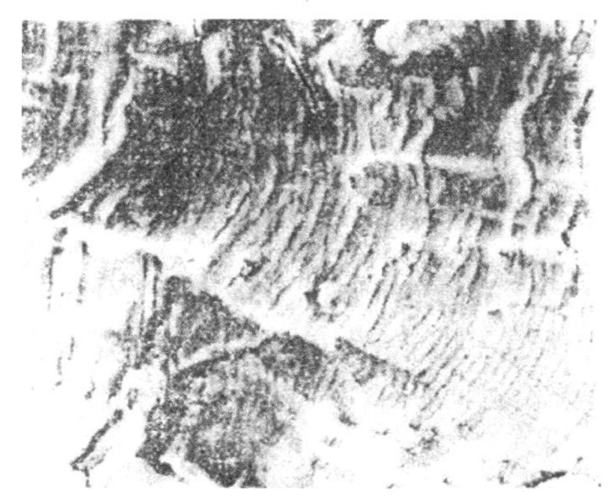

图 14-7　典型的金属疲劳条带

需要说明的是，并非所有工程材料在疲劳裂纹的第Ⅱ阶段扩展过程中都形成疲劳条带。在纯金属和许多延性合金中可清晰见到疲劳条带，许多工程聚合物的断口也呈现明显的疲劳条带。然而钢中很少出现疲劳条带，在冷加工合金中也难以见到疲劳条带。应力强度因子幅 ΔK、应力状态、环境条件以及合金成分对形成疲劳条带的可能性有强烈影响。此外，除了疲劳条带，在高 ΔK 条件下可以看到“静态断裂模式”中微孔洞聚集和晶间破坏等现象，在低 ΔK 条件下可以看到解理小平面或裂纹的晶体学扩展。

14.2　疲劳裂纹扩展速率 da/dN-ΔK 曲线

描述材料疲劳裂纹扩展性能的特征曲线是 da/dN-ΔK 曲线，该曲线涉及的物理参量包括应力强度因子幅 ΔK、疲劳裂纹扩展速率 da/dN、疲劳裂纹扩展门槛值 ΔK_{th} 和断裂韧度 K_c，其中 K_c 已在第 13 章进行过论述，这里主要介绍其他三个参量。

14.2.1 应力强度因子 K 和应力强度因子幅 ΔK

应力强度因子 K 是由线弹性断裂力学引入的一个物理参量，在线弹性条件下，它是决定裂纹尖端附加应力场强弱的唯一参量，同时它还能够有效地描述裂纹尖端的应变场、位移场。虽然在裂纹尖端处，应力趋向于无穷大（即应力呈现奇异性），但 K 值却是一个有限量，其值取决于裂纹特点（裂纹形式和尺寸）、结构形式和载荷（承载特点和大小）。K 的一般表达式为

$$K = Y\sigma\sqrt{\pi a} \tag{14-1}$$

式中 σ——名义应力；

Y——修正系数，与裂纹尺寸、加载方式及试样几何形状有关；

a——裂纹长度（对于中心裂纹，a 为半长度）。

应力强度因子的量纲为［力］×［长度］$^{-3/2}$，国际单位为 $\mathrm{N\cdot m^{-3/2}}$，工程上常用的单位为 $\mathrm{MPa\cdot m^{1/2}}$。

鉴于应力强度因子的重要性，确定裂纹体的 K 值是线弹性断裂力学的重要任务之一。目前计算应力强度因子的方法较多，包括复变函数法、边界配置法、有限元法、权函数法、能量差率解法、叠加法和组合法等，这些方法已有多部专著对其进行了详细论述。对于常见的或简单的承载特点的裂纹结构，也已计算出具体的应力强度因子解并录入相关的应力强度因子手册，以便查阅。

应力强度因子幅 ΔK 是裂纹在交变载荷下不断扩展的驱动力，其定义为

$$\Delta K = K_{max}(1 - R) \tag{14-2}$$

式中 K_{max}——对应于交变载荷中最大载荷的应力强度因子；

R——应力比，$R = K_{min}/K_{max}$；

K_{min}——对应于交变载荷中最小载荷的应力强度因子。

14.2.2 疲劳裂纹扩展速率 $\mathrm{d}a/\mathrm{d}N$

疲劳裂纹扩展速率 $\mathrm{d}a/\mathrm{d}N$ 的引入与损伤容限设计理念的出现不可分割。损伤容限设计理念认为零件或结构的疲劳寿命 N_f 可分为裂纹形成寿命 N_0（或起始寿命）和裂纹扩展寿命 N_p 两部分，即

$$N_f = N_0 + N_p \tag{14-3}$$

裂纹形成寿命 N_0 定义为由微观缺陷发展到宏观可检裂纹或工程裂纹长度 a_0 所对应的循环寿命；裂纹扩展寿命 N_p 定义为由 a_0 扩展到临界裂纹长度 a_c、零件发生失效的循环寿命。可见，结构的扩展寿命 N_p 取决于 a_0、a_c 以及从 a_0 扩展到 a_c 的扩展速率 $\mathrm{d}a/\mathrm{d}N$。其中 a_0 通常取可检裂纹尺寸，它与无损检测水平、结构可检性和对其漏检概率要求有关；a_c 则由材料断裂韧度 K_c 确定。因此，确定 N_p 的关键在于确定材料在交变载荷作用下的疲劳裂纹扩展速率 $\mathrm{d}a/\mathrm{d}N$，材料的 $\mathrm{d}a/\mathrm{d}N$ 越低，N_p 越长；$\mathrm{d}a/\mathrm{d}N$ 越高，则 N_p 越短。这也对材料科学家提出了更高的要求，所研制的材料不仅需具备良好的静强度和疲劳性能，还应具有较好的抗裂纹扩展能力（即有较低的 $\mathrm{d}a/\mathrm{d}N$）。

$\mathrm{d}a/\mathrm{d}N$ 定义为交变载荷或应力作用下，每循环一周所产生的裂纹扩展量 Δa。在裂纹扩展过程中，$\mathrm{d}a/\mathrm{d}N$ 是不断变化的，对于每一瞬时的 $\mathrm{d}a/\mathrm{d}N$，等于疲劳裂纹扩展 a-N 曲线

（见图 14-8）在该点的斜率，并近似为该点的裂纹扩展量 Δa 与载荷循环数增量 ΔN 的比值，即

$$\mathrm{d}a/\mathrm{d}N=\Delta a/\Delta N \tag{14-4}$$

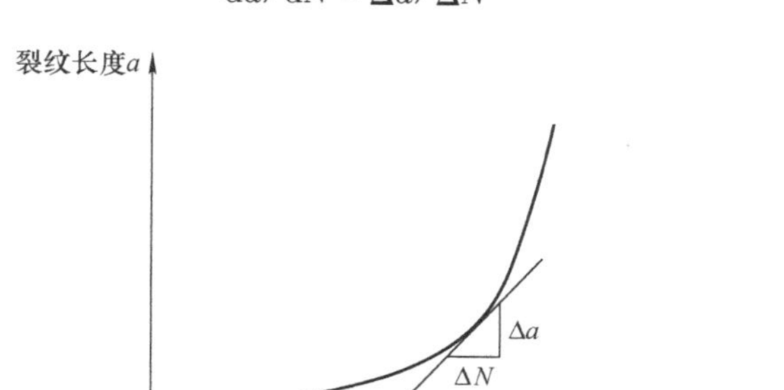

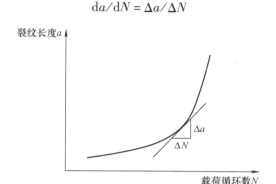

图 14-8　疲劳裂纹扩展 a-N 曲线

14.2.3　疲劳裂纹扩展 $\mathrm{d}a/\mathrm{d}N$-ΔK 曲线和门槛值 ΔK_{th}

典型的疲劳裂纹扩展 $\mathrm{d}a/\mathrm{d}N$-ΔK 曲线如图 14-9 所示。由图 14-9 可见，$\mathrm{d}a/\mathrm{d}N$-ΔK 曲线可分成三个区。A 区为低速扩展区，该区存在一个垂直渐近线 $\Delta K=\Delta K_{th}$，ΔK_{th}称为疲劳裂纹扩展应力强度因子门槛值。在 A 区内，当 ΔK 逐渐减小趋向于 ΔK_{th}时，$\mathrm{d}a/\mathrm{d}N$ 趋向于零，裂纹停止扩展。C 区为快速扩展区，它也存在一个垂直渐近线 $K_{max}=K_c$，K_c 为材料的平面应力断裂韧度，其值与材料的厚度有关。在 C 区，$\mathrm{d}a/\mathrm{d}N$ 急剧上升而产生瞬间断裂。曲线中间段为 B 区，该段曲线在双对数坐标上近似为直线，属稳定扩展区，也是裂纹扩展的主要部分。

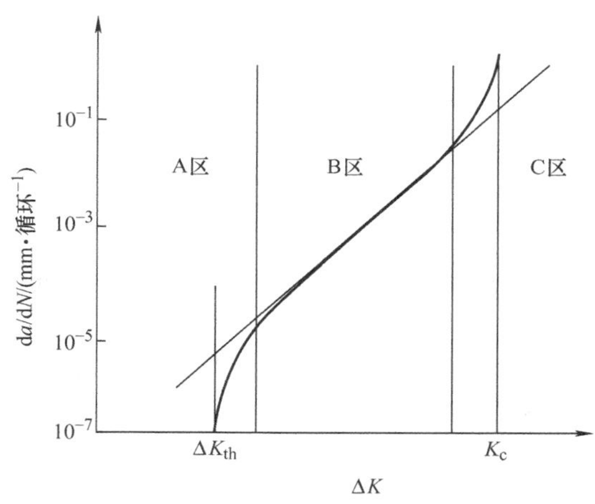

图 14-9　典型的疲劳裂纹扩展 $\mathrm{d}a/\mathrm{d}N$-ΔK 曲线

由于有相当大的一部分稳态裂纹扩展寿命消耗在近门槛区扩展，因此使材料具备较高的门槛值 ΔK_{th}就显得尤为重要。这对于疲劳寿命高达 $10^{10}\sim10^{12}$周次的长寿命裂纹体构件更是如此。因为此时常常需要以 ΔK_{th}作为主要失效判据。此外，由于 ΔK_{th}受材料微观组织结构、应力比、环境及裂纹尺寸等因素的影响明显，因此也需要开展材料在近门槛区的疲劳裂纹扩展行为研究。

14.2.4　描述 $\mathrm{d}a/\mathrm{d}N$-ΔK 曲线的公式

线弹性断裂力学认为，疲劳裂纹扩展速率 $\mathrm{d}a/\mathrm{d}N$ 是应力强度因子范围 ΔK 的函数，考虑到 $\mathrm{d}a/\mathrm{d}N$ 还与应力比 R 等有关，则有

$$\mathrm{d}a/\mathrm{d}N=f(\Delta K,R,\cdots) \tag{14-5}$$

由于疲劳裂纹扩展机理复杂，影响因素很多，至今没有公认的理论解析式来描述 da/dN 和 ΔK 等参量之间的关系，主要是靠经验公式。目前已发展出十多种经验公式来描述 da/dN-ΔK 曲线，主要包括 Paris 公式、Walker 公式和 Forman 公式等。

（1） Paris 公式

$$da/dN = C(\Delta K)^n \tag{14-6}$$

式中 C、n——由试验确定的材料常数。

Paris 公式描述了给定 R 时裂纹稳定扩展阶段（如图 14-9 所示的 B 区）的疲劳裂纹扩展特性，简单实用，因此得到了广泛应用。但其仅适合在稳定扩展区使用，否则将会引起寿命预测的显著误差。

（2） Walker 公式

$$da/dN = \begin{cases} C[(1-R)^{M_1}K_{max}]^n & (R \geqslant 0) \\ C[(1-R)^{M_2}K_{max}]^n & (R < 0) \end{cases} \tag{14-7}$$

式中 C、n、M_1、M_2——由试验确定的材料常数。

Walker 公式同样适合于描述裂纹稳定扩展阶段的裂纹扩展特性，并考虑了不同 R 对 da/dN 的影响，因而适用面较广，常用于谱载作用下的寿命预测。

（3） Forman 公式

$$da/dN = \frac{C(\Delta K)^n}{(1-R)K_c - \Delta K} \tag{14-8}$$

式中 C、n——由试验确定的材料常数；

K_c——材料和厚度确定后的平面应力断裂韧度。

Forman 公式适合描述稳定扩展阶段和快速扩展阶段的裂纹扩展特性，同时也考虑了不同 R 对 da/dN 的影响，因而也得到了广泛使用。

14.3 疲劳裂纹扩展速率的主要影响因素

研究表明，影响材料裂纹扩展的因素很多，除了 ΔK 是影响裂纹扩展的关键物理量之外，材料的微观组构、应力比 R、加载频率、材料厚度、载荷顺序和环境等因素，均对其疲劳裂纹扩展行为有明显影响。

14.3.1 微观组构的影响

对于延性金属材料，影响其疲劳裂纹扩展速率的微观组构因素包括材料的滑移特性、自由滑移长度和循环加载时滑移的可逆性。具有平面滑移特性的合金（例如钛合金中 α 相的六方密排结构）容易发生应变局部化和反向滑移，从而使得 da/dN 降低并升高门槛值 ΔK_{th}。晶粒度较小的微观组织（见图 14-10a）由于自由滑移长度较小，交滑移倾向增大和滑移可逆性减弱，因此 da/dN 升高。对于晶粒粗大的魏氏组织（片状组织，如图 14-10b 所示），其自由滑移长度较大，且容易形成裂纹前缘的不规则，造成裂纹扩展路径曲折并易发生闭合效应，从而有效提高裂纹扩展抗力，降低 da/dN。图 14-11 所示为钛合金粗晶组织和细晶组织的疲劳裂纹扩展性能数据的对比结果。由图 14-11 可见，粗晶组织的疲劳裂纹扩展抗力优于细晶组织，尤其是在近门槛区更为显著。

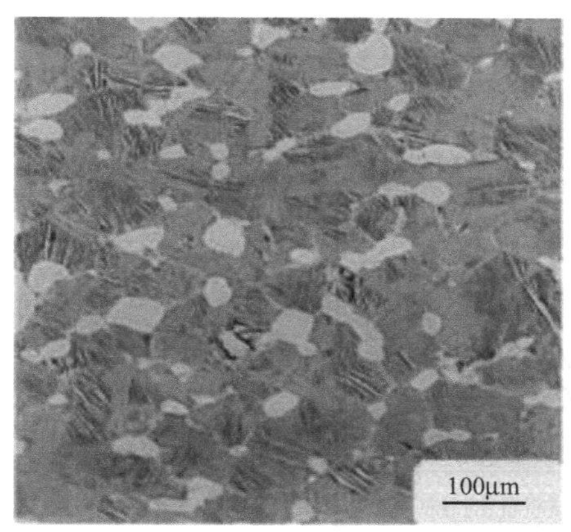

a) 晶粒较小的双态组织

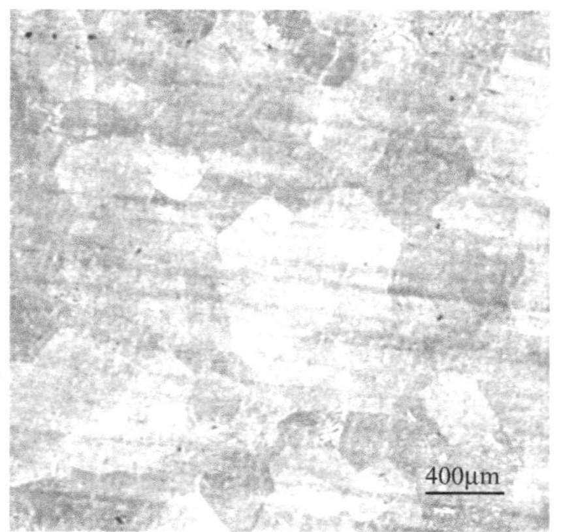

b) 晶粒粗大的片状组织

图 14-10　钛合金的两种微观织构

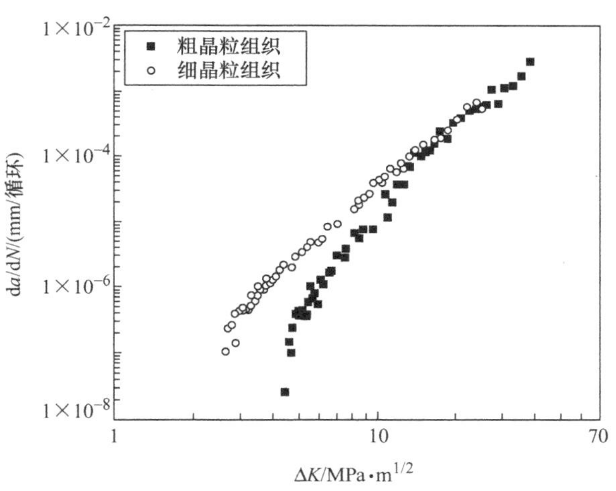

图 14-11　钛合金粗晶组织和细晶组织的疲劳裂纹扩展性能数据的对比结果

目前普遍的认识是，较小的晶粒尺寸能够提高材料的抗疲劳裂纹萌生能力和材料强度；粗晶粒组织则具有良好的抗裂纹扩展能力。这对材料工作者而言，是一个矛盾的选择。当需要优选既能抗裂纹萌生又能抗裂纹扩展的材料微观织构时，就需折中地选择晶粒尺寸，甚至开发具有不同晶粒尺寸的材料组织。

14.3.2　应力比的影响

大量试验结果表明，应力比 R 对材料的疲劳裂纹扩展速率有显著影响。图 14-12 所示为 7075-T6 铝合金在不同 R 值下的疲劳裂纹扩展 da/dN-ΔK 曲线。由图 14-12 可见，在 ΔK 一定时，R 值越大 da/dN 越高，且不同 R 值下的 da/dN-ΔK 曲线在双对数坐标中基本呈线性关系，这符合 Paris 公式对其扩展规律的描述。

对于确定的结构形式和裂纹长度，当 ΔK 一定时，由式（14-1）可知应力幅 $\Delta\sigma$ 也是恒定的。由于平均应力 σ_m 可表示为

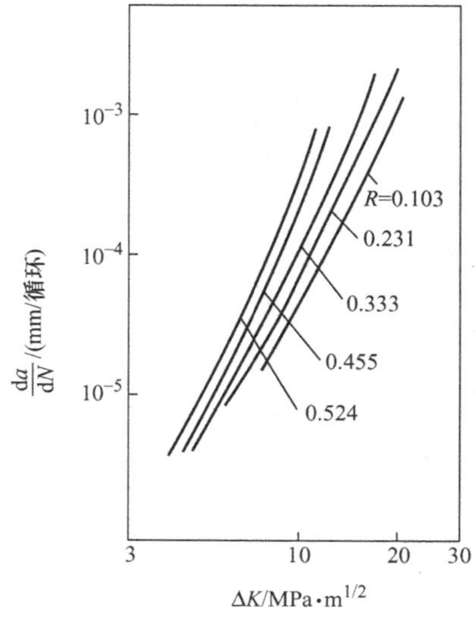

图 14-12 7075-T6 铝合金在不同 R 值下的疲劳裂纹扩展 da/dN-ΔK 曲线

$$\sigma_m = \frac{\Delta\sigma}{2}\frac{1+R}{1-R} \tag{14-9}$$

因此，增大 R 值则相当于增大 σ_m 值。结合 R 对 da/dN 的影响关系可知，较大的平均应力 σ_m 会使材料的 da/dN 增高。这种效应的一个实际例子是材料表面的残余应力对其疲劳裂纹扩展性能的影响。一般情况下，表面残余拉应力与正向平均应力起着相同的作用，加速裂纹扩展；反之，表面残余压应力能起到负向平均应力的作用，从而降低材料的 da/dN。因此，为降低构件中裂纹的 da/dN，在制造或修理构件时经常采用渗碳、渗氮、表面滚压、喷丸强化等工艺来引入残余压应力，以达到有效提高构件抗裂纹扩展能力的目的。图 14-13 所示为碳钢表面层应力状态分别为残余拉应力（$\sigma_r>0$）、残余压应力（$\sigma_r<0$）和无残余应力（$\sigma_r=0$）时，裂纹长度与循环次数的关系。由图 14-13 可见，残余拉应力加速裂纹的 da/dN，而残余压应力则减速其 da/dN。

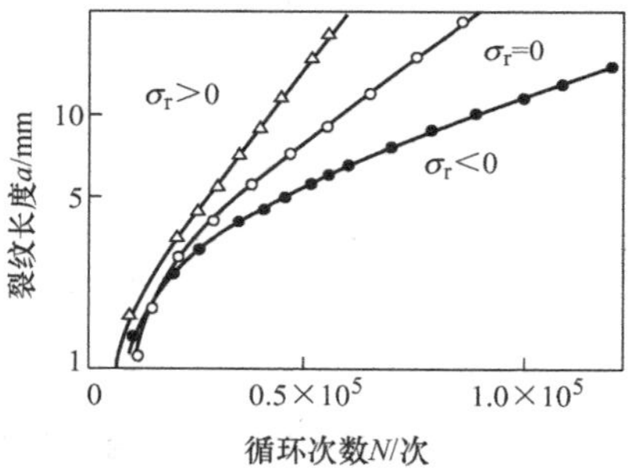

图 14-13 残余应力（即平均应力或应力比）对碳钢裂纹的 da/dN 的影响

14.3.3 加载频率的影响

目前加载频率对疲劳裂纹扩展速率 da/dN 影响的研究工作并不是很多，还很难找出定量的函数关系。根据已发表的不多的试验数据，可以初步得到以下的一些定性结论：

（1）在 ΔK 较低时，加载频率对 da/dN 影响很小；在 ΔK 较高时，加载频率对 da/dN 影响较大；在相同的 ΔK 下，加载频率增大，da/dN 降低。图 14-14 所示为 304 不锈钢在高温条件下加载频率与裂纹扩展速率的关系示意图。由图 14-14 可见，在 ΔK 较高时，加载频率越低则 da/dN 越高。

（2）较低的加载频率和高温环境的联合作用一般可使许多合金的 da/dN 提高，此种情

况下，加载波形也会对材料的 da/dN 有明显影响。

（3）在腐蚀性介质中，低的加载频率会明显提高 da/dN。这是因为此种情况下腐蚀介质在裂纹尖端有足够的作用时间促使裂纹加速扩展。

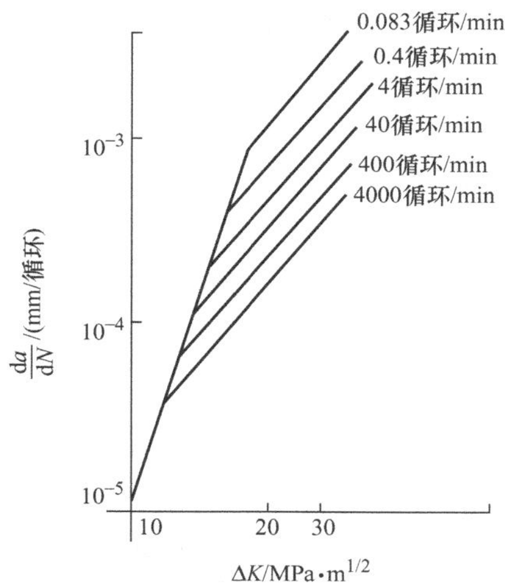

图 14-14　304 不锈钢在高温条件下加载频率与 da/dN 的关系示意图

14.3.4　厚度的影响

材料厚度对裂纹扩展速率有一定的影响。图 14-15 所示为 2024-T3 铝合金在不同板厚条件下的疲劳裂纹扩展 a-N 曲线。由图 14-15 可见，随着板厚增大，裂纹扩展速率 da/dN 略有增高（a-N 曲线的斜率有所增大）。对于同一裂纹长度，且在裂纹较短的情况下，不同板厚的 da/dN 之间差别更大一些。

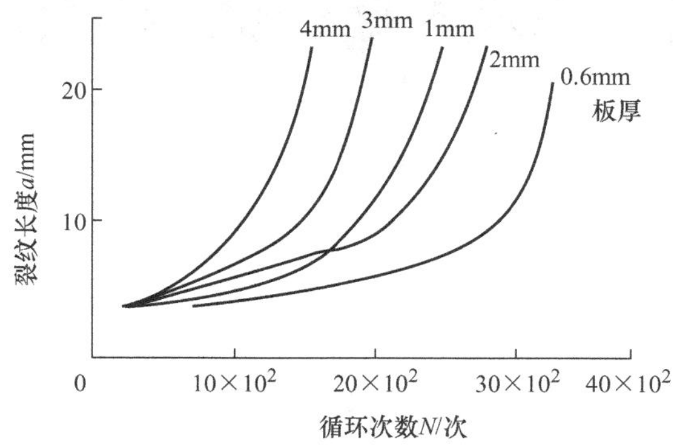

图 14-15　2024-T3 铝合金在不同板厚条件下的疲劳裂纹扩展 a-N 曲线

厚度对 da/dN 的影响与应力状态有关。试验结果证明，在相同的 ΔK 下，平面应变状态下的 da/dN 要高于平面应力状态下的 da/dN。在板较厚时，裂纹尖端需要扩展很长一段距离才能由平面应变状态进入平面应力状态，对应的疲劳裂纹扩展断口模态（见图 14-16）转变点也较晚；而板较薄时，裂纹尖端则很快进入平面应力状态，相应的疲劳裂纹扩展断口模态转变点较早。

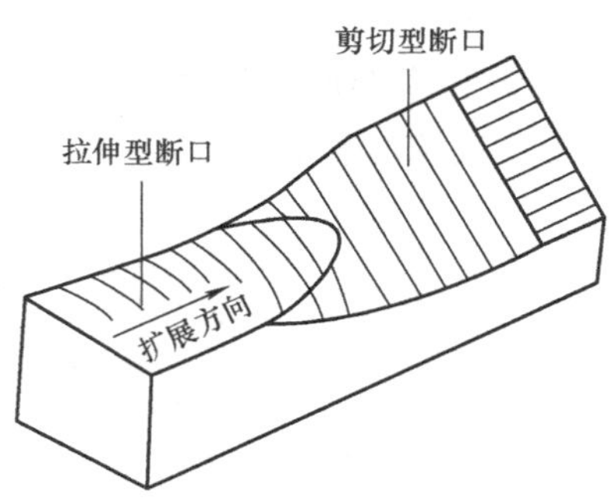

图 14-16　疲劳裂纹扩展断口模态

14.3.5　超载的影响

实际构件往往不是简单地承受单一的恒幅交变载荷，一般都承受各种幅度不同的随机载荷谱，其谱形如图 14-17 所示。在整个载荷谱中，各种高、低幅度的载荷交替并且无序地出现。已有的研究结果证明，高幅度载荷的出现（也称拉伸超载），对随后的连续低载条件下的 da/dN 有明显降低作用，从而减缓裂纹的扩展。在对构件的寿命进行预测时，如不考虑此影响，势必会对其裂纹扩展寿命做出保守预测，从而浪费材料的性能储备。因此，为了正确估算构件的疲劳寿命，必须研究过载对裂纹 da/dN 的影响，并对此影响做出定量估算。

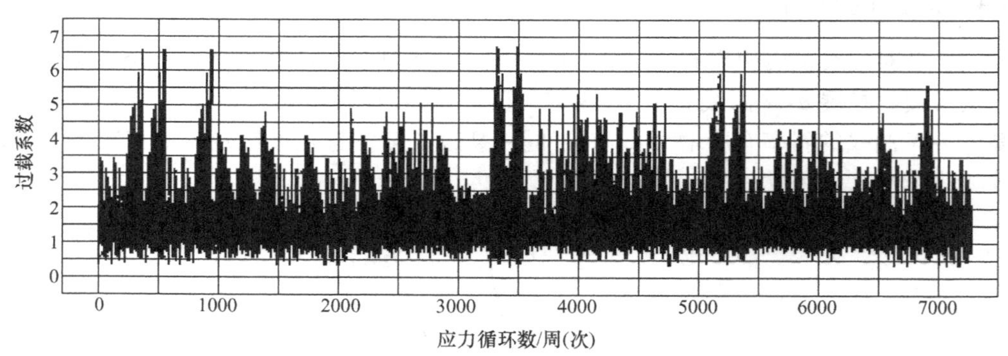

图 14-17　某战斗机实测随机载荷谱

14.3.6　环境的影响

环境对材料 da/dN 的影响，主要包括温度和腐蚀介质对其疲劳裂纹扩展行为的作用。

研究表明，一般情况下，材料的 da/dN 随着温度的升高而增高。图 14-18 所示为 316 不锈钢在不同温度下的 da/dN-ΔK 曲线。由图 14-18 可见：

（1）da/dN 随着温度的升高而增高。

（2）不同温度下的 da/dN-ΔK 关系仍符合幂指数关系，即满足 Paris 公式。

（3）随着 ΔK 的增高，温度对 da/dN 的加速作用逐渐减弱。

腐蚀环境对材料疲劳裂纹扩展性能的影响主要有以下结论：

1）腐蚀介质对裂纹形核和疲劳裂纹扩展都有明显影响。

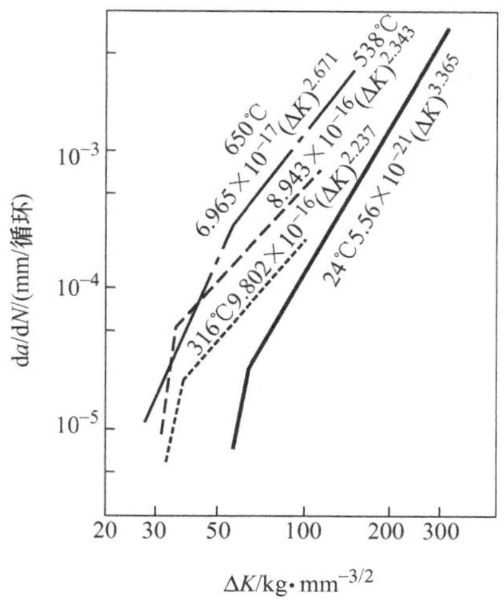

图 14-18　316 不锈钢在不同温度下的 da/dN-ΔK 曲线

2）一般情况下，单纯的腐蚀对裂纹扩展没有影响，只有在循环加载条件下，腐蚀介质才会增高 da/dN，使材料的疲劳寿命降低。

3）当裂纹尖端的 K_{max} 大于材料的应力腐蚀应力强度因子 K_{Iscc} 时，腐蚀介质可使 da/dN 增大几个数量级。

4）在近门槛扩展区的低 ΔK 水平下，腐蚀产物诱发的闭合效应会降低裂纹的 da/dN。

5）对于不同腐蚀介质，材料疲劳裂纹扩展性能的下降程度也会有所不同。图 14-19 所示为 7150 铝合金在 4 种环境下的 da/dN-ΔK 曲线对比。由图 14-19 可见，实验室空气环境下材料的疲劳裂纹扩展性能最好，潮湿空气次之，3.5% NaCl 盐溶液和油箱积水最差，且两者相差无几。

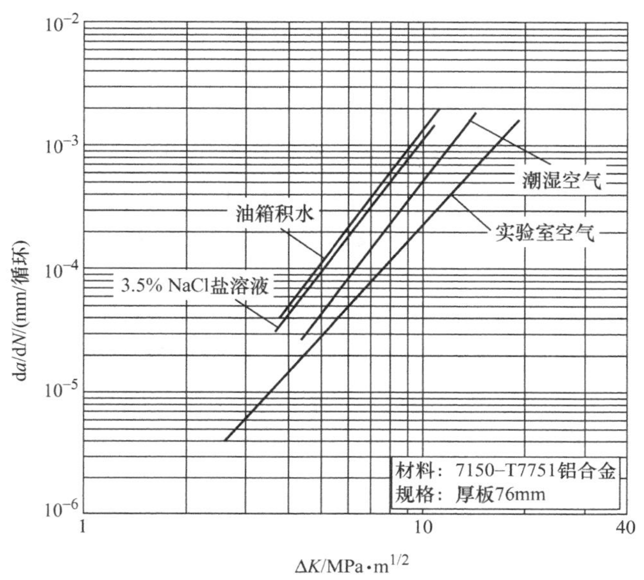

图 14-19　7150 铝合金在 4 种不同环境下的 da/dN-ΔK 曲线对比

14.4 疲劳裂纹扩展的阻滞

裂纹在疲劳扩展过程中，经常受到裂纹闭合或载荷间相互作用的影响，而表现出明显的迟滞减缓特征，使得 da/dN 显著降低。这种阻滞效应对工程构件而言是有利并可加以利用的，因此研究其阻滞机制及载荷交互作用，对于准确估算构件的疲劳寿命具有重要意义。以下分别介绍闭合效应和载荷间交互作用引起的疲劳裂纹扩展阻滞。

14.4.1 裂纹闭合阻滞

众所周知，当交变载荷循环至拉伸加载时，裂纹面处于张开状态，裂纹向前扩展；当交变载荷循环至压缩加载时，裂纹面处于闭合状态时，裂纹停止扩展。然而，研究发现，即使在拉伸载荷下，裂纹面也会闭合。这种在交变载荷拉伸加载的状态下两裂纹面提前接触的现象称之为裂纹闭合现象。由于裂纹面提前闭合，导致裂尖应力强度因子幅 ΔK 减小（即表观“驱动力”下降），并使得 da/dN 降低，这种效应称为裂纹闭合效应。裂纹闭合效应的存在能够明显阻滞疲劳裂纹的扩展。

定量描述裂纹闭合效应的关键是得到准确的裂纹张开应力 σ_{op}（σ_{op}既可以通过试验测出，也可利用闭合模型计算获得），然后由式（14-10）计算有效应力强度因子范围 ΔK_{eff}（即裂纹扩展有效驱动力），最终得到如式（14-11）所示的 $da/dN-\Delta K_{eff}$函数关系。

$$\Delta K_{eff}=K_{max}-K_{op}=\frac{1-\sigma_{op}/\sigma_{max}}{1-R}\Delta K \tag{14-10}$$

$$da/dN=f(\Delta K_{eff},\cdots) \tag{14-11}$$

研究裂纹闭合效应的关键在于找出裂纹面提前闭合的原因。众多研究者提出了适用于各种不同情况的裂纹闭合机制，其中获得广泛应用的三种闭合机制是：塑性诱发的裂纹闭合、氧化物诱发的裂纹闭合、表面粗糙度诱发的裂纹闭合。下面分别对其介绍。

1. 塑性诱发的裂纹闭合

疲劳裂纹在扩展过程中，其所经历的载荷历程使得材料在裂纹尖端发生了不可逆的塑性变形，并在裂纹尖端形成了一个塑性包络区。在该包络区里充斥着残余压应力，当残余压应力足够大时，就会导致裂纹面提前闭合，显然，这种闭合往往是靠近裂纹尖端部分的裂纹面优先闭合的。图 14-20 所示为采用塑性诱发的裂纹闭合模型处理 7475 铝合金不同应力比 R 的疲劳裂纹扩展曲线的对比。

可见，塑性诱发的闭合模型能够消除掉应力比 R 对 $da/dN-\Delta K$ 曲线的影响，使得不同 R 的 $da/dN-\Delta K$ 数据曲线归一化为同一条 $da/dN-\Delta K_{eff}$数据曲线。事实上，应力比 R 对 da/dN 的影响相当于残余应力对其的影响。因此，塑性诱发的裂纹闭合模型能够很好地解释 R 对 $da/dN-\Delta K$ 曲线的影响。Elber 给出的 2024-T3 铝合金的张开应力强度因子 K_{op}的计算公式为

$$\frac{K_{op}}{K_{max}}=0.5+0.1R+0.4R^2 \tag{14-12}$$

2. 氧化物诱发的裂纹闭合

在疲劳裂纹扩展过程中，潮湿空气可以使新形成的裂纹表面氧化，特别是在较低 R 和较低 ΔK 的情况下，由于上下裂纹面接触频繁，裂纹面发生反复摩擦，氧化膜表皮破裂后又

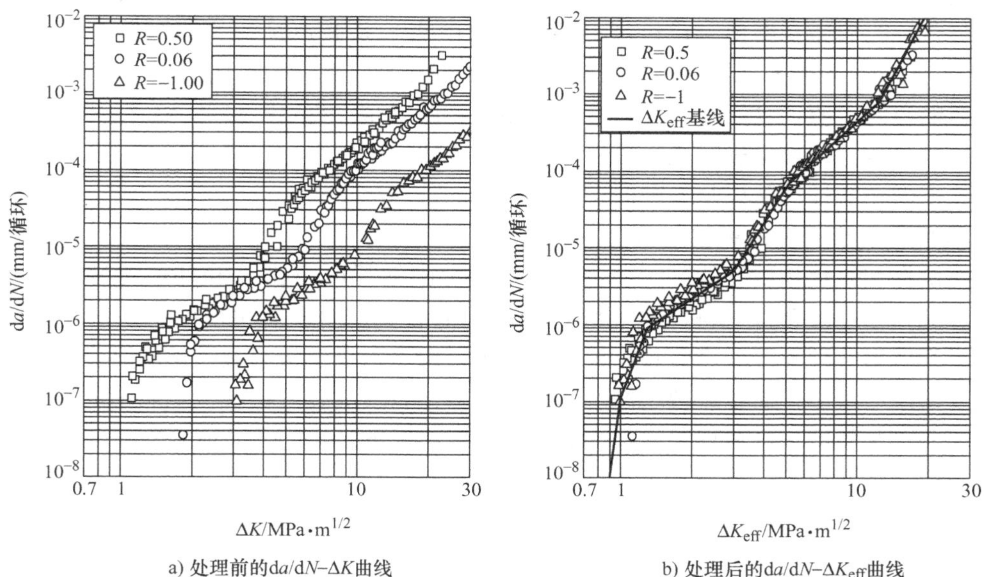

a) 处理前的 $da/dN-\Delta K$ 曲线　　b) 处理后的 $da/dN-\Delta K_{eff}$ 曲线

图 14-20　采用塑性诱发的裂纹闭合模型处理 7475 铝合金不同应力比 R 的疲劳裂纹扩展曲线的对比

再次生成，并形成一定厚度的氧化层，从而进一步导致裂纹面提前闭合。这使得裂纹尖端有效驱动力 ΔK_{eff} 减小，阻滞了裂纹的向前扩展，该过程称之为氧化物诱发的裂纹闭合效应。图 14-21 所示为结构钢疲劳裂纹扩展的断口形貌及断口表面氧化层厚度与裂纹表征参量的关系曲线。

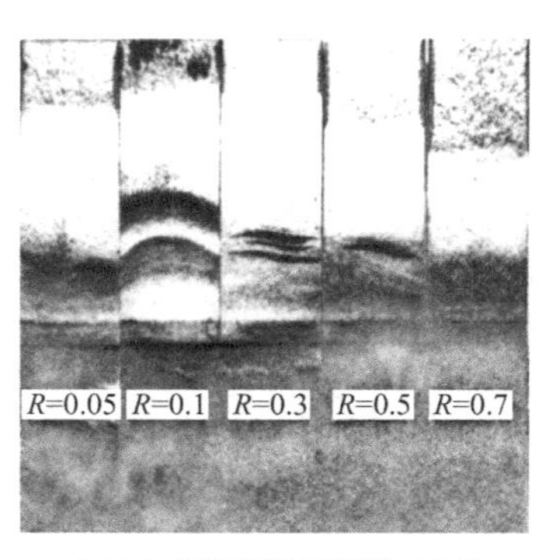

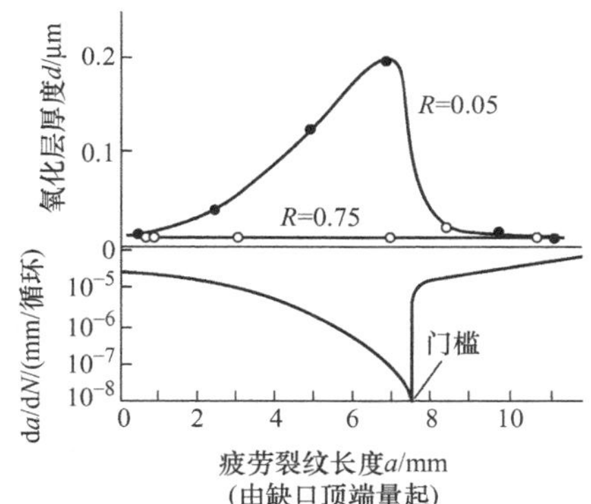

a) 300M 钢近门槛区的断口形貌　　b) 2.25Cr-1Mo 钢氧化层厚度、da/dN 与裂纹长度的关系曲线

图 14-21　结构钢疲劳裂纹扩展断口形貌及断口表面氧化层厚度与裂纹表征参量的关系曲线

由图 14-21a 可见，低 R 下的疲劳断口污染严重，表面乌暗，生成了较多的腐蚀产物；高 R 下则相对干净。由图 14-21b 可见，低 R 下门槛值附近的氧化层厚度显著增厚，da/dN 下降；而在高 R 下，氧化层厚度始终较薄。一般情况下，在高 R 的条件下，任何 ΔK 水平的裂纹面都处于张开状态，裂纹面接触的可能性很小，不易生成较厚的氧化层，因而裂纹闭合

很难实现。另一种情况是，在高 ΔK 下，裂纹扩展很快，此时即便在很低的 R 下也难以发生大规模氧化，因而微动磨损氧化机制对裂纹闭合的影响是微不足道的。但是，在低 R 和低 ΔK 水平下的腐蚀环境下，则极易生成氧化层，并促成裂纹闭合效应的形成。

已有的研究表明，含湿气的环境、高温环境、低 R 值、低 ΔK 水平、高循环频率以及低强度和粗晶显微组织可促进氧化物诱发的裂纹闭合效应，因为这些条件对于在断口表面凹凸不平处发生微动磨损和摩擦是有利的。

3. 表面粗糙度诱发的裂纹闭合

塑性诱发和氧化物诱发的裂纹闭合机制能够分别解释应力比 R 和环境对疲劳裂纹扩展性能的影响，但不能解释材料显微组织对 da/dN 的影响，而表面粗糙度诱发的裂纹闭合机制能够对其做出合理解释。疲劳裂纹扩展过程中，由于裂纹偏折、裂纹扩展路径曲折、断裂面呈高度锯齿形和小平面状，裂纹面凹凸不平，会导致裂纹提前接触，从而使得裂纹扩展发生阻滞，da/dN 降低，这种现象称之为表面粗糙度诱发的裂纹闭合效应。与氧化物诱发的裂纹闭合一样，表面粗糙度诱发的裂纹闭合也发生于低 R 和低 ΔK 条件下。图 14-22 所示为 TC21 钛合金两种微观组织（片状组织的粗晶织构和网篮组织的细晶织构）的疲劳裂纹扩展断口形貌和扩展路径。

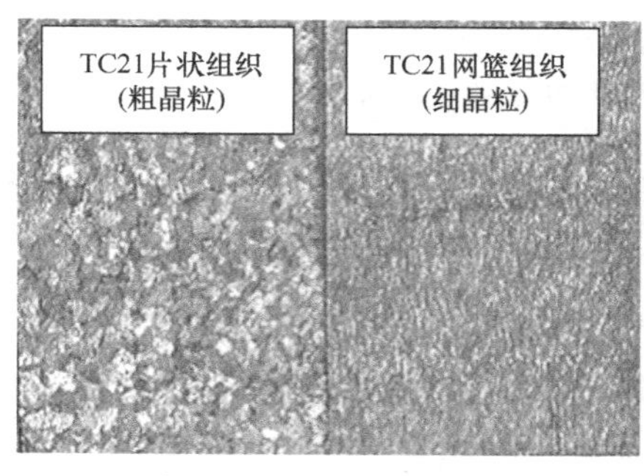

a) 粗晶和细晶组织断口形貌

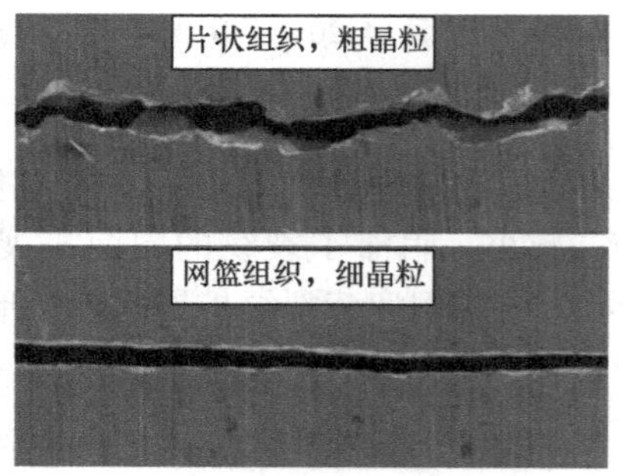

b) 粗晶和细晶组织裂纹扩展路径

图 14-22 TC21 钛合金两种微观组织的疲劳裂纹扩展断口形貌和扩展路径

由图 14-22 可见，粗晶粒组织扩展路径曲折，裂纹面凹凸不平、容易提前接触；而细晶粒组织扩展路径平坦，裂纹面平直、不易提前接触。研究表明，除了低 R、低 ΔK 和粗晶粒条件，由晶界、第二相粒子或载荷突变引入的裂纹周期性偏折以及材料所具有的较高的滑移不可逆特性都会形成表面粗糙度诱发的裂纹闭合。

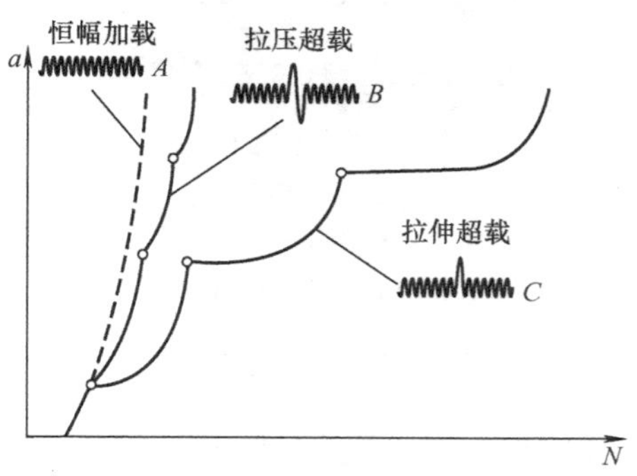

图 14-23 超载对构件疲劳裂纹扩展寿命的影响

14.4.2 载荷相互作用阻滞

著名的 Miner 线性累计损伤原理在寿命预估中被广泛应用，但其明显的缺点之一是未考虑载荷间的相互作用。事实上，载荷间的相互作用和载荷次序都会对构件的疲劳寿命带来显著影响。图 14-23

所示为恒幅加载、拉压超载和拉伸超载下材料的疲劳裂纹扩展 a-N 曲线。由图 14-23 可见，相比于恒幅加载，拉伸超载和拉压超载能够显著减缓疲劳裂纹扩展，延长构件疲劳寿命，且拉伸超载的阻滞作用更为明显。

载荷间相互作用对疲劳裂纹的扩展影响中比较典型的情况有三种：拉伸超载迟滞效应、压缩超载加速效应及先拉后压超载迟滞减缓效应。图 14-24 所示为其各自的载荷循环示意图。

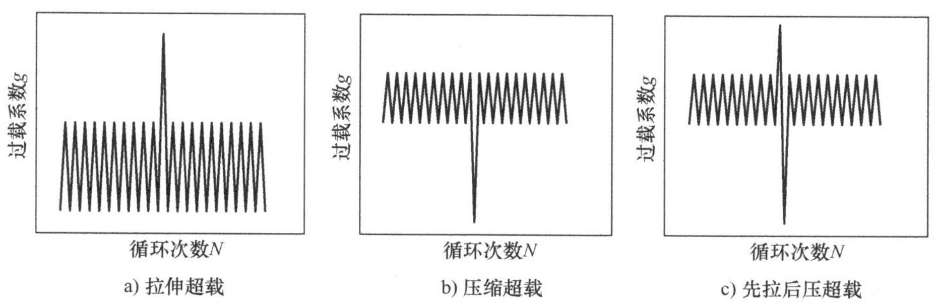

图 14-24　拉伸超载、压缩超载和先拉后压超载载荷循环示意图

1. 拉伸超载迟滞效应

在较低的循环载荷序列中出现一个高的拉伸载荷（见图 14-24a）时，会引起裂纹扩展速率下降（如图 14-25 中曲线前半部分所示），甚至完全停滞扩展，这种现象称之为拉伸超载迟滞效应。该效应在结构寿命估算中非常重要，如不加以考虑，则会导致偏保守的寿命预测结果。由图 14-25 中曲线的后半部分可见，拉伸超载后，经过一段时间的低载荷循环，裂纹扩展速率又逐渐恢复到原来的 $\mathrm{d}a/\mathrm{d}N$ 水平上，直至遇到下一次超载。

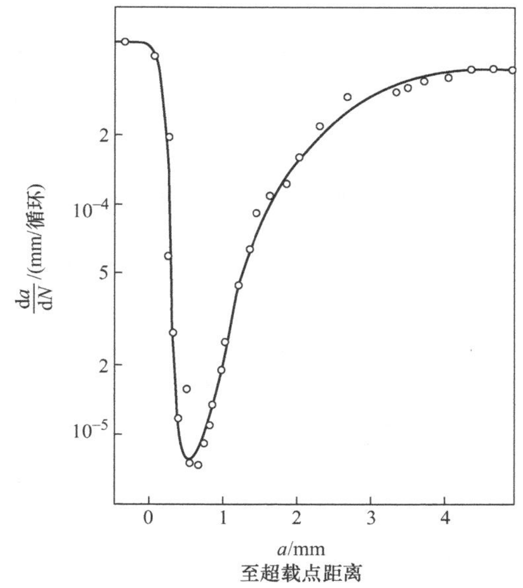

图 14-25　拉伸超载影响区内 $\mathrm{d}a/\mathrm{d}N$ 的变化

对于拉伸超载迟滞效应的机制，人们已经认识到：一次拉伸超载作用后的裂纹瞬态扩展行为往往同时受几个不同机制过程的控制，没有哪一个单独的机制可以完全解释这些全部的瞬态效应。因此在进行变幅疲劳裂纹扩展寿命预测时，往往需要在考虑多种影响机制的基础上进行定量估算。目前，主要的拉伸超载描述机制包括塑性诱发的裂纹闭合机制、裂纹尖端钝化机制、残余压应力机制、裂纹的偏折或分叉机制、近门槛机制等，限于篇幅，此处不做详细介绍。

2. 压缩超载加速效应

试验证明，与拉伸超载情况不同，压缩超载（见图 14-24b）会加速疲劳裂纹的扩展。对于压缩超载加速效应机理的解释多集中在裂纹闭合的概念上。一种解释是：压缩超载导致了断裂表面粗糙度的平化，从而降低了表面粗糙度诱发的闭合效应，使得裂纹扩展加速。另一种解释是：残余拉应力机制，即压缩超载后在裂纹尖端生成了压缩塑性变形区，此塑性区分布着足够的残余拉应力，类似于14.3.2节所述的正向平均应力或高R情况，从而增高$\mathrm{d}a/\mathrm{d}N$。

3. 先拉后压超载迟滞减缓效应

如果在一个拉伸超载之后紧接着施加一个压缩超载（见图14-24c），那么其对$\mathrm{d}a/\mathrm{d}N$的影响类似于上述拉伸超载迟滞效应和压缩超载加速效应的叠加，靠前的拉伸超载产生的有利阻滞效应部分地或全部被之后的压缩超载加速效应所抵消，此现象称之为先拉后压滞迟减缓效应。事实上，先拉后压超载只是拉压超载多种组合形式中的一种，不同载荷次序所导致的$\mathrm{d}a/\mathrm{d}N$变化也不尽相同，有时加速，有时减速，有时不变，其结果取决于载荷次序、载荷历程和载荷相对大小等。

14.5 疲劳裂纹扩展速率试验

鉴于材料疲劳裂纹扩展$\mathrm{d}a/\mathrm{d}N$-ΔK数据在现代飞机结构损伤容限设计的重要性，因此准确测定材料的疲劳裂纹扩展性能数据就显得尤为必要。目前，为了规范测试要求，并保证所测数据的有效性和可比性，国内外均发布了相应的测试标准。美国SATM协会发布的最新版本的ASTM E647—2015e1《测量疲劳裂纹扩展率的试验方法》（Standard Test Method for Measurement of Fatigue Crack Growth Rates）是比较细致全面的疲劳裂纹扩展速率测试标准；我国发布的GB/T 6398—2017《金属材料　疲劳试验　疲劳裂纹扩展速率试验方法》与ASTM E647有一定差异，尚需进一步更新。此外，我国针对腐蚀介质、高温环境和小裂纹情况，也分别发布了相应行业标准，包括HB 6626—1992《金属材料在含水介质中疲劳裂纹扩展速率试验方法》、HB 7680—2000《高温疲劳裂纹扩展速率试验方法》和HB 7705—2001《金属材料疲劳小裂纹扩展速率试验方法》。

14.5.1 疲劳裂纹扩展速率试验分类

疲劳裂纹扩展速率试验可按以下方式分类：

1. 按裂纹类型分

1）长裂纹扩展试验（裂纹长度$a>2\mathrm{mm}$）。

2）小裂纹扩展试验（裂纹长度$a=$几十微米～2mm）。

2. 按载荷类型分

1）恒幅载荷裂纹扩展试验（不同应力比R恒定）。

2）变幅载荷裂纹扩展试验（程序块谱、随机载荷谱，R不断变化）。

3. 按试验环境分

1）室温疲劳裂纹扩展试验。

2）高/低温疲劳裂纹扩展试验。

3）腐蚀环境下疲劳裂纹扩展试验（如盐水、盐雾、潮湿空气等腐蚀介质）。

14.5.2 试样及试验设备

1. 试样

在航空材料领域常用的试样有三种：中心裂纹拉伸M（T）试样、紧凑拉伸C（T）试

样、单边缺口三点弯曲 SE（B）试样，其试样形式分别如图 14-26、图 14-27、图 14-28 所示。M（T）试样可进行任意应力值比 R 的疲劳裂纹扩展试验，C（T）试样和 SE（B）试样只能进行 $R \geqslant 0$ 的试验。如选用非标准试样，必须使用适用的经过标定的应力强度因子 K 表达式。

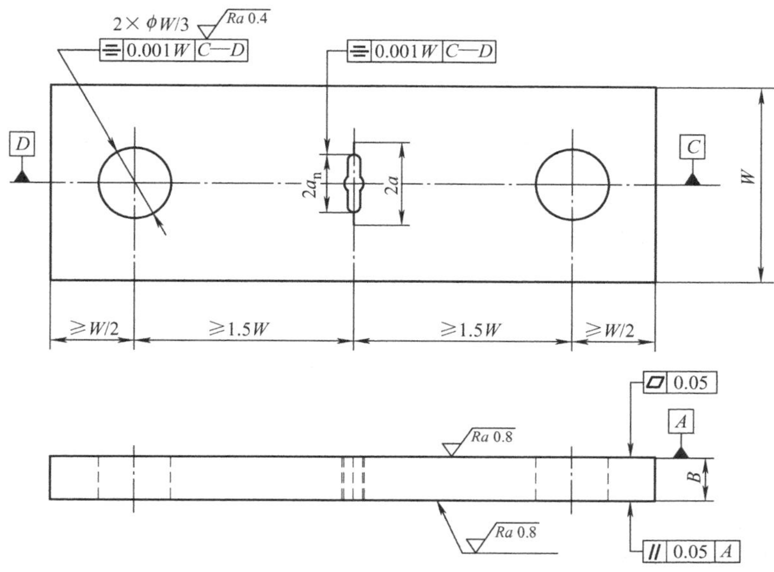

图 14-26　标准中心裂纹拉伸 M（T）试样图

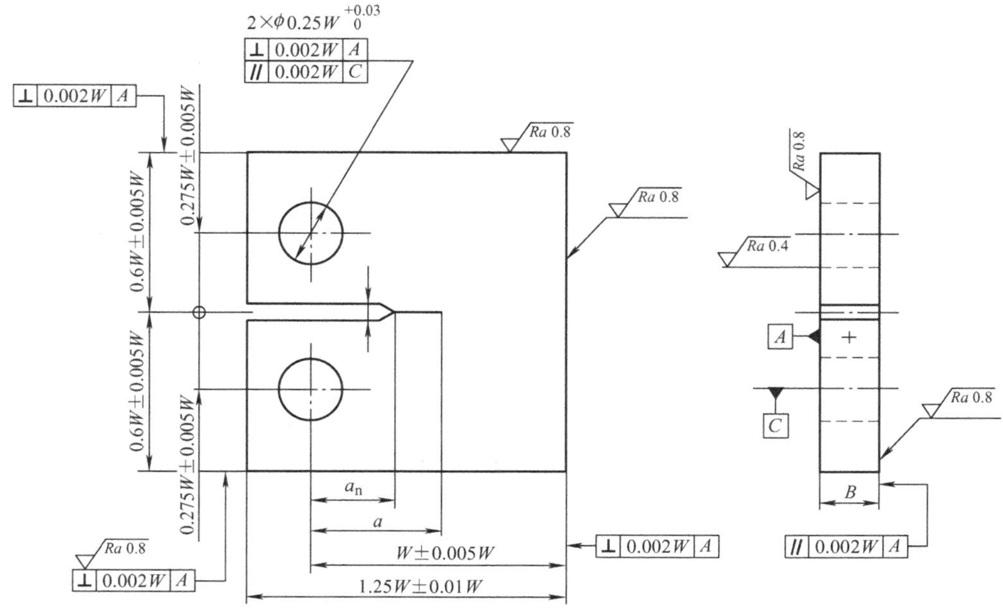

图 14-27　标准紧凑拉伸 C（T）试样图

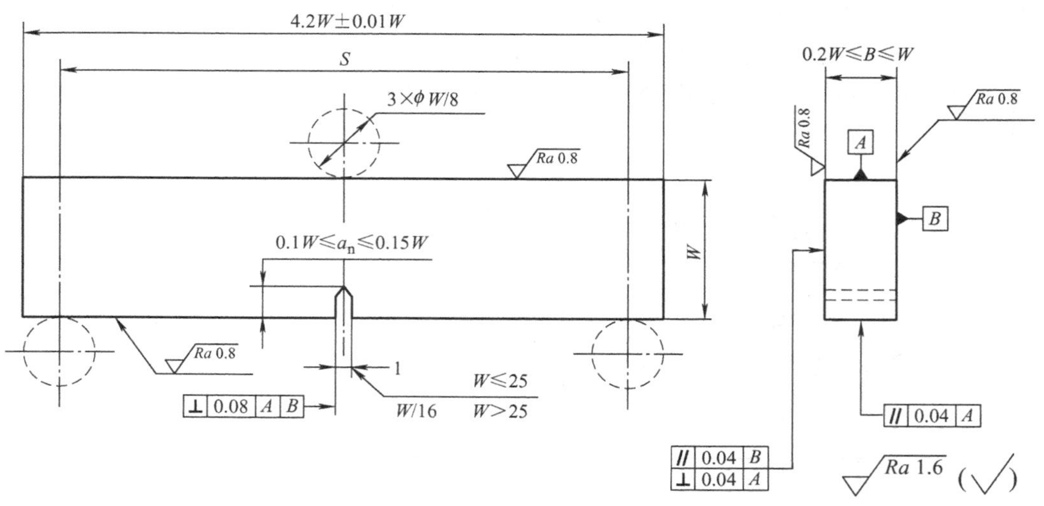

图 14-28　标准单边缺口三点弯曲 SE（B）试样图

三种标准试样的厚度范围、机械缺口长度及裂纹长度计量位置的要求列于表 14-1。试样制备的主要技术要求如下：

1）确保试样的取样方向正确。

2）确保试样各尺寸的精度要求。

3）确保试样表面粗糙度、同轴度、平面度、平行度和垂直度的要求。

4）试样表面不应有划伤及腐蚀，加工时不允许产生冷作硬化及过热，板状试样不允许弯扭及翘曲，并使试样在加工过程中产生的残余应力最小。

表 14-1　三种标准试样的厚度范围、机械缺口长度和裂纹长度计量位置

试样类型	试样厚度 B	机械缺口尺寸 a_n	裂纹长度 a 计量位置
C（T）试样	$W/20 \leqslant B \leqslant W/4$	$a_n \geqslant 0.2W$	从试样加力线开始计量
M（T）试样	最大厚度满足 $B \leqslant W/8$； 最小厚度以不出现屈曲为准	$2a_n \geqslant 3$ 倍的中心孔半径； 采用柔度法时，$2a_n \geqslant 0.2W$	从试样中心孔的中心线 开始计量
SE（B）试样	$W/20 \leqslant B \leqslant W/4$	$0.1W \leqslant a_n \leqslant 0.15W$	从试样边缘开始计量

材料的疲劳裂纹扩展性能可能会随着试样的取样方向不同而有所差异，特别是对各向异性材料。因此，所测数据需明确标示其取样方向。一般取材料 L-T 方向进行疲劳裂纹扩展试验，如设计要求，也可进行 T-L 和 S-L 方向的试验。取样方向标识中的第一个字母为加载轴线方向，第二个字母为裂纹扩展方向。例如 L-T 向取样，L 向（L 通常代表金属主变形方向，即纵向）为加载方向；T 向（T 通常代表材料宽度方向，即横向）为裂纹扩展方向。

2. 试验设备

图 14-29 所示为进行室温疲劳裂纹扩展试验的现场照片。疲劳裂纹扩展试验允许在不同类型的疲劳试验机上进行，但须满足下列条件：

1）试验机的加力系统应有良好的同轴度，使试样受力对称分布。

2）按照 GB/T 16825.2—2008 在静态下检验力值，最大静态误差为 ±1%；按照 JJG

556—2011 在动态下检验力值，最大动态误差为 ±3%。

3）试验机的测力计和作动筒与夹具之间的同轴度误差应≤5%。

4）带有准确的循环计数装置。

3. 夹具和夹持装置

夹具和夹持装置须保证整个试验加载系统具备足够的刚性和良好的同轴度。一般根据试样类型选择相应的试样夹具。三种标准试样夹具的基本要求如下：

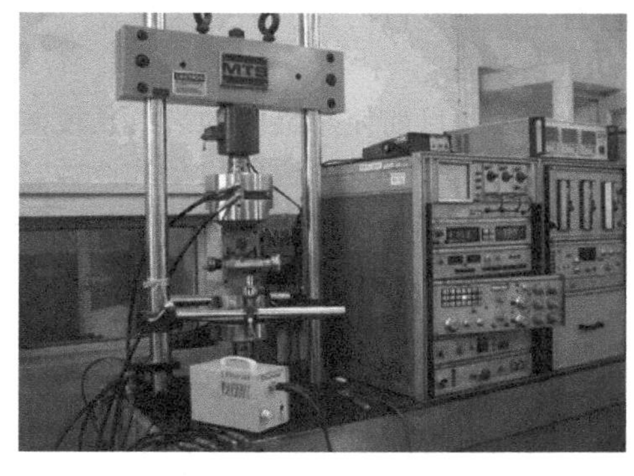

图 14-29　室温疲劳裂纹扩展试验设备

1）C（T）试样采用 U 形夹具，加工夹具的材料的非比例伸长应力 $R_{p0.2}$ 应大于 980.7MPa。夹具的销钉与销孔间隙应设计的使摩擦减至最小。

2）M（T）试样的夹具设计应保证在整个试验过程中试样工作区域内的应力均匀分布。为限制屈曲，薄板试验必须采用约束导板。夹具的夹持方式如下：

① 拉-拉加载，且试样宽度 $W \leqslant 75$mm 时，可采用平板液压夹具或单销夹持。

② 拉-拉加载，且试样宽度 $W > 75$mm 时，可采用平板液压夹具或多排螺栓夹持。

③ 拉-压加载时，可采用压板夹持；夹紧力也可由液压和机械楔形系统提供。

3）SE（B）试样加力线和支承线的圆柱直径取 $W/8$，跨距 S 取 $4W$，圆柱与试样的接触应设计得使摩擦减至最小。

4. 环境装置

金属材料在腐蚀介质、高温或低温环境下进行疲劳裂纹扩展试验时，需附加相应的环境装置，包括环境箱、腐蚀环境盒、高温炉和低温炉等。图 14-30 所示为盐水腐蚀环境和高温环境下疲劳裂纹扩展试验的现场照片。

a）盐水腐蚀环境疲劳裂纹扩展试验

b）高温环境疲劳裂纹扩展试验

图 14-30　盐水腐蚀环境和高温环境下疲劳裂纹扩展试验的现场照片

14.5.3　裂纹长度测量方法

裂纹长度的大小与构件疲劳寿命直接相关，是评价和表征材料疲劳裂纹扩展行为的核心参数。因此，精确测量裂纹长度是疲劳裂纹扩展试验的关键要求之一。随着疲劳断裂技术和数字技术的发展，目前已研究发展出了多种裂纹长度监测技术，并获得了广泛应用。这些裂纹监测技术主要包括目测法、柔度法（COD）和电位法（包括直流电位法和交流电位法）。

1. 目测法

目测法是目前使用最多的裂纹长度测量方法，具有简便、直观和成本低的特点。其操作方法很简单，只需将两台可移动式读数显微镜（放大倍数在 30～50 倍之间）分别对准试样两表面的裂纹，调焦跟读便可测得裂纹长度。其缺点是：不适合在腐蚀气体介质和高/低温环境中测量；对较厚试样，所测结果不能代表裂纹最前缘的实际裂纹长度，需进行裂纹曲率修正；不能实现自动连续检测，试验人员劳动强度较大。

2. 柔度法

柔度法也称裂纹张开位移法或 COD 法。其基本原理是：根据柔度等效理论和线弹性断裂力学原理，推导得到标准试样的量纲一的柔度 $(EBV)/P$ 与归一化裂纹长度 a/W 的关系式，即

$$a/W=f(EBV/P) \tag{14-13}$$

式中 E——材料弹性模量；

B——试样厚度；

W——试样宽度；

V——试样上的测量点位移；

P——施加的载荷值。

在疲劳裂纹扩展试验正式开始前，先将裂纹张开位移规（也称位移规或 COD 规）安装在试样机械缺口嘴的楔形刀口上（见图 14-31）。然后在试验进行过程中，随着裂纹向前扩展，位移规所测的张开位移也有所变化。通过计算机数据采集系统，采集一个或多个载荷循环过程中的力和位移数据，并实时计算，即可获得当前循环数下的裂纹长度。为了排除闭合效应和力反向带来的测量误差，需选取 $0.5P_{max}$～$0.95P_{max}$ 两点间的直线段计算 P-V 曲线的斜率。

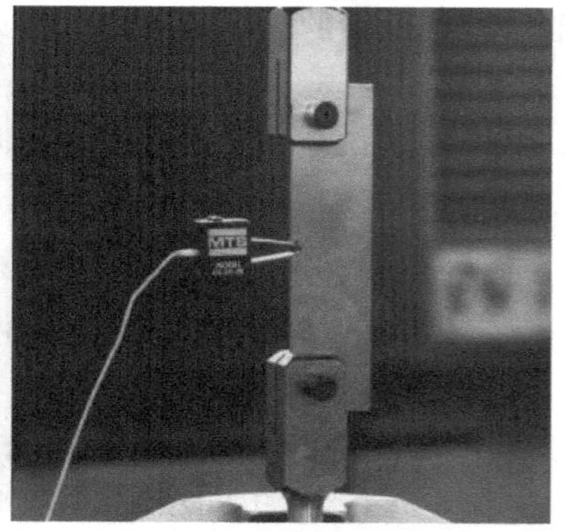

图 14-31　利用 COD 规测量 C（T）试样和 SEN（T）试样的裂纹嘴张开位移

柔度法的特点是：测量精度高；检测过程自动连续，便于实现力学参量的闭环控制，如恒 K 控制、降 K 控制；检测的裂纹长度能够代表裂纹前缘的平均值；可用于高/低温和腐蚀环境下疲劳裂纹长度的测量，但必须备有高/低温位移规或腐蚀位移规。

3. 电位法

当电流通过含裂纹试样时，其电流场是试样几何（尤其是裂纹尺寸）的函数。在恒定

电流下，随着裂纹向前扩展，裂纹尺寸不断增加，裂纹面的电位也会随之增加。对于不同的标准试样，裂纹长度与电位的关系可通过解析推导或数值分析得到。这些关系一般表达为量纲一的电位（V/V_r）与裂纹长度 a 的函数形式，即

$$a=f(V/V_r,a_r) \tag{14-14}$$

式中　V——测量电压值；

V_r——参考裂纹电位；

a_r——与 V_r 对应的参考裂纹长度或缺口尺寸。

例如，对 M(T) 试样，一般采用 Johnson 解析式，即

$$a=\frac{W}{\pi}\arccos\left\{\frac{\cosh[\pi/(WY_0)]}{\cosh\left[\frac{V}{V_r}\operatorname{arcosh}\left[\frac{\cosh\left(\frac{\pi}{W}Y_0\right)}{\cos\left(\frac{\pi}{W}a_r\right)}\right]\right]}\right\} \tag{14-15}$$

式中　W——试样宽度；

Y_0——从裂纹面到电位测量点的距离。

电位法的硬件装置一般由高精度的纳伏表、恒流源、低噪声高稳定性的放大器、A-D 转换器和计算机系统等组成。直流电位法的工作原理示意图如图 14-32 所示。软件系统由 MTS 电位法裂纹长度监测软件与 MTS 数字控制系统组成。

电位法的特点是：测量精度高；检测过程自动连续，便于实现力学参量的闭环控制；检测的裂纹长度能够代表裂纹前缘的平均值；适应于室、高温环境下测量，无须配备精密的高温 COD 规；特别适合高导电率、电位信号小的铝合金和钛合金的疲劳裂纹长度监测。在国内，北京航空材料研究院采用直流电位法成功测定了铝合金和钛合金在高温（150～250℃）下的疲劳裂纹扩展速率。图 14-33 所示为电位法和目测法监测的裂纹长度的对比结果。由图 14-33 可见，两种方法所测的裂纹长度吻合得很好。显然，相比于目测法，电位法节省了人力成本，且具备足够的测量精度。

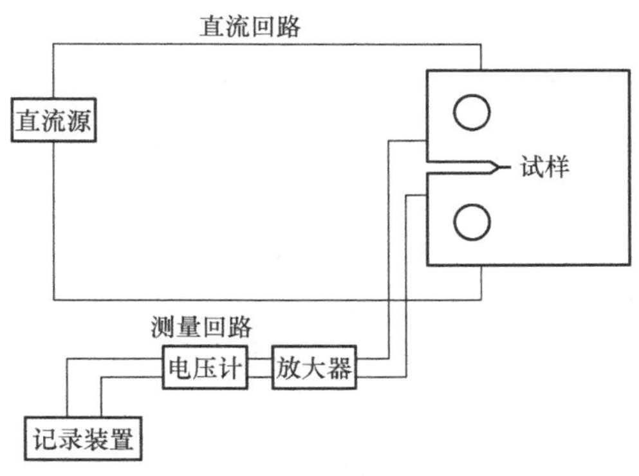

图 14-32　直流电位法的工作原理示意图

14.5.4　试验方法要点

1. 试样尺寸的测量

用最小分度值不大于 0.01mm 的量具在试样的韧带区域三点处测量试样厚度 B，取算术平均值。用最小分度值不大于 $0.01W$ 的量具在试样的裂纹所在截面附近测量试样宽度 W。

2. 疲劳裂纹的预制

预制疲劳裂纹的目的是消除机械切口末端由于机械加工而引起的残余应力，并制造出尖锐锋利的裂纹尖端。预制裂纹长度不得小于 1mm，一般为 1.0～2.0mm；且要求前后两面裂纹长度之差不超过 $0.25B$ 或左右两侧裂纹长度测量值之差不超过 $0.025W$，否则视为预制

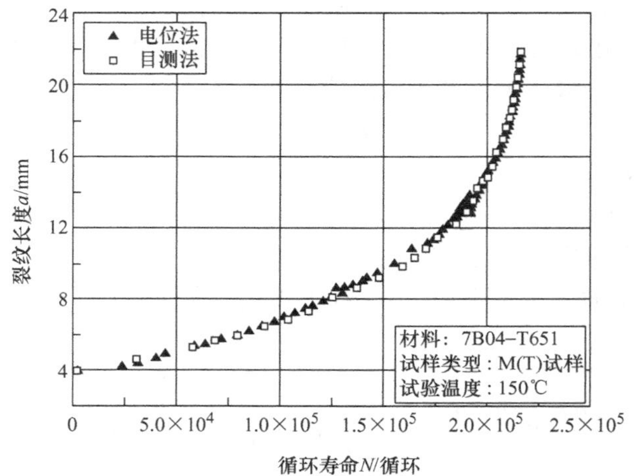

图 14-33　电位法和目测法监测的裂纹长度的对比结果（在 a-N 曲线中）

无效。

预制裂纹时的初始载荷大小根据试样尺寸（B、W）和应力比确定，一般取为屈服强度的 10%～25%。为防止在裂纹尖端产生过载延迟效应，应至少采用两级应力水平进行逐级降载预制，每一级的裂纹扩展量 Δa 应大于 $(3/\pi)(K_{max}/R_{p0.2})^2$，该值一般取为 0.5～0.8mm。

3. 测试过程和要求

预制好裂纹后，便可正式进行疲劳裂纹扩展试验。恒幅疲劳裂纹扩展试验过程中，保持最大载荷 P_{max} 和应力比 R 恒定。在裂纹每扩展一个 Δa 后，测量当前裂纹长度 a 并记录相应循环周次 N。重复该过程直至试样断裂，即可得到一系列 a 和 N 的成组数据对（即 a-N 曲线）。试验过程需满足以下要求：

1）试验最大载荷 P_{max} 不得大于最终预制裂纹的最大载荷。

2）Δa 的测量间隔应使 da/dN-ΔK 数据点均匀分布，一般应使 Δa = 0.4～0.8mm，最小 $\Delta a \geqslant 0.25$mm 或 10 倍的裂纹长度监测精度。

3）试验中任何一点平均穿透裂纹与试样对称平面的最大偏离不应超过 ±10°，否则此点数据无效。

4）试验中某一点处前后表面裂纹长度测量值之差不应超过 $0.25B$ 或左右两侧裂纹长度测量值之差（取前后表面的算术平均值）不应大于 $0.025W$，否则此点数据无效。

5）观测裂纹长度时，为增加裂纹尖端的清晰度，允许施加静载，但此静载不得大于当前 P_{max} 的 80%。

6）如采用目测法测量裂纹长度，当 $B/W < 0.15$ 时，对 C（T）试样和 SE（B）试样只需在一个表面上测量裂纹长度；对于 M（T）试样则需在左右两侧测量裂纹长度，并取算术均值。当 $B/W \geqslant 0.15$ 时，对 C（T）试样和 SE（B）试样需在前后两个表面上测量裂纹长度，并取算术均值；对 M（T）试样需在前后表面的左右两侧测量 4 个裂纹长度，并取算术均值。

7）若长时间中断试验，且中断后的裂纹扩展速率低于中断前，则试验无效。

8）若存在温度及环境影响时，须考虑载荷频率和波形的影响。

14.5.5　试验数据的处理及测试报告

1. 裂纹曲率的修正

裂纹曲率的修正针对目测法且在试样较厚的情况下。在裂纹扩展至任意长度，如果由断口测量得到的裂纹长度 a 所计算出的 K 值与由目测得到的 a 所计算出的 K 值的相对误差超过 5%，则需进行曲率修正。修正时，至少在两个裂纹长度处（例如预制裂纹长度和裂纹断裂长度）测量厚度方向上三个位置处（例如 $B/4$、$B/2$、$3B/4$）的裂纹长度，其算术平均值与目测法得到的相应的 a 值之差即为曲率修正量。中间各裂纹长度处的曲率修正量，以上述两个位置为头尾进行线性内插而得到。

2. 疲劳裂纹扩展速率 da/dN 的计算

通过上述试验过程可以获得裂纹长度和对应循环数的 a-N 曲线，如图 14-34 所示。针对 a-N 数据，采用割线法或七点递增多项式法进行处理计算，便可得到疲劳裂纹扩展速率 da/dN 值。

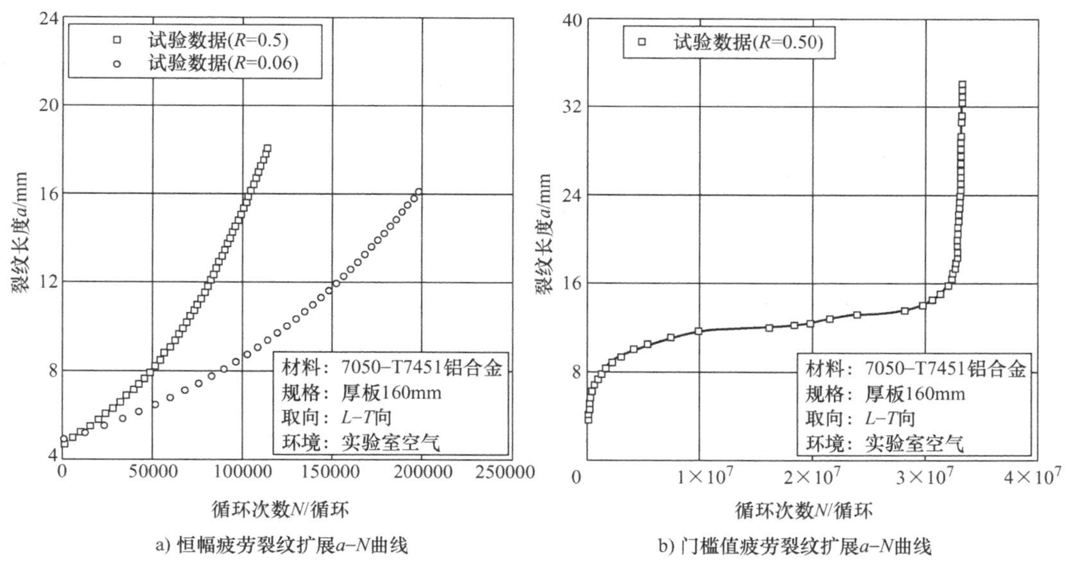

a) 恒幅疲劳裂纹扩展 a-N 曲线　　b) 门槛值疲劳裂纹扩展 a-N 曲线

图 14-34　疲劳裂纹扩展 a-N 曲线

（1）割线法　割线法能比较真实地反映 a-N 数据的变化趋势，而且在处理门槛值附近试验数据点较少的情况时，可以确保获得至少 5 个以上的数据点，因而广泛采用。其计算式为

$$\mathrm{d}a/\mathrm{d}N=\frac{\Delta a}{\Delta N}=\frac{a_{i+1}-a_i}{N_{i+1}-N_i} \tag{14-16}$$

式中　a_i——与循环次数 N_i 对应的裂纹长度。

（2）七点递增多项式法　七点递增多项式法是指通过局部拟合七个数据点后求导得出中间一点的 da/dN 值。与割线法相比，该方法在数值上人为地使数据曲线变得更为“光滑”一些。

3. 应力强度因子范围 ΔK 的计算

对于不同类型的试样形式，其应力强度因子范围 ΔK 的计算公式各不相同。三种常用的标准试样的 ΔK 计算公式如下所列。

（1）对于 C(T) 试样

$$\Delta K=\frac{\Delta P}{B\sqrt{W}}\frac{(2+\alpha)}{(1-\alpha)^{3/2}}(0.886+4.64\alpha-13.32\alpha^2+14.72\alpha^3-5.6\alpha^4) \tag{14-17}$$

式中，$\alpha=a/W$。

式（14-17）的适用范围为 $a/W\geqslant0.2$。

（2）对于 M(T) 试样

$$\Delta K=\frac{\Delta P}{B}\sqrt{\frac{\pi\alpha}{2W}\sec\frac{\pi\alpha}{2}} \tag{14-18}$$

式中，$\alpha=2a/W$。

式（14-8）的适用范围为 $2a/W\leqslant0.95$。

（3）对于 SE（B）试样（跨距 $S=4W$）

$$\Delta K=\frac{\Delta P}{B\sqrt{W}}\frac{6\alpha^{1/2}}{(1+2\alpha)(1-\alpha)^{3/2}}[1.99-\alpha(1-\alpha)(2.15-3.93\alpha+2.7\alpha^2)] \tag{14-19}$$

式中，$\alpha=a/W$。

式（14-19）的适用范围为 $0.3\leqslant a/W\leqslant0.9$。

式（14-17）、式（14-18）、式（14-19）中的 a 均为平均裂纹长度，其计算式为

$$a=(a_{i+1}+a_i)/2 \tag{14-20}$$

4. 试验数据的有效性检验

为了满足小范围屈服的线弹性条件，需保证裂纹尖端区域有足够的韧带尺寸（$W-a$）或（$W-2a$）。标准规定一般材料的疲劳裂纹扩展试验数据的有效性判据如下：

（1）对于 C(T) 试样

$$W-a\geqslant\frac{4}{\pi}\left(\frac{K_{max}}{R_{p0.2}}\right)^2 \tag{14-21}$$

式中　K_{max}——当前最大应力强度因子值。

（2）对于 M(T) 试样

$$W-2a\geqslant\frac{1.25P_{max}}{BR_{p0.2}} \tag{14-22}$$

式中　P_{max}——当前最大载荷值。

（3）对于 SE(B) 试样（跨距 $S=4W$）

$$W-a\geqslant\frac{4}{\pi}\left(\frac{K_{max}}{R_{p0.2}}\right)^2 \tag{14-23}$$

5. 试验结果的表达和测试报告

由上述数据处理可得到材料的有效 da/dN 数据和对应的 ΔK 数据，将一系列（ΔK，da/dN）数据对画入双对数坐标系中，即可得到如图 14-35 所示的疲劳裂纹扩展 da/dN-ΔK 数据曲线。除了绘制 da/dN-ΔK 曲线，还需给出整个试验过程的测试报告，该测试报告应包括以下内容：

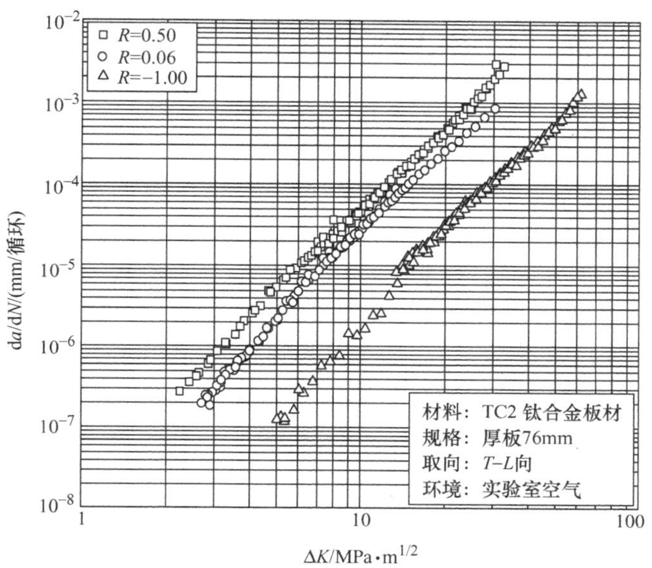

图 14-35　疲劳裂纹扩展 da/dN-ΔK 曲线

1）试样类型（包括试样厚度 B 和试样宽度 W）。

2）对试验设备和测量裂纹长度的装置及其精度的描述和说明。

3）相关的材料特性，包括热处理制度、化学成分、静力性能（至少包括屈服极限、延伸率和断面收缩率两参数之一）。产品尺寸和形状（例如薄板、厚板和锻件）也应明确。如有必要，材料的应力松弛方法应加以说明（与热相关的方法，需提供温度和介质细节；与热无关的方法，需提供力和频率的细节）。

4）取样方向。如果试样取自较大的产品件，则需标示其在母件中的位置。

5）疲劳预制裂纹的 ΔK、R 和裂纹长度的终止值。

6）试验载荷参数，包括 ΔP、R、循环频率和波形。

7）环境参数，包括温度、化学成分、pH 值（对液态介质而言）、压力（对气态和真空条件而言）、空气湿度（对空气环境而言）。

8）数据分析方法，包括 a-N 数据转化为 da/dN 数据的方法、裂纹曲率修正的方法和结果。

9）对于未在本方法中给出的试样，需提供试样的 K 计算式和尺寸规定，以保证裂纹尖端满足小范围屈服条件。

10）画出 da/dN-ΔK 数据曲线图（建议以 ΔK 为横坐标 da/dN 为纵坐标，常用双对数坐标系，为了较好地比较数据，ΔK 轴一个数量级的长度应该是 da/dN 轴一个数量级长度的 2～3 倍）。

11）对引起数据反常（例如试验中断后或载荷条件改变后的瞬时扩展）的任何现象进行说明。

12）每次试验的 a、N、ΔK、da/dN 值都应以表格形式列出。此外，对于不满足标准试样尺寸要求的试样，应明确列出全部试验数据。

14.6 疲劳裂纹扩展门槛值 ΔK_{th} 的测定

疲劳裂纹扩展门槛值 ΔK_{th} 定义为疲劳裂纹扩展速率 da/dN 接近于零时对应的 ΔK 值。在工程上，为了便于操作，一般定义 $da/dN = 10^{-7}$mm/循环对应的 ΔK 值为门槛值 ΔK_{th}，如图 14-36所示。

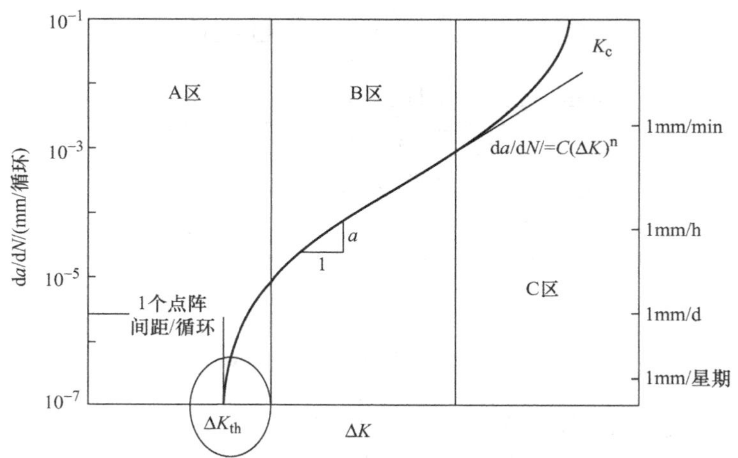

图 14-36 疲劳裂纹扩展门槛值 ΔK_{th} 的示意图

门槛值 ΔK_{th} 的测试标准同样为 GB/T 6398—2017《金属材料　疲劳试验　疲劳裂纹扩展速率试验方法》和 ASTM E647—2011 “Standard Test Method for Measurement of Fatigue Crack Growth Rates”。在航空领域常用的试样同样也是中心裂纹拉伸 M(T) 试样、紧凑拉伸 C(T) 试样、单边缺口三点弯曲 SE(B) 试样三种。

14.6.1 试验原理

在保证裂纹尖端处于小范围屈服（即裂尖端塑性区尺寸 r_y 远小于试样几何尺寸）的线弹性条件下，采用降载法（分级降载或连续降载）逐步降低裂尖有效驱动力 ΔK，使得 r_y 近似趋近于零，以达到裂尖为线弹性体的理想状态。试验过程中记录每级载荷水平或每级 ΔK 水平下的裂纹长度 a 和对应的循环次数 N。逐步降载直至 ΔK 降至使 $da/dN \leqslant 1 \times 10^{-7}$mm/循环。在完成降 K 试验后，需进行增 K 试验，直至试样断裂。整个试验过程如图 14-37 所示。对得到的 da/dN-ΔK 数据进一步处理，可得到材料的门槛值 ΔK_{th}。

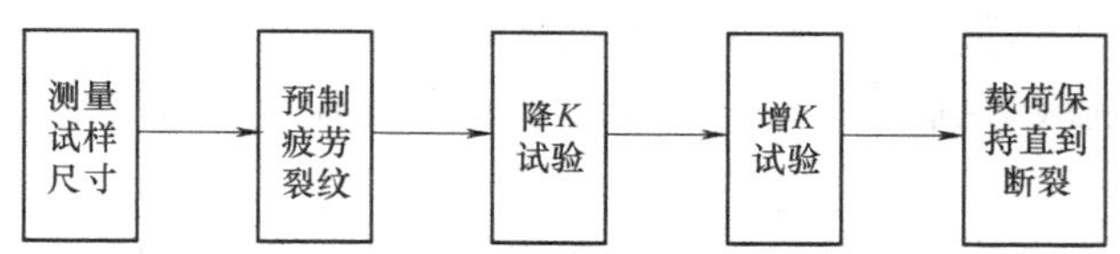

图 14-37 疲劳裂纹扩展门槛值 ΔK_{th} 测试过程

疲劳裂纹扩展门槛值试验的特点是：测试技术难度较大，容易受试验条件和多种因素影响，测试周期较长，测定一个门槛值通常需要连续试验 7 ~ 10d。

14.6.2　降 *K* 试验

在保持应力比 R 不变的条件下，手动或自动控制进行降 K 试验。降 K 过程的设计应考虑疲劳裂纹扩展增量与降力参数的范围，其最佳值取决于材料、R 及试样宽度。推荐三种降 K 方法：手动逐级降力法、恒力控制的 K 梯度法、恒 K 控制的 K 梯度法。

1. 手动逐级降力法

手动逐级降力法示意图如图 14-38 所示，整个降力过程保持 R 恒定不变。一般要求降力百分比 $R_1=5\%\sim10\%$，裂纹扩展增量 $\Delta a=0.25\sim0.5\text{mm}$。其中 R_1 定义为

$$R_1=\frac{P_{i-1}-P_i}{P_i}\times100\% \tag{14-24}$$

式中　P_{i-1}——前一级载荷的最大力值；

P_i——当前载荷的最大力值。

如果载荷下降过快或 Δa 较小，裂纹尖端将很难穿越前一级高载荷产生的塑性区尺寸 r_y［r_y 可按式（14-25）计算］，导致 $\mathrm{d}a/\mathrm{d}N$ 突降，甚至完全停止扩展。反之，如果载荷下降太慢或 Δa 较大，则裂纹表面容易在潮湿空气中发生氧化，引起氧化物诱发的裂纹闭合效应，使得 ΔK_{th} 明显增大，而且试验周期也很长。因此，需要合理地选择 R_1 和 Δa。其选取原则为：需保证裂尖穿越上一级载荷产生的塑性区尺寸，一般要求每级载荷水平下的 Δa 至少超过 r_p 的4～6 倍。推荐的 R_1 和 Δa 组合为：$R_1=10\%$ 时，$\Delta a=0.5\text{mm}$；$R_1=5\%$ 时，$\Delta a=0.25\text{mm}$。

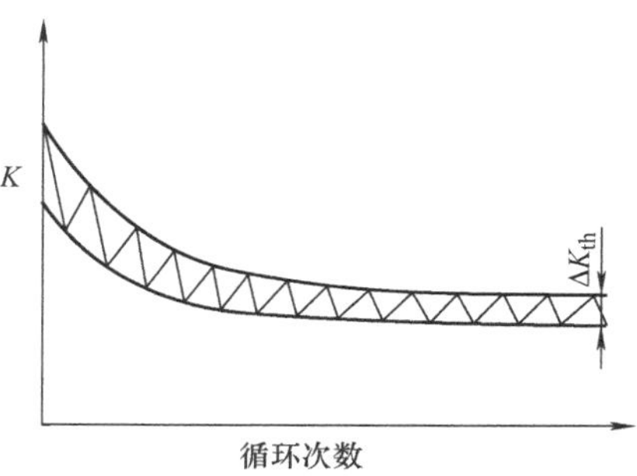

图 14-38　手动逐级降力法示意图

$$r_\text{y}=\alpha\left(\frac{K_{\max}}{R_{\text{p}0.2}}\right)^2\quad \alpha=\begin{cases}1/(2\pi)\text{（平面应力）}\\1/(6\pi)\text{（平面应变）}\end{cases} \tag{14-25}$$

实际试验中，可根据材料的 $\mathrm{d}a/\mathrm{d}N$-ΔK 曲线斜率和经验确定 R_1 和 Δa，例如，对 $\mathrm{d}a/\mathrm{d}N$-ΔK 曲线较陡的材料，在近门槛值附近（$\mathrm{d}a/\mathrm{d}N=1\times10^{-6}\sim1\times10^{-7}$mm/循环），可选择 $R_1=3\%\sim5\%$，$\Delta a=0.25\sim0.35\text{mm}$。

2. 恒力控制的 *K* 梯度法

类似于手动逐级降力法，恒力控制的 K 梯度法也是在保持 R 恒定不变的条件下逐级降载，且每级载荷的最大力值保持恒定，其示意图如图 14-39 所示。不同之处是恒力控制的 K 梯度法先由式（14-26）得到 ΔK 值并进而计算出降载量 ΔP，而手动逐级降力法则是根据经验确定 ΔP。

$$\Delta K=\Delta K_0\mathrm{e}^{C(a-a_0)} \tag{14-26}$$

式中　ΔK_0、a_0——降载开始时的初始载荷应力强度因子幅和对应的裂纹长度；

C——规范化 K 梯度，定义为 K 随裂纹长度增加而变化的相对变化率。

C 的计算式为

$$C=\frac{1}{K}\frac{\mathrm{d}K}{\mathrm{d}a} \tag{14-27}$$

C 值为正，表示增 K；C 值为负，表示降 K。试验过程中 C 值始终保持恒定。

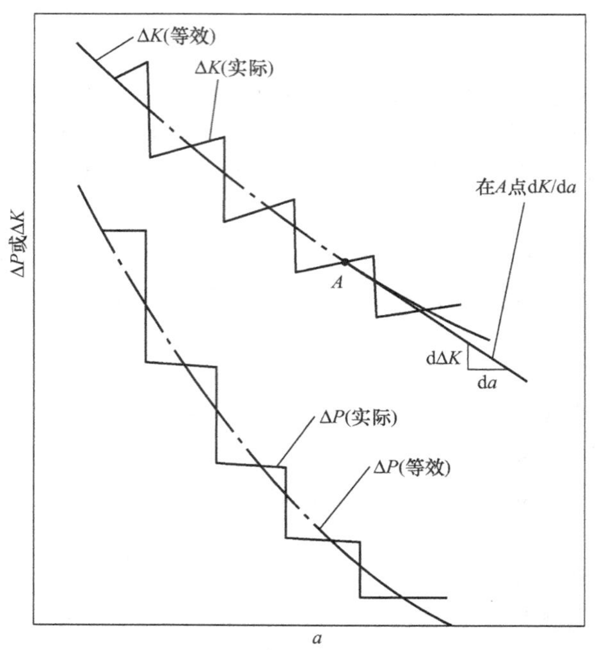

图 14-39　恒力控制的 K 梯度法示意图

由式（14-26）可见，适当地选取 C 值便可达到合理降载的目的。如果 C 的绝对值太小，降载级数多，试验周期过长（一般应以 $da/dN=10^{-7} \sim 10^{-6}$mm/循环之间有 5 ~ 10 对数据点为宜）。如果 C 的绝对值太大，降载级数少，不利于消除延滞效应，易于引起门槛值数据反常。标准规定选取 $C=-0.05 \sim -0.15\text{mm}^{-1}$。一般对于过载迟滞效应较敏感的材料、$R$ 较小或门槛值附近 da/dN-ΔK 曲线斜率较大的情况，应选择较小的降 K 速率（即绝对值较小的负向 C 值）；反之，则可选择较大的降 K 速率（即绝对值较大的负向 C 值）。确定 ΔP 后，便可根据手动逐级降力法中裂纹扩展增量 Δa 与降载百分比 R_1 的关系来选取适当的 Δa 值。

3. 恒 K 控制的 K 梯度法

恒 K 控制的 K 梯度法示意图如图 14-40 所示。该方法是通过调节每级力值的大小，来保证降载后每级的应力强度因子幅值 ΔK 恒定。ΔK 同样按式（14-26）计算，推荐规范化 K 梯度 $C=-0.05 \sim -0.2\text{mm}^{-1}$。终止裂纹长度以控制 K 值稳定并达到相应的准确度要求为限。该方法不能通过手动实现降载，只能通过计算机进行自动控制，以期有效地缩短试验调期。同样，裂纹扩展增量 Δa 和 R_1 的对应关系也按手动逐级降力法选取。

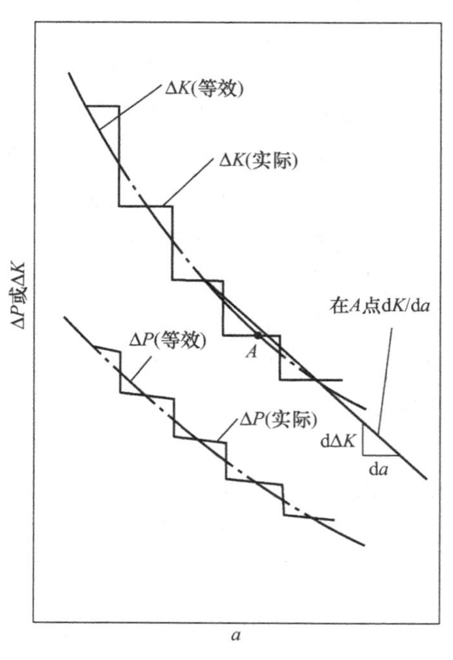

图 14-40　恒 K 控制的 K 梯度法示意图

14.6.3　增 K 试验

增 K 试验的目的是补充并验证降 K 的试验数据。由于在降 K 试验中，对于 da/dN-ΔK 曲线斜率较大的情况，即使选用很小的降 K 速率也难以得到足够的数据点，此时可用增 K 试验增加一些数据点。另外，当对降 K 试验结果的可靠性有疑问时，也可用增 K 试验进行验证。若增 K 试验的 da/dN-ΔK 数据对与降 K 试验的数据相吻合，则认为降 K 试验是有效的。

增 K 试验一般通过手动逐级增力法实现。以降 K 试验的最低一级载荷为增 K 试验起点，逐级提高载荷，要求载荷增量为前一级载荷的 5%～10%，裂纹长度测量间隔 $\Delta a=0.25\sim0.5$mm。增 K 试验一直进行到 $da/dN\geqslant1\times10^{-5}$mm/循环，之后可保持载荷恒定，按恒幅疲劳裂纹扩展试验程序进行，直至试样断裂为止。

如果是按恒 K 控制的 K 梯度法进行增 K 试验，则增 K 的幅度 ΔK 值也按式（14-26）计算，推荐的规范化 K 梯度 $C\leqslant0.0625/\Delta a$。

14.6.4　门槛值 ΔK_{th} 的确定及测试报告

近门槛值区的疲劳裂纹扩展速率 da/dN 推荐用割线法处理。对于恒定 R 的疲劳裂纹扩展速率在 $1\times10^{-7}\sim1\times10^{-6}$mm/循环区间的 da/dN-ΔK 数据对（至少 5 对数据点），按式（14-28）进行最佳拟合。

$$\frac{da}{dN}=C_1(\Delta K)^{n_1} \tag{14-28}$$

式中　C_1 和 n_1——拟合参数。

拟合得到参数 C_1 和 n_1 值，令 $da/dN=1\times10^{-7}$mm/循环，由式（14-28）计算得到的 ΔK 值即为疲劳裂纹扩展门槛值 ΔK_{th}。

测试报告中除了须列出 14.5.5 节要求的内容外，还应给出降 K 方法及其细节（需明确 C 值、K_0 和 a_0），并明示是否使用增 K 数据对降 K 数据进行了验证。须给出 ΔK_{th} 值以及用于得到 ΔK_{th} 的拟合方程的参数 C_1 和 n_1 值。另外，还需报告获取 ΔK_{th} 过程中的最低扩展速率。

*14.7　谱载疲劳裂纹扩展速率试验

不同于恒幅疲劳裂纹扩展速率试验，谱载疲劳裂纹扩展速率试验中的循环载荷是能够描述飞机在真实使用环境下的随机载荷谱。图 14-41 所示为适用于大型运输机机翼根部的 miniTwist 随机载荷谱的载荷历程，共计 58442 个循环周次。研究证明，材料在变幅载荷下的疲劳裂纹扩展行为经常不同于恒幅下，因此需针对真实载荷谱，开展材料的谱载疲劳裂纹扩展速率试验测试和研究。

14.7.1　试验方法要点

谱载疲劳裂纹扩展速率试验步骤主要包括以下几方面：

1）将设计载荷谱转换成试验应力谱，并在液压伺服疲劳机上进行调试。调试时，针对不同过载比值大小采用变频加载方式，以使反馈载荷与施加载荷的波形基本吻合，如图 14-42

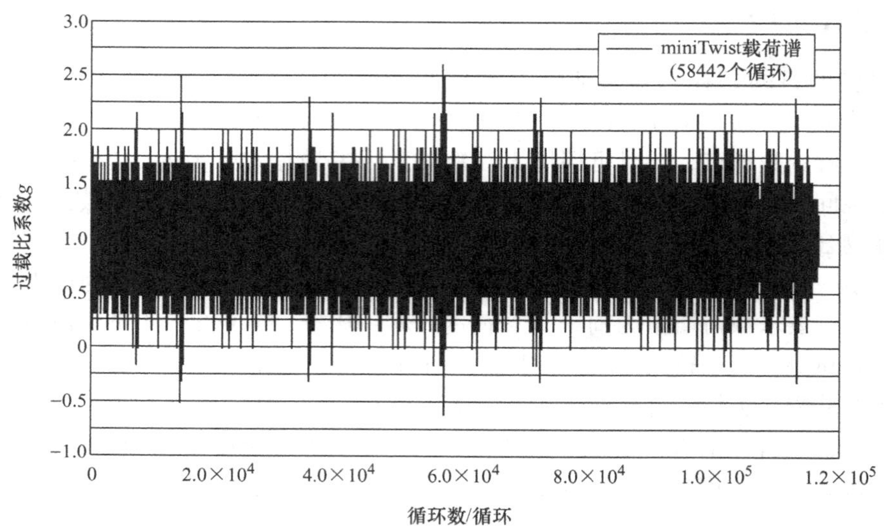

图 14-41　适用于大型运输机机翼根部的 miniTwist 随机载荷谱

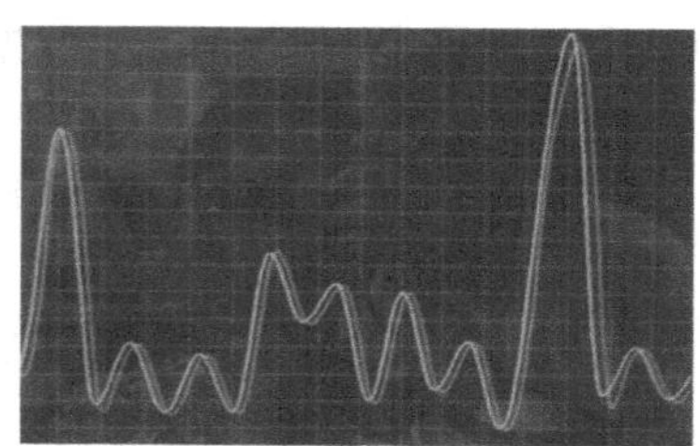

图 14-42　反馈载荷与施加载荷的实时波形

所示。

2）预制疲劳裂纹时，一般取应力比 $R=0.1$，在给定载荷水平下分 2～3 级进行，并使最后一级的最大载荷水平接近随机载荷谱的平均值。预制的裂纹长度一般为 1.5～2.0mm。

3）可以选择在不同应力水平的载荷谱条件下进行试验，以获得材料在不同载荷水平下的谱载疲劳裂纹扩展行为特性。最高一级应力水平下的循环寿命一般应至少为 1～2 倍的设计飞行寿命。

4）裂纹长度测量间隔 Δa 一般控制在 0.3～0.5mm 之内，也可在适当的应力水平下每完成一次整谱循环块后测量一次裂纹长度，并记录相应循环数。在裂纹扩展后期，可适当增加测量次数。

14.7.2　试验结果表达

谱载疲劳裂纹扩展速率试验结果一般表达为不同应力水平下的疲劳裂纹扩展 a-N 曲线，如图 14-43 所示。测试报告中除了须列出 14.5.5 节要求的内容外，还应对试验载荷谱进行说明和描述，并给出试验时的各级应力水平值。

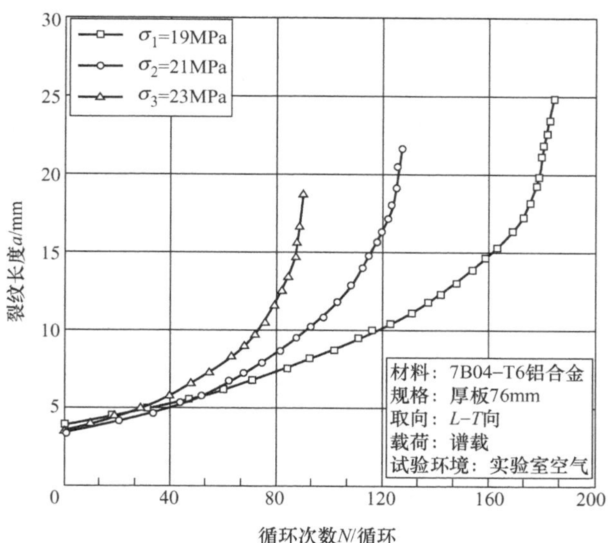

图 14-43　7B04-T6 铝合金厚板谱载疲劳裂纹扩展 a-N 曲线

* 14.8　腐蚀疲劳裂纹扩展速率试验

腐蚀疲劳裂纹扩展速率试验现行的标准试验方法是我国发布的 HB 6626—1992《金属材料在含水介质中疲劳裂纹扩展速率试验方法》。腐蚀疲劳裂纹扩展速率试验程序及相关要求均与 GB/T 6398—2017《金属材料　疲劳试验　疲劳裂纹扩展速率试验方法》保持一致，这里只对其不同于常规疲劳裂纹扩展试验的操作规程和要求加以介绍。

14.8.1　试样

腐蚀疲劳裂纹扩展速率试验可用的标准试样除了中心裂纹拉伸 M（T）试样和紧凑拉伸 C（T）试样（见 14.5.2 节）外，还包括 WOL 试样。腐蚀疲劳裂纹扩展标准 WOL 试样如图 14-44所示。

WOL 试样的应力强度因子幅 ΔK 的计算公式为

$$\Delta K=\frac{\Delta P}{B\sqrt{W}}\frac{(2+\alpha)}{(1-\alpha)^{3/2}}(0.807+8.858\alpha-30.23\alpha^2+41.088\alpha^3-24.15\alpha^4+4.951\alpha^5) \tag{14-29}$$

式中，$\alpha=a/W$。

式（14-29）的适用范围为 $a/W\geqslant 0.2$。相应地，WOL 试样的试验数据有效性判据为

$$W-a\geqslant\frac{4}{\pi}\left(\frac{K_{\max}}{R_{p0.2}}\right)^2 \tag{14-30}$$

14.8.2　腐蚀试验装置

推荐采用图 14-45 所示的循环系统作为腐蚀疲劳裂纹扩展试验的辅助装置。介质盒和循

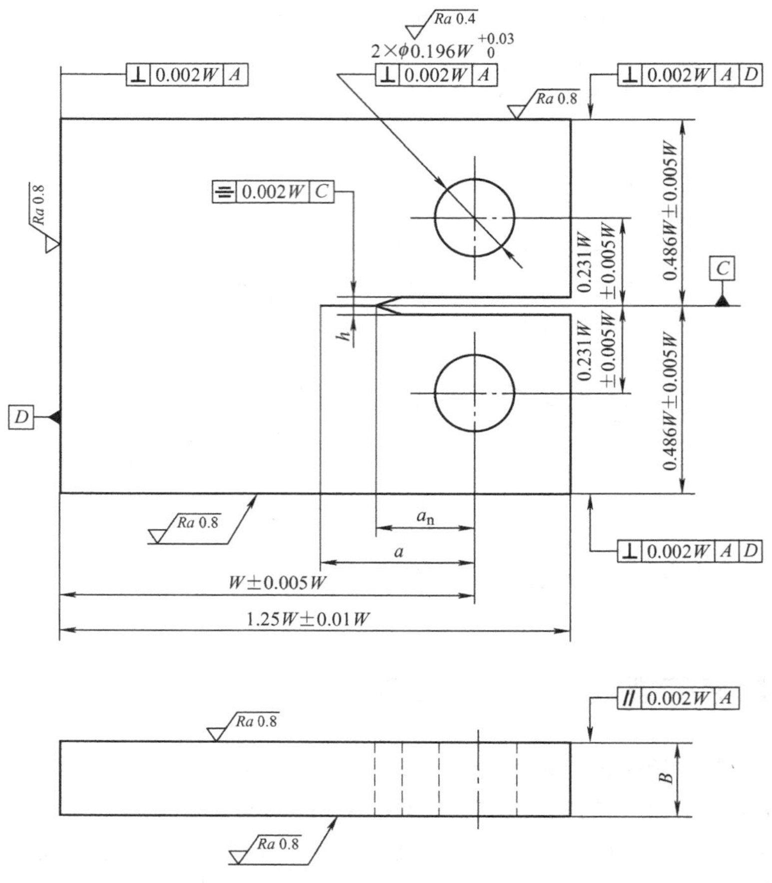

图 14-44　腐蚀疲劳裂纹扩展标准 WOL 试样

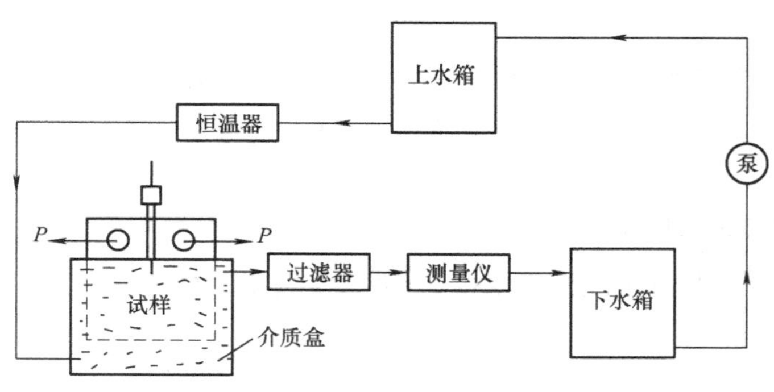

图 14-45　腐蚀疲劳裂纹扩展溶液循环系统

环系统应全部由有机玻璃、塑料制品等非金属材料制成。介质盒的设计应避免夹具与试验溶液接触，以防止腐蚀夹具。介质盒应保证能将试样的裂纹扩展部分整个装入，且入水口和出水口位置适当，以确保试验溶液能围绕试样的裂纹扩展部分流动。试验时，循环系统的流量要确保每分钟至少置换介质盒内溶液一次。介质盒里应有足够体积的介质，该体积量应与试样被浸面积保持正比关系，推荐该比值大于 $20mL/cm^2$。

14.8.3　试验方法要点

腐蚀疲劳裂纹扩展速率试验须注意以下事项：

1）试验前，应使用试验溶液对试样进行预浸泡，建议预浸泡时间不小于 24h。可以根据试验要求配置试验溶液；常用蒸馏水或去离子水配置含 NaCl 为 3.5%（质量分数）的盐水溶液。

2）建议在夹具的销子和 U 形夹具的承载表面涂防腐蚀润滑油，以使腐蚀和摩擦减至最小，但须注意防止润滑油对溶液的污染。

3）安装试样前，应清洗试样表面和切口。建议采用酒精或丙酮清洗，但不应引起试样表面的腐蚀和损伤。

4）可用与正式试验不同的载荷和频率在实验室空气环境中预制疲劳裂纹，但须在通入溶液按正式试验条件再扩展不小于 1mm 的裂纹长度后，所测数据才可作为正式试验数据。

5）载荷波形和加载频率会强烈影响材料的腐蚀疲劳裂纹扩展性能，因此，在选择试验参数时，必须考虑这些影响因素——这对于高强钢和钛合金尤其如此。

6）如中断试验时间较短，试样应继续浸泡在循环试验溶液中。如试样离开试验溶液时间较长，则在继续试验时，其裂纹扩展增量应大于 1mm 后方可计入正式试验数据。

7）对于腐蚀作用明显的试验，允许清除试样表面的腐蚀产物，以利于试验溶液浸入裂纹尖端区域，并便于目测观察裂纹长度以及裂纹尖端形态。

8）每次开始试验时，应使用没有与其他金属件接触过的新鲜溶液。对于闭环循环流动的试验溶液，不超过一星期全部更换一次。

9）试验中，建议至少每 4 ~ 8h 测量一次腐蚀电位以及溶液的 pH 值、电导率和溶解氧含量，并加以记录。须注意监测氧化物诱发的裂纹闭合现象特征，例如裂纹加速或减速，裂纹停滞、分岔、倾斜等，并加以记录。

10）可采用柔度法或电位法为主、目测法为辅的裂纹监测手段。如采用了电位法，须确保不对试验结果产生电化学影响。使用目测法测量裂纹长度时，可加静载以增加裂尖清晰度，但所加载荷应小于试验载荷，且对应的 K 值须小于应力腐蚀开裂应力强度因子 $K_{\mathrm{I\,scc}}$，以免引起静载裂纹扩展。

14.8.4　试验结果表达

与常规疲劳裂纹扩展试验一样，腐蚀疲劳裂纹扩展的试验结果一般也表达为双对数坐标系下的 $\mathrm{d}a/\mathrm{d}N\text{-}\Delta K$ 曲线，如图 14-46 所示，试验数据有时较为分散。测试报告中除了须列出 14.5.5 节要求的内容外，还应对以下内容加以明示：

1）采用的加载频率和波形。

2）溶液的化学成分。

3）介质盒以及用于环境监测和控制的所有仪器。

4）环境监测与控制的方法。

5）电位、pH 值、溶解氧、电导率和温度等环境参数。

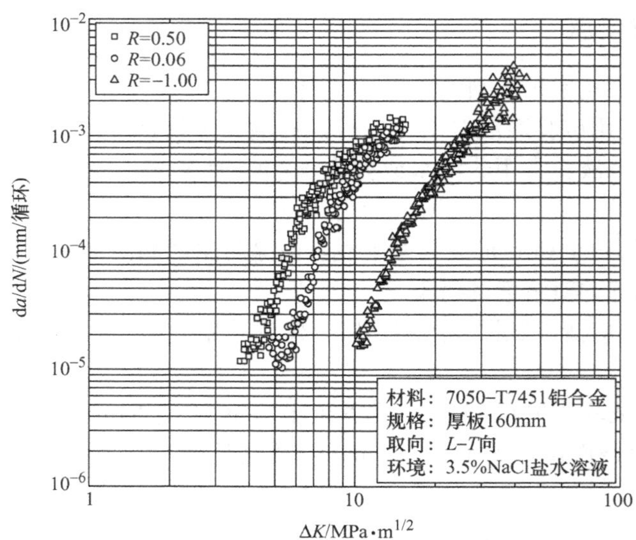

图 14-46　7050 铝合金的 3.5% NaCl 盐水溶液疲劳裂纹扩展 da/dN-ΔK 数据

*14.9　疲劳小裂纹扩展速率试验

上述疲劳裂纹扩展速率试验主要针对长裂纹体（初始裂纹长度 $a_0 \geqslant 2$mm）。但实际工程构件和材料都存在诸多不可避免的微小缺陷，例如显微结构缺陷（空洞、夹杂物）等。从微观缺陷发展到宏观可检裂纹长度（$a = 0.1 \sim 2$mm）的过程，一般认为是小裂纹扩展阶段。试验证明，小裂纹疲劳扩展阶段的循环寿命往往占构件总寿命的大部分，因此研究小裂纹的疲劳扩展行为对于飞机寿命评估具有重要意义。

疲劳小裂纹扩展速率试验现行的标准试验方法是我国发布的 HB 7705—2001《金属材料疲劳小裂纹扩展速率试验方法》，该标准的试验程序及相关要求均与 GB/T 6398—2017《金属材料　疲劳试验　疲劳裂纹扩展速率试验方法》保持一致，这里只对其不同之处加以介绍。

14.9.1　小裂纹效应

研究证明，小裂纹与长裂纹的疲劳扩展行为存在明显差异（见图 14-47），这种差异一般称为小裂纹效应。小裂纹效应主要表现在以下几方面：

1）在相同的名义 ΔK 下小裂纹扩展速率比长裂纹快。

2）当施加的 ΔK 远低于长裂纹门槛值 ΔK_{th}时，小裂纹仍能继续扩展。

3）小裂纹门槛值 $\Delta K_{th,s}$随裂纹长度增加而提高，当达到一定裂纹长度时，$\Delta K_{th,s}$与长裂纹门槛值 ΔK_{th}基本一致。

可见，由于小裂纹效应的存在，如采用按常规试验方法获得的长裂纹疲劳扩展数据来预测有微小裂纹构件的疲劳寿命势必造成非保守的预测结果，降低了飞机的安全性，因此必须引起极大重视。目前，小裂纹效应的研究已成为工程界的研究热点之一。

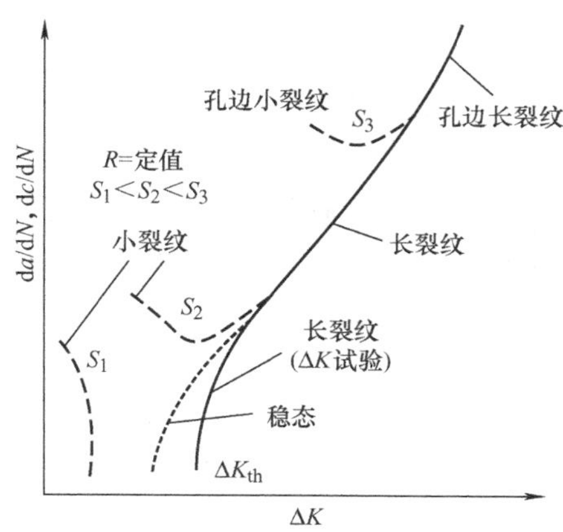

图 14-47　小裂纹和长裂纹疲劳扩展行为的不同

14.9.2　试样

HB 7705—2001 推荐采用单边缺口拉伸试样 SENT 进行疲劳小裂纹扩展速率试验。小裂纹单边缺口拉伸试样 SENT 如图 14-48 所示。该试样不仅限制了小裂纹的萌生位置，便于观察，而且易于获得自然萌生的表面裂纹和角裂纹。另外，其几何形状较好地模拟了飞机结构中螺栓孔处所承受的三维应力场，具有较好的代表性。

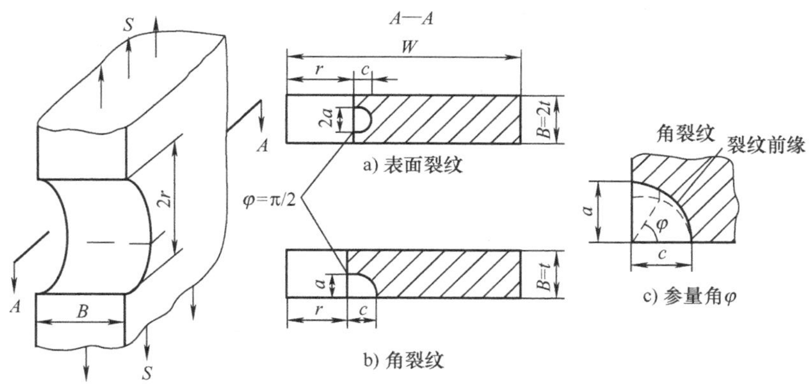

图 14-48　小裂纹单边缺口拉伸试样 SENT

SENT 试样的表面裂纹和角裂纹的应力强度因子解由三维有限元法和权函数法计算得到，其应力强度因子幅 ΔK 的计算公式为

$$\Delta K = \Delta\sigma \sqrt{\pi a/Q}F_j\left(\frac{a}{c},\frac{a}{t},\frac{c}{r},\frac{c}{w},\frac{r}{t},\frac{r}{w},\varphi\right) \tag{14-31}$$

式中　$\Delta\sigma$——应力幅，$\Delta\sigma = \sigma_{\max} - \sigma_{\min}$；

Q——形状因子；

F_j——边界修正因子，j 代表裂纹类型，对表面裂纹 $j=s$，对角裂纹 $j=c$。

Q 和 F_j 的计算公式较为复杂，不在此列出，可参见 HB 7705—2001 中的附录 F。

14.9.3 小裂纹长度监测方法

疲劳小裂纹扩展速率试验中，裂纹长度监测方法是关键技术之一。由于试验采用自然萌生小裂纹的方式，且裂纹尺寸很小（一般能捕捉到的裂纹尺寸为几十微米），因此准确地监测小裂纹的萌生位置和裂纹长度具有较大难度。不仅需要良好的监测方法，还需要试验人员有足够的经验和耐心。目前已有多种小裂纹监测方法，例如复型法、长焦距显微镜法、电位法、超声波法、激光干涉法等。HB 7705—2001 推荐采用复型法和长焦距显微镜法。

1. 复型法

复型法的基本原理是使用醋酸纤维素薄膜记录试样的表面形貌，并在光学显微镜或扫描电镜下观察测量，从而得到裂纹长度。复型时，为了增加复型的清晰度，需对试样施加一定静载（一般不超过最大试验载荷的 80%），用丙酮软化一小块醋酸纤维素薄片，并轻贴在 SEN（T）试样的缺口处，待干燥几分钟后小心取下。图 14-49 所示为复型法示意图。图 14-50所示为复型法监测得到的小裂纹形貌。

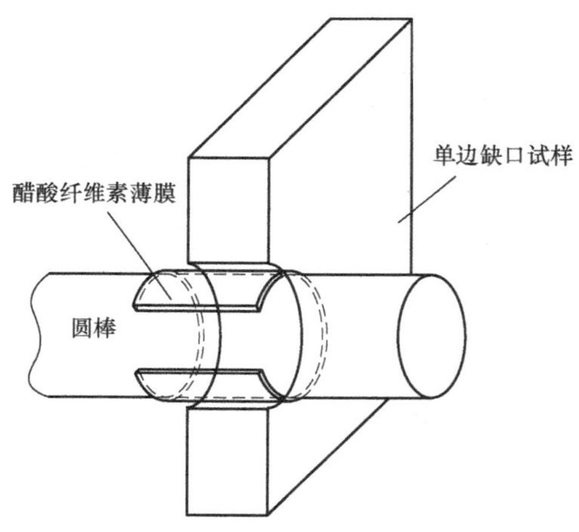

图 14-49 复型法示意图

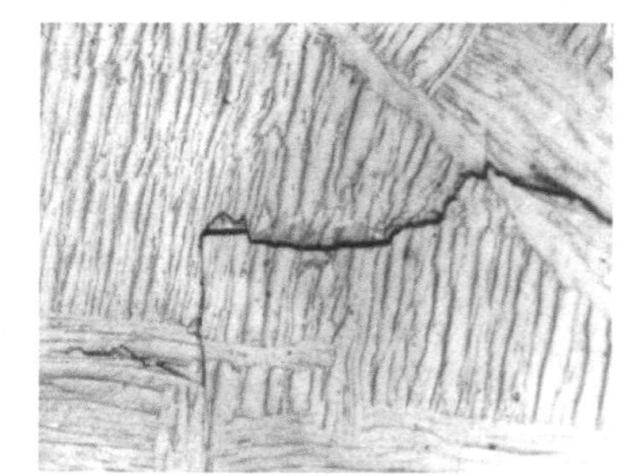

图 14-50 复型法监测得到的小裂纹形貌

相比其他方法，复型法具有操作简单、成本低、精度高和重复性好的特点，甚至可检测出 5 ~ 10μm 的自然萌生的小裂纹尺寸，并能记录多条裂纹的萌生位置与扩展历程。但其操作费时，劳动强度较大，且不适于高温环境和含腐蚀溶液环境下的裂纹监测。

2. 长焦距显微镜法

长焦距显微镜法是以长焦距显微镜与视频图像结合测量裂纹长度的光学监测方法。整个监测系统主要由长焦距显微镜、摄像头（CCD）、监视器、光栅测长仪和三向坐标仪等部件组成，可准确测量十几微米以上的小裂纹尺寸，具有实时监测、记录和分析图像的能力，且可在高温和含腐蚀溶液的环境下使用。图 14-51 所示为长焦距显微镜监测系统的试验照片。图 14-52 所示为长焦距显微镜法监测得到的小裂纹形貌。采用长焦距显微镜法时，需注意以下两点：

图 14-51　长焦距显微镜小裂纹监测系统的试验照片

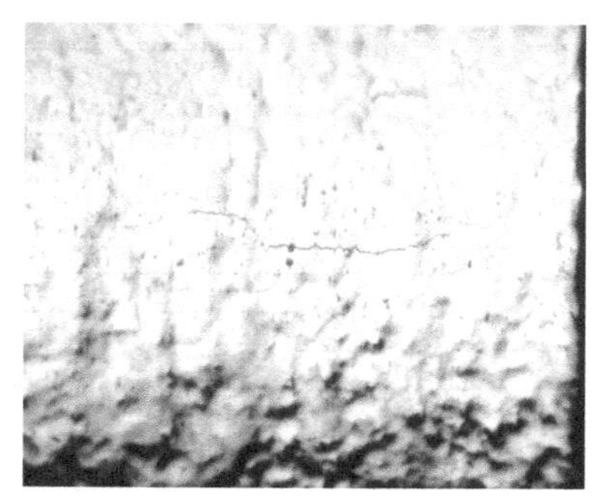

图 14-52　长焦距显微镜法监测得到的小裂纹形貌

1）由于长焦距显微镜放大倍数较高，在较小视场内很难找到小裂纹萌生位置。因此，建议在试样疲劳寿命的早期阶段采用复型法来确定裂纹萌生位置，且可缩短试验时间，降低试验成本。

2）在观测缺口表面的小裂纹时，为获得高清晰度的图像信息，须注意采用适合的光源类型和照射角度。

14.9.4　试验方法要点

疲劳小裂纹扩展速率试验除了满足长裂纹疲劳扩展试验的一般要求外，还须注意以下事项：

1）试样在试验前，须对缺口表面进行抛光，以去除缺口边缘的毛刺和缺口表面的机械加工痕迹，并使缺口根部的残余应力减至最小。对铝合金试样推荐采用化学抛光；对钢和钛合金试样推荐采用电化学抛光；当不便于进行化学或电化学抛光时可进行手工抛光。

2）为捕捉到早期的小裂纹，在试验的早期阶段最好采用复型法和长焦距显微镜相结合的方法，并尽可能缩短复型的循环间隔。

3）一般在裂纹扩展至试样厚度的 80% 左右终止试验。当出现多条小裂纹且按裂纹无交互作用判据判定试验数据无效时，应终止试验。

4）测定疲劳小裂纹门槛值 $\Delta K_{th,s}$时，推荐采用标准 C（T）试样，并采用柔度法测量裂纹长度。推荐采用恒 K_{max}降 ΔK 的方法测定无裂纹闭合的 $\Delta K_{th,s}$值。

14.9.5　试验结果表达

疲劳小裂纹扩展速率的试验结果一般表达为双对数坐标系下的 da/dN-ΔK 曲线，如图 14-53所示。试验数据常呈锯齿形且较为分散，这与小裂纹的扩展机制有关。一般情况下，在低/负应力比条件下裂纹闭合效应更强烈，因此小裂纹效应也更加明显。

14.9.6　小结

由于小裂纹与长裂纹疲劳扩展行为存在诸多差异，因此其表征测试方法也有所不同，对两者不同之处的比较见表 14-2。

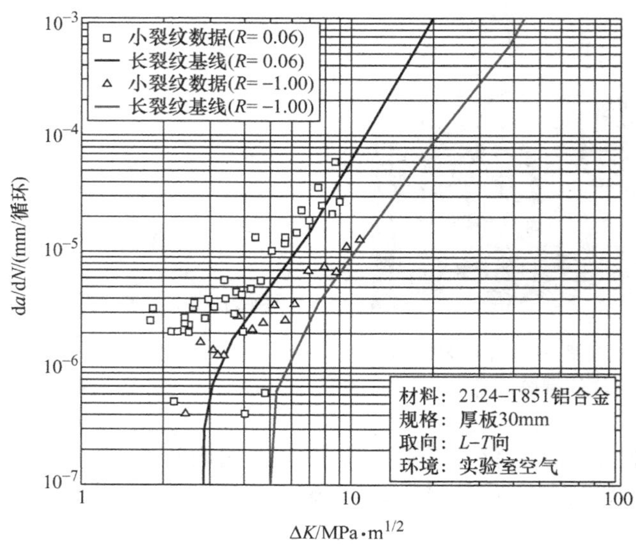

图 14-53　2124 铝合金的疲劳小裂纹扩展 da/dN-ΔK 数据

表 14-2　小裂纹与长裂纹疲劳扩展行为表征及测试方法的比较

表征项目 \ 裂纹类型	小　裂　纹	长　裂　纹
裂纹类型	自然萌生的表面裂纹和角裂纹	预制的穿透裂纹
裂纹尺寸	a = 几十微米 ~2mm	$a \geqslant 2$mm
应力状态	三维应力状态	准二维应力状态
应力强度因子	$\Delta K=\Delta\sigma\sqrt{\pi a/Q}F_j\left(\frac{a}{c},\frac{a}{t},\frac{c}{r},\frac{c}{w},\frac{r}{t},\frac{r}{w},\varphi\right)$	$\Delta K=\Delta\sigma\sqrt{\pi a}F\left(\frac{a}{W}\right)$
试样类型	SENT 试样	M（T）试样、C（T）试样、SE（B）试样
裂纹检测方法	复型法、长焦距显微镜等	目测法、柔度法、电位法等
门槛值测量方法	恒 K_{max} 的降 ΔK 法	恒 R 的降 ΔK 法

思　考　题

1. 损伤容限设计方法的核心理念是什么？该设计方法涉及的主要研究内容有哪些？
2. 疲劳破坏的主要特点是什么？疲劳裂纹从形成到断裂主要经历哪些阶段？零构件的疲劳寿命如何构成？
3. 疲劳裂纹扩展第Ⅰ阶段和第Ⅱ阶段的微观特征有哪些？如何辨识断口上的疲劳条带？
4. 简述 K、ΔK 和 ΔK_{eff} 的含义及区别，以及 da/dN-ΔK 曲线图中三个区域的特征。
5. 简述疲劳裂纹扩展门槛值的含义、工程定义以及影响因素。
6. 简述疲劳裂纹扩展速率常用的公式及特点。
7. 简述影响疲劳裂纹扩展速率的主要因素及影响规律。

8. 简述裂纹闭合的概念，以及诱发裂纹闭合的三种常用机制。

9. 简述载荷间相互作用的概念，以及拉伸超载、压缩压载和先拉后压超载对疲劳裂纹扩展速率的影响。

10. 简述主要的疲劳裂纹扩展速率试验标准，以及疲劳裂纹扩展速率试验的主要分类。

11. 简述疲劳裂纹扩展速率试验的标准试样类型及要求，以及试验设备的主要要求。

12. 简述常用的裂纹长度测量方法及其优缺点。

13. 简述室温恒幅疲劳裂纹扩展试验方法的过程及要点。

14. 简述疲劳裂纹扩展速率试验数据的处理方法及 $\mathrm{d}a/\mathrm{d}N-\Delta K$ 数据的计算过程，以及裂纹曲率的修正目的。

15. 简述疲劳裂纹扩展门槛值的测试过程，以及三种常用的降 K 方法以及增 K 试验的目的。

16. 简述谱载疲劳裂纹扩展和腐蚀疲劳裂纹扩展的概念及特点。

17. 简述小裂纹效应以及小裂纹长度的监测方法。

第 15 章　非金属材料的疲劳、断裂和冲击性能试验

复合材料比金属材料具有更好的抗疲劳性能和更高的比强度和比刚度，在一些军民用产品的动部件中也得到了大量应用，主要起到承受疲劳载荷和减重的功效。这些产品在设计和研制过程中需要重点考虑其疲劳性能，例如直升机复合材料旋翼、风力发电机的桨叶等。尽管复合材料得到了大量应用，其性能仍然存在一些致命的缺点，例如，由树脂基体、树脂和纤维界面决定的复合材料的层间性能，与由纤维主导的性能相比，其层间性能较差，易出现层间分层失效。为此，采用层间断裂韧性来表征复合材料抵抗层间分层断裂的能力；复合材料的压缩性能对面外冲击损伤特别敏感，因此冲击后压缩性能往往作为确定压缩设计许用值和复合材料损伤容限性能的重要参考；有机玻璃受疲劳载荷作用易出现银纹，引发裂纹并导致失效，通常用疲劳 *S-N* 曲线来表征有机玻璃的疲劳行为。因此，复合材料和有机玻璃的疲劳性能、断裂韧性和裂纹扩展特性等是相关研究者关注的焦点。

大量的试验研究发现，有机玻璃的平面应变断裂韧度和疲劳裂纹扩展性能试验中，在预制裂纹和裂纹扩展阶段，因有机玻璃的非均质性使裂纹前缘和裂纹面均出现异于金属的非对称性和畸形，因此，严格地说，按照金属的试验方法来判断有机玻璃试验结果的有效性值得商榷。目前有机玻璃的平面应变断裂韧性试验主要参考 HB 5268—1983《有机玻璃板材断裂韧度试验方法》，也可参考本书第 13 章的相关内容。有机玻璃的疲劳裂纹扩展试验可参考航材院标准 Q/6S 1906—2003，也可参考本书第 14 章的相关内容。

本章主要介绍聚合物基复合材料（以下简称复合材料）的疲劳试验、层间断裂韧性试验，有机玻璃的拉伸疲劳试验及复合材料的冲击后压缩（CAI）性能试验。

15.1　复合材料的疲劳试验

15.1.1　复合材料疲劳断裂的基本概念

与金属材料相比较，复合材料具有多种疲劳损伤形式，如界面脱粘、分层、纤维断裂、空隙增长等特征。

高强度结构金属材料，由于断裂韧性低，故在构件切口根部出现可检测的疲劳裂纹时，构件可能变得不安全。然而在复合材料中，虽然有多种损伤的存在，裂纹起始寿命较短，但由于增强纤维的牵制，对切口、裂纹和缺陷不敏感，因此有较高的安全寿命。

金属材料的疲劳破坏往往是突然发生的，复合材料并非如此，常常难以确认破坏与否，不会发生突发性破坏。因此，复合材料常以模量下降的百分数（如下降 1% ~2%）作为破坏的依据，试验中因试样模量的变化，也会引起共振频率的变化，所以有时还以频率变化（如 1 ~2Hz）作为复合材料的破坏依据。

复合材料疲劳试验时，温度明显升高，这是由于高分子材料的迟滞效应吸收机械能变为热能，材料的导热性又差，热量不易逸散。试样的温度升高会导致材料性能下降，降低频率

可减少试样温度的升高。

金属材料屈服现象的存在使其对应变并不敏感。而对于复合材料，较大的应变将使纤维和基体变形不一致而引起纤维与基体界面的破坏，形成疲劳源。压缩应变会使复合材料纵向开裂而提前破坏。所以复合材料对应变，特别是压缩应变特别敏感。只有当纤维和基体变形一致时，复合材料才能表现出较好的抗疲劳性能。

图 15-1 所示为复合材料与金属材料拉-拉疲劳的比循环应力-循环次数曲线。由图 15-1可见，复合材料的疲劳性能比其他金属材料更加优越，图中比循环应力的概念是交变载荷最大值与材料密度的比值。一般条件下，复合材料的疲劳曲线在中长寿命范围内较为平坦。

疲劳性能与纤维取向有关，材料在纤维方向上具有很好的疲劳强度。实际上复合材料常以层合板的形式使用，一些铺层可能比另一些铺层性能弱，加载时在这些弱铺层中会较早地出现损伤。在纤维垂直于载荷方向或与载荷方向成大角度铺层中纤维密集的区域，损伤起源于纤维与基体的分离。短纤维复合材料中，损伤还常常位于纤维末端，这是因为纤维与基体界面和纤维末端的应力和应变集中会导致裂纹产生。

疲劳性能与基体材料和纤维长度有关，基体塑性好的复合材料比脆性基体复合材料疲劳寿命长，纤维的长度与直径之比在 200 以内时，疲劳寿命随纤维长度的增加而增加。此外，复合材料的疲劳性能对环境也是较敏感的。

纤维断裂而产生的疲劳裂纹和裂纹扩展贯通整个复合材料的情况，如图 15-2 所示。纤维断裂后，在纤维和基体界面产生很大的切应力，且有利于剪切裂纹的长大。根据界面强度和基体强度的相对大小，剪切裂纹可以在界面区扩展，或者在邻近的基体中长大。当界面很弱时，界面上的拉伸开裂可能先于基体中的疲劳裂纹而产生（见图 15-2b）。由于界面较弱，可以产生裂纹分支（见图 15-2a）和拉伸开裂（见图 15-2b），使裂纹附近的应力集中有所减缓，并增加了疲劳寿命。在屈服应力低的基体中出现塑性变形也可使裂纹尖端钝化，阻止裂纹扩展。

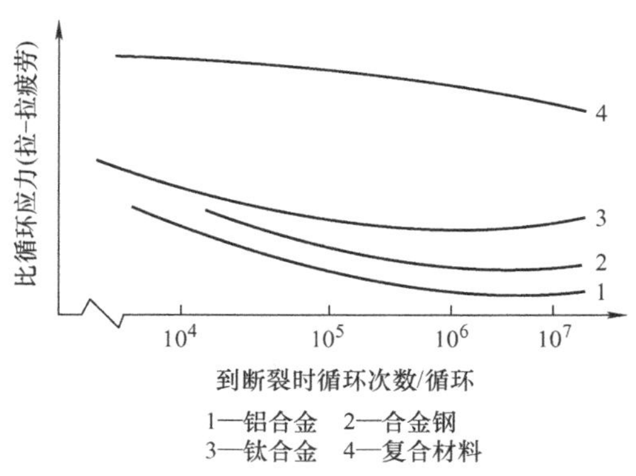

图 15-1　比循环应力-循环次数曲线

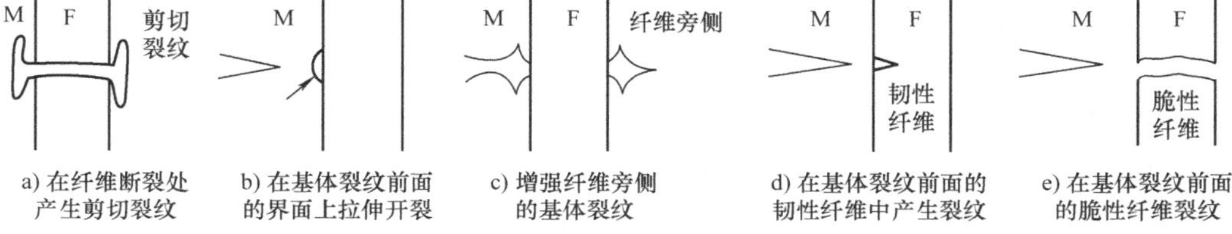

图 15-2　在纤维增强复合材料中疲劳裂纹的扩展模式

M—基体　F—纤维

当基体中的疲劳裂纹接近纤维时，裂纹可能有三种扩展方式（见图 15-2c ~ e）。在弱界面和强纤维的情况下，裂纹沿纤维旁侧以非平面应变模式增长（见图15-2c），电镜观察已证明了裂纹扩展是避开强纤维的。当界面很强时，裂纹尖端的高应力作用于纤维，韧性纤维对高的裂纹尖应力特别敏感，疲劳裂纹可快速扩展穿过纤维（见图15-2d）。裂纹尖的应力集中还可以使前端脆性纤维突然破坏（见图15-2e）。疲劳裂纹以图15-2c、d所示模式扩展时，一般均导致复合材料抗裂纹扩展能力的下降。

15.1.2　复合材料疲劳试验的标准试验方法

国内外有关复合材料疲劳试验的标准试验方法主要有：GB/T 16779—2008《纤维增强塑料层合板拉-拉疲劳性能试验方法》、GJB 2637—1996《碳纤维树脂基复合材料层合板疲劳试验方法》、HB 5439—1989《碳纤维树脂基复合材料　拉-压和压-压疲劳试验方法》、HB 5440—1989《碳纤维树脂基复合材料　拉-压疲劳试验方法》、HB 7624—1998《碳纤维复合材料层合板弯曲疲劳试验方法》、ASTM D3479—2012《聚合物基复合材料张力-张力疲劳试验方法》(Standard Test Method for Tension-tension Fatigue of Polymer Matrix Composite Materials)。

其中，拉伸疲劳是复合材料动部件在服役工况条件下承受的主要载荷形式之一。本节主要以GB/T 16779—2008为例，描述复合材料拉伸疲劳试验方法的主要技术内容。疲劳试验所用的术语，如最大应力、最小应力、平均应力、应力幅、应力比、成组法试验原理、升降法试验原理、数据处理、疲劳 S-N 曲线、条件疲劳极限等均与金属疲劳试验方法的定义相同，可参考本书第11章的相关内容。

15.1.3　复合材料的拉伸疲劳试验

1. 试验原理

对复合材料试样施加交变的拉伸应力，施加频率大小以材料不发生明显发热为原则，直至试样不能承受拉伸交变载荷发生破坏为止，期间记录力值、循环次数、位移、时间、失效模式等信息，通过统计分析等方法获得复合材料的拉伸疲劳特性。

2. 试样

试样分为直条形和哑铃形两种，也可采用非标准试样。直条形和哑铃形试样的形状和尺寸如图15-3和图15-4所示。试验机对试样施加疲劳载荷时，试样工作段应承受均匀的拉伸应力，且尽可能减少失效发生在夹持部位的情况。需要注意的是，不同类型试样获得的复合材料疲劳试验结果是不可比的。试样数量应至少保证每级应力水平下不少于5件。

3. 试验设备和夹具

试验机的静载荷示值误差不超过±1%，动载荷示值误差不超过±3%。复合材料拉伸疲劳试验夹具最好采用液压伺服夹具，以保证良好的试样对中和夹持力。

4. 试验程序

(1) 试样状态调节和尺寸测量

1）按照GB/T 16779—2008的规定进行试样状态调节。

2）测量试样尺寸。

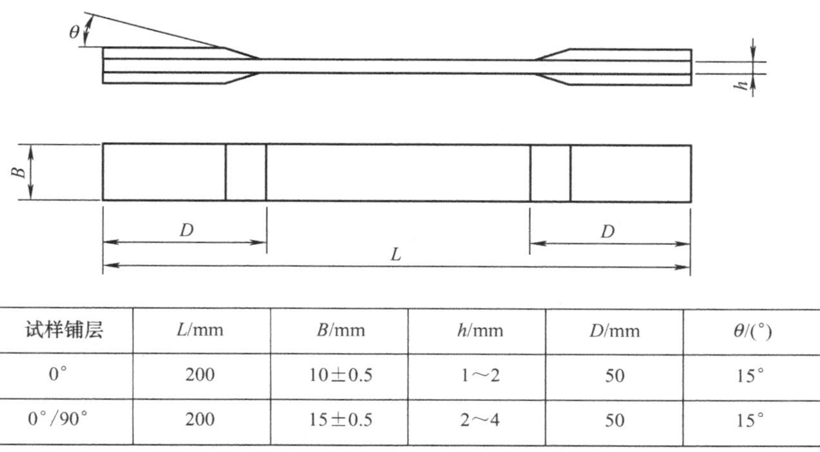

试样铺层	L/mm	B/mm	h/mm	D/mm	θ/(°)
0°	200	10±0.5	1～2	50	15°
0°/90°	200	15±0.5	2～4	50	15°

图 15-3　复合材料直条形拉伸疲劳试样及尺寸

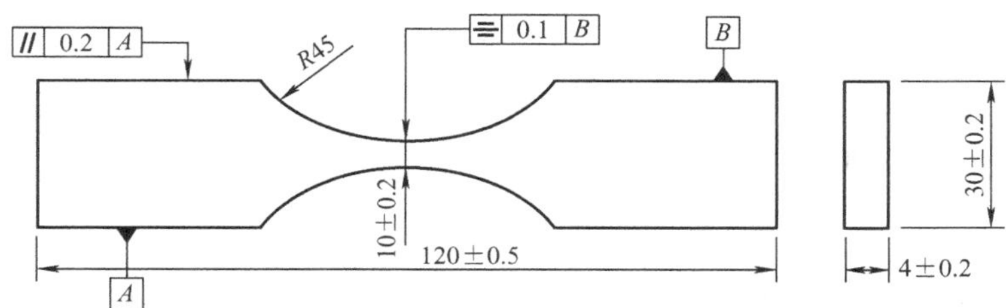

图 15-4　复合材料哑铃形拉伸疲劳试样及尺寸

（2）装夹试样　将试样安装于试验机夹具内，使试样与加载线对中。

（3）选择和设置试验参数

1）根据已有试验数据或实测拉伸强度，估算疲劳加载应力水平。

2）试验采用应力控制。在试验机上设定应力幅值、平均应力、应力比、频率等疲劳试验参数，试验频率推荐采用10Hz，或者以温度升高不超过稳定加载时试样表面温度5℃为原则，为了防止温度升高可以采用风扇吹风降温。

（4）疲劳试验

1）按照试验条件对试样施加交变拉伸载荷，开始疲劳试验，试样以拉伸断裂为失效判据。

2）至少进行 3 ~4 级应力水平的成组法疲劳试验。

3）至少进行 5 ~6 对应力对子的升降法疲劳试验（10 ~12 件试样），直至升降图闭合。

（5）数据分析处理

1）完成成组法试验和升降法试验后，进行数据统计处理。统计处理方法参考 HB/Z 112—1986。

2）根据升降法结果计算条件疲劳极限，再结合成组法试验结果绘制疲劳 S-N 曲线。玻璃布复合材料拉伸疲劳 S-N 曲线如图 15-5 所示。

3）按照 GB/T 16779—2008 的规定给出试验结果报告。

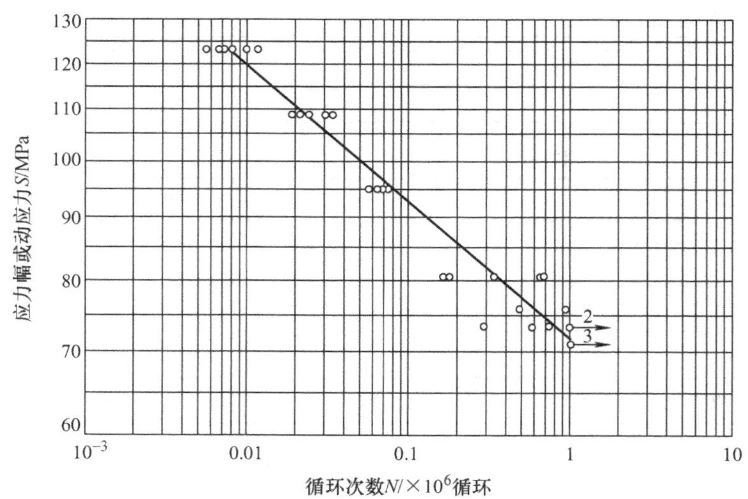

图 15-5　玻璃布复合材料拉伸疲劳 *S-N* 曲线
（*S*—应力幅或动应力，兆帕；*N*—循环次数，兆周）

15.2　有机玻璃的疲劳试验

15.2.1　有机玻璃疲劳试验的特点

有机玻璃作为重要的飞机座舱透明材料，室温下基本属于脆性材料。在交变载荷作用下，有机玻璃的微缺陷处容易产生银纹，银纹扩展汇集产生裂纹并扩展，从而发生突发性失效。图 15-6 所示为有机玻璃的典型疲劳失效断口。图 15-6a 所示为低温试验的试样断口，断口整齐，以裂纹源为圆心的疲劳条带清晰可见，表现出明显的脆性断裂特征。图 15-6b 所示为室温试验的试样断口，断口参差不齐，相比低温断口，其韧性断裂特征明显。

a）低温试验的试样断口形貌

b）室温试验的试样断口形貌

图 15-6　有机玻璃的典型疲劳失效断口

15.2.2　有机玻璃疲劳的标准试验方法

国内目前与有机玻璃相关的疲劳试验方法有三个：GJB 2033—1994《航空有机玻璃拉伸疲劳试验方法》、HB 5365—1986《航空有机玻璃拉伸疲劳试验方法》、HB 7710—2002《飞

机座舱盖加温加载疲劳试验要求》。

其中，GJB 2033—1994 和 HB 5365—1986 的技术内容基本相同，HB 7710—2002 是对整个座舱盖结构的评定方法。本节主要讨论 GJB 2033—1994。

15.2.3　有机玻璃的拉伸疲劳试验

1. 试验原理

与复合材料的拉伸疲劳试验相似，有机玻璃的拉伸疲劳试验也是对试样施加交变的拉伸应力，施加频率大小以材料不发生明显发热为原则。所不同的是有机玻璃在受到交变载荷作用时更容易发热，疲劳试验频率更低。疲劳试验直至有机玻璃试样发生断裂停止。断裂前试样一般都会出现银纹，并有银纹逐渐密集汇成裂纹的现象。试验过程中记录力值、循环次数、位移、时间、失效模式等信息，通过统计分析等方法获得有机玻璃的拉伸疲劳特性。

2. 试样

试样分为哑铃形和直条形两种，也可采用非标准试样。哑铃形光滑试样的应力集中系数为 1.0，如图 15-7 所示。带缺口试样的应力集中系数通过设计不同大小的缺口来实现，如图 15-8 所示。缺口尺寸与应力集中系数的对应关系见 GJB 2033—1994。需要注意的是，不同类型试样获得的有机玻璃疲劳试验结果是不可比的。试样数量应至少保证每级应力水平下不少于 5 件。

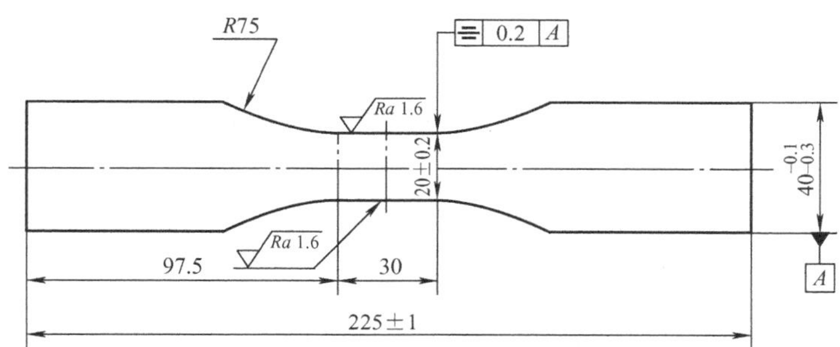

图 15-7　有机玻璃拉伸疲劳光滑试样

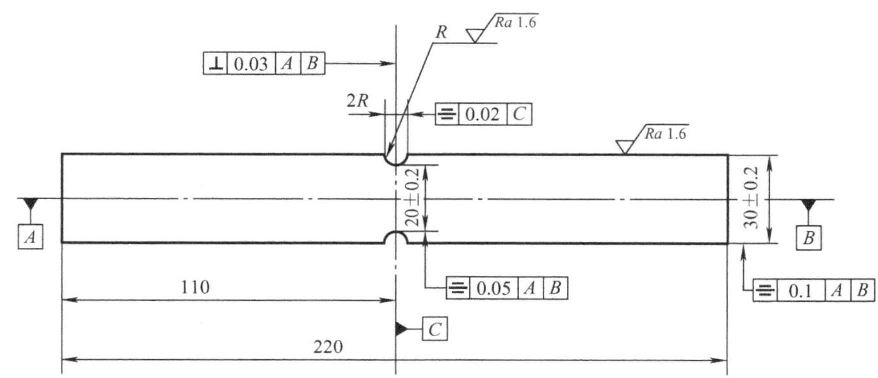

图 15-8　有机玻璃拉伸疲劳缺口试样

3. 试验设备和夹具

试验机的静载荷示值误差不超过 ±1%，动载荷示值误差不超过 ±3%。同复合材料拉伸疲劳试验相似，夹持夹具最好采用液压伺服夹具，以保证良好的试样对中和夹持力。

4. 试验程序

（1）试验准备

1）检查试样外观，试样表面不能有明显的划伤、划痕和缺陷。

2）测量试样尺寸。

（2）装夹试样，使试样与加载线对中。

（3）选择和设置试验参数

1）测试拉伸强度，以估算疲劳加载应力水平。

2）试验采用应力控制。在试验机上设定应力幅值、平均应力、应力比、频率等疲劳试验参数。有机玻璃属于高分子材料，受到动态载荷作用时的迟滞效应非常明显，导致动能大量转化为热能使得试样发热，因此有机玻璃的拉伸疲劳试验频率远没有复合材料高，推荐采用0.5Hz，或者以温度升高不超过稳定加载时试样表面温度5℃为原则。为了防止温度升高可以采用风扇吹风降温。

（4）疲劳试验

1）按照试验条件对试样施加交变拉伸载荷，开始疲劳试验，试样以拉伸断裂为失效判据。

2）至少进行3级应力的成组法疲劳试验。

3）至少进行3级应力、5~6对应力对子的升降法疲劳试验（10~12件试样）。

4）升降法和成组法试验期间记录试样出现银纹、裂纹和断裂失效时的循环次数。

（5）试验数据分析处理

1）完成成组法试验和升降法试验后，进行数据统计处理。统计处理方法参考HB/Z 112—1986。

2）根据升降法结果计算条件疲劳极限，再结合成组法试验结果绘制疲劳 *S-N* 曲线。图15-9所示为有机玻璃拉伸疲劳的 *S-N* 曲线。

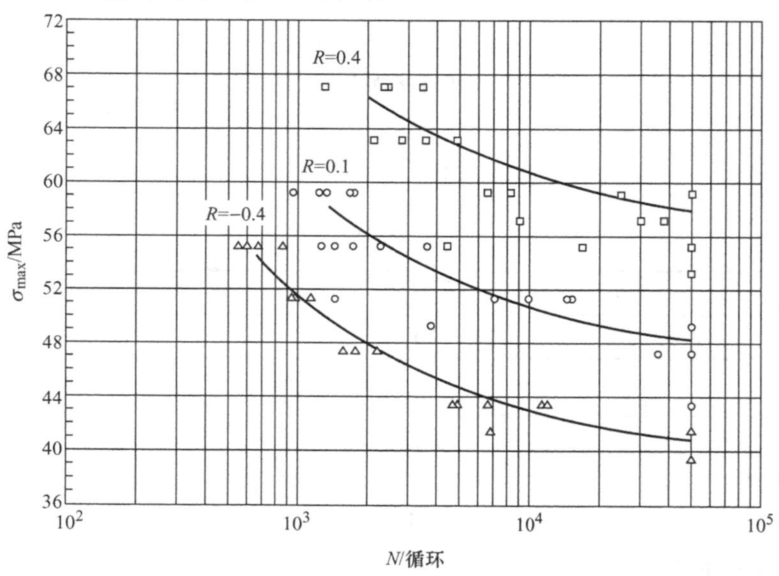

图15-9　有机玻璃拉伸疲劳的 *S-N* 曲线

3）按照 GJB 2033—1994 的规定给出试验结果报告。

15.3　复合材料的层间断裂韧性试验

15.3.1　层间断裂韧性试验基础

复合材料层合板层间性能较弱，容易发生层间分层失效，因此了解复合材料抵抗层间破坏能力大小对材料筛选、复合材料产品的研发都非常重要。复合材料层合板典型的分层失效模式如图 15-10 所示。

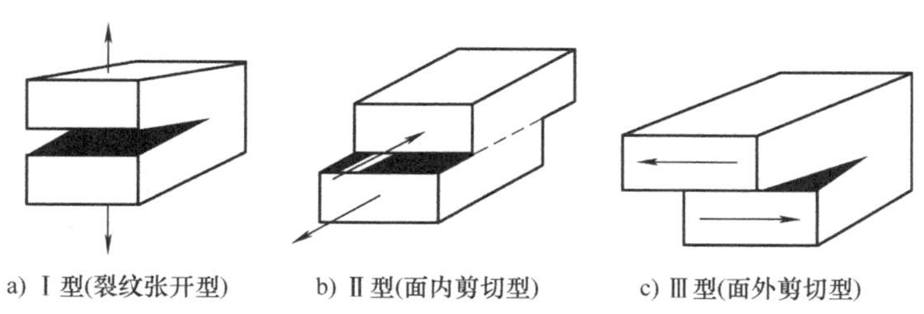

图 15-10　复合材料层合板典型的分层失效模式

一般情况下，用Ⅰ型层间断裂韧度 $G_{\mathrm{I C}}$、Ⅱ型层间断裂韧度 $G_{\mathrm{II C}}$和Ⅲ型层间断裂韧度 $G_{\mathrm{III C}}$表征复合材料层合板抵抗层间裂纹扩展的能力。工程上常见的是Ⅰ型、Ⅱ型或者两者混合型破坏模式，因此本节主要介绍Ⅰ型层间断裂韧度和Ⅱ型层间断裂韧度的测定方法。

15.3.2　Ⅰ型层间断裂韧性试验

1. 试验原理

G_{IC}本质上是张开型裂纹沿纤维方向开始扩展的临界能量释放率。具体实施方法是在单向复合材料层合板双悬臂梁试样预制有裂纹的一端施加拉伸载荷，使得裂纹向前扩展，期间记录试样尺寸、载荷、位移、裂纹长度等信息，经过计算和处理所记录数据获得材料的 G_{IC}值。

2. 标准试验方法

Ⅰ型层间断裂韧性的测定方法主要参考 ASTM D5528—2013《单向纤维增强聚合物基复合材料Ⅰ型层间断裂韧度标准试验方法》（Standard Test Method for Mode Ⅰ Inter laminar Fracture Toughness of Unidirectional Fiber-Reinforced Polymer Matrix Composites），该标准适用于测定单向纤维增强聚合物基复合材料层合板的 $G_{\mathrm{I C}}$。

3. 试样

按照图 15-11 和 ASTM D 5528—2013 规定的尺寸制备复合材料Ⅰ型层间断裂韧性试样。试样长度 L 至少为 125mm，名义宽度 b 为 20 ~ 25mm，厚度 h 通常应在 3 ~ 5mm 之间，起始分层长度 a_0 通常为 50mm。

4. 试验设备与夹具

试验机和夹具应符合 ASTM D5528—2013 的要求。

5. 试验程序

1）按照 ASTM D5528—2013 的规定准备试样。

2）试验前目视检查每个试样的外观，有明显缺陷的试样应予报废。

3）按照 ASTM D5528—2013 规定测量并记录用于力学性能计算的试样尺寸。

4）在试样侧面涂上水性修正液或与之功能等效的液体，并在其上按照试验方法要求做出长度标记，以记录试样分层扩展长度。

5）将试样上黏结的铰链或加载块连接到试验机上，确保试样居中对齐。

6）RTD（室温干态）试验应在 23℃ ± 2℃、50% ±10% R. H. 下进行。

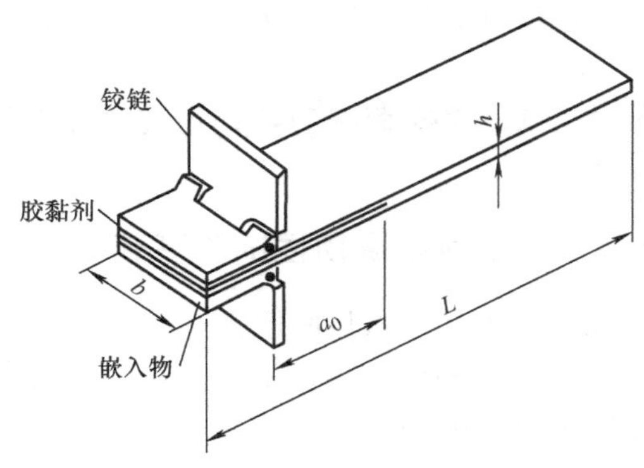

图 15-11　Ⅰ型层间断裂韧性试样

7）按照 ASTM D5528—2013 的规定对试样进行预加载直至裂纹扩展 5mm 卸载。

8）对试样重新加载，在试样侧边观测到裂纹分层扩展时，记录该点载荷和位移值。连续加载，当分层长度在第一个 5mm 范围内增加时，尽可能多地记录位移和载荷值，最好是每 1mm 记录一次。接下来记录每 5mm 分层长度的位移和载荷值，直到从预制裂纹尖端开始的分层至少扩展 45mm。然后，对最后 5mm 的分层裂纹扩展，裂纹每增加 1mm 记录一次，直到从预制裂纹尖端开始的分层总长度达到 50mm，卸载停止试验。期间记录多点的载荷、位移、裂纹长度。

6. 试验数据处理与表达

（1）Ⅰ型层间断裂韧度的计算　修正梁理论（MBT）法计算Ⅰ型层间断裂韧度的公式为

$$G_{\mathrm{I}} = \frac{3P\delta}{2b(a+|\Delta|)} \tag{15-1}$$

式中　P——载荷（N）；

δ——与 P 对应的加载点位移（mm）；

b——试样宽度（mm）；

a——分层长度（mm）。

Δ——通过图 15-12 确定，C 为柔度，加载点位移与载荷的比值 δ/P。

最终的 G_{IC} 值通过分层扩展期间的多个 G_{I} 值平均得到。

（2）破坏模式　记录每个试样的破坏模式，根据破坏模式判断试验结果的有效性：预制裂纹的嵌入物没有与层合板完全脱胶；嵌入物太厚，导致大量富胶区；嵌入物有裂缝或折叠；产生远离中心面的次分层；在梁的悬臂部分破坏等，认为是无效结果。

（3）试验报告　将试验测试值、平均值、破坏模式等相关信息记入报告。

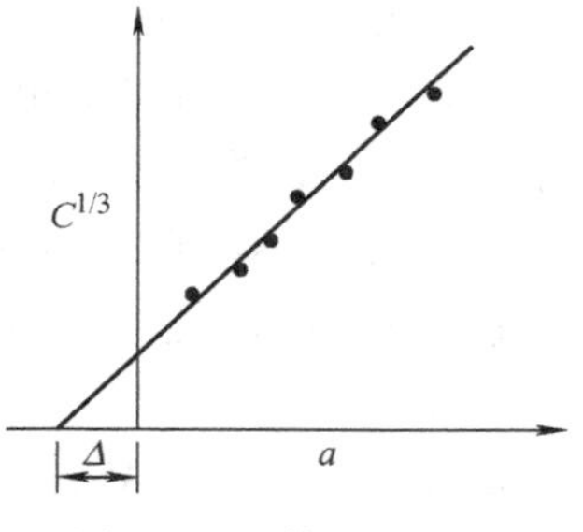

图 15-12　修正梁理论

15.3.3　Ⅱ型层间断裂韧性试验

1. 试验原理

G_{IIC}本质上是面内剪切型裂纹沿纤维方向开始扩展的临界能量释放率。具体实施方法

是对一端预制有裂纹的单向复合材料层合板施加三点弯曲载荷，使得裂纹向前扩展，期间记录试样尺寸、载荷、挠度、裂纹长度等信息，经过计算和处理所记录数据获得材料的 G_{IIC} 值。

2. 标准试验方法

Ⅱ型层间断裂韧性试验采用 HB 7403—1996《碳纤维复合材料层合板Ⅱ型层间断裂韧性 G_{IIC} 试验方法》。该标准方法适用于测定单向纤维增强聚合物基复合材料层合板的 G_{IIC}。

3. 试样

按照图 15-13 和 HB 7403—1996 规定的尺寸制备复合材料Ⅱ型层间断裂韧性试样。试样名义长度为 140mm，名义宽度为 25mm，起始分层长度为 40mm。

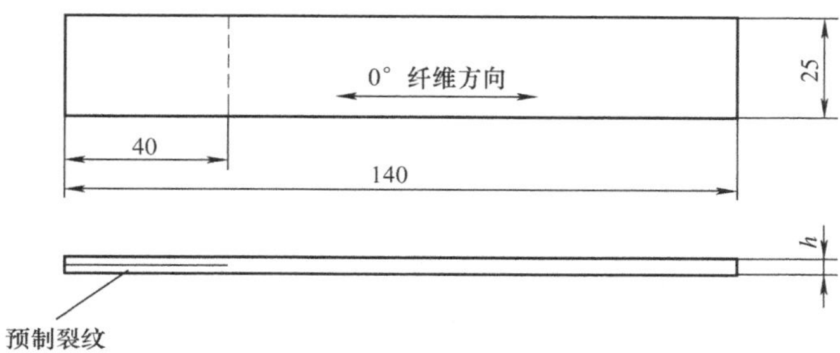

图 15-13　Ⅱ型层间断裂韧性试样

4. 试验设备和夹具

试验机和夹具应符合 HB 7403—1996 的要求。

5. 试验程序

1）按照 HB 7403—1996 的要求准备试样。

2）试验前目视检查每个试样的外观，有明显缺陷的试样应予报废。

3）按照 HB 7403—1996 的规定测量并记录用于力学性能计算的试样尺寸。

4）按照试验方法规定第一次调整支座跨距，将试样按照试验方法要求放置于三点弯曲试验夹具上，确保试样相对夹具居中。

5）RTD（室温干态）试验应在 23℃ ±2℃、50% ±10% R. H. 下进行。

6）按照 HB 7403—1996 的规定对试样施加载荷直至裂纹扩展 5mm 卸载。

7）再次按照试验方法规定调整支座跨距，对试样重新加载，出现载荷下降，停止试验。期间记录载荷-挠度曲线。

8）其他按 HB 7403—1996 进行试验，最后按照标准规定报告试验结果。

6. 试验数据的处理与表达

Ⅱ型层间断裂韧性 G_{IIC} 的计算公式为

$$G_{\text{IIC}} = \frac{9P\delta a^2}{2W(2L^3 + 3a^3)} \times 10^3 \tag{15-2}$$

式中　P——裂纹扩展临界载荷（N）；

δ——与 P 对应的试样受载点的挠度（mm）；

a——有效裂纹长度（mm）；

W——试样宽度（mm）；

2L——跨距（mm）。

15.4 复合材料的冲击后压缩试验（CAI）

15.4.1 试验原理

复合材料冲击后压缩强度是表征复合材料韧性和损伤容限性能的重要力学参量，也是确定复合材料结构压缩设计需用值的重要依据。冲击后压缩强度一般通过对复合材料进行落锤冲击制造损伤，然后对带损伤复合材料试样进行压缩试验来获得。具体实施方法是对矩形复合材料层合板沿厚度方向在中心位置进行一定能量的落锤冲击，然后对试样沿长度方向施加压缩载荷直至试样失效。根据期间记录的载荷和试样尺寸等信息计算获得冲击后压缩强度。

15.4.2 CAI 标准试验方法

国内复合材料 CAI 试验方法有两个：GB/T 21239—2007《纤维增强塑料层合板冲击后压缩性能试验方法》和 HB 6739—1993《碳纤维复合材料层合板冲击后压缩试验方法》。

国外的 CAI 试验方法主要有以下四个：ASTM D7136—2015《用落锤冲击方法测定纤维增强聚合物基复合材料损伤阻抗的标准试验方法》（Standard Test Method for Measure the Damage Resistance of A Fiber Reinforced Polymer Matrix Composite to A Drop-Weight Impact Event）、ASTM D7137—2012《带损伤聚合物基复合材料层合板压缩剩余强度标准试验方法》（Standard Test Method for Compressive Residual Strength Properties of Damage Polymer Matrix Composite Plates）、SACMA SRM 2R—1994《美国材料供应商协会推荐定向纤维增强聚合物基复合材料冲击后压缩强度标准试验方法》（SACMA Recommended Test Method for Compression After Impact Properties of Oriented Fiber-Resin Composites）、NASA Reference Publication 1142《NASA 飞机工业标准规范/碳纤维增强的韧性热固性树脂基复合材料》（NASA/Aircraft Industry Standard Specification for Graphite Fiber/Toughened Thermoset Resin Composite Material）。

上述试验方法中，GB/T 21239—2007 与 SACMA SRM 2R—1994、ASTM D7136—2015、ASTM D7137—2012 试样尺寸、冲击能量等技术内容是一致的。ASTM D7136—2015 规定了试验落锤冲击的技术内容，ASTM D7137—2012 规定了落锤冲击后压缩试验的技术内容，两者合起来构成了完整的冲击后压缩试验方法；HB 6739—1993 与 NASA Reference Publication 1142 试样、冲击能量等技术内容是一致的。目前国内冲击后压缩试验一般采用 GB/T 21239—2007。

15.4.3 试样

试样形状及尺寸如图 15-14 所示。除非另有规定，试样的尺寸偏差为 ±0.25mm。试样的目标厚度为 5.0mm。

根据层合板种类，表 15-1 和表 15-2 给出了不同固化后单层厚度试样对应的层数和铺层顺序。

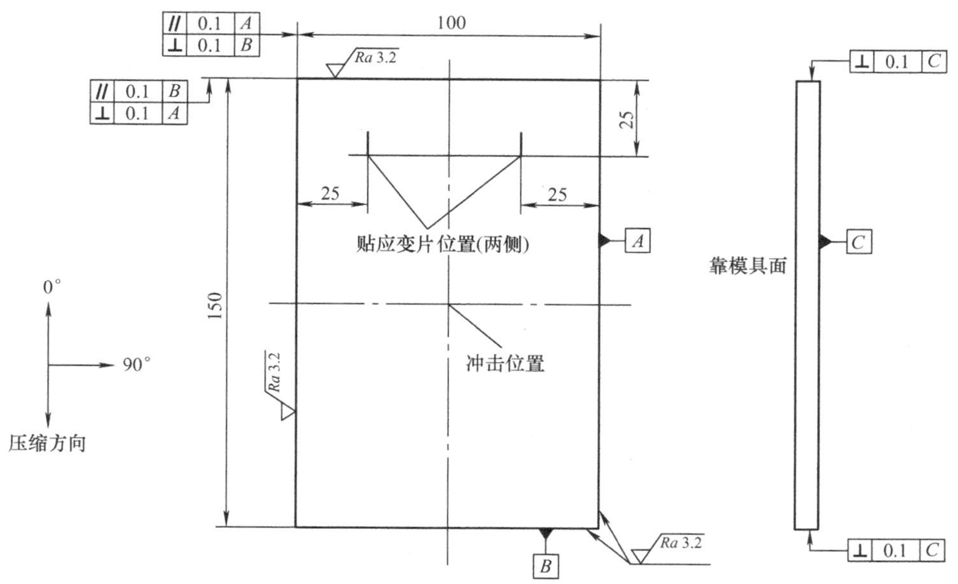

图 15-14　冲击后压缩试验的试样

表 15-1　对不同的固化后单层名义厚度推荐的单向预浸带层合板铺层方式

固化后单层名义厚度/mm		层　数	铺　层
最 小 值	最 大 值		
0. 085	0. 10	48	$[45/0/-45/90]_{6S}$
0. 10	0. 13	40	$[45/0/-45/90]_{5S}$
0. 13	0. 18	32	$[45/0/-45/90]_{4S}$
0. 18	0. 25	24	$[45/0/-45/90]_{3S}$
0. 25	0. 50	16	$[45/0/-45/90]_{2S}$
0. 50	0. 75	8	$[45/0/-45/90]_{S}$

表 15-2　对不同的固化后单层名义厚度推荐的机织物预浸带层合板铺层方式

固化后单层名义厚度/mm		层　数	铺　层
最 小 值	最 大 值		
0. 085	0. 10	48	$[(45/-45)/(0/90)]_{12S}$
0. 10	0. 13	40	$[(45/-45)/(0/90)]_{10S}$
0. 13	0. 15	32	$[(45/-45)/(0/90)]_{8S}$
0. 15	0. 18	28	$[(45/-45)/(0/90)]_{7S}$
0. 18	0. 20	24	$[(45/-45)/(0/90)]_{6S}$
0. 20	0. 25	20	$[(45/-45)/(0/90)]_{5S}$
0. 25	0. 36	16	$[(45/-45)/(0/90)]_{4S}$
0. 36	0. 50	12	$[(45/-45)/(0/90)]_{3S}$
0. 50	1. 00	8	$[(45/-45)/(0/90)]_{2S}$
1. 00	1. 50	4	$[(45/-45)/(0/90)]_{S}$

其他铺层方式的层合板应有多个纤维方向（对单层为单向纤维的层合板纤维方向至少为三个，对织物层合板至少两个铺层方向），它们相对试验方向是均衡对称的。通常铺层方式应选择 $[45_i/0_i/-45_j/90_k]_{nS}$ 单向层合板或 $[45_i/0_j]_{nS}$ 织物层合板，使得纤维在四个主方向上每个方向的分布不少于5%。其中，i、j、k 表示复合材料层合板中某一单层重复连续铺贴的次料；n 表示复合材料层合板铺设对称面一侧子层合板重复铺贴的次数；S 表示对称层合板，复合材料子层合板重复铺贴 n 次后，再进行对称铺贴。

试样制备按照 GB/T 1446—2005 的规定。每组有效试样应不少于5个。

15.4.4 试验设备和夹具

1. 落锤冲击试验装置

落锤总质量为5.5kg ±0.25kg，落锤冲击头应有导向装置，冲击点的重复性偏差应不大于3mm。试验装置应有防止二次冲击的功能。

2. 材料试验机

试验机和测试仪表应符合 GB/T 1446—2005 的规定。

3. 冲击试验支承夹具

冲击试验支承夹具上下表面的平行度应能够保证试样在受冲击位置水平放置，导向销必须保证试样中心受到冲击，铰接夹及其橡皮头在试样受到冲击过程中应能够压紧试样。

4. 冲击后压缩试验夹具

冲击后压缩试验夹具应有足够的刚度和尺寸精度，以保证试样均匀受压，并且不会发生屈曲。冲击后压缩试验夹具详见 GB/T 21239—2007 中的附录 B。

15.4.5 试验程序

1. 试样状态调节和尺寸测量

1）按照 GB/T 1446—2005 的规定检查试样外观、对试样进行状态调节。

2）测量试样中心点（冲击点）四周四点的厚度，取平均值；在试样长度中心线处测量试样的宽度。测量精度按照 GB/T 1446—2005 的规定。

2. 计算冲击高度

根据试样厚度计算对试样中心施加的冲击能量，冲击能量计算按照式（15-3）进行。根据冲击能量和冲击头质量计算冲击高度。冲击高度按照式（15-4）进行计算。

$$E = C_E h \tag{15-3}$$

式中 E——冲击能量（J）；

C_E——规定的冲击能量与试样厚度的比，取6.7J/mm；

h——试样厚度（mm）。

$$H = \frac{E}{mg} \tag{15-4}$$

式中 H——冲击高度（m）；

E——冲击能量（J）；

m——试样质量（kg）；

g——重力加速度，取9.81m/s^2。

3. 冲击试验

按照计算的冲击高度移动冲击头完成对试样的冲击。测量并记录冲击表面和背面损伤状况，包括冲击坑尺寸和背面的裂纹形状、尺寸。若需要可用无损检测方法测量和记录分层面积。

4. 粘贴应变片

按照图 15-14 所示对试样背对背粘贴轴向应变片。

5. 压缩试验

（1）安装试样　将试样安装在压缩试验夹具中，通过式（15-5）计算的弯曲百分数来判断试样的安装效果。弯曲百分数超过 10%，则要检查夹具、试件和加载平台，以找出可能引发试件弯曲的情况。如果存在间隙、紧固件松动或平台不对中，应松开夹具螺栓，调节侧板和滑动板及平台，以尽可能减小层合板在压缩载荷下的弯曲。

$$B_Y = \frac{\varepsilon_1 - \varepsilon_2}{\varepsilon_1 + \varepsilon_2} \times 100\% \tag{15-5}$$

式中　B_Y——弯曲百分数；

ε_1——一个面上两个应变计指示应变的平均值；

ε_2——背面两个应变计指示应变的平均值。

（2）试验　按照规定的速率对试件加载直至达到最大值，并且载荷掉落至距最大值约 30% 时，终止试验。记录试验过程中的时间、位移（应变）、载荷等数值。

15.4.6　试验数据的处理与表达

冲击后压缩强度按照式（15-6）计算。按照 GB/T 1446—2005 的规定计算平均值、标准差和离散系数。

$$\sigma_{CAI} = P/(bh) \tag{15-6}$$

式中　σ_{CAI}——冲击后压缩强度（MPa）；

P——最大压缩载荷（N）；

b——试样宽度（mm）；

h——试样厚度（mm）。

思　考　题

1. 复合材料和有机玻璃疲劳试验频率选择的原则是什么？
2. 复合材料层间分层失效有哪几种典型失效模式？
3. 简述复合材料冲击后压缩试验的主要过程。
4. 冲击后压缩试验中影响试验结果的关键因素有哪些？为什么？

第4篇　长时力学性能

第16章　金属的持久和蠕变性能试验

金属材料在一定温度和应力作用下会产生蠕变现象。在汽轮机、锅炉、化工设备及航空发动机中，很多零部件在高温和高压条件下运行一段时间后，经常发生塑性变形和断裂失效问题。而且，随着金属材料服役温度和服役应力的逐步提高，蠕变现象愈加明显。例如，喷气发动机的主要高温部件——燃气涡轮，它一方面承受着燃烧室喷出的高温燃气冲刷所产生的振动；另一方面由于高速旋转产生巨大的离心力，使涡轮叶片和涡轮盘沿径向逐渐蠕变伸长，由于涡轮与涡轮外环之间的间隙很小，如果涡轮部分的蠕变伸长量超过此间隙，发动机就会出现停车而造成事故。又如高温、高压下长期工作的管道，由于蠕变变形，管径日益涨大，管壁越来越薄，最终可能破裂引起爆炸。美国空军实验室统计了20世纪某15年内的发动机648起故障，其中由于材料蠕变形断裂导致的故障达153起，占总数的23.6%。可见持久和蠕变性能的研究在工程中有很大的实用意义。

随着新型发动机对高温金属材料的工作温度要求越来越高，材料的蠕变现象也越来越不可忽视。如果在高温金属材料选材和载荷设计上稍有疏漏，造成零部件在实际工况下的蠕变变形量超过设计规定的允许值时，便会发生严重的破坏性事故。因此，蠕变现象对在高温下长期工作的锅炉、内燃机、燃气涡轮、核反应堆具有很大的实际意义。持久和蠕变性能已成为结构选材和高温机械设计的重要指标之一。

16.1　基本概念

16.1.1　蠕变的定义

金属的蠕变是金属材料在一定温度下越来越不可忽略的物理现象，需要大量的试验研究其现象的本质，根据不同角度，分别从广义和狭义两个方面对金属的蠕变进行定义。

1. 广义蠕变

广义蠕变是指固体受到外力作用时，其变形随时间增加的现象。

对金属材料而言，蠕变现象并不是在任何情况下都能发生并造成损害。发生蠕变现象的首要条件是温度。在低温下，材料的蠕变现象并不明显，其导致的塑性变形要达到设计允许值可能要经过相当长的时间，完全超过了零部件的使用寿命，因而无须关注；只有当材料在

某个特定温度以上，蠕变现象才不容忽略，成为材料失效的主要因素。研究表明，金属材料产生蠕变的温度条件一般为$0.3T_m$以上（其中T_m为材料的熔点，用绝对温度表示，单位为K）。由于不同材料有各自不同的熔点温度，因此不同材料的蠕变温度也各不相同。如金属铅的熔点为327℃（600K），室温下（20℃，293K）已相当于其$0.5T_m$，所以铅屋顶在室温下会由于自重造成蠕变开裂。当碳钢大于300～500℃、合金钢大于300～400℃、耐热合金大于600℃、轻合金大于50～150℃时，均可能产生蠕变。产生蠕变的另一必要条件是要有应力作用。一般情况下应力均小于材料的抗拉强度、大于材料的弹性极限。而当温度比较高时，产生蠕变所需应力可能会小于屈服强度。

2. 狭义蠕变

狭义蠕变指在恒定温度和恒定负荷作用下，材料随时间产生变形的现象。

广义蠕变的定义形象描述了金属蠕变的现象，但没有确定温度和载荷的必要条件，无法进行相关试验研究。因此在广义蠕变的基础上，给出了狭义蠕变的定义，便于试验研究蠕变现象的本质，是蠕变试验研究的理论基础。

16.1.2　蠕变曲线

根据金属狭义蠕变的定义，在恒定温度和恒定负荷作用下的蠕变现象可用参量为应变和时间的蠕变曲线来描述。典型蠕变曲线如图16-1所示。

图16-1中，oa线段是试样加载后所引起的瞬时应变e_0，又称起始应变。如果施加的应力超过金属材料在该温度下的弹性极限，则e_0包括弹性应变和塑性应变两部分，起始应变不属于蠕变。从a点开始随时间增加而产生的应变属于蠕变，包括随时间变化的塑性应变和随时间变化的弹性应变两部分。图16-1中$abcd$曲线即为蠕变曲线。

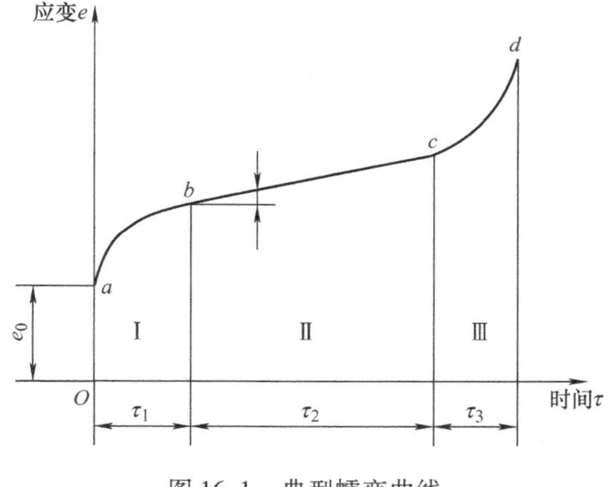

图16-1　典型蠕变曲线

蠕变曲线上任一点的斜率，表示该点的蠕变速度$\dot{\varepsilon}=\mathrm{d}e/\mathrm{d}\tau$。

按照蠕变速度的变化情况，可将蠕变过程分成三个阶段：

ab为蠕变第Ⅰ阶段，也称减速蠕变阶段。这一阶段随着时间的增长，蠕变速度减小，也称不稳定蠕变，到b点蠕变速度达到最小值。

bc为蠕变第Ⅱ阶段，是恒速蠕变阶段。这一阶段的特点是随着时间的增长，蠕变速度几乎保持不变，又称为稳定蠕变阶段，通常作为衡量材料蠕变抗力的依据。材料的最小蠕变速率就是指这一阶段的蠕变速度$\dot{\varepsilon}$。

cd为蠕变第Ⅲ阶段，是加速蠕变阶段。随着时间的增长，蠕变速度逐渐增大，直至d点产生蠕变断裂。

蠕变加载过程的载荷-伸长曲线如图16-2所示。由图16-2可见，起始应变包括起始弹性应变和起始塑性应变，两者都不属于随时间增长而增加的蠕变变形。

不是所有的蠕变曲线都会显示三个阶段，只有在温度和应力适当的条件下才能得到三个阶段特征明显的蠕变曲线。

不同材料在相同条件下，得到的蠕变曲线各不相同；同一种材料的蠕变曲线也随应力和温度的不同而异。在恒定温度（t_c）下改变应力或在恒定应力（σ_c）下改变温度，蠕变曲线的变化如图 16-3 所示。

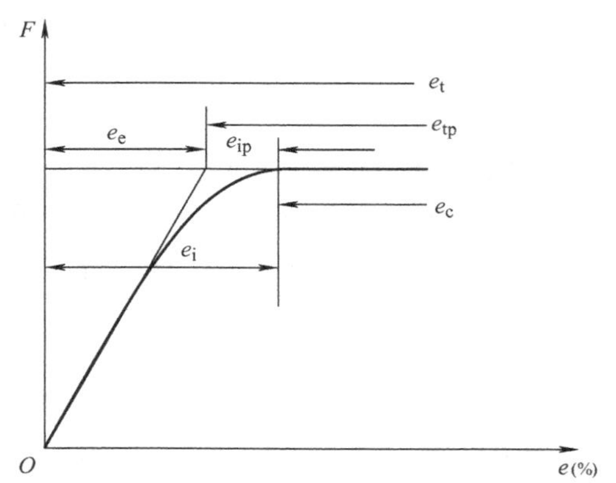

图 16-2　蠕变加载过程阶段的载荷-伸长曲线

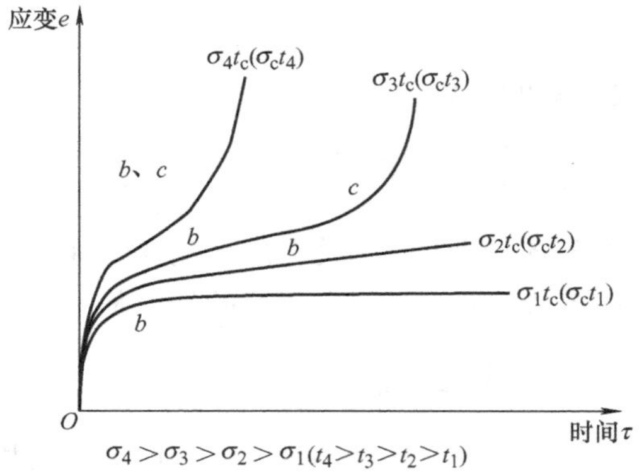

图 16-3　应力和温度变化对蠕变曲线的影响

由图 16-3 可见，升高温度和增加应力对于蠕变曲线的影响是极其相似的。当应力较小或温度较低时，蠕变第Ⅱ阶段时间较长，甚至可能不产生第Ⅲ阶段；相反，当应力较大或温度较高时，蠕变第Ⅱ阶段很短，甚至完全消失（b、c 重叠为一点）。

16.1.3　蠕变曲线数学表达式

蠕变曲线数学表达式以解析的方式用来表示蠕变曲线的应变与时间关系，一种简单通式为

$$e = e_0 + \beta t^n + Kt \tag{16-1}$$

式中　e——总应变；

e_0——起始应变；

t——蠕变时间；

β、K——常数。

右边第一项是瞬时应变，第二项是过渡蠕变引起的应变，第三项是定常蠕变引起的应变，求式（16-1）对时间的微分，则得

$$\dot{e} = n\beta t^{n-1} + K \tag{16-2}$$

式中　n——小于 1 的正数。

当 t 很小时，右边第一项起决定作用，它表示蠕变速度随时间增长而逐渐减小的过渡状态的第Ⅰ阶段蠕变；当 t 增大时，第二项起主要作用，蠕变速度接近定值，它表示定常状态的第Ⅱ阶段蠕变。

也可认为e_0、β、K 随温度和应力而变化。

对于加速蠕变阶段即第Ⅲ阶段蠕变，因缺乏系统的研究，目前尚无公认的数学解析形式。

16.1.4　持久和蠕变性能的表征参量

针对高温下结构选材和设计时的需要，持久和蠕变性能采用蠕变极限和持久强度来表征材料在高温长时载荷作用下的塑性变形抗力和抵抗断裂的能力，同时采用延伸率 A 和断面收缩率 Z 作为断裂时的塑性指标。

1. 蠕变极限

对零部件使用中的尺寸变化有限制要求时，需要研究材料的蠕变抗力。材料的蠕变抗力主要以蠕变第Ⅰ阶段或第Ⅱ阶段的蠕变应变或应变速度作为研究对象。

蠕变极限是用来衡量蠕变抗力的一个重要参量。蠕变极限又可分为物理蠕变极限和条件蠕变极限。

（1）物理蠕变极限　物理蠕变极限是蠕变速度等于零的最大应力。也即产生蠕变和不产生蠕变的转折点的应力。由于物理蠕变极限需要很长时间，测定蠕变速度接近于零的应力很困难，特别是工程实际应用过程中是允许有蠕变变形的，所以物理蠕变极限在工程应用中意义不大。

温度的高低、应力的大小、时间的长短、测试精度等因素都会显著地影响蠕变曲线的走势。因此，为了比较蠕变抗力的大小，工程上常采用条件蠕变极限这一指标来评定。

（2）条件蠕变极限　工程上采用两种方法来表征条件蠕变极限。

1）用蠕变速率表征条件蠕变极限。试样在恒定温度及恒定拉伸负荷作用下，第Ⅱ阶段蠕变速率不超过某规定值的最大应力，定义为条件蠕变极限，用符号 σ_v^t 表示，单位为 MPa。其中 t 为试验温度，单位为℃；v 为第Ⅱ阶段的蠕变速率（即在蠕变曲线的直线部分，每小时变形伸长量的百分数）。

例如，$\sigma^{700}_{1\times10^{-5}\%/\mathrm{h}}=100\mathrm{MPa}$ 表示在 700℃ 试验温度下，第Ⅱ阶段蠕变速率等于 $1\times10^{-5}\%/\mathrm{h}$ 的蠕变极限为 100MPa。

首先在某一固定温度 t_1，恒定应力 σ_1 下做蠕变试验，试样至少进行到蠕变第Ⅱ阶段若干时间后，计算第Ⅱ阶段的平均蠕变速率 v，如图 16-4 所示，其计算公式为

$$v=\frac{\Delta l}{l_0}/\tau=\frac{\Delta l}{l_0\tau} \tag{16-3}$$

式中　Δl——第Ⅱ阶段时间 τ 内所产生的总伸长；

l_0——试样的标距。

在温度 t_1、应力 σ_1 下可求得 v_1，同样在温度 t_1、应力 σ_2 下可求得 v_2，即在相同的温度 t 下，经一系列不同的应力 σ，可求出其相应的蠕变速率 ν。

根据蠕变速率 v 和应力 σ 之间经验公式

$$v=a\sigma^b \tag{16-4}$$

式中　a、b——与试验温度、材料和试验条件有关的系数。

式（16-4）两边取对数得

$$\lg v=\lg a+b\lg\sigma \tag{16-5}$$

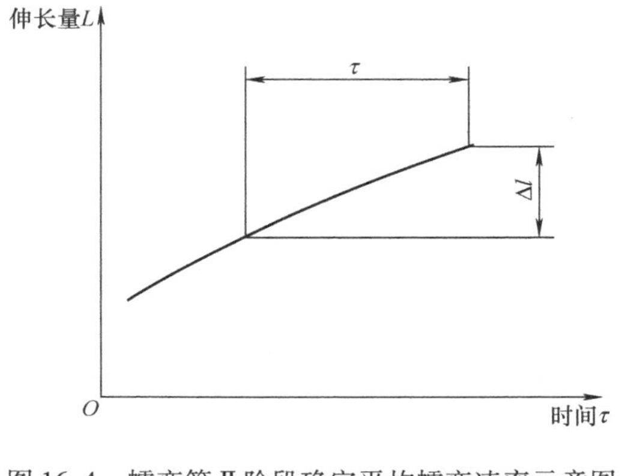

图 16-4　蠕变第Ⅱ阶段确定平均蠕变速率示意图

即在温度 t_1 下，不同应力 σ 可求得相应 v 之间存在线性关系的系数和直线。

为获得条件蠕变极限，要了解工程规定允许的蠕变速率。在动力程工上，如电站锅炉、汽轮机、燃气轮机制造中，规定蠕变速率 $v=10^{-5}\%/h$ 或 $v=10^{-4}\%/h$。于是可以利用 $\lg\sigma$-$\lg v$ 关系图在横坐标上找出 $\lg v$，并求出某一温度下的条件蠕变极限。

在另一温度 t_2，也可找出与之相应的 v 与 σ 之间的线性关系，可得如图 16-5 所示 $\lg\sigma$-$\lg v$ 关系曲线。不难理解，在规定的某一蠕变速率 v 下，若温度越高，则允许的条件蠕变极限越小。

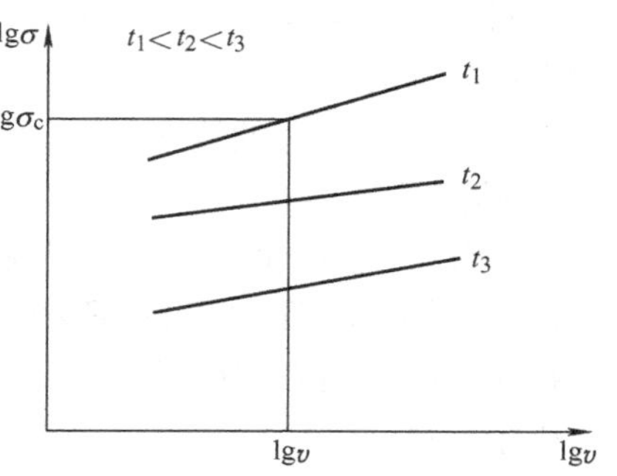

图 16-5　$\lg\sigma$-$\lg v$ 关系图

2）用残余变形率表征蠕变极限。试样在恒定温度及恒定拉伸负荷作用下，至规定时间的残余蠕变变形率不超过其规定值的最大应力，定义为条件蠕变极限，用符号 $\sigma^t_{\delta/\tau}$ 表示，单位为 MPa。其中 t 为试验温度，单位为℃；δ 为残余伸长率（%）；τ 为试验时间，单位为 h。

例如，$\sigma^{700}_{0.2/100}=250\text{MPa}$ 表示在 700℃的试验温度下，试验持续时间为 100h，产生 0.2%残余伸长率的蠕变极限为 250MPa。

因此，可在某一恒定的温度条件下，采用不同的应力，求出不同的蠕变曲线（Δl-τ），将纵坐标除以试样的标距长度，则纵坐标变为变形率 ε，即得到经改造的蠕变曲线 e-τ，如图 16-6 所示。在某一恒定应力条件下，不同温度条件下也可得到不同的蠕变曲线，如图 16-7所示。

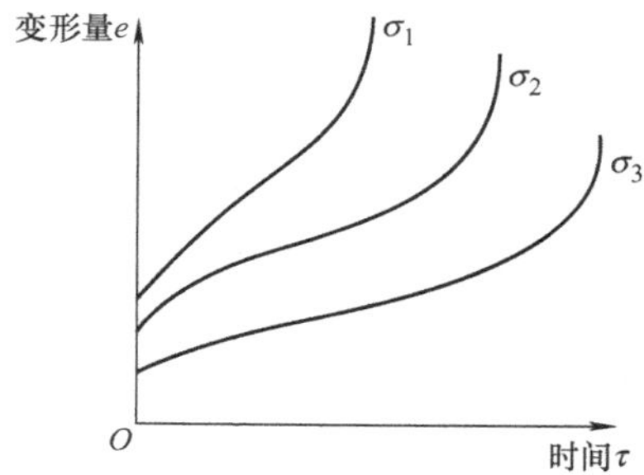

图 16-6　不同应力下的蠕变曲线
（$\sigma_1>\sigma_2>\sigma_3$）

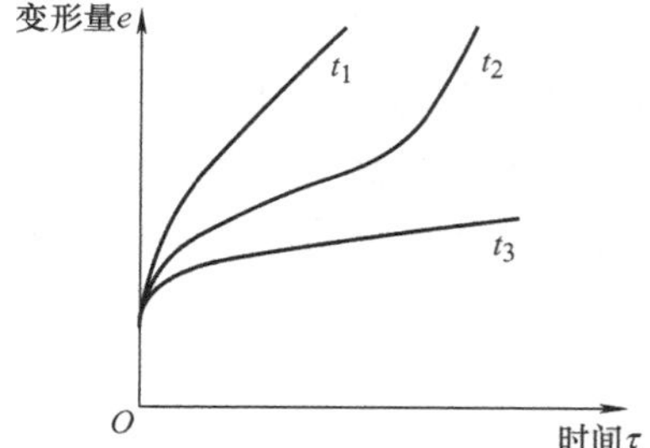

图 16-7　不同温度下的蠕变曲线
（$t_1>t_2>t_3$）

2. 持久强度

蠕变极限表征了金属材料在高温长期载荷作用下对塑性变形的抗力，但不能反映断裂时的强度及塑性。与常温下的情况一样，材料在高温下的变形抗力与断裂抗力是两种不同的性能指标。因此，对于高温材料还必须测定其在高温长期载荷作用下抵抗断裂的能力，即持久强度。持久强度试验，实质是蠕变的延续。它随着高温试验时间的推移，金属材料在应力作用下必然会导致断裂，也就是蠕变变形达到加速阶段（即第Ⅲ阶段）直到断裂时的应力值，因此，国外有时把持久强度试验称为应力断裂试验。

（1）持久强度极限（条件）　试样在恒定温度和恒定拉伸负荷作用下，达到规定的持续

时间不致断裂的最大应力，定义为持久强度极限，用符号 σ_{τ}^{t} 表示，单位为MPa。

例如，σ_{100}^{800} = 580MPa 表示在800℃试验温度下，100h 持续时间的持久强度极限为580MPa。

（2）持久塑性　持久塑性是通过持久强度试验，采用试样断裂后的延伸率 A 和断面收缩率 Z 来表示的。它反映材料在温度及应力长时间作用下的塑性性能，是衡量蠕变脆性的一个重要指标。很多材料在高温下长期工作后，延伸率下降，造成脆性破坏。如长期使用后，汽轮机螺栓的脆断，锅炉中炉管的脆性破坏等，这些都是要防止其发生的。

持久塑性比短时拉伸塑性更能代表材料在长期工作中的塑性特性。蠕变抗力高的材料往往具有良好的持久强度。工程上要求蠕变速度小、持久强度高、有一定持久塑性的材料。

（3）缺口敏感性　持久强度试验一般是用光滑试样在拉伸负荷作用下测定，但是许多在高温下工作的机件往往带有各种缺口，易引起应力集中，从而使材料的持久强度降低，为了考虑应力集中对持久强度的影响，需要做缺口持久强度试验。

一般采用光滑与缺口组合试样进行持久性能测试来评定材料是否有缺口敏感性，评定方法有以下两种：

1）缺口与光滑试样在断裂持续时间相同的情况下，用其持久强度之比 K_{τ} 来评定。

$$K_{\tau} = \sigma'/\sigma \tag{16-6}$$

式中　K_{τ}——持久试样缺口敏感系数；

σ'——缺口试样持久强度（MPa）；

σ——光滑试样持久强度（MPa）。

2）缺口与光滑试样在相同应力作用下，用试验至断裂的持续时间之比 K_{σ} 来评定。

$$K_{\sigma} = \tau'/\tau \tag{16-7}$$

式中　K_{σ}——持久试样缺口敏感系数；

τ'——缺口试样试验时间（h）；

τ——光滑试样试验时间（h）。

若 $K_{\tau} \leqslant 1$ 或 $K_{\sigma} \leqslant 1$，则说明材料有缺口敏感性；反之，如果 K_{τ}、K_{σ} 都大于1，则材料无缺口敏感性。

16.1.5　金属蠕变的变形和断裂机制

在工程上的蠕变速率为 $10^{-6} \sim 10^{-3}\%/h$，而拉伸变形速率为 $10^{-1} \sim 10\%/h$，热加工锻造以及爆炸成型时的蠕变速率为 $10^{6}\%/h$。相比而言，蠕变变形速度很低，但在高温低应力的长期作用下，同样将引起材料组织结构变化，如滑移带的形成，回复和再结晶，以及微裂纹的形成和扩展，而正是这些组织结构变化导致了蠕变变形和断裂。

1. 蠕变的变形机制

蠕变变形由位错滑移、晶界滑动和扩散三种机制来实现。在不同的温度下，这三种机制对蠕变变形的贡献不同。

（1）位错滑移蠕变　在蠕变过程中，滑移是一种重要的变形方式。一般情况下，若滑移面上的位错运动受阻产生堆积，滑移便不能进行，只有在更大的切应力下才能使位错重新增殖和运动。在高温下，位错可借助于热激活和空位扩散来克服某些短程障碍，从而使变形不断产生。

热激活能的变形机理有多种，如螺位错的交滑移、刃位错的攀移、带割阶位错的运动等。通过螺位错的交滑移运动和刃位错的攀移，可使异号位错不断相消，而且也促进位错的重新组合和排列并形成亚晶界，这就是回复过程。高温下的回复过程主要是刃位错的攀移。

图 16-8 所示为亚晶界形成示意图。高温下，由于热激活，就有可能使滑移面上塞积的位错进行攀移，形成小角度亚晶界（即高温回复阶段的多边化），从而导致金属材料的软化，使滑移继续进行。虽然对蠕变有贡献的是位错的滑移，但其进行的速度则受攀移过程所控制。

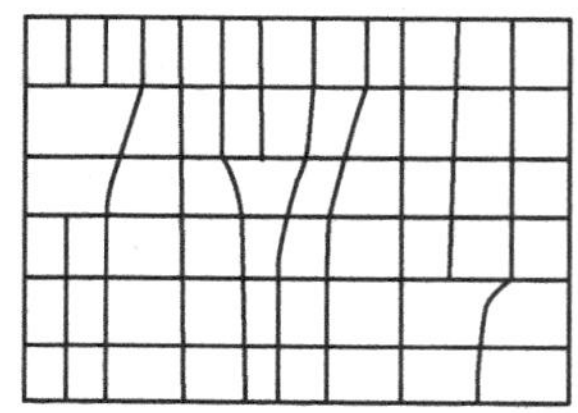
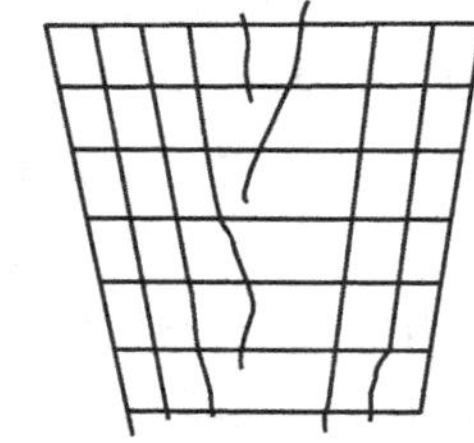
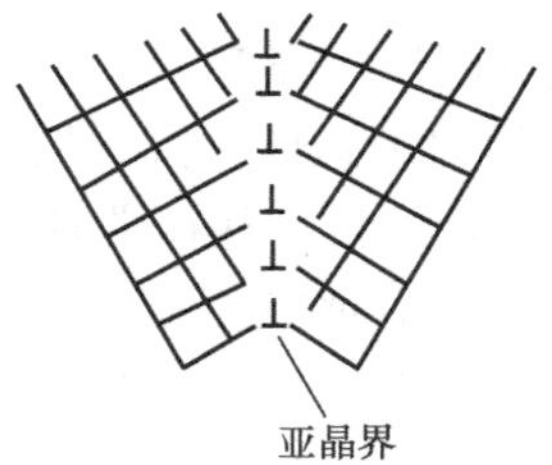

图 16-8　亚晶界形成示意图

（2）晶界滑动蠕变　常温下，晶界变形是极不明显的，可以忽略不计；而高温下，由于晶界强度降低，其变形量就很大，有时甚至占总蠕变变形量的一半，这是蠕变变形的特点之一。

晶界变形过程如图 16-9 所示。图 16-9 中画出了 A、B、C 三个晶粒。若 A、B 晶粒边界产生滑动（见图 16-9a），则在 C 晶粒内产生畸变区（图中影线区域），随后 B、C 晶粒边界便在垂直方向上向畸变能较高的 C 晶粒迁移（见图 16-9b），从而使三晶粒的交会点由 1 点移到 2 点。由于 C 晶粒有畸变区，使 A、B 晶界继续沿原来方向滑动受到阻碍，此时，若 A、C 晶界产生滑动（见图 16-9c），则进而使 A、B 晶界又在它的垂直方向进行迁移（见图 16-9d），三晶粒交会点便由 2 点移到 3 点。由此可见，晶界变形是晶界滑动和迁移交替进行的过程。晶界的滑动对变形产生直接的影响，晶界的迁移虽不提供变形量，但它能消除由于晶界滑动而在晶界附近产生的畸变区，为晶界进一步滑动创造了条件。

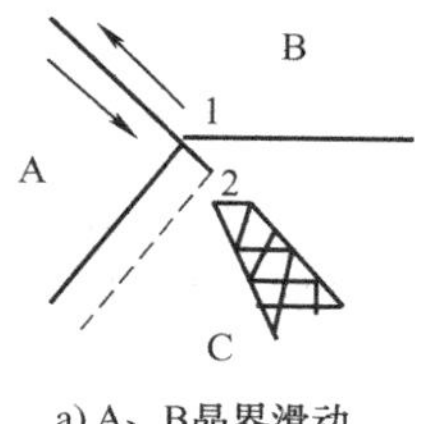

a) A、B晶界滑动

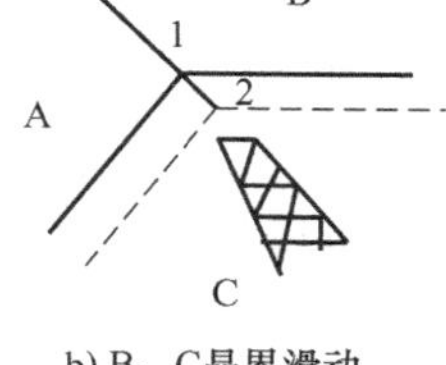

b) B、C晶界滑动

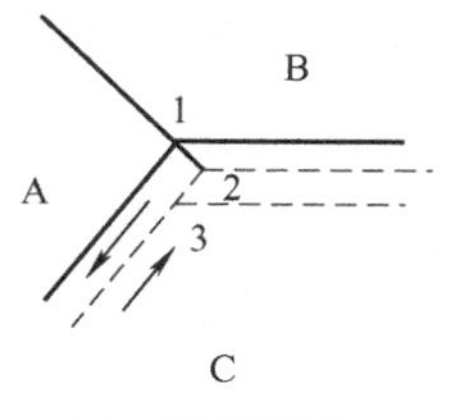

c) A、C晶界滑动

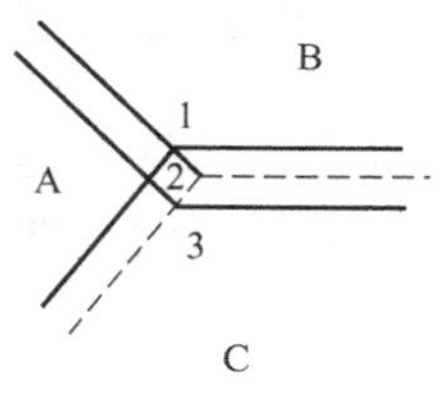

d) A、B晶界滑动

图 16-9　晶界滑动和迁移示意图

（3）扩散蠕变　扩散蠕变是高温时的一种变形机理。它是在高温条件下空位和间隙原子的移动造成的。在不受外力的情况下，空位移动是没有方向性的，因而宏观上不显示塑性变形。但当晶体两端有拉应力 σ 作用时，出现较多空位，从而在晶体内部形成一定的空位浓度。空位沿实线箭头的方向向两侧流动，原子则朝着虚线箭头的方向流动，从而使晶体产

生伸长的塑性变形，这种现象就称为扩散蠕变，如图 16-10 所示。图 16-10 中实线表示空位移动方向，虚线表示原子移动方向。

扩散蠕变是金属在接近熔点温度、应力较低的情况下产生的。

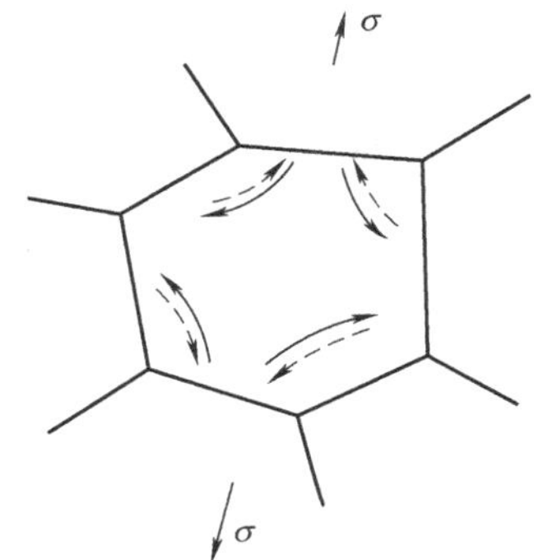

图 16-10　晶粒内部扩散蠕变示意图

2. 蠕变的断裂机制

蠕变断裂主要是沿晶断裂。在裂纹成核和扩展过程中，晶界滑动引起的应力集中与空位扩散起着重要作用。由于应力和温度的不同，裂纹成核有下述两种类型：

（1）裂纹成核于三晶粒交会处　在高应力和较低温度下，晶粒交会处会由于晶界滑动造成应力集中而产生裂纹。图 16-11 所示为几种晶界滑动方式所对应的晶界交会处产生裂纹的示意图。这种由晶界滑动所造成的应力集中，若能被晶内变形（例如，在滑动晶界相对的晶粒内引起形变带）或晶界迁移能以畸变回复的方式使其松弛，则裂纹不易形成，或产生后也不易扩展至断裂。

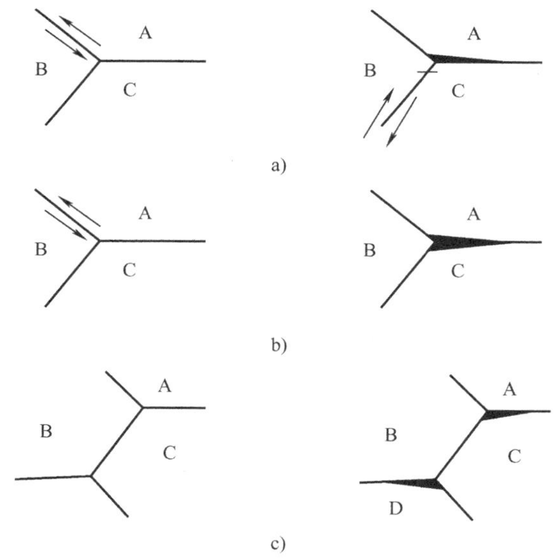

图 16-11　晶粒交会处因晶界滑动产生裂纹示意图

（2）裂纹成核分散于晶界上　在较低应力和较高温度下，蠕变裂纹常分散在晶界各处，特别易产生在垂直于拉应力方向的晶界上。这种裂纹成核的过程为：首先由于晶界滑动在晶界的台阶（如第二相质点或滑移带的交截）处受阻而形成空洞；同时，由于位错运动和交割产生的大量空位，为减少其表面能而向拉伸应力作用的晶界上迁移。当晶界上有空洞时，空洞便吸收空位而长大，形成裂纹。

3. 两种变形理论对蠕变三阶段的描述

根据裂纹的形核扩展和位错变形理论可分别对蠕变的三个阶段进行描述。

（1）用裂纹的形核和扩展过程描述蠕变的三个阶段（见图16-12）

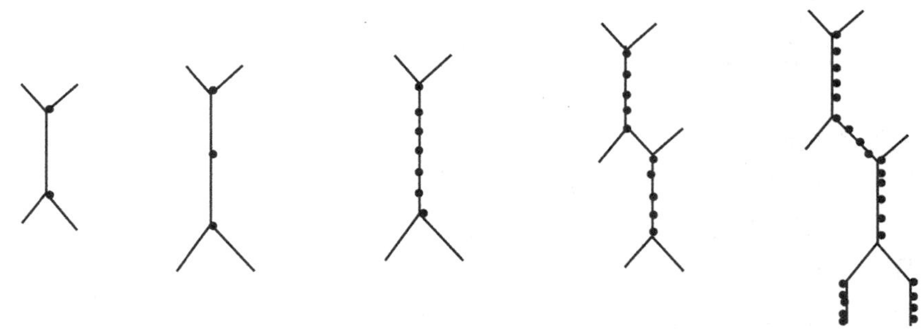

图16-12　蠕变裂纹的形核和扩展过程示意图

1）蠕变初期，由于晶界滑动在三晶粒交会处形成裂纹核心或在晶界台阶处形成空洞核心。

2）已形成的裂纹核心达到一定尺寸后，在应力和空位流的同时作用下，优先在与拉应力垂直的晶界上长大，形成楔形和洞形裂纹，为蠕变第Ⅱ阶段。

3）蠕变第Ⅱ阶段后期，楔形和洞形裂纹连接而形成终止于两个相邻的三晶粒交会处的“横向裂纹段”。此时，在其他与应力相垂直的晶界上，这种“横向裂纹段”相继产生。

4）相邻的“横向裂纹段”通过向倾斜晶界的扩展而形成“曲折裂纹”，裂纹尺寸迅速扩大，蠕变速度迅速增加。此时，蠕变过程进入到第Ⅲ阶段。

5）蠕变第Ⅲ阶段后期，“曲折裂纹”进一步连接，当扩展至临界尺寸时，便产生蠕变断裂。

（2）根据位错理论及蠕变变形方式描述蠕变的三个阶段　蠕变第Ⅰ阶段以晶内滑移和晶界滑动方式产生变形。位错刚开始运动时，障碍较少，蠕变速度较快。随后位错逐渐塞积，位错密度逐渐增大，晶格畸变不断增加，造成形变强化。在高温下，位错虽可通过攀移形成亚晶界而产生回复软化，但位错攀移的驱动力来自晶格畸变能。在蠕变初期由于晶格畸变能较小，所以回复软化过程不太明显。因此，这一阶段的形变强化效应超过回复软化效应，使蠕变速度不断降低。

蠕变第Ⅱ阶段，晶内变形以位错滑移和攀移方式交替进行，晶界变形以滑动和迁移方式交替进行。晶内滑移和晶界滑动使金属强化，但位错攀移和晶界迁移则使金属软化。由于强化和软化的交替作用，当达到平衡时，就使蠕变速度保持恒定。

蠕变发展到第Ⅲ阶段，由于裂纹迅速扩展，蠕变速度加快。当裂纹达到临界尺寸便产生蠕变断裂。

16.2　金属持久和蠕变性能的测试方法

16.2.1　标准试验方法分析与比较

测定持久和蠕变性能的标准试验方法主要采用国标GB、航标HB和美国ASTM标准。其中，国标《金属拉伸蠕变及持久试验方法》包含了蠕变和持久强度两种测试方法，适用范围和测试要求相对较宽。航标分为《金属高温拉伸持久试验方法》和《金属高温拉伸蠕

变试验方法》，分别对蠕变和持久强度的测试进行了详细的要求。美国 ASTM 标准在测试要求上相对航标和国标都高。国际、航标与美国 ASTM 标准的比较见表 16-1。

表 16-1　国标、航标与美国 ASTM 标准的比较

试验标准		航空工业标准				国家标准			美国标准	
标准编号		HB 5150—1996		HB 5151—1996		GB/T 2039—2012			ASTM E139—2011	
	温度参数	温度梯度	温度波动	温度梯度	温度波动	温度参数	温度梯度	温度波动	温度参数	温度梯度
试验温度范围/℃	≤600	2	±2	2	±2	≤600℃	3	±3	>1000℃	2
	>600~900	3	±3	3	±3	600~800℃	4	±4		
	>900~1200	4	±4	4	±4	800~1000℃	5	±5	≤1000℃	3
						1000~1100℃	6	±6		
同轴度要求		≤10%		≤10%		≤10%			≤10%	
室温要求		(25±5)℃室温 突变不超过 5℃		(25±5)℃室温 突变不超过 5℃		室温 突变不超过 ±3℃			室温 突变不超过 ±3℃	
加热炉均热带		≥2 倍计算长度		≥1.5 倍计算长度		≥1.5 倍计算长度			—	
初负荷		—		小于总负荷的 10% 且不大于 $10N/mm^2$		小于总负荷的 10% 且不大于 $10N/mm^2$			少量的试验力	

1. 持久和蠕变国标与航标的比较

GB/T 2039—2012 和 HB 5151—1996、HB 5150—1996 规定的试验测试项目是相同的，主要测试金属的蠕变极限、蠕变速率、蠕变伸长率、持久断裂时间、持久强度极限、持久断后延伸率和断面收缩率及评定材料的缺口敏感性。但不同的测试标准规定的测试技术要求有一些差异，如 HB 5151—1996 规定适用于测定金属试样在低于 1200℃ 的恒温、恒载条件下，试验时间不超过 10000h，总伸长率低于 1% 的蠕变应变、蠕变速率和蠕变极限的试验。

2. 持久和蠕变国标、航标与美国 ASTM 标准的比较

航标、国标和美国标准在试验机同轴度，试验温度梯度、温度波动，加热高温炉均热带及试验环境条件等方面存在一些异同点，详见表 16-1。

16.2.2　试验方案设计

为了用最少的时间和经费能获得一条准确完整的曲线且数据重叠少，应进行试验方案设计。可采用一个包括试验温度、应力和期望的持续时间的矩阵表格式来规划试验，典型的试验方案设计见表 16-2。所选温度不应少于三个，且相隔不应太近。选取的温度、应力应使试验时间在对数寿命坐标上均匀分布。例如对于 100~1000h 寿命区间，可使寿命大致分布在 100h、180h、320h、560h、1000h 左右，寿命分布至少应有两个数量级。每条等温线下应有4~6 个应力点，并有一个能为两个温度共用的应力水平，每个应力点至少 2~3 根试样。试验方案设计中应力值可根据同类材料的已知数据或预估的应力-寿命曲线选取，然后通过试验予以确定。选用的温度与寿命应包括所需范围。

表 16-2 持久和蠕变性能测试的典型试验方案

温度 t/℃	时间 τ/h						
	30	56	100	180	320	560	1000
	应力 σ/MPa						
t_1	—	—	σ_1	σ_2	σ_3	σ_4	σ_5
t_2	—	σ_5	σ_6	σ_7	σ_8	σ_9	—
t_3	σ_9	σ_{10}	σ_{11}	σ_{12}	σ_{13}	—	—

其中，对于持久试验而言，试验时间即为试样断裂时间；对于蠕变试验来说，试验时间为试样达到规定塑性应变（如0.1%、0.2%、0.5%等）的试验时间。

16.2.3 持久性能的测定

金属材料的持久强度试验是通过持久试验测定的。持久试验与蠕变试验相似，但较为简单，一般不需要在试验过程中测定试样的伸长量，只要测定试样在给定温度和一定应力作用下的断裂时间。对于设计某些在高温运转过程中不考虑变形量的大小，而只考虑在承受给定应力下使用寿命的机件来说，金属材料的持久强度是极其重要的性能指标。

持久试验方法主要有 GB/T 2039—2012、HB 5150—1996 和 ASTM E139—2011，可以根据不同的要求选择相应的试验方法进行测试。

1. 持久试验的目的与用途

持久试验的目的主要如下：

1）作为检验材料性能的手段，根据某材料的考核要求，提供该材料的使用温度和试验应力，当持久总试验时间超过规定的时间后，就确认这一材料的持久性能合格。

2）测定材料的持久强度极限，在规定的温度下，达到规定的试验时间而不产生断裂的最大应力，即为材料在规定温度下的持久强度极限。持久强度是结构设计和材料选择的主要依据。

2. 试样

持久强度试样根据试样形状和尺寸分为圆形横截面试样、圆形横截面缺口试样、圆形横截面缺口与光滑组合试样、矩形横截面试样，如图 16-13 ~ 图 16-17 所示。

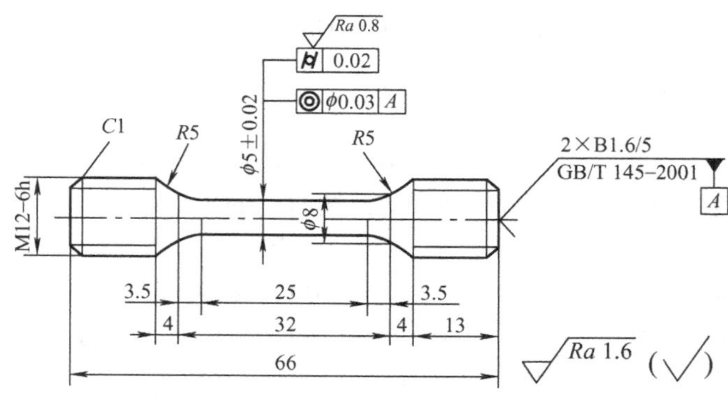

图 16-13 ϕ5mm 圆形横截面光滑试样

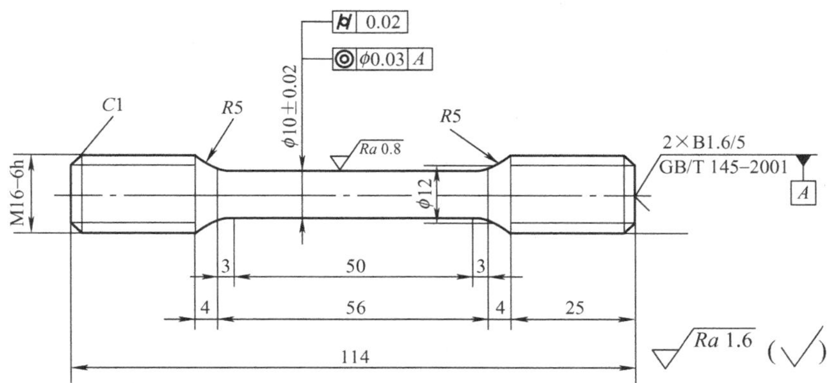

图 16-14　ϕ10mm 圆形横截面光滑试样

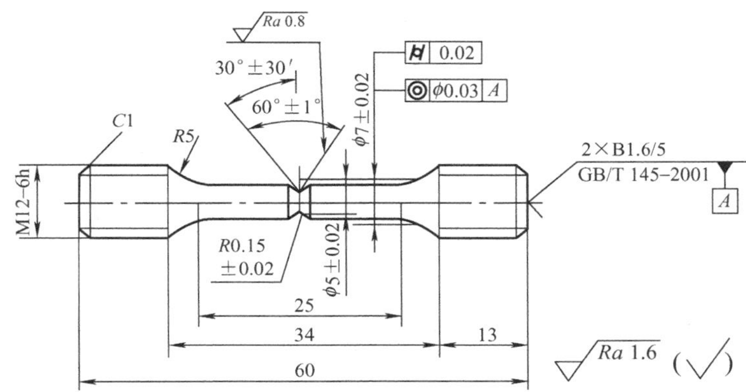

图 16-15　ϕ5mm 圆形横截面缺口试样

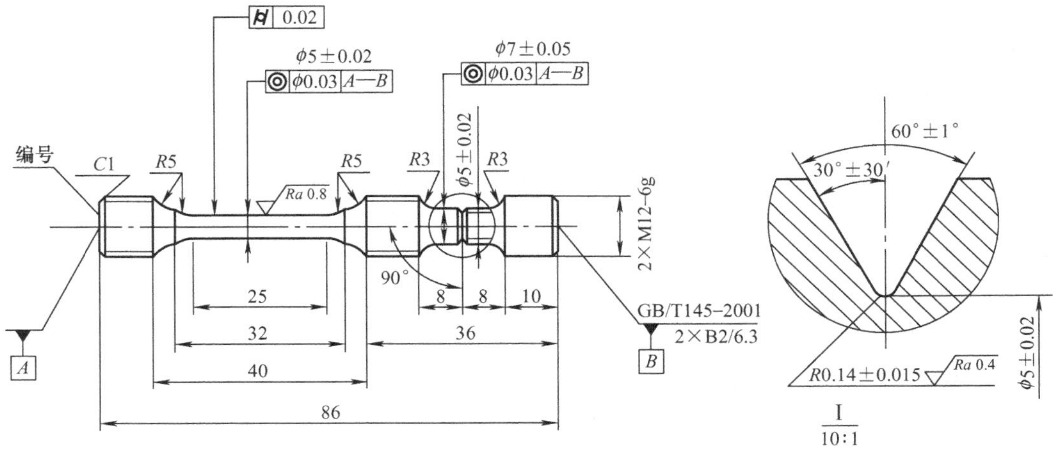

图 16-16　ϕ5mm 圆形横截面缺口与光滑组合试样

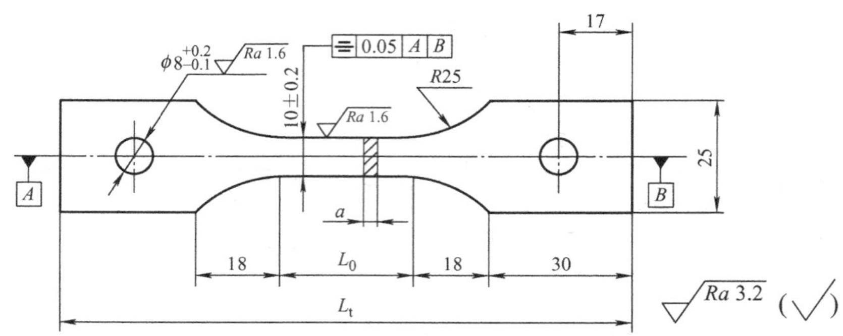

图 16-17　矩形横截面试样

标准圆形横截面试样的直径为5mm和10mm，其计算长度分别为25mm和50mm。缺口试样的缺口根部直径和光滑部分直径原则上应一致，不准缺口根部直径大于光滑部分直径，允许光滑部分直径比缺口根部直径大，最大不超过0.01mm。圆形缺口试样应力集中系数K_t值为3.86。试样夹持部分与计算长度之间应圆弧相切，夹持部分可为任意形状，以适应试验机的夹头。

若受试验材料所限，允许采用计算长度$L_0=5d_0$的比例试样进行试验，并在试验报告中注明尺寸。

标准矩形横截面试样（$b=10$mm）如图16-16所示，其计算长度与厚度的关系应符合表16-3的规定。

表16-3　矩形截面试样计算长度与厚度关系　　（单位：mm）

a	0.5～1	>1～1.5	>1.5～2.2	>2.2～3
L_0	15	20	25	30
L_t	111	116	121	126

切取试样毛坯时应留有足够的机械加工余量。制备试样时，不应引起被试金属的组织与性能的变化，如过热或冷作硬化。

3. 试验设备

（1）试验机　持久试验不测定材料变形量的大小，所以持久试验机配置相对蠕变试验机较简单，持久试验机相对于蠕变试验机不配置变形测量系统（引伸计、变形测量传感器），但在蠕变试验机上可以进行持久试验，持久试验机和蠕变试验机是通用的。目前，在国内广泛使用的持久试验机主要有两类：一类是杠杆式持久试验机，如图16－18a所示，主要通过杠杆加载砝码施加试验力；另一类是微控电子式持久试验机，如图16－18b所示，力传感器、加载电动机和伺服控制器通过PID程序控制加载试验力。按最大加载试验力分主要有30kN、50kN、80kN、100kN等几种型号的持久试验机。

（2）高温炉　高温炉是持久试验的加热装置，高温炉可采取任何结构形式，高温炉的均热带应不小于试样计算长度的2倍。加热装置应保证在整个试验过程中温度恒定。一般选用电阻加热高温炉，采用3组炉丝加热，分段控温；除非客户允许，否则禁止将感应加热炉应用于持久试验。

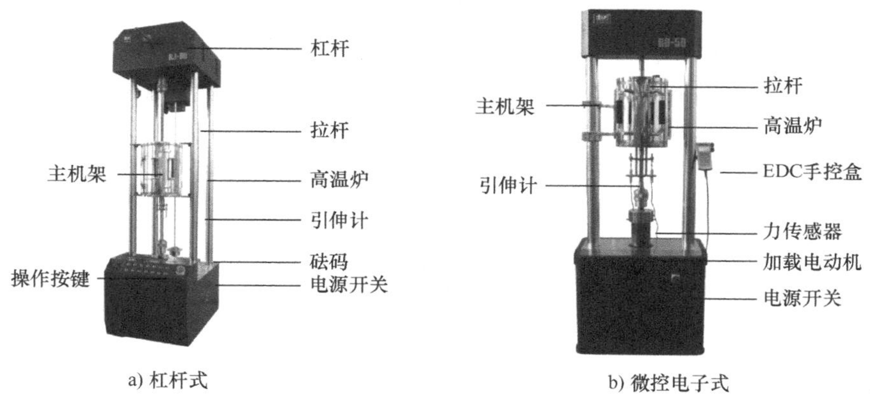

a) 杠杆式　　b) 微控电子式

图 16-18　持久和蠕变试验机

（3）测温、控温装置　持久试验为高温试验，试验温度主要使用人工智能调节仪表控制试验温度，目前国内大量使用的智能控温仪表有国产的宇电牌控温表、日本产的岛电牌控温表和山武牌控温表等。

试验温度测量的方法必须灵敏可靠，以保证试样计算长度内的温度波动和温度梯度满足试验方法要求，温度测量仪器灵敏度不低于1℃，误差不大于±0.1%；温度测量记录系统每年至少校准一次，温度补偿系统应使热电偶冷端温度保持恒定，允许温度波动不大于±0.5℃，温度记录仪器精度不低于0.5%。

4. 测试方法要点

（1）试验前准备工作　试验开始前，要检查试样加工合格证，填写试验原始记录表，选择试验夹具及热电偶。检查试验设备机械系统运转是否正常，检查机器温度控制系统、温度测量系统和变形测量系统是否正常；确认设备完好，在有效检定期内方可进行试验测试。

（2）尺寸测量　试验前测量横截面积和原始长度，在原计算长度上测量的试样尺寸不少于3处（两端和中间），对于圆形试样应在每处相互垂直方向上测量，用测得的最小平均尺寸计算其横截面积。对于矩形试样，用测得的横截面积最小值作为横截面积。伸长率应根据标距计算，标距应打点或画线在试样的原始计算长度上。脆性材料和高温合金允许在凸台上打标记计算伸长率。

（3）试样装夹　装夹试样前，一般先根据试验条件和试样规格选择试验机和夹具。装夹时，先将高温炉推向最高位置，使上、下夹具置于炉体之外；然后将试样装夹于上下拉杆夹具中，根据试样标距长度选择相应数量的热电偶绑于试样标距范围内。热电偶工作端应与表面紧密接触，并应防止炉壁热辐射，同时还要避免热电偶的短路。对矩形试样，热电偶应绑在试样宽度的中心线上。

（4）温度测量与控制　持久试验高温炉的控温方式有直接控温和间接控温两种方式。直接控温一般根据试样标距长度来确定使用热电偶的数量，标距小于50mm的试样，一般在标距两端各绑一支热电偶，标距大于或等于50mm的试样，应在试样中部绑第三支热电偶，热电偶的工作端应与试样表面紧密接触，防止炉壁的热辐射，同时还要避免热电偶的短路；热电偶应绑在试样竖直方向的一条线上，且两支热电偶不能靠得太近。间接控温一般由高温炉电热元件的组数固定热电偶的数量。

用热电偶测量温度时，热电偶应保持长期使用稳定，对超过检定周期长期连续使用的热电偶，试验前和试验后都应进行校验。试验温度测量一般使用智能采集表自动巡回检测，试验温度数据采集频率可以根据需要随意设定，一般至少1h进行一次温度定时采集，试验温度测量采集系统应有温度波动及梯度超差实时报警系统，在试验过程中对试验温度进行实时监测，温度异常超差报警时，试验人员应及时寻找原因使试验温度恢复正常。

在试验升温、保温时试验温度应符合表16-4的规定。

表16-4　试验温度波动及温度梯度规定

试验温度/℃	温度波动/℃	温度梯度/℃
≤600	±2	2
>600～900	±3	3
>900～1200	±4	4

注：1. 温度梯度是指试验过程中任一瞬间试样所有被测点温度的最高值与最低值之差。
2. 试验温度应包括对热电偶、补偿系统、测温仪器误差的修正。
3. 温度波动指实测温度与试验温度之差。

（5）升温、保温和加力规定　在升温过程中，为了防止温度过冲，可采用阶段升温的方式，逐步缓慢升温至试验规定温度。升温的温度不应超过规表16-4的规定。待温度稳定后，开始保温，试验保温时间至少1h，最多不超过24h。保温至试验温度稳定后，电子式持久试验机可通过程序控制缓慢平稳地施加试验力，杠杆式持久试验机通过杠杆缓慢平稳地施加规定的砝码力值。

（6）试验记录　在试验升温、保温过程中记录升温和保温时间，当试验温度达到保温要求时，施加试验规定的全部载荷，并记录加载时间和加载温度。采用计算机系统控制并自动采集数据的，可在开始升温前设定好试验温度和试验加载控制参数，当试验温度达到试验要求时，由计算机控制自动施加试验规定的全部试验力。在试验过程中应记录温度及受力状态的异常现象及处理情况，并在试验报告中注明。

（7）试验过程中的注意事项及应急处理措施　试验过程中应确保试验温度和载荷恒定，温度符合表16-4的规定。在试验过程中因发生意外故障停止试验时，应将试样上的负荷卸除，防止试样冷断。当排除故障达到试验温度后保温30～60min，再重新施加原负荷。但试验未受力的时间应从总的持续时间中减去。

16.2.4　蠕变性能的测定

目前国内采用的蠕变试验方法主要有GB/T 2039—2012、HB 5151—1996和ASTM E139—2011，可以根据不同的测试要求选择相应的试验方法。

1. 蠕变试验的目的与用途

进行蠕变试验主要有两种目的：一种是通过试验确定已选定材料在用它所制作零件的工作条件下的蠕变抗力；另一种是对一种新材料的蠕变特性做全面鉴定，即温度和应力在一定范围内波动，求得蠕变抗力和这些条件的关系。在实际试验中，一般通过测定材料在恒定温度和恒定拉伸负荷作用下达到规定应变的时间或至规定时间的应变不超过规定值的最大应力来作为选材和高温机械设计的重要指标之一。

2. 蠕变试样

蠕变试样根据形状分为圆形横截面试样和矩形横截面试样。圆形横截面试样直径 d_0 一般为 5～10mm，原始计算长度为 $5d_0$ 或 $10d_0$（也可采用 $12.5d_0$）。在被测材料取样不受限时，原则上选用大尺寸的试样，因为尺寸因素对蠕变性能的影响，用大尺寸的试样进行测试能更好地反映材料的蠕变性能。标准方法中推荐的圆形横截面标准蠕变试样如图 16-19 所示。若被测试材料由于尺寸所限，取不出标准试样时，可选择非标准试样进行试验，但在试验报告中必须注明试样尺寸。

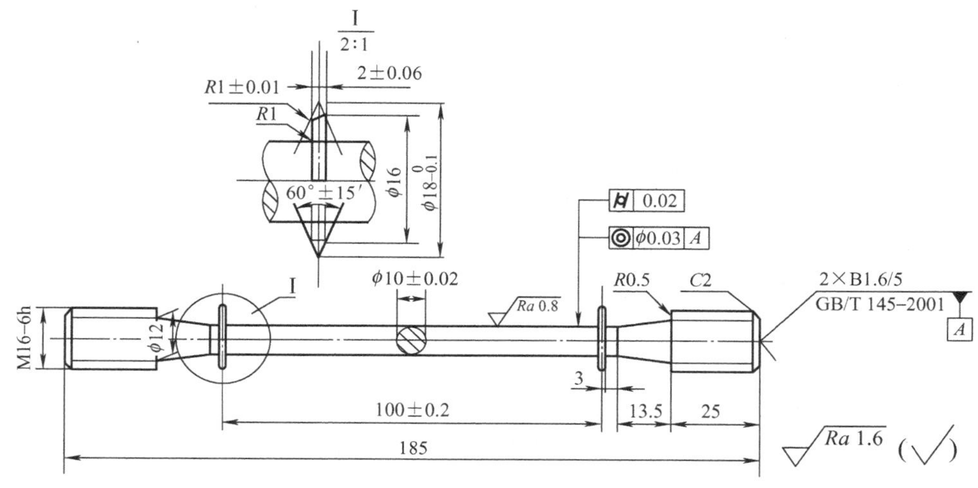

图 16-19　圆形横截面标准蠕变试样

矩形横截面蠕变试样厚度一般在 1～5mm 范围内，试样宽度为 6～15mm，原始计算长度为 50～100mm。推荐使用图 16-20 所示的矩形横截面标准蠕变试样。

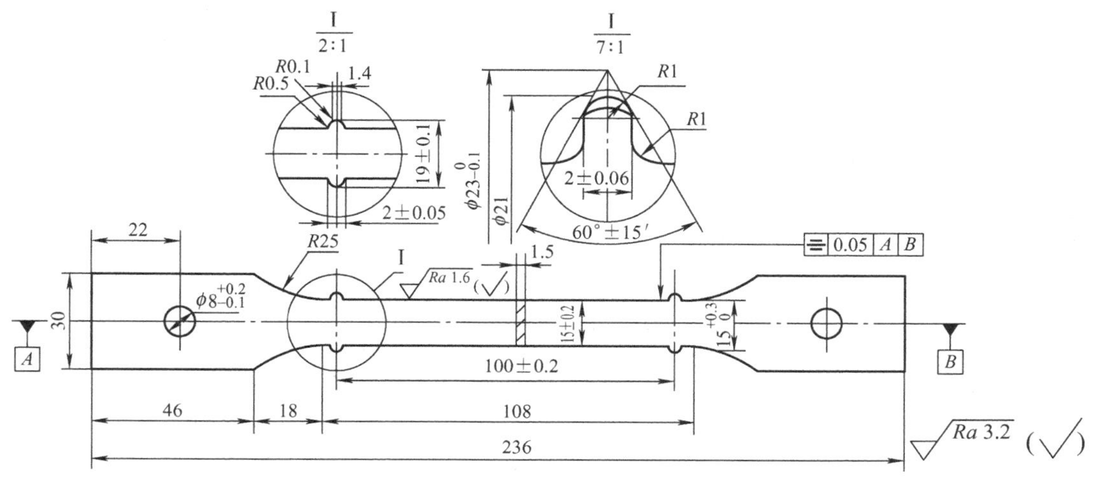

图 16-20　矩形横截面标准蠕变试样

蠕变试样装夹引伸计的凸肩确定了蠕变试样的标距，凸肩的加工尺寸将直接影响引伸计的安装质量、蠕变数据的采集和伸长率的计算精确度。试样头部可按试样在试验机夹头中的固定方式及引伸计在试样上的固定方式而任意设计。试样头部与计算长度之间应有过渡圆弧，对于圆形横截面试样，过渡圆弧半径应不小于直径的1/4，对于矩形横截面试样，过渡圆弧半径应不小于宽度的1/4。矩形横截面试样一般应保留原表面。试样在整个制作过程中，不应使金属受加工硬化或热作用而改变金属的性质。具有机械损伤、表面夹杂、分层、气孔、气泡、裂纹等缺陷的试样，不允许进行试验。不允许对试样进行矫直或其他形式的矫正。矩形横截面试样一般应保留原表面，如技术条件或双方协议另有要求时，可磨光表面。

3. 试验设备及仪器

（1）试验机　同持久试验机。

（2）变形测量仪器　蠕变变形测量的引伸计应如实传递试样的变形，使用的变形测量传感器主要有差动变压器、磁栅测量仪和光栅测微传感器等几种。变形测量仪器的最小分度值应不大于所测蠕变变形量的1%，精确度不低于0.2%，变形测量自动记录系统的准确度不低于2μm，变形测量记录系统应定期进行校准。

（3）高温炉　高温炉是蠕变试验的加热装置，具体要求同持久试验的高温炉。除非用户允许，否则禁止将感应加热炉应用于蠕变试验。

（4）测温、控温装置　同持久试验的测温、控温装置。

4. 测试方法要点

（1）试验前准备工作　试验开始前，要检查试样加工合格证，填写试验原始记录表，选择试验夹具及热电偶。检查试验设备机械系统运转是否正常，检查机器温度控制系统、温度测量系统和变形测量系统是否正常；确认设备完好，在有效检定期内方可进行试验测试。

（2）尺寸测量　测量试样的长度和宽度应使用精度不低于0.02mm的量具，测量试样的直径和厚度应使用精度不低于0.01mm的量具。在原计算长度上测量的试样尺寸不少于3处（两端和中间），对于圆形试样应在每处相互垂直方向上测量，用测得的最小平均尺寸计算其横截面积。对于矩形试样，用测得的横截面积最小值作为横截面积。

（3）试样装夹　装夹试样前，一般先根据试验条件和试样规格选择试验机、夹具和引伸计。装夹时，先将高温炉推向最高位置，使上、下夹具置于炉体之外；先将试样装夹于下拉杆夹具，套上引伸计杆，根据试样标距长度选择相应数量的热电偶绑于试样标距范围内，套上上引伸计杆，再将试样装入上拉杆夹具，安装紧固弹簧稳定引伸计，调整上、下引伸计杆与试样和拉杆夹具的平行度。最后查看引伸计的装夹，确保引伸计装夹不受力，保证试验数据采集的精确度。

（4）同轴度测量与校正　蠕变试验要求试样在加热炉内不应受到非轴向力的作用，蠕变引伸计是测量试样变形的引伸机构，试样和引伸计的装夹质量会对蠕变变形的采集产生一定的影响，为了减少由于试样和引伸计的装夹对于试验采集数据准确性的影响，蠕变试验要求在试验前进行装夹同轴度检查，一般采用分级加载的方式，分4～6级载荷逐级加载测量两支变形测量传感器的变形值来计算同轴度。试验前，在室温下用适当增量的力来检查引伸计的装夹质量，必要时对引伸计进行调整，使两支变形测量传感器读数的平均值与任一侧读数之差除以平均值的百分比不大于10%。检查试样装夹质量时，应满足下列要求：在初载荷的基础上，以总载荷的10%递增4～6次，分级测量试样同轴度，其值不大于10%时方可进行蠕变试验。

（5）温度测量与控制　蠕变试验高温炉的控温方式有直接控温和间接控温两种方式。

直接控温一般根据试样标距长度来确定使用热电偶的数量，标距小于 50mm 的试样，一般在标距两端各绑一支热电偶，标距大于或等于 50mm 的试样，应在试样中部绑第三支热电偶，热电偶的工作端应与试样表面紧密接触，防止炉壁的热辐射，同时还要避免热电偶的短路；热电偶应绑在试样竖直方向的一条线上，且两支热电偶不能靠得太近。间接控温一般由高温炉电热元件的组数固定热电偶的数量。

用热电偶测量温度时，热电偶应保持长期使用稳定，对超过检定周期长期连续使用的热电偶，试验前和试验后都应进行校验。试验温度测量一般使用智能采集表自动巡回检测，试验温度数据采集频率可以根据需要随意设定，一般至少 1h 进行一次温度定时采集，试验温度测量采集系统应有温度波动及梯度超差实时报警系统，在试验过程中对试验温度进行实时监测，温度异常超差报警时，试验人员应及时寻找原因使试验温度恢复正常。

在试验升温、保温时试验温度应符合表 16-4 的规定。

（6）升温、保温和加力规定　在升温过程中，为了防止温度过冲，可采用阶段升温的方式，逐步缓慢升温至试验规定温度。

升温过程可对试样施加初始试验力，此力值应不大于总试验力的 10%，并且不应大于 10MPa。试验保温时间至少 1h，最多不超过 24h。保温至试验温度稳定后，电子蠕变试验机可通过程序控制缓慢平稳地施加试验力，杠杆式蠕变试验机一般根据加载载荷大小将加载砝码分成适当级数，一般不少于 4 ~6 级，逐级加载并记录施加每级试验力的变形值，在力-伸长曲线上求得弹性变形及起始塑性变形值。

（7）变形测量及试验数据记录　蠕变变形从施加全部试验力瞬间开始测量和记录。采用计算机系统自动采集数据的，可按照实际数据需求随意设定数据采集频率自动采集记录蠕变变形。在试验过程中应记录温度及受力状态的异常现象及处理情况，并在试验报告中注明。在蠕变试验中，当由于某些故障或蠕变变形量超过变形测量传感器有效量程必须调整引伸计时，应将调整前后的数值衔接起来，并排除调整引伸计而产生的误差。

（8）试验过程中的注意事项及应急处理措施　试验过程中应确保试验温度和载荷恒定，温度符合表 16-4 的规定。试验过程中因发生意外故障中途停止试验时，不能去除试样上的负荷，但需扣除温度超出表 16-4 规定的时间和变形，若蠕变曲线发生异常，则试验结果做废。

16.3　影响持久和蠕变性能的主要因素

持久/蠕变作为反映材料蠕变性能重要表征参量，受到金属内部组织结构、工艺因素和试验因素等多方面的影响。

16.3.1　金属内部组织结构的影响

多晶体的强度取决于晶粒强度、晶界强度以及第二相的强度。

1. 晶粒强度

晶粒或基体的强度取决于原子间结合力的大小，而提高原子间结合力、使基体强化的方法之一是合金化。

1）加入量越接近饱和度，晶体点阵的畸变程度越大，其强度越高，这和淬火得到过饱和固溶体提高强度是同一道理。但不能太靠近饱和线，否则合金在高温下长期工作易析出第二相，如出现针状 σ 相使强度降低，且加入量过多时固相线将随之下降，使合金熔点降低，相对增大了原子的扩散速度，降低了再结晶温度，使性能下降。

2）溶质原子和溶剂原子半径相差越大，晶体点阵的畸变程度也越大，强度升高。

3）加入耐熔、扩散困难的溶质原子，使高温下原子结合力能保持稳定。

4）加入多元合金，实践证明加入多元少量的合金元素比加入同量的同一合金元素能更显著地提高耐热性。这点可从位错的观点来考虑。在位错周围存在着应力场，改变了这个体积内的溶解度，吸引溶质原子，在其周围形成所谓的考屈尔（Cotreall）气团，这种气团对位错运动起着阻碍作用，使热强度提高，但阻碍位错运动的程度取决于溶质原子的扩散速度。若溶质原子的扩散速度远大于位错的移动速度，则考屈尔气团不起作用；若位错的移动速度远大于气团的移动速度时，则位错可以挣脱气团的包围而移动，使气团无法起阻碍作用。只有当位错的移动速度稍大于溶质原子的扩散速度时，使位错拖着气团前进，气团才能妨碍位错的移动而提高高温强度。

所以，多元合金有多种溶质原子同时存在，它们具有不同的扩散速度。因此，在蠕变的各个阶段，固溶体中至少有一种溶质原子能够阻碍位错移动，使合金始终得到强化。

2. 晶界强度

提高晶界强度的方法主要有以下几种：

1）用纯净的炉料与变质剂，减少有害杂质，或形成高熔点化合物去除有害杂质的影响（因为有害杂质如硫、磷、砷等熔点低，且分布在晶界，使晶界强度降低）。目前铸造高温合金用真空冶炼，就是为了减少有害杂质。

2）加入使晶界原子扩散速度降低的合金元素。

3）用热处理办法使晶粒粗化。

在较低温度时，晶粒强度比晶界强度低，晶界将干扰位错的移动，蠕变只能在晶粒内部以滑移方式进行，断裂的形式是穿晶断裂；但在高温时，晶界变得比晶粒弱，晶界呈黏滞性，断裂的方式是沿晶断裂。这时粗晶粒比细晶粒有着高的蠕变抗力。

细晶粒材料在高温时的蠕变抗力比粗晶粒低，因为细晶材料中有许多大角度的以及结构很不规则的晶界，这些晶界的能量高，在高温和应力下空穴在其中的扩散速度快，故蠕变速度大。当经高温热处理使晶粒粗化后，这些高能量的晶界大都在晶粒长大过程中消失，剩下来的是低能量的晶界，空穴在其中扩散较慢。因而在高温下粗晶材料的蠕变极限和持久强度较高。另外粗晶粒结晶中心小，强化相聚集和再结晶倾向小。但晶粒不宜过分粗大，一般不超过 1 ~ 2 级，否则会损害其他性能，如晶间腐蚀、热脆倾向增大、高温疲劳性能降低等。

3. 第二相的影响

第二相对蠕变、持久强度有强烈影响。因此，对第二相一般有下列要求：

1）高度弥散而且均匀分布在晶粒内部，以及与基体共格的，点阵常数与基体相差很大的第二相，其强化效果最大，因为第二相会阻碍位错的移动。

当位错通过第二相或逼近第二相时开始弯曲，迂回过去，并在第二相周围留下一部分位错。位错通过越多，第二相影响的范围则越大。最后位错将被锁着而不能通过。考屈尔认为第二相的大小有一个最佳值，此时阻碍位错移动的能力最大。

当厚度为两个原子间距、直径为 Δ 的第二相，其阻力 σ 的计算公式为

$$\sigma = \left(\frac{3ra}{2\Delta}\right)\left(1 - \frac{4\alpha a}{3\Delta}\right) \tag{16-8}$$

式中　r——第二相单位表面上表面能的升高；

α——取决于第二相形状的常数；

a——原子间距；

Δ——第二相的直径。

可见，Δ 有一最佳尺寸，此时其阻力最大。

第二相间的距离越小，位错移动所需要的应力就越大。但当第二相有着独特的、与基体不同的晶体结构时才能成立，否则位错容易通过合金时效初期的、与基体有相同结晶结构的第二相。所以第二相的距离也有一个临界值，在临界值下强化效果最好。

2）扩散能力小，聚集能力差，成分稳定，结构复杂，在高温下长期工作而不起变化的第二相效果最好。如镍基合金中，Ni（TiAl）化合物稳定、聚集困难而且结构复杂，故能显著提高镍基合金的高温强度。

3）与固溶体没有互相转化反应，以及与固溶体间有结晶上的亲戚关系的第二相有着高的强化性。若第二相与固溶体基体无结晶上的结合关系，就像铸铁中的石墨相夹杂一样，破坏了基体的连续性，造成应力集中，不但不能提高强度，反而会降低强度。

4）第二相不应该只是一种而是两种以上，如果其中之一由于不稳定进行了聚集，结束了初阶段的强化，还可依靠成分变复杂或更稳定的其他第二相进行强化。

16.3.2　工艺因素的影响

1. 热处理工艺的影响

获得高耐热性能的微观组织要经过热处理才能得到，所以热处理对蠕变和持久抗力的影响是显著的。如 эи437 镍基合金，加热至 1080℃后，以 160℃/h 的冷却速度冷却至 600℃后淬火，再在 700℃下时效 16h，其耐热性最高。从 1080℃较慢冷却，Ni_3（A1Ti）化合物在最有利的条件下沉淀，使合金获得相当好的强化，再在 700℃下时效，形成 K 状态，使合金得到更进一步的强化。通过这样的热处理后，合金的耐热性达到最高。所以，工作温度较低时，回复和沉淀过程均不会产生，此时，最好的热处理是获得抗拉强度最高的组织状态，其蠕变抗力也高；工作温度较高时，可能有回复和再结晶、相变和沉淀硬化过程的产生，此时热处理应获得稳定的组织状态。

低合金铁素体型和珠光体型耐热钢，其最佳热处理一般是正火和高温回火；时效硬化型奥氏体耐热钢合金是淬火和时效。

奥氏体耐热钢淬火时要做到：加热温度应使强化相在基体中完全溶解，并使奥氏体晶粒适当粗化；在淬火温度下的保温时间应该使合金元素在晶粒中均匀化；淬火时的冷却速度应该足够快，使固溶体的饱和状态保持下来。

时效处理机制：

第一阶段：过饱和固溶体的溶质原子扩散和聚集到一定的点阵区域中。

第二阶段：在溶质原子特别多的区域形成溶质元素所固有的新点阵，但同基本的点阵相似，即出现所谓的共格阶段。

第三阶段：点阵彼此脱离，形成独立且弥散的第二相质点。

第四阶段：第二相质点聚集。

第三阶段时，共格和第二相质点高度弥散，塑性形变抗力最大，硬度最高；第四阶段时，质点已聚集，硬度下降，所以过饱和固溶体时效曲线有极大值。

2. 冶炼工艺的影响

冶炼质量对强度的影响，大家体会很深，如钢中冶炼质量不好，产生非金属夹杂增多，导致产生裂纹、疏松、龟裂等问题，均影响强度。

耐热合金中冶炼质量对强度影响更敏感，对杂质元素和气体含量的要求更严格。常有杂质除S、P外，还有Pb、Sn、As、Sb、Bi等，其含量即使只有十万分之几，也使其热强性大大降低，加工塑性变坏，如果镍基合金采用真空冶炼后Pb的含量由5×10^{-6}降至2×10^{-6}以下，其持久强度可增加一倍。

因此，通过改善冶金工艺提高蠕变和持久强度的途径如下：

1）表面细晶粒、中心粗晶提高疲劳性能，即在铸造模套内部加细化晶粒的成核剂。

2）定向凝固。高温合金在长期工作的情况下，裂纹一般沿垂直于应力方向的横向晶界产生并沿晶断裂。定向结晶工艺就使柱状晶沿受力方向生长，消除横向晶界，从而大大提高持久寿命。

16.3.3 试验因素的影响

1. 试验温度的影响

温度对蠕变和持久强度有很大影响。蠕变本身是一个热激活的过程，可用状态方程表示为

$$\dot{\varepsilon} = A\exp(-Q/RT) \tag{16-9}$$

式中 $\dot{\varepsilon}$——蠕变速率；

A——常数；

Q——蠕变激活能；

R——气体常数；

T——指定温度（K）。

2. 试验加载同心度的影响

这实际上是应力的影响问题，若加载作用线和试样轴线不重合，则试样除受到拉应力外，还附加了弯曲应力。按试样承受的负荷及截面计算的应力往往小于试样表面的最大应力。若力的作用线与试样轴线的偏心距等于e，试样直径为d，P为轴向载荷，则弯曲应力$\sigma_{弯}$和拉应力$\sigma_{拉}$的计算公式分别为

$$\sigma_{弯} = 32Pe/(\pi d^3) \tag{16-10}$$

$$\sigma_{拉} = 4P/(\pi^2 d) \tag{16-11}$$

故

$$\sigma_{弯}/\sigma_{拉} = 8ed$$

Pemney 和 Ellison 通过研究偏心率对蠕变的影响，了解到为保证蠕变数据具有较好的重复性，弯曲度应控制在5%以内。弯曲度的计算公式为

$$弯曲度 = \frac{弯曲应力}{名义应力}\times100\% \tag{16-12}$$

试验方法中规定，通过逐级加载的方法检查其偏心率，应使$\frac{\Delta\varepsilon_{大}-\Delta\varepsilon_{平}}{\Delta\varepsilon_{平}}<10\%$。

3. 试样尺寸的影响

尺寸因素对持久强度的影响，说法不一。

从试样表面的冷作硬化程度考虑，试样的尺寸增大，持久强度可能提高。这是因为试样冷硬层所占体积对小直径试样而言比大直径试样相对大些。譬如加工直径 3mm 的试样，其表面冷硬层相当于总截面积的 17%，而对于直径为 15mm 的试样仅占 3.5%。

而从金属缺陷的统计分布而言，试样的尺寸增大，持久强度可能下降。因为试样的尺寸增大，材料不均匀性增加，包含缺陷的可能性也增加。

16.4　持久和蠕变寿命的预测方法

持久和蠕变是建立在保持时间（也就是通常所说的寿命）的基础上的。离开了保持时间（寿命），持久强度和蠕变都不存在。因此，运用有限的试验和时间，进行有效准确的寿命预测，以满足选材及结构设计，是材料蠕变性能的主要研究内容。然而，只有先对现有寿命预测方法有所了解，根据实际使用需求，确定最佳的试验方案，才能最终获得有效准确的持久/蠕变寿命曲线。

16.4.1　寿命预测方法

据文献统计，现有的寿命预测方法有四十几种。本文介绍的等温线外推法和时-温参数法是比较常见并被设计单位采用的寿命预测方法。

1. 等温线外推法

这种方法认为材料在一定温度下，应力与断裂时间在对数坐标上成直线关系。它是用较高应力下的短时试验数据外推较低应力下的长期性能，也就是说用应力换取时间。常用的经验公式为

$$\tau_r = A\sigma^{-B} \tag{16-13}$$

式中　τ_r——试样断裂时间（h）；

σ——试验应力（MPa）；

A、B——与材料和试验温度有关的常数。

将式（16-13）两边取对数，即可得到

$$\lg\tau_r = \lg A - B\lg\sigma \tag{16-14}$$

设　$\lg\tau_r = x$，$\lg\sigma = y$，$\lg A/B = a$，$-1/B = b$，则式（16-14）可转化成典型的直线方程：

$$y = a + bx$$

根据这一关系式，可用作图法或最小二乘法获得曲线（见图 16-21）。然后根据要求取某一时间（例如 10^4h 或 10^5h）的应力值，即为其对应的持久强度值。

该方法目前最常应用于试验过程中的应力设置与试验时间控制。利用一定温度下应力与断裂时间在对数坐标上成直线关系的特点，在同一温度下可由少量短时试验数据在双对数坐标下获得该曲线，并获得任意所需断裂时间所对应的应力水平进行试验，避免由于应力设置过低（高）而导致寿命过长（短）而获得不符合寿命要求的试验结果，浪费大量的时间和经费；同时，也可有依据地进行应力设置，尽量保证试样寿命均匀分布于双对数坐标的寿命

曲线上，为数据拟合提供更科学的试验数据。

需要指出的是，目前该方法未被标准列为供设计所使用的寿命预测方法，因为等温线外推常常有转折现象发生，影响到外推的准确性；同时，该方法只能获得已试验温度的强度值，无法满足结构设计使用温度范围内任意温度的插值计算。

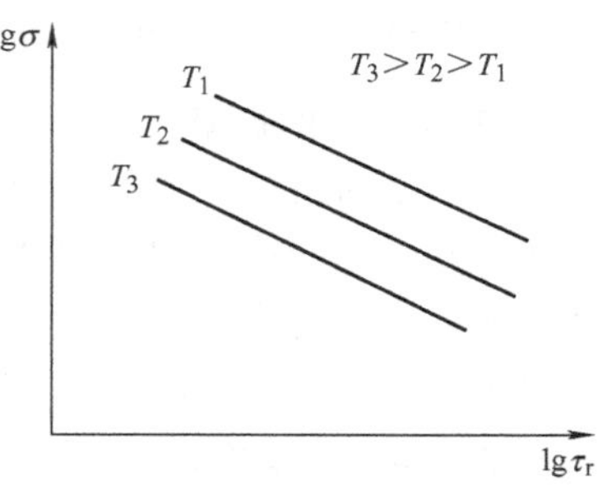

图 16-21　典型 $\lg\sigma$-$\lg\tau_r$ 曲线

2. 时-温参数法

时-温参数法用提高试验温度的方法缩短时间，即认为时间和温度在蠕变过程中有等效关系，将时间、温度表示为复合参数，作为应力的函数$f(T,\ \tau_r)=P(\sigma)$，也称热强参数。由于金属材料种类众多，不同类型的材料，其表达参数也不相同，下面介绍四种常用的时-温参数法的计算公式和参数关系图

（1）常用的时-温参数法计算公式和参数关系图

1）L-M 参数法计算公式为

$$P_{L\text{-}M}(\sigma)=T(C+\lg\tau_r) \tag{16-15}$$

式中　$P_{L\text{-}M}(\sigma)$——L-M 参数（见图 16-22）；

T——指定温度（°R），$\frac{T}{°R}=\left(\frac{9}{5}\frac{\theta}{℃}+32\right)+460$（$\theta$ 为摄氏温度值）；

C——材料常数；

τ_r——试样断裂时间（h）。

由图 16-22 可知，采用 L-M 参数法处理试验数据时，可以用同一应力在不同温度下所得到的不同断裂时间求出 C 值，再用不同应力求参数 $P_{L\text{-}M}$与 $\lg\sigma$ 之间的关系曲线，在该曲线上便可求取所需的持久强度值。

2）G-D 参数法计算公式为

$$P_{G\text{-}D}(\sigma)=\lg\tau_r-Q/(2.3RT) \tag{16-16}$$

式中　$P_{G\text{-}D}(\sigma)$——G-D 参数（见图 16-23）；

T——指定温度（°R），$\frac{T}{°R}=\left(\frac{9}{5}\frac{\theta}{℃}+32\right)+460$（$\theta$ 为摄氏温度值）；

Q——蠕变激活能；

τ_r——试样断裂时间（h）；

R——气体常数，取 1.968。

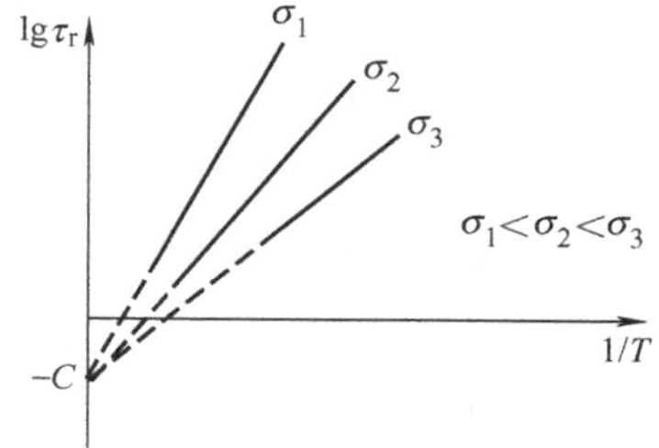

图 16-22　L-M 参数

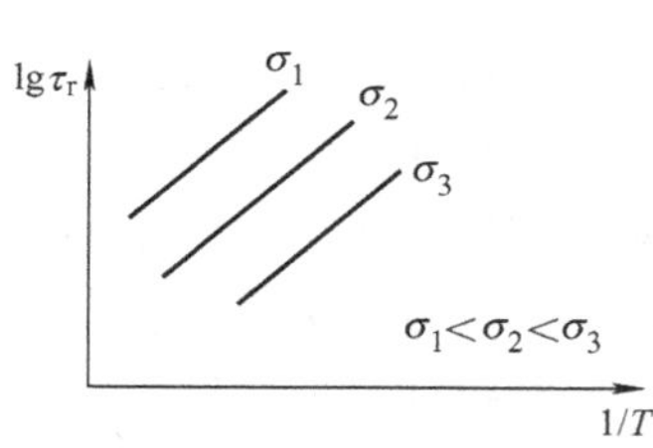

图 16-23　G-D 参数

由图 16-23 可知，采用 G-D 参数法处理试验数据时，可先求出 Q 值，再用不同应力求参数 $P_{G\text{-}D}$（σ）与 $\lg\sigma$ 之间的关系曲线，同样在这条曲线上，可求得所需的持久强度值。

3）M-H 参数法计算公式为

$$P_{M\text{-}H}(\sigma) = (\lg\tau_r - \lg t_a)/(T - T_a) \tag{16-17}$$

式中　$P_{M\text{-}H}$（σ）——M-H 参数（见图 16-24）；

T——指定温度（°R），$\frac{T}{°R}=\left(\frac{9}{5}\frac{\theta}{℃}+32\right)+460$（$\theta$ 为摄氏温度值）；

τ_r——试样断裂时间（h）；

T_a、t_a——材料常数。

4）M-S 参数法计算公式为

$$P_{M\text{-}S}(\sigma) = \lg\tau_r + AT \tag{16-18}$$

式中　$P_{M\text{-}S}$（σ）—— M-S 参数（见图 16-25）；

T——指定温度（°R），$\frac{T}{°R}=\left(\frac{9}{5}\frac{\theta}{℃}+32\right)+460$（$\theta$ 为摄氏温度值）；

τ_r——试样断裂时间；

A——常数。

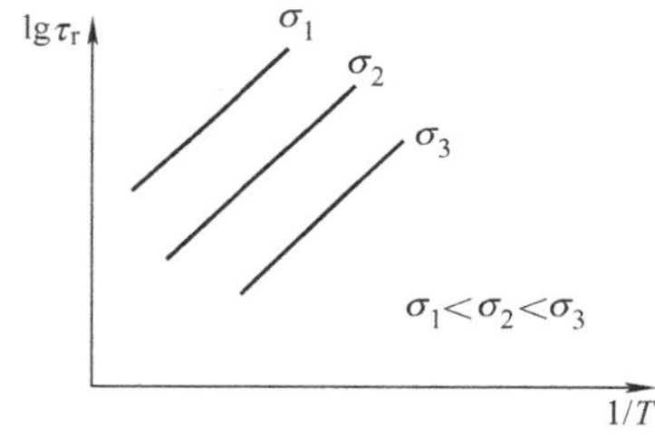

图 16-24　M-H 参数

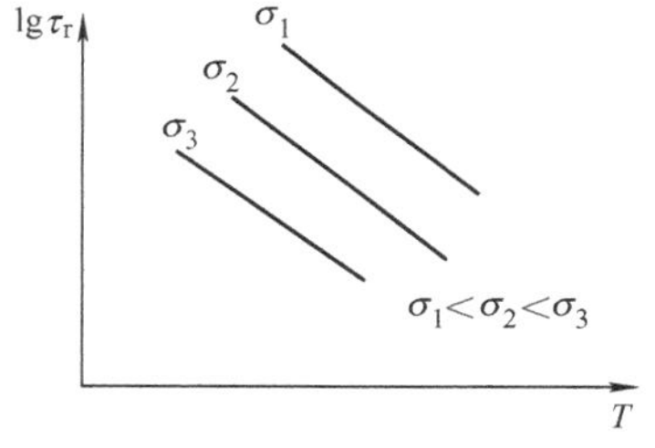

图 16-25　M-S 参数

其中，L-M 参数法和 G-D 参数法是以速率过程理论为基础提出的，而 M-H 参数法和 M-S 参数法是经验公式。

（2）热强综合参数曲线　由上述内容可见，断裂应力和参数 $P(\sigma)$ 具有确定的函数关系，而 $P(\sigma)$ 是试验温度和保持时间的复合函数，因此，时-温参数法将应力、温度、保持时间通过一条热强综合参数曲线全部包括，一旦获得材料的热强综合参数曲线（见图 16-26），即可获得任意温度和保持时间下的强度值，满足选材及结构设计的需求。

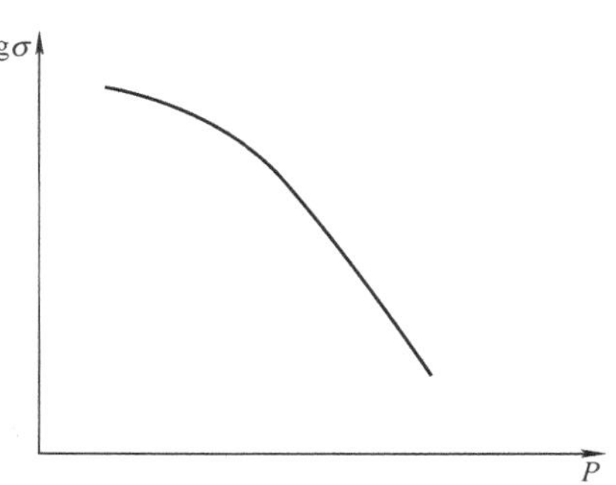

图 16-26　热强综合参数曲线

（3）时-温参数法的特点

1）时-温参数法可避免等温线外推法的转折，认为有转折点的材料会在高温下提前出现，时-温参数法数据处理时包括了这种变化的数据信息，所以预测寿命的正确性提高了。

2）时-温参数法使用时比较灵活，通过主曲线可外推任何温度和应力。而等温线外推法只能在同一温度上预测寿命。

3）时-温参数法可派生出等温、等时、等应力曲线。

4）时-温参数法可指导试验影响因素的研究。

16.4.2 持久和蠕变热强综合参数曲线方程的选择

1. 持久热强综合参数曲线方程的选择

推荐采用下列持久方程：

Larson-Miller（L-M）方程

$$\lg t = C + b_1/T + b_2x/T + b_3x^2/T + b_4x^3/T \tag{16-19}$$

Ge-Dorn（G-D）方程

$$\lg t = C + b_1/T + b_2x + b_3x^2 + b_4x^3 \tag{16-20}$$

Manson-Succop（M-S）方程

$$\lg t = C + b_1T + b_2x + b_3x^2 + b_4x^3 \tag{16-21}$$

Manson-Hafered（M-H）方程

$$\lg t = C + (T - T_a)(b_1 + b_2x + b_3x^2 + b_4x^3) \tag{16-22}$$

式中　C——回归常数；

b_i——系数，$i = 1 \sim 4$；

t——断裂时间；

T——指定温度（°R），$\frac{T}{°R} = \left(\frac{9}{5}\frac{\theta}{℃} + 32\right) + 460$（$\theta$ 为摄氏温度值）；

T_a——材料常数；

x——应力对数。

这四种公式都可把一个数据组模型化，但选择哪一个方程应基于对数据进行比较分析而定，即应选项数最少、拟合标准误差最小、相关系数最大的方程。

为了使用方便，将上述方程以持久热强参数综合方程和曲线形式表达，如式（16-23）和图16-24所示，图中纵坐标为应力，横坐标为温度和时间的综合参数。

$$\lg\sigma = a_{1\,+}\,a_2P + a_3P^2 + a_4P^3 \tag{16-23}$$

式中 P 的表达形式如下

L-M 方程：

$$P = T(\lg t + C) \tag{16-24}$$

G-D 方程：

$$P = \lg t - C/T \tag{16-25}$$

M-S 方程：

$$P = \lg t + CT \tag{16-26}$$

M-H 方程：

$$P = (\lg t - \lg t_a)/(T - T_a) \tag{16-27}$$

式（16-23）~式（16-27）中的 C、t_a、T_a 为材料常数。

用参数形式表达的综合曲线应是单调的，有合理的曲线特性，最大的应力值不应当超过 $0.9\sigma_{0.2}$。使用外推值必须谨慎，一般不得超过最长试验时间的3倍，以保证数据的可靠性。

2. 蠕变热强综合参数方程的选择

蠕变方程可在推荐的四种持久方程基础上通过增加应变值的添加项来实现。如对 L-M

参数法的蠕变方程可为

$$\lg t = C + b_1/T + b_2X/T + b_3X^2/T + b_4X^3/T + b_5Y + \cdots + b_{4+i}Y_i \tag{16-28}$$

式中 Y_1，Y_2，…，Y_i 的值可为 0 或 1。当考虑第一个应变数据点（例如 0.1% 的塑性应变），则 $Y_1=1$，其余所有 Y_i 值均为零。类似地，如考虑第二个应变数据点（例如 0.2% 的塑性应变），则 $Y_2=1$，其余 Y_i 均为零，依此类推。

注意数据分析时要考虑数据的可靠性在相当大程度上与材料及其工艺和试验等因素有关。例如，从铸造镍基合金涡轮叶片上取样测持久性能，取自叶片后缘的板材试样性能比取自叶身中部的圆形试样性能要低得多。这归因于板材试样厚度的影响与叶片后缘晶粒度较细的缘故。因此对一些独特因素必须予以说明或在方程中增加变量做统一的回归分析。

对试验温度水平少于 3 个或相关系数 R 低于 75% 时，处理结果无效。

16.5　试验数据的处理及表达

16.5.1　试验数据的处理

1. 持久数据的处理

1）测定某温度下应力与断裂时间的关系曲线，至少在 4～6 个应力水平下进行，每组有效试样不少于 3 根，根据所获试验数据，用最小二乘法处理后（等温线外推法），在对数坐标上绘出曲线图。

2）测定持久强度极限，在应力与断裂时间的关系曲线上用内插法求出。

3）测量温度和持久强度极限的关系，至少在 3 个温度下进行。

4）持久强度极限的表示方法为

$$\sigma_{\tau}^{t} = \times\times\ \text{MPa}$$

例如，$\sigma_{100}^{900}=245\text{MPa}$，表示试验温度为 900℃时，持续时间 100h 的持久强度极限为 245MPa。

5）光滑和缺口组合试样可用于生产检验，以确定材料在所试温度下是否有缺口敏感性。

6）在试验过程中因发生意外故障停试时，应将试样上的载荷卸除，当排除故障达到试验温度后保温 30～60min，再重新施加原载荷。试验未受力的时间应从总的持续时间中减去。

7）如试验总有效持续时间和伸长率低于技术条件规定，而且出现下列情况之一者，其试验结果做废，并应补做试验。

① 试样断在冲点（或刻线）上或计算长度之外。

② 试样断口处有明显缺陷。

③ 试样过热，安装偏斜或受力不正常。

8）试验数据外推。在进行持久外推时，应对所采用的外推方法详细说明。外推的时间一般不大于最长试验时间的 10 倍，同时对材料在温度、应力和时间作用下的组织变化予以充分考虑。

9）数值修约。

① 持久数值修约方法按 GB/T 8170—2008 执行。

② 持久数值修约有效位数按表 16-5 的规定执行。

表 16-5 持久数据修约

名称	数值范围	修约到
持久强度极限/MPa	≤200 >200～1000 >1000	1 5 10
持久持续时间/h		小数点后两位
延伸率（%）	≤5 >5～10 >10	0.1 0.5 1
断面收缩率（%）	≤20 >20	0.5 1

③ 界限数值不能修约。

2. 蠕变数据的处理

1）测定某温度下规定时间和应变的蠕变极限方法：

① 绘制规定时间和应变的关系曲线，至少在 4～6 个应力水平下进行，每组有效试样不少于 3 根。

② 根据获得的各组不同应力的蠕变试验数据，在对数或比例坐标纸上绘出应力和规定时间的应变或第二阶段蠕变速率之间的关系曲线。

③ 在图中用内插法求出规定时间和应变下的蠕变极限。

2）测定规定时间和应变的蠕变极限和温度之间的关系，至少在 3 种不同温度下进行。

3）试验过程中若出现下列情况之一者则试验结果做废，并做补充试验。

① 试样过热，温度超过表 16-2 的规定，试验结果异常。

② 试样中途断裂，断口有异常缺陷。

③ 矩形试样试验后有严重的挠曲。

4）数值修约。

① 蠕变数据的修约按 GB/T 8170—2008 执行。

② 蠕变数据修约有效位数按表 16-6 的规定执行。

③ 界限数值不能修约。

表 16-6 蠕变数据修约

名称	数值范围	修约到
蠕变极限/MPa	≤200 >200～1000 >1000	1 5 10
蠕变时间/h		小数点后两位
蠕变应变（%）	≤0.2 >0.2	0.001 0.005

5）试验数据外推。蠕变数据进行外推时，应具有 500h 以上的试验数据点，应详细说明使用的外推方法，外推的时间不大于最长试验时间的 10 倍。同时应对材料在所预测的温

度、应力和时间作用下的组织变化给予充分考虑。

16.5.2　试验数据的表达

在数据处理之后，可得到相关的表征持久和蠕变性能的图表，主要包括持久应力-寿命曲线、持久热强参数综合曲线、蠕变曲线、蠕变应力-寿命曲线、蠕变热强参数综合曲线。表 16-7 和图 16-27 ~ 图 16-31 所示为 FGH95 合金在不同温度下的持久和蠕变性能。

表 16-7　FGH95 合金热等静压件不同温度的持久极限

试验时间/h	置信度 γ（%）	存活率 P（%）	σ/MPa 600℃	650℃	700℃
30	中值		1267.43	1133.80	953.78
	95	90	1209.68	1084.06	911.92
		99	1169.95	1048.70	882.25
		99.87	1145.43	1025.16	862.82
100	中值		1221.69	1067.18	875.44
	95	90	1167.09	1020.57	836.59
		99	1128.84	987.36	809.29
		99.87	1104.14	965.23	791.70
300	中值		1171.94	1001.27	802.35
	95	90	1120.22	957.48	766.20
		99	1083.62	926.35	741.04
		99.87	1059.42	905.77	725.10
1000	中值		1109.72	924.86	721.91
	95	90	1061.15	884.13	688.72
		99	1026.58	855.34	665.86
		99.87	1003.51	836.60	651.58

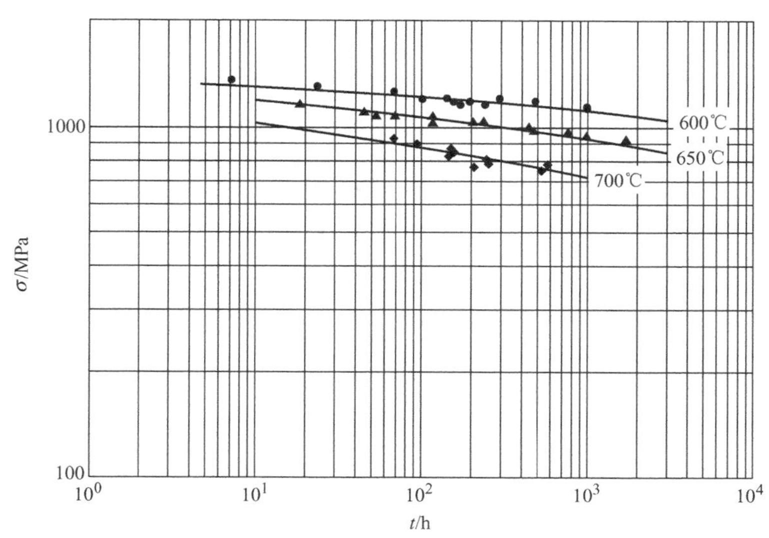

图 16-27　FGH95 合金热等静压件在不同温度下的持久应力-寿命曲线（中值）（36 根）

持久方程（M-S）：$\lg t = b_1 + b_2 T + b_3 x + b_4 x^2 + b_5 x^3$

式中：$T = (9\theta/5 + 32) + 460$，$x = \lg\sigma$

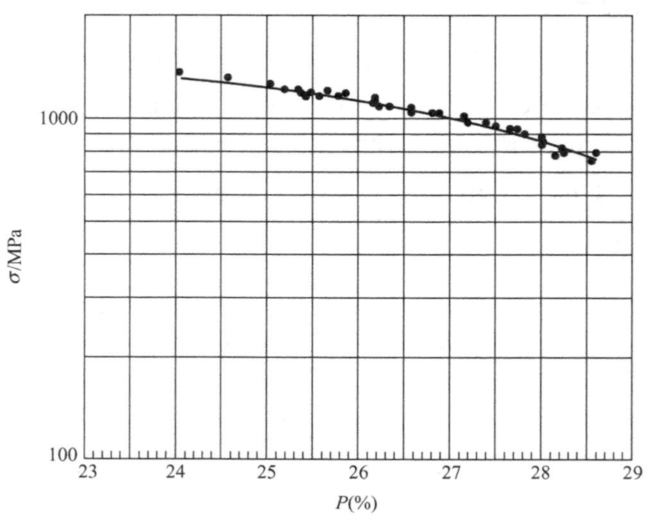

图 16-28　FGH95 合金热等静压件的持久热强参数综合曲线（中值）(36 根)

持久热强参数综合方程（M-S）：$\lg\sigma = a_1 + a_2P + a_3P^2 + a_4P^3$

式中：$P = \lg t + 0.0147532T$，$T = (9\theta/5 + 32) + 460$

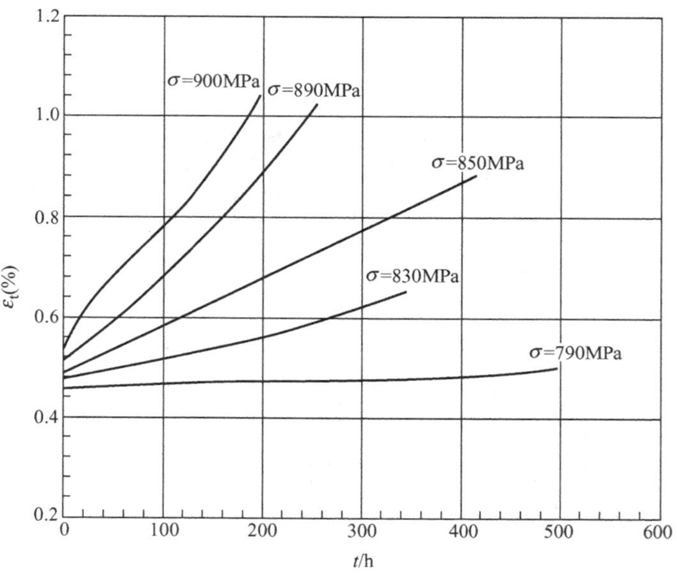

图 16-29　FGH95 合金热等静压件 650℃的蠕变曲线

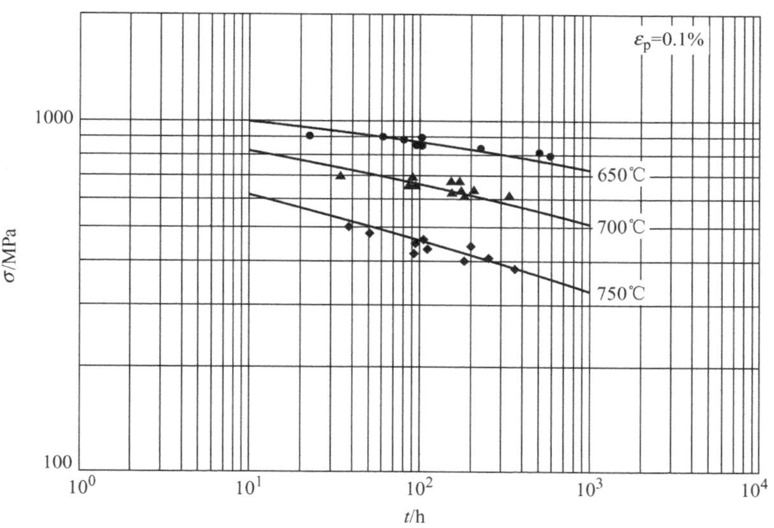

图 16-30　FGH95 合金热等静压件 0.1% 塑性应变的蠕变应力-寿命曲线（37 根）

0.1% 塑性应变蠕变方程（L-M）：$\lg t = c_1 + c_2/T + c_3 x/T + c_4 x^2/T + c_5 x^3/T$

式中：$T = (9\theta/5 + 32) + 460$，$x = \lg\sigma$

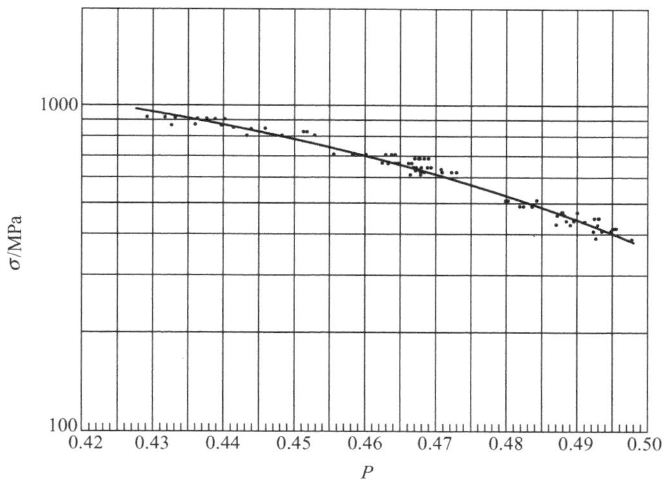

图 16-31　FGH95 合金热等静压件的蠕变热强参数综合曲线

蠕变热强参数综合方程（L-M）：$\lg\sigma = d_1 + d_2 P + d_3 P^2 + d_4 P^3$

式中：$P = T(\lg t + c)/10^5$，$T = (9\theta/5 + 32) + 460$

思　考　题

1. 简述金属蠕变的定义。
2. 简述典型蠕变曲线及数学表达式。
3. 简述蠕变变形和断裂机制。

4. 简述蠕变极限和持久强度的物理意义及表达式。
5. 简述影响蠕变、持久强度的主要因素。
6. 简述预测寿命外推方法的比较。
7. 简述持久和蠕变强度寿命曲线的名称及参数意义。
8. 简述持久和蠕变试验方法的主要步骤。

第 17 章　金属的氢脆试验

金属中的氢是一种有害元素，只需极少量的氢如 0.0001%（质量分数）即可导致金属变脆。氢脆是由于金属材料所吸收的氢和应力的综合作用，在室温、小于屈服强度的静载荷作用下，持续一定时间发生的早期脆性断裂。镀覆工艺过程中吸收的氢可导致金属材料在使用过程中发生氢脆断裂。例如，汽车弹簧、垫圈、螺钉、片簧等镀锌件，在装配之后数小时内陆续发生断裂比例达 40% ~ 50%；电镀挂具（钢丝、铜丝）由于经多次电镀和酸洗退镀，渗氢较严重，在使用中经常出现一折便发生脆断的现象；猎枪精锻用的芯棒，经多次镀铬之后，坠地断裂；有的淬火零件（内应力大）在酸洗时便产生裂纹，这些零件渗氢严重，无须外加应力就产生裂纹，再也无法用去氢来恢复原有的韧性。因此，对构件进行氢脆试验测试具有重要的工程意义。

17.1　氢脆试验航标与美国 ASTM 标准的比较

航标与美国 ASTM 标准在氢脆敏感性及氢脆性能的评定方法及评定试样的数量等方面有一些异同点，详见表 17-1。

表 17-1　航标与美国 ASTM 标准的比较

试验标准	航标		美国 ASTM 标准	
标准编号	HB 5067.1—2005		ASTM F519—2017	
氢脆评定试样数量	镀覆工艺氢脆	6 根	镀覆工艺氢脆	至少 4 根
	产品氢脆性能	2 根		
结果评定	200h 未有断样	氢脆试验通过评定合格	200h 未有断样	氢脆试验通过评定合格
	200h 内有断样	若 200h 内有一根试样断裂，记录断裂时间并卸载试样，氢脆试验未通过，所评定的镀覆工艺具有氢脆倾向或产品的氢脆性能不合格	200h 内有断样	若 200h 内 4 根试样中有 1 根试样断裂，则剩余的 3 根试样继续加载试验至 200h 后，以每 2h 增加缺口断裂强度的 5% 分步递增载荷至缺口断裂强度的 90%，3 根试样均在 90% 缺口断裂强度载荷下持续 2h 未断，则评定镀覆工艺没有氢脆倾向。若 2 根或多根试样在继续加载过程中断裂，则评定镀覆工艺有氢脆倾向

17.2 氢脆试验方法

氢脆试验方法主要有 HB 5067.1—2005 和 ASTM F519—2017，可以根据用户的试验要求选择的相应的试验方法。

以下介绍的内容依据 HB 5067.1—2005。

1. 试验原理

氢脆是由于材料所吸收的氢和应力的综合作用，在小于屈服强度的静载荷作用下，持续一定时间发生的材料早期脆性断裂。镀覆工艺过程中吸收的氢可导致材料在使用过程中发生氢脆断裂。氢脆试验就是根据氢脆产生的原理，采用对氢脆敏感的缺口拉伸试样，镀覆后施加静载荷进行持久拉伸，以评定镀覆工艺氢脆倾向及镀覆产品的氢脆性能。

2. 试样及制备

试样的轴线平行于材料的轧制纤维方向。试样一般先进行粗加工，再热处理到材料的要求抗拉强度，最后精加工到规定尺寸。不允许在热处理后对试样进行矫直，不允许对试样进行酸洗和阴极电解处理。缺口的加工在热处理后进行，采用中软细粒氧化铝砂轮磨削，磨削量不宜过大，应充分冷却。不允许对缺口进行摩擦抛光。缺口根部应圆滑。

试验采用的试样为缺口圆棒拉伸试样，形状和尺寸应符合图 17-1 的规定，除图 17-1 中已注明的尺寸偏差外，其余尺寸偏差应符合 HB 5800—1999 的规定。试样缺口根部应力集中系数（K_t）为 4.0。

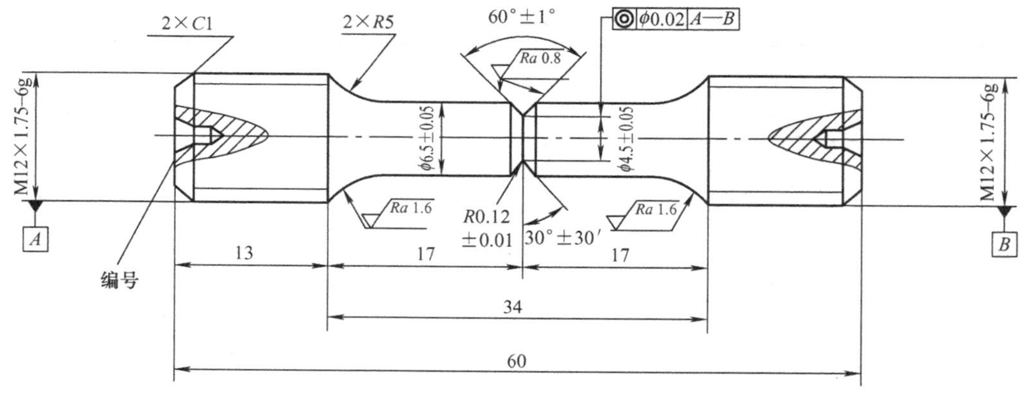

图 17-1 氢脆缺口圆棒拉伸试样（R0.12，K_t=4.0）

3. 测试要点

（1）试样数量

1）评定镀覆工艺的氢脆倾向采用 6 根试样。

2）评定产品的氢脆性能采用 2 根试样。

（2）试验设备 氢脆试验要求试验设备具有连续加载和持久拉伸能力的试验机。一般在持久试验机上施加载荷进行室温持久拉伸试验。试验机承载能力至少为 30kN，负荷示值相对误差不得超过 ±1%，示值相对变动性不得超过 1%，受力同轴度不得超过 15%，试验机应检定合格并在有效期内使用。

（3）试验载荷的计算　评定氢脆时，首先要确定试样的缺口强度，每批试样抽检 3～5 根试样进行室温拉伸，测定缺口抗拉强度，抽检试样中每根试样的缺口抗拉强度应在平均值的 ±68MPa 之内。

试验加载载荷根据试样横截面积计算，所加载荷为试样缺口横截面积（镀覆前）乘以缺口试样平均抗拉强度值的 75%。

（4）试验测试　将氢脆试样装夹在持久试验机上，在室温下施加根据试样缺口横截面积（镀覆前）计算的加载载荷进行室温持久测试，观察其在达到规定时间前是否发生断裂。

4. 试验结果的处理与评定

1）试样在规定的载荷下持久拉伸 200h 不断裂，则认为该次氢脆评定试验通过。如果有一根试样断裂时间小于 200h，则认为该次氢脆试验未能通过，所评定的镀覆工艺具有氢脆倾向或产品的氢脆性能不合格。

2）分析断裂原因，应综合考虑基材含氢量和各加工工艺（如热处理）等增氢因素的影响。如果断裂试样的金相检查或其他方法检查表明试样存在某种冷加工缺陷时，应重新进行试验；如果试样存在裂纹、研磨过烧和非金属夹杂等缺陷，则认为试验结果无效。

3）断裂原因确定并修正后，方可重新试验评定。

4）采用氢脆敏感性更高的材料制备的试样进行产品的氢脆性能评定时，如果试样在规定的静载荷下持久拉伸 200h 不断裂，则认为产品氢脆性能合格；如果断裂时间小于 200h，允许采用产品材料制备的氢脆试样进行重新评定。

附　　录

附录A　金属材料国内外常用力学性能及工艺性能试验标准方法目录

标准类别	标准编号	标准名称
静力性能试验标准	GB/T 228.1—2010	金属材料　拉伸试验　第1部分：室温试验方法
	GB/T 228.2—2015	金属材料　拉伸试验　第2部分：高温试验方法
	GB/T 7314—2017	金属材料　室温压缩试验方法
	GB/T 16825.1—2008	静力单轴试验机的检验　第1部分：拉力和（或）压力试验机测力系统的检验与校准
	GB/T 12160—2002	单轴试验用引伸计的标定
	GB/T 8170—2008	数值修约规则与极限数值的表示和判定
工艺性能试验标准	GB/T 232—2010	金属材料　弯曲试验方法
	GB/T 235—2013	金属材料　薄板和薄带　反复弯曲试验方法
	GB/T 238—2013	金属材料　线材　反复弯曲试验方法
	GB/T 239.1—2012	金属材料　线材　第1部分：单向扭转试验方法
	GB/T 239.2—2012	金属材料　线材　第2部分：双向扭转试验方法
	GB/T 241—2007	金属管　液压试验方法
	GB/T 242—2007	金属管　扩口试验方法
	GB/T 244—2008	金属管　弯曲试验方法
	GB/T 245—2016	金属材料　管　卷边试验方法
	GB/T 246—2017	金属材料　管　压扁试验方法
	GB/T 2976—2004	金属材料　线材　缠绕试验方法
	GB/T 4156—2007	金属材料　薄板和薄带埃里克森杯突试验
	GB/T 13683—1992	销　剪切试验方法
	GB/T 6400—2007	金属材料　线材和铆钉剪切试验方法
	YB/T 5293—2014	金属材料　顶锻试验方法
	YB/T 5349—2014	金属材料　弯曲力学性能试验方法
	HB 5175—1996	金属丝材反复弯曲试验方法
	HB 5178—1996	金属材料薄板(带）材反复弯曲试验方法
	HB 5174—1996	金属丝材扭转试验方法
	HB 5176—1996	金属丝材缠绕试验方法

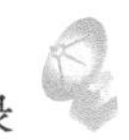

（续）

标准类别	标准编号	标准名称
冲击性能试验标准	GB/T 229—2007	金属材料夏比摆锤冲击试验方法
	HB 5144—1996	金属室温冲击试验方法
	HB 5278—1984	金属低温冲击韧性试验方法
	HB 5209—1982	金属艾氏冲击试验方法
	GB/T 8363—2007	铁素体钢落锤撕裂试验方法
	GB/T 6803—2008	铁素体钢的无塑性转变温度落锤试验方法
	GB/T 14153—1993	硬质塑料落锤冲击试验方法　通则
	SY/T 6476—2017	管线钢管落锤撕裂试验方法
	QB/T 2918—2007	箱包　落锤冲击试验方法
	ASTM E23—2016	Standard Test Methods for Notched Bar Impact testing of Metallic Materials
硬度性能试验标准	GB/T 230. 1—2009	金属材料　洛氏硬度试验　第 1 部分：试验方法
	GB/T 231. 1—2009	金属材料　布氏硬度　试验　第 1 部分：试验方法
	GB/T 4340. 1—2009	金属材料　维氏硬度试验　第 1 部分：试验方法
	ASTM E10—2017	Standard Test Method for Brinell Hardness of Metallic Materials
	ASTM E18—2016	Standard Test Methods for Rockwell Hardness of Metallic Materials
	ASTM E384—2016	Standard Test Method for Mieroindentation Hardness of Materials
持久蠕变性能试验标准	HB 5150—1996	金属高温拉伸持久试验方法
	HB 5151—1996	金属高温拉伸蠕变试验方法
	GB/T 2039—2012	金属材料　单轴拉伸蠕变试验方法
	ASTM E139—2011	Standard Test Methods for Conducting Creep, Creep-Rupture, and Stress-Rupture Tests of Metallic Materials
高/低周疲劳性能试验标准	GB/T 15248—2008	金属材料轴向等幅低循环疲劳试验方法
	GB/T 3075—2008	金属材料　疲劳试验　轴向力控制方法
	GB/T 4337—2015	金属材料　疲劳试验　旋转弯曲方法
	HB 5152—1996	金属室温旋转弯曲疲劳试验方法
	HB 5153—1996	金属高温旋转弯曲疲劳试验方法
	HB 5287—1996	金属材料轴向加载疲劳试验方法
	ASTM E606—2012	Standard Test Method for Strain-Controlled Fatigue Testing
	ASTM E466—2015	Standard Practice for Conducting Force Controlled Constant Amplitude Axial Fatigue Tests of Metallic Materials
断裂韧度性能试验标准	GB/T 4161—2007	金属材料　平面应变断裂韧度 K_{Ic} 试验方法
	HB 5142—1996	金属材料平面应变断裂韧度 K_{Ic} 试验方法
	HB 5261—1983	金属板材 K_R 曲线试验方法
	GB/T 21143—2014	金属材料　准静态断裂韧度的统一试验方法

（续）

标准类别	标准编号	标准名称
断裂韧度性能试验标准	GJB 2030—1994	高温下金属材料延性断裂韧度 $J_{\mathrm{I c}}$试验方法
	GB/T 7732—2008	金属材料　表面裂纹拉伸试样断裂韧度试验方法
	HB 5279—1984	金属板材表面裂纹断裂韧性试验方法
	ASTM E399—2012e3	Standard Test Method for Linear-Elastic Plane-Strain Fracture Toughness $K_{\mathrm{I c}}$ of Metallic Materials
	ASTM E561—2015	Standard Test Method for *K*-*R* Curve Determination
	ASTM E740—2003	Standard Practice for Fracture Testing with Surface-Crack Tension Specimens
	ASTM E1152—1995	Standard Test Method for Determining *J*-*R* Curves
	ASTM E1820—2016	Standard Test Method for Measurement of Fracture Toughness
疲劳裂纹扩展性能试验标准	GB/T 6398—2017	金属材料　疲劳试验　疲劳裂纹扩展速率试验方法
	HB 6626—1992	金属材料在含水介质中疲劳裂纹扩展速率试验方法
	HB 7705—2001	金属材料疲劳小裂纹扩展速率试验方法
	HB 7680—2000	金属材料高温疲劳裂纹扩展速率试验方法
	ASTM E647—2015e1	Standard Test Method for Measurementof Fatigue Crack Growth Rates
其他试验标准	GB/T 2975—1998	钢及钢产品　力学性能试验取样位置及试样制备
	JB/T 7945—1999	灰铸铁机械性能试验方法
	HB 5067. 1—2005	镀覆工艺氢脆试验　第1部分：机械方法
	ASTM F519—2017	Standard Test Method for Mechanical Hydrogen Embrittlement Evalution of Plating/Coating Processes and Service Environments

附录B　有机玻璃国内力学性能试验标准方法目录

标准类别	标准编号	标准名称
疲劳试验方法	GJB 2033—1994	航空有机玻璃拉伸疲劳试验方法
	HB 7710—2002	飞机座舱盖加温加载疲劳试验要求
断裂韧度试验方法	HB 5268—1983	有机玻璃板材断裂韧度试验方法
疲劳裂纹扩展速率试验方法	Q/6S1906—2003	航空有机玻璃疲劳裂纹扩展速率试验方法

附录C　复合材料国内外力学性能试验标准方法目录

标准类别	标准编号	标准名称
拉伸试验标准	GB/T 3354—2014	定向纤维增强聚合物基复合材料拉伸性能试验方法
	GB/T 1447—2005	纤维增强塑料拉伸性能试验方法
	ASTM D3039/D3039M—2014	Standard Test Method for Tensile Properties of Polymer Matrix Composite Materials
	ASTM D638—2014	Standard Test Method for Tensile Properties of Plastics
	SACMA SRM 4R—1994	SACMA Recommended Test Method for Tensile Properties of Oriented Fiber-Resin Composites
压缩试验标准	GB/T 3856—2005	单向纤维增强塑料平板压缩试验方法
	GB/T 5258—2008	纤维增强塑料面内压缩性能试验方法
	SACMA SRM 1R—1994	SACMA Recommended Test Method for Compressive Properties of Oriented Fiber-Resin Composites
	ASTM D695—2015	Standard Test Method for Compressive Properties of Rigid Plastics
	ASTM D3410/D3140M—2016	Standard Test Method for Compressive Properties of Polymer Matrix Composite Materials with Unsupported Gage Section by Shear Loading
	ASTM D6641/D6441M—2016e1	Standard Test Method for Compressive Properties of Polymer Matrix Composite Materials Using a Combined Loading Compression （CLC） Test Fixture
弯曲试验标准	ASTM D790—2015e2	Standard Test Methods for Flexural Properties of Unreinforced and Reinforced Plastics and Electrical Insulating Materials
	ASTM D7264/D7264M—2015	Standard Test Method for Flexural Properties of Polymer Matrix Composite Materials
	GB/T 3356—2014	定向纤维增强聚合物基复合材料弯曲性能试验方法
	GB/T 1449—2005	纤维增强塑料弯曲性能试验方法
面内剪切试验标准	GB/T 3355—2014	聚合物基复合材料纵横剪切试验方法
	ASTM D3518/D3518M—2013	Standard Test Method for In-Plane Shear Response of Polymer Matrix Composite Materials by Tensile Test of a ±45° Laminate
	ASTM D5379/D5379M—2012	Standard Test Method for Shear Properties of Composites Materials by the V-Notched Beam Method
层间剪切试验标准	JC/T 773—2010	纤维增强塑料　短梁法测定层间剪切强度
	ASTM D2344/D2344M—2016	Standard Test Method for Short-Beam Strength of Polymer Matrix Composite Materials and Their Laminates
	ASTM D5379/D5379M—2012	Standard Test Method for Shear Properties of Composites Materials by the V-Notched Beam Method

附录D 金属材料性能测试国家标准与航空标准相关术语、符号差异表

试验方法	国家标准符号		航标标准符号	
	术语	符号	术语	符号
金属室温拉伸试验	GB/T 228.1—2010		HB 5143—1996	
	试样标距部分的原始直径	d_o	试样标距部分的原始直径	D_0
	试样拉断后的最小直径	d_u	试样拉断后的最小直径	d_1
	试样拉断后缩颈处的最小厚度	a_u	试样拉断后缩颈处的最小厚度	a_1
	试样原始宽度	b_o	试样原始宽度	b_0
	试样总长度	L_t	试样总长度	L
	试样拉断后的标距	L_u	试样拉断后的标距	L_1
	试样断口处的最小横截面面积	S_u	试样断口处的最小横截面面积	S_1
	最大力	F_m	最大力	F_b
	规定塑性伸长应力	R_p	规定非比例伸长应力	σ_p
	规定总伸长应力	R_t	规定总伸长应力	σ_t
	规定残余伸长应力	R_r	规定残余伸长应力	σ_r
	上屈服强度	R_{eH}	上屈服点	σ_{su}
	下屈服强度	R_{eL}	下屈服点	σ_{sl}
	抗拉强度	R_m	抗拉强度	σ_b
	应力	R	应力	σ
	应变	e	应变	ε
	断后伸长率	A	断后伸长率	δ
	断面收缩率	Z	断面收缩率	φ
金属夏比摆锤冲击试验	GB/T 229—2007		HB 5144—1996	
	U型缺口试样在2mm摆锤刀刃下的冲击吸收能量	KU_2	U型缺口试样在2mm摆锤刀刃下的冲击吸收功	A_{KU}
	U型缺口试样在8mm摆锤刀刃下的冲击吸收能量	KU_8	—	—
	V型缺口试样在2mm摆锤刀刃下的冲击吸收能量	KV_2	V型缺口试样在2mm摆锤刀刃下的冲击吸收功	A_{KV}
	V型缺口试样在8mm摆锤刀刃下的冲击吸收能量	KV_8	—	—
	—	—	U型缺口试样在2mm摆锤刀刃下的冲击韧性值	a_{KU}
	—	—	V型缺口试样在2mm摆锤刀刃下的冲击韧性值	a_{KV}

（续）

试验方法	国家标准符号		航标标准符号	
	术语	符号	术语	符号
金属弯曲试验	GB/T 232—2010		HB 6140. 4—1987	
	试样厚度或直径	a	试样毛坯厚度	t_0
	试样宽度	b	试样毛坯宽度	B
	试样长度	L	—	—
	支辊间距离	l	左右凹模间的跨度	S
	弯压头直径	D	凸模圆角半径	R
	弯曲角度	α	未卸载前试样弯曲角度	α
	—	—	卸载后试样弯曲角度	α'
	试样弯曲后的弯曲半径	r	弯后试样的弯曲半径	R'
	—	—	凹模块的圆角半径	r_d
	—	—	最小弯曲半径	R_{min}
	—	—	最小相对弯曲半径	R_{min}/t_0
	弯曲压头的移动距离	f	—	—
	试验前支辊中心轴所在水平面与弯曲压头中心轴所在水平面之间的间距	c	—	—
	试验后支辊中心轴所在垂直面与弯曲压头中心轴所在垂直面之间的间距	p	—	—
金属杯突试验	GB/T 4156—2007		HB 6140. 5—1987	
	试样厚度	a	试样毛坯厚度	t_0
	试样厚度或直径	b	试样毛坯宽度	B
	—	—	试样圆毛坯的外径	D_0
	冲头球形部分直径	d_1	球形凸模直径	d_b
	压模孔径	d_2	—	—
	垫模孔径	d_3	—	—
	压模外径	d_4	—	—
	垫模外径	d_5	凹模内径	d_d

（续）

试验方法	国家标准符号		航标标准符号	
	术语	符号	术语	符号
金属杯突试验	GB/T 4156—2007		HB 6140.5—1987	
	压模外侧圆角半径，垫模外侧圆角半径	R_1	—	—
	压模内侧圆角半径	R_2	凹模圆角半径	r_d
	压模内侧圆形部分高度	h_1	—	—
	试验过程压痕深度	h	—	—
	埃里克森杯突值	IE	杯突值	IE
丝材扭转试验	GB/T 239.1—2012（单向）；GB/T 239.2—2012（双向）		HB 5174—1996	
	单向扭转次数	N_t	扭转次数	N_t
	正向扭转次数	N_1	—	—
	反向扭转次数	N_2	—	—
金属反复弯曲试验	GB/T 238—2013；GB/T 235—2013		HB 5178—1996；HB 5175—1996	
	圆柱支辊半径	r	弯曲圆弧半径	r
	圆柱支辊顶部至拨杆底部的距离	L	弯曲圆弧顶切面至导向装置底部的距离	h
	两圆柱支辊轴线所在平面至夹块顶面的距离	y	两弯曲圆弧中心连线至夹块顶面的距离	y
	拨杆狭缝宽度	w	导向槽宽度	b
	张紧力	T	—	—

附录E　复合材料性能测试美国ASTM标准和国家标准相关术语、符号差异表

试验方法	术　语	ASTM	国家标准
GB/T 3354—1999《定向纤维增强塑料拉伸性能试验方法》、GB/T 1447—2005《纤维增强塑料拉伸性能试验方法》、ASTM D3039/D3039M—2008《Standard Test Method for Tensile Properties of Polymer Matrix Composite Materials》	拉伸强度	F^{tu}	σ_t
	泊松比	ν	μ（GB/T 1447—2005）；μ_{12}（GB/T 3354—2014）
	试样宽度	—	b（GB/T 1447—2005）；w（GB/T 3354—2014）
	试样厚度	—	d（GB/T 1447—2005）；h（GB/T 3354—2014）

（续）

试验方法	术　语	ASTM	国家标准
GB/T 3856—2005《单向纤维增强塑料平板压缩性能试验方法》、GB/T 5258—2008《纤维增强塑料面内压缩性能试验方法》、ASTM D3410/D3410M—2008《Standard Test Method for Compressive Properties of Polymer Matrix Composite Materials with Unsupported Gage Section by Shear Loading》、ASTM D6641/D6641M—2009《Standard Test Method for Determining the Compressive Properties of Polymer Matrix Composite Laminates Using a Combined Loading Compression（CLC） Test Fixture》	压缩强度	F^{cu}	σ_c
	压缩模量	E^c	E_c
	压缩泊松比	ν^c_{xy}	μ_c
	最大破坏载荷	p_f	p_m（GB/T 3356—2014）； p_b（GB/T 3356—2014）
	试样宽度	w	b
ASTM D7264/D7264M—2015《Standard Test Method for Flexural Properties of Polymer Matrix Composite Materials》、GB/T 3356—2014《单向纤维增强塑料弯曲性能试验方法》、GB/T 1449—2005《纤维增强塑料弯曲性能试验方法》	弯曲强度	σ	σ_f
	弯曲破坏应变	ε	ε_f
	试样宽度	b	w（GB/T 3356—2014）； b（GB/T 3356—2014）
	挠度	δ	δ（GB/T 3356—2014）； S（GB/T 3356—2014）
GB/T 3355—2014《纤维增强塑料纵横剪切试验方法》、ASTM D3518—2013《Standard Test Method for In—Plane Shear Response of Polymer Matrix Composite Materials by Tensile Test of a ± 45° Laminate》、ASTM D5379—2012《Standard Test Method for Shear Properties of Composite Materials by the V—Notched Beam Method》	面内剪切强度	τ^m_{12}	S
	最大载荷或5%剪应变对应的载荷	p^m	p_{max}
JC/T 773—2010《单向纤维增强塑料层间剪切强度试验方法》、ASTM D2344—2016《Standard Test Method for Short—Beam Strength of Polymer Matrix Composite Materials and Their Laminates》	层间剪切强度/短梁强度	F^{sbs}	τ_M
	最大破坏载荷	p_m	F
GB/T 21239—2007《纤维增强塑料层合板冲击后压缩性能试验方法》、ASTM D7136—2012《Standard Test Method for Measuring the Damage Resistance of a Fiber-Reinforced Polymer Matrix Composite to a Drop-Weight Impact Event》、ASTM D7137—2012《Standard Test Method for Compressive Residual Strength Properties of Damage Polymer Matrix Composite Plates》	冲击后压缩强度	F^{CAI}	σ_{CAI}
	最大载荷	p_{max}	P

附录 F　标准正态分布函数数值表

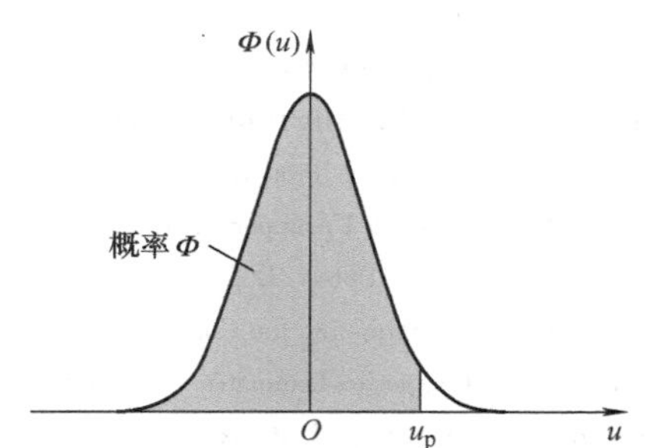

$$\Phi(u_p) = \int_{-\infty}^{u_p} \frac{1}{\sqrt{2\pi}} e^{-\frac{u^2}{2}} du \quad (-\infty < u < +\infty)$$

$$\Phi(-u_p) = 1 - \Phi(u_p)$$

$\Phi(u)$ u / u	0.00	0.01	0.02	0.03	0.04	0.05	0.06	0.07	0.08	0.09
0.0	0.5000	0.5040	0.5080	0.5120	0.5160	0.5199	0.5239	0.5279	0.5319	0.5359
0.1	0.5398	0.5438	0.5478	0.5517	0.5557	0.5596	0.5636	0.5675	0.5714	0.5753
0.2	0.5793	0.5832	0.5871	0.5910	0.5948	0.5987	0.6026	0.6064	0.6103	0.6141
0.3	0.6179	0.6217	0.6255	0.6293	0.6331	0.6368	0.6406	0.6443	0.6480	0.6517
0.4	0.6554	0.6591	0.6628	0.6664	0.6700	0.6736	0.6772	0.6808	0.6844	0.6879
0.5	0.6915	0.6950	0.6985	0.7019	0.7054	0.7088	0.7123	0.7157	0.7190	0.7224
0.6	0.7257	0.7291	0.7324	0.7357	0.7389	0.7422	0.7454	0.7486	0.7517	0.7549
0.7	0.7580	0.7611	0.7642	0.7673	0.7703	0.7734	0.7764	0.7794	0.7823	0.7852
0.8	0.7881	0.7910	0.7939	0.7967	0.7995	0.8023	0.8051	0.8078	0.8106	0.8133
0.9	0.8159	0.8186	0.8212	0.8238	0.8264	0.8289	0.8315	0.8340	0.8365	0.8389
1.0	0.8413	0.8438	0.8461	0.8485	0.8508	0.8531	0.8554	0.8577	0.8599	0.8621
1.1	0.8643	0.8665	0.8686	0.8708	0.8729	0.8749	0.8770	0.8790	0.8810	0.8830
1.2	0.8849	0.8869	0.8888	0.8907	0.8925	0.8944	0.8962	0.8980	0.8997	0.9015
1.3	0.9032	0.9049	0.9066	0.9082	0.9099	0.9115	0.9131	0.9147	0.9162	0.9177
1.4	0.9192	0.9207	0.9222	0.9236	0.9251	0.9265	0.9278	0.9292	0.9306	0.9319
1.5	0.9332	0.9345	0.9357	0.9370	0.9382	0.9394	0.9406	0.9418	0.9430	0.9441
1.6	0.9452	0.9463	0.9474	0.9484	0.9495	0.9505	0.9515	0.9525	0.9535	0.9545
1.7	0.9554	0.9564	0.9573	0.9582	0.9591	0.9599	0.9608	0.9616	0.9625	0.9633
1.8	0.9641	0.9648	0.9656	0.9664	0.9671	0.9678	0.9686	0.9693	0.9700	0.9706
1.9	0.9713	0.9719	0.9726	0.9732	0.9738	0.9744	0.9750	0.9756	0.9762	0.9767
2.0	0.9772	0.9778	0.9783	0.9788	0.9793	0.9798	0.9803	0.9808	0.9812	0.9817
2.1	0.9821	0.9826	0.9830	0.9834	0.9838	0.9842	0.9846	0.9850	0.9854	0.9857
2.2	0.9861	0.9864	0.9868	0.9871	0.9874	0.9878	0.9881	0.9884	0.9887	0.9890
2.3	0.9893	0.9896	0.9898	0.9901	0.9904	0.9906	0.9909	0.9911	0.9913	0.9916
2.4	0.9918	0.9920	0.9922	0.9925	0.9927	0.9929	0.9931	0.9932	0.9934	0.9936
2.5	0.9938	0.9940	0.9941	0.9943	0.9945	0.9946	0.9948	0.9949	0.9951	0.9952
2.6	0.9953	0.9955	0.9956	0.9957	0.9959	0.9960	0.9961	0.9962	0.9963	0.9964
2.7	0.9965	0.9966	0.9967	0.9968	0.9969	0.9970	0.9971	0.9972	0.9973	0.9974
2.8	0.9974	0.9975	0.9976	0.9977	0.9977	0.9978	0.9979	0.9979	0.9980	0.9981
2.9	0.9981	0.9982	0.9982	0.9983	0.9984	0.9984	0.9985	0.9985	0.9986	0.9986
3.0	0.9987	0.9990	0.9993	0.9995	0.9997	0.9998	0.9998	0.9999	0.9999	1.0000

注：本表最后一行自左至右依次是 Φ（3.0）、Φ（3.1）、…、Φ（3.9）的值。

附录 G　*F* 分布单侧分位数值表（$\alpha/2=0.05$ 和 $\alpha/2=0.025$）

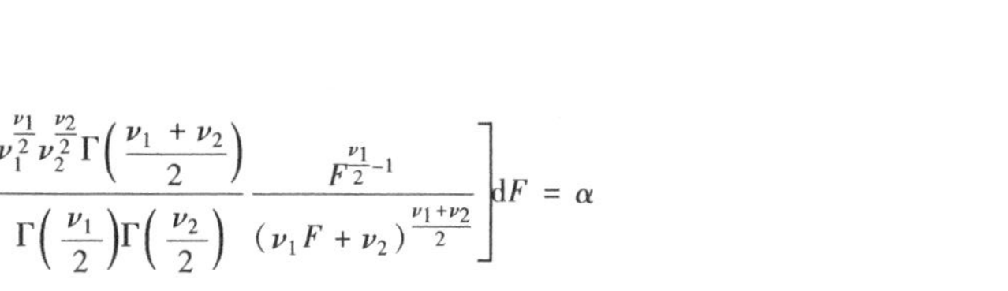

$$p(F_\alpha)=\int_{F_\alpha}^{+\infty}\left[\frac{\nu_1^{\frac{\nu_1}{2}}\nu_2^{\frac{\nu_2}{2}}\Gamma\left(\frac{\nu_1+\nu_2}{2}\right)}{\Gamma\left(\frac{\nu_1}{2}\right)\Gamma\left(\frac{\nu_2}{2}\right)}\frac{F^{\frac{\nu_1}{2}-1}}{(\nu_1F+\nu_2)^{\frac{\nu_1+\nu_2}{2}}}\right]\mathrm{d}F=\alpha$$

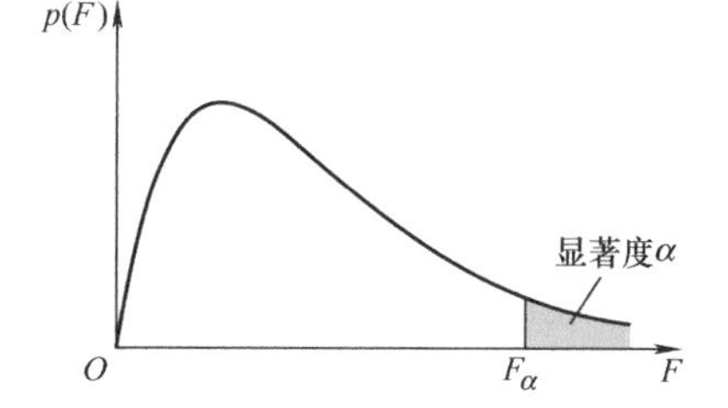

单侧分位数值 $F_{\alpha/2}$（$\alpha/2=0.05$）

ν_2 \ ν_1	1	2	3	4	5	6	7	8	9	10	12	15	20	24	30	40	60	120	∞
1	161.4	199.5	215.7	224.6	230.2	234.0	236.8	238.9	240.5	241.9	243.9	245.9	248.0	249.1	250.1	251.1	252.2	253.3	254.3
2	18.51	19.00	19.16	19.25	19.30	19.33	19.35	19.37	19.38	19.40	19.41	19.43	19.45	19.45	19.46	19.47	19.48	19.49	19.50
3	10.13	9.55	9.28	9.12	9.01	8.94	8.89	8.85	8.81	8.79	8.74	8.70	8.66	8.64	8.62	8.59	8.57	8.55	8.53
4	7.71	6.94	6.59	6.39	6.26	6.16	6.09	6.04	6.00	5.96	5.91	5.86	5.80	5.77	5.75	5.72	5.69	5.66	5.63
5	6.61	5.79	5.41	5.19	5.05	4.95	4.88	4.82	4.77	4.74	4.68	4.62	4.56	4.53	4.50	4.46	4.43	4.40	4.36
6	5.99	5.14	4.76	4.53	4.39	4.28	4.21	4.15	4.10	4.06	4.00	3.94	3.87	3.84	3.81	3.77	3.74	3.70	3.67
7	5.59	4.74	4.35	4.12	3.97	3.87	3.79	3.73	3.68	3.64	3.57	3.51	3.44	3.41	3.38	3.34	3.30	3.27	3.23
8	5.32	4.46	4.07	3.84	3.69	3.58	3.50	3.44	3.39	3.35	3.28	3.22	3.15	3.12	3.08	3.04	3.01	2.97	2.93
9	5.12	4.26	3.86	3.63	3.48	3.37	3.29	3.23	3.18	3.14	3.07	3.01	2.94	2.90	2.86	2.83	2.79	2.75	2.71

（续）

ν_2 \ ν_1	1	2	3	4	5	6	7	8	9	10	12	15	20	24	30	40	60	120	∞
10	4.96	4.10	3.71	3.48	3.33	3.22	3.14	3.07	3.02	2.98	2.91	2.85	2.77	2.74	2.70	2.66	2.62	2.58	2.54
11	4.84	3.98	3.59	3.36	3.20	3.09	3.01	2.95	2.90	2.85	2.79	2.72	2.65	2.61	2.57	2.53	2.49	2.45	2.40
12	4.75	3.89	3.49	3.26	3.11	3.00	2.91	2.85	2.80	2.75	2.69	2.62	2.54	2.51	2.47	2.43	2.38	2.34	2.30
13	4.67	3.81	3.41	3.18	3.03	2.92	2.83	2.77	2.71	2.67	2.60	2.53	2.46	2.42	2.38	2.34	2.30	2.25	2.21
14	4.60	3.74	3.34	3.11	2.96	2.85	2.76	2.70	2.65	2.60	2.53	2.46	2.39	2.35	2.31	2.27	2.22	2.18	2.13
15	4.54	3.68	3.29	3.06	2.90	2.79	2.71	2.64	2.59	2.54	2.48	2.40	2.33	2.29	2.25	2.20	2.16	2.11	2.07
16	4.49	3.63	3.24	3.01	2.85	2.74	2.66	2.59	2.54	2.49	2.42	2.35	2.28	2.24	2.19	2.15	2.11	2.06	2.01
17	4.45	3.59	3.20	2.96	2.81	2.70	2.61	2.55	2.49	2.45	2.38	2.31	2.23	2.19	2.15	2.10	2.06	2.01	1.96
18	4.41	3.55	3.16	2.93	2.77	2.66	2.58	2.51	2.46	2.41	2.34	2.27	2.19	2.15	2.11	2.06	2.02	1.97	1.92
19	4.38	3.52	3.13	2.90	2.74	2.63	2.54	2.48	2.42	2.38	2.31	2.23	2.16	2.11	2.07	2.03	1.98	1.93	1.88
20	4.35	3.49	3.10	2.87	2.71	2.60	2.51	2.45	2.39	2.35	2.28	2.20	2.12	2.08	2.04	1.99	1.95	1.90	1.84
21	4.32	3.47	3.07	2.84	2.68	2.57	2.49	2.42	2.37	2.32	2.25	2.18	2.10	2.05	2.01	1.96	1.92	1.87	1.81
22	4.30	3.44	3.05	2.82	2.66	2.55	2.46	2.40	2.34	2.30	2.23	2.15	2.07	2.03	1.98	1.94	1.89	1.84	1.78
23	4.28	3.42	3.03	2.80	2.64	2.53	2.44	2.37	2.32	2.27	2.20	2.13	2.05	2.01	1.96	1.91	1.86	1.81	1.76
24	4.26	3.40	3.01	2.78	2.62	2.51	2.42	2.36	2.30	2.25	2.18	2.11	2.03	1.98	1.94	1.89	1.84	1.79	1.73
25	4.24	3.39	2.99	2.76	2.60	2.49	2.40	2.34	2.28	2.24	2.16	2.09	2.01	1.96	1.92	1.87	1.82	1.77	1.71
26	4.23	3.37	2.98	2.74	2.59	2.47	2.39	2.32	2.27	2.22	2.15	2.07	1.99	1.95	1.90	1.85	1.80	1.75	1.69
27	4.21	3.35	2.96	2.73	2.57	2.46	2.37	2.31	2.25	2.20	2.13	2.06	1.97	1.93	1.88	1.84	1.79	1.73	1.67
28	4.20	3.34	2.95	2.71	2.56	2.45	2.36	2.29	2.24	2.19	2.12	2.04	1.96	1.91	1.87	1.82	1.77	1.71	1.65
29	4.18	3.33	2.93	2.70	2.55	2.43	2.35	2.28	2.22	2.18	2.10	2.03	1.94	1.90	1.85	1.81	1.75	1.70	1.64
30	4.17	3.32	2.92	2.69	2.53	2.42	2.33	2.27	2.21	2.16	2.09	2.01	1.93	1.89	1.84	1.79	1.74	1.68	1.62
40	4.08	3.23	2.84	2.61	2.45	2.34	2.25	2.18	2.12	2.08	2.00	1.92	1.84	1.79	1.74	1.69	1.64	1.58	1.51
60	4.00	3.15	2.76	2.53	2.37	2.25	2.17	2.10	2.04	1.99	1.92	1.84	1.75	1.70	1.65	1.59	1.53	1.47	1.39
120	3.92	3.07	2.68	2.45	2.29	2.17	2.09	2.02	1.96	1.91	1.83	1.75	1.66	1.61	1.55	1.50	1.43	1.35	1.25
∞	3.84	3.00	2.60	2.37	2.21	2.10	2.01	1.94	1.88	1.83	1.75	1.67	1.57	1.52	1.46	1.39	1.32	1.22	1.00

单侧分位数值 $F_{\alpha/2}$（$\alpha/2=0.025$）

ν_2 \ ν_1	1	2	3	4	5	6	7	8	9	10	12	15	20	24	30	40	60	120	∞
1	647.8	799.5	864.2	899.6	921.8	937.1	948.2	956.7	963.3	968.6	976.7	984.9	993.1	997.2	1001	1006	1010	1014	1018
2	38.51	39.00	39.17	39.25	39.30	39.33	39.36	39.37	39.39	39.40	39.41	39.43	39.45	39.46	39.46	39.47	39.48	39.40	39.50
3	17.44	16.04	15.44	15.10	14.88	14.73	14.62	14.54	14.47	14.42	14.34	14.25	14.17	14.12	14.08	14.04	13.99	13.95	13.90
4	12.22	10.65	9.98	9.60	9.36	9.20	9.07	8.98	8.90	8.84	8.75	8.66	8.56	8.51	8.46	8.41	8.36	8.31	8.26
5	10.01	8.43	7.76	7.39	7.15	6.98	6.85	6.76	6.68	6.62	6.52	6.43	6.33	6.28	6.23	6.18	6.12	6.07	6.02
6	8.81	7.26	6.60	6.23	5.99	5.82	5.70	5.60	5.52	5.46	5.37	5.27	5.17	5.12	5.07	5.01	4.96	4.90	4.85
7	8.07	6.54	5.89	5.52	5.29	5.12	4.99	4.90	4.82	4.76	4.67	4.57	4.47	4.42	4.36	4.31	4.25	4.20	4.14
8	7.57	6.06	5.42	5.05	4.82	4.65	4.53	4.43	4.36	4.30	4.20	4.10	4.00	3.95	3.89	3.84	3.78	3.73	3.67
9	7.21	5.71	5.08	4.72	4.48	4.23	4.20	4.10	4.03	3.96	3.87	3.77	3.67	3.61	3.56	3.51	3.45	3.39	3.33
10	6.94	5.46	4.83	4.47	4.24	4.07	3.95	3.85	3.78	3.72	3.62	3.52	3.42	3.37	3.31	3.26	3.20	3.14	3.08
11	6.72	5.26	4.63	4.28	4.04	3.88	3.76	3.66	3.59	3.53	3.43	3.33	3.23	3.17	3.12	3.06	3.00	2.94	2.88
12	6.55	5.10	4.47	4.12	3.89	3.73	3.61	3.51	3.44	3.37	3.28	3.18	3.07	3.02	2.96	2.91	2.85	2.79	2.72
13	6.41	4.97	4.35	4.00	3.77	3.60	3.48	3.39	3.31	3.25	3.15	3.05	2.95	2.89	2.84	2.78	2.72	2.66	2.60
14	6.30	4.86	4.24	3.89	3.66	3.50	3.38	3.29	3.21	3.15	3.05	2.95	2.84	2.79	2.73	2.67	2.61	2.55	2.49
15	6.20	4.77	4.15	3.80	3.58	3.41	3.29	3.20	3.12	3.06	2.96	2.86	2.76	2.70	2.64	2.59	2.52	2.46	2.40
16	6.12	4.69	4.08	3.73	3.50	3.34	3.22	3.12	3.05	2.99	2.89	2.79	2.68	2.63	2.57	2.51	2.45	2.38	2.32
17	6.04	4.62	4.01	3.66	3.44	3.28	3.26	3.06	2.98	2.92	2.82	2.72	2.62	2.56	2.50	2.44	2.38	2.32	2.25
18	5.98	4.56	3.95	3.61	3.38	3.22	3.10	3.01	2.93	2.87	2.77	2.67	2.56	2.50	2.44	2.38	2.32	2.26	2.19
19	5.92	4.51	3.90	3.56	3.33	3.17	3.05	2.96	2.88	2.82	2.72	2.62	2.51	2.45	2.39	2.33	2.27	2.20	2.13

（续）

ν_2 \ ν_1	1	2	3	4	5	6	7	8	9	10	12	15	20	24	30	40	60	120	∞
20	5. 87	4. 46	3. 86	3. 51	3. 29	3. 13	3. 01	2. 91	2. 84	2. 77	2. 68	2. 57	2. 46	2. 41	2. 35	2. 29	2. 22	2. 16	2. 09
21	5. 83	4. 42	3. 82	3. 48	3. 25	3. 09	2. 97	2. 87	2. 80	2. 73	2. 64	2. 53	2. 42	2. 37	2. 31	2. 25	2. 18	2. 11	2. 04
22	5. 79	4. 38	3. 78	3. 44	3. 22	3. 05	2. 73	2. 84	2. 76	2. 70	2. 60	2. 50	2. 39	2. 33	2. 27	2. 21	2. 14	2. 08	2. 00
23	5. 75	4. 35	3. 75	3. 41	3. 18	3. 02	2. 90	2. 81	2. 73	2. 67	2. 57	2. 47	2. 36	2. 30	2. 24	2. 18	2. 11	2. 04	1. 97
24	5. 72	4. 32	3. 72	3. 38	3. 15	2. 99	2. 87	2. 78	2. 70	2. 64	2. 54	2. 44	2. 33	2. 27	2. 21	2. 15	2. 08	2. 01	1. 94
25	5. 69	4. 29	3. 69	3. 35	3. 13	2. 97	2. 85	2. 75	2. 68	2. 61	2. 51	2. 41	2. 30	2. 24	2. 18	2. 12	2. 05	1. 98	1. 91
26	5. 66	4. 27	3. 67	3. 33	3. 10	2. 94	2. 82	2. 73	2. 65	2. 59	2. 49	2. 39	2. 28	2. 22	2. 16	2. 09	2. 03	1. 95	1. 88
27	5. 63	4. 24	3. 65	3. 31	3. 08	2. 92	2. 80	2. 71	2. 63	2. 57	2. 47	2. 36	2. 25	2. 19	2. 13	2. 07	2. 00	1. 93	1. 85
28	5. 61	4. 22	3. 63	3. 29	3. 06	2. 90	2. 78	2. 69	2. 61	2. 55	2. 45	2. 34	2. 23	2. 17	2. 11	2. 05	1. 98	1. 91	1. 83
29	5. 59	4. 20	3. 61	3. 27	3. 04	2. 88	2. 76	2. 67	2. 59	2. 53	2. 43	2. 32	2. 21	2. 15	2. 09	2. 03	1. 96	1. 89	1. 81
30	5. 57	4. 18	3. 59	3. 25	3. 03	2. 87	2. 75	2. 65	2. 57	2. 51	2. 41	2. 31	2. 20	2. 14	2. 07	2. 01	1. 94	1. 87	1. 79
40	5. 42	4. 05	3. 46	3. 13	3. 90	2. 74	2. 62	2. 53	2. 45	2. 39	2. 29	2. 18	2. 07	2. 01	1. 94	1. 88	1. 80	1. 72	1. 64
60	5. 29	3. 93	3. 34	3. 01	2. 79	2. 63	2. 51	2. 41	2. 33	2. 27	3. 17	2. 06	1. 94	1. 88	1. 82	1. 74	1. 67	1. 58	1. 48
120	5. 15	3. 80	3. 23	2. 89	2. 67	2. 52	2. 39	2. 30	2. 22	2. 16	2. 05	1. 94	1. 82	1. 76	1. 69	1. 61	1. 53	1. 43	1. 31
∞	5. 02	3. 69	3. 12	2. 79	2. 57	2. 41	2. 29	2. 19	2. 11	2. 05	1. 94	1. 83	1. 71	1. 64	1. 57	1. 48	1. 39	1. 27	1. 00

附录H　t分布单侧分位数值表

$$P(t_\alpha)=\int_{t_\alpha}^{+\infty}\left[\frac{1}{\sqrt{\pi\nu}}\frac{\Gamma\left(\frac{\nu+1}{2}\right)}{\Gamma\left(\frac{\nu}{2}\right)}\left(1+\frac{t^2}{\nu}\right)^{\frac{\nu+1}{2}}\right]\mathrm{d}t=\alpha$$

$$P(-t_\alpha)=1-P(t_\alpha)$$

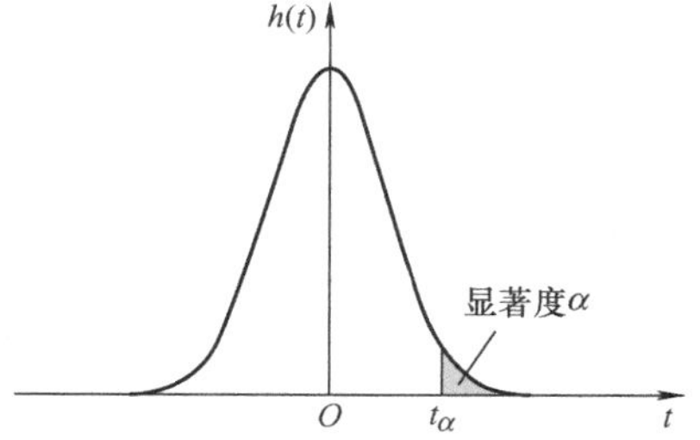

单侧分位数值 $t_{\alpha/2}$

显著度 $\alpha_{/2}$ / 自由度 ν	0.25	0.1	0.05	0.025	0.01	0.005
1	1.0000	3.0777	6.3138	12.7062	31.8207	63.6574
2	0.8165	1.8856	2.9200	4.3207	6.9646	9.9248
3	0.7649	1.6377	2.3534	3.1824	4.5407	5.8409
4	0.7407	1.5332	2.1318	2.7764	3.7469	4.6041
5	0.7267	1.4759	2.0150	2.5706	3.3649	4.0322
6	0.7176	1.4398	1.9432	2.4469	3.1427	3.7074
7	0.7111	1.4149	1.8946	2.3646	2.9980	3.4995
8	0.7064	1.3968	1.8595	2.3060	2.8965	3.3554
9	0.7027	1.3830	1.8331	2.2622	2.8214	3.2498
10	0.6998	1.3722	1.8125	2.2281	2.7638	3.1693
11	0.6974	1.3634	1.7959	2.2010	2.7181	3.1058
12	0.6955	1.3562	1.7823	2.1788	2.6810	3.0545
13	0.6938	1.3502	1.7709	2.1604	2.6503	3.0123
14	0.6924	1.3450	1.7613	2.1448	2.6245	2.9768
15	0.6912	1.3406	1.7531	2.1315	2.6025	2.9467
16	0.6901	1.3368	1.7459	2.1199	2.5835	2.9028
17	0.6892	1.3334	1.7396	2.1098	2.5669	2.8982
18	0.6884	1.3304	1.7341	2.1009	2.5524	2.8784
19	0.6876	1.3277	1.7291	2.0930	2.5395	2.8609
20	0.6870	1.3253	1.7247	2.0860	2.5280	2.8453
21	0.6864	1.3232	1.7207	2.0796	2.5177	2.8314
22	0.6858	1.3212	1.7171	2.0739	2.5083	2.8188
23	0.6853	1.3195	1.7139	2.0687	2.4999	2.8073
24	0.6848	1.3178	1.7109	2.0639	2.4922	2.7969
25	0.6844	1.3163	1.7081	2.0595	2.4851	2.7874
26	0.6840	1.3150	1.7056	2.0555	2.4786	2.7787
27	0.6837	1.3137	1.7033	2.0518	2.4727	2.7707
28	0.6834	1.3125	1.7011	2.0484	2.4671	2.7633
29	0.6830	1.3114	1.6991	2.0452	2.4620	2.7564
30	0.6828	1.3104	1.6973	2.0423	2.4573	2.7500

附录Ⅰ χ^2分布单侧分位数值表

$$P(\chi_\alpha) = \int_{\chi_\alpha}^{+\infty}\left[\frac{\left(\frac{1}{2}\right)^{\frac{\nu}{2}}}{\Gamma\left(\frac{\nu}{2}\right)}\chi^{\frac{\nu}{2}-1}e^{-\frac{\chi}{2}}\right]dt = \alpha$$

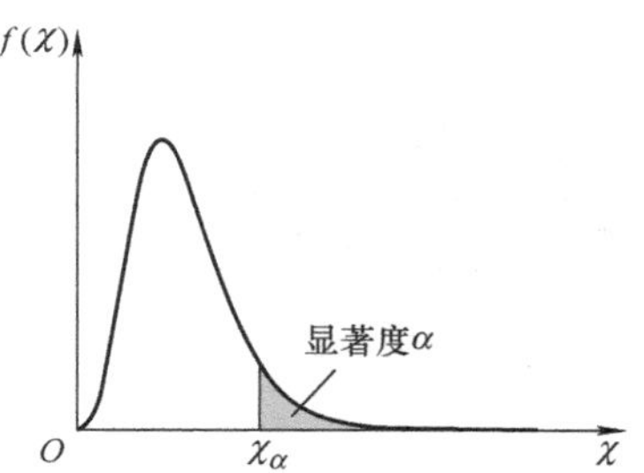

单侧分位数值 t_α

自由度 ν \ 显著度 α	0.25	0.1	0.05	0.025	0.01	0.005
1	1.323	2.706	3.841	5.024	6.635	7.879
2	2.773	4.605	5.991	7.378	9.210	10.597
3	4.108	6.251	7.815	9.348	11.345	12.838
4	5.385	7.779	9.488	11.143	13.277	14.860
5	6.626	9.236	11.071	12.833	15.086	16.750
6	7.841	10.645	12.592	14.449	16.812	18.548
7	9.037	12.017	14.067	16.013	18.475	20.278
8	10.219	13.362	15.507	17.535	20.090	21.955
9	11.389	14.684	16.919	19.023	21.666	23.589
10	12.549	15.987	18.307	20.483	23.209	25.188
11	13.701	17.275	19.675	21.920	24.725	26.757
12	14.845	18.549	21.026	23.337	26.217	28.299
13	15.984	19.812	22.362	24.736	27.688	29.819
14	17.117	21.064	23.685	26.119	29.141	31.319
15	18.245	22.307	24.996	27.488	30.578	32.801
16	19.369	23.542	26.296	28.845	32.000	34.267
17	20.489	24.769	27.587	30.191	33.409	35.718
18	21.605	25.989	28.869	31.526	34.805	37.156
19	22.718	27.204	30.144	32.852	36.191	38.582
20	23.828	28.412	31.410	34.170	37.566	39.997
21	24.935	29.615	32.671	35.479	38.932	41.401
22	26.039	30.813	33.924	36.781	40.289	42.796
23	27.141	32.007	35.172	38.076	41.638	44.181
24	28.241	33.196	36.415	39.364	42.980	45.559
25	29.339	34.382	37.652	40.646	44.314	46.928
26	30.435	35.563	38.885	41.923	45.642	48.290
27	31.528	36.741	40.113	43.194	46.963	49.645
28	32.620	37.916	41.337	44.461	48.278	50.993
29	33.711	39.087	42.557	45.722	49.588	52.336
30	34.800	40.256	43.773	46.979	50.892	53.672

（续）

自由度 ν \ 显著度 α	0.25	0.1	0.05	0.025	0.01	0.005
31	35.887	41.422	44.985	48.232	52.191	55.003
32	36.973	42.585	46.194	49.480	53.486	56.328
33	38.058	43.745	47.400	50.725	54.776	57.648
34	39.141	44.903	48.602	51.966	56.061	58.964
35	40.223	46.059	49.802	53.203	57.342	60.275
36	41.304	47.212	50.998	54.437	58.619	61.581
37	42.383	48.363	52.192	55.668	59.892	62.883
38	43.462	49.513	53.384	56.896	61.162	64.181
39	44.539	50.660	54.572	58.120	62.428	65.476
40	45.616	51.805	55.758	59.342	63.691	66.766
41	46.692	52.949	56.942	60.561	64.950	68.053
42	47.766	54.090	58.124	61.777	66.206	69.336
43	48.840	55.230	59.304	62.990	67.459	70.616
44	49.913	56.369	60.481	64.201	68.710	71.893
45	50.985	57.505	61.656	35.410	69.957	73.166

附录J　置信度 $\gamma=95\%$ 和 $\gamma=90\%$ 的最少有效试样个数表

（可靠度 $P=50\%$，误差限度 $\delta=\pm5\%$）

变异系数 $C_V=\frac{s}{\bar{x}}$		最少有效试样个数 n
$\gamma=95\%$	$\gamma=90\%$	
≥0.0201	≥0.0297	3
0.0201～0.0314	0.0297～0.0425	4
0.0314～0.0403	0.0425～0.0524	5
0.0403～0.0476	0.0524～0.0608	6
0.0476～0.0541	0.0608～0.0681	7
0.0541～0.0598	0.0681～0.0746	8
0.0598～0.0650	0.0746～0.0806	9
0.0650～0.0699	0.0806～0.0863	10
0.0699～0.0744	0.0863～0.0915	11
0.0744～0.0787	0.0915～0.0964	12
0.0787～0.0827	0.0964～0.1012	13
0.0827～0.0866	0.1012～0.1056	14
0.0866～0.0903	0.1056～0.1099	15
0.0903～0.0938	0.1099～0.1141	16
0.0938～0.0972	0.1141～0.1181	17
0.0972～0.1005	0.1181～0.1219	18
0.1005～0.1037	0.1219～0.1257	19
0.1037～0.1068	0.1257～0.1293	20

附录 K　相关系数检验表

$n-2$	起　码　值	$n-2$	起　码　值
1	0. 997	21	0413
2	0. 950	22	0. 404
3	0. 878	23	0. 396
4	0. 811	24	0. 388
5	0. 754	25	0. 381
6	0. 707	26	0. 374
7	0. 666	27	0. 367
8	0. 632	28	0. 361
9	0. 602	29	0. 366
10	0. 576	30	0. 349
11	0. 553	35	0. 325
12	0. 532	40	0. 304
13	0. 514	45	0. 288
14	0. 497	50	0. 273
15	0. 482	60	0. 250
16	0. 468	70	0. 232
17	0. 456	80	0. 217
18	0. 444	90	0. 205
19	0. 433	100	0. 195
20	0. 423		

参考文献

[1] 高镇同，熊峻江. 疲劳可靠性［M］. 北京：北京航空航天大学出版社，2000.
[2] 盛骤，谢拭千，潘承毅. 概率论与数理统计［M］. 4版. 北京：高等教育出版社，2008.
[3] 谢衷洁. 普通统计学［M］. 北京：北京大学出版社，2004.
[4] 赵少汴. 抗疲劳设计［M］. 2版. 北京：机械工业出版社，2015.
[5] 机械工业理化检测人员技术培训和资格鉴定委员会. 力学性能试验［M］. 北京：中国计量出版社，2008.
[6] S Suresh. 材料的疲劳［M］. 王中光，等译. 北京：国防工业出版社，1993.
[7] 郦正能，等. 应用断裂力学［M］. 北京：北京航空航天大学出版社，2012.
[8] 邓增杰，周敬恩. 工程材料的断裂与疲劳［M］. 北京：机械工业出版社，1995.
[9] 杨卫. 宏微观断裂力学［M］. 北京：国防工业出版社，1995.
[10] 吴学仁. 飞机结构金属材料力学性能手册［M］. 北京：航空工业出版社，1996.
[11] 马少俊. TC4-DT 和 TC21 钛合金损伤容限行为的宏微观研究［D］. 北京：北京航空材料研究院，2005.
[12] 陶春虎，曹春晓，等. 航空用钛合金的失效及其预防［M］. 2版. 北京：国防工业出版社，2013.
[13] 丁传富，赵伟，顾明达. 疲劳门槛值及低速裂纹扩展速率试验方法的研究进展［J］. 航空学报，1987，8（2）：115－118.
[14] 丁传富. 300M钢在门槛值附近疲劳裂纹扩展行为的研究［J］. 航空学报，1992，13（8）：106－110.
[15] 丁传富，吴学仁. 疲劳小裂纹的断裂力学参数及试验方法的研究进展［J］. 航空学报，1996，17（6）：640－647.
[16] 丁传富，于辉，吴学仁. 30CrMnSiNi2A 高强钢的疲劳小裂纹扩展特性及寿命预测［J］. 金属学报，1997，33（3）：277－286.
[17] 丁传富，刘建中，胡本润，等. 金属材料疲劳小裂纹扩展速率试验方法编制说明［J］. 材料工程，2001（3）：40－43.
[18] 丁传富，王亮，刘建中. 直流电位法自动检测高温疲劳裂纹长度的研究及应用［J］. 实验室研究与探索，2007（10）：275－277.
[19]《高技术新材料要览》编辑委员会. 高技术新材料要览［M］. 北京：中国科学技术出版社，1993.
[20] 师昌绪. 材料大辞典［M］. 北京：化学工业出版社，1994.
[21]《中国航空材料手册》编辑委员会. 中国航空材料手册：第1卷 结构钢 不锈钢［M］. 2版. 北京：中国标准出版社，2002.
[22]《中国航空材料手册》编辑委员会. 中国航空材料手册：第2卷 变形高温合金 铸造高温合金［M］. 2版. 北京：中国标准出版社，2002.
[23]《中国航空材料手册》编辑委员会. 中国航空材料手册：第3卷 铝合金 镁合金［M］. 2版. 北京：中国标准出版社，2002.
[24]《中国航空材料手册》编辑委员会. 中国航空材料手册：第4卷 钛合金 铜合金［M］. 2版. 北京：中国标准出版社，2002.
[25] 中国航空研究院. 复合材料飞机结构耐久性/损失容限设计指南［M］. 北京：航空工业出版社，1995.

[26] 航空航天工业部科学技术研究院. 复合材料设计手册 [M]. 北京：航空工业出版社，1990.

[27]《金属机械性能》编写组. 金属机械性能 [M]. 修订本. 北京：机械工业出版社，1982.

[28] 上海交通大学《金属断口分析》编写组. 金属断口分析 [M]. 北京：国防工业出版社，1979.

[29] 航空航天工业部航空装备失效分析中心. 金属材料断口分析及图谱 [M]. 北京：科学出版社，1991.

[30] 丁传富，段作祥，邓孝钢，等. 拉弯组合载荷作用下旋翼轴颈疲劳寿命的研究 [J]. 理化检验：物理分册，1984，20 (6).

[31] 王学武. 金属力学性能 [M]. 北京：机械工业出版，2010.

[32] 魏文光. 金属的力学性能测试 [M]. 北京：科学出版社，1980.

[33] 彭真. 接触与非接触式引伸计自动测定冷轧薄板断后伸长率的结果比较 [J]. 金属材料与冶金工程，2010，38 (5)：30－32.

[34] 王滨. ASTM 标准与我国金属拉伸试验标准中力学性能名称和定义对照 [J]. 理化检验-物理分册，2004，40 (8)：430－431.

[35] 陈融生，王元发. 材料物理性能检验 [M]. 北京：中国计量出版社，2005.

[36] 屠海令，干勇. 金属材料理化测试全书 [M]. 北京：化学工业出版社，2007.

[37] 高镇同，等. 疲劳性能试验设计和数据处理 [M]. 北京：北京航空航天大学出版社，1999.

[38] 徐灏. 疲劳强度 [M]. 北京：高等教育出版社，1988.

[39] 郑修麟. 材料的力学性能 [M]. 西安：西北工业大学出版社，1991.